9급 공무원 공업기계직 수험서

기계일반

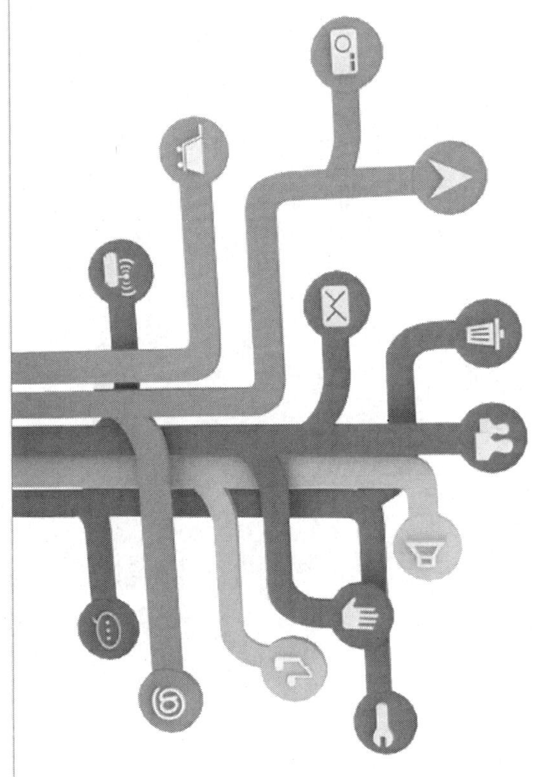

요점정리 · 적중예상문제 · 기출문제해설

GoldenBell

기계일반

기계직 공무원의 업무

기계직 공무원은 정부 기관을 비롯하여 각 시·도청 및 교육청, 군부대 군무원으로 종사한다. 주요 업무로, 냉난방 · 원동기 · 수도 · 위생설비 · 계량기 등 각종 기계기구 · 기계설비에 관한 기술 업무, 건설기계 · 공작기계 · 농업기계와 자동차 · 철도차량산업기계 · 철도동력차의 운전 · 기관차의 운용 · 운전 등 운전기술업무 및 기타 업무를 담당한다.

시험방법 및 출제형식

- 1, 2차 병합 실시 : 선택형 필기시험
- 3차 : 면접시험
- 필기시험 출제형식 : 객관식 4지 또는 5지 선다형, 20문항

※ 출제형식은 시 · 도별, 시험분류(국가직/지방직/교육청)별로 다르므로 각 시 · 도 · 교육청별 공고 자료를 검토해야 한다.

시험과목

- 일반수험생 : 국어, 영어, 한국사, 기계설계, 기계일반[기계공작법(군무원)]
- 특성화고 · 마이스터고 졸업(예정)자 : 물리, 기계설계, 기계일반

가산점

국가기술자격법령 또는 그 밖의 법령에서 정한 자격증 소지자가 당해분야(전산직 제외)에 응시할 경우, 매 과목 4할 이상 득점한 자에 한하여 각 과목별 득점에 각 과목별 만점의 일정비율 (아래 표에서 정한 가산비율)에 해당하는 점수를 가산함.

자격 구분	기술사, 기능장, 기사, 산업기사	기능사
가산 비율	5%	3%

시험일정 및 응시원서 접수

시험은 연 1회 실시하며, 응시원서는 인터넷으로만 접수한다. **선발인원 및 시험일정, 응시자격, 가산점 특례, 응시자 유의사항** 등 상세 자료는 각 시·도·교육청별 홈페이지를 방문하면 자세한 안내자료를 다운로드받을 수 있다.

머리말

고등학교에서 2년간 공무원반을 지도하면서 많은 보람을 느꼈습니다. 공무원 합격은 지도교사의 노력 5%와 학생의 노력 95%로 이루어진다고 할 수 있습니다. 지도교사를 믿고 따라와 주고 열심히 해준 학생들에게 고맙다는 말 전합니다.

기계일반은 말 그대로 기계의 일반적인 부분(기계재료, 기계공작, 기계설계, 원동기, 유체기계, 유압과 공압, 공조 등)을 모두 다루므로 범위가 상당히 넓습니다. 그러다보니 학생들에게 나름 정리해서 잘 가르쳐 주었는데, 시험은 엉뚱한 곳에서 나오는 황당한 경우가 많습니다. 따라서 본 교재는 여러 책을 참고로 해서 중요한 많은 부분을 요약 정리하려 애썼습니다. 그럼에도 불구하고 약간의 부분은 생략되었을 수도 있으나, 그 부분은 아주 미미할 것으로 생각됩니다.

본 교재는 2년간 직접 공무원반 학생들을 지도한 경험을 바탕으로

1. 이론 영역 : 9급 공무원 시험에 출제되었거나 출제가 예상되는 중요 부분을 최대한 반영하고자 노력했습니다.
2. 예상문제 영역 : 특성화고 및 일반 수험생이 쉽게 풀 수 있거나 반드시 풀어서 기출문제의 기초가 되는 문제들로 채웠습니다. 고교 졸업 예정자나 일반 수험생은 반드시 풀 수 있어야 하는 문제들입니다.
3. 과년도문제 영역 : 고시 사이트에 올려진 행안부 국가직과 지방직 문제를 특성화고 및 일반 수험생의 눈높이에 낮추어 풀이를 서술하였습니다. 풀이 과정 하나하나를 생략하지 않고 그대로 서술하였으므로, 문제 풀이를 쉽게 이해할 수 있을 것입니다.

여러 달 동안 공무원이 되겠다는 일념으로 지도교사를 믿고 따라와 주고, 가끔씩 계산이 틀렸다며 고쳐야 된다고 하던 우리 공무원반 학생들에게 이 책을 바칩니다.

끝으로, 이 책을 출판하기까지 도움 주신 출판사 관계자분들과 항상 옆에서 힘이 되어준 아내, 그리고 형우와 지효. 모두 고맙습니다.

저자 서영달

시험안내

시·도·교육청 채용정보 안내

구분		홈페이지 주소	비고
서울	시청	http://gosi.seoul.go.kr/	
	교육청	http://www.sen.go.kr	[행정정보]–[시험안내]
부산	시청	http://www.busan.go.kr	[도움정보]–[취업정보]–[시험정보]
	교육청	http://www.pen.go.kr	[정보마당]–[채용/시험정보]
대구	시청	http://www.daegu.go.kr	[분야별정보]–[시험/취업]
	교육청	http://www.dge.go.kr	[알림마당]–[시험 · 채용공고]
인천	시청	http://gosi.incheon.go.kr	[시험정보]
	교육청	http://www.ice.go.kr	[행정정보]–[시험정보]
광주	시청	http://www.gwangju.go.kr	[시험정보]
	교육청	http://www.gen.go.kr	[알림마당]–[시험채용공고]
대전	시청	http://www.daejeon.go.kr	[행정정보]–[채용정보]–[시험정보]
	교육청	http://www.dje.go.kr	[정보마당]–[시험정보]
울산	시청	http://www.ulsan.go.kr	[시정소식]–[시험정보]
	교육청	http://www.use.go.kr	[행정정보]–[시험공고]
세종	시청	http://www.sejong.go.kr	[열린행정]–[시험정보]
	교육청	http://www.sje.go.kr	[행정마당]–[고시/공고]
경기도	도청	http://exam.gg.go.kr	[경기도시험정보]
	교육청	http://www.goe.go.kr	[정보마당]–[시험정보]
강원도	도청	http://www.provin.gangwon.kr	[알림.공지]–[시험정보]
	교육청	http://www.gwe.go.kr	[알림마당]–[인사시험]
충청북도	도청	http://www.cb21.net	[시험 · 채용 정보]
	교육청	http://www.cbe.go.kr	[채용/시험]
충청남도	도청	http://www.chungnam.net	[행정]–[시험정보]
	교육청	http://www.cne.go.kr	[정보마당]–[고시, 공고]
전라북도	도청	http://www.jeonbuk.go.kr	[도정정보]–[시험 · 채용]
	교육청	http://www.jbe.go.kr	[알림마당]–[시험/채용정보]
전라남도	도청	http://sihum.jeonnam.go.kr	[시험정보]
	교육청	http://www.jne.go.kr	[알림마당]–[시험정보]
경상북도	도청	http://www.gb.go.kr	[시험정보]
	교육청	http://www.gbe.kr	[정보마당]–[시험정보]
경상남도	도청	http://www.gsnd.net	[시험정보]
	교육청	http://www.gne.go.kr	[알림마당]–[시험정보]
제주도	도청	http://www.jeju.go.kr	[시험공고]
	교육청	http://www.jje.go.kr	[알림마당]–[시험/채용]

※ **국가공무원 채용안내 및 원서접수** http://gosi.kr
※ **자치단체통합 인터넷원서접수센터** http://local.gosi.go.kr
※ **국방부 군무원 채용안내 및 원서접수** http://recruit.mnd.go.kr/recruit.do

기계일반

part 01 기계재료

제1장 기계재료의 성질과 분류

제2장 철강재료

제3장 열처리

제4장 비철금속재료

제5장 비금속재료

contents

part 02 기계공작

contents

기계일반

part 04 에너지 변환과 공기 조화

part 05 과년도 기출문제풀이

공업기계직 9급 공무원시험 대비

기계일반

제1장 **기계재료의 성질과 분류**

제2장 **철강재료**

제3장 **열처리**

제4장 **비철금속재료**

제5장 **비금속재료**

❖ 적중예상문제

제1장 기계재료의 성질과 분류

1-1 기계요소와 기계설계

1. 기계재료의 분류

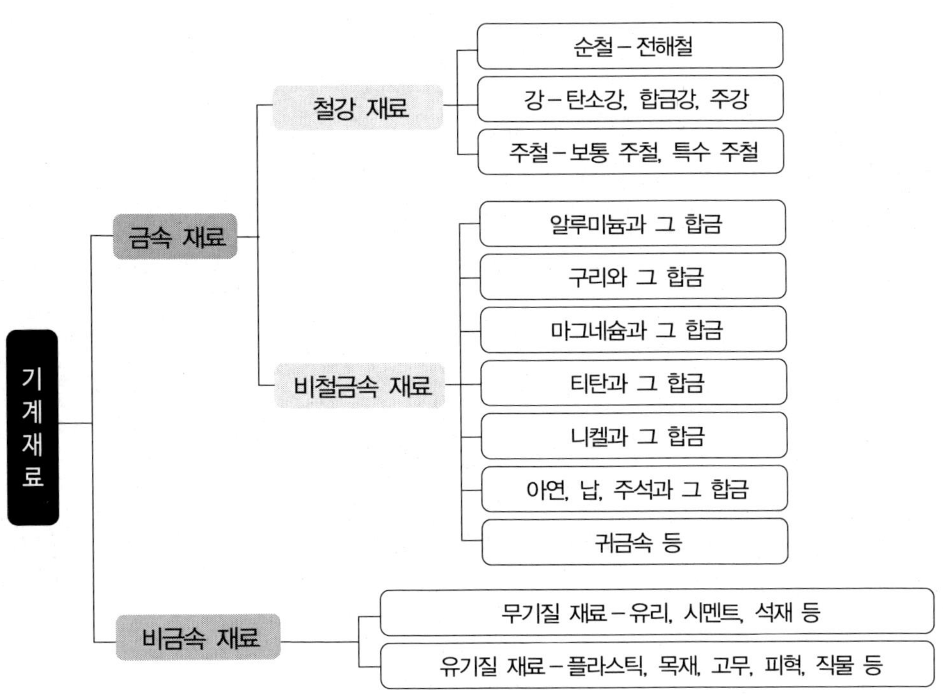

2. 물리적 성질

(1) 비중

경금속(비중 4.5(g/cm³) 이하)		중금속(비중 4.5(g/cm³) 이상)	
리튬(Li)	0.53	지르코늄(Zr)	6.05(β상)
칼륨(K)	0.86	바나듐(V)	6.16
칼슘(Ca)	1.55	안티몬(Sb)	6.62(26℃)
마그네슘(Mg)	1.74	아연(Zn)	7.13
규소(Si)	2.33	크롬(Cr)	7.19
알루미늄(Al)	2.7	망간(Mn)	7.43
티탄(Ti)	4.5	철(Fe)	7.87
		카드뮴(Cd)	8.64(26℃)
		코발트(Co)	8.83
		니켈(Ni)	8.90(25℃)
		구리(Cu)	8.93
		몰리브덴(Mo)	10.2
		납(Pb)	11.34
		이리듐(Ir)	22.5

① 비중이 크다는 것은 무겁다는 것을 의미한다.

② 단위 용적의 무게와 표준물질(물 4℃의)의 무게의 비를 비중이라 한다. 비중 4.5를 기준으로 이하를 경금속, 이상을 중금속이라 한다.

③ 금속 중에서 가장 가벼운 것은 리튬(Li)이며 가장 무거운 것은 이리듐(Ir)이다.

(2) 용융점

금속을 가열하여 고체에서 액체로 되는 온도를 용융 온도 또는 용융점이라 한다. 이와 반대로 액체에서 고체로 되는 온도를 응고 온도라 하며 같은 금속에서 응고 온도와 용융 온도는 같다.

금 속	용융 온도(℃)	금 속	용융 온도(℃)
알루미늄(Al)	660.4	금(Au)	1064.43
베릴륨(Be)	1238	몰리브덴(Mo)	2620
카드뮴(Cd)	321.1	마그네슘(Mg)	650
크롬(Cr)	1875	망간(Mn)	1246
코발트(Co)	1495	니켈(Ni)	1453
구리(Cu)	1084.88	티탄(Ti)	1668
철(Fe)	1536	텅스텐(W)	3400

(3) 전기 전도율

① 순서 : Ag (은) > Cu(구리) > Au(금) > Al(알루미늄) > Mg(마그네슘) > Ni(니켈) > Fe(철) > Pb(납) 의 순

② 열전도율도 전기 전도율과 순서가 비슷

③ 일반적으로 순금속에서 다른 금속 또는 비금속을 첨가하여 합금을 만들면 대개의 경우 전기 전도율은 저하

(4) 탈색력

① 금속의 색을 변색시키는 힘으로 주석이 가장 크다.

② Sn(주석)〉Ni(니켈)〉Al(알루미늄)〉Fe(철)〉Cu(구리) 등의 순이다.

(5) 자기적 성질

① 금속을 자석에 접근시킬 때 강하게 잡아당기는 물질을 강자성체, 약간 잡아당기면 상자성체, 서로 잡아당기지 않는 금속을 반자성체라 한다.

② 강자성체(철, 니켈, 코발트 등), 상자성체(산소, 망간, 백금 알루미늄 등), 반자성체는 (비스무트, 안티몬, 금, 은, 구리 등)

(6) 기타

① 비열 : 물질 1kg의 온도를 1K(켈빈)만큼 높이는데 필요한 열량

② 열팽창 계수 : 물체의 온도가 1℃ 상승하였을 경우, 증가한 물체와 팽창하기 전 물체의 치수 비를 말하며, 일반적으로 선팽창 계수를 사용한다.

③ 열전도율 : 물체 내의 분자로부터 다른 분자로의 열에너지의 이동, 즉 물체 내의 한쪽에서 다른 쪽으로 열의 이동을 말한다.

3. 화학적 성질

금속의 화학적 성질 중 실용적으로 문제가 되는 것은 부식과 내식성을 들 수 있다.

(1) 부식

① 금속은 접하고 있는 주위 환경, 즉 화학적 또는 전기 화학적인 작용에 의해 비금속성 화합물을 만들어 점차로 손실되어 가는데 이 현상을 부식이라 한다.

② 부식에 종류에는 습 부식(전기 화학적 부식), 건 부식(화학적 부식)이 있다.

③ 금속의 부식은 습기가 많은 대기 중일수록 부식되기 쉽고, 대부분 전기 화학적 부식이다.

(2) 내식성

① 금속의 부식에 대한 저항력 즉 견디는 성질로 Cr, Ni 등이 우수한 성질을 보이고 있다.

② 금속이 부식되기 쉽다는 것은 화합물이 되기 쉽다는 것과 같은 뜻이다.

③ 기타 산에 견디는 성질을 내산성(耐酸性)이라 하고 염기에 견디는 성질을 내염기성이라 한다.

4. 기계적 성질

① **연·전성** : 가늘고 길게, 얇고 넓게 변형이 되는 성질

㉠ 연성 순서 : Au(금) > Ag(은) > Al(알루미늄) > Cu(구리) > Pt(백금) > Fe(철)

㉡ 전성 순서 : Au(금) > Ag(은) > Pt(백금) > Al(알루미늄) > Fe(철) > Cu(구리)

② **강도** : 단위 면적 당 작용하는 힘

③ **경도** : 무르고 굳은 정도를 나타내는 것

> 일반적으로 금속 재료는 온도의 상승과 더불어 강도가 감소하고 연신율이 커지는 것이 보통이다. 하지만 청열 취성과 같이 온도가 210～360℃ 부근에서 연강은 오히려 상온보다 연신율은 낮아지고 강도 및 경도가 높아져 부스러지기 쉬운 성질을 가질 수 있다.

④ **취성** : 메짐이라고도 하며, 깨지는 성질

> 재료의 온도가 상온보다 낮아지면 경도나 인장 강도는 증가하지만 연신율이나 충격값 등은 감소하여 부스러지기 쉽다. 이러한 성질을 저온 취성이라 한다.

⑤ **소성** : 외력을 가한 뒤 제거해도 변형이 그대로 유지되는 성질

⑥ **탄성** : 외력을 제거하면 원래로 돌아오는 성질

⑦ **인성** : 굽힘, 비틀림 등에 견디는 질긴 성질(재료내부의 저항력, 에너지 흡수력)

⑧ **재결정** : 가공에 의해 생긴 응력이 적당한 온도로 가열하면 일정 온도에서 응력이 없는 새로운 결정이 생기는 것

5. 가공상의 성질

① **주조성** : 금속이나 합금을 녹여 기계 부품인 주물을 만들 수 있는 성질

② **소성 가공성** : 재료에 외력을 가하여 원하는 모양으로 만드는 작업

③ **접합성** : 재료의 용융성을 이용하여 두 부분을 접합하는 성질

④ **절삭성** : 절삭 공구에 의해 재료가 절삭되는 성질

6. 기계재료에서 요구되는 성질

① 주조성, 소성, 절삭성 등이 양호해야 한다.
② 열처리성이 우수하며, 표면 처리성이 좋아야 한다.
③ 기계적 성질, 화학적 성질이 우수하고 경량화가 가능해야 한다.
④ 재료의 보급과 대량 생산이 가능하며, 제품 값과 관련한 경제성이 있어야 한다.

7. 기계재료 시험

(1) 파괴시험

① 인장시험 : 기계적 성질을 알기 위한 기본 시험으로, 시험편을 인장시험기에 끼워 인장하중을 가한 후 인장강도, 연신율, 단면수축률, 파괴강도 등을 작성(계산)하여 재료특성 파악
② 경도시험

경도시험	특 징
브리넬 경도	– 시편에 일정한 하중을 가해 고탄소강 강구(압입자)로 인한 시편에 생긴 자국의 표면적으로 하중을 나눈값 – 브리넬경도(H_B) $= \dfrac{F}{\pi Dt} = \dfrac{2F}{\pi D(D-\sqrt{D^2-d^2})}(kgf/mm^2)$ F : 일정 하중, D : 강구의 직경, d : 압흔의 직경
비커스 경도	– 시편에 일정한 하중을 가해 다이아몬드 사각뿔(압입자)로 인한 시편에 생긴 자국의 표면적으로 하중을 나눈값 – 비커스경도(H_v) $= \dfrac{F}{A} = \dfrac{1.8544F}{d^2}(kgf/mm^2)$, d는 2개의 대각선길이 평균값
록웰 경도	– 시편에 일정한 하중을 가해 압입자(경질재료 : 다이아몬드 원뿔, 연질재료 : 강구)로 인한 압입된 깊이로 경도값을 구함 (t : 자국 깊이) – B스케일(1.588mm강구) : $H_{RB} = 130 - 500t$ – C스케일(120°의 다이아몬드 원뿔) : $H_{RC} = 100 - 500t$
쇼어 경도	– 시편 위에 다이아몬드 구를 낙하시켜 구가 튀어 오른 높이를 측정하여 재료의 경도값을 구함(h_0 : 처음 구의 높이, h : 튀어오른 구의 높이) – 쇼어경도(H_s) $= \dfrac{10,000}{65} \times \dfrac{h_0}{h}$

③ 충격시험 : 일정 높이의 해머를 떨어뜨려 재료에 충격을 주어 시편이 파괴되는 정도 측정
 – 샤르피 충격시험기 : 시편의 양쪽을 고정
 – 아이조드 충격시험기 : 시편의 한쪽을 고정
④ 피로시험 : 시편에 반복응력을 주어 피로한도를 측정
⑤ 크리프시험 : 고온상태에서 시편에 일정한 하중을 가해 기계적 특성을 측정

(2) 비파괴시험

① 자분 탐상법 : 재료 표면에 자분(혼합 액체)을 뿌린 후 재료에 자속을 통하게 하여 자속의 흐트러짐을 보고 결함 탐상(결함있는 부분에 자속 흐트러짐)

② 침투 탐상법 : 재료 표면에 침투제를 침투 → 나머지 표면의 침투제를 닦음 → 현상제를 이용하여 결함 탐상

③ 초음파 탐상법 : 초음파를 재료로 보내 그 파장으로 내부 결함을 탐상

④ 방사선 탐상법 : 방사선을 재료의 내부로 투과 → 방사선의 세기를 측정 → 재료내부결함 탐상

(3) 조직시험

① 매크로 조직시험 : 재료표면을 기름으로 제거 → 부식제를 이용하여 부식시킨 다음, 육안 관찰 혹은 10배 이내의 확대경으로 관찰

② 현미경 조직시험 : 시편 재료표면을 매끈하게 연마 → 부식제로 부식시킨 다음, 현미경으로 관찰

1-2 금속의 조직과 합금조직

1. 금속의 공통적 성질

① 실온에서 고체이며, 결정체이다.(단, 수은 제외)

② 빛을 반사하고 고유의 광택이 있다.

③ 가공이 용이하고, 연·전성이 크다.

④ 열, 전기의 양도체이다.

⑤ 비중이 크고, 경도 및 용융점이 높다.

2. 합금(alloy)

① 금속의 성질을 개선하기 위하여 단일 금속에 한 가지 이상의 금속이나 비금속 원소를 첨가한 것으로 단일 금속에서 볼 수 없는 특수한 성질을 가짐

② 원소의 개수에 따라 이원 합금, 삼원 합금

③ 종류 : 철 합금, 구리 합금, 경합금, 원자로용 합금, 기타 합금

3. 금속의 결정

결정체인 금속이나 합금은 용융 상태에서 냉각되면 고체로 변화하게 되는데, 이와 같이 같은 물체의 상태가 다른 상을 변하는 것을 변태라 한다.

① 결정 순서 : 핵 발생 → 결정의 성장 → 결정경계 형성 → 결정체

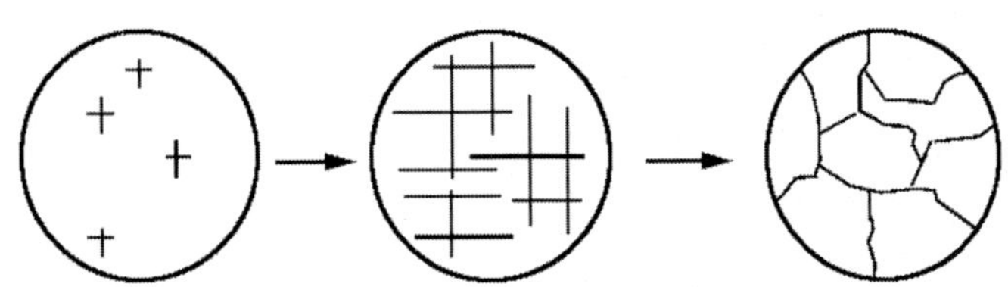

그림 1-1 결정순서

② 결정의 크기 : 냉각 속도가 빠르면 핵 발생이 증가하여 결정 입자가 미세해진다.

③ 주상정 : 금속 주형에서 표면의 빠른 냉각으로 중심부를 향하여 방사상으로 이루어지는 결정

④ 수지상 결정 : 용융 금속이 냉각할 때 금속 각부에 핵이 생겨 나뭇가지와 같은 모양을 이루는 결정

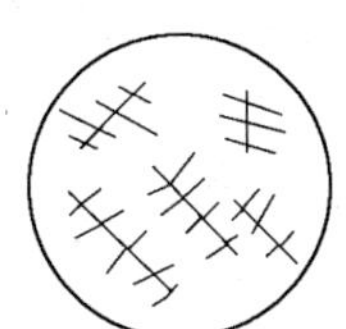

그림 1-2 수지상 결정

⑤ 편석 : 금속의 처음 응고부와 나중 응고부의 농도차가 있는 것으로 불순물이 주원인

4. 금속 결정의 종류

① 결정 입자 : 금속 또는 합금의 응고는 전체 융체에서 동시에 발생하는 것이 아니라, 결정핵을 중심으로 여기에 원자들이 차례로 결합되면서 이루어진다. 이 때 같은 결정핵으로부터 성장된 고체 부분은 어떤 곳에서나 같은 원자 배열을 가지게 되는 데 이를 결정 입자라 한다.

② 금속의 응고 중 결정핵이 하나 밖에 존재 하지 않았다면 이 금속은 1개의 결정만으로 이루어지게 되어 이를 단결정이라 한다.(실리콘)

③ 대부분의 금속은 작은 결정들이 모여 무질서한 집합체를 이루고 있으며, 이와 같은 결정의 집합체를 다결정체라 한다.

④ 결정 입자의 원자들은 각각 그 금속 특유의 결정형을 가지고 있으며, 그 배열이 입체적이고 규칙적으로 되어 있는데 이 원자들의 중심점을 연결해 보면 입체적인 격자가 되는데, 이 격자를 공간격자 또는 결정격자라 한다.

⑤ 단위포(단위격자) : 결정격자 중금속 특유의 형태를 결정짓는 최소 단위의 원자의 모임

⑥ 격자 상수 : 단위포 한 모서리의 길이

⑦ 결정립의 크기 : 0.01 ~ 0.1mm

종 류	특 징	금 속
체심입방격자 (B·C·C)	• 강도가 크고 전·연성은 떨어진다. • 단위격자 속 원자수 2, 배위수는 8	Cr, Mo, W, V, Ta, K, Ba, Na, Nb, Rb, α − Fe, δ − Fe
면심입방격자 (F·C·C)	• 전·연성이 풍부하여 가공성이 우수하다. • 배위수는 12, 단위격자 속 원자수 4	Ag, Al, Au, Cu, Ni, Pb, Ce, Pd, Pt, Rh, Th, Ca, γ − Fe
조밀육방격자 (C·H·P)	• 전·연성 및 가공성 불량하다. • 배위수는 12, 단위격자 속 원자수 6	Ti, Be, Mg, Zn, Zr, Co, La

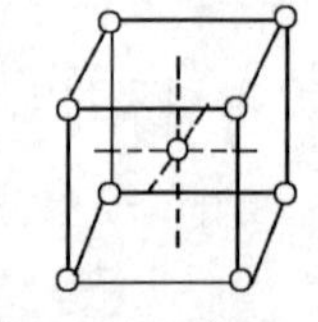
체심입방격자(B.C.C)

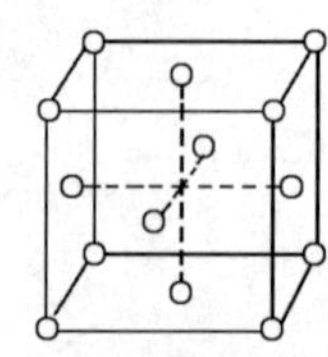
면심입방격자(F.C.C)

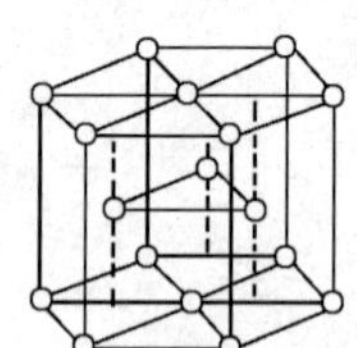
조밀육방격자(H.C.P)

그림 1-3 금속결정의 종류

5. 금속의 소성 변형

(1) **슬립** : 금속 결정형이 원자 간격이 가장 작은 방향으로 층상 이동하는 현상(원자 밀도가 최대인 격자 면에서 발생)

(2) **트윈(쌍정)** : 변형 전과 변형 후 위치가 어떤 면을 경계로 대칭되는 현상(연강을 대단히 낮은 온도에서 변형시켰을 때 관찰된다.)

(3) **전위** : 불안정하거나 결함이 있는 곳으로부터 원자 이동이 일어나는 현상

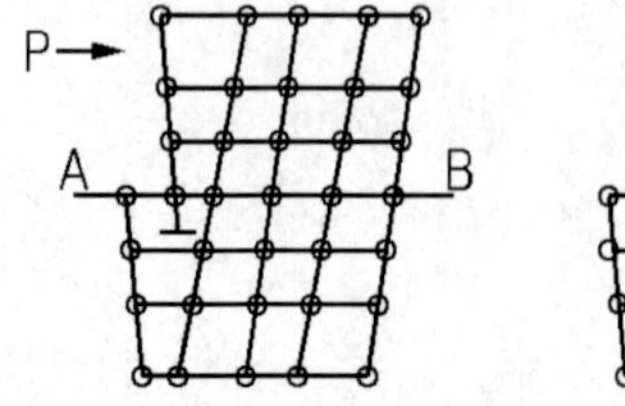

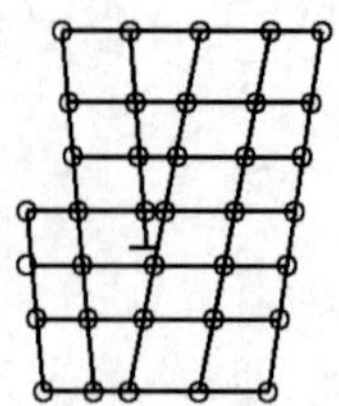

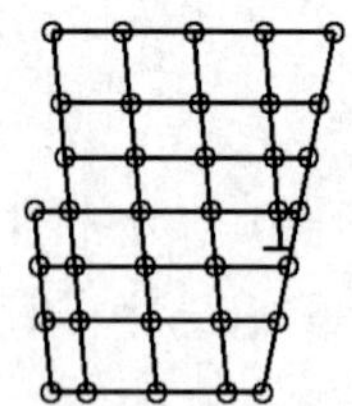

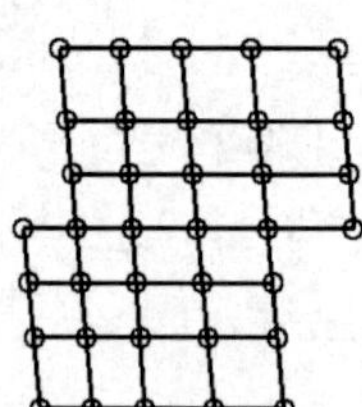

그림 1-4 소성변형

(4) 경화

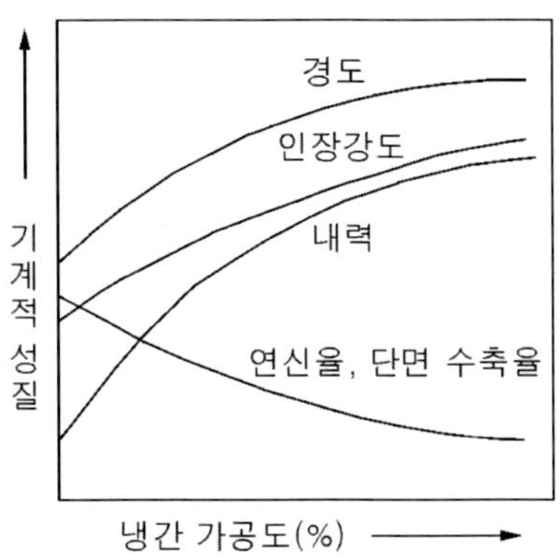

그림 1-5 냉간가공도와 기계적 성질

① **가공 경화** : 금속을 소성 가공하면 변형 증가에 따라 가공 경화(가공에 의해 단단해 지는 성질)가 일어난다. 일반적으로 금속을 냉간 가공하면 경도 및 강도가 향상되는 특징이 있다. 즉 강도와 경도는 가공도의 증가에 따라 처음에는 증가율이 커지나 나중에는 일정해진다. 연신율은 이와 반대이다.

② **시효 경화** : 시간이 지남에 따라 단단해 지는 성질

③ **인공 시효** : 인위적으로 단단하게 만드는 것

(5) 회복

냉간 가공을 계속하면 가공 경화가 일어나 더 이상의 냉간가공이 불가능해진다. 이것을 일정 온도로 가열하면 어느 온도에서 급격히 강도와 경도가 저하되고, 연성이 급격히 회복되어 냉간 가공이 쉬운 상태로 된다.

① 순서 : 내부응력 제거 → 연화 → 재결정 → 결정입자의 성장

② 연화 현상은 재결정 이전의 것과 재결정에 직접 관계되어 일어나는 것으로 구분하는데 앞의 현상을 회복이라고 한다.

(6) 재결정

가공에 의해 생긴 응력이 적당한 온도로 가열하면 일정 온도에서 응력이 없는 새로운 결정이 생기는 것

① 금속의 재결정 온도 : Fe(350 ~ 450℃), Cu(150 ~ 240℃), Au(200℃), Pb(−3℃), Sn(상온) Al(150℃) 등

② 재결정은 냉간 가공도가 낮을수록 높은 온도에서 일어난다.
(냉간가공도가 높으면 재결정온도는 낮아진다.)

③ 재결정은 가열온도가 동일하면 가공도가 낮을수록 오랜 시간이 걸리고 가공도가 동일하면 풀림 시간이 길수록 낮은 온도에서 일어난다.

④ 재결정 입자의 크기는 주로 가공도에 의하여 변화되고, 가공도가 낮을수록 커진다.

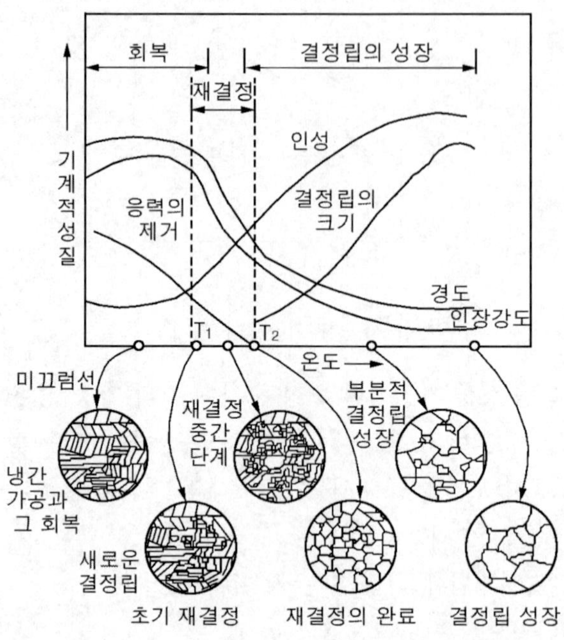

그림 1-6. 온도와 기계적 성질

(7) 입자의 성장

재결정에 의하여 새로운 결정 입자는 온도의 상승, 시간의 경과와 더불어 큰 결정 입자가 근처에 있는 작은 결정 입자를 잠식하여 점차 그 크기가 증가되는 현상으로 결정입자의 성장은 고온에서 오랜 시간 가열함으로써 이루어지고, 온도가 상승할수록 급속히 이루어진다.

(8) 냉간 가공과 열간 가공

① **냉간 가공** : 냉간 가공이란 재결정 온도보다 낮은 온도에서 가공하는 것으로 냉간 가공된 금속 재료는 내부 변형과 입자의 미세화로 인하여 결정 입자가 변형되어 가공경화를 일으켜 강도나 경도가 증가되지만 인성은 줄어든다. 그러므로 냉간 가공을 계속하려면 작업도중에 자주 풀림을 하여 가공 경화를 없애고 전성, 연성을 회복시켜 주어야 한다.(상온 가공)

② **열간 가공** : 열간 가공이란 재결정 온도보다 높은 온도에서 가공하는 것으로 재료를 가열하게 되면 연하게 되어 소성이 증가되므로 성형하기 쉽다. 특히 주조품을 열간 가공하게 되면 수지상 조직이 파괴되어 조직이 균일하고 치밀하게 되어 강도나 연성이 향상된다. 또한 열간 가공하는 온도는 금속 및 합금에 종류에 따라 다르다. 일반적으로 강은 변태점 이상, 구리 합금은 700℃전후, 경합금은 500℃전후이고, 재질을 해치지 않을 정도의 고온에서 시작하여 적당한 온도에 도달될 때까지 가공을 계속한다. 또한 열간 가공을 끝맺는 온도를 피니싱 온도라 한다.(고온 가공)

6. 금속의 변태

(1) **동소 변태** : 고체 내에서 원자 배열이 변하는 것

① α- Fe(체심), γ- Fe(면심), δ- Fe(체심)

② 동소 변태 금속 : Fe(912℃, 1400℃), Co(477℃), Ti(830℃), Sn(18℃) 등

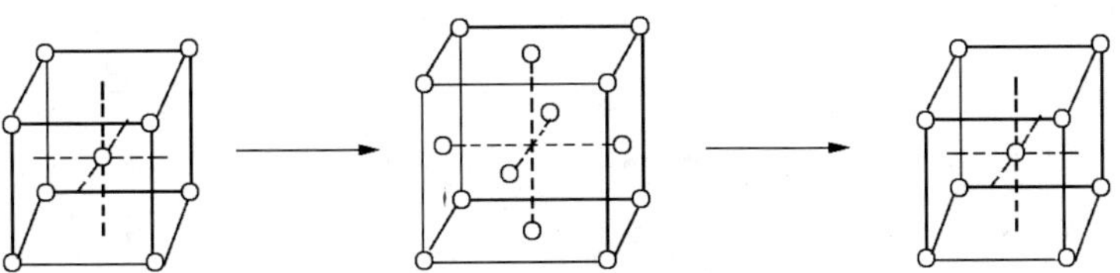

그림 1-7 동소 변태

(2) **자기 변태** : 원자 배열은 변화가 없고 자성만 변하는 것(Fe, Ni, Co)

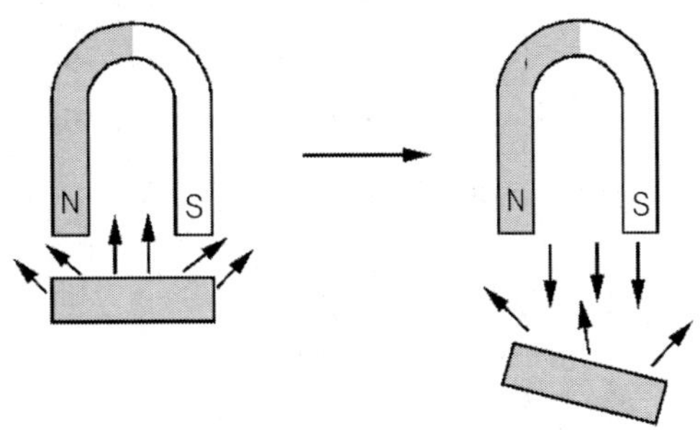

그림 1-8 자기변화

① 순수한 시멘타이트는 210℃ 이하에서 강자성체. 그 이상에서는 상자성체

② 자기 변태 금속 : Fe(768℃), Ni(358℃), Co(1,160℃)

(3) 변태점 측정 방법

열 분석법, 열 팽창법, 전기 저항법, 자기 분석법 등이 있다.

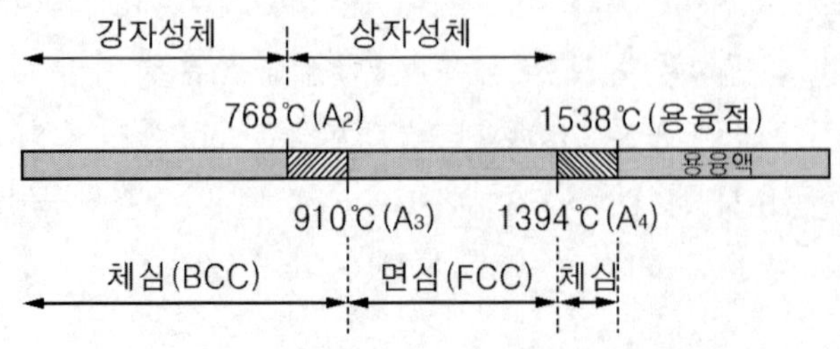

그림 1-9 **철의 변태(자기변태와 동소변태)**

7. 합금의 조직

(1) **상** : 물질의 상태는 기체, 액체, 고체의 세 가지가 있는데 금속은 온도에 따라 고체 상태에서 결정 구조가 다른 상태로 존재하는데 이와 같은 물질의 상태를 상

(2) **상률** : 어떤 상태에서 온도가 자유로이 변할 수 있는가를 알아냄. 즉 여러 개의 상으로 이루어진 물질의 상 사이의 열적 평형 관계를 나타내는 법칙

(3) **평형 상태도** : 공존하고 있는 것의 상태를 온도와 성분의 변화에 따라 나타낸 것. 즉, 합금이나 화합물의 물질계가 열역학적으로 안정 상태에 있을 때 조성, 온도, 압력과 존재하는 상의 관계를 나타낸 것

(4) **합금의 상**

① **고용체 : 고체 A + 고체 B ⇔ 고체 C**

㉠ 침입형 : 철 원자보다 작은 원자가 고용하는 경우로 보통 금속 상호간에는 일어나지 않으며, 금속에 C, H, N 등 비금속 원소가 소량 함유되는 경우 일어난다. 철은 약간의 탄소나 질소를 고용하는 침입형 고용체를 만든다.

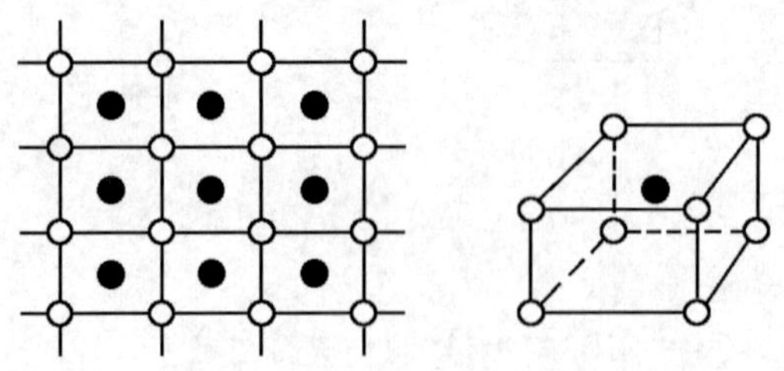

그림 1-10 **침입형**

㉡ 치환형 : 철 원자의 격자 위치에 니켈 등에 원자가 들어가 서로 바꾸는 것이다.
(Ag − Cu, Cu − Zn 등)

일반적으로 금속 사이에 고용체는 치환형이 많다.

㉢ 규칙 격자형 : 고용체 내에서 원자가 어떤 규칙성을 가지고 배열된 경우이다.
(Ni_3 − Fe, Cu_3 − Au, Fe_3 − Al)

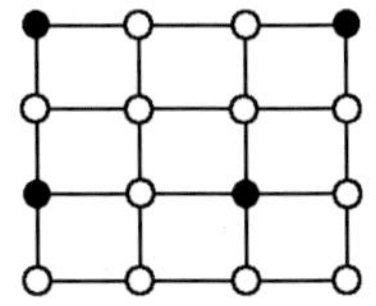
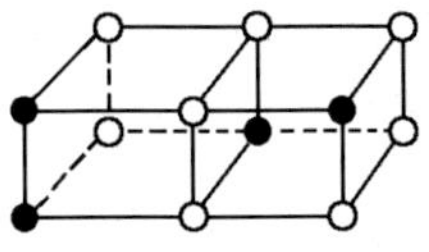

그림 1-11 치환형

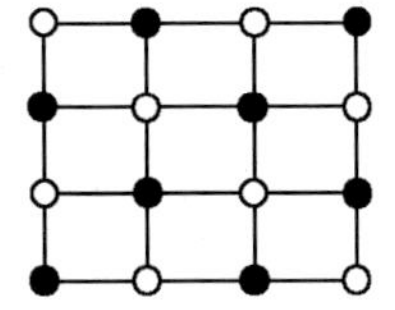
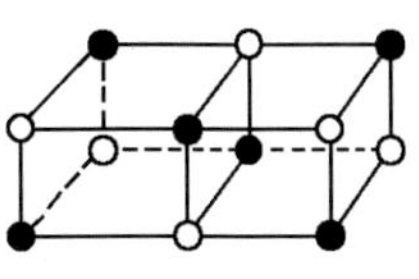

그림 1-12 규칙 격자형

② **금속간 화합물** : 친화력이 큰 성분 금속이 화학적으로 결합되면 각 성분 금속과는 성질이 현저하게 다른 독립된 화합물을 만드는데 이것을 금속간 화합물이라 한다.
(Fe_3C, Cu_4Sn, Cu_3Sn $CuAl_2$, Mg_2Si, $MgZn_2$)

- 금속간 화합물은 일반적으로 경도가 높기 때문에 그 특성을 이용하여 여러 가지 우수한 공구 재료를 만드는 데 사용한다.

(5) 합금의 응고와 상태도의 관계(합금의 열분석 곡선과 상태도의 관계)

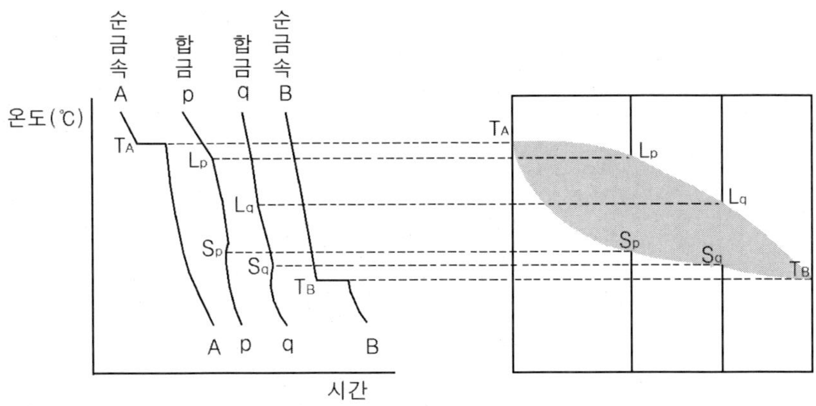

그림 1-13 합금의 응고와 상태도

(6) 2성분계 상태도

서로 다른 2종류의 성분으로 구성되어 있는 금속을 2성분계 금속(합금)이라 하는데 이것은 조성과 온도에 따라 존재하는 상태가 다르다. 일반적으로 조성의 변화를 가로축에 온도의 변화를 세로축에 표시한다. 2성분계의 상태도는 그 형태에 다라 전율 고용체형, 공정계, 포정계, 편정계 등으로 나눌 수 있다.

① **전율 고용체** : 두 성분이 서로 어떠한 비율인 경우에도 상관없이 이것이 용해하여 하나의 상이 될 때 이들 두 성분은 전율 고용한다고 한다.

㉠ L_1점에 이르면 용융액에서 고체의 결정이 나오기 시작하는데 이것을 정출이라 한다.

㉡ 온도 T2 에서의 고상과 액상의 상태량은 다음과 같다.

$$\text{액상}(\%) = \frac{S}{R+S} \times 100(\%) = \frac{C_{L2} - C_0}{C_{L2} - C_{S2}} \times 100(\%)$$

$$\text{고상}(\%) = \frac{R}{R+S} \times 100(\%) = \frac{C_0 - C_{S2}}{C_{L2} - C_{S2}} \times 100(\%)$$

㉢ T_2온도에 있어서는 정출되는 S_2농도인 고상의 양과 L_2농도인 액상의 양이 T_2점을 지점으로 평형을 유지하게 되는데 이 관계를 천칭 관계라 한다.

㉣ 만일 냉각이 빨라서 확산이 될 시간이 없으면 처음에 정출된 부분과 나중에 정출된 부분의 현저한 농도차가 생기는데 이와 같이 처음에 응고한 부분과 나중에 응고한 부분에서 농도차가 일어나는 것을 편석이라 한다.

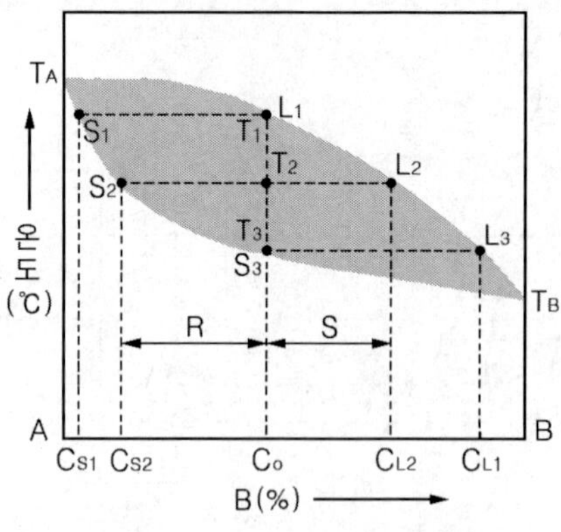

그림 1-14 **전율 고용체 상태도**

② **공정** : 두 개의 성분 금속이 용융 상태에서 균일한 액체를 형성하나 응고 후에는 성분 금속이 각각 결정으로 분리, 기계적으로 혼합된 것을 말한다. (액체 ⇔ 고체A + 고체B)

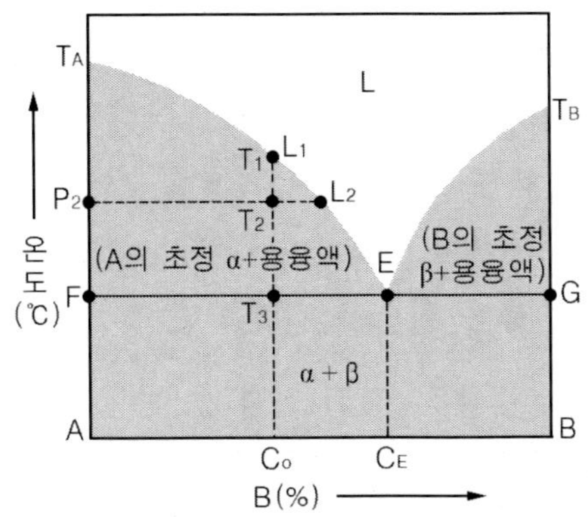

그림 1-15 공정 상태도(두 성분이 순수하게 정출할 경우)

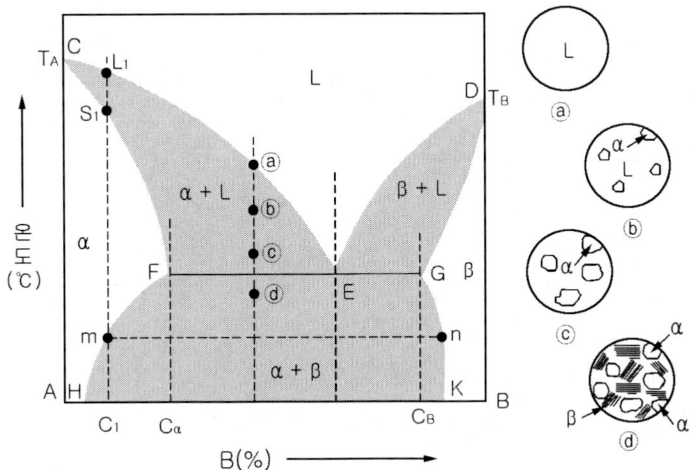

그림 1-16 공정 상태도(A, B 두 성분이 어느 범위의 고용체를 만들 때)

㉠ 그림에서 고상선은 FEG이다.

㉡ E점의 조성(CE)인 합금은 마치 순금속의 경우와 같이 E점이 나타내는 일정온도에서 응고한다. 그러나 그 곳의 응고 조직은 F점에서 나타내는 A금속과 G점에서 나타내는 B금속이 서로 정출한 것으로 나타난다. 이와 같이 일정한 온도에서 동시에 2개의 다른 금속이 정출되는 것을 공정반응이라 하며, 그 조직을 공정 조직, 그 온도를 공정 온도라 한다.

㉢ 공정형 상태도에서 공정 조성보다 왼쪽에 있는 합금을 아공정 합금이라 하며, 공정점보다 오른쪽에 있는 합금을 과공정 합금이라 한다.

㉣ 고용체 공정형 상태도 : 그림에서 곡선 CED는 액상선, 곡선 CFEGD는 고상선, 직선 FEG는 공정선, 점 E는 공정점이다. 또한 곡선 FH는 α고용체(A성분에 B성분이

고용된 것)에서 B성분을 고용할 수 있는 한도를 표시하는 용해도 곡선이며, 곡선 GK는 β고용체(B성분에 A성분이 고용된 것)에서 A성분을 고용할 수 있는 한도를 표시하는 용해도 곡선이다.

③ **포정 반응** : A, B 양 성분 금속이 용융상태에서는 완전히 융합되나, 고체 상태에서는 서로 일부만이 고용되는 경우로 고용체가 액체와 반응하여 고용체의 외주부에 별개의 고용체를 만드는 포정 반응을 일으키는 것을 말한다.(고용체A + 액체 ⇔ 고용체B)

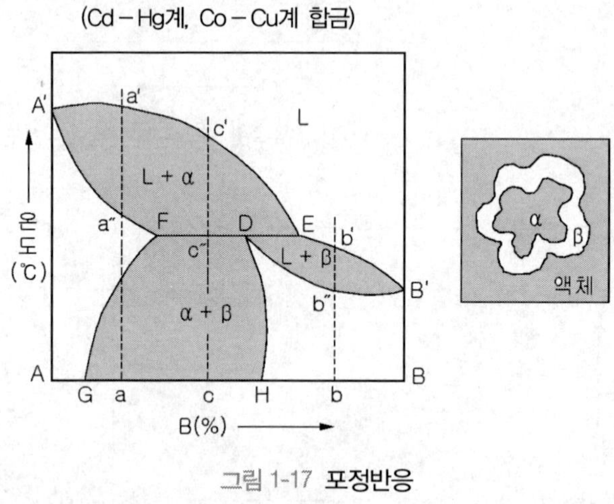

그림 1-17 포정반응

④ **편정 반응** : 액체A + 고체 ⇔ 액체B

⑤ **공석** : 고체 상태에서 공정과 같은 현상으로 생성되며 철강의 경우 0.86%C 점에서 페라이트와 시멘타이트의 공석을 석출(펄라이트)이라 한다.

철강재료

2-1 철강재료의 분류

철강 재료는 다른 금속에 비하여 기계적 성질이 우수하며, 열처리를 하면 이들이 가지고 있는 성질을 다양하게 변화시켜 유용한 재료를 조정할 수 있으므로 각종 기계 재료로 많이 사용되고 있다.

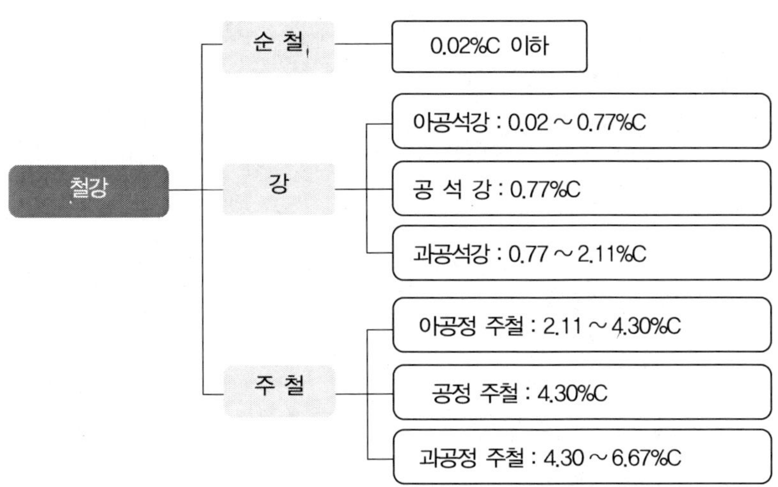

2-2 제철법

1. 철의 제조 과정

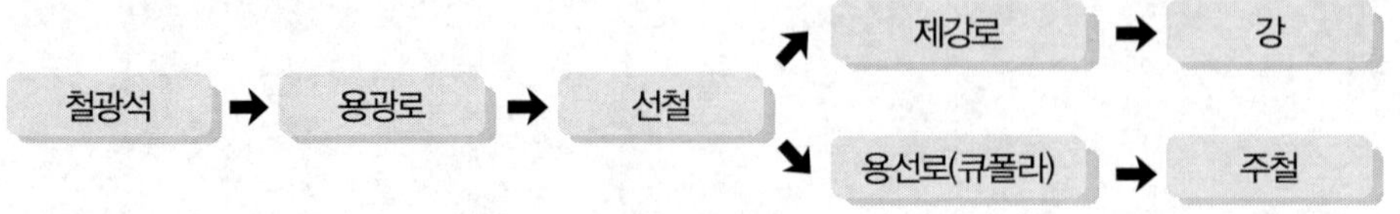

(1) **철광석** : 40% 이상의 철분을 함유한 것

① 철광석의 종류 : 자철광(철분 약 72%), 적철광(약 70%), 갈철광(약 55%), 능철강(약 40%)

② 인과 황은 0.1% 이하로 제한

(2) **용광로(고로)** : 철광석을 녹여 선철을 만드는 로

① 1일 선철의 생산량을 ton으로 용량을 표시한다.(보통 100 ~ 2,000ton)

② 열 및 환원제(연료)로 코크스를 사용한다.

③ 용제는 석회석과 형석을 사용한다.

④ 탈산제는 망간 등을 사용한다.

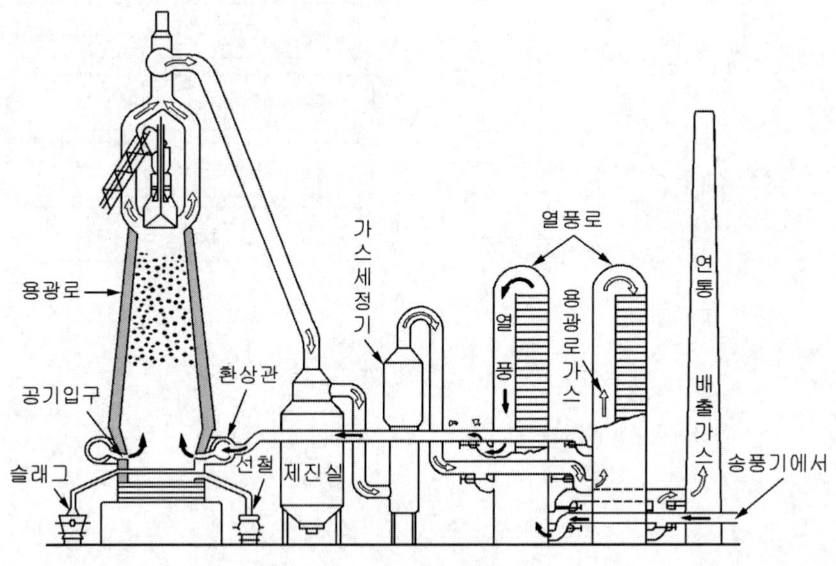

그림 1-18 용광로와 부속 설비

(3) **선철** : 철강의 원료인 철광석을 용광로에서 분리시킨 것.

① 90% 정도가 강을 제조

② 10% 정도가 용선로에서 주철 제조

③ 선철은 파단면의 색깔에 따라 백선, 회선, 반선으로 구분

④ 용도에 따라 제강용 선철, 주물용 선철로 구분

㉠ 제강용 선철 : 1종은 제강로에 의하여 쓰이는 선철, 2종은 전기로에 의하여 제조되는 선철

㉡ 주물용 선철 : 1종은 회 주철품에 사용되는 선철, 2종은 가단 주철품에 사용되는 선철, 3종은 구상 흑연 주철품에 사용되는 선철

(4) **용선로(큐폴라)**

① 주철을 제조하기 위한 로

② 매 시간당 용해할 수 있는 무게를 ton으로 용량 표시

(5) **제강로** : 강을 제조하기 위한 로

용광로에서 생산된 선철은 불순물과 탄소량이 많아 경도가 높고 인성이 낮기 때문에 소성가공할 수 없어 기계 재료로 사용할 수 없다. 따라서 철강은 선철이나 고철을 전로, 전기로 또는 평로 등의 제강로에서 가열, 용해하여 산화제와 용제를 첨가하여 불순물을 제거하고 탄소를 알맞게 감소시키는 제강 공정을 거쳐 만들어진다.

① **평로(반사로)**

㉠ 바닥이 넓은 반사로인 평로를 이용하여 선철을 용해시키고, 여기에 고철, 철광석 등을 추가로 장입하여 강을 만드는 제강로이다.

㉡ 선철은 1,700℃ 정도의 고온에서 탄소, 규소, 망간 등이 산화에 의하여 제거되며, 황은 슬랙에 의해 제거 조정되고, 정련이 완료될 시기에 페로망간, 페로실리콘, 알루미늄 등을 첨가하여 용강 중의 산소와 질소를 제거한다.

㉢ 연료는 가스발생로에서 발생한 가스 또는 중유를 사용하며, 가스와 공기를 별도로 예열하기 위하여 축열실을 갖추고 있는데, 이 축열실의 온도는 조업할 때 약 1,000℃가 된다.

㉣ 대량 생산이 가능하다.

㉤ 평로의 용량은 1회에 생산되는 용강의 무게로 나타낸다. 보통 25 ~ 300톤의 평로가 사용된다.

㉥ 종류로는 염기성 평로(저급재료), 산성 평로(고급재료)가 있는데 대부분은 염기성 평로가 사용된다.

② 전로 제강법

㉠ 전로 제강법은 용해한 쇳물을 경사식으로 된 노에 넣고 연료의 사용 없이 노 밑에 뚫린 구멍을 통하여 1.5 ~ 2.0 기압의 공기를 불어넣거나, 노 위에서 산소를 불어넣어 쇳물 안의 탄소나 규소와 그 밖의 불순물을 산화 연소시켜 정련 과정을 통하여 강으로 만드는 방법이다.

㉡ 1회에 용해하는 양을 톤으로 표시하여 크기를 나타내며, 보통 60 ~ 100톤, 200 ~ 300톤 정도의 것이 사용된다.

㉢ 연료비가 필요 없고, 정련 시간이 짧다. 품질 조절이 불가능하다.

㉣ 강종의 범위도 극저 탄소강으로부터 고탄소강, 합금강까지 제조가 가능하며 건설비는 평로의 60~70%에 불과하므로 현재 세계적으로 가장 많이 사용되고 있는 제강법이다.

㉤ 단점으로는 주로 용선을 사용하게 되므로 고로의 설비가 있는 공장에서만 사용이 가능하다는 단점이 있다.

㉥ 베세머법(산성법) : 고규소, 저인규소 내화물 사용

㉦ 토마스법(염기성) : 저규소, 고인생석회 또는 마그네샤 내화물 사용

③ 전기로 제강법

㉠ 전열을 이용하여 선철, 고철 등의 제강 원료를 용해시켜 강을 만드는 제강법

㉡ 온도 조절이 쉬워 탈산, 탈황, 정련이 용이하므로 우수한 품질을 얻을 수 있으나 전력비가 많이 드는 결점이 있다.

㉢ 전기로의 용량은 1회에 생산되는 용강의 무게로 나타내는데 보통 0.3 ~ 0.5톤의 전기로가 많이 사용된다.

㉣ 전열 발생 방식에 따라 아크식과 전기 저항식, 전기 유도식이 있다.

㉤ 합금강이나 특수강의 고급강 제조에는 주로 고주파 유도로가 사용된다.

㉥ 산소 이외의 유해한 가스의 흡수가 적어 스테인리스강, 내열강 및 공구강 등 특수강 제조에 적합하다.

④ 도가니로

㉠ 1회에 용해할 수 있는 구리의 무게를 kg으로 표시

㉡ 고 순도 강을 제조하는데 목적

㉢ 정확한 성분을 필요로 하는 것에 적합(동합금, 경합금 등)

㉣ 열효율이 떨어진다.

㉤ 단점으로는 고가이다.

(6) 강괴의 제조

평로, 전로, 전기로 등에서 정련이 끝난 용강에 탈산제를 넣어 탈산시킨 다음 주철로 만든 일정한 형태의 주형에 주입하고 그 안에서 응고시킨다. 주형의 단면은 압연이나 단조에 편리하도록 사각형, 육각형, 둥근형 등 여러 형태가 있다.

- 용강을 주형에 부어서 굳힌 금속의 덩어리를 잉곳(ingot)이라 한다.
- 강의 경우는 강괴(steel ingot)라 한다.

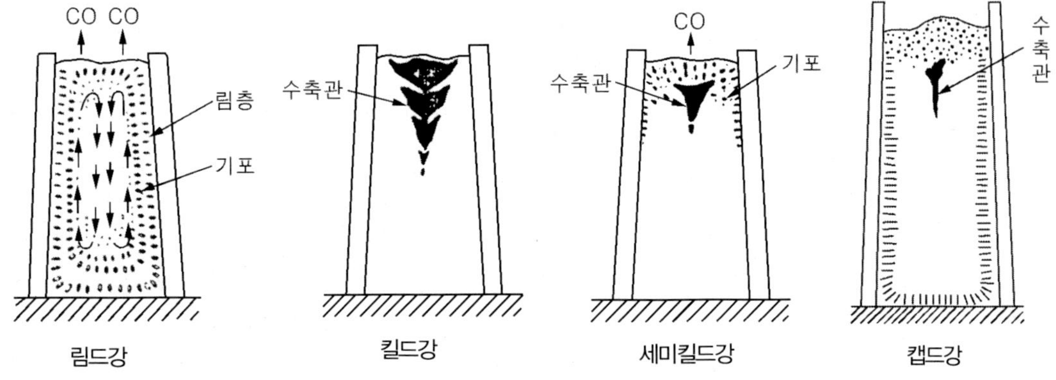

그림 1-19 강괴의 종류

① **림드강**

㉠ 평로 또는 전로 등에서 용해한 강에 페로망간을 첨가하여 가볍게 탈산시킨 다음 주형에 주입한 것

㉡ 탈산조작이 충분하지 않기 때문에 응고가 진행되면서 용강의 남은 탄소와 산소가 반응하여 일산화탄소가 많이 발생하므로 응고 후에도 방출하지 못한 가스가 아래 그림과 같이 기포 상태로 강괴 내에 남아 있다.

㉢ 수축공이 없으며 기공과 편석이 많아 질이 떨어진다.

㉣ 탄소 함유량은 보통 0.3%이하의 저 탄소강이 주로 사용된다.

㉤ 구조용 강재 및 피복 아크 용접용 모재 등으로 사용된다.

② **킬드강**

㉠ 레이들 안에서 강력한 탈산제인 페로실리콘, 페로망간, 알루미늄 등을 첨가하여 충분히 탈산시킨 다음 주형에 주입하여 응고시킨다.

㉡ 기포 및 편석은 없으나 헤어 크랙이 생기기 쉽다.

㉢ 상부에 수축공이 생기므로 응고 후에 10 ~ 20%를 잘라 낸다.

㉣ 강으로 재질이 균질하고 기계적 성질이 좋다

㉤ 탄소 함유량은 0.3% 이상이다.

③ 세미킬드강

㉠ 탈산의 정도를 킬드강과 림드강의 중간 정도로 한 것

㉡ 경제성과 기계적 성질이 양자의 중간 정도이며, 일반 구조용 강, 두꺼운 판 등의 소재로 쓰인다.

㉢ 탄소 함유량은 0.15 ~ 0.3%이다.

④ 캡드강

㉠ 페로망간으로 가볍게 탈산한 용강을 주형에 주입한 다음, 다시 탈산제를 투입하거나 주형에 뚜껑을 덮고 비등 교반 운동을 조기에 강제적으로 끝마치게 한 것

㉡ 조용히 응고시킴으로써 내부를 편석과 수축공이 적은 상태로 만든 강

㉢ 캡드 탈산제를 사용한 화학적 캡드강과 주형 뚜껑을 사용하여 만든 기계적 캡드강으로 구분한다.

2. 철강의 분류

(1) **철강의 5대 원소** : C, Si, Mn, P, S

(2) **순철** : 탄소 0.02% 이하를 함유한 철

(3) 강

① 아공석강 : C 0.77% 이하로 페라이트와 펄라이트로 이루어짐

② 공석강 : C 0.77%로 펄라이트로 이루어짐

③ 과공석강 : C 0.77%이상으로 펄라이트와 시멘타이트로 이루어짐

> 펄라이트에서 펄은 진주라는 의미로 페라이트(검정색)와 시멘타이트(흰색)이 서로 중앙으로 되어있어 진주 같다고 해서 붙여진 이름이다.

(4) **주철** : 탄소 2.1 ~ 6.67%를 함유한 철. 그러나 보통 2.5~ 4.5%까지의 것을 말함

① 아공정 주철 : C2.1 ~ 4.3%

② 공정 주철 : C4.3%

③ 과공정 주철 : C4.3% 이상

3. 철강의 성질

(1) 순철

① 담금질이 안 됨, 연하고 약함, 전기재료로 사용

② 인장 강도, 비례 한도, 연신율 등의 성질은 결정립이 작을수록 향상됨

(2) 강

① 제강로에서 제조, 담금질이 잘되고 강도, 경도가 크다.

② 기계 재료로 사용된다.

(3) 주강

① 주조한 강을 말하며 주로 산성 평로에서 제조한다.

② 수축률이 크고 균열이 생기기 쉬운 결점이 있어, 풀림(확산 풀림)을 해야 한다.

③ 기포 발생 방지를 위하여 탈산제를 많이 사용하므로 Mn, Si 등이 잔재한다.

(4) 주철

① 큐폴라(용선로)에서 제조한다.

② 담금질이 안 됨. 경도는 크나 메지므로 주물 재료로 사용된다.

2-3 탄소강

1. 순철

(1) 순철의 특징

① 탄소량이 낮아서 기계 재료로서는 부적당하지만 항장력이 낮고 투자율이 높아서 변압기, 발전기용 철심으로 사용

② 단접성, 용접성 양호

③ 유동성 및 열처리성은 불량

④ 전·연성이 풍부하여 박철판으로 사용된다.

(2) 순철의 변태

① 동소 변태(910℃, 1,400℃)

㉠ A_3변태(912℃) : α철(체심입방격자) ⇔ γ철(면심입방격자)

㉡ A_4변태(1,400℃) : γ철(면심입방격자) ⇔ δ철(체심입방격자)

② 자기변태(768℃)

㉠ A_2변태(768℃) : α철(강자성) ⇔ α철(상자성)

2. 탄소강

(1) 탄소강의 성질

① 탄소강의 성질은 함유된 성분, 열처리 또는 가공 방법에 따라 다르나 표준 상태에서는 주로 탄소의 함유량에 크게 영향을 받는다.

② 인장 강도와 경도는 공석 조직 부근에서 최대이다.

③ 과공석 조직에서는 경도는 증가하나 강도는 급격히 감소한다.

④ 탄소의 함유량에 따라 극연강(0.1%C 이하), 연강(0.1~0.3%C), 반경강(0.3~0.5%C), 경강(0.5~ 0.8%C), 최경강(0.8~2.0%C)으로 분류한다.

(2) 탄소강에서 생기는 취성(메짐)

종류	현 상	원인
청열 취성	강이 200 ~ 300℃로 가열되면 경도, 강도가 최대로 되고 연신율, 단면 수축률은 줄어들게 되어 메지게 되는 것으로 이때 표면에 청색의 산화 피막이 생성된다.	P
적열 취성	고온 900℃이상에서 물체가 빨갛게 되어 메지는 것을 적열 취성이라 한다.	S
상온 취성	충격, 피로 등에 대하여 깨지는 성질로 일명 냉간 취성이라고도 한다.	P

(3) 탄소량과 인장강도의 관계

① 탄소량에 따른 인장 강도 : 20 + 100 × C(%)(C는 탄소 함유량)

② 인장 강도에 따른 경도 : 2.8 × 인장강도

(4) 탄소강의 종류

① 저탄소강 : 탄소량이 0.3%이하의 강으로 가공성이 우수하고, 단접은 양호하다. 하지만 열처리가 불량하다. 극연강, 연강, 반연강이 있다.

② 고탄소강 : 탄소량이 0.3% 이상의 강으로 경도가 우수하고, 열처리가 양호하다. 하지만 단접이 불량하다. 반경강, 경강, 최경강이 있다.

③ 기계 구조용 탄소 강재 : 저탄소강(0.08 ~ 0.23%)구조물, 일반 기계 부품으로 사용한다.

④ 탄소 공구강 : 고탄소강(0.6 ~ 1.5%), 킬드강으로 제조한다.

⑤ 주강 : 수축률이 주철의 2배. 융점(1,600℃)이 높고 강도는 크나 유동성이 작다. 응력, 기포가 발생하여 조직이 억세므로 주조 후 풀림이 필요

⑥ 쾌삭강 : 강에 S, Zr, Pb, Ce 등을 첨가하여 절삭성을 향상시킨 강

⑦ 침탄강 : 표면에 C를 침투시켜 강인성과 내마멸성을 증가시킨 강

표. 탄소 함유량에 따른 탄소강의 용도

종 별	C(%)	인장강도(Mpa)	연신율(%)	용 도
극연강	0.12미만	370 미만	25	강판, 강선, 못, 강관, 리벳
연 강	0.13~0.20	370~430	22	강판, 강봉, 강관, 볼트, 리벳
반연강	0.20~0.30	430~490	20~18	기어, 레버, 강판, 볼트, 너트 강관
반경강	0.30~0.40	490~540	18~14	강판, 차축
경 강	0.40~0.50	540~590	14~10	차축, 기어, 캠, 레일
최경강	0.50~0.70	590~690	10~7	축, 기어, 레일, 스프링, 피아노선
탄소공구강	0.60~1.50	690~490	7~2	목공구, 석공구, 절삭공구, 게이지
표면경화용 강	0.08~0.20	490~440	15~20	기어, 캠, 축

CHECK POINT  **한국산업규격에 따른 탄소강 종류**

1. **냉간 압연 강판(SCP)** : 1종, 2종, 3종이 있다.
2. **열간 압연 강판(SHP)** : SHP1, SHP2, SHP3 이 있다.
3. **일반 구조용 압연강(SS)** : SS330, SS400, SS490, SS540 이 있다.
4. **기계 구조용 탄소강(SM)** : SM0C, SM12C, SM15C, SM17C, SM20C, SM22C, SM25C, SM28C, SM30C, SM33C, SM35C, SM38C, SM40C, SM43C, SM45C(탄소가 0.45%)
5. **탄소 공구강(STC)** : STC1, STC2, STC3, STC4, STC5, STC6, STC7 이 있다.
   단, 불순물로서는 0.25% Cu, 0.25% Ni, 0.3% Cr을 초과해서는 안 된다.
6. **용접 구조용 압연강재** : SM 400A·B·C, SM 490A·B·C, SM 490YA·YB, SM 520B·C, SM 570, SM 490TMC, SM 520TMC, SM 570TMC(용접구조용 압연강재(KS D3515)의 SWS 표기는 한국산업규격의 개정('97. 10. 22)에 의하여 SM으로 변경되었다. 즉 SM 400A, B, C가 있으며, 400은 인장강도를 의미한다.)

(5) 강의 표준 조직

① **페라이트(α, δ)** : 일명 지철이라고도 하며 순철에 가까운 조직으로 극히 연하고 상온에서 강자성체인 체심입방격자 조직이다.

② **펄라이트(α + Fe_3C)** : 726℃에서 오스테나이트가 페라이트와 시멘타이트 층상의 공석정으로 변태된 것으로 페라이트보다 경도, 강도는 크고 어느 정도 연성도 가지고 있으며, 자성이 있다.

③ **오스테나이트(γ)** : γ철에 탄소를 고용한 것. 탄소가 최대 2.11% 고용된 것으로 723℃에서 안정된 조직으로 실온에서는 존재하기 어렵고 인성이 크며 상자성체이다.

④ **시멘타이트(Fe_3C)** : 철에 탄소가 6.67% 화합된 철의 금속간 화합물로 현미경으로 보면 흰색의 침상으로 나타나는 조직으로, 고온의 강중에서 생성하는 탄화철을 말한다. 경도가 높고 취성이 많으며 상온에선 강자성체이다. 또한 1,153℃에서 빠른 속도로 흑연을 분리시키는 특성을 갖는다.

⑤ **레데부라이트** : 4.3% 탄소의 용융철이 1,148℃ 이하로 냉각될 때 2.11% 탄소의 오스테나이트와 6.67% 탄소의 시멘타이트로 정출되어 생긴 공정 주철이며, A_1점 이상에서는 안정적으로 존재하는 조직으로 경도가 크고 메지는 성질을 가진다.(γ + Fe_3C)

(6) Fe – Fe_3C 상태도

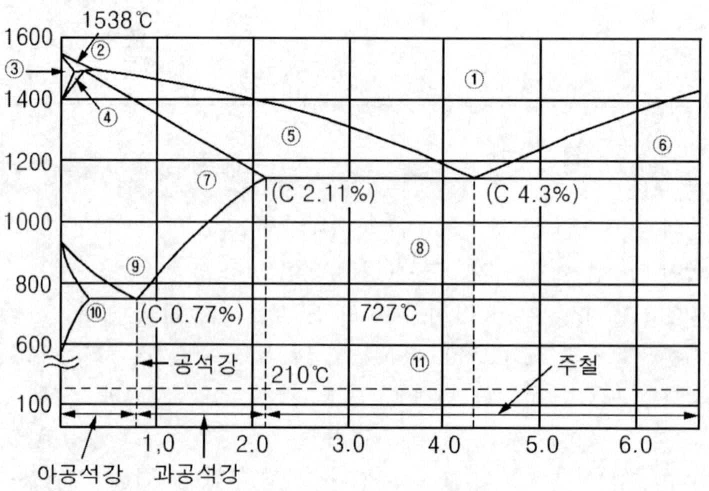

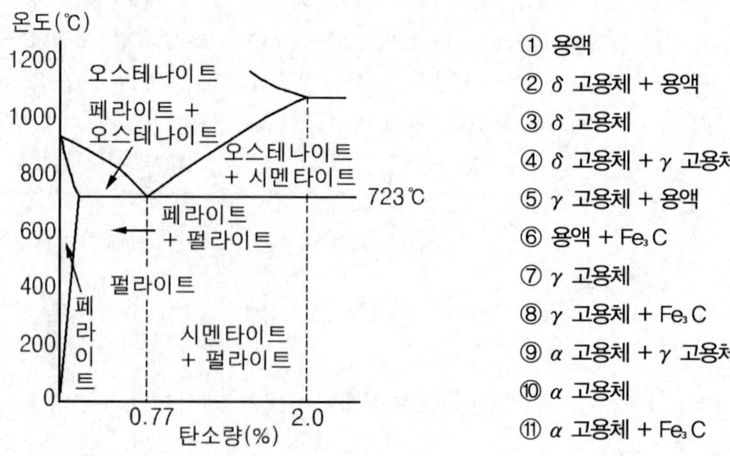

① 용액
② δ 고용체 + 용액
③ δ 고용체
④ δ 고용체 + γ 고용체
⑤ γ 고용체 + 용액
⑥ 용액 + Fe_3C
⑦ γ 고용체
⑧ γ 고용체 + Fe_3C
⑨ α 고용체 + γ 고용체
⑩ α 고용체
⑪ α 고용체 + Fe_3C

그림 1-20 Fe – Fe_3C 상태도

(7) 탄소강의 표준 상태의 성질

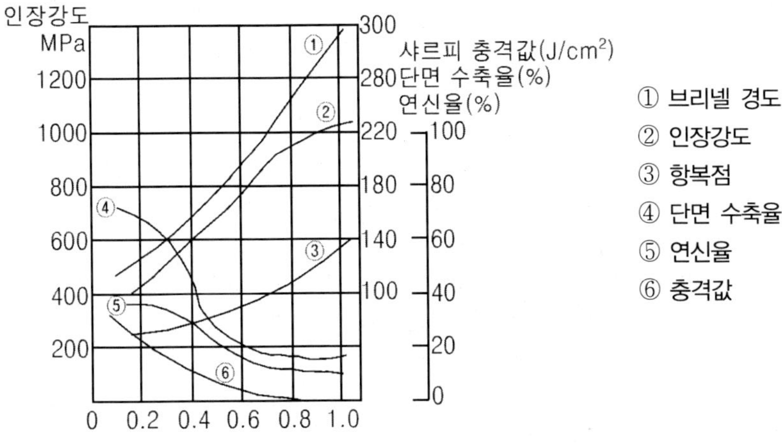

그림 1-21 탄소강의 표준상태

① 물리적 성질과 화학적 성질

㉠ 탄소강의 물리적 성질은 순철과 시멘타이트의 혼합물로서 그 근사 값을 알 수 있으며, 탄소 함유량에 따라 변한다.

㉡ 비중과 선팽창 계수는 탄소의 함유량이 증가함에 따라 감소

㉢ 비열, 전기 저항, 보자력 등은 탄소의 함유량이 증가함에 따라 증가

㉣ 내식성은 탄소의 함유량이 증가할수록 저하

㉤ 시멘타이트 자신은 페라이트보다 내식성이 우수하나 페라이트와 시멘타이트가 공존하게 되면 시멘타이트는 페라이트의 부식을 촉진한다.

㉥ 탄소강에 0.15 ~ 0.25% 정도의 구리를 첨가하면 내식성이 개선된다.

㉦ 탄소강은 알칼리에는 거의 부식되지 않으나 산에는 약하다. 탄소량이 0.2% 이하의 탄소강은 산에 대한 내식성이 있으나 그 이상의 탄소강은 탄소가 많을수록 내식성이 저하된다.

② 기계적 성질

㉠ 아공석강에서는 탄소 함유량이 많을수록 경도와 강도가 증가되지만 연신율과 충격값은 매우 낮아진다.

㉡ 과공석강에서는 망상의 시멘타이트가 생겨 변형이 잘 안되며, 경도 또한 증가된다. 하지만 강도는 오히려 급속히 감소한다.

(8) 탄소 이외 함유 원소의 영향

성분 원소	영　　향
C	• 인장 강도, 경도 항복점 증가 • 연신율, 충격값, 비중, 열전도도는 감소
Mn (0.2 ~ 0.8)	• 인장 강도, 경도, 인성, 점성 증가　　• 연성 감소 • 주조성과 담금질성 향상, 고온 가공성 증가 • 황화철(FeS)의 생성을 막아 황의 해(적열 취성)를 제거, 일반적으로 탈산제로도 사용 • 결정립의 성장 방해
Si 림드강 (0.1% 이하) 킬드강 (0.2 ~ 0.4)	• 인장 강도, 탄성 한도, 경도 증가 • 주조성(유동성) 증가 하지만 단접성은 저하시킴 • 연신율, 충격 값 저하시킴 • 결정립 조대화, 냉간 가공성 및 용접성 저하시킴 • 탈산제
S 쾌삭강 (0.08 ~ 0.35%)	• 인성, 변형률, 충격치가 저하하며 용접성을 저하시킴 • 고온 가공성을 해친다. • 적열 취성의 원인이 된다. • 일반적인 강에서는 0.03% 이하로 제한 • 0.25% 정도 첨가하여 절삭성을 향상
P 공구강 (0.025% 이하)	• 연신율 감소, 균열 발생, 충격값 저하 • 결정립을 거칠게 하며 냉간 가공성 저하 • 청열 취성에 원인
H	• 헤어 크랙 및 은점의 원인, 내부 균열의 원인
Cu	• 부식 저항 증가(내식성 향상)　　• 압연 할 때 균열 발생

비금속 개재물의 영향(Fe_2O_3, FeO, MnS, MnO, Al_2O_3, SiO_2 등)
① 재료 내부에 점 상태로 존재하여 인성을 저하시키고 취성의 원인이 된다.
② 열처리 할 때 개재물로부터 균열이 생긴다.
③ 산화철이나 Al_2O_3, SiO_2 등은 단조나 압연시 균열을 일으키기 쉽고 취성의 원인이 된다.

2-4 합금강(특수강)

1. 합금강의 정의

합금강은 탄소강에 다른 원소를 첨가하여 강의 기계적 성질을 개선한 강을 말하며, 특수한 성질을 부여하기 위하여 사용하는 특수 원소로는 Ni, Mn, W, Cr, Mo, V, Al 등이 있다.

2. 합금강의 특징

① 기계적 성질이 개선된다.
② 내식, 내마멸성이 좋아진다.
③ 고온에서의 기계적 성질 저하를 방지할 수 있다.
④ 담금질성이 개선된다.
⑤ 단접 및 용접성 등이 좋아진다.
⑥ 전·자기적 성질이 개선된다.
⑦ 결정 입자의 성장을 방지한다.

3. 합금강의 분류

(1) 구조용 합금강

탄소강보다 큰 강도 및 우수한 기계적 성질이 요구될 때 크롬, 니켈, 몰리브덴, 망간, 규소 등을 첨가하여 내마멸성을 개선한 것으로 구조용 합금강은 담금질 및 뜨임 처리를 하여 사용하는 것이 보통

분류	종류	특징
강인강 인장강도, 탄성한도, 연율, 충격치 등의 기계적 성질이 우수하고 가공성 및 내식성이 좋다.	Ni강(1.5~ 5%)	• 질량 효과가 적고 자경성을 가진다.
	Cr강(1~ 2%)	• 자경성이 있어 경도 증가, 내마모성 및 내식성 개선
	Mn강 저Mn강 (1~2%)	• 일명 듀콜강, 조직은 펄라이트 • 용접성 우수, 내식성 개선 위해 Cu 첨가
	Mn강 고Mn강 (10~14%)	• 하드 필드강(수인강), 조직은 오스테나이트 • 경도가 커서 내마모재, 광산 기계, 칠드 롤러
	Ni- Cr강 (1% 이하)	• 일명 SNC, 뜨임 취성이 있다. • 850℃에서 담금질하고 600℃에서 뜨임하여 소르바이트 조직
	Ni-Cr-Mo강	• Mo 0.15 ~ 0.3 첨가로 뜨임 취성 • 가장 우수한 구조용강
	Cr-Mo강	• SNC 대용품
	Cr-Mn-Si강	• 크로만실, 철도용, 크랭크축 등
쾌삭강 (피절삭성 향상)	S, Pb	• 강도를 요하지 않는 부분에 사용
표면 경화용강	침탄강	• Ni, Cr, Mo 첨가
	질화강	• Al, Cr, Mo, Ti, V 등 첨가
스프링강 탄성·피로한도 개선	Si-Mn, Cr-Mn, Cr-V, SUS	• 자동차, 내식, 내열 스프링

(2) 공구용 합금강

고온 경도, 내마모성, 강인성이 크며, 열처리가 쉬운 강

분류	종류(성분 원소)	특징
합금 공구강 (STS)	탄소 공구강에 Cr, Ni, W, V, Mo 첨가	• 내마모성 개선, 담금질 효과 개선 • 결정의 미세화
고속도강 (SKH)	W 고속도강 W : Cr : V 18 : 4 : 1	• 600℃ 경도 유지 • 표준형 고속도강으로 일명 H. S. S • 예열 : 800 ~ 900℃ • 1차 경화 1,250 ~ 1,300℃ 담금질 • 2차 경화 550 ~ 580℃에서 뜨임
	Co 고속도강	• 표준형에 Co 3% • 경도 및 점성 증가
	Mo 고속도강	• Mo 첨가로 뜨임 취성 방지
주조 경질 합금	스텔라이트 Co – Cr – W	• 단조가 곤란하여 주조한 상태로 연삭하여 사용 • 절삭 속도는 고속도강의 2배이나 인성은 떨어짐
소결 경질 합금	초경 합금 WC – Co TiC – Co TaC – Co	• Co 점결제, 열처리 불필요 • 수소 기류 중에서 소결 • 1차 소결 : 800 ~ 1,000℃ • 2차 소결 : 1,400 ~ 1,450℃ • D(다이스), G(주철), S(강절삭용) • 내마모성 및 고온 경도는 크나 충격에 약하다.
비금속 초경합금	세라믹(Al_2O_3)	• 1,600℃에서 소결 • 충격에 대단히 약하다. 고온 절삭용
시효 경화 합금	Fe – W – Co	• 뜨임 경도가 높고 내열성이 우수 • 고속도강 보다 수명이 길고 석출 경화성이 크다.

(3) 특수용도 합금강

분류	종류(성분 원소)	특징
스테인리스강 (SUS)	페라이트계 (Cr 13%)	• 강인성 및 내식성이 있다. • 열처리에 의해 경화가 가능하다. • 용접은 가능하다. 자성체이다.
	마텐자이트계	• 13Cr을 담금질하여 얻는다. • 18Cr 보다 강도가 좋다. • 자경성이 있으며 자성체이다. • 용접성이 불량하다.
	오스테나이트계 (Cr(18) – Ni(8))	• 내식, 내산성이 13Cr보다 우수 • 용접성이 SUS중 가장 우수 • 담금질로 경화되지 않는다. 비자성체
내열강	Al, Si, Cr을 첨가 산화피막 형성	• 고온에서 성질이 변하지 않는다. • 열에 의한 팽창 및 변형이 적다. • 냉간·열간 가공, 용접이 쉽다.

분류	종류(성분 원소)	특징
		• 탐켄, 해스텔로이, 인코넬 서미트
자석강(SK)	Si강	• 잔류 자기 항장력이 크다.
베어링강	고탄소 크롬강	• 내구성이 크며, 담금질 직후 반드시 뜨임 필요
불변강	인바(Ni 36%)	• 팽창 계수가 적다. • 표준척, 열전쌍, 시계 등에 사용
	엘린바 (Ni(36) – Cr(12))	• 상온에서 탄성률이 변하지 않음 • 시계 스프링, 정밀 계측기 등
	플래티 나이트 (Ni 10 ~ 16%)	• 백금 대용 • 전구, 진공관 유리의 봉입선 등
	퍼멀로이 (Ni 75 ~ 80%)	• 고 투자율 합금 • 해전 전선의 장하 코일용 등
	기타	• 코엘린바, 초인바, 이소에라스틱

(4) 첨가 원소의 영향

첨가 원소	영향
Ni	강인성과 내식성 및 내산성 증가, 저온 충격 저항 증가
Cr	적은 양에 의하여 경도와 인장강도가 증가하고, 함유량의 증가에 따라 내식성과 내열성 및 자경성이 커지며, 탄화물을 만들기 쉬워 내마멸성을 증가한다. 내식성 증가
Mo	텅스텐과 거의 흡사하나, 그 효과는 텅스텐의 약 2배이다. 담금질 깊이가 커지고, 크리프 저항과 내식성이 커진다. 뜨임 취성을 방지
Mn	적은 양일 때는 거의 니켈과 같은 작용을 하며, 함유량이 증가하면 내마멸성이 커진다. 황의 해를 방지한다. 고온에서 강도 경도 증가, 탈산제
Si	적은 양은 다소 경도와 인장 강도를 증가시키고 함유량이 많아지면 내식성과 내열성이 증가된다. 전기적 특성을 개선하며 탈산제, 유동성을 증가한다.
W	적은 양일 때에는 크롬과 비슷하며, 탄화물을 만들기 쉽고, 경도와 내마멸성이 커진다. 또한 고온 경도와 고온 강도가 커진다. 뜨임 취성을 방지한다.
V	몰리브덴과 비슷한 성질이나, 경화성은 몰리브덴보다 훨씬 더하다. 단독으로는 그렇게 많이 사용하지 않고, 크롬 또는 크롬 – 텅스텐과 함께 있어야 비로소 그 효력이 나타난다.
Cu	석출 경화를 일으키기 쉽고, 내산화성을 나타낸다.
Co	고온 경도와 고온 인장 강도를 증가시키나 단독으로는 사용하지 않는다.
Ti	규소나 바나듐과 비슷하며, 입자 사이의 부식에 대한 저항을 증가시켜 탄화물을 만들기 쉬우며, 결정입자를 미세화시킨다.

2-5 주강

1. 주강의 개요

① 용융한 탄소강 또는 합금강을 주조 방법에 의해 만든 제품을 주강품 또는 강주물이라 하며 그 재질을 주강(cast steel)이라 한다.
② 주강의 탄소량은 0.4 ~ 0.5% 이하를 함유하는 경우가 대부분으로 그 용융 온도가 1,600℃ 전후의 고온이 되기 때문에 주철에 비하여 그 취급이 까다롭다.
③ 주강의 경우는 주철에 비하여 응고 수축이 크다.

2. 주강의 특성

① 탄소 주강의 강도는 탄소량이 많아질수록 커지고 연성은 감소하게 되며, 충격값은 떨어지고 용접성도 나빠진다.
② 망간의 함유량이 증가하면 인장강도는 커지나 탄소에 비해 그 영향은 크지 않다.
③ 탄소 주강은 풀림 또는 불림을 하여 사용한다. 불림을 한 것은 풀림을 한 것 보다 결정립이 미세해져 인장 강도가 높아지고, 연신율도 향상된다.
④ 주철에 비하여 기계적 성질이 우수하고, 용접에 의한 보수가 용이하며, 단조품이나 압연품에 비하여 방향성이 없는 것이 큰 특징이다.

3. 주강의 조직

① 주강은 Fe - C의 합금으로 C의 함유량이 주철에 비해 낮다.
② 주강의 현미경 조직은 C가 0.8% 이하의 경우에는 페라이트와 펄라이트가 존재하고, 펄라이트는 C 함유량이 많을수록 많아진다. C가 0.8% 이상에서는 펄라이트와 유리 시멘타이트로 되는데 C량이 많아질수록 시멘타이트의 양이 많아진다.

4. 주강의 열처리

① 주강품은 주조 상태로서는 조직이 억세고 취약하기 때문에 주조한 다음 반드시 풀림 열처리를 하여 조직을 미세화시킴과 동시에 주조할 때 생긴 응력을 제거하여 사용한다.

② 보통 주강에 실시하는 열처리는 탄소강의 열처리 방법과 같으나 담금질은 합금의 첨가 효과를 높이기 위하여 실시한다. 담금질한 다음에는 내부 응력의 제거와 인성을 부여하기 위하여 뜨임을 한다.

5. 주강의 종류와 용도

(1) 보통 주강(carbon cast steel)

① 보통 주강은 탄소 주강이라고도 하며, 탄소의 함유량에 따라 0.2%이하의 저탄소 주강, 0.2～0.5%의 중탄소 주강, 그 이상의 고탄소 주강으로 구분
② 탈산제로는 규소, 망간, 알루미늄, 티탄 등이 첨가되어 있다.
③ 보통 주강에서는 규소나 망간을 0.5% 이내로 하는 것이 일반적
④ 철도, 조선, 광산용 기계 및 설비 그리고 구조물 및 기계 부품 등의 기계 재료로 사용

(2) 합금 주강(alloy cast steel)

① 합금 주강은 강도 또는 내식성, 내열성 및 내마멸성 등을 향상시키기 위하여 보통 주강에 니켈, 망간, 구리, 몰리브덴, 바나듐 등의 원소를 1종 또는 2종 이상 배합한 주강을 말한다.
② 종류로는 니켈 주강(강인성을 높일 목적), 크롬 주강(강도와 내마멸성이 증가), 니켈－크롬 주강(저합금 주강으로 강도가 크고 인성이 양호), 망간 주강(펄라이트계인 저망간 주강은 열처리하여 제지용 롤 등에 사용)이 있다.

2-6 주철

1. 주철의 개요

① 주철의 탄소 함유량은 2.0～6.68%의 강이다.
② 실용적 주철은 2.5～4.5%의 강이다.
③ 철강보다 용융점(1,150～1,350℃)이 낮아 복잡한 것이라도 주조하기 쉽고 또 값이 싸기 때문에 일반 기계 부품과 몸체 등의 재료로 널리 쓰인다.
④ 전·연성이 작고 가공이 안 된다.
⑤ 비중 7.1～7.3으로 흑연이 많아질수록 낮아진다.

⑥ 담금질, 뜨임은 안 되나 주조 응력의 제거 목적으로 풀림 처리는 가능하다.

⑦ 자연 시효 : 주조 후 장시간 방치하여 주조 응력을 제거하는 것이다.

2. 주철의 장·단점

장 점	단 점
• 용융점이 낮고 유동성(주조성)이 좋다. • 마찰 저항성이 우수하다. • 내식성이 있다. • 가격이 저렴하며 절삭 가공이 된다. • 압축 강도가 크다.(인장강도의 3 ~ 4배)	• 인장 강도와 충격값이 작다. • 상온에서 가단성 및 연성이 없다. • 용접이 곤란하다.

3. 주철의 성장

고온에서 장시간 유지 또는 가열 냉각을 반복하면 주철의 부피가 팽창하여 변형 균열이 발생하는 현상

· Fe_3C의 흑연화에 의한 성장

· A1 변태에 따른 체적의 변화

· 페라이트 중에 고용되어 있는 규소의 산화에 의한 팽창

· 불균일한 가열로 생기는 균열에 의한 팽창

· 흡수된 가스에 의한 팽창

(1) 흑연화

① 촉진제 : Si, Ni, Ti, Al

② 흑연화 방지제 : Mo, S, Cr, V, Mn

(2) 전 탄소량 : 유리 탄소와 화합 탄소를 합친 양

(3) 탄소 4.3% 공정 주철, 1.7 ~ 4.3% 아공정 주철, 4.3%이상 과공정 주철

4. 주철의 조직

(1) 구성 : 펄라이트와 페라이트가 흑연으로 구성

(2) 주철 중의 탄소의 형상

① 유리 탄소(흑연) : 규소가 많고 냉각 속도가 느릴 때 회주철(편상)

㉠ 흑연은 인장 강도를 약하게 하나 흑연의 양, 크기, 모양 및 분포 상태는 주물의 특징인 주조성, 내마멸성 및 절삭성, 인성 등을 좋게 하는데 영향을 끼친다.

㉡ 흑연을 구상화 하면 흑연이 철 중에 미세한 알갱이 상태로 존재하게 되어 주철을 탄소강과 유사한 강인한 조직을 만들 수 있다.

㉢ 안정 평형 상태

② 화합 탄소(Fe_3C) : 규소가 적고 망간이 많으며, 냉각 속도가 빠를 때 백주철(괴상)

㉠ 주철에서 나타나는 상은 흑연을 비롯하여 Fe_3C, MnS, FeS, Fe_3P 등이 있는데 이 중 Fe_3C(시멘타이트)의 경도가 1,100(HV)정도로 가장 단단하다.

㉡ 준안정 평형 상태

(3) **흑연화** : 화합 탄소가 3Fe와 C로 분리되는 것

(4) **흑연화의 영향** : 용융점을 낮게 하고 강도가 작아진다.

5. 마우러 조직 선도

C, Si의 양 냉각 속도에 따른 조직의 변화를 표시한 것

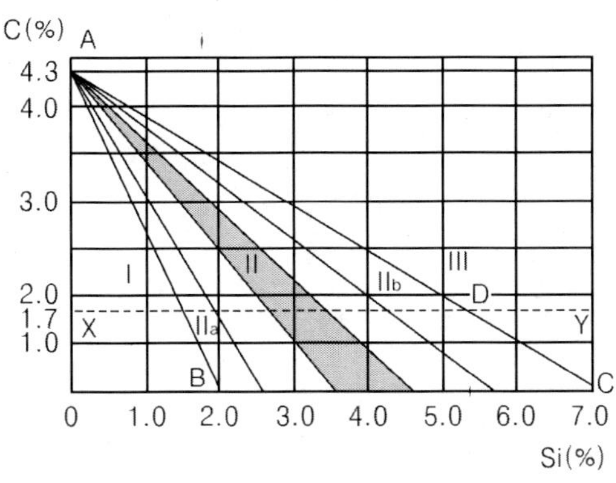

그림 1-22 마우러 조직 선도

(1) 페라이트(ferrite)

페라이트는 철을 주체로 한 고용체로서 주철에 있어서는 규소의 전부, 망간의 일부 및 극히 소량의 탄소를 포함하고 있다.

(2) 펄라이트(pearlite)

단단한 시멘타이트와 연한 페라이트가 혼합된 상이므로 그 성질은 양자의 중간정도이다.

① 백주철(I) : pearlite + cementite

② 반주철(Ⅱa) : pearlite + cementite + 흑연

③ 펄라이트 주철(Ⅱ) : pearlite + 흑연
④ 보통주철(Ⅱb) : pearlite + ferrite + 흑연
⑤ 극연주철(Ⅲ) : ferrite + 흑연 → 페라이트 주철

(③~⑤: 회주철)

(3) 흑연의 모양과 분포

① A형 : 편상 구조로 기계적 성질 우수
② B형 : 장미꽃 형태로 기계적 성질이 나쁘다.
③ C형 : 미세한 흑연 중에 조대한 초정 흑연이 혼합되어 있다.
④ D형 : 미세한 공정 흑연으로 강도 내마멸성이 나쁘다.
⑤ E형 : 수지 상정 간의 편석 형태의 분포를 하고 있으며, 강도는 높지만 굴곡성이 부족하다.

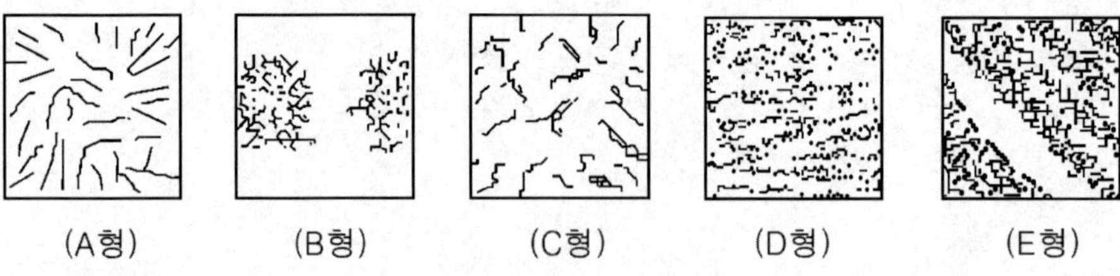

그림 1-23 흑연의 모양

(4) 스테타이트

Fe − Fe_3C − Fe_3P의 3원 공정 조직 내마모성이 강해지나 오히려 다량일 때는 취약해진다.

6. 주철의 성질

(1) 물리적 성질

① 비중은 규소와 탄소가 많을수록 작아지며, 용융 온도는 낮아진다.
② 흑연편이 클수록 자기 감응도가 나빠진다.
③ 투자율을 크게 하기 위해서는 화합 탄소를 적게 하고 유리 탄소를 균일하게 분포시킨다.
④ 규소와 니켈의 양이 증가할수록 고유 저항이 높아진다.

(2) 화학적 성질

① 염산, 질산 등의 산에는 약하나 알칼리에는 강하다.
② 물에 대한 내식성이 매우 좋아 상수도용 관으로 사용한다. 하지만 물이 급속하게 충돌하는 곳에서는 주철은 심하게 침식된다.
③ 바닷물에 대해서는 비교적 내식성이 좋으나 파도 등의 충격을 받으면 침식이 쉽게 일어난다.

(3) 기계적 성질

① 주철은 경도를 측정하여 그 값에 따라 재질을 판단할 수 있으며, 주로 브리넬 경도(HB)로 사용한다. 페라이트가 많은 것은 HB = 80 ~ 120, 백주철의 경우에는 HB = 420 정도이다.

② 주철의 기계적 성질은 탄소강과 같이 화학성분만으로는 규정할 수가 없기 때문에 KS규격에서는 인장강도를 기준으로 분류하고 있으며, 회주철의 경우는 98 ~ 440MPa 범위이다. 하지만 탄소, 규소의 함유량과 주물 두께의 영향을 같이 나타내기 위하여 편의상 탄소 포화도를 사용하며, 얇은 주물을 제외하고는 포화도 Sc = 0.8 ~ 0.9정도의 것이 가장 큰 인장강도를 갖는다.

③ 압축강도는 인장강도의 3 ~ 4배 정도이며, 보통 주철에서는 4배 정도이고 고급 주철일수록 그 비율은 작아진다.

④ 주철은 깨지기 쉬운 큰 결점을 가지고 있다. 하지만 고급 주철은 어느 정도 충격에 견딜 수 있다. 저탄소, 저규소로 흑연량이 적고 유리 시멘타이트가 없는 주철은 다른 주철에 비하여 충격값이 크다.

⑤ 주철 조직 중 흑연이 윤활제 역할을 하고 흑연 자신이 윤활유를 흡수, 보유하므로 내마멸성이 커진다. 크롬을 첨가하면 내마멸성을 증가시킨다.

⑥ 회주철에는 흑연의 존재에 의해 진동을 받을 때 그 에너지를 속히 흡수하는 특성이 있으며, 이 성능을 감쇠능이라 한다. 회주철의 감쇠능은 대단히 양호하며, 강의 5 ~ 10배에 달한다.

(4) 고온에서의 성질

① 주철 조직에 함유되어 있는 시멘타이트는 고온에서는 불안정한 상태로 존재하며, 450 ~ 600℃에 이르면 철과 흑연으로 분해하기 시작하여 750 ~ 800℃에서 $Fe_3C \rightarrow 3Fe + C$로 분해되는데 이를 시멘타이트의 흑연화라 한다.

② 주철은 A1 변태점 이상의 온도에서 장시간 방치하거나 다시 되풀이하여 가열하면 점차로 그 부피가 증가되는 성질이 있는데 이러한 성질을 주철의 성장이라 한다.

③ 주철은 400℃ 정도까지는 상온에서와 같이 내열성을 가지나 400℃를 넘으면 강도가 점차 저하되고 내열성도 나빠진다.

④ 유동성은 용해 후 주형에 주입할 때 주철 쇳물의 흐르는 정도를 나타내는 것으로 탄소, 규소, 인, 망간 등의 함유량이 많을수록 유동성은 증가하나 황은 유동성을 나쁘게 하는 원소

⑤ 주입 후 냉각 응고시에는 부피의 변화가 나타나며, 응고 후에도 온도의 강하에 따라 수축이 생긴다. 수축에 의하여 균열과 수축 구멍 등의 결함이 발생한다.

7. 여러 원소의 영향

첨가 원소	영향
C	주철 중의 탄소는 화합 탄소와 유리 탄소로 존재하며 이것이 합해져 전 탄소량이 된다. 탄소 함유량이 4.3%까지의 범위 안에서는 탄소 함유량의 증가와 더불어 용융점이 저하되며, 주조성이 좋아진다. 화합탄소가 많으면 파단면은 흰색이 되어, 쇳물을 주입할 때의 유동성도 나쁘고 냉각시에 수축이 커진다. 흑연이 많으면 수축이 적게 되고 유동성도 좋아지며, 파단면은 회색이 된다.
Si	규소는 화합 탄소를 분리하여 흑연을 유리시키는 성질이 있어 주철의 질을 연하게 하고 냉각시 수축을 적게 하는데 영향을 끼친다.
Mn	보통 주철에서는 0.4 ~ 1.0% 망간을 함유하고 탈황제로 작용한다. 망간은 황과 화합하여 황화망간으로 되어 용해 금속 표면에 떠오르며, 적은 양은 주철의 재질과는 무관하다. 망간 함유량이 증가함에 따라 펄라이트는 미세해지고, 페라이트는 감소한다.
P	주철 중의 인은 제철 과정에서 광석, 코크스 및 석회석으로부터 들어간다. 인이 들어가면 용융점이 저하되어 유동성은 좋아지나 탄소의 용해도가 저하되어 시멘타이트가 많아지면서 단단하고 취약해지므로 보통 주물에서는 0.5% 이하가 좋다.
S	황은 거의 전부가 선철 제조 과정에서 코크스로부터 들어가게 되는데 망간이 적을 때 황화철로 편석 하여 균열의 원인이 된다. 황은 시멘타이트를 안정시키나 많은 황이 존재하면 메짐성이 증가하며, 강도가 현저히 감소된다. 흑연의 정출을 방해하는 황은 유해 원소로 알려지고 있으며 망간이 0.6% 이상 함유되면 0.12%까지 황은 큰 영향은 없다. 하지만 구상 흑연 주철에서 황이 구상화를 방해하게 되므로 0.03%이하로 제한하고 있다.
Ni	페라이트 속에 잘 고용되어 있으며 강도를 증가시키고, 펄라이트를 미세하게 하여 흑연화를 증가시킨다. 또 흑연을 균일하게 분포시키므로 내열성, 내식성 및 내마멸성을 증가시킨다.
Cr	탄화물을 형성시키는 원소이므로 흑연 함유량을 감소시키는 한편 미세하게 하여 주물을 단단하게 한다. 그러나 시멘타이트의 분해가 곤란하므로 가단주철을 제조할 때에는 크롬의 함유량을 최소화하는 것이 좋다.
Cu	적은 양이면 흑연화 작용을 약간 촉진시키며, 인장 강도와 내산, 내식성을 크게 한다. 그러나 너무 많이 혼입하면 시멘타이트의 분해는 대단히 곤란해지므로 약 0.1 ~ 0.5% 정도로 제한해야 한다.
Mg	흑연의 구상화를 일으키며, 기계적 성질을 좋게 한다. 따라서 구상화 주철은 구상화제로 마그네슘 합금을 사용한다.

8. 주철의 종류

(1) 보통 주철(회주철 GC 1 ~ 3종)

① 인장 강도 10 ~ 20kg/mm^2

② 조직은 페라이트 + 흑연으로 주물 및 일반 기계 부품에 사용

③ C = 3.2 ~ 3.8% Si = 1.4 ~ 2.5% Mn = 0.4 ~ 1.0%, P = 0.3 ~ 0.8%, S 〈 0.06%

(2) 고급 주철(회주철 GC : 4 ~ 6)

① 펄라이트 주철을 말한다.

② 인장강도 25kg/mm²이상

③ 고강도를 위하여 C, Si량을 작게 한다.

④ 조직펄라이트 + 흑연으로 주로 강도를 요하는 기계 부품에 사용

⑤ 종류는 란쯔, 에멜, 코살리, 파워스키, 미하나이트 주철이 있다.

(3) 특수 주철의 종류

종 류	특 징
미하나이트 주철	• 흑연의 형상을 미세 균일하게 하기 위하여 Si, Si – Ca 분말을 첨가하여 흑연의 핵형성을 촉진한다. • 인장강도 35 ~ 45kg/mm² • 조직 : 펄라이트 + 흑연(미세) • 담금질이 가능하다. • 고강도 내마멸, 내열성 주철 • 공작기계 안내면, 내연 기관 실린더 등에 사용
특수 합금 주철	• 특수 원소 첨가하여 강도, 내열성, 내마모성 개선 • 내열 주철(크롬 주철) : Austenite 주철로 비자성 니크로실날 • 내산 주철(규소 주철) : 절삭이 안되므로 연삭 가공에 의하여 사용 • 고력 합금 주철 : 보통 주철 + Ni(0.5 ~ 2.0%) + Cr + Mo의 에시큘러 주철이 있다.
칠드 주철	• 용융 상태에서 금형에 주입하여 접촉면을 백주철로 만든 것 • 각종의 롤러 기차 바퀴에 사용한다. • Si가 적은 용선에 망간을 첨가하여 금형에 주입
구상흑연 주철 (노듈러 주철) (덕타일 주철)	• 용융 상태에서 Mg, Ce, Mg – Cu 등을 첨가하여 흑연을 편상에서 구상화로 석출시킨다. • 기계적 성질 : 인장 강도는 50 ~ 70kg/mm²(주조 상태), 풀림 상태에서는 45 ~ 55kg/mm²이다. 연신율은 12 ~ 20% 정도로 강과 비슷하다. • 조직은 Cementite형(Mg 첨가량이 많고 C, Si가 적으며, 냉각 속도가 빠를 때) Pearlite형(Cementite와 Ferrite의 중간), Ferrite 형(Mg양이 적당, C 및 특히 Si가 많고, 냉각 속도 느릴 때) 만들어진다. • 성장도 적으며, 산화되기 어렵다. • 가열 할 때 발생하는 산화 및 균열 성장을 방지
가단 주철	• 백심 가단주철(WMC) 탈탄이 주목적. 산화철을 가하여 950℃에서 70 ~ 100시간 가열 • 흑심 가단주철(BMC) Fe_3C 의 흑연화가 목적 – 1단계 (850 ~ 950℃ 풀림) 유리 Fe_3C →흑연화 – 2단계 (680 ~ 730℃ 풀림) Pearlite 중에 Fe_3C →흑연화 • 고력 펄라이트 가단 주철 (PMC) 흑심 가단 주철에 2단계를 생략한 것 • 가단주철의 탈탄제 : 철광석, 밀 스케일, 헤어 스케일 등의 산화철을 사용

(4) 주철의 열처리

① 주조 후 장기간 방치하여 두면 주조 응력이 없어지는 경우가 있는데 이를 자연시효라 한다.

② 주조 응력을 제거하려면 풀림 열처리(500 ~ 600℃)하면 된다.

열처리

3-1 일반 열처리

1. 열처리의 목적

금속을 적당한 온도로 가열 및 냉각시켜 특별한 성질을 부여하는데 있다.

2. 담금질(Quenching)

(1) 강을 A_3 변태 및 A_1선 이상 30 ~ 50℃로 가열한 후 수냉 또는 유냉으로 급랭시키는 방법

(2) 조직

① 마텐자이트(Martensite) : 강을 수냉한 침상 조직으로 강도는 크나 취성이 있다.

② 트루스타이트(Troostite) : 강을 유냉한 조직으로 α- Fe과 Fe_3C의 혼합 조직

③ 소르바이트(Sorbite) : 공냉 또는 유냉 조직으로 α- Fe과 Fe_3C의 혼합조직이다. 강도와 탄성을 동시에 요구하는 구조용 재료로 사용한다.

④ 오스테나이트(Austenite) : α - Fe과 Fe_3C의 침상 조직으로 노중 냉각하여 얻는 조직으로 연성이 크고, 상온 가공과 절삭성이 양호하다.

(3) 서브제로 처리(심랭 처리)

담금질 직후 잔류 오스테나이트를 없애기 위해서 0℃ 이하로 냉각하는 것으로 치수의 정확을 요하는 게이지 등을 만들 때 심랭 처리를 하는 것이 좋다.

(4) 질량 효과

재료의 크기에 따라 내·외부의 냉각 속도가 틀려져 경도가 차이나는 것을 질량 효과라 한다. 일반적으로 탄소강은 질량 효과가 크며 니켈, 크롬, 망간, 몰리브덴 등을 함유한 특수강은 임계 냉각 속도가 낮으므로 질량 효과도 작다. 또한 질량 효과가 작다는 것은 열처리가 잘된다는 것이다.

(5) 경화능 시험

재료에 따라 담금질이 어느 정도 잘되느냐 하는 성질을 나타낼 때 경화능이라 하고 강의 열처리 효과는 경화능과 담금질재의 냉각능에 의해 결정된다. 주로 시험 방법은 조미니 시험이 널리 쓰이고 있다.

(6) 각 조직의 경도 순서

M(마텐자이트) > T(트루스타이트) > S(소르바이트) > P(펄라이트) > A(오스테나이트) > F(페라이트)

(7) 냉각 속도에 따른 조직 변화 순서

M(수냉) > T(유냉) > S(공랭) > P(노냉) 이 중 Pearlite는 열처리 조직이 아님

(8) 담금질 액

① 소금물 : 냉각 속도가 가장 빠르다.
② 물 : 처음은 경화능이 크나 온도가 올라 갈수록 저하한다.
③ 기름 : 처음은 경화능이 작으나 온도가 올라갈수록 커진다.
④ 염화나트륨 10% 또는 수산화나트륨 10% 용액 냉각 능력이 크다.

3. 뜨임(Tempering)

(1) 담금질된 강을 A1 변태점 이하로 가열 후 냉각시켜 담금질로 인한 취성을 제거하고 경도를 떨어뜨려 강인성을 증가시키기 위한 열처리이다.

(2) 뜨임의 종류

① 저온 뜨임 : 내부 응력만 제거하고 경도 유지 150℃
② 고온 뜨임 : Sorbite 조직으로 만들어 강인성 유지 500~600℃

(3) 뜨임 조직의 변화

조직의 변화	뜨임 온도(℃)
α－마텐자이트 → β－마텐자이트	100~200
마텐자이트 → 트루스타이트	250~400
트루스타이트 → 소르바이트	400~600
소르바이트 → 펄라이트	650

(4) 뜨임 취성의 종류

① 저온 뜨임 취성 : 300 ~ 350℃ 정도에서 충격치가 저하되는 현상

② 뜨임 시효 취성 : 500℃ 정도에서 시간의 경과와 더불어 충격치가 저하되는 현상으로 Mo 첨가로 방지 가능

③ 뜨임 서냉 취성 : 550 ~ 650℃ 정도에서 수냉 및 유냉한 것보다 서냉하면 취성이 커지는 현상

4. 불림(Normalizing)

① 조직을 표준화 즉 균일화하기 위하여 공냉한다.

② A3 또는 Acm 변태점 이상 30 ~ 50℃의 온도 범위로 일정시간 가열해서 미세하고 균일한 오스테나이트로 만든 후 공기 중에서 서냉시키면 미세한 α고용체와 Fe_3C로 조직이 변하여 기계적 성질이 향상된다.

③ 불림에서 유의점은 서서히 가열하여 국부적인 가열을 피하고 강재의 크기에 따라 적당한 가열 시간을 유지하며, 필요 이상의 고온 가열이나 장시간 가열을 하지 않는다.

탄소량(%)	불림온도(℃)
0.16이하	925
0.17 ~ 0.34	875
0.35 ~ 0.54	850
0.55 ~ 0.79	830

5. 풀림(Annealing)

재질의 연화 및 응력제거를 목적으로 노내에서 서냉한다.

(1) 풀림의 목적

강을 연하게 하여 기계 가공성 향상(완전 풀림), 내부 응력을 제거(응력 제거 풀림), 기계적 성질을 개선(구상화 풀림)

(2) 풀림의 종류

① 고온 풀림

㉠ 완전 풀림 : A_3또는 A_1변태점 보다 30 ~ 50℃ 높은 온도로 가열하고 일정시간 유지한 다음 노 안에서 아주 서서히 냉각시키면 변태에 의하여 거칠고 큰 결정 입자가 붕괴되어 새로운 미세한 결정 입자가 되며, 내부 응력도 제거되어 연화된다.

㉡ 확산 풀림 : 강의 오스테나이트를 A_3선 또는 Acm선 이상의 적당한 온도로 가열한 다음 장시간 유지하면 결정립 내에 질어진 탄소, 인, 황 등의 원소가 확산되면서 농도차가 작아진다. 온도는 보통 1,200 ~ 1,300℃이다.

㉢ 항온 풀림

② 저온 풀림

㉠ 응력 제거 풀림 : 주조, 단조, 압연, 용접 및 열처리에 의해 생긴 열응력과 기계가공에 의해 생긴 내부 응력을 제거할 목적으로 150 ~ 600℃정도의 비교적 낮은 온도에서 실시하는 풀림

㉡ 구상화 풀림 : 구상화 열처리는 A_1변태점 바로 아래나 위의 온도에서 일정 시간을 유지한 다음 서냉하면 시멘타이트는 미세하게 분리되면서 계면 장력에 따라 구상화된다.

㉢ 가공 도중 재료를 연화시키는 연화 풀림 또는 중간 풀림

3-2 특수 열처리

1. 항온 열처리

(1) **효과** : 담금질과 뜨임을 같이 하므로 균열 방지 및 변형 감소의 효과가 있다.

(2) **방법** : 강을 Ac_1변태점 이상으로 가열한 후 변태점 이하의 어느 일정한 온도로 유지된 항온 담금질욕 중에 넣어 일정한 시간 항온 유지 후 냉각하는 열처리이다.

(3) **특징** : 계단 열처리 보다 균열 및 변형 감소와 인성이 좋다. 특수강 및 공구강에 좋다.

(4) 종류

① 오스템퍼 : 베이나이트 담금질로 뜨임이 불필요하다.

② 마템퍼 : 마텐자이트와 베이나이트의 혼합조직으로 충격치가 높아진다.

③ 마퀜칭 : S곡선의 코 아래에서 항온 열처리 후 뜨임으로 담금 균열과 변형이 적은 조직이 된다.

④ 타임퀜칭 : 수중 혹은 유중 담금질하여 300 ~ 400℃ 정도 냉각시킨 후 다시 수냉 또는 유냉 하는 방법

⑤ 항온 뜨임 : 뜨임 작업에서 보다 인성이 큰 조직을 얻을 때 사용하는 것으로 고속도강, 다이스강의 뜨임에 사용한다.

⑥ 항온 풀림 : S곡선의 코 혹은 다소 높은 온도에서 항온 변태 후 공랭하여 연질의 펄라이트를 얻는 방법

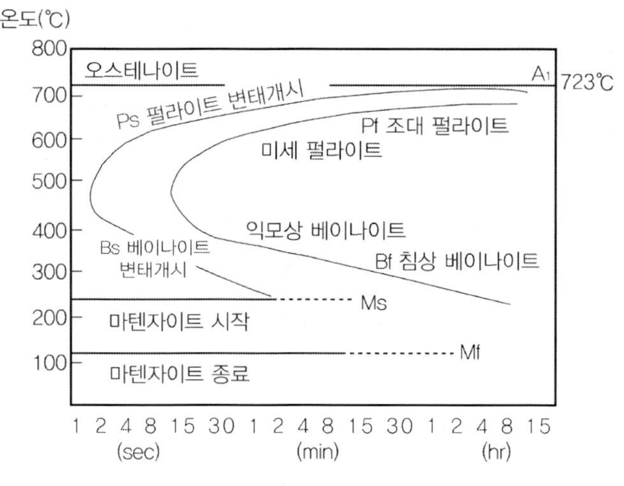

그림 1-24 S곡선

임계 냉각 속도 : 마텐자이트 변태는 어느 한도 이상의 냉각 속도가 아니면 변태가 일어나지 않는 것

2. 표면 경화법

(1) 침탄법

① 고체 침탄법 : 침탄제인 코크스 분말이나 목탄과 침탄 촉진제(탄산바륨, 적혈염, 소금)를 소재와 함께 900~950℃로 3 ~ 4시간 가열하여 표면에서 0.5~2mm의 침탄층을 얻음.

② 액체 침탄법 : 침탄제인 NaCN, KCN에 염화물 NaCl, KCl, $CaCl_2$등과 탄화염을 40 ~ 50%첨가하고 600 ~ 900℃에서 용해하여 C와 N가 동시에 소재의 표면에 침투하게 하여 표면을 경화시키는 방법으로 침탄 질화법이라고도 한다.

③ 가스 침탄법 : 메탄가스, 프로판 가스 등 탄화수소계 가스로 가득 찬 노 안에 놓고 일정 시간 가열하여 소재 표면으로 탄소의 확산이 이루어지게 하는 침탄법이다. 가스 침탄법은 침탄 온도, 기체 공급량, 기체 혼합비 등의 조절로 균일한 침탄층을 얻을 수 있고 작업이 간편하며, 열효율이 높고 연속적으로 침탄 온도에서의 직접 담금질이 가능하다는 장점이 있어 공업적으로 다량 침탄을 할 때 이용된다. 침탄 조작 즉, 고온가열이 완료된 후에는 일단 서냉시킨 다음 1차·2차 담금질, 뜨임을 한다.

(2) 질화법

암모니아(NH_3)가스를 이용하여 520℃에서 50 ~ 100시간 가열하면 Al, Cr, Mo 등이 질화되며, 질화가 불필요하면 Ni, Sn 도금을 한다.

(3) 침탄법과 질화법의 비교

비교 내용	침탄법	질화법
경도	작다.	크다.
열처리	필요	불필요
변형	크다.	적다
수정	가능	불가능
시간	단시간	장시간
침탄층	단단하다.	여리다.

(4) 금속 침탄법

내식, 내산, 내마멸을 목적으로 금속을 침투시키는 열처리

① 세라 다이징 : Zn

② 크로마이징 : Cr

③ 칼로라이징 : Al

④ 실리코 나이징 : Si

(5) 화염 경화법

산소 – 아세틸렌 화염으로 표면만 가열하여 냉각시켜 경화

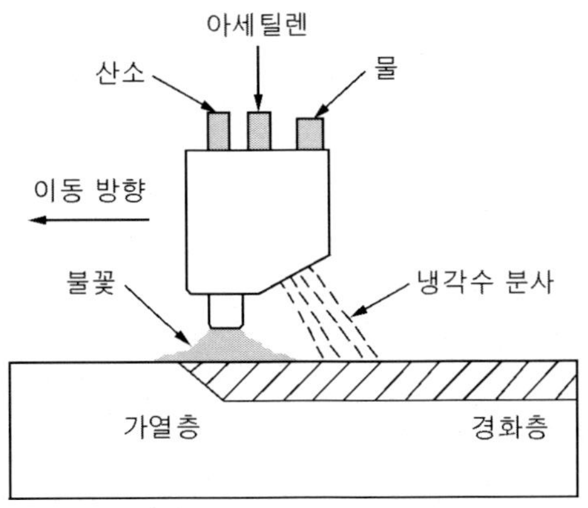

그림 1-25 화염경화법

(6) 고주파 경화법

고주파 열로 표면을 열처리하는 방법으로 경화 시간이 짧고 탄화물을 고용시키기가 쉽다. 고주파 경화법은 가열 후 수냉을 하고, 특히 이동 가열에서는 분수 냉각법이 사용된다. 복잡한 형상의 소재도 쉽게 적응할 수 있고, 소요 시간이 짧아 많이 사용되고 있다.

(7) 기타

① 하드 페이싱 : 소재의 표면에 스텔라이트나 경합금 등을 융접 또는 압접으로 용착시키는 표면 경화법

② 숏 피닝 : 소재 표면에 강이나 주철로 된 작은 입자(∅0.5 ~ 1.0mm)들을 고속으로 분사시켜 가공 경화에 의하여 표면의 경도를 높이는 경화법으로 숏 피닝을 하면 휨과 비틀림의 반복 하중에 대한 피로 한도는 현저히 증가되나 인장 강도와 압축강도는 거의 증가하지 않는다.

③ 방전 경화법 : 피경화재의 철강 표면과 경화용 초경 합금 전극 사이에 주기적으로 불꽃 방전을 일으켜 공구, 기타 내구성을 필요로 하는 기계 부품의 표면을 경화하는 방법

비철금속재료

알루미늄과 그 합금

1. 알루미늄의 제조

① 보크사이트($Al_2O_3 \cdot 2H_2O$) + 수산화나트륨(NaOH) → 알루미나(Al_2O_3)를 만들고 이것을 전기 분해하여 순도 99.99%인 것을 얻는다.

② 명반석, 토혈암 등에서도 제조한다.

③ 불순물로는 철, 구리, 규소 등이 함유되어 있으며, 마그네슘, 베릴륨 다음으로 가볍고, 지구상에 규소 다음으로 많이 존재하는 원소이다.

④ 다른 금속과 잘 합금되며, 주조도 가능하다.

2. 알루미늄의 성질

(1) 물리적 성질

① 비중 2.7 용융점 660℃ 변태점이 없으며, 색깔은 은백색이다.

② 열 및 전기의 양도체로 전기 전도율은 구리의 60% 이상이므로 송전선으로 많이 사용한다. 전기 전도율을 감소시키는 불순물로 Si, Cu, Ti, Mn 등을 들 수 있다.

(2) 화학적 성질

① 알루미늄은 대기 중에서 쉽게 산화되지만 그 표면에 생기는 산화알루미늄(Al_2O_3)의 얇은 보호 피막으로 내부의 산화를 방지한다.

② 내식성을 저하하는 불순물로는 구리, 철, 니켈 등이 있다.

③ 마그네슘과 망간 등은 내식성에 거의 영향을 끼치지 않는다.

④ 황산, 묽은 질산, 인산에는 침식되며, 특히 염산에는 침식이 대단히 빨리 진행된다.
⑤ 80% 이상의 진한 질산에는 침식에 잘 견디며, 그 밖의 유기산에는 내식성이 좋아 화학 공업용으로 널리 쓰인다.

(3) 기계적 성질

① 전·연성이 풍부하며 400 ~ 500℃에서 연신율이 최대이다.
② 풀림 온도 250 ~ 300℃이며 순수한 알루미늄은 주조가 안 된다.
③ 알루미늄은 순도가 높을수록 강도, 경도는 저하하지만 철, 구리, 규소 등의 불순물 함유량에 따라 성질이 변한다.
④ 다른 금속에 비하여 냉간 또는 열간 가공성이 뛰어나므로 판, 원판, 리벳, 봉, 선 등으로 쉽게 소성 가공할 수 있다. 경도와 인장 강도는 냉간 가공도의 증가에 따라 상승하나 연신율은 감소한다.

3. 알루미늄의 특성과 용도

① Cu, Si, Mg 등과 고용체를 만들며 열처리로 석출 경화, 시효 경화시켜 성질을 개선한다.
② 송전선, 전기 재료, 자동차, 항공기, 폭약 제조 등에 사용한다.
③ 석출 경화 : 알루미늄의 열처리 법으로 급랭에서 얻은 과포화 고용체에서 과포화된 용해물을 석출시켜 안정화시킴. 석출 후 시간의 경과에 따라 시효 경화된다.
④ 인공 내식 처리법 : 알루마이트법, 황산법, 크롬산법

4. 알루미늄 합금의 종류

(1) 주조용 알루미늄 합금

알루미늄의 합금 주물은 철강 주물보다 가벼우므로 자동차 부품을 비롯하여 산업 기계, 전기 기구, 통신 기구, 위생 용기 등에 널리 사용된다. 주형은 모래형, 셀형, 금형 등이 주로 사용되며, 최근에는 금형 주조가 발달하여 피스톤, 실린더 헤드 커버 등의 기계 부품에 이용되고 있다.

① Al – Cu

㉠ 4% 구리 합금을 500℃ 부근까지 가열한 후 담금질하면 제 2상이 석출할 수 있는 시간적인 여유가 없으므로 2상으로 되지 않고 과포화 상태의 고용체가 상온에서 얻어진다. 이러한 열처리를 용체화 처리라 한다.

㉡ 이 과포화 고용체는 상온에서 대단히 불안정하므로 제 2상을 석출하려는 경향이 있으며, 시간의 경과에 따라 강도, 경도가 증가하여 상온 시효를 일으킨다. 또 상온보다 조금 높은 온도(100 ~ 150℃)에서는 시효 경화가 촉진되는데 이것을 인공 시효라 한다.

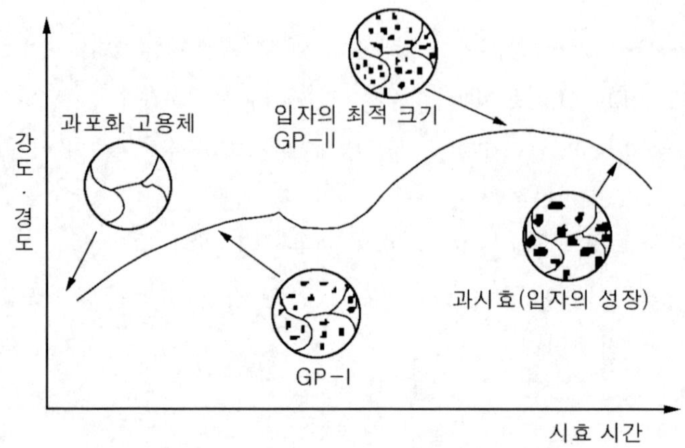

그림 1-26 **시효시간에 따른 경도/강도 변화**

㉢ 그림에서 보는 바와 같이 시효 시간에 따른 경도, 강도의 변화는 세 가지의 다른 석출 구조에 의함을 알 수 있다. 경화는 미세한 중간상의 석출물 형성인 Ⅰ단계와 Ⅱ단계에 의한 것이며, θ상의 안전상 석출이 일어나는 단계에서는 이미 과시효가 되어 경도는 저하하기 시작한다. 이와 같이 석출물에 의한 강화 현상은 Al - Cu - Mg계, Al - Zn계 등에도 있다.

㉣ 주조성, 절삭성이 개선되지만 고온 메짐, 수축 균열이 있다. 주조시에 고온에서 발생하는 균열은 1% 정도의 규소를 첨가하면 억제할 수 있다. 망간, 니켈 등을 첨가하면 고온 강도가 현저히 개선된다.

㉤ 인장 강도는 구리 함유량의 증가와 함께 상승하지만 연신율은 감소하며, 최대 인장 강도는 구리 함유량이 4 ~ 5%일 때가 적당하다.

㉥ 알루미늄 - 구리계 합금은 과거에는 8%의 구리 또는 12% 구리 합금이 강도와 경도가 높고 내마멸성 및 열전도율이 좋아 공랭 실린더, 피스톤 등에 사용되었으나, 최근에는 4.5% 구리 합금이 주조성이 좋고 열처리에 의해서 강도가 현저히 증가한다고 알려져 있다.

㉦ 자동차 하우징, 버스 및 항공기 바퀴, 스프링, 크랭크 케이스에 사용.

② Al – Si

㉠ 이 합금은 10 ~ 14%의 Si가 함유된 실루민으로 대표적인 주조용 알루미늄 합금이다.

㉡ 아래 그림에서 알 수 있듯이 576℃에서는 알루미늄에 대한 규소의 용해도가 너무 적으므로 열처리에 의한 강도 향상을 기대할 수 없다.

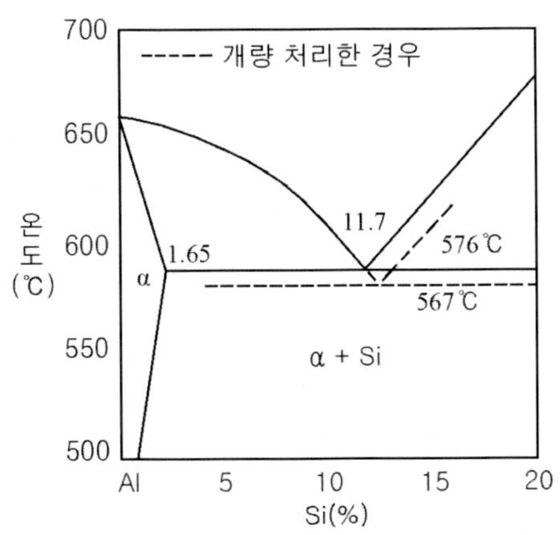

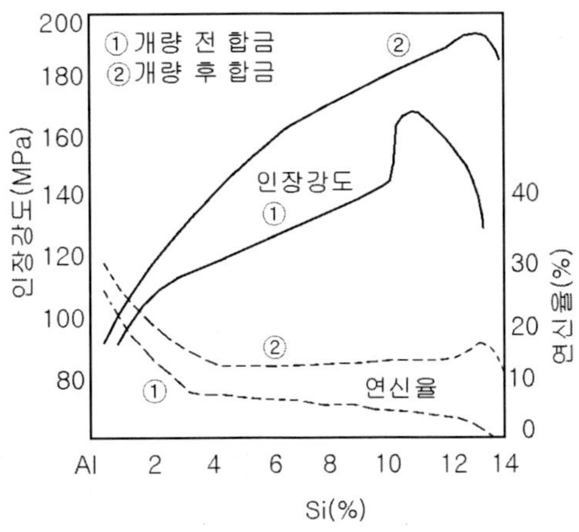

그림 1-27 **규소의 영향**

㉢ 실루민은 주조시 모래형과 같이 냉각 속도가 느리면 규소가 편석하며, 결정립경이 커지기 쉬우므로 기계적 성질이 좋지 않게 된다. 따라서 주조할 때 0.05 ~ 1%의 금속 나트륨을 첨가하면 기계적 성질이 개선되는데 이를 개량 처리라 한다.

③ Al – Cu – Si : 라우탈이라 하며 Si 첨가로 주조성 향상, Cu 첨가로 절삭성이 향상된다.

CHECK POINT 개질(개량) 처리방법

① 열처리 효과가 없고 개질 처리(규소의 결정을 미세화)로 성질을 개선한다.

② 개질 처리 방법 : 금속 나트륨 첨가법, 불소 첨가법, 수산화나트륨, 가성소다를 사용하는 방법

- 실루민은 기계적 성질이 우수하고 수축 여유가 비교적 적으며, 유동성이 좋을 뿐 아니라, 용융 온도가 낮아 주조성이 좋으므로 얇고 복잡한 모래형 주물에 많이 이용된다.
- 내식성은 순 Al과 비슷하며, 비중이 작고, 열팽창 계수는 Al 합금 중에서 가장 작다.
- 단점으로는 항복 강도, 고온 강도, 피로 강도가 작고 절삭성이 나쁘다.
- 실루민에 소량의 Mg(1%이하)을 첨가하여 시효성을 부여한 γ실루민(9% Si, 0.5% Mg)과 실루민에 구리를 넣어서 시효성을 부여한 구리 실루민(9% Si, 3% Cu) 등이 있다.

(2) 내열용 알루미늄 합금

① Al(92.5%) – Cu(4%) – Ni(2%) – Mg(1.5%)

㉠ Y합금이라 하며 대표적인 내열합금으로 내연기관의 실린더에 사용한다.

㉡ Y합금에는 구리나 니켈을 적게 넣고 그 대신 철, 규소 및 소량의 티탄을 넣은 영국의 히디미늄 RR50 및 RR53이 있다.

㉢ RR50은 주조성이 좋으므로 실린더 블록, 크랭크 케이스 등 복잡한 대형 주물에 사용되고, RR53은 강도가 크고 내열성이 좋으므로 피스톤, 실린더 헤드 등과 같은 내열 기관의 고온 부품에 사용된다.

② Al(12%) – Si(1%) – Cu(1%) – Mg(1.8%) – Ni

㉠ Lo-Ex라 하며, 열팽창 계수 및 비중이 작고 내마멸성 및 고온 강도가 큰 특징이 있다.

㉡ 내열성이 우수하나 Y합금 보다 열팽창 계수가 작다.

㉢ Na으로 개량 처리 및 피스톤 재료로 사용

③ 다이캐스트용 합금(ALDC 1 ~ ALDC 9)

㉠ 다이 캐스팅은 기계 가공에 의해 제작된 견고한 금형에 용융 상태의 합금을 가압 주입하여 치수가 정확한 동일형의 주물을 대량 생산하는 방법

㉡ 유동성이 좋고 열간 취성이 적으며, 응고 수축에 대한 용탕 보급성이 좋고 금형에 잘 부착하지 않아야 한다.

㉢ 1,000℃ 이하의 저온 용융 합금이며 Al – Si – Cu계, Al – Si계, Al – Mg계 합금을 사용하여 금형에 주입시켜 만든다.

(3) 내식용 알루미늄 합금

① Al – Mg(10% ~ 12%)

㉠ 대표적인 것이 하이드로날륨으로 Al – Mg(10% ~ 12%)의 합금이다.

㉡ 다른 주물용 알루미늄 합금에 비하여 내식성, 강도, 연신율이 우수하고 절삭성이 매우 좋다.

㉢ 응고 온도 범위가 넓으므로 조직이 편석되기 쉽고 또 고온에서 Mg의 고용도가 높아지므로 400℃에서 풀림하면 강도와 연성이 향상된다.

㉣ 실용 범위는 마그네슘의 12% 정도이며, 10% 정도의 마그네슘을 함유한 알루미늄 합금은 425℃에서 20시간 이상 가열하여 공랭시키면 강도가 높아진다.

② 기타 : 알민(Al – Mn), 알드리(Al – Mg – Si) 등이 있다.

(4) 가공용 알루미늄 합금

두랄루민계(Al – Cu – Mg, Al – Zn – Mg)의 고강도 합금계와 (Al – Mn, Al – Mg, Al – Mg – Si) 내식성 합금계로 나눌 수 있다.

① 두랄루민(4.0% Cu, 0.5% Mg, 0.5% Mn, 95% Al)

㉠ 단조용 알루미늄 합금의 대표로 고강도 이다.

㉡ Al – Cu – Mg – Mn이 주성분이며, Si는 불순물로 함유된다.

㉢ 고온(500 ~ 510℃)에서 용체화 처리한 다음 물에 담금질하여 상온에서 시효시키면 기계적 성질이 향상된다. 이 합금계는 2017합금계이다.

② 초두랄루민(SD 4.5% Cu, 1.5% Mg, 0.6% Mn, 93.4% Al) : 2024계 합금으로 2017 합금을 개량한 것으로 두랄루민 보다 Mg은 증가, Si는 감소시킨다. 항공기의 주요 구조 재료나 리벳 등에 사용된다.

③ 초강 두랄루민(ESD 1.6% Cu, 5.6% Zn, 2.5% Mg, 0.2% Mn, 0.3% Cr)

㉠ 2000번계 알루미늄 합금에 비하여 시효 경화 상태에서는 연신율이 약간 낮지만 인장 강도가 높아 주로 항공기용 재료로 사용된다.

㉡ 이 합금에서 $MgZn_2$가 5% 이상이면 시효 경화성이 현저하여 고강도 합금으로 매우 적합하다. 하지만 내식성이 좋지 못하며 특히 바닷물에 대한 내식성은 순 알루미늄의 ⅓정도 이다.

㉢ 응력 부식에 의하여 자연 균열을 일으키는 경향이 있으므로 이것을 방지하기 위하여 Cr 또는 Mn을 0.2 ~ 0.3% 첨가하고 있다. 열처리는 450℃에서 용체화 처리를 하여 약 120℃에서 24시간 인공 시효하여 경화시킨다.

④ 내식성 알루미늄 합금

㉠ Mn, Mg, Si 등을 소량 첨가하여 만든 합금으로 내식성에는 나쁜 영향을 끼치지 않고 강도를 개선한다.

㉡ Cr은 응력 부식 균열을 방지하는 효과가 있으며 Cu, Ni, Fe 등은 내식성을 약화시키는 원소이다.

4-2 구리와 그 합금

1. 구리의 제련

① 황동광, 휘동광, 반동강, 적동광(구리광석) → 용광로 → 매트 → 전로 → 조동)

② 조동을 전기 정련하면 전기 구리, 반사로에서 정련하면 형구리이다.

2. 구리의 종류

① **전기 구리** : 전기 분해에 의해서 얻어진 것으로, 순도 99.99% 이상의 것도 있지만 불순물로서 Sb, As, S 등이 들어가기 쉽고 H_2도 포함되어 있어 전기 구리 그대로는 취약하다.

② **정련 구리** : 전기 구리를 용융 정제하여 구리 중의 산소를 0.02 ~ 0.04% 정도로 함유한 것이다. 정련 구리는 전기 및 열전도율이 대단히 좋고 또 내식성, 전연성이 좋으며, 강도가 커서 판, 선, 봉으로 가공하여 널리 사용한다.

③ **탈산 구리** : 정련 구리는 0.03% 정도의 산소를 불순물로서 포함하고 있으므로 P으로 탈산하여 산소 함유량을 0.02% 이하 낮춘 것이 탈산 구리이며, 판 또는 관으로 사용한다.

④ **무산소 구리** : 산소나 탈산제를 포함하지 않은 고순도의 구리를 말하며, 산소량이 0.001~0.002% 정도이다. 이 구리는 정련 구리와 탈산 구리의 장점을 합한 것으로 전도율과 가공성이 좋으므로 주로 전자 기기에 사용된다.

3. 구리의 성질

(1) 물리적 성질

① 비자성체이며 전기와 열의 양도체이다. 은 다음으로 전도율이 우수하다. 하지만 열전도율은 보통 금속 중에서 높다.

② 인, 철, 규소, 비소, 안티몬, 주석 등은 전기 전도율을 현저히 저하시키나 카드뮴은 전기 전도율을 저하시키지 않으며, 구리의 강도 및 내마멸성을 향상시킨다.

③ 비중은 8.96 용융점 1,083℃이며, 변태점이 없다.

(2) 화학적 성질

① 철강 재료에 비하여 내식성이 크다. 하지만 공기 중에 오래 방치하면 이산화탄소 및 수분 등의 작용에 의하여 표면에 녹색의 염기성 탄산구리가 생기며, 이것은 인체에 대단히 유해하다. 탄산구리는 물에 녹지 않고 보호 피막의 역할을 하며, 부식율도 대단히 낮으므로 수도관, 물탱크, 열교환기, 선박 등에 널리 사용된다. 하지만 물속에 이산화탄소 및 산소의 양이 많아지면 탄산이 생겨서 보호 피막의 생성을 억제시켜 부식률이 높아진다.

② 황산, 염산에 용해되며 습기, 탄산가스, 해수에 녹이 생긴다.

③ 수소병이란 환원 여림의 일종으로 산화구리를 환원성 분위기에서 가열하면 수소가 동 중에 확산 침투하여 균열이 발생하는 것을 말한다.

(3) 기계적 성질

① 구리는 항복 강도가 낮으므로 상온에서 가공이 쉽지만, 가공 경화율은 다른 면심 입방 결정체보다 높은 편이다. 즉 소성 가공률이 클수록 인장 강도와 경도는 증가하지만 연신율 및 단면 수축률은 감소한다.

② 경화 정도에 따라 경질(H) 연질(O)로 구분한다.

③ 인장강도는 가공도 70%에서 최대이며, 600 ~ 700℃에서 30분간 풀림하면 연화된다.

4. 구리 합금

고용체를 형성하여 성질을 개선하며, α고용체(F. C. C)는 연성이 커서 가공이 용이하나 β(B. C. C)고용체는 가공성이 나빠진다. 기타 γ, ε, η, δ의 계가 있으나 공업적으로는 45% Zn 이하가 사용되므로 α, β상이 중요하다.

(1) 황동(Cu + Zn)

가공성, 주조성, 내식성, 기계적 성질이 개선된다.

① 물리적 성질

㉠ 아연 함유량의 증가에 따라 거의 직선적으로 비중은 작아진다.

㉡ 전기 및 열전도율은 아연 함유량이 34%까지는 낮아지다가 그 이상이 되면 상승하여 50% 아연에서 최대값을 가진다.

㉢ 7 : 3 황동은 1,200℃, 6 : 4 황동은 1,100℃를 넘으면 아연이 비등하므로 용융시킬 때에 각별한 주의를 요한다.

② 화학적 성질

㉠ 탈아연 부식 : 황동은 순구리에 비하여 화학적 부식에 대한 저항이 크며, 고온으로 가열하여도 별로 산화되지 않는다. 하지만 물 또는 부식성 물질이 용해되어 있을 때는 수용액의 작용에 의해서 황동의 표면 또는 내부까지 황동에 함유되어 있는 아연이 용해되는 현상을 말한다. 탈아연 된 부분은 다공질이 되어 강도가 감소한다. 이러한 현상은 6 : 4 황동에서 주로 볼 수 있다. 방지책으로는 아연편을 연결한다.

㉡ 자연 균열 : 관 봉 등의 가공재에 잔류 변형(응력) 등이 존재할 때 아연이 많은 합금에서는 자연히 균열이 발생하는 일이 종종 있다. 이러한 현상을 자연 균열이라 하며, 특히 아연의 함유량이 40%의 합금에서 일어나기 쉽다. 암모니아, 습기, 이산화탄소 등의 분위기에서 이를 촉진하며, 방지법으로는 저온 풀림, 도금 등의 방법이 있다.

㉢ 고온 탈 아연 : 고온에서 증발에 의해 황동 표면으로부터 아연이 없어지는 현상을 말하며, 이러한 현상은 고온일수록, 표면이 깨끗할수록 심하다. 이것을 방지하려면 표면에 산화 피막을 형성시키면 효과적이다.

③ 기계적 성질

㉠ Zn의 함유량이 30%에서 연신율이 최대이며, 40%에서는 인장 강도가 최대이다.

㉡ 연변화 : 상온 가공한 황동 스프링이 사용할 때 시간의 경과와 더불어 스프링 특성을 잃는 현상이다.

(2) 황동의 종류

① 실용 황동

종류	성분(%) (Cu : Zn)	용도
Gilding metal	95 : 5	코닝이 쉬워 화폐, 메달, 토큰
Commercial bronze	90 : 10	디프 드로잉 재료, 메달, 배지, 가구용, 건축용 등 청동 대용으로 사용
Red brass	85 : 15	건축용, 금속 잡화, 소켓 체결용, 콘덴서, 열교환기, 튜브 등
Low brass	80 : 20	금속 잡화, 장신구, 악기 등에 사용(톰백)
Cartridge brass	70 : 30	판, 봉, 관, 선 등의 가공용 황동에 대표, 자동차 방열기, 전구 소켓, 탄피, 일용품
Yellow brass	65 : 35	7 : 3 황동과 용도는 비슷하나 가격이 저렴, 냉간 가공하기 전에 400 ~ 500℃ 풀림
Muntz metal	60 : 40	값이 싸고, 내식성이 다소 낮고, 탈아연 부식을 일으키기 쉬우나 강력하기 때문에 기계 부품용으로 많이 쓰인다. 판재, 선재, 볼트, 너트, 열교환기, 파이프, 밸브, 탄피, 자동차 부품, 일반 판금용 재료 등
황동 주물	Pb 2.5%	절삭성, 내해수성, 내알칼리성을 요구하는 선박 부품, 보일러 부품 등에 사용한다. 황동 주물은 청동 주물에 비하여 강도, 경도 및 내식성은 낮으나, 절삭성과 주조성이 좋기 때문에 기계 부품, 보일러 부품, 건축용 부품에 많이 쓰인다.

② **특수 황동** : 실용 황동에 소량의 다른 원소를 첨가하여 색깔, 내마멸성, 내식성 및 기계적 성질을 개선한 합금이다.

<table>
<tr><th colspan="2">종 류</th><th>성 분</th><th>용 도</th></tr>
<tr><td colspan="2">연황동
(lead brass)</td><td>6 : 4 황동
+ Pb(1.5 ~ 3.7%)</td><td>• 절삭성 개선(쾌삭 황동)
• 강도와 연신율은 감소
• 시계용 치차, 나사 등</td></tr>
<tr><td rowspan="2">주석
황동</td><td>네이벌</td><td>6 : 4 황동 + Sn(1%)</td><td rowspan="2">• Zn의 산화 및 탈아연 부식 방지
• 해수에 대한 내식성 개선
• 선박, 냉각용 등에 사용
• 인성을 요할 때는 0.7% Sn</td></tr>
<tr><td>에드미럴티</td><td>7 : 3 황동 + Sn(1%)</td></tr>
<tr><td colspan="2">철황동
(delta metal)</td><td>6 : 4 황동 + Fe
(1% ~ 2% 내외)</td><td>• 강도 내식성 개선
• 철이 2% 이상이면 인성 저하
• 선박, 광산, 기어, 볼트 등</td></tr>
<tr><td colspan="2">규소황동</td><td>Cu(80 ~ 85%)
Zn(10 ~ 16%)
Si(4 ~ 5%)</td><td>• 일명 실진
• 내식성 주조성 양호
• 선박용</td></tr>
<tr><td colspan="2">양은
(백동)</td><td>7 : 3 황동 + Ni
(15 ~ 20%)</td><td>• 부식 저항이 크고 주·단조 가능
• 가정용품, 열전쌍, 스프링 등</td></tr>
<tr><td colspan="2">강력황동</td><td>6 : 4 황동 +
Mn, Al, Fe, Ni, Sn</td><td>• 황동에 소량의 망간을 첨가하면 인장강도, 경도 및 연신율이 증가되어 고강도 황동이라고도 함
• 망가닌(황동에 망간이 10 ~ 15%) 은 전기 저항률이 크고 저항 온도 계수가 작으므로 표준 저항기 또는 정밀 기계의 부품
• 주조 가공성 향상
• 강도 내식성 개선
• 선박용 프로펠러, 광산 등</td></tr>
<tr><td colspan="2">알루미늄황동</td><td>Al 소량 첨가</td><td>• 내식성이 특히 강해짐
• 알브락, 알루미 브라스 등</td></tr>
</table>

(3) 청동(Cu + Sn)

- 좁은 의미에서는 구리와 주석의 합금이지만, 넓은 의미에서는 황동 이외의 구리 합금을 모두 말한다.
- 황동보다 주조성이 좋고 내식성과 내마멸성이 좋으므로 예부터 화폐, 종, 미술 공예품, 동상, 병기, 기계 부품, 베어링 및 각종 일용품 재료로 사용되어 왔다.
- 황동과 마찬가지로 α, β, γ, δ, ε, η 상이 있으며, 응고 범위가 대단히 넓으므로 결정 편석이 일어나기 쉽다.

① 물리적 성질

㉠ 주석을 20% 함유한 청동은 비중 및 선팽창률은 순 구리와 비슷

㉡ 3 ~ 10% 주석을 함유한 청동의 전기 전도율은 9 ~ 12% IACS로 순 구리의 1/10 정도로 감소한다.

㉢ 10% 주석을 함유한 청동의 열전도율은 45 ~ 55 W/m・K 이지만 이는 순 구리에 비하여 거의 1/8정도이다.

② 화학적 성질

㉠ 주석을 10% 정도까지 함유한 청동은 주석의 함유량이 증가할수록 내해수성이 좋아지므로 선박용 부품에 널리 사용된다.

㉡ 청동은 고온에서 산화하기 쉬우며, 납 함유량이 증가할수록 내식성은 나빠지고 또 산이나 알칼리 수용액 중에서는 부식률이 높아진다.

③ 기계적 성질

㉠ 주석의 4%에서 연신율이 최대, 15%이상에서 강도, 경도 급격히 증대

㉡ 청동은 내마멸성이 크므로 대부분이 주조품으로 사용된다.

(4) 청동의 종류

① 실용 청동

종 류	성 분	용 도
포금	8~12% Sn, 1~2% Zn	• 단조성이 좋고 강력하며 내식성이 있어 밸브, 콕, 기어, 베어링 부시 등의 주물에 널리 사용된다. • 88% Cu, 10% Sn, 2% Zn인 애드미럴티 포금은 주조성과 절삭성이 뛰어나다.
미술용 청동	2~8% Sn, 1~ 12% Zn, 1~ 3% Pb	• 동상이나 실내 장식품 또는 건축물의 재료
화폐용 청동	3~ 8% Sn, 1% Zn	• 성형성이 좋고 각인하기 쉬우므로 화폐나 메달 등에 사용한다.

② **특수 청동** : 특수 청동은 구리 주석계 합금에 다른 원소를 넣어서 특성을 개선한 것이며 주석을 전혀 함유하지 않은 알루미늄 청동, 니켈 등도 있다.

종 류	성 분	용 도
인청동	청동에 1% 이하 P첨가	• 유동성이 좋아지고, 강도, 경도, 내식성 및 탄성률 등 기계적 성질이 개선 • 봉은 기어, 캠, 축, 베어링 등 • 선은 코일 스프링, 스파이럴 스파링
스프링용 인청동	7 ~ 9% Sn, 0.03 ~ 0.35% P	• 적당히 냉간 가공을 하면 탄성 한도가 높아진다. • 전연성, 내식성 및 내마멸성이 좋다. • 자성이 없으므로 통신 기기, 계기류 등의 고급 스프링의 재료로 사용
납 청동	4 ~ 22% Pb, 6 ~ 11% Sn	• 연성은 저하하지만 경도가 높고, 내마멸성이 크다. • 자동차나 일반기계의 베어링 부분에 사용된다. • 켈밋 합금은 구리에 30 ~ 40% 납을 가한 것으로 이것은 고속 고하중용 베어링으로 자동차, 항공기 등에 널리 쓰임
베어링용 청동	Cu + Sn (13 ~ 15%)	• 외측의 경도가 높은 δ조직으로 이루어짐
알루미늄 청동	구리에 Al 6 ~ 10.5% 첨가	• 기계적 성질, 내식성, 내열성, 내마멸성이 우수하다. • 주물용 알루미늄 청동은 강도가 높고 비중이 작을 뿐만 아니라, 내식성 등이 좋아서 대형 프로펠러에 많이 사용 • 또한 경도, 강도, 내마멸성이 높으므로 압연기, 각종 기어, 밸브, 펌프, 터빈 부품 등에 적합하다. • 내식성에서는 고크롬 스테인리스강 주물보다 우수하고, 18-8 스테인리스강 주물과 거의 같은 수준이어서 수차의 로터, 유압 조절용 대형 밸브, 스핀들 등의 수력 기계에도 사용된다. • 가공용 알루미늄 청동은 강도, 내열성, 내마멸성이 좋아 소성 가공도 할 수 있다.

(5) 기타 구리 합금

① **규소 청동** : 규소를 4% 이하 함유한 구리 합금. 5% 이상의 규소에서는 석출 과정에 의해 시효 경화를 할 수 있지만 주조와 가공이 곤란하다.

② **크롬 청동** : 실용 합금은 0.5 ~ 0.8%의 크롬을 함유, 전도성과 내열성이 좋아 용접용, 전극 재료 등에 사용, 시효 경화성이 있음

③ **베릴륨 청동** : 구리 합금 중에서 가장 높은 경도와 강도를 가지나 값이 비싸고 산화하기 쉬우며, 가공하기 곤란하다는 단점도 있다.

④ **망간 청동** : 망간이 5 ~ 15% 함유된 구리 합금으로서 약 10% 까지는 전연성이 커져서 냉간 가공성이 향상되지만 망간을 많이 함유할 경우 인성이 저하된다.

⑤ **티탄 청동** : 강도 830MPa, 연신율 8%, 경도(HV) 340 정도인 고강도 합금

⑥ 오일리스 베어링 : 다공성의 소결 합금 즉 베어링 합금의 일종으로 무게의 20 ~ 30% 기름을 흡수시켜 흑연 분말 중에서 수소 기류로 소결시킨다. Cu - Sn - 흑연 분말이 주성분이다.

4-3 마그네슘과 그 합금

1. 마그네슘의 제조

① 돌로마이트, 마그네사이트 등을 전해법과 열 환원법을 사용하여 고온에서 용융, 전해하여 정제되므로 순도 99.99%를 얻을 수 있다.
② 불순물로는 Al, Si, Mn, Fe, Zn, Cu, Ni 등이 있으며, Fe, Cu, Ni은 내식성을 현저히 저하시킨다.
③ 철에 의한 내식성의 저하는 망간을 소량 첨가시키면 개선되므로 대부분의 마그네슘 합금에는 망간을 함유하고 있다.
④ 마그네슘은 구리나 알루미늄에 비하여 냉간 가공성은 나쁘지만 열간 가공성이 좋으며, 350 ~ 450℃에서도 쉽게 가공할 수 있다.

2. 마그네슘의 성질 및 용도

① 비중이 1.74로 실용 금속 중에서 가장 가볍고 용융점 650℃ 이며, 조밀 육방 격자이다.
② 마그네사이트, 소금 앙금, 산화마그네슘으로 얻는다.
③ 마그네슘의 전기 열전도율은 구리, 알루미늄보다 낮고 Sb, Li, Mn, Cu, Sn 등의 함유량의 증가에 따라 저하한다. 선팽창 계수는 철의 2배 이상으로 대단히 크다.
④ 전기 화학적으로 전위가 낮아서 내식성이 나쁘다. 알칼리 수용액에 대해서는 비교적 침식되지 않지만 산, 염류의 수용액에는 현저하게 침식된다. 부식을 방지하기 위하여 양극 산화 처리, 도금 및 도장한다.
⑤ 마그네슘은 가공 경화율이 크기 때문에 실용적으로 10 ~ 20% 정도의 냉간 가공성을 갖는다. 그러나 절삭 가공성은 대단히 좋으므로 고속 절삭이 가능하고 마무리면도 우수하다.

3. 마그네슘 합금

- 마그네슘 합금은 비강도(강도/무게)가 크므로 경합금 재료로 가장 큰 이점이 있다.
- 주물용 마그네슘 합금과 가공용 마그네슘 합금으로 분류되며, 합금 원소로는 표준적인 기계적 성질을 얻기 위한 Al, Zn 있으며, 높은 강도와 인성을 부여하는 Zr, 그리고 내열성을 가지게 하는 Th이 있다.

(1) 주물용 마그네슘 합금

Mg－Al, Mg－Zn계 합금이 있으며, 희토류 원소 또는 Th을 첨가하여 크리프 특성이 향상된 내열성 마그네슘 합금이 있다.

CHECK POINT Mg－Al계 합금(일명 다우 메탈)(마그네슘 합금 주물 1종~3종, 5종)

① 알루미늄은 순마그네슘에서 볼 수 있는 결정 입자의 조대화를 억제하고 주조 조직을 미세화하며, 기계적 성질을 향상시키는 중요한 원소
② 이 합금의 인장 강도는 6% A_1일 때 최대가 되며, 연신율과 단면 수축률은 4% A_1에서 최대가 된다.
③ 이 합금은 마그네슘 합금 중에서 비중이 가장 작고 용해 주조, 단조가 쉬워서 비교적 균일한 제품을 만들어 낼 수 있다.
④ 아연을 소량 첨가하면 강도는 개선되나 주조성이 저하된다.

(2) 가공용 마그네슘 합금

가공용 Mg계 합금은 주물용 합금과 마찬가지로 내식성이 나쁘므로 방식 처리하여 사용한다.

CHECK POINT Mg－Al－Zn계 합금(일명 일렉트론)

① 이 합금은 냉간 가공에 의해서 적당한 강도와 인성을 얻을 수 있다.
② AZ 31B(2.5～3.5% Al, 0.6～1.4% Zn) 및 31C(2.4～3.6% Al, 0.5～1.5% Zn)는 고용 강화와 가공 경화를 통한 판재, 관재, 봉재로서 가장 많이 사용되고 있다.
③ 알루미늄 함유량이 많은 AZ61A(5.8～7.2% Al, 0.4～1.5% Zn), AZ80A(7.8～9.2% Al, 0.2～0.8% Zn)는 중간상의 석출에 의해 강도가 증가하며, 가공성이 나쁘므로 열간 압출재료로 사용된다.

4-4 니켈과 그 합금

1. 니켈의 특성

① 은백색의 금속으로 면심입방격자 이다.
② 비중이 8.90이고 용융 온도가 1,453℃이다.
③ 상온에서는 강자성체이지만 358℃ 부근에서 자기 변태하여 그 이상에서는 강자성이 없어진다. 특히 V, Cr, Si, Al, Ti 등은 니켈의 자기 변태점의 온도를 저하시키고 Cu, Fe은 이 온도를 상승시킨다.
④ 황산, 염산에는 부식되지만 유기 화합물이나 알칼리에는 잘 견딘다.
⑤ 대기 중 500℃ 이하에서는 거의 산화하지 않으나, 500℃ 이상에서 오랫동안 가열하면 취약해지고, 750℃ 이상에서는 산화 속도가 빨라진다. 특히 화학 약품에 대해서는 다른 금속보다 내식성이 커서 화학, 식품, 화폐, 도금 등에 사용된다.
⑥ 전연성이 크고 상온에서도 소성 가공이 용이하며, 열간 가공은 1,000 ~ 1,200℃에서, 풀림 열처리는 800℃ 정도에서 한다.

2. 니켈 합금

(1) Ni – Cu계 합금

종 류	성 분	용 도
큐프로 니켈	70% Cu, 30% Ni	• 내식성이 좋고 전연성이 우수하여 열교환기 콘덴서 등의 재료로 강도 및 연신율이 높다.
콘스탄탄	40 ~ 50% Ni	• 전기 저항이 크고, 온도 계수가 낮으므로 통신 기재, 저항선, 전열선 등으로 사용된다. • 이 합금은 철, 구리, 금 등에 대한 열기전력이 높으므로 열전쌍선으로도 쓰인다. 내산 내열성이 좋고 가공성도 좋다. • 44% Ni, 1% Mn(어드밴스)
모넬메탈	65 ~ 70% Ni	• 내열·내식성이 우수하므로 터빈 날개, 펌프 임펠러 등의 재료로서 사용된다. • R모넬 : 소량의 S(0.025 ~ 0.06%)을 첨가하여 강도를 저하시키고 절삭성을 개선한 것. • K모넬 : 3%의 Al을 첨가한 것으로 석출 경화에 의해 경도가 향상된 것 • KR 모넬 : K 모넬에 탄소량을 다소 높게(0.28% C)첨가하여 절삭성을 향상시킨 것 • H모넬(3% Si 첨가), S모넬(4% Si 첨가) : 규소를 첨가하여 강도를 향상시킨 것

(2) Ni－Fe계 합금

종 류	성 분	용 도
인바	36% Ni	• 내식성이 좋고 열팽창 계수가 20℃에서 1.2μm/m·K 으로서의 철의 1/10 정도이다. • 측량 기구, 표준 기구, 시계 추, 바이메탈 등에 사용된다.
엘린바	36% Ni, 12% Cr, 0.8% C, 1～2% Mn, 1～2% Si, 1～3% W	• 인바에 12% Cr을 첨가하여 개량한 것으로 온도 변화에 따른 탄성 계수의 변화가 거의 없으므로 정밀 계측기기, 전자기 장치, 각종 정밀 부품 등에 사용 • 인바와 5% 미만의 코발트를 첨가한 슈퍼 인바는 열팽창 계수가 가장 낮은 합금이다.
플래티나이트	46% Ni	• 백금 대용으로 사용되며, 열팽창 계수 및 내식성이 있다. • 진공관이이나 전구의 도입선으로 사용되는 듀메트 선은 42% Ni 합금을 심선으로 하여 구리를 피복한 것이다.
퍼멀로이	45～49% Ni 75～79% Ni	• 저 니켈 합금 (Alloy 48 또는 high permeability 49)는 초투자율이 크고 포화 자기전기 저항도 크므로 자심 재료로 널리 사용되고 있다. • 고 니켈 합금은 적당한 열처리를 하면 비교적 약한 자기장에서 높은 투자율이 얻어지므로 고 투자율 자심 재료로 사용된다. • 퍼멀로이를 개량한 것에 몰리브덴 퍼멀로이, 무메탈 등이 있다. • 장하 코일용으로 사용된다.

(3) 내식성 니켈계 합금

종 류	성 분	용 도
하스텔로이 A	60% Ni, 20% Mo, 20% Fe	• 니켈에 몰리브덴을 넣으면 염산에 대한 내식성이 좋아진다. • 비산화성 환경에서 우수한 내식성이 있으며, 염류, 알칼리, 황산, 인산 수용액 적합
하스텔로이 C, N, W	Ni－Cr－Mo	• 부식 환경에 대한 저항성이 우수하다. • 일리움은 이 계에 Cu를 넣은 합금으로 염산이나 산성염화물 수용액에는 사용이 제한된다. • Ni－Si－Cu계는 강도가 높으며, 충격에 강하여 주로 주조 재료에 이용된다.

(4) 내열성 니켈계 합금

종 류	성 분	용 도
니크롬	50 ~ 90% Ni, 11 ~ 33% Cr, 0.25% Fe	• 니크롬선은 1,100℃까지 사용되며, 철을 첨가하면 전기 저항은 증가하나 내열성이 저하되어 1,000℃이하에서 사용된다. • 니크롬은 전열기 부품, 가스 터빈, 제트 기관 등에 사용된다.
인코넬	72 ~ 76% Ni, 14 ~ 17% Cr, 8% Fe Mn, Si, C	• 내식성과 내열성이 뛰어난 합금이며, 특히 고온에서 내산화성이 좋다. • 유기물과 염류 용액에서도 내식성이 강하며, 기계적 강도가 좋아 전열기 부품, 열전쌍의 보호관 진공관의 필라멘트 등에 사용된다.
크로멜, 알루멜	Cr 10% Al 3%	• 크로멜은 Cr 10% 함유한 것이며, 알루멜은 Al 3% 함유한 합금 • 최고 1,200℃까지 온도 측정이 가능하므로 고온 측정용의 열전쌍으로 사용된다. • 고온에서 내산화성 크며, 다른 비철 금속의 열전쌍에 비하여 사용 수명이 길다.

4-5 그 밖의 금속과 합금

1. 티탄과 그 합금

(1) 티탄의 특성

① 비중이 4.51로서 마그네슘 및 알루미늄보다 크지만 강의 약 60%이다.

② 티탄은 융점이 1,670℃로 높고 고온에서 산소, 질소, 탄소와 반응하기 쉬워 용해 주조가 어렵다.

③ 전기 및 열의 전도성이 철보다 나쁘다.

④ 내식성은 스테인리스강이나 모넬 메탈처럼 뛰어나다.

⑤ 공기 중에서 700℃이상으로 가열하면 취약해지고 전연성이 저하한다.

⑥ 기계적 성질에 영향을 강하게 받는 원소로는 철과 질소가 있으며, 특히 철 함유량의 증가로 인장 강도 및 경도가 증가하지만 연신율이 감소한다.

⑦ 가공 경화성이 크므로 기계적 성질은 냉간 가공도에 따라 크게 변화한다. 다른 구조용 재료보다 비강도가 높고 특히 고온에서 비강도가 뛰어나다.

(2) 티탄계 합금의 특성

① Mo, V : 내식성을 향상시킨다.

② Al : 수소 함유량이 적게 되어 고온 강도를 높일 수 있다.

③ 티탄 합금은 티탄보다 비강도가 높고, 다른 고강도 합금에 비하여 고온강도가 크기 때문에 제트 엔진의 축류, 압축기의 주위 온도가 약 450℃까지의 블레이드, 회전자 등에 사용된다.

④ 열처리된 티탄 합금의 항복비(내력/인장 강도)가 0.9 ~ 0.95, 내구비(피로 강도/인장 강도)가 0.55 ~ 0.6 정도의 큰 값을 나타낸다.

⑤ 티탄 합금은 고강도이고 열전도율이 낮으므로 절삭 온도가 높아지고 공구 재료와 반응하기 쉬우므로 절삭 가공이 대단히 어렵다. 티탄 합금의 절삭에는 냉각 작용과 윤활 작용이 뛰어난 절삭액을 사용함이 바람직하다.

2. 아연의 특성

① 비중이 7.3이고, 용융 온도가 420℃인 조밀 육방 격자의 회백색 금속

② 철강 재료의 부식 방지 피복용으로서 가장 많이 사용된다.

③ 주조성이 좋아 다이 캐스팅용 합금으로서 광범위하게 사용된다.

④ 조밀 육방 격자이지만 가공성이 비교적 좋아 실온에서의 냉간 가공도 가능하다. 아연판으로 건전지 재료나 인쇄용 등에 사용된다.

⑤ 수분이나 이산화탄소의 분위기에서는 표면에 염기성 탄산아연의 피막이 발생되어 부식이 내부로 진행되지 않으므로 철판에 아연 도금을 하여 사용한다.

⑥ 건조한 공기 중에서는 거의 산화되지 않지만 산, 알칼리에 약하며 Cu, Fe, Sb 등의 불순물은 아연의 부식을 촉진시키고, Hg은 부식을 억제한다.

⑦ 주조한 상태의 아연은 결정립경이 커서 인장 강도나 연신율이 낮고 취약하므로 상온 가공을 할 수가 없다. 그러나 열간 가공하여 결정립을 미세화하면 상온에서도 쉽게 가공할 수가 있다.

⑧ 순수한 아연은 가공 후 연화가 일어나지만 불순물이 많으면 석출 경화가 일어난다.

3. 납과 그 합금

(1) 납의 특성

① 비중이 11.36인 회백색 금속, 용융 온도가 327.4℃로 낮고 연성이 좋아 가공하기 쉬움
② 불용해성 피복이 표면에 형성→대기 중에서도 뛰어난 내식성을 가짐→광범위하게 사용
③ 납은 자연수와 바닷물에는 거의 부식되지 않으며, 황산에는 내식성이 좋으나 순수한 물에 산소가 용해되어 있는 경우에는 심하게 부식되며, 질산이나 염산에도 부식된다.
④ 알칼리 수용액에 대해서는 철보다 빨리 부식된다.
⑤ 열팽창 계수가 높으며, 방사선의 투과도가 낮다.
⑥ 축전지의 전극, 케이블 피복, 활자 합금, 베어링 합금, 건축용 자재, 땜납, 황산용 용기 등에 사용되며, X선이나 라듐 등의 방사선 물질의 보호재로도 사용된다.

(2) 활자 합금

① 구비 조건
㉠ 용융 온도가 낮을 것
㉡ 주조성이 좋아 요철이 주조면에 잘 나타날 것
㉢ 적당한 압축 및 충격에 대한 저항이 클 것
㉣ 내마멸성 및 내식성을 가질 것
㉤ 가격이 저렴할 것
② Pb - Sb - Sn계 합금은 활자 합금의 구비 조건을 갖춘 실용 합금이다.
㉠ Sb을 첨가하면 내충격 및 내마멸성을 향상시키고 응고 수축률을 작게 하며, 주조 온도를 저하시킨다.
㉡ Sn을 첨가하면 유동성이 좋아지고, 주조 조직을 미세화 하여 인성이 향상된다.
③ Cu를 소량 첨가하면 경도가 증가하며, 이 계의 합금도 Pb - Sb 합금과 같이 시효 경화성이 있으며, 특히 Sb, Sn 함유량이 낮은 합금에서 경화 현상이 현저하다.

4. 주석의 특성

① 주석은 비중이 7.3이고 용융 온도가 231.9℃인 은색의 유연한 금속이다.
② 13.2℃이상에서는 체심 정방 격자의 백색 주석(β- Sn)이지만 그 이하에서는 면심 입방 격자의 회색 주석(α- Sn)이다. 13.2℃가 변태점이다.

③ 불순물 중에는 납, 비스무트, 안티몬 등은 변태를 지연시키고, 아연 알루미늄, 마그네슘, 망간 등은 변태를 촉진시킨다.
④ 주석은 상온에서 연성이 풍부하므로 소성 가공이 쉽고, 내식성이 우수하다. 피복 가공 처리가 쉬우며, 독성이 없어 강판의 녹 방지를 위한 피복용, 의약품, 식품 등의 포장용 튜브, 장식품에 널리 쓰인다.
⑤ 주석 주조품의 인장 강도는 30MPa 정도로서 고온에서는 온도의 증가에 따라 강도, 경도 및 연신율이 모두 저하한다.
⑥ 땜납은 보통 주석과 납의 합금으로 구리, 황동, 청동, 철, 아연 등의 금속 제품의 접합용으로 기계, 전기 기구 등의 부문에서 널리 이용되고 있다. 융점은 약 300℃ 이하이다. 땜납에서 주석 함유량이 높은 것은 식기, 은기, 놋쇠 등의 땜납에 사용되고, 납이 많은 것은 전기 부품에 주로 사용된다.

5. 베어링 합금

(1) 베어링용 합금의 특성

① 베어링용 합금 : 화이트 메탈, 구리계 합금, 알루미늄계 합금, 주철, 소결 합금
② 금속 접촉의 발열에 의해 베어링의 소착에 대한 저항력이 커야 한다.
③ 사용 중에 윤활유가 산화하여 산성이 되고 또 베어링의 온도가 높아져서 부식률이 높아지기 때문에 내식성이 좋아야 한다.

(2) 베어링용 합금의 종류

① 주석계 화이트 메탈(Cu + Sn + Sb)
㉠ 배빗메탈이라고 하며, 안티몬 및 구리의 함유량이 많아짐에 따라 경도, 인장 강도, 항압력이 증가한다.
㉡ 해로운 불순물로는 철, 아연, 알루미늄, 비소 등이며, 고주석 합금에서는 납도 불순물이다.

② 구리계 베어링 합금
㉠ 켈밋이라고 하는 구리 – 납 합금 이외에 주석 청동, 인청동, 납 청동이 있다.
㉡ 구리 – 납계 베어링 합금은 내소착성이 좋고, 항압력도 화이트 메탈보다 크므로 고속 고하중용 베어링으로 적합하다. 자동차, 항공기 등의 주 베어링용으로 이용된다.
㉢ 주석 청동, 납 청동의 주조 베어링은 저속 고하중용으로 적합하며, 납을 3 ~ 30% 함유한 납 청동도 주조 베어링, 바이메탈 베어링에 이용된다.

③ 함유 베어링(오일리스 베어링)

㉠ 다공질 재료에 윤활유를 함유하게 하여 급유할 필요를 없게 한 것으로 대부분 분말야금법으로 제조된다.

㉡ 함유 베어링은 다공질이므로 강인성은 낮으나, 급유 횟수를 적게 할 수 있으므로 급유가 곤란한 베어링, 항상 급유할 수 없는 베어링, 급유에 의하여 오손될 염려가 있는 베어링, 그리고 베어링 면 하중이 크지 않은 곳에 사용된다.

제5장 비금속 재료

5-1 귀금속과 그 합금

1. 귀금속의 종류

귀금속에는 은, 금, 백금, 팔라듐(Pd), 이리듐, 오스뮴(Os), 로듐(Rh), 루테늄(Ru)이 있다.

2. 귀금속의 특징

① 금을 제외하고는 순금속으로 사용하기 보다는 귀금속끼리 서로 합금하거나 다른 금속을 첨가하여 합금으로 만들어 사용한다.

② 일반적으로 귀금속은 내식성이 뛰어나고 생산량이 적으므로 화폐, 장식품, 화학 약품, 내식용, 치과용, 전기 재료 등에 사용된다.

3. 귀금속 합금의 종류

(1) 금과 그 합금

① 금은 아름다운 광택을 가진 면심입방격자로 비중이 19.3이고, 용융 온도는 1,063℃이다.

② 순금은 내식성이 좋으므로 왕수 이외에는 침식되지 않으며, 상온에서는 산화되지 않으나 350℃ 이상에서는 약간 산화된다.

③ 금의 순도는 캐럿(carat K)이라는 단위를 사용하며, 24K이 100%의 순금이다.

④ 종류로는 Au－Cu계(반지나 장신구), Au－Ag－Cu계(치과용이나 금침), Au－Ni－Cu－Zn계(은백색으로 화이트 골드라 불리며, 치과용이나 장식용에 쓰인다.), Au－Pt계(내식성이 뛰어나 노즐 재료로 사용된다.) 합금이 있다.

(2) 은과 그 합금

① Ag는 비중이 10.49이고, 모든 금속 중에서 우수한 전기와 열의 양도체이며 또 내산화성이 있으므로 접점 재료 이외에 치과용, 납땜 합금, 장식 합금, 박 가루로서도 사용된다.

② 용융 상태에서 응고시 산소를 방출하므로 붕사, 숯가루로 용융. 은의 표면을 덮거나 탈산제를 사용하지 않으면 주괴에 기공이 생긴다.

③ 은의 내식성은 대기 중에서 대단히 우수하나, 황화수소에서는 흑색으로 변하며, 진한 염산, 황산 및 질산에는 침식된다.

④ 은 – 구리계 합금, 은 – 금 – 아연계 합금, 은 – 팔라듐계 합금, 은 – 주석 – 수은 – 구리계 합금(치과용 아말감)이 있다.

(3) 백금과 그 합금

① 백금은 비중이 21.45이고 순도에 따라 A(99.99%), B(99.9%), C(99.5%), D(99.0%)의 4종으로 분류된다.

② 백금 도가니는 C종이며, 시판되고 있는 것은 순도 D종이다.

③ 내식성이 우수하여 화학적 분석 기기나 전기 접점, 치과 재료로 사용된다.

④ 내열성과 고온 저항이 우수하며, 산화되지 않으나 인, 유황, 규소 등의 알칼리, 알칼리토류 금속의 염류에서는 침식된다.

⑤ 실용 합금으로는 백금 – 팔라듐계(보석용), 백금 – 이리듐계(도량형 자), 백금 – 로듐계 합금(열전쌍용으로서 고온계)이 있다.

(4) 고융점 금속

① 고융점 금속이란 융점이 2,000 ~ 3,000℃ 정도의 높은 금속으로 텅스텐, 레늄(Re), 몰리브덴, 바나듐, 크롬 등이 있다.

② 실온에서는 내식성이 뛰어나며, 또 합금의 첨가에 의해 내산화성, 내열성이 현저히 향상되므로 고온 발열체, 전자 공업용 재료, 초내열 재료, 초경 공구, 방진 재료 등에 이용된다.

5-2 신소재

1. 형상기억합금(shape-memory alloys)

① 보통의 금속 재료에서는 탄성 한도 이하의 변형은 외력을 제거하면 완전히 본래의 상태로 되돌아가지만 항복점을 넘은 변형은 소성 변형이 남게 된다. 이것을 가열하면 재료는 연해진다. 하지만 형상 기억 합금은 이러한 소성 변형은 가열과 동시에 원상태로 회복된다. 즉 형상 기억 합금은 일단 어떤 형상을 기억하면 여러 가지의 형상으로 변형시켜도 적당한 온도로 가열하면 변형전의 형상으로 돌아오는 성질이 있다.

② 미국의 Read에 의하여 금 – 카드뮴 합금을 가열하여 형상의 회복 현상을 증명함으로써 밝혀졌다. 그 후 인듐 – 탈륨 합금과 니켈 – 티탄 합금이 개발되어 쓰이고 있다.

2. 세라믹스

① 세라믹스는 비금속 무기물질(흙,, 모래 등)로서 주로 금속원소와 비금속 원소간 또는 비금속 원소들 간에 강한 화학결합으로서 이루어진 화합물로, 기계적인 충격이나 갑작스러운 온도변화에 깨지기 쉬운 메짐 때문에 용도에 있어 많은 제한을 받아 왔다.

②그러나, 파인 세라믹스는 철 무게의 $\frac{1}{2}$정도로 가볍고 금속보다 단단하며, 1000℃ 이상의 고온에서 견딜 수 있고 특수한 물리적, 열적, 역학적, 생화학적, 광학적인 특성을 가지고 있어 차세대 세라믹스로 주목받고 있다.

③그 종류로는 ITO 투명 전도막, 기능성 유리 등에 사용되는 광학세라믹스, 음향기기, 전화기 등에 사용되는 압전 세라믹스, 느낌을 이용할 수 있는 센서 세라믹스 등 오감을 이용할 수 있는 대부분의 것이 바로 이런 파인 세라믹스로 만들어지게 됐다.

3. 복합 재료

① 두 가지 이상의 재료를 조합하여 보다 나은 기능을 가지도록 만든 것을 복합 재료라 하며, 대표적인 것으로 섬유강화의 개념과 고분자 기기재료를 조합한 섬유강화 고분자 복합재료(fiber reinforced plastics : FRP)가 있다.

② 유리섬유강화 고분자 복합재료(GFRP)와 탄소섬유강화 고분자 복합재료(CFRP)로 대표

되는 이 재료들은 각종 라켓, 골프채 등과 같은 스포츠용품 및 선박, 고속전철, 항공기 등의 필수 구조재료 등으로 다양한 분야에서 이용되고 있다.

4. 광섬유

① 광섬유는 진공 상태에서 빛을 광속의 ⅔ 정도의 속도로 전달할 수 있도록 중심부에는 굴절률이 높은 유리, 바깥 부분은 굴절률이 낮은 유리를 사용하여 중심부 유리를 통과하는 빛이 전반사가 일어나도록 한 광학적 섬유이다.
② 에너지 손실이 매우 적어 송수신하는 데이터의 손실률도 낮고 외부의 영향을 거의 받지 않으며, 혼신이 없고 도청이 힘들다. 소형 및 경량으로서 굴곡에도 강하며, 하나의 광섬유에 많은 통신회선을 수용할 수 있다는 장점이 있다.

5. 초전도체

매우 낮은 온도에서 전기저항이 0에 가까워지는 초전도현상이 나타나는 도체로서 전기, 전자, 환경 의료 등 여러 분야에 응용되고 있다.

5-3 플라스틱(합성수지)

1. 합성수지의 개요

① 플라스틱(plastic)은 열과 압력을 가해 성형할 수 있는 고분자화합물이다. 많은 종류가 있으며, 열을 가하여 재가공이 가능한가에 따라 열가소성수지와 열경화성수지로 나눌 수 있다(열가소성 : 열을 가해 만들어 진 제품에 다시 열을 가할 경우 용융되어 재가공이 가능, 열경화성 : 열해 만들어 진 제품에 다시 열을 가할 경우 용융되어않고 불에 탐).
② 합성수지의 비중은 일반적으로 0.91~2.3정도이며, 마모계수가 작고, 반투명이나 강성이 약하며, 흠집이 나기 쉽다. 열전도성은 떨어진다.

2. 합성수지의 종류와 용도

분 류		수지(약호)	용 도
플라스틱 (합성수지)	열가소성 수지	폴리에틸렌(PE)	필름, 시트, 성형품, 섬유
		폴리프로필렌(PP)	성형품, 필름, 파이프, 섬유
		폴리스틸렌(PS)	성형품, 발포재료, ABS수지
		염화비닐(PVC)	파이프, 호스, 시트, 판
		염화비닐리덴(PVDC)	필름, 섬유
		플로오르 수지	내약품 기계부품, 방식 라이닝
		아크릴 수지	판, 성형품(건축재, 디스플레이)
		폴리아세트산 비닐수지	도료, 접착제, 추잉검
	열경화성 수지	페놀수지	적층품(판), 성형품
		요소수지(우레아수지)	접착제, 섬유, 종이 가공품
		멜라민 수지	화장판, 도료
		실리콘 수지	전기 절연재료, 도료, 그리스
		불포화 폴리에스테르수지	FRP(성형품, 판)
		에폭시 수지	도료, 접착제, 절연재
		규소 수지	성형품(내열, 절연), 오일, 고무
		폴리우레탄 수지	발포제, 합성피혁. 접착제

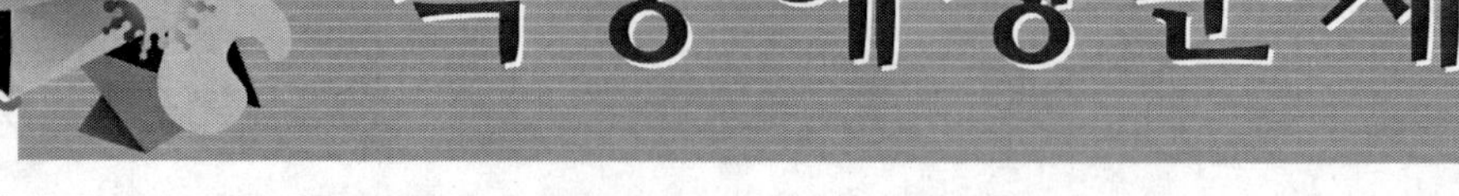

01 기계재료 중 경금속에 속하는 것은?

① 주철 ② 황동 ③ 납 ④ 알루미늄

여기서 경금속이란 가벼운 금속을 말한다. 즉 비중을 살펴보면 알루미늄(Al)이 2.7, 철(Fe)이 7.9, 구리(동:Cu)이 9.0, 납(Pb)이 11.3 이다.

정답 ④

02 기계재료의 물리적 성질이 아닌 것은?

① 비중 ② 열전도율
③ 취성 ④ 선팽창계수

금속의 성질에서 물리적으로 보면 밀도, 비열, 열팽창계수, 융해점, 전기전도율, 열전도율, 자성 등이 있다.

정답 ③

03 재료에서 질긴 성질, 즉 충격에 대한 재료의 저항을 나타내는 성질은?

① 인성 ② 전성 ③ 연성 ④ 탄성

금속의 기계적인 성질에는 외력에 대한 저항력을 나타내는 인성, 금속표면이 외력에 저항하는 힘인 경도, 무르고 늘어나는 성질인 연성, 눌렀을 때 펴지는 성질인 전성, 여린 성질(부스러짐의 정도)인 취성, 외력을 가한 후 제거했을 때 제자리로 돌아오는 성질인 탄성 등이 있다.

정답 ①

04 수중에서 내식성이 가장 좋은 재료는?

① 열간압연 강판 ② 일반구조용 압연강재
③ 스테인레스강 ④ 기계구조용 압연강재

해설

내식성이란 부식(녹슴)에 대한 견딤의 정도를 말한다. 스테인레스(stainless)의 뜻이 '녹슬지 않는' 이다.

정답 ③

05 스프링 재료로서 갖추어야 할 가장 중요한 성질은?

① 소성 ② 탄성 ③ 가단성 ④ 전성

해설

스프링은 외력에 의해 변형되었다가 외력이 제거되면 원상태로 돌아오는 성질인 탄성이 좋아야 한다.

정답 ②

06 기계재료의 비중을 작은 것부터 큰 것으로 바르게 나열한 것은?

① Fe < Cu < Pb ② Cu < Mg < Pb
③ Mg < Pb <Fe ④ Fe < Pb < Mg

해설

비중이란 4℃에서 어떤 물체의 무게와 그 물체와 같은 부피의 물 무게와의 비를 말하며,
비중(20℃)을 살펴보면, 마그네슘(Mg)은 1.7, 철(Fe)은 7.9, 구리(Cu)는 9, 납(Pb)은 11.3 이다.

정답 ①

07 기계재료를 열팽창 계수가 큰 것 부터 순서대로 나열한 것은?

① Al > Cu > 탄소강 ② Al > 탄소강 > Cu
③ Cu > Al > 탄소강 ④ 탄소강 > Al > Cu

해설

온도에 따른 길이 변화가 크다는 말은 열팽창계수(α)가 크다는 말과 같다. 변형률(ϵ) $= \alpha \times (T_2 - T_1)$ 이므로, 열팽창계수가 크다는 말은 잘 늘어난다는 말과 같다. 알루미늄이 구리보다 잘 늘어난다.

정답 ①

08 재료 중에서 용융점이 가장 높은 것은?

① Al ② Cu ③ Pt ④ Fe

해설

용융점이란 금속이 열을 받아 녹는 온도를 말하며, 용융점을 살펴보면 알루미늄(Al)은 660℃, 구리(Cu)는 1083℃, 백금(Pt)은 1554.5℃, 철(Fe)은 1536.5℃이다.

정답 ③

09 재료 중 열전도성이 가장 우수한 것은?

① 주철 ② 알루미늄 ③ 구리 ④ 연강

해설

열전도성이란 순도가 높을 수록 좋다. 열전도율이 큰 순서로 나열하면 은(Ag), 구리(Cu), 백금(Pt), 알루미늄(Al), 아연(Zn), 니켈(Ni), 철(Fe) 순이다.

정답 ③

10 비자성 재료의 표면에 작은 구멍(틈)을 검출하는 가장 좋은 비파괴시험법은?

① 충격시험 ② 임프란트시험
③ 자기검사 ④ 침투탐상시험

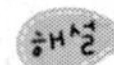

자기탐상은 자성재료의 표면이나 내부의 구멍이나 틈을 검출하는 비파과시험이다. 충격시험을 시험편을 잘라서 만들어야 하므로 비파괴검사가 아니다.

정답 ④

11 비파괴시험에 해당하지 않는 것은?

① 초음파 탐상 시험법 ② 형광 침투 탐상법
③ 샤르피 충격 시험법 ④ 자기 결함 탐상법

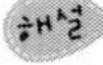

사르피 충격 시험은 시험편을 잘라서 해야 하므로, 파괴검사이다.

정답 ③

12 철(Fe)이 상온에서 나타나는 결정 격자는?

① 조밀육방격자 ② 체심입방격자
③ 면심입방격자 ④ 사방입방격자

체심입방격자(Body-Centered Cubic lattice : B.C.C)는 입방체의 각 모서리와 입방체의 중심에 1개의 원자가 배열된 결정격자이다. 예로 철(Fe), 크롬(Cr), 몰리브덴(Mo), 텅스텐(W) 등이 있다. 면심입방격자에는 알루미늄(Al), 니켈(Ni), 구리(Cu) 등이 있고, 조밀육방격자에는 마그네슘(Mg), 아연(Zn) 등이 있다. 철(Fe)은 910℃이하에서는 체심(α철), 910~1400℃에서는 면심(γ철), 1400~1530℃에서는 체심(δ철)이다.

정답 ②

13 금속 중 고체상태에서 어떤 온도에 도달하면 원자 배열이 변화를 일으키고 변태가 생기는데, 이것을 의미하는 용어는?

① 고체 변태 ② 동소 변태
③ 자기 변태 ④ 등온 변태

금속의 변태에는 동소변태와 자기변태가 있다. 동소변태는 고체 내에서의 결정격자 형상이 변화하는 것을 말하고, 자기변태는 어떤 자장에 놓여진 순철의 자기(磁氣) 크기는 실온에서 온도를 상승시킴에 따라 서서히 변화가 생기는 현상(원자배열에는 변하지 않고 원자내부의 변화)을 말한다.

정답 ②

14 해머를 일정 높이에서 시편 위에 떨어뜨려 반발높이에 의한 경도를 측정하는 시험방법은?

① 로크웰 경도시험
② 브리넬 경도시험
③ 비커스 경도시험
④ 쇼어 경도시험

해설

쇼어 경도계는 해머를 일정 높이에서 떨어뜨려 시편에 의한 반발높이로 경도를 측정하는 시험이다.

정답 ④

15 금속재료 인장시험에 의해서 산출하는 것이 아닌 것은?

① 항복강도
② 연신율
③ 단면수축률
④ 피로강도

해설

인장시험은 시편에 인장력을 천천히 가하여 항복점, 인장강도, 연율, 단면수축률 등을 측정한다.

정답 ④

16 연강재료에서 일정한 하중을 작용시킬 때 변형이 없으나 일정온도 이상 고온이 되면 시간이 지남에 따라 변형량이 증가하는 것은?

① 열응력
② 피로한도
③ 탄성에너지
④ 크리프

해설

크리프현상이란 연강의 재료에서 일정하중 작용 시에 변형이 없으나, 어느 온도 이상이 가해지면 시간에 따라 변형량이 증가하는 현상을 말한다.

정답 ④

17 금속에 외력이 가해질 때, 결정격자가 불안전하거나 결함이 있으면 이동이 발생하는데, 이러한 현상은?

① 전위
② 트윈
③ 변태
④ 응력

해설

금속의 소성변형에는 3가지(전위, 쌍정, 슬립)가 있다.
전위 : 재료에 외력 작용 시 격자의 일부가 미끄러져 차례로 이동하여 생긴 격자 결함, 쌍정 : 소성변형 발생 시 일정한 각도만큼 회전하여 생기는 것으로 어떤 면을 경계로 서로대칭인 격자를 말함, 슬립 : 재료에 인장력 작용 시 원자가 원자면을 따라 미끄럼변형 생긴 것

정답 ①

18 **절삭, 단조, 주조 및 용접 등이 용이하며, 열처리로 재질을 개선시킬 수 있어 볼트, 너트, 축계 및 치차 등의 용도로 사용할 수 있는 강은?**

① 연강 ② 반 연강
③ 경강 ④ 고 탄소강

해설

연강은 (C 0.12~0.20), 반연강은 (C 0.2~0.3), 경강은 (C 0.4~0.5), 고탄소강은 (C 0.6% 이상)을 말한다.

정답 ②

19 **탄소강의 A1 변태점은?**

① 684℃ ② 723℃
③ 768℃ ④ 941℃

해설

A2변태점은 768℃, A3변태점은 910℃, A4변태점은 1401℃정도이다.

정답 ②

20 **탄소량 0.85%에서 생기는 펄라이트 조직만의 탄소강은?**

① 공석강 ② 아공석강
③ 과공석강 ④ 시멘타이트

해설

탄소량 0.85% 주위를 함유하고 조직이 모두 펄라이트 된 것을 공석강이라 하고, 탄소량 0.85% 이하이고 조직이 페라이트와 펄라이트로 된 것을 아공석강, 탄소량 0.85% 이상을 함유하고 조직이 시멘타이트와 펄라이트로 되어 있는 것을 과공석강이라 한다.

정답 ①

21 **강의 펄라이트의 조직을 가장 잘 설명한 것은?**

① 침상조직을 형성하며 경도가 가장 높다.
② γ철과 탄화철(Fe_3C)이 혼합된 조직이다.
③ 탄소를 함유하지 않은 철로 백색이며, 강조직에 비하여 강도와 경도가 적다.
④ 페라이트와 탄화철(Fe_3C)이 서로 층상으로 배치된 조직이며 현미경 조직은 흑백색이고 강하고 질긴 성질이 있다.

해설

펄라이트는 페라이트(α고용체)와 탄화철(Fe_3C)의 상태로 탄소가 0.9%정도 함유하며 페라이트 보다 경도가 크고 강하며 자성이 있다.

정답 ④

22 Fe–C상태도에서 탄소가 약 6.6% 함유되었을 때 나타나는 조직은?

① 시멘타이트 ② 페라이트
③ 오스테나이트 ④ 펄라이트

해설

페라이트 : α고용체, 오스테나이트 : γ고용체, 펄라이트 : α고용체+시멘타이트 등으로 구성

정답 ①

23 강을 가열했을 때 나타나는 조직으로 910~1,400℃사이의 γ 철에 탄소를 잘 고용하는 γ 고용체는?

① 오스테나이트 ② 페라이트
③ 퍼얼라이트 ④ 시멘타이트

해설

오스테나이트는 γ철에 탄소가 1.7%이하로 용입된 고용체로 페라이트보다 굳고 인성이 커며 비자성이다.

정답 ①

24 고용한계 이상으로 탄소가 고용되면 탄소와 철이 화합하여 탄화철(Fe_3C)이 되며, 특징은 백색이고 매우 단단하며 여린 결정이고, 210℃에서 자기변태를 일으키는 탄소강의 조직은?

① 페라이트 ② 펄라이트
③ 시멘타이트 ④ 오스테나이트

해설

시멘타이트 : 고용한계이상 탄소 고용(C 6.67%), 백색이며 경도가 매우 크고 취성이 커서 부스러지는 성질이 있다. 210℃에서 자기변태가 일어남

정답 ③

25 탄소강의 조직 중에서 경도가 가장 큰 조직은?

① 페라이트 ② 마텐자이트
③ 오스테나이트 ④ 펄라이트

해설

조직의 경도와 강도의 순서를 나열하면, 마텐자이트 〉 투루스타이트 〉 솔바이트 〉 펄라이트 〉 오스테나이트 순서이다. 이 순서는 냉각속도에 차이로 생기는데, 마텐자이트가 급랭, 펄라이트가 서냉이라 생각하면 된다.

정답 ②

26 강 조직 중에서 경도가 가장 큰 것은?

① 페라이트　　② 오스테나이트
③ 시멘타이트　　④ 펄라이트

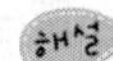

페라이트의 브리넬경도는 80~90, 펄라이트는 200, 시멘타이트는 800이다.

정답 ③

27 탄소강에서 200~300℃에 나타나는 취성은?

① 적열 취성　　② 청열 취성
③ 고온 취성　　④ 크리프 취성

해설

상온에서 고온이 될수록 연성을 잃고 200~300℃에서 굳어지고 취성이 생기는데 이를 청열취성(blue brittleness)라 한다. 이 청열취성은 인(P)에 의해 생긴다.

정답 ②

28 탄소강에서 적열취성을 일으키는 원소는?

① 탄소(C)　　② 실리콘(Si)
③ 인(P)　　④ 황(S)

해설

황을 0.07~0.2% 함유한 강은 700~900℃의 적열상태에서는 취성이 있어 열간가공을 해치는데 이를 적열취성(red brittleness)라 한다.

정답 ④

29 합금강에 대한 용도 설명으로 틀린 것은?

① 크롬강 : 담금질성이 우수하고 내마멸성, 내열성 등 이 양호하여 조향기어, 킹핀, 차동기어 등에 사용한다.
② 니켈강 : 금속 조직이 양호하여 크랭크축, 추진축, 기어, 스핀들 등에 사용한다.
③ 니켈-크롬강 : 매우 강인하고 탄성한도가 높으며, 담금질성, 내열성 및 내마모성이 양호하여 크랭크축, 커넥팅로드 등에 사용된다.
④ 스프링강 : 고온 강도가 크고 용접성이 좋아 액슬축 등에 사용된다.

해설

스프링강 : 규소(Si)+망간(Mn)을 첨가하여 사용, 탄성한계와 항복점이 높다.

정답 ④

30 **탄소강에 첨가된 원소 중에서 선철 및 탈산제에 첨가되며 강의 경도, 탄성한계, 인장력을 높여주지만 신도(伸度)와 충격값을 감소시키는 원소는?**

① 망간 ② 규소 ③ 인 ④ 황

해설

신도 : 늘려지는 정도를 말함, 탄소강에 규소(Si) 0.3%이상 첨가하면, 탄성한계를 높여주나 연성이나 단접성은 나빠진다.

정답 ②

31 **탄소강에 첨가된 원소로 연신율을 그다지 감소시키지 않고 강도 및 소성을 증가시키고, 황에 의한 취성을 방지하는 것은?**

① P ② Mn ③ Si ④ S

해설

제강 시 망간(Mn)의 첨가는 유황을 MnS으로 제거한다. Mn2%까지는 결정립의 조대화를 막고, 경도나 강도를 높이지만, 전연성과 용접성을 나쁘게 한다.

정답 ②

32 **특수강에 첨가되는 원소 중에서 몰리브덴(Mo)이 강에 부여하는 가장 중요한 성질은?**

① 경화성 및 결정을 미세화
② 높은 경도, 내마멸성 부여
③ 경화성, 강도와 마멸저항의 개선
④ 강도와 탄성한계 증가, 임계온도 저하

해설

철에 몰리브덴(Mo)을 첨가하면 뜨임 취성을 방지하고 고온 인장강도나 경도를 증가시킨다.

정답 ①

33 **일반 구조용 압연강재에 관한 설명으로 옳은 것은?**

① 강판, 강대, 편강 등으로 사용할 수 없다.
② KS 기호로는 SM330, SM400 등이 있다.
③ 탄소 함유량은 0.50%이상이며 최저 인장 강도는 600N/㎟이상이어야 한다.
④ 등변 ㄱ형강, 부동형 ㄱ형강, ㄷ형강, T형강, H형강 등의 형강으로 사용할 수 있다.

해설

일반 구조용 압연강재를 기계 구조강이라 한다. 형강은 구조용 압연강재로 각종 단면형상을 가진 봉(棒) 모양 압연재의 총칭이다.

정답 ④

34 18-8 스테인레스 강의 주성분으로 적합한 것은?

① Fe, Cr, Zn ② Fe, Ni, Al
③ Fe, Cr, Ni ④ Fe, Sn, Ni

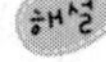

오스테나이트계 스테인레스강은 고Ni-Cr계 스테인레스강으로 표준 성분이 크롬(18)-니켈(8)과 나머지 철(Fe)로 이루어져있다.

정답 ③

35 18-8 스테인레스강에서 18-8의 표준 성분은?

① 규소 18%, 니켈 8% ② 니켈 18%, 크롬 8%
③ 규소 18%, 크롬 8% ④ 크롬 18%, 니켈 8%

해설

18-8스테인레스강 : 크롬(Cr) 18% + 니켈(Ni) 8%

정답 ④

36 공구재료로서 필요한 성질이 아닌 것은?

① 취성이 커야 한다.
② 인성이 커야 한다.
③ 내마멸성이 커야 한다.
④ 피삭재에 비하여 충분히 경도가 높아야 한다.

해설

취성은 부스러지는 성질로서 커면 잘 부스러져 공구로 사용할 수 없다. 피삭재란 절삭을 당하는 재료를 말하므로 공작물이라 할 수 있다.

정답 ①

37 순철, 강 및 주철의 3종류로 분류 시 순철의 탄소 함유량은?

① 0.01% 이하 ② 0.1% 이하
③ 0.02% 이하 ④ 0.2% 이하

해설

순철은 탄소가 0.02%이하, 탄소강은 0.025~2.11%, 주철은 2.11~6.67%를 말한다. 일반적으로 주철이라 함은 탄수가 2.11~4.3%로 한정된다.

정답 ③

38 18–8스테인리스강의 특성 설명으로 틀린 것은?

① 내식성이 우수하다.
② 내열성이 우수하다.
③ 오스테나이트계 조직이다.
④ 자성이 매우 강하다.

해설

스테인레스강은 내부식성이 크고, 강철의 산화를 막을 수 있는 특징을 갖고 있다.

정답 ④

39 18–4–1 형이라고 하는 텅스텐(W)계 고속도강의 표준조성은?

① W(18%) – Cr(4%) – V(1%)
② W(18%) – V(4%) – Cr(1%)
③ W(18%) – Cr(4%) – Mo(1%)
④ Mo(18%) – Cr(4% – V(1%)

해설

고속도강은 W(18%) – Cr(4%) – V(1%, 바나듐)와 탄소(C)가 0.8%로 이루어져 있으며, 고속 절삭성이 좋다.

정답 ①

40 가공재료의 피절삭성 등을 좋게 하기 위하여 탄소강에 황, 납을 첨가한 합금강은?

① 질화강
② 황주강
③ 쾌삭강
④ 강인강

해설

쾌삭강(free cutting steel)은 피절삭성을 좋게 하기 위해서 탄소강에 황과 납을 첨가(황쾌삭강, 납쾌삭강 2종이 있음). 이는 절삭성이 우수하고 P(인), S(황)이 많아 취약하다.

정답 ③

41 강과 비교한 주철의 특성 설명으로 틀린 것은?

① 주철의 인장강도는 강에 비교해 일반적으로 적다.
② 주철의 절삭성이 일반적으로 나쁘다.
③ 주철의 압축강도가 크다.
④ 주철의 내마모성이 우수하다.

해설

강은 어떤 금속과 합금을 하느냐 따라서 절삭성이 아주 나쁠 수도 있다. 주철은 취성이 있어 가공성이 나쁘다.

정답 ②

42 강의 래핑(lapping)에 사용되는 랩 재료로서 가장 적합한 것은?

① 주철　　② 황동
③ 납　　④ 목재

래핑이란 랩과 공작물 사이에 랩제를 넣어서 압력을 가함과 동시에 상대운동을 시켜 공작물을 가공하는 것을 말한다. 랩 재료로는 공작물보다 연한 재료인 주철, 동, 동합금, 납(연), 베빗메탈, 플라스틱 등을 사용한다.

정답 ①

43 인장 강도가 높아 차량의 프레임이나 캠 및 기어용 부품 등에 적합한 것은?

① 회주철　　② 칠드주철
③ 백주철　　④ 가단주철

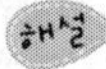

주철에 인성을 증가시키기 위해서 노속에 넣어 가열한 수 서서히 냉각시켜 만든 것을 가단 주철이라 한다.

정답 ④

44 인장 강도가 가장 높은 것은?

① 고급 주철　　② 구상흑연주철
③ 흑심가단 주철　　④ 백심가단 주철

가단주철의 보통 인장강도는 28~36kgf/㎟이상, 구상흑연주철의 인장강도는 55~80kgf/㎟정도이다.

정답 ②

45 기계재료의 담금질성(Hardenability)을 가장 잘 설명한 것은?

① 필요온도까지 급냉하는 성질
② 재료가 변태점에서 급냉하는 성질
③ 재료가 담금질에 의해 연화되는 성질
④ 재료가 담금질에 의해 경화되는 성질

해설

담금질(quenching)은 강을 경화 또는 강도를 증가시킬 목적으로 하는 열처리이다. 먼저 강을 가열하여 오스테나이트를 만든 다음 급랭하는 방법이 담금질이다.

정답 ④

46 주물의 필요한 부분만 금형에 접촉시켜 급냉한 표면의 어느 깊이는 매우 단단하고, 내부는 서냉되어 연하며 강인한 성질을 갖는 주철은?

① 칠드 주철　　② 합금 주철
③ 가단 주철　　④ 구상 흑연 주철

해설
외부는 급냉으로 굳고 마멸에 대한 저항이 커지나 내부는 점성이 있는 연한 주철이 되는 것을 칠드 주철이라 하며 압연 롤에 많이 사용된다.

정답 ①

47 주철 중에서 유리(遊離)된 탄소와 Fe_3C 가 혼재하고 주철은?

① 백주철　　② 회주철
③ 반주철　　④ 적주철

해설
주철 표면에서 흑연(유리된 탄소)이 많아 회색을 띠면 회주철, 흑연양이 적고 대부분의 탄소가 표면 중에 탄화철(Fe_3C)로 존재해서 표면이 흰색을 띠면 백주철이라 한다.

정답 ②

48 강의 열처리 중 담금질의 주목적은?

① 잔류응력 제거　　② 재질의 경화
③ 인성 증가　　④ 균열방지

해설
풀림(어닐링) : 잔류응력 제거, 연화, 조직미세화, 뜨임(템퍼링) : 담금질 후 인성증가, 불림(노멀라이징) : 불균일한 조직을 균일하게, 조직미세화, 기계적성질 향상

정답 ②

49 강의 열처리법 중에서 풀림의 일반적인 목적이 아닌 것은?

① 가공에서 생긴 내부 응력을 저하시킨다.
② 조직을 균일화 미세화 시킨다.
③ 담금질한 강을 경화시킨다.
④ 열처리로 인하여 경화된 재료를 연화시킨다.

해설
풀림(annealing)은 철강의 결정조직의 조정, 내부응력의 제거와 연화를 위하여 고온으로 가열 후 서서히 (노, 상자, 모래 속에서) 냉각하는 열처리를 말한다.

정답 ③

50 **열처리의 담금질 액 중 냉각속도가 가장 빠른 것은?**

① 소금물 ② 공기
③ 물 ④ 기름

냉각을 잘 하려면 무게가 높아야 한다. 즉 비중이 높아야 한다.

정답 ①

51 **뜨임을 가장 잘 설명한 것은?**

① 담금질한 것을 풀림하기위해 가열하여 서냉한 것을 뜻한다.
② 경도를 높게 하기 위하여 가열냉각하는 조작을 말한다.
③ 담금질한 강철에 인성이 필요할 때 A1점 이하의 적당한 온도로 가열하여 인성을 증가시키는 것이다.
④ 경도는 약간 후퇴시키더라도 취성을 주기 위하여 가열처리한 것이다.

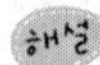

부연설명하면, 뜨임(tempering)은 담금질 후 A1(723℃)점 이하의 적당한 온도로 다시 가열 후 냉각하여 인성증가와 경도를 감소시킨다.

정답 ③

52 **열간 및 냉간 가공 후의 불균일한 조직과 결정 입자를 조정하기 위하여 A3 변태점 이상 가열 후 대기 중에서 공냉하는 열처리 방법은?**

① 담금질 ② 불림
③ 뜨임 ④ 오스템퍼

불림(normalizing)은 A3 혹은 Acm 변태점이상 30~60℃의 온도로 균일하게 가열하고 공기 중에서 서냉하는 열처리를 말하며, 냉/열간 가공 후 불균일한 조직과 결정입도를 조정하기 위한 것이다.

정답 ②

53 **서브제로 처리(sub zero treatment)를 가장 잘 설명한 것은?**

① 뜨임 처리하기 전에 온도를 영하 10℃까지 냉각한 후에 페라이트 조직을 분해시킨다.
② 담금질하기 전에 얼마 동안 0℃이하에서 풀림 처리한다.
③ 풀림 처리한 후 온도를 영하 20℃까지 냉각시켜 잔류 응력을 제거시킨다.
④ 담금질 후 계속 0℃이하의 온도까지 냉각시켜 잔류 오스테나이트를 감소시킨다.

해설

서브제로처리 : 담금질 후 계속 0℃이하의 온도까지 냉각→남아있는 오스테나이트 조직을 감소

정답 ④

54 담금질한 강(鋼)에서 경도가 가장 높은 조직은?

① 페라이트
② 마텐자이트
③ 투르스타이트
④ 솔바이트

강을 가열하여 오스테나이트를 만들고, 이를 급냉하는 순서에 따라서 마텐자이트, 트루스타이트, 솔바이트, 펄라이트 등이 생긴다. 따라서 급냉 조직인 마텐자이트의 경도가 가장 높다.

정답 ②

55 담금질 강의 냉각조건에 따른 변화조직이 아닌 것은?

① 마텐자이트
② 트루스타이트
③ 소르바이트
④ 시멘타이트

해설

시멘타이트는 강의 냉각조건에 따른 변화조직이 아니라 Fe-C상태곡선에서 나타나는 조직이다.

정답 ④

56 탄소강의 열처리 조직으로 경도가 큰 것부터 나열한 것은?

① 소르바이트 > 오스테나이트 > 마텐자이트
② 마텐자이트 > 오스테나이트 > 소르바이트
③ 마텐자이트 > 소르바이트 > 오스테나이트
④ 소르바이트 > 마텐자이트 > 오스테나이트

해설

조직의 경도와 강도의 순서를 나열하면, 마텐자이트〉투루스타이트〉솔바이트〉펄라이트〉오스테나이트 순서이다.

정답 ③

57 탄소 0.2~0.3% 함유한 탄소강을 급냉(수냉)하였을 때 실온에서의 조직으로 경도와 인장강도가 가장 큰 것은?

① 펄라이트
② 베이나이트
③ 솔바이트
④ 마텐자이트

마텐자이트(martensite)는 가열하여 얻은 오스테나이트를 급랭하여 얻은 조직으로 침상조직을 형성하며 경도가 가장 높은 조직이다.

정답 ④

58 표면 경화법 설명으로 틀린 것은?

① 표면경화의 대표적인 것은 기어, 캠, 캠샤프트 등 이 있다.
② 강제품은 내마모성 및 인성이 요구된다.
③ 기계적인 성질을 내부까지 변형시킬 때 사용된다.
④ 표면 경화 방법으로 침탄법, 질화법, 고주파 담금질, 화염 담금질 등이 있다.

해설

표면경화법이란 인성이 있는 재료의 표면만을 경화하여, 그 내부 모재의 인성이 생기도록 하는 방법을 말한다.

정답 ③

59 강의 표면 경화법이 아닌 것은?

① 침탄법
② 화염경화법
③ 질화법
④ 방사선 탐상법

해설

표면경화법에는 화염경화법, 고주파경화법, 침탄법, 청화법, 질화법, 표면도금 등이 있다. 화염경화법은 강의 표면을 적열상태로 가열 후 냉각수를 뿌려 급랭하여 가의 표면만 담금질, 고주파경화법은 재료표면에 코일을 감아 고주파, 고전압을 가야여 급속히 가열 후 급랭.

정답 ④

60 강을 암모니아(NH_3)가스 속에 넣고 장시간 가열시키는 표면 경화법은?

① 청화법
② 침탄법
③ 질화법
④ 화염 경화법

질화법은 질소물(암모니아, NH_3) 가스 속에 강을 넣고 장시간 가열하여 표면에 질소를 침투시키는 경화법(담금질하지 않아도 됨), 청화법(시안화법)은 청산가리(KCN), 청산소다(NaCN) 등의 청화물을 사용하여 질소와 탄소가 동시에 금속표면에 스며들게 하는 방법이고, 침탄법은 탄소함유량이 적은 저탄소강을 탄소나 탄소가 많은 재료(목탄, 골탄)등으로 표면을 싼 뒤에 노속에 넣어 800~900℃ 정도로 오랫동안 가열하여 표면 1mm정도까지 침투시키는 방법

정답 ③

61 표면 경화법의 종류가 아닌 것은?

① 노멀라이징
② 청화법
③ 고체 침탄법
④ 질화법

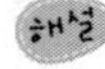

노멀라이징은 다른 말로 불림이다. 즉 표면경화가 아니라 열처리방법의 일종이다.

정답 ①

62 강의 표면을 경화하는 침탄법과 질화법에 관한 설명으로 틀린 것은?

① 질화법은 담금질할 필요가 없다.
② 경화층이 얇으나 경도는 침탄한 것보다 크다.
③ 질화법은 마모 및 부식에 대한 저항이 작다.
④ 질화법은 변형이 적으나 경화시간이 많이 걸린다.

해설
경도는 탄소의 함유량이 많을수록 증가한다. 그러나, 질화법의 경도가 더 높다. 질화법은 질화층이 얇으나 변형이 적고, 마모나 부식이 적다(마모나 부식에 저항이 크다).

정답 ③

63 금속으로 만든 작은 강구인 쇼트(Shot)를 고속으로 가공물 표면에 분사시켜 피로 강도를 증가시키는 냉간 가공법은?

① 초음파 가공
② 쇼트피닝
③ 버핑가공
④ 배럴가공

해설
쇼트피닝 : 쇼트라는 강구를 고속으로 분사→표면의 피로강도를 증가시켜 판스프링이나 코일스프링에 많이 사용, 두께가 두꺼운 재료에 사용 시 효과가 미세하고 균열의 원인이 됨.

정답 ②

64 쇼트 피닝의 설명으로 틀린 것은?

① 쇼트라는 작은 덩어리를 가공물에 분사한다.
② 피닝 효과는 열응력을 향상 시킨다.
③ 자동차용 코일 또는 판스프링 가공에 쓰인다.
④ 두께가 큰 재료는 효과가 적고, 균열이 원인이 될 수 있다.

해설
쇼트피닝은 피로강도를 증가시킨다. 열 응력은 선팽창계수와 관계 있다.

정답 ②

65 철과 비교한 알루미늄 특성으로 틀린 것은?

① 비중이 4.5로 철의 약 1/2이다.
② 용융점이 낮다.
③ 전연성이 좋다.
④ 전기 전도성이 좋다.

해설
알루미늄은 비중이 2.7, 용융점이 660.2℃, 전기전도도는 구리의 65%정도이다. 기계적인 성질로 인장강도가 11.5kgf/mm^2 이고, 경도가 27이다. 공기 중에는 잘 부식되지 않지만, 해수나 산에 잘 부식한다. 특히, 알루미늄은 표면에 산화막이 형성되어 부식을 방지하며, 유동성이 적고 수축률이 많다. 철의 비중은 7.85이다.

정답 ①

66 알루미늄(Al)의 특성이 아닌 것은?

① 비중2.7로 강보다 가볍다.
② 은백색의 전연성이 좋은 금속이다.
③ Cu와 합금할 경우 주조가 용이하다.
④ 전기 및 열의 전도성이 구리보다 높다.

해설

순수한 알루미늄은 주조가 곤란하다. 주조성을 향상하려면 구리나 아연과 합금을 해야한다. 열전도성은 구리보다 뒤에 있다(Ag〉Cu〉Pt〉*Al*)

정답 ④

67 알루미늄합금으로 자동차나 항공기의 실린더에 많이 사용되는 합금은?

① 고속도강　② KS 강
③ 실루민　④ Y합금

해설

Y합금은 구리4%, 니켈 2%, 마그네슘 1.5% 나머지 알루미늄 합금(92%)으로 비중이 2.8, 브리넬 경도가 80~85정도이다. 실루민은 Al + Si(10~14%) + 소량(Mg + Mn)이다.

정답 ④

68 알루미늄 합금인 것은?

① 포금 (건 메탈)　② 다우메탈
③ 델타메탈　④ 두랄루민

해설

두랄루민(Duralumin)은 Al-Cu-Mg-Mn계 합금으로 구리가 3.5~4.5, 마그네슘이 1~1.5, 망간이 0.5~1% 나머지는 알루미늄(93%)으로 비중이 2.79로 연강의 약 1/3배로 가벼우며 인장강도가 40kgf/mm^2 이상이다. 따라서 항공기 등과 같이 가볍게 해야 할 부분에 사용한다.

정답 ④

69 Al+Cu(4%)+Mg(0.5~1.0%)로 구성된 대표적 고강도알루미늄 합금은?

① 로엑스(Lo-ex)　② Y합금
③ 두랄루민　④ 실루민

해설

로엑스는 구리 1%, 마그네슘 1%, 니켈 2.3%, 규소 12.5%, 철 0.9% 나머지 알루미늄을 함유한 합금이다. 비중은 2.8, 브리넬 경도가 65~75이다.

정답 ③

70 **Al–Si계 대표적인 합금으로 자동차, 선박기구, 계기의 하우징 등으로 많이 쓰이는 합금(일명 알팩스)은?**

① 듀랄루민　　② 로엑스
③ Y합금　　④ 실루민

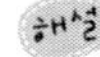

알루미늄과 규소의 합금을 실민(silmin) 또는 알팩스(alpax)라하고 규소가 10~14%이고 나머지가 알루미늄이다.

정답 ④

71 **알루미늄 합금인 두랄루민과 Y합금을 잘못 설명한 것은?**

① 두랄루민은 강도가 크고 성형성이 좋다.
② 두랄루민은 비중이 낮아 운반기계 및 구조용 재료로 사용된다.
③ 고력 알루미늄 합금은 강도와 인성이 요구되는 곳에 사용된다.
④ Y합금은 내열성이 요구되는 기관의 피스톤이나 실린더 헤드에는 사용할 수 없다.

해설

Y합금은 내열성이 좋아 기관의 피스톤, 실린더헤드에 사용한다.

정답 ④

72 **높은 강도 및 가벼운 무게와 내부식성이 강한 합금으로 자동차 트랜스미션 케이스, 피스톤, 엔진 블록 등에 많이 사용되는 합금은?**

① 납 기본 합금　　② 마그네슘 기본 합금
③ 아연 기본 합금　　④ 알루미늄 기본 합금

해설

피스톤이나 엔진블록에 알루미늄합금을 많이 사용하는 이유는 열전도성이 좋을 뿐 아니라 높은 강도, 가볍기 때문이다.

정답 ④

73 **피스톤용 알루미늄 합금의 구비조건으로 틀린 것은?**

① 열전도도가 클 것　　② 고온에서 강도가 클 것
③ 팽창계수와 마찰계수가 작을 것　　④ 비중이 크고 내식성이 있을 것

해설

피스톤은 행정을 아래위로 움직여서 크랭크암을 돌려 크랭크축을 회전시키는 부품이다. 비중이 크면 무게가 무겁다는 뜻으로 비중이 크면 운동방향을 바꾸기가 힘들다. 알루미늄의 비중은 2.7로 철 비중 7.85 보다 작다.

정답 ④

74 알루미늄(Al)+구리(Cu)+마그네슘(Mg)의 합금으로 시효경화를 일으키며, 인장강도가 큰 알루미늄 합금은?

① 하이드로날륨　　② Y-합금
③ 두랄루민　　④ 라우탈

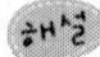

시효경화(時效硬化)란 담금질에 의한 과포화고용체로 된 합금을 상온에 방치하거나 가열하면 시간의 경과에 따라 경화되는 것을 시효경화라 한다.

정답 ③

75 구리의 성질 설명으로 틀린 것은?

① 용융점 이외는 변태점이 없다.
② 전기 및 열전도도가 높다.
③ 연하고 전연성이 커서 가공하기 어렵다.
④ 철강 재료에 비하여 내식성이 커서 공기 중에서는 거의 부식되지 않는다.

해설

구리는 연하고 전연성이 있어 가공하기 쉽다. 구리의 일반적인 성질은 전기 및 열의 양도체, 아름다운 빛깔 소유, 유연하고 전연성이 좋아 가공이 쉽고, 표면에 보호피막이 있어 부식이 잘 안되며, 다른 금속과 함금 시 귀금속의 성질을 얻을 수 있다.

정답 ③

76 제련 방법에 따른 동의 종류 중에서 순도가 가장 높은 것은?

① 전기동　　② 정련동
③ 탈산동　　④ 무산소동

전기동은 전기분해로 얻은 구리로 순도가 아주 높다. 탈산동은 인(P)으로 탈산한 구리, 무산소동은 산소가 0.001~0.002%의 구리를 말한다.

정답 ①

77 가장 높은 강도와 경도를 얻을 수 있는 동합금은?

① Cu-Sn　　② Cu-Al
③ Cu-Sl　　④ Cu-Be

해설

베리움청동은 Cu에 베리움(Be)을 약 2%을 넣은 합금으로 전열/전도성이 좋고 내식, 내산성이 풍부하다.

정답 ④

78 양백 또는 양은이라 부르는 동합금의 성분은?

① Cu + Sn + Zn ② Cu + Zn
③ Cu + Ni + Zn ④ Cu + Ni

해설

양은(german silver)은 백동이라고도 하며, 7:3황동으로 Cu + Zn + Ni의 합금이다.

정답 ③

79 동 및 동합금을 바르게 설명한 것은 ?

① 황동은 구리와 주석의 합금이다.
② 전기 전도율이 은(Ag) 다음으로 크다.
③ 청동은 구리와 아연의 합금이다.
④ 인청동은 내마멸성이 나쁘며 베어링으로 사용할 수 없다.

해설

황동은 구리와 아연 합금, 청동은 구리와 주석 합금, 인청동는 내마멸성이 좋아 베어링, 밸브시트 등에 사용된다. 전기 전도율로 은(Ag)이 100일 때, 구리가 그 다음으로 94이고, 금(Au)이 67, 알루미늄은 57이다.

정답 ②

80 6·4황동에 1~2%의 철을 첨가한 것으로 강도가 크고 내식성이 좋아 광산, 선박, 화학기계에 쓰이는 것은?

① 7·3 황동 ② 톰백
③ 델타 메탈 ④ 인청동

해설

델타(Delta)메탈은 구리53~58%, 아연 40~43%, 철 1%내외의 합금으로 주물/단조 재료로 적합하고 고온에서 압연/단조성이 좋다. 톰백은 Cu + Zn(8~20%이하), 인청동은 Cu + Sn(9%) + P(0.6%이하)를 말한다.

정답 ③

81 내식성, 내마모성이 우수하며 고탄성을 이용하는 판, 선, 및 스프링의 재료로 사용이 가능한 동합금은?

① 6 · 4 황동 ② 인청동
③ 배빗 메탈 ④ 듀랄루민

해설

인청동은 청동에 인(P)을 첨가하여 기계적 성질과 내식성과 내마멸성을 증가시킨 합금이다. 6·4황동은 기계부품, 인청동은 스프링, 베빗메탈은 베어링, 듀랄루민은 항공기나 차체에 사용한다.

정답 ②

82 황동에 대한 설명으로 틀린 것은?

① Zn이 5% 함유된 황동을 예부터 화폐, 메달 등에 사용되었기 때문에 gilding metal 이라고 하였다.
② Zn이 10%정도의 황동은 색이 청동과 비슷하므로 청동 대용으로도 사용되었다.
③ Zn 15%황동은 red brass라고도 하며, 강하고 내열성이 좋다.
④ Zn 20%의 황동은 황금색의 아름다운 색을 띠게 되므로 순금의 모조품, 작식용 제품, 악기 등에 사용된다.

해설

보기 ①의 길딩메탈은 도금용 황동으로 가짜 금으로 사용됨. 보기 ③의 경우 아연 20%이하 황동은 붉은 황동으로 단동(red brass)이라 하며 강하고 내열성이 좋다. 보기 ④의 경우는 톰백[Cu + Zn(8~20%이하)]을 설명하고 있다.

정답 ③

83 마그네슘-알루미늄계 합금이며, 7% 이상의 알루미늄을 함유하여 인장강도, 연신률이 매우 큰 것은?

① 포금
② 실루민
③ 다우(Dow)메탈
④ 두랄루민

해설

다우메탈은 미국에서 사용하는 말이고, 독일에서는 엘렉트론 메탈이라고 한다. 90%정도의 마그네슘과 알루미늄, 아연, 망간 등으로 구성된 합금이다. 포금은 옛날 포에 사용하던 청동주물을 말하며, Cu + Sn(8~12%)로 밸브, 콕에 사용된다.

정답 ③

84 베어링 합금의 구비 조건으로 알맞은 것은?

① 마찰 계수가 클 것
② 내마모성이 적을 것
③ 내부식성이 적을 것
④ 열전도성이 클 것

해설

마찰계수가 크면 마찰력이 크다는 뜻으로, 마찰력이 작아야 잘 미끄러진다. 열전도성이 좋아야 마찰에 의한 열을 잘 발산할 수 있다.

정답 ④

85 주석, 안티몬, 구리를 주성분으로 하는 고속 고하중용 베어링 합금은?

① 알루미나
② 배빗 메탈
③ 두랄루민
④ 델타 메탈

해설

배빗메탈은 납(Pb)과 주석(Sn)을 주성분으로 하고 안티몬(Sb), 구리(Cu) 등을 첨가한 것으로 화이트메탈이라고도 한다.

정답 ②

86 베어링 합금이 축의 회전속도, 사용 장소, 하중의 크기에 따라서 갖추어야 할 구비조건은?

① 열 변형이 적고 열전도율이 클 것
② 강도와 강성은 작고 충격하중에 약할 것
③ 마찰계수가 크고 저항력이 클 것
④ 피로 강도는 작고 내식성이 클 것

해설

열에 대한 변형이 작아야 고회전, 고부하에서 발생하는 열에 잘 견디고, 열전도율이 커야 이 때 발생하는 마찰열을 잘 발산할 수 있다.

정답 ①

87 주석계 화이트 메탈을 잘못 설명한 것은?

① 베어링용 합금이다.
② 배빗 메탈이라고도 한다.
③ Sn-Sb-Cu 계 합금이다.
④ 고속, 고하중용 베어링으로는 사용할 수 없다.

해설

화이트메탈은 배빗메탈의 일종으로, 고속, 고부하 베어링으로 사용이 가능하다.

정답 ④

88 화이트메탈(white metal)의 설명으로 틀린 것은?

① Pb, Sn을 주성분으로 하고 여기에 적당한 양의 Sb, Cu 등을 첨가한 합금이다.
② 납과 Sn을 주성분으로 한 베어링 합금이다.
③ Babbit metal 이라고도 한다.
④ Cu에 Pb 25~40% 첨가한 합금으로서 항공기, 자동차의 main bearing 에 사용한다.

해설

보기 ④의 설명에서, 구리에 납을 30~40%가한 것을 켈밋메탈이라고 하고, 압축강도가 48~52kgf/mm^2 , 항복점이 12~13kgf/mm^2 정도이다.

정답 ④

89 비철금속 중 베어링 합금재료로 부적당한 것은?

① 화이트 메탈 ② 배빗 메탈
③ 켈밋 합금 ④ 서멧

해설

보기 ④의 서멧(cermet)은 내열/내마모성의 세라믹(ceramic)과 인성이 있는 금속분말(metal)을 섞은 금속으로 앞글자를 따서 이름을 명명했다.

정답 ④

90 금속재료 중에서 베어링 메탈과 가장 관계가 적은 것은?

① 화이트 메탈 ② 배빗 메탈
③ 켈밋 ④ 모넬 메탈

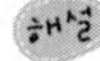

모넬메탈(Monel metal)은 니켈이 60~70%인 Cu-Ni계 합금으로 화학 공업으로 사용된다.

정답 ④

91 티탄에 대한 설명으로 틀린 것은?

① 로켓, 차량, 기계기구 등에서 구조용 재료로 이용된다.
② 스테인리스강이나 모넬 메탈처럼 내식성이 강하다.
③ 비중이 강보다 가벼우나 알루미늄보다는 무겁다.
④ 용융점이 강보다 낮고 주조성이 우수하다.

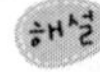

티탄의 장점은 해수에 강하고, 비중이 철과 알루미늄의 중간, 용융점이 1670℃로 대단히 높고, 인장강도에 비해 피로강도가 크다.

정답 ④

92 합성수지에 대한 성질 설명 중 틀린 것은?

① 전기 절연성이 좋다.
② 가공성이 낮고 성형이 어렵다.
③ 일반적으로 플라스틱이라 한다.
④ 열경화성 수지와 열가소성 수지로 분류한다.

해설

합성수지의 공통성질은 비중이 1~2.2로 가볍고 튼튼, 전기절연성이 우수, 가공소성이 커 성형이 간단, 대량생산가능, 투명하며 채색이 자유롭고 내구성이 큼, 산, 알카리, 기름, 화학약품에 강함, 단점으로 열에 대단히 약하다. 열경화성이란 열을 가해 경화되면 다음 열을 가하면 불에 타는 성질, 열가소성은 열을 가해 경화되어도 다시 열을 가하면 녹는 성질을 말한다. 열경화성 수지로는 페놀, 애폭시, 메라민, 실리콘, 폴리에스테르, 폴리우레탄 등이 있고, 열가소성 수지로는 폴리에틸렌, 폴리프로플렌, 폴리염화비닐, 폴리스티렌, 폴리카보네이트, 폴리아미드 등이 있다.

정답 ②

93 합성수지의 특성 중 금속 재료보다 우수하여 일반적으로 활용되는 특성은?

① 인장강도 ② 내열성
③ 전기 절연성 ④ 내구성

해설

합성수지가 금속보다 좋은 점은 전기절연성이다.

정답 ③

94 **금속재료와 대체할 수 있는 기계재료 중에서 합성수지의 공통된 성질이 아닌 것은?**

① 가볍고 튼튼하다.
② 비중과 강도의 비인 비강도는 비교적 낮다.
③ 전기 절연성이 좋다.
④ 가공성이 크고 성형이 간단하다.

해설

비강도는 강도에다 비중으로 나눈 값이므로, 합성수지는 비중이 1~2.2로 낮아(분모가 값이 작아) 비강도는 큰 값을 가진다. 즉 무게에 비해 가볍고 강인하다고 표현할 수 있다.

정답 ②

95 **열경화성 수지(성형하여 굳어지면 다시 가열하여도 연화되거나 용융되지 않고 연소하는 성질을 가진 수지)가 아닌 것은?**

① 페놀수지 ② 아크릴 수지
③ 규소수지 ④ 멜라민 수지

해설

열경화성 수지로는 페놀수지, 요소수지, 멜라민수지, 폴릴에스테르수지, 규소수지 등이 있고, 열가소성수지(성형후 열을 가하면 연하여지고 냉각하면 다시 본래상태로 굳어지는 성질)로는 스티롤수지, 염화비닐, 폴리에틸렌, 초산비닐, 아크릴수지 등이 있다.

정답 ②

96 **비금속 기계재료로 투명성이 좋고 탄성이 크며, 햇빛에 노출되어도 변색이 잘되지 않으므로, 안전유리의 중간층 재료로 사용되는 열가소성 수지는?**

① 폴리 에틸렌 ② 아크릴 수지
③ 베이클라이트 ④ 폴리에스테르 수지

해설

아크릴수지 : 비금속 기계재료로 투명성이 좋고 탄성이 크며, 햇빛 노출에 변색되지 않으므로 안전유리의 중간층 재료로 사용. 부연적으로 폴리에틸렌은 유연성이 있으며 판, 필름에 많이 사용한다.

정답 ②

97 **플라스틱의 경화된 수지로, 수축이 적고, 양호한 화학적 저항, 우수한 전기적 특성, 강한 물리적 성질을 가지고 있으며, 판재제작, 용기성형, 페인트, 접착제 등으로 사용되는 열경화성 수지는?**

① 에폭시 수지 ② 페놀 수지
③ 비닐 수지 ④ 아크릴 수지

해설

에폭시수지 : 경화수지로 수축이 적고, 양호한 화학적 저항, 우수한 전기적 특성, 강한 물리적 성질, 판재제작, 용기성형, 페인트, 접착제 등에 사용

정답 ①

98 보기에서 설명하는 합성수지는?

> 무색의 가벼운 침상결정체이며, 요소수지보다 강도, 내수성, 내열성이 우수하고 포르말린, 석탄산, 요소 등과 합성하여 각종 성형품, 접착제, 페인트 섬유제조 등에 사용되며, 150℃에도 잘 견딘다.

① 페놀수지　　② 에폭시 수지
③ 멜라민 수지　　④ 실리콘 수지

멜라민 수지 : 무색, 가벼운 침상결정체, 요소수지 보다 강도, 내수성, 내열성이 우수, 포르말린, 석탄산, 요소 등과 합성하여 각종 성형품, 접착제, 페인트 섬유제도 등에 사용, 150℃에도 견딤

③

99 가열하면 분자간의 결합력이 약해져서 연해지나, 냉각시키면 결합력이 강해져서 굳는 열가소성 수지가 아닌 것은?

① 폴리염화비닐　　② 폴리에스테르
③ 폴리아미드　　④ 폴리염화비닐

폴리에스테르 : 가열시 분자간의 결합력이 약해져 연해짐, 냉각시키면 결합력이 강해져 굳음, 폴리에스테르수지는 열경화성수지이다.

②

100 합성수지의 일반적인 성형가공 방법이 아닌 것은?

① 압축성형　　② 사출성형
③ 단조성형　　④ 주조성형

단조는 해머 등으로 두드려서 제작하는 가공을 말하므로, 합성수지는 단조작업 시 깨질 수 있다.

정답 ③

101 플라스틱계 복합 재료로 섬유강화 플라스틱의 약어인 것은?

① FRM　　② FRP
③ FRC　　④ SAP

해설

FRM : 섬유강화금속(Fiber Reinforced Metal), FRP : 섬유강화플라스틱(Fiber Reinforced Plastic), FRC : 섬유강화세라믹(Fiber Reinforced Ceramic), SAP : 고급흡수성수지(Super Absorbent Polymer)

정답 ②

102 **복합재료(composite materials)에 대한 설명으로 틀린 것은?**

① 복합재료는 2개 이상의 단열재를 결합시켜 보다 성능이 우수하고 경제성이 좋은 재료이다.
② 강화 재료의 형태에 따라 분산강화, 입자강화, 섬유강화 복합재료로 분류된다.
③ 유리섬유 강화 플라스틱은 GFRP라고 하며, 폴리에스테르, 에폭시, 페놀수지 등에 지름 5~8μm 유리섬유를 첨가하여 성형한 것이다.
④ 섬유 강화 플라스틱은 피로 강도가 높고 내열성이 우수하며, 내마모성의 성질을 가지고 있어 금속 대체 재료로 사용되는 첨단 재료이다.

해설

섬유강화플라스틱은 폴리에스터 수지에 섬유 등의 강화재로 혼합하여 기계적 강도와 내열성을 좋게 한 플라스틱이다.

정답 ④

103 **고온에서 소결 처리하여 만든 비금속 무기질 고체재료 즉 유리 도자기 시멘트 내화물 등과 같은 고체재료의 통칭인 용어는?**

① 알런덤(alundum) ② 멜라닌(melanin)
③ 몰타르(mortar) ④ 세라믹(ceramics)

해설

알런덤 : 산화알루미늄(알루미나)을 전기로 속에서 한번 녹여 만든 갈색 알맹이(가루), 멜라닌 : 융점이 높고 투명(반투명)한 플라스틱, 몰타르 : 회반죽(접착반죽), 세라믹 : 고온에서 소결처리한 비금속 무기질(흙 혹은 모래) 고체재료

정답 ④

104 **세라믹스의 성질에 대한 설명으로 틀린 것은?**

① 단단하고 취성이 있다. ② 융점이 낮다.
③ 내열성, 내산화성이 좋다. ④ 열전도율이 낮다

해설

세라믹은 녹는점이 2000℃이상으로 대단히 높다.

정답 ②

105 **강화유리란 보통판유리를 600℃ 정도의 가열온도로 열처리한 것으로, 그 특징이라고 볼 수 없는 것은?**

① 유리파편의 결정질이 크다. ② 유리의 강도가 크다.
③ 곡선유리의 자유화가 쉽다. ④ 안전성이 높다.

해설

유리파편(조직)이 미세할수록 단단하다.

정답 ①

106 **천연고무와 비슷한 성질을 가진 합성고무로 천연고무보다 내유성, 내산성, 내열성이 더 우수하여 가스킷 재료로 많이 사용되는 것은?**

① 모넬메탈 ② 글라스 울

③ 네오프렌 ④ 세라크 울

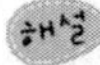

글라스 울 : glass-wool(유리섬유)로 인조무기질 비결정체로, 평균 $5\mu m$ 이상(석면이 아님), 세라크 울 : 미네날로 만든 합성 섬유

 ③

PART 02

기계공작

주조

1-1 주조의 개요

1. 용어

① **주물** : 주조로 만든 물건(밥솥, 엔진, 공작기계 등등 일상생활의 다수)
② **모형** : 주물과 동형상 혹은 주물의 형상치수 및 제작 개수에 따라 다른 형식을 가짐
② **주형** : 용해된 재료(보통 금속)를 주입하여 소요의 형상을 얻는 틀

2. 주조법에 필요한 지식

① 모형과 주형
② 용해와 주입
③ 응고와 냉각
④ 청소와 검사

1-2 사형주조법

1. 사형주조방법

(1) 주물사를 준비한다.
잘 조절된 모래를 사용하는 이유 : 주형 제작이 용이, 가격이 저렴, 반복사용 가능, 주물성질에 비교적 좋은 결과를 줌

(2) 주형을 제작한다.(주물이 될 부분에 공동부를 만듬)
① 나무나 금속으로 미리 모형을 제작
② 모형을 빼내기 위해 상하 2개의 주형을 나누어 공동부를 절반씩 갖게 함
③ 주물에 속이 빈 부분이 필요할 땐 모래로 만든 별도의 주형(코어)를 사용
④ 쇳물 아궁이(탕구) 만듬(쇳물 주입구로 조용히, 계속 흘러가게 제작)
⑤ 쇳물 주입 동안에 생기는 가스 배출을 위한 가스뽑기 구멍 내기
⑥ 쇳물 응고시 수축되므로 쇳물 보급될 부분(덧쇳물=라이저(riser)=피이더(feeder)을 본체 밖에 마련

(3) 쇳물을 주형에 주입한다.

(4) 쇳물이 응고 후 주형을 제거하고 주물표면을 청소한다.

(5) 주물의 치수와 결함에 대한 검사 후 필요시 기계공장으로 넘긴다.

2. 모형(목형) 종류

(1) **현물형(현형)** : 주물형상과 거의 같은 형상
① 단체형 : 모형을 2개로 분할하지 않고서도 쉽게 주형제작할 수 있는 경우
② 분할형 : 모형을 2개로 분할하여 주형제작, 코어삽입 등이 용이하게 한 모형
③ 조립형 : 여러 조각을 조립하여 하나의 모형으로 완성하는 모형

(2) **부분모형** : 제품의 일부분만에 대응하는 모형(치차제작을 경우 일부분만 제작 → 회전)

(3) **회전모형과 긁기모형** : 주물의 전형상 대신 그 외주윤곽에 맞추어 만든 회전판, 긁기판을 이용하여 주형제작
① 회전모형 : 회전판을 회전시켜 회전체 조형,
② 긁기모형 : 길이방향 동일단면의 경우 긁기판으로 안내판을 따라 모래를 긁어 조형

(4) **골격모형** : 현물형의 골격만을 만들고 그 간격을 점토로 메워 사용

(5) **코어모형** : 코어를 만드는데 사용되는 모형

(6) **매치플레이트모형** : 분할모형을 판의 양면에 부착한 것 –분할모형을 서로 붙인 다음→모형둘레에 모래를 다짐→매치플레이트를 빼고→주형상자를 맞추면→실제주형이 됨 : 대량생산에 적합

3. 모형의 재질

① 모형의 재료로는 목재가 가장 많이 사용

② **금속형** : 마멸과 파손이 적음, 주물표면이 아름답고 치수 정확, 제작비 비쌈, 제작개수 많을 시 이용, 알루미늄합금을 많이 사용

③ **합성수지형** : 페놀계 수지를 사용

④ **석고형** : 석고를 물에 섞어 점액상태로 사용

⑤ **시멘트형** : 시멘트를 점결제로서 모래와 섞어 모형 만든 것

4. 목형

(1) 목재

① 소나무 : 가공이 용이, 염가, 정밀한 제품에는 부적합, 보통 목형에 제일 많이 사용

② 전나무 : 질이 치밀, 가공이 용이, 건습에 의한 신축변형이 적음

③ 제작 개수가 적을 시에는 연질목재(소나무, 낙엽송 등 침엽수), 제작 개수가 많을 시에는 경질목재(느티나무, 박달나무 등 활엽수)

(2) 목형변형 방지

① 충분한 건조

② 흡습을 방지

(3) 건조에 따른 수축변형

① 함수율(수분함유율)에 따라 차이

② 약목은 고목보다, 변재는 심재보다, 곧은결은 무늬결 보다 더 수축

(4) 목형제작

① 손작업, 목공기계 사용

② 재료의 신축과 변형을 방지하기 위해 다수의 목편으로 조립
③ 판의 표리와 결이 서로 상반되도록 맞춤(신축이 구속되고 전체 변형이 적음)
④ 판을 접합(아교, 못, 나무나사 사용)

5. 목형 제작 요점

목형은 주물 치수보다 크게 제작(목형여유)하는 이유 : 재료의 냉각 수축, 주조 후 기계가공, 목형구배, 코어프린트 등을 고려해야 함

① 수축여유 : 주물 응고 냉각시 수축에 대한 여유치수
② 기계가공여유 : 기계가공을 요하는 경우 두는 여유치수(다듬질정도 등)
③ 목형구배 : 주형으로부터 모형을 뽑아 낼 때 주형의 모래를 파손시키지 않도록 수직면에 약간의 테이퍼(경사)를 둠 → 이 테이퍼를 말함
④ 코어프린트 : 코어를 지지하는 오목한 부분을 주형에 만들기 위해 모형에 만든 여분의 돌출부

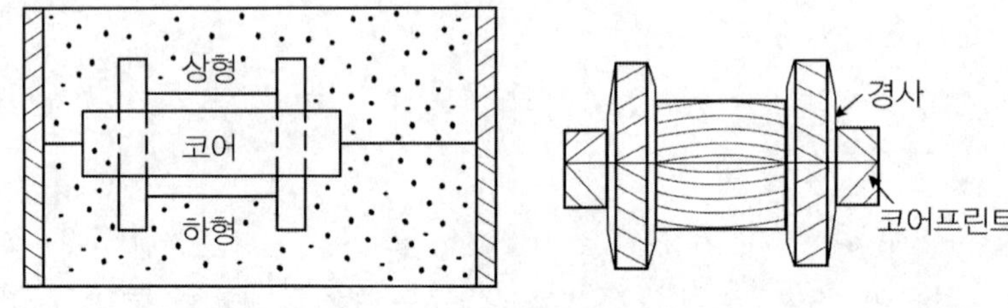

그림 2-1 **코어프린트**

⑤ 라운딩 : 목형의 모서리를 둥글게 함(이유 : 모서리는 결정립의 경계를 생기게 하여 불순물이 석출하여 취약하게 됨)
⑥ 덧붙임(stop-off) : 주물과 관계없는 목형을 두께가 다른 부분에 붙이는 것, 주물의 두께가 다를 경우 냉각도에 따른 내부응력으로 변형과 균열을 가져옴 → 이를 막기 위함

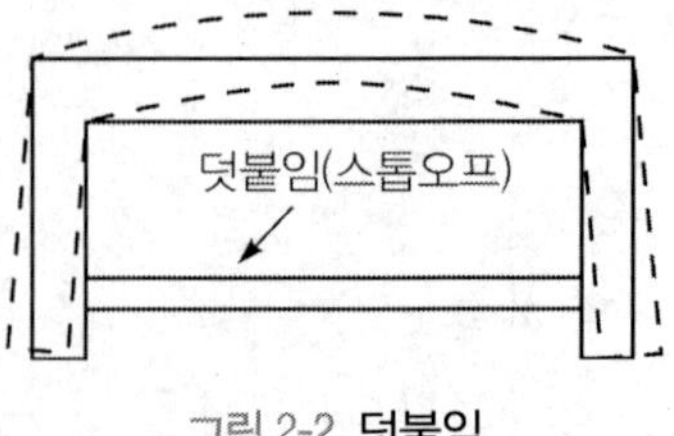

그림 2-2 **덧붙임**

⑦ 보정여유 : 수축여유와 기계가공여유로는 부족할 경우 허용여유

6. 주형의 종류

① **조립주형법** : 가장 많이 사용, 상하 2개 또는 그 이상의 주형상자를 사용
② **바닥주형법** : 상형이 없는 주형, 상면이 정확할 필요가 없는 경우 사용
③ **혼성주형법** : 하형은 주조공장 바닥을 사용, 상형을 주형상자 이용
④ **건조사형** : 건조로 내에서 생사형 주형을 100~260℃로 여러 시간 건조시킨 주형

7. 탕구계

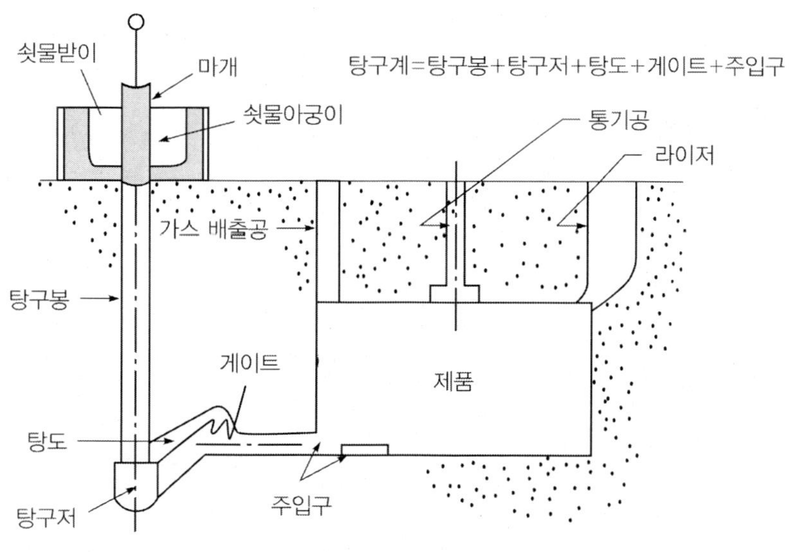

그림 2-3 **탕구계**

① 쇳물받이 : 쇳물을 받아 일시적으로 저장하는 곳
② 탕구봉 : 쇳물받이에서 탕구저까지 이어지는 수직유로(좁은 뜻의 탕구는 이를 말함)
③ 탕도 : 탕구저부터 주형의 적절한 위치에 설치된 게이트까지 쇳물을 안내하는 통로(수평 통로)
④ 게이트 : 탕도로부터 갈라져서 주형으로 들어가는 통로
⑤ 주입구 : 주물이 주형에 들어가는 입구
⑥ 라이저(riser=feeder) : 쇳물 부족을 보충하기 위해 주물이 될 주형공동부에 마련한 탕구모양의 것→응고 중 주형에 압력을 가함→주형내의 가스 배출→공기 발생, 수축공, 편석 등의 발생을 방지

8. 주물사

(1) 주물사의 조건

① 내열성, 통기성, 점결성 등 3가지가 선결되어야 하며
② 성형성, 보온성, 가축성(可縮性)이 있어야 한다.

(2) 주물사의 성질과 시험

① 강도 : 주탕하였을 시 쇳물의 정압과 동압에 견디는 강도가 필요
② 통기도 : 통기성의 정도 비교(일정량의 공기가 일정한 형상의 시험편을 빠져나가는 시간과 압력 측정)
③ 내화도 : 화염에 견디는 정도, 소결이 시작될 때의 온도를 소결점이라 하고 이 온도를 측정
④ 입도 : 주물사의 입자 크기(메시 : 폭 1인치에 들어가는 체눈의 수)
⑤ 경도 : 주형의 다져진 모래에 5mm의 강구로 누름→경도치를 계기판에서 측정

1-3 금속용해법

1. 개요

① 용광로(고로) : 철광석을 용해하여 선철을 제조하는 로, 용량은 1주야의 제선능력으로 표시
② 철광석 + 코크스 + 석회석→용광로에 넣고 1500℃로 가열→광석은 용해하여 로의 하부에 고임→꺼내서 주괴로 한 것이 선철
③선철로 주철을 용해하는 로→큐펄라, 전기로 / 주강용을 용해하는 로→전로, 전기로 / 비철금속을 용해하는 로→도가니로, 전기로

2. 용선로(큐폴라)

① 주철의 용해로로 가장 널리 사용
② 장점 : 열효율이 좋고, 로의 구조가 간단, 축조비가 적게 듬, 쇳물을 소량씩 자주 뽑아낼 수 있음

③ 단점 : 장시간 연소로 탄소나 황의 흡수가 많음, 송풍의 강약, 조작의 가감으로 쇳물성분 변화가 큼

④ 용량 : 매 시간당 용해할 수 있는 무게(ton)로 표시

3. 도가니로

① 도가니(점토, 흑연 등의 용기)를 사용하여 금속을 용해하는 로

② 장점 : 지금은 연소가스에 직접 접촉되지 않아 금속의 성분 변화가 없음

③ 단점 : 열효율이 낮음, 고가이며 소량생산에 적합

④ 용량 : 1회에 용해할 수 있는 금속(구리)의 무게(kg)를 번호로 표시

4. 전로

① 제강로, 항아리형의 로로 회전하여 용탕을 유출

② 저부로 고압공기를 송압하여 불순물(탄소, 규소, 망간 등)을 산화연소로 제거

③ 제조비가 매우 염가, 간단한 조작으로 다량생산 가능

④ 용량 : 1회 용해할 수 있는 양(ton)으로 표시

5. 전기로

① 전류의 열효과를 이용한 금속 용해로

② 장점 : 고온을 연속적으로 얻음, 로 내의 온도조절 용이하고 정확, 가스발생이 적고, 금속의 용융손실이 적음, 응용범위가 넓음

③ 용량 : 1회에 생산되는 용강의 무게(ton)로 표시

1-4 주물재료

1. 주철

(1) 회주철

가장 흔히 사용되는 주철, 인장강도가 낮은 것은 선철 및 주철파쇠를 용해한 것, 인장강도가 높은 것은 강파쇠를 섞어 용해한 것

(2) 고급주철

회주철에서 인장강도가 20~35kgf/cm^2 되는 것, 펄라이트 주철/ 저 탄소, 저 규소, 고 망간의 조성

(3) 구상흑연주철 : 회주철의 침상흑연을 구상화시킨 조직을 가지는 주철

① 펄라이트형 구상흑연주철은 인장강도가 70~80kgf/cm^2, 연율은 1~5% 정도,
② 페라이트형 구상흑연주철은 인장강도가 50~60kgf/cm^2, 연율은 10~20% 정도
③ 내열성, 내마멸성은 회주철보다 양호, 주조성은 떨어짐
④ 엔진의 크랭크축, 캠축, 밸브, 롤 등에 사용

(4) 가단주철

① 회주철과 같이 주조성이 좋고 주강과 같은 강인한 성질을 얻는 것을 목적으로 생김
② 주조성이 좋은 백선철을 주입한 후 적당한 열처리를 통해 끈기있는 성질 만듦
③ 충격에 강하고 기계절삭이 양호, 내식성이 좋음, 강도는 연강과 비슷

2. 주철 영향 원소

① 탄소 : 흑연탄소가 많으면 주철은 연하고 결정은 조대, 화합탄소가 많으면 주철을 경하고 여리게 하며 유동성을 좋게 함, 전탄소량이 3.3%를 넘으면 조직이 조대해지고 매우 여리게 됨
② 규소 : 3.25%이상이 되면 화합탄소를 증가시켜 주철을 경하고 여리게 함
③ 망간 : 탄소의 흑연화를 방지, 조직을 치밀하게 함, 경도, 강도 및 내열성을 증가, 1.5% 이상에서는 강도가 지나치게 커져 가공이 곤란

④ 인 : 쇳물에 유동성을 줌, 칠드화되는 것을 방지, 경도를 증가, 주물표면이 아름다움(1% 정도), 그러나, 인은 질을 여리게 하고 고온에서 파괴될 수 있음(함유율을 낮춰야 함)

⑤ 황 : 용해 중 연료로부터 주철에 흡수됨, 주조에 유해 작용, 주철의 기계적 강도를 저하(제거해야 함)

1-5 특수주조법

1. 칠드 주조

① 금속을 사용한 주형에 용해주철 주입→금속부분에 닿는 주물(표면)이 빨리 냉각되어 흑연 석출을 저지, 주물표면 부분이 백선조직화하여 경하고, 내부는 회주철의 연질 조직

② 압연롤, 차륜과 같은 내마멸성이 크면서도 전체로는 끈기 있고, 충격에 견디는 주물

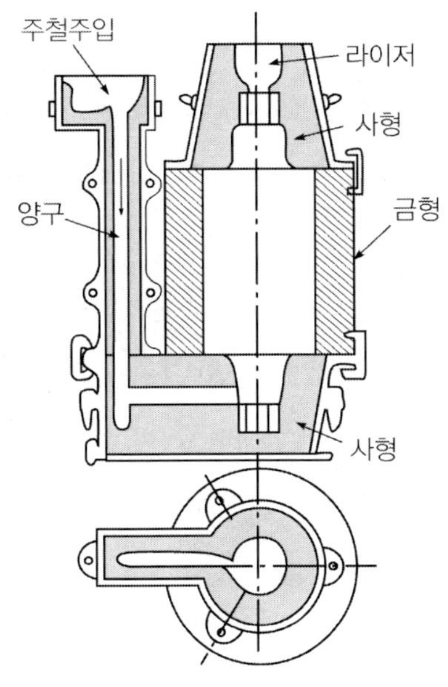

그림 2-4 칠드주조

2. 원심 주조

① 주형을 회전시키면서 쇳물을 주입→원심력으로 쇳물을 주형내면에 압착 응고시키는 방법
② 주형내에서 원심력의 차로 불순물을 유리, 외주부에 양질의 부분 얻음
③ 코어는 필요없음
④ 주철관, 주강관 동슬리브, 실린더 라이너 등

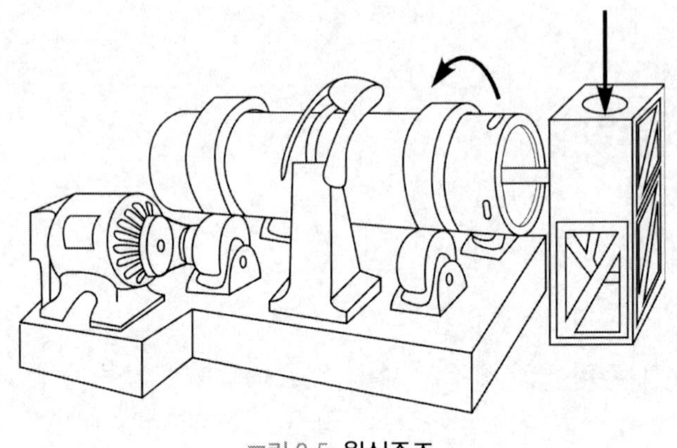

그림 2-5 원심주조

3. 다이캐스팅

(1) 용융(반용융)상태의 금속을 자동(수동)으로 강압력으로 주입하여 소요형상의 주물을 만듦

(2) 장점
① 제품의 정도가 높고, 거의 기계가공이 필요 없으며, 라이저도 필요치 않음,
② 재료 이용율이 높고, 균일한 제품의 연속 주조가 가능,
③ 대량생산에 적합

(3) 단점
① 금형이 고가로 소량생산에 적합지 않음
② 주조재료는 금형의 내열성 관계로 융점이 낮은 금속(비철금속)에 한정
③ 금형의 구조상 제품크기에 한도가 있음

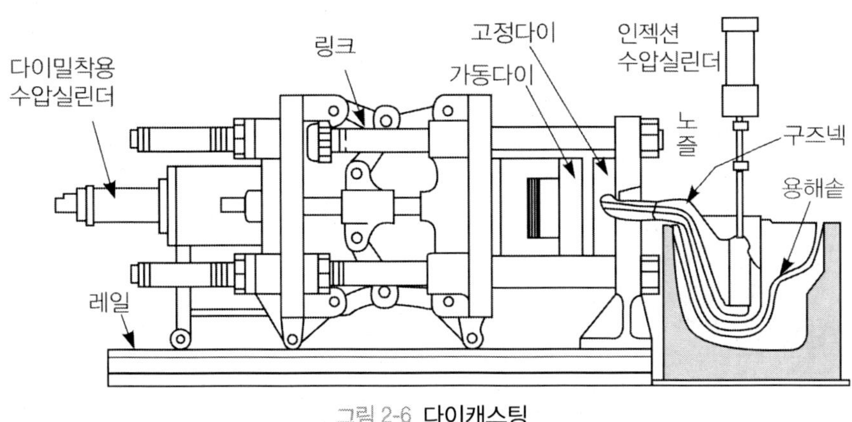

그림 2-6 다이캐스팅

4. 셀몰드법

고운규사나 페놀수지 분말 5%를 혼합한 레진샌드(resin sand)로 주형 만듬

(1) 공정순서

① 레진샌드를 150~200℃로 가열한 금형(모형)위에 뿌린다.

② 레진샌드 위에 모래를 뿌린다.(그림 상 통을 뒤집으면 됨)

③ 10~15초 후 (그림 상 통을 바로해서) 주형 상면의 소결되지 않은 모래를 제거(setting)

④ 금형(모형)에 얇은 두께로 붙어 있는 셀을 금형(모형)에 붙어 있는 채로 300~350℃ 가열(curing)

⑤ 셀을 금형에서 분리

⑥ 이렇게 만든 셀 2개를 합쳐서 하나의 주형으로 완성

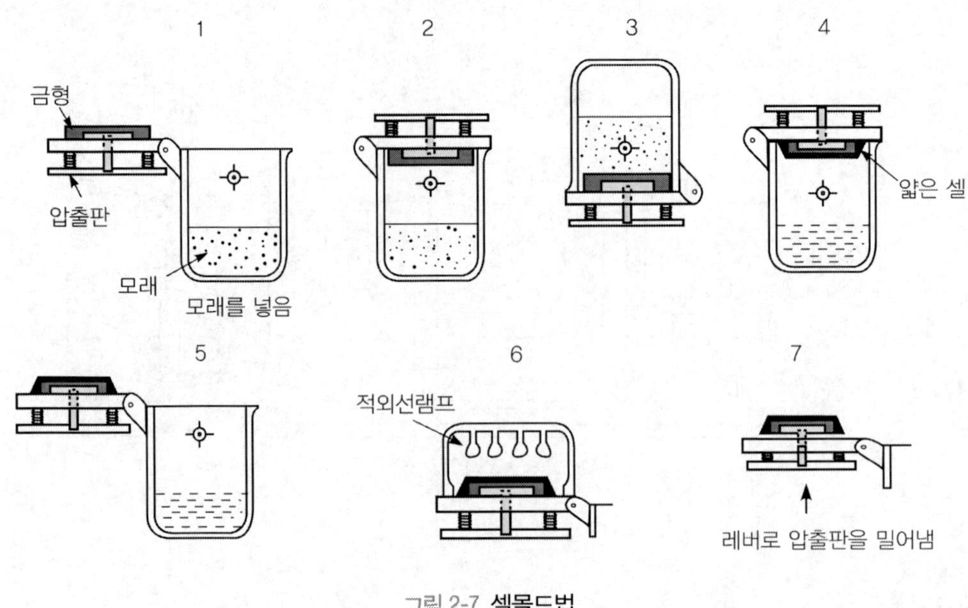

그림 2-7 셀몰드법

(2) 장점

① 치수정도가 높고, 주형에 수분이나 점토가 포함되어 있지 않고, 통기성이 좋음,

② 주물 표면이 아름다움

③ 주형제작이 용이, 동일형상의 주물을 다량생산

(3) 단점

주물크기에 제한, 페놀수지가 고가

5. 인베스트먼트법

① 제작하려는 제품과 동형의 모형을 양초 또는 합성수지로 만듬

② 이 모형 둘레에 유동성이 있는 조형재를 흘려서 모형을 파묻음

③ 건조 가열로 주형을 굳히고 양초나 합성수지는 용해시켜 주형 밖으로 배출하여 주형완성

④ 기계가공이 용이하지 않은 재료로 높은 정밀도의 소주물을 양산

⑤ 가스터빈 블레이드, 로터, 항공부품, 계기부품 등에 이용

6. 이산화탄소법

(1) 주물사+물유리를 혼합→간단히 건조주형을 만들 수 있음

(2) 이 주형을 탄산가스로 불어 주형을 경화

(3) 장점

① 치수의 변동이 적고 균일한 제품 얻음

② 주형강도가 높아 길고 가는 코어도 만들 수 있음

③ 복잡한 코어 형상에 유리

(4) 단점

주조 후 모래 제거가 힘듦, 모래의 저장과 재사용이 곤란

7. 진공주조법

① 금속 중에 용해되어 있는 가스를 충분히 제거하기 위해 금속을 진공 중에서 용해하고 주조

② 주물 중의 기공 제거, 불순물의 혼입을 현저히 감소

③ 재료의 정련, 치밀성을 개선

1-6 주물 결함과 검사

1. 주물 결함

(1) 기포 결함

① 기공 : 용탕 중 흡수된 가스가 외부로 방출되지 못하고 주물내부에 남아 중공의 구를 만듦

② 기공 방지법

㉠ 용탕의 가스흡수량을 적게 할 것

㉡ 주형으로부터의 가스 발생을 작게 할 것

㉢ 주탕시 공기를 빨아들이지 않게 할 것

(2) 수축공동(수축공)

① 수축공 : 용탕이 주물 내에서 응고시 내부는 최후에 굳음, 용탕이 부족해서 속이 빈 공동부

② 수축공 방지법 : 탕구를 크게, 라이저를 둠

(3) 변형과 균열

주물의 두께 차가 클 경우 균일 냉각이 되지 않아 변형생김 → 이 변형이 자유롭지 못하면 내부응력 발생 → 그 값이 크면 균열 생김

(4) 치수불량

(5) 주물표면 불량

(6) 유동불량

(7) 협잡물 혼입

(8) 편석

2. 주물 검사

① 외관 검사 : 표면 기공, 표면 결함, 변형, 유동불량 등을 관찰

② 비파괴 검사 : X-선 검사, γ-선 검사/ 상당한 숙련과 경험 필요

③ 파괴 검사 : 다량생산의 경우 내부검사

소성가공

소성가공 개요

1. 소성관련 용어

① 탄성 : 외력을 제거하면 원래 상태로 돌아오는 성질
② 소성변형 : 외력을 가한 뒤 제거해도 변형이 그대로 유지되는 성질
③ 가소성(소성) : 소성변형을 일으키는 재료의 성질
④ 항복점 : 어느 정도 명확하게 잔류스트레인(변형률)을 남기는 점, 소성역의 시작점
⑤ 가공경화 : 한 번 소성변형이 일어난 후 다시 같은 방향으로 소성변형을 일으키는데 저항력이 증가(탄성한도의 상승 혹은 경도의 증가로 나타남)
⑥ 전연성 : 얇고 넓게, 가늘고 길게 변형되는 성질
⑦ 금속결정의 소성변형으로 슬립(전위 포함), 쌍정이 있다.

2. 재결정

① 회복 : 열을 가하여 어느 온도이하에서 재료의 결정입자는 그대로 남아 있고 결정내의 변형만 어느 정도 해소
② 재결정 : 회복된 후 가열온도가 높으면 변형되어 있는 큰 결정에서 다수의 변형없는 다수의 새로운 결정입자가 발생하는 현상, 금속의 연성증가 및 강도저하를 가져옴
③ 재결정온도
　㉠ 고도로 냉간가공한 금속(합금)이 약 1시간에서 완전히 재결정하는 온도(1시간에 95% 이상)
　㉡ 절대온도의 약 30~50%사이에 재결정온도 존재

㉢ 변형량이 클수록, 변형전의 결정입이 작을수록, 금속의 순도가 높을수록, 변형시의 온도가 낮을수록 재결정온도는 내려간다.(가공도가 클수록 재결정온도는 내려간다를 유추)

㉣ 냉간가공과 열간가공의 경계

3. 냉간가공과 열간가공

(1) 냉간가공

① 재료의 재결정온도 이하에서 가공

② 장점 : 열간가공에 비해 제품이 균일하다, 가공면이 정밀하고 아름다움

③ 단점 : 냉간 가공(변형)하는데 큰 힘이 필요

(2) 열간가공

① 재료의 재결정온도 이상에서 가공

② 장점 : 가공이 쉬움(큰 힘이 소요되지 않고, 크게 변형시킬 수 있음), 냉간가공에 비해 경제적, 풀림작용으로 연화, 조직 미세화를 만들 수 있음

③ 단점 : 재료의 표면이 산화되어 나빠짐, 냉각하는 동안 재료의 수축으로 치수 불규칙, 재료의 조직이나 기계적성질이 불규칙→어닐링(풀림)이 필요

4. 소성가공의 종류

① 단조 : 단조기계(혹은 앤빌과 해머)를 사용하여 목적하는 성형, 재료를 강화

② 전조 : 단조의 일종, 압연과 같은 회전하는 2개의 롤에 원주형 재료를 넣어 나사산(치형)이 차츰 솟아오르게 하는 성형가공

③ 압연 : 금속을 회전하는 2개의 롤 사이에 통과→두께나 직경을 줄이는 가공

④ 인발 : 금속의 봉(관)을 다이를 통하여 봉(관)의 축방향으로 당겨 외경을 줄이는 작업

⑤ 압출 : 금속을 한쪽에서 밀고 다른 쪽 구멍(틈새)로 밀어내어 봉(관)을 만드는 가공

⑥ 프레스가공 : 판상의 재료를 형을 사용하여 절단, 굽힘, 압축 혹은 인장하여 형상변형

2-2 단조

1. 단조의 개요

① 단조의 목적 : 외력으로 재료를 압축하여 성형함과 동시에 조대한 결정입을 파괴하고 재료내의 기포를 없애고 균질화하여 재질을 개선
② 단류선 : 단조된 결정조직에서 재료의 유동방향에 따른 섬유상 조직, 단류선 방향으로는 인장강도, 연신율, 충격치 등의 기계적 성질이 크게 향상
③ 장점 : 재료의 기계적 성질을 향상, 소재의 낭비가 매우 적음, 재료 속의 내부응력이 남지 않음

2. 단조의 종류

① 자유단조 : 간단한 형상의 앤빌과 해머로 작업
② 형단조 : 단형(단조 틀)을 사용하여 정해진 형상으로 성형하는 작업
③ 업셋단조 : 나사나 못의 머리를 두들겨 만드는 작업

3. 단조용 기계

(1) 해머

① 자유단조형 해머(증기해머, 공기해머), 형단조형 해머(판드롭해머, 증기드롭해머)
② 해머의 용량은 보통 낙하중량(ton)으로 표시

(2) 프레스

① 수압프레스 : 실린더내의 피스톤에 고압수를 작용시켜 비교적 느린 속도로 가압
② 기계(동력)프레스 : 회전하는 플라이휠의 에너지로 가공, 빠른 속도로 가압

(3) 업셋단조기

4. 단조작업

(1) 자유단조

① 업셋팅 : 긴 재료를 축방향으로 압축→굵고 짧게 하는 작업
② 늘리기 : 굵은 재료를 두드려 단면적을 줄이거나 두께를 얇게 하여 폭을 넓히는 작업
③ 단 만들기 : 재료의 단을 만듦
④ 굽힘 : 재료를 굽힘
⑤ 구멍뚫기 : 재료에 펀치로 구멍을 뚫는 작업
⑥ 절단 : 정을 사용하여 재료를 자름
⑦ 오무리기 : 평면을 곡면으로 변형
⑧ 비틀기 : 재료의 중간부를 비틂

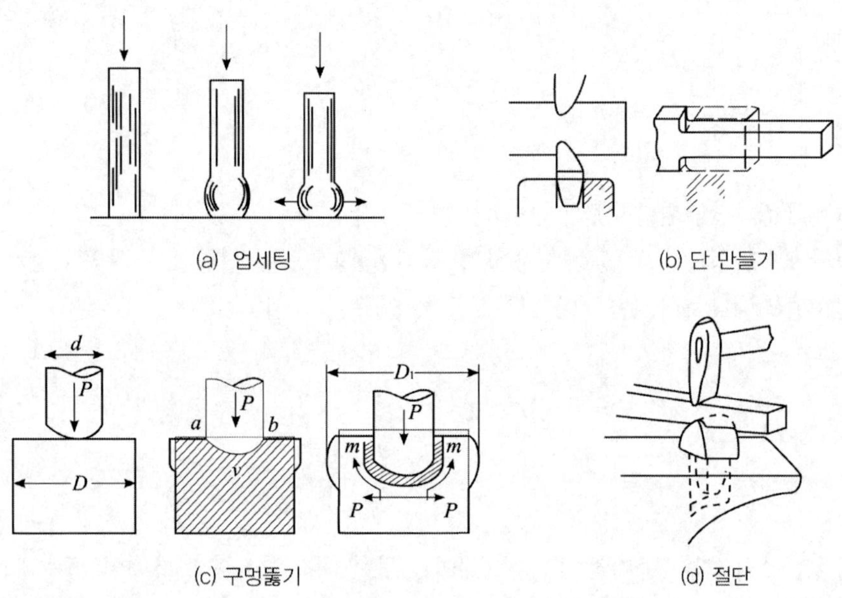

(a) 업세팅 (b) 단 만들기
(c) 구멍뚫기 (d) 절단

그림 2-8 업세팅, 단 만들기, 구멍뚫기, 절단

(2) 형단조

① 작업이 능률적으로 행해짐, 제품의 강도도 자유단조품 보다 크다.
② 단조기계로는 판드롭해머, 증기드롭해머가 주로 사용
③ 상하형의 경계에서 제품에 반드시 플래쉬(flash:지느러미)가 붙음→자르는 기계 필요

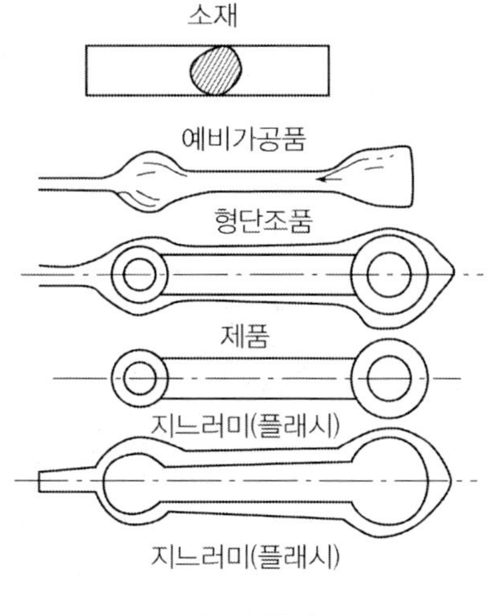

그림 2-9 **형단조**

2-3 전조

1. 전조가공의 개요

① 소재 또는 공구, 하나 혹은 양쪽을 회전시켜 공구 표면형상과 동일한 형상을 소재에 각인

② 회전하면서 행하는 일종의 단조

③ 전조의 특징

㉠ 소재와 공구가 점 접촉 → 소성변형은 국부에 제한 → 비교적 작은 가공력으로 성형

㉡ 소재의 솟아오름에 의해 형상이 형성 → 결정조직이 연속된 섬유상 조직

㉢ 소성변형량이 크면 재료는 가공경화 → 결정이 미세화, 경한 조직 → 정적, 충격, 피로강도 증대

㉣ 공구가 조금씩 들어가는 전조 → 아름답고 정도가 높은 표면 얻음

㉤ 다른 가공법에 비해 양산적이고 기계의 자동화를 행하기 쉬움

2. 나사의 전조

① 회전식 : 회전하는 롤러형 다이 사이에 소재를 넣고 전조하는 방법

② 평형식 : 평형한 다이 사이에 소재를 넣고(다이 하나는 고정, 하나는 직선 움직임) 전조

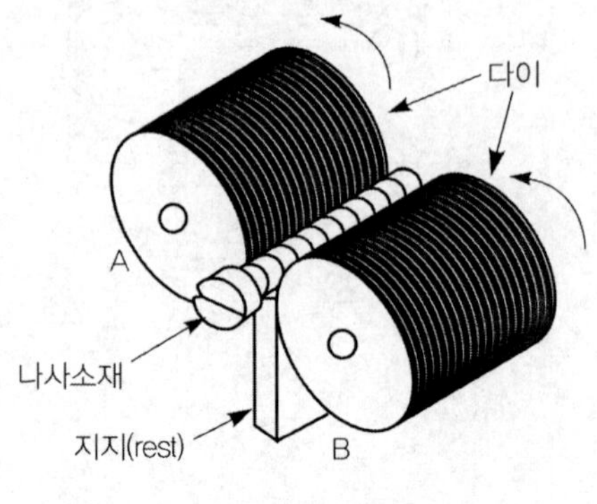

그림 2-10 나사전조

3. 치차의 전조

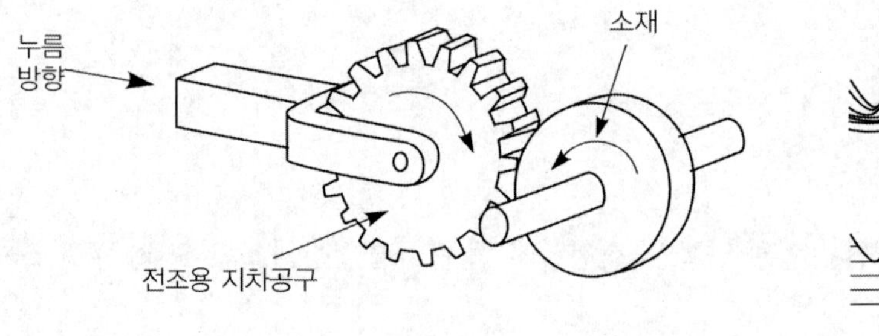

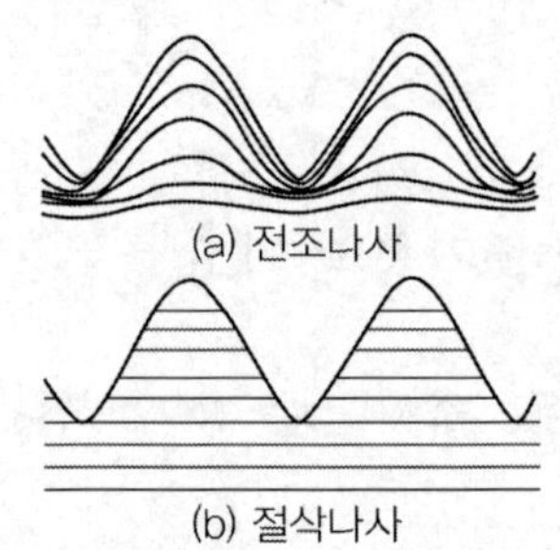

그림 2-11 치차전조

① 모듈 및 치폭이 작은 치차의 양산에 적합

② 1~3개의 공구를 유압(캠방식)으로 소재를 눌러 가공

2-4 압연

1. 압연의 개요

① 상온(고온)에서 회전하는 롤 사이에 재료를 연속적으로 통과시켜 그 소성을 이용→판재, 형재 등으로 성형

② 압연의 특징

㉠ 주조조직을 파괴하고 재료내부의 기포를 압착→균등하고 우량한 재질을 줌

㉡ 주조나 단조에 비해 작업이 신속, 생산비가 저렴

㉢ 균일한 단면 형상을 가진 긴 강제를 만드는데 가장 경제적이고 다양한 제품 얻음

㉣ 재료도 연한 것부터 경한 것 까지 가능

③ 열간압연에서는 재료의 소성이 크고 변형저항이 작아 동력소비가 적고 큰 변형을 용이하게 얻음, 단련단조와 같은 양호한 성질을 제품에 줄 수 있음

④ 냉간압연에서는 이방성이 나타남(관의 세로방향과 가로방향의 기계적 및 물리적 성질이 다름)

2. 압연작용

(1) 압하량 : $H_0 - H_1$(압연전 두께 - 압연후 두께)

(2) 압하율

$\frac{H_0 - H_1}{H_0} \times 100(\%)$, 압하율을 크게 할수록 공정수가 줄어서 경제적이지만 과대하면 재료에 흠이 생김(열간압연이 냉간압력보다 압하율이 크다)

(3) 폭증가(압연후 폭 - 압연전 폭)

① 롤의 직경이 클수록, 압하율이 클수록 폭증가가 크다.

② 압연속도, 재료의 단면형상과 대소, 온도, 재질, 롤(재료)의 표면상태에 따라 다르다.

(4) 압하율을 크게 하는 방법

① 롤직경을 압하량에 비례하여 크게 한다.

② 마찰계수를 크게 한다.(롤표면에 홈, 모래 뿌림)→소요동력이 크지고 재료에 균열 가능

(5) 접촉 압력분포는 압연재 폭방향에서 중앙이 가장 높고, 가장자리로 갈수록 감소

(6) 압연압력

① 마찰계수가 클수록 최대압력은 크다.

② 압연하중은 순수 압연하중 + 롤의 무게 + 마찰계수 고려

3. 압연기

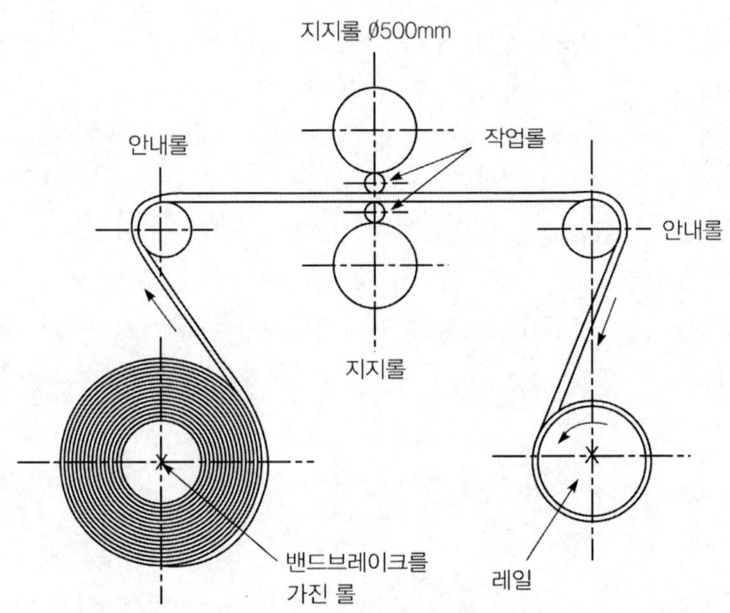

그림 2-12 **압연기(4단)**

① 소재는 주로에만 압연되고, 귀로에는 가압이 되지 않는다.

② 롤 직경을 작게 하면

㉠ 압연압력 및 동력을 절약할 수 있다.

㉡ 작업속도를 크게 할 수 있다.

㉢ 롤의 제작비가 적다.

㉣ 롤이 처지며 부러질 우려가 있어 굵은 롤로 배후에서 지지 필요

2-5 인발

1. 인발의 개요

① 테이퍼 구멍을 가진 다이를 통과시켜 재료를 잡아당겨 다이의 최소단면의 형상치수로 가공

② 인발의 특징

㉠ 치수의 정도, 경도 및 강도를 증대

㉡ 가공력이 인장인 관계로 단면감소율에 한도가 있다.

㉢ 재료 당기는 곳은 손실 → 재료이용율이 나빠진다.

㉣ 열간 및 냉간에서 인발할 수 있으나, 주로 냉간가공을 행한다.

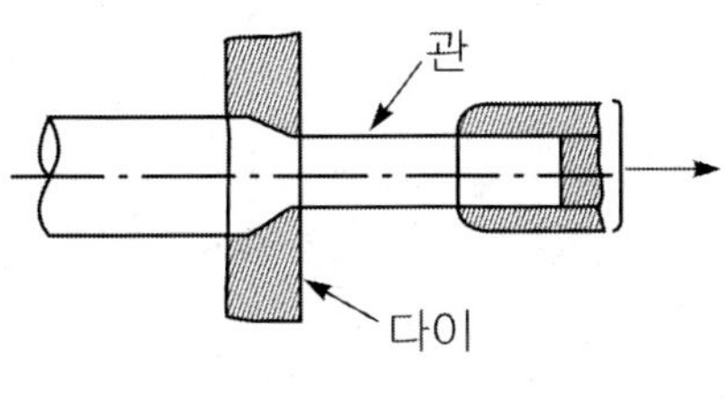

그림 2-13 인발

2. 인발의 종류

① 봉재인발 : 원형 단면봉이나 형재 등의 인발

② 관재인발 : 관재의 인발, 외경만의 다듬질-만드렐없이 작업

③ 선재인발 : 직경 5mm이하의 가는 봉재 인발

3. 인발 작용

① 단면감소율= $\dfrac{A_0 - A_1}{A_0} = 1-(\dfrac{D_1}{D_0})^2$ 여기서 밑첨자 0은 인발전, 1은 인발 후를 나타냄

② 인발응력은 단면감소율이 일정할 시에는 다이 각의 어떤 값에 대해 극소치

2-6 제관

1. 제관의 종류

① 제조법에 따라 이음매 없는 관, 단접과 및 용접관으로 구분
② 이음매 없는 관에서 냉간 인발가공하여 정확한 치수, 강도 준 것을 인발관

2. 이음매 없는 관

① 제조는 천공, 압연, 마관, 정경, 교정의 5공정
② 소재 천공방법에는 만네스만법, 스티이펠법, 에어하르트법이 있음
③ 만네스만 법
㉠ 대표적인 천공 방법
㉡ 축이 경사된 2개의 원추형 롤을 동일방향으로 회전→그사이에 들어간 가열된 소재는 회전하면서 전진→측면으로부터 압축을 받다 중앙부가 붕괴→심봉이 전방부터 돌출되어 심봉과 롤 사이에 중공체 형성

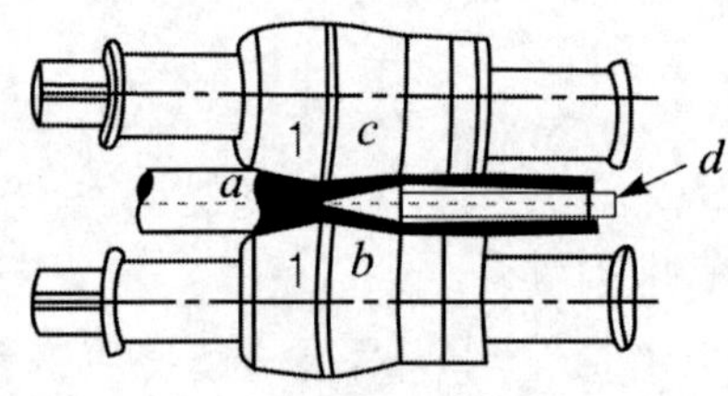

그림 2-14 만네스만 법

3. 단접관

① 관경에 맞는 폭의 대강(소재)의 한쪽끝 양 모서리를 절단하여 삼각형으로 뾰족히 만듬
② 1400℃로 가열, 깔대기형 다이를 통과, 인발기로 인발
③ 다이 구멍에 말려들어가 관으로 성형됨과 동시 이음매가 단접

4. 용접관

① 강판을 굽혀 그 이음매를 용접
② 공정 : 스트립의 세로 자르기(slitting) → 성형(forming) → 용접(welding) → 정경(sizing)→ 절단(cutting) → 다듬질(finishing)

2-7 압출

1. 압출개요

① 금속을 한쪽에서 밀고 다른 쪽 구멍(틈새)로 밀어내어 봉(관)을 만드는 가공
② 전방압출과 후방압출이 있다.

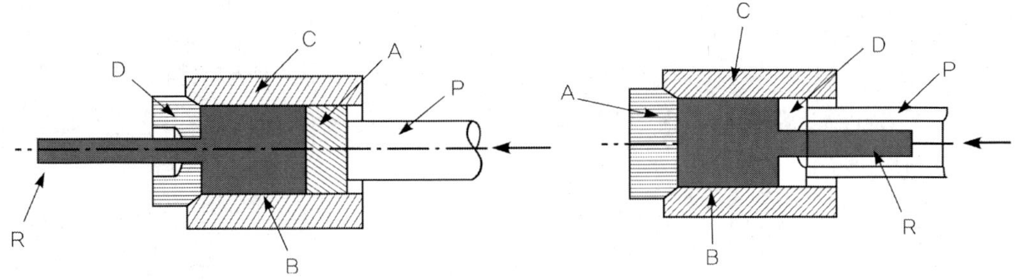

그림 2-15 압출(전방, 후방압출)

2. 압출압력과 압출비

① 압출비 : $\frac{A_0}{A_1} = (\frac{D_0}{D_1})^2$
② 압출압력은 압출비가 클수록, 가공속도가 클수록, 가공온도가 낮을수록 크다.

2-8 프레스가공

1. 프레스가공의 개요

(1) 판상의 재료를 형을 사용하여 절단, 굽힘, 압축 혹은 인장하여 형상 변형

(2) 간단한 프레스 가공

다이형을 고정, 펀치를 위로 수직하게 움직인 다음, 다이형 위에 피가공물을 놓고, 피가공물에 펀치가 내려오게 하여(압력을 가하여) 가공

(3) 프레스가공의 특징

① 경량, 강하고 정확한 형상, 치수를 가진 제품 생산 가능
② 가공시간, 노력의 소비가 적음
③ 제품에 호환성이 있어 대량생산에 적합
④ 가공하는 자동조작의 범위가 넓어 고도의 숙련을 요하지 않음

(4) 프레스가공의 분류

① 전단가공 : 판재를 소요의 형상으로 전단(블랭킹, 펀칭, 전단, 분단, 노칭, 트리밍)
② 성형가공 : 두께를 변화시키지 않고 형상을 변화시킴(굽힘, 비틈, 비딩, 플랜징, 버링, 컬링, 시밍, 딥드로잉, 벌징)
③ 압축가공 : 판재의 두께를 변화시켜 성형(코이닝, 엠보싱, 스웨이징, 버니싱)

2. 전단가공

(1) 전단

수직한 압축압력이 재료에 가해짐 → 응력이 날끝 근처에서 집중적으로 크짐 → 재료가 항복점을 넘어서 계속 저항 → 극한치를 넘으면 절단

(2) 전단가공의 종류

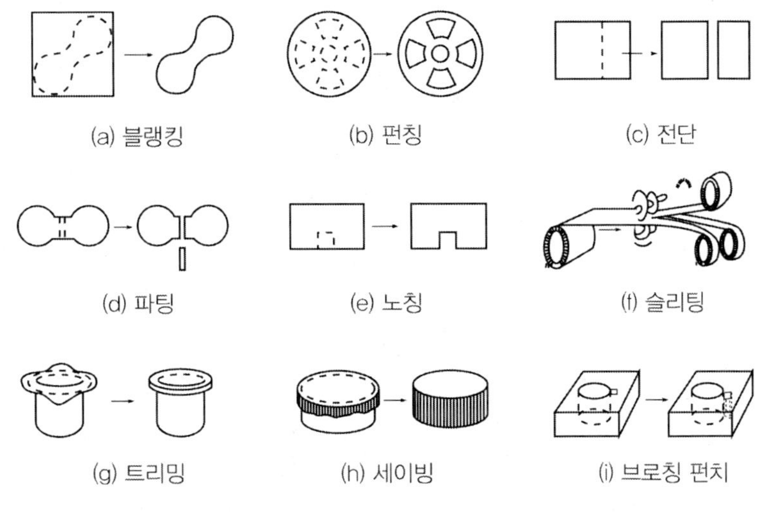

그림 2-16 **전단가공**

① 블랭킹(blanking) : 펀칭으로 외형을 따내는 가공
② 펀칭(punching) : 블랭킹과 반대, 펀칭으로 남는 부분을 제품으로 사용
③ 전단(shearing) : 직선, 원형 등으로 소재를 절단
④ 분단(parting) : 제품을 분리
⑤ 노칭(notching) : 단이 진 부분으로 만듬
⑥ 트리밍(trimming) : 블랭킹한 거친 단면 다듬질(잘라 냄)
⑦ 세이빙(shaving) : 단이 진 부분을 2차적으로 다듬음

2. 오므리기 가공(딥 드로잉)

(1) 외력이 인장응력을 발생시켜 작용하고 밑바닥이 붙은 제품을 성형하는 작업 모두를 말함
(2) 오므리기율 = 소재의 지름(D_0) ÷ 펀치의 지름(d_p)
(3) 특수 오므리기 가공법
① 스피닝(spinning) : 펀치에 해당하는 내형과 소재판을 선반에 설치 → 3000rpm으로 회전 → 외측으로부터 롤러로 소재를 형에 눌러대며 성형
② 궤린법(guerin) : 완전히 밀폐된 속에 갇힌 고무가 유체처럼 작용, 모든 방향에 힘 전달 → 고무는 램(펀치에 부착)

③ 마아폼법(marform) : 고무를 다이측에 부착 → 궤린법보다 깊은 오므리기, 복잡한 오므리기 가능

④ 하이드로폼법(hydroform) : 밸브로 유압을 조절한 유압실 속에 강체펀치를 밀어 성형

⑤ 벌지법(bulging) : 중앙부분에 배가 나온 용기를 만들 때 사용

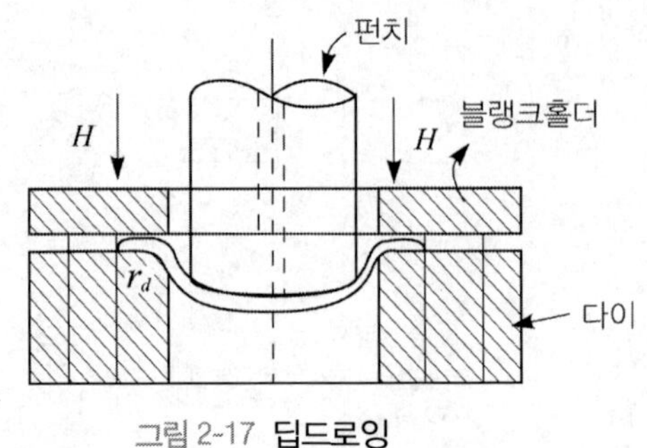

그림 2-17 **딥드로잉**

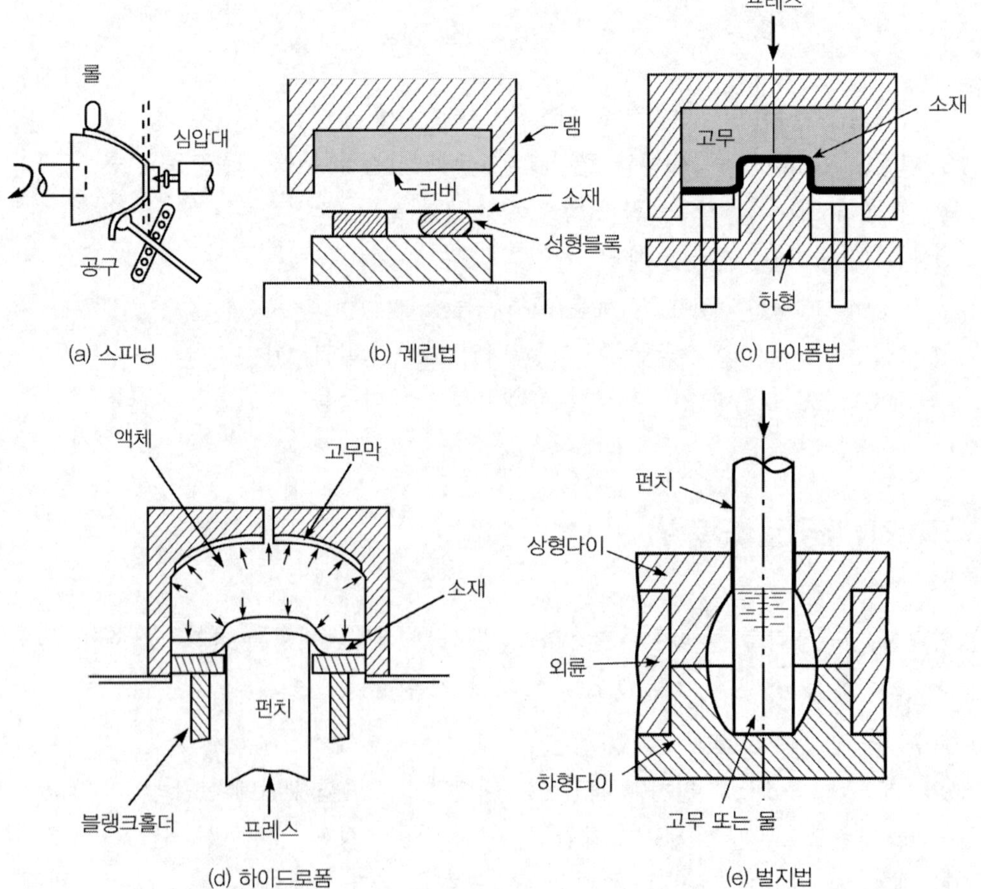

그림 2-18 **특수오므리기**

3. 굽힘가공

(1) 스프링백

① 판을 굽혔을 시 휘었다가 하중을 제거하면 굽힘각도가 다소 확장되는 현상(90°로 굽혔는데 하중을 제거했더니 85°로 꺾였고 5°는 회복)

② 가공도가 낮을수록, 탄성한도와 경도가 높을수록 스프링백은 크다.

(2) 굽힘가공의 종류

① 딥드로잉도 포함

② 비딩(beading) : 가공된 용기에 좁은 선모양의 돌기(주름)을 만드는 가공

③ 컬링(curling) : 원통용기의 끝부분을 말아 테두리를 둥글게 만듦

④ 시밍(seaming) : 여러 겹으로 소재를 굽혀 연결

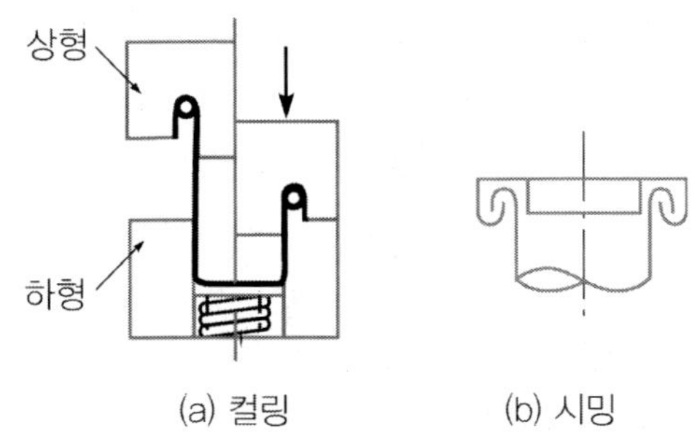

그림 2-19 컬링, 시밍

4. 압축가공

① 엠보싱 : 요철이 서로 반대가 되도록 한 쌍의 다이에 넣어 성형

② 스웨이징 : 재료의 두께를 감소시키는 방법

제3장 용 접

3-1 용접개요

1. 용접

금속재료를 가열, 가압 등의 조작으로 접합

2. 용접의 분류 : 융접, 압접, 납접

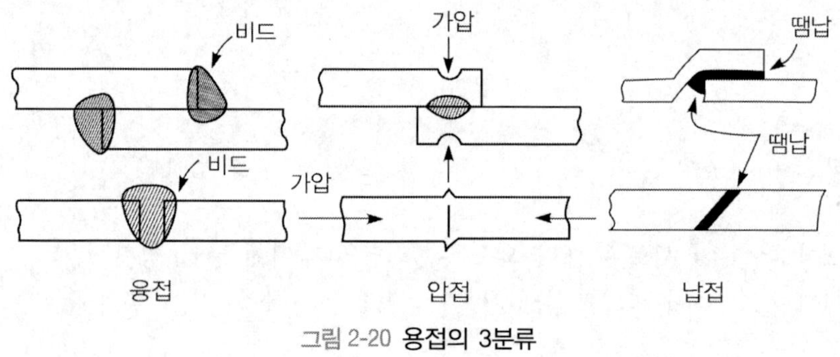

그림 2-20 용접의 3분류

(1) 융접 : 용융용접

① 접합할 모재의 접합부를 국부적으로 가열, 용융시킨다.

② 여기에 제3의 금속 즉 용가제(용접봉)를 용융 첨가한다.

③ 이들을 융합시켜 국부적 주조작용으로 접합

④ 모재접합면의 표면에 존재하고 있는 불순물 피막을 용제(flux)의 도움으로 슬래그로 만들어 제거한다.

⑤ 접합면의 금속학적 밀착이 가능하여지면 접합부에서 용융금속의 응고로 연속적 결정 조직 성장 → 접합이 완성 → 용착금속(비드라 함)

(2) 압접 : 가압용접

① 접합부를 적당한 온도로 가열하여 기계적 압력을 가하여 접합

② 용가제 첨가가 없다.

(3) 납접 : 모재보다 융점이 낮은 납재료를 접합부에 용융 첨가하여 응고시 접합

① 모재 금속의 접합부는 용융되지 않음

② 적당한 용제를 사용하여 불순물 피막 제거

3. 용접의 장단점

(1) 장점

① 작업 공정을 줄일 수 있다.

② 형상의 자유화를 추구 할 수 있다.

③ 이음 효율 향상(기밀 수밀 유지)

④ 중량 경감, 재료 및 시간의 절약

⑤ 이종 재료의 접합이 가능하다.

⑥ 보수와 수리가 용이하다.(주물의 파손부 등)

(2) 단점

① 품질 검사가 곤란하다.

② 제품의 변형을 가져 올 수 있다.(잔류 응력 및 변형에 민감)

③ 유해 광선 및 가스 폭발 위험이 있다.

④ 용접사의 기능과 양심에 따라 이음부 강도가 좌우한다.

3-2 가스용접

1. 산소아세틸렌 용접

칼슘카바이드(CaC_2)에 물 첨가→화학반응→아세틸렌(C_2H_2)+백색의 수산화칼슘$Ca(OH)_2$
화학식 : $CaC_2 + 2H_2O = C_2H_2 + Ca(OH)_2$

① 발생 아세틸렌을 고무관을 통해 용접 토치에 도입
② 별도의 산소봄베로부터 산소를 토치에 도입
③ 토치에서 잘 혼합하여 분출→점화하면 3600℃의 열원ㅎ138
④ 아세틸렌의 비중은 0.906으로 공기보다 가볍다.

2. 가스발생기

① 투입식 발생기 : 물속에 카바이드를 투입하여 가스 발생
② 주입식 발생기 : 카바이드에 소량의 물을 공급하여 가스 발생
③ 침지식 발생기 : 카바이드를 기종의 주머니에 넣고 필요시 마다 물에 접촉 가스 발생

3. 화염(불꽃)

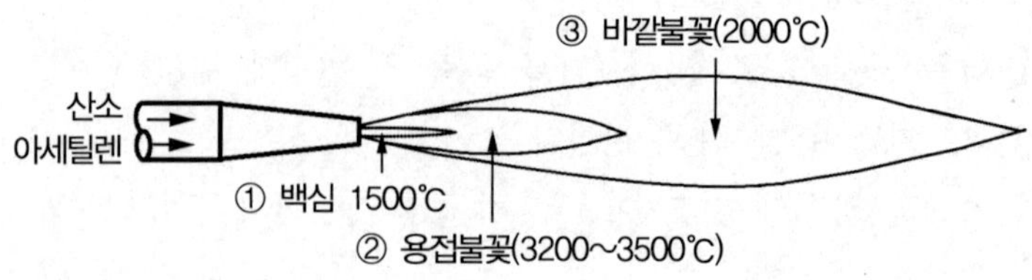

그림 2-21 **표준염**

① 표준염 : 아세틸렌과 산소의 혼합비가 1:1인 경우→연강 용접에 사용
② 산화염 : 아세틸렌과 산소의 혼합비에서 산소가 더 많은 화염→황동 용접에 사용
③ 환원염 : 아세틸렌과 산소의 혼합비에서 아세틸렌이 더 많은 화염→스테인레스강, 니켈강 용접에 사용

4. 용제(flux)

① 용접면에 존재하는 산화물을 녹여 슬래그로 만들어 제거

② 용접 중에 용접부를 공기와 차단하여 산화를 막음

③ 용접금속과 용제

용접 금속	용 제(flux)
연 강	일반적으로 사용하지 않는다.
반 경 강	중탄산소다 + 탄산소다
주 철	중탄산나트륨 70%, 탄산나트륨 15%, 붕사 15%
구리합금	붕사 75%, , 붕산, 플로오르화 나트륨, 염화리튬 25%
알루미늄	염화칼륨 45%, 염화나트륨 30%, 염화리튬 15% 플루오르화 칼륨 7%, 황산칼륨 3%

5. 용접작업

(1) 전진법(좌진법) : 두께가 3mm이하에 안전

(2) 후진법(우진법)

① 전진법에 비해 화구가 직선상으로 운동 → 용접부 홈의 각도가 작아도 무방

② 홈부분이 빨리 녹으므로 용접속도가 빠름

③ 용접봉이나 가스가 절약, 용접부의 강도도 전진법 보다 큼

(3) 토치 진행방향에 대한 각도

45°가 표준, 두께 1mm이하는 45°보다 작게, 4mm 이상은 45°보다 크게

6. 가스용접의 장단점

(1) 장점

① 전기가 필요 없으며, 용접기의 운반이 비교적 자유롭다.

② 용접 장치의 설비비가 전기 용접에 비하여 싸다.

③ 불꽃을 조절하여 용접부의 가열 범위를 조정하기 쉽다.

④ 박판 용접에 적당하다.

⑤ 용접되는 금속의 응용 범위가 넓다.(균열 발생 금속, 열전도율이 큰 비철합금, 저용점금속)

⑥ 유해 광선의 발생이 적다.

⑦ 금속의 절단, 절삭, 열처리, 굽힘가공 등 각종 가열가공작업에 이용

(2) 단점

① 아크 용접에 비해 불꽃의 온도가 낮다.
② 열의 집중성이 나빠 효율적인 용접이 어렵다.
③ 가열 범위가 넓어 용접 응력이 크고, 가열 시간 또한 오래 걸린다.
④ 열효율이 낮아서 용접 속도가 느리다.
⑤ 용접부의 기계적 강도가 떨어지고 용접변현도 큰 편
⑥ 고압가스를 사용하기 때문에 폭발, 화재의 위험이 크다.
⑦ 금속이 탄화 및 산화될 우려가 많다.

3-3 아크용접

1. 아크용접 용어

① 아크길이 : 아크심의 길이
② 크레이터 : 용접 중단시 그 바닥이 오목하게 드러나는 부분
③ 용입 : 모재의 원래 표면부터 크레이터 바닥까지 깊이
④ 비드 : 모재에 용착한 금속의 연속된 파형

2. 용접봉(용가제)

심선이 피복제로 감싸짐, 심선이 모재와 같은 성분

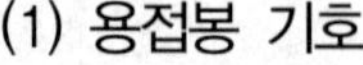

(1) 용접봉 기호

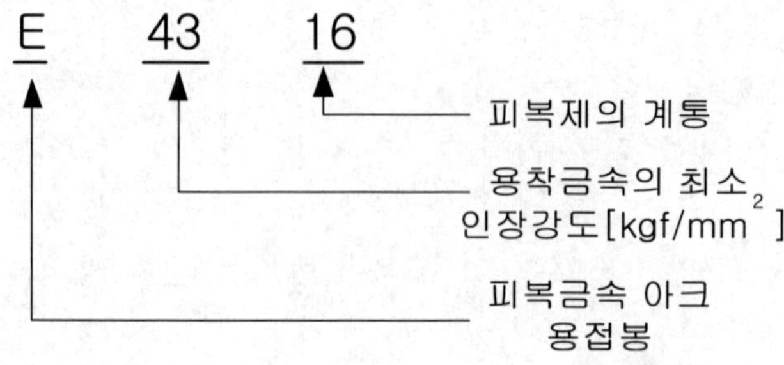

(2) 용접봉의 종류

피복제 종류	용접봉기호	특성 및 용도
일미나이트계	E4301	• 작업성 및 용접성이 우수 • 가격 저렴 • 25mm 이상 후판 용접도 가능 • 일반구조물의 중요 강도 부재, 조선, 철도, 차량, 각종 압력 용기 등에 사용 • 수직·위보기 자세에서 작업성이 우수하며 전 자세 용접이 가능하다.
라임티타니아 계	E4303	• 비드가 아름다워 선박의 내부 구조물, 기계, 차량, 일반 구조물 등 사용
고셀룰로스계	E4311	• 피복량이 얇고, 슬랙이 적어 수직 상·하진 및 위보기 용접에서 우수한 작업성 • 아크는 스프레이 형상으로 용입이 크고 비교적 빠른 용융 속도 • 슬랙이 적으므로 비드 표면이 거칠고 스패터가 많은 것이 결점
고산화티탄계	E4313	• 아크는 안정되며 스패터가 적고 슬랙의 박리성도 대단히 좋아 비드의 겉모양이 고우며 재 아크 발생이 잘 되어 작업성이 우수 • 기계적 성질에 있어서는 연신율이 낮고, 항복점이 높으므로 용접 시공에 있어서 특별히 유의 • 고온 균열(hot crack)을 일으키기 쉬운 결점 • 용도로는 일반 경 구조물, 경자동차 박 강판 표면 용접에 적합
저수소계	E4316	• 용착 금속 중의 수소량이 다른 용접봉에 비해서 $\frac{1}{10}$ 정도로 현저하게 적은 우수한 특성 • 피복제는 습기를 흡수하기 쉽기 때문에 사용하기 전에 300～350℃ 정도로 1～2시간 정도 건조시켜 사용 • 용접성은 다른 연강봉보다 우수하기 때문에 중요 강도 부재, 고압 용기, 후판 중 구조물, 탄소 당량이 높은 기계 구조용 강, 구속이 큰 용접, 유황 함유량이 높은 강 등의 용접에 결함 없이 양호한 용접부가 얻어짐

(3) 피복제의 기능

① 아크 안정

② 대기의 침입을 저지 → 용착 금속의 산화 및 질화 방지

③ 용적이행을 용이하게, 용착 효율 향상

④ 용접금속의 응고와 냉각속도를 천천히 하여 취성 방지

⑤ 용착 금속의 탈산 정련 작용

⑥ 슬래그 박리성 증대

3. 직류용접기의 극성

극성	상태	특징
직류 정극성 모재(+) 용접봉(−)	용접봉(전극) 아크 모재 ⊖ ⊕ 용접기	• 모재의 용입이 깊다. • 용접봉의 늦게 녹는다. • 비드 폭이 좁다. • 후판 등 일반적으로 사용된다.
직류 역극성 모재(−) 용접봉(+)	용접봉(전극) 아크 모재 ⊕ ⊖ 용접기	• 모재의 용입이 얕다. • 용접봉이 빨리 녹는다. • 비드 폭이 넓다. • 박판 등의 비철금속에 사용된다.

4. 용접자세

① 아래보기 자세(Flat position : F) : 용접하려는 재료를 수평으로 놓고 용접봉을 아래로 향하여 용접하는 자세

② 수직 자세(Vertical position : V) : 모재가 수평면과 90° 또는 45° 이상의 경사를 가지며, 용접방향은 수직 또는 수직면에 대하여 45° 이하의 경사를 가지고 상하로 용접하는 자세

③ 수평 자세(Horizontal position : H) : 모재가 수평면과 90° 또는 45° 이상의 경사를 가지며 용접선이 수평이 되게 하는 용접 자세

④ 위보기 자세(OverHead position : OH) : 모재가 눈 위로 올려 있는 수평면의 아래쪽에서 용접봉을 위로 향하여 용접 하는 자세

⑤ 전 자세(All Position : AP) : 위 자세의 2가지 이상을 조합하여 용접하거나 4가지 전부를 응용하는 자세

5. 아크용접 결함

결함의 종류	원 인	대 책
언더컷 언더컷 언더컷	•용접 전류가 너무 높을 때 •부적당한 용접봉 사용시 •용접 운봉 속도가 너무 빠를 때 •용접봉의 유지 각도가 부적당 할 때	•용접 전류를 낮춤. •조건에 맞는 용접봉 종류와 직경 선택 •용접 속도를 느리게 함. •유지 각도를 재조정함.
오버랩 오버랩 오버랩	•용접 전류가 너무 낮을 때 •부적당한 용접봉 사용시 •용접 운봉 속도가 너무 늦을 때 •용접봉의 유지 각도가 부적당 할 때	•용접 전류를 높임. •조건에 맞는 용접봉 종류와 직경 선택 •용접 속도를 빠르게 함. •유지 각도를 재조정함.
용입 부족 용입불량	•용접 전류가 낮을 때 •용접 속도가 빠를 때 •용접홈의 각도가 좁을 때 •부적합한 용접봉 사용시	•슬랙 피복성을 해치지 않은 범위에서 전류 높임. •용접 속도를 느리게 함. •이음 홈의 각도, 루트 간격을 크게 하고 루트면의 치수를 적게 함. •용입이 깊은 용접봉을 선택함.
균열	•이음의 강성이 너무 클 때 •부적당한 용접봉 사용 할 때 •모재의 탄소, 망간 등의 합금 원소 함량이 많을 때 •모재의 유황 함량이 많을 때 •전류가 높거나 속도가 빠를 때	•예열, 후열 시공. •저수소계 용접봉 사용과 건조 관리 •적절한 속도로 운봉 •용접 금속 중의 불순물 성분을 저하 •용접 조건의 선택에 의해 비드 단면 형상을 조정
기공	•수소 또는 일산화탄소 과잉 •용접부의 급속한 응고 •모재 가운데 유황함유량 과대 •기름 페인트 등이 모재에 묻어 있을 때 •아크 길이, 전류 조작의 부적당 •용접 속도가 너무 빠를 때	•저수소계 용접봉 등으로 용접봉을 교환 •위빙을 하여 열량을 높이거나 예열 •이음의 표면을 깨끗이 청소 •정해진 전류 범위 안에서 약간 긴 아크를 사용하거나 용접법을 조절 •적당한 전류를 사용 •용접 속도를 늦춤.
슬랙 혼입	•이음의 설계가 부적당 할 때 •봉의 각도가 부적당 할 때 •전류가 낮을 때 •슬랙 용점이 높은 봉을 사용 할 때 •용접 속도가 너무 느려 슬랙이 선행할 때 •전층의 슬랙 제거가 불완전 할 때	•루트 간격을 넓혀 용접 조작을 쉽게 하고, 아크 길이 또는 조작을 적당히 함. •봉 각도를 조절함. •전류를 높임. •용접부를 예열하고, 슬랙 융점이 낮은 것을 선택 •용접 전류를 약간 높이고 용접 속도를 조절하여 슬랙의 선행을 막음. •전층 비드의 슬랙을 깨끗이 제거할 것
스패터 스패터 용입	•전류가 높을 때 •건조되지 않은 용접봉 사용시 •아크 길이가 너무 길 때 •봉각도가 부적당 할 때	•적정 전류를 사용 •봉을 충분히 건조하여 사용 •아크 길이를 조절 •봉각도를 조절

6. 불활성가스 아크용접

(1) 불활성가스를 실드(감쌈) 가스로 사용하여 대기로부터 아크나 용융지를 보호하며 행함

① 아르곤, 헬륨 등의 불활성가스를 저압으로 용접부에 분출

② 이 가스속에서 용접을 행함→용접부분의 산화·질화 방지, 용제가 필요 없음

(2) TIG(Tungsten Inert Gas-shielded arc welding)

① 전극에 텅스텐을 사용, 용가제가 필요함

② 텅스텐 전극이 소모되지 않도록 직류의 정극성을 사용

(3) MIG(Metal Inert Gas-shielded arc welding)

① 직류역극성을 사용

② 금속전극이 용가제

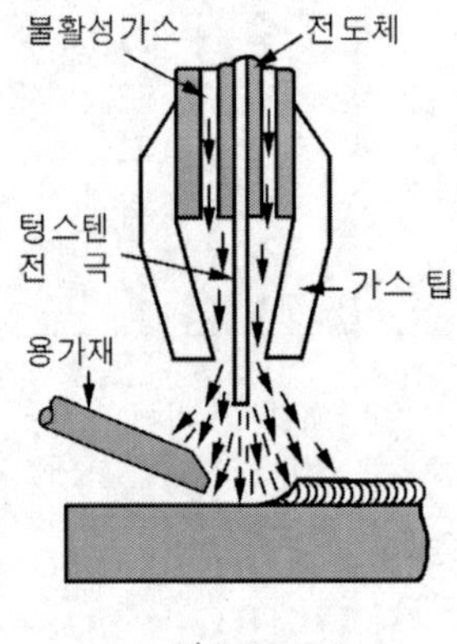

그림 2-22 TIG

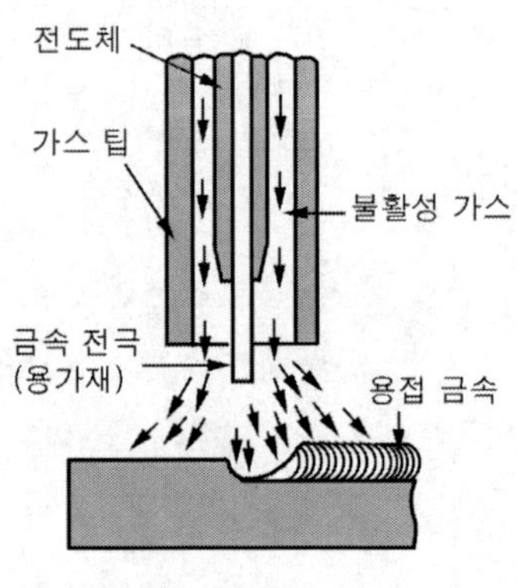

그림 2-23 MIG

(4) 이산화탄소가스 아크용접

① 아르곤 대신 탄산가스를 사용하는 경제적 용접

② 용융금속을 공기중의 질소로부터 보호

7. 서브머지드 아크용접

용접부 표면에 분말의 용제(flux)를 공급 살포하고, 그 용제 속에 연속적으로 전극 와이어를 송급하여 와이어 선단과 모재사이에 아크를 발생시키는 용접법이다. 발생된 아크열은 와이어, 모재 및 용제를 용융시키며, 용융된 용제는 슬래그를 형성하고 용융 금속은 용접 비드를 형성한다. 서브머지드 아크 용접은 용접 아크가 용제 내부에서 발생하여 외부로 노출되지 않기 때문에 잠호용접이라고도 부른다.

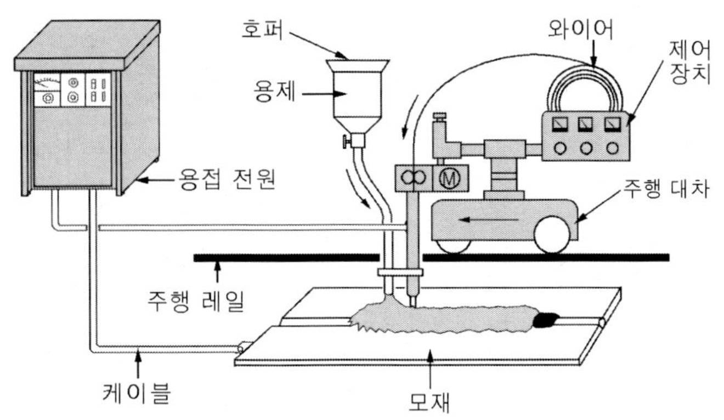

그림 2-24 서브머지드 아크 용접 장치

3-4 전기저항용접

1. 전기저항용접 개요

① 용접하려는 금속의 2편을 접촉 → 전류통전 → 저항열이 발생하고 용접부 가열 → 융융에 가까운 상태에 도달했을 시 전류를 끊고 용접면에 기계적 압력을 가하여 용접

② 종류 : 맞대기용접, 점용접, 심용접, 프로젝션용접

2. 맞대기 저항용접

① 업셋 용접 : 접합 단면을 처음부터 적당한 압력으로 서로 접촉시켜두고 통전하고 압접 온도에 도달하면 접합하는 맞대기 저항 용접

② 플래시 용접 : 업셋 용접과의 차이는 용접면을 가볍게 접촉시키면서 통전해서 생긴 불꽃으로 재료를 가열해서 가압하여 접합하는 용접

③ 퍼커션 용접 : 플래시 용접과 비슷, 콘덴서(축전기)를 사용

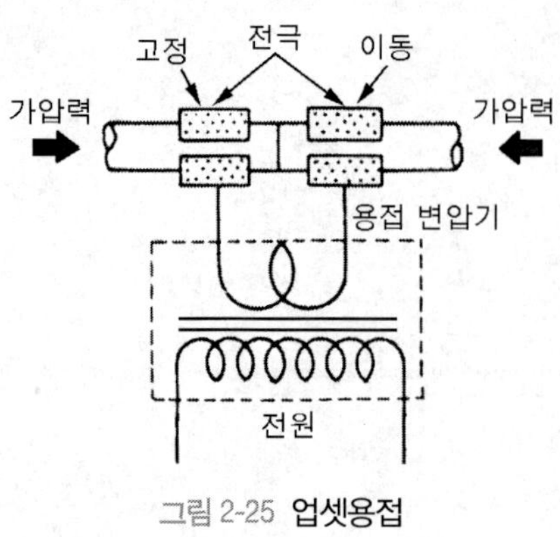

그림 2-25 업셋용접

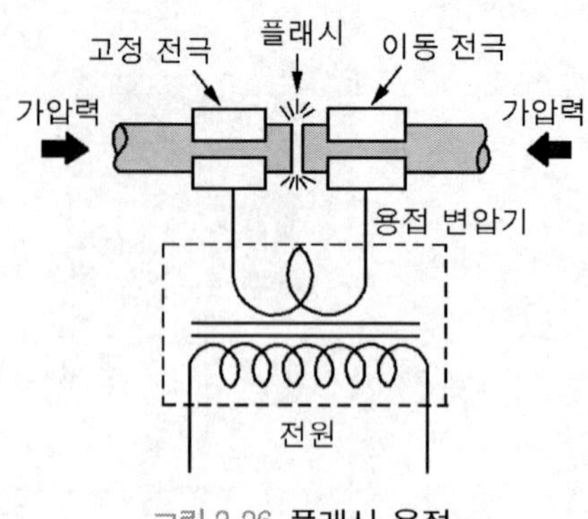

그림 2-26 플래시 용접

3. 점용접(spot welding)

맞대어 놓은 두 모재에 강하게 가압하면서 대전류를 흘려 짧은 시간 내에 접합

4. 심용접(seam welding)

점용접의 연속, 회전 전극을 이용하여 접합

5. 프로젝션용접

용접할 모재에 돌기를 만들어 접촉시킨 후 통전 가압해서 용접하는 방법

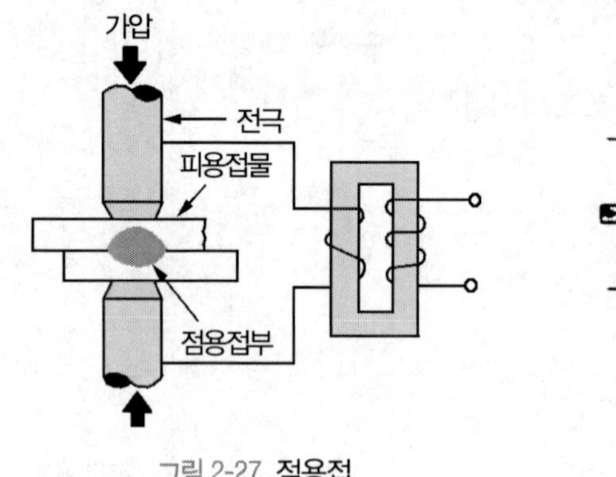

그림 2-27 점용접

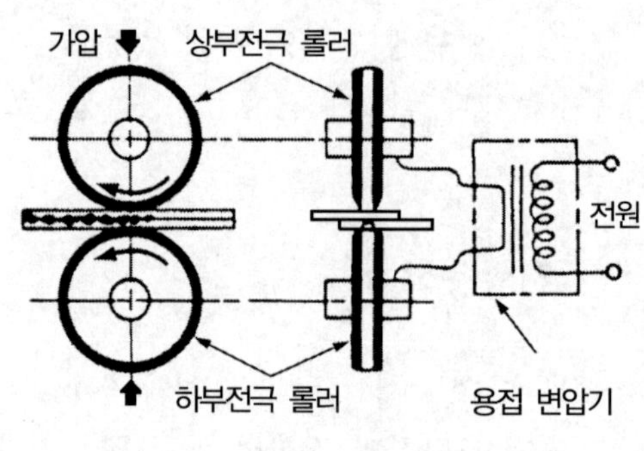

그림 2-28 심용접

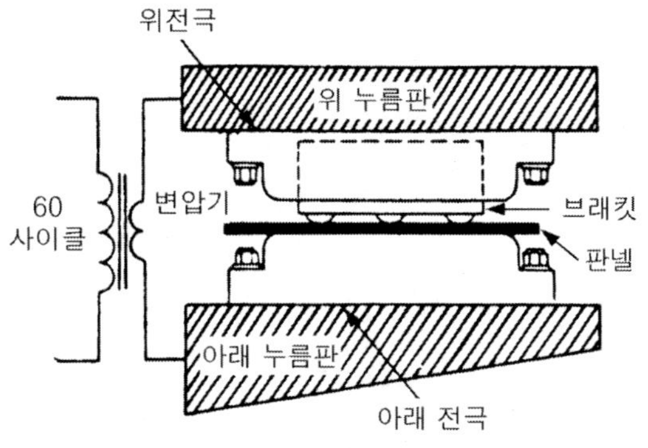

그림 2-29 프로젝션 용접

3-5 기타 용접법

1. 납접

① 모재보다 융점이 낮은 납재료를 접합부에 용융 첨가하여 응고시 접합

② 온도 450℃를 기준으로 그 이상은 경납, 그 이하는 연납

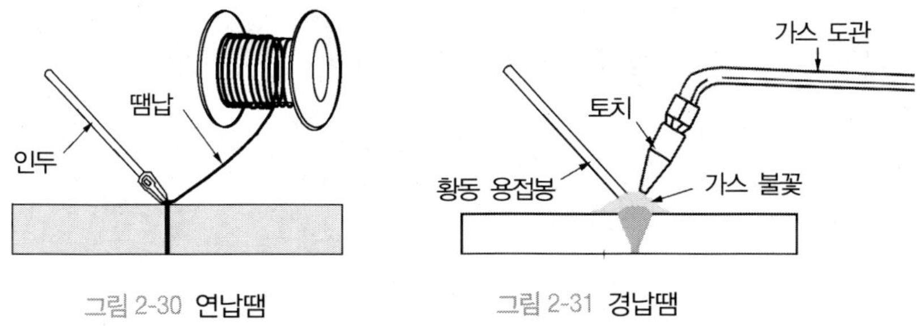

그림 2-30 연납땜

그림 2-31 경납땜

2. 테르밋용접

① 외부로부터 열을 얻지 않고

② 산화철과 알루미늄을 3:1로 혼합하여 테르밋 반응을 이용하여 2000~3000℃의 반응열로 철강재 용접

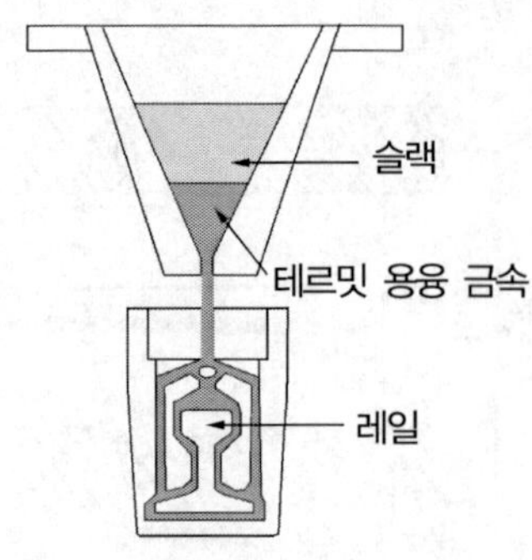

그림 2-32 테르밋 용접

3. 스터드용접

① 평면상에 봉상의 것을 용접, 일종의 피복아크 용접
② 직경 10mm이하의 봉, 볼트로 모재에 심어 붙이는 용접
③ 스텃 선단에 세라믹 캡을 씌워 스텃 끝부분을 모재에 접촉시켜 전류를 통해 아크발생, 용접

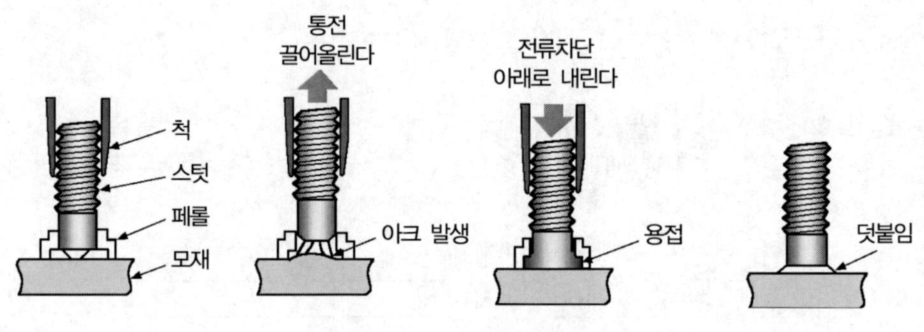

그림 2-33 스터드용접

4. 일렉트로 슬래그 용접

① 액상용접
② 서브머지드 아크 용접에서와 같이 처음에는 용제(flux) 안에서 모재와 용접봉 사이에 아크가 발생하여 용제가 녹아서 액상의 슬래그가 되면 전류를 통하기 쉬운 도체의 성질을 갖게 되면서 아크는 꺼지고 와이어와 용융 슬래그 사이에 흐르는 전류의 저항 발열을 이용하는 자동 용접법

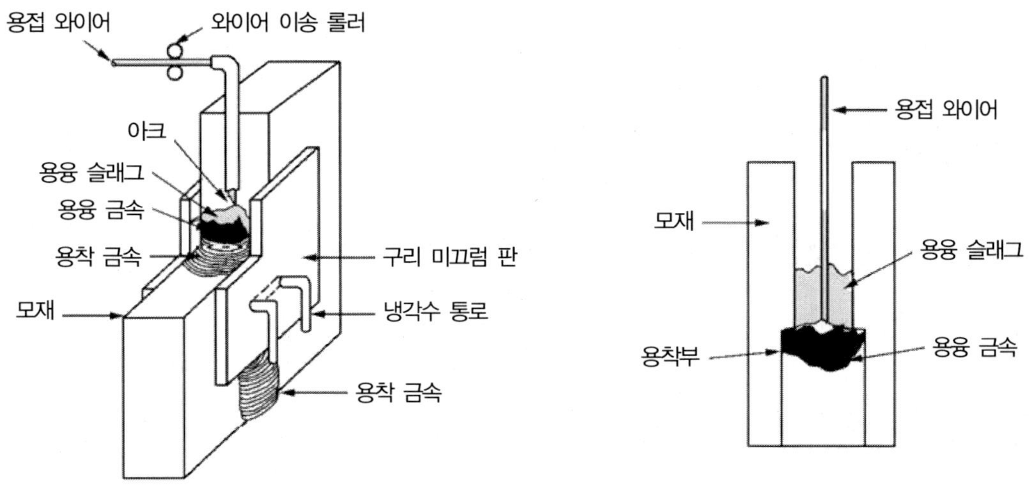

그림 2-34 일렉트로 슬래그 용접

5. 마찰용접

① 접합하고자 하는 하나의 재료를 고정한 후 회전
② 접합하고자 하는 또 다른 하나의 재료를 유압실린더 앞 척에 고정
③ 유압실린더를 가압, 작동하여 2개의 재료를 접촉 → 마찰열 생성 → 적당한 온도에서 접합
④ 선반으로 접합부를 가공

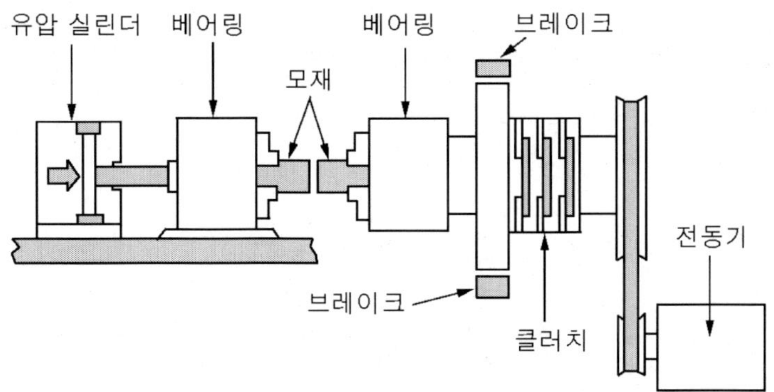

그림 2-35 마찰용접

절삭가공

절삭가공 이론

1. 절삭가공 정의

(1) 소성가공

① 외력을 가한 후 제거해도 원래 상대로 돌아가지 않는 성질을 소성

② 이러한 소성을 이용한 가공을 소성가공

③ 대표적인 가공으로 인발, 압출, 판금, 용접 등

④ 소성 가공은 절삭가공과 같이 칩을 발생시키지 않아 비절삭 가공

(2) 절삭가공

① 일반 소재, 단조품 또는 주조품 등을 원하는 형상과 치수로 절삭 → 제품생산

② 절삭 공구는 바이트, 엔드밀, 드릴, 연삭숫돌 등

2. 절삭운동과 이송운동의 조합

공작 기계의 3대 운동이란 절삭 운동, 이송 운동, 위치 조정을 말한다.

가공방식	공작기계	절삭운동	이송운동
선삭 (turning)	선반	회전	고정 상태로 축방향 및 축에 직각 방향으로 이송
밀링 (milling)	밀링 머신	고정하고 이송	회전 (이송하는 경우도 있다.)
드릴링 (drilling)	드릴링 머 신	고정	회전 하면서 축방향으로 이송
원통연삭 (grinding)	연삭기	회전, 고정하고 이송	회전
평삭 (플레이너)	평삭기 (planer)	왕복 운동	일감의 운동과 직각 방향으로 이송
평삭 (셰이퍼)	형삭기 (shaper)	고정, 공구 운동 방향과 직각 이송	왕복 운동

3. 칩의 형성

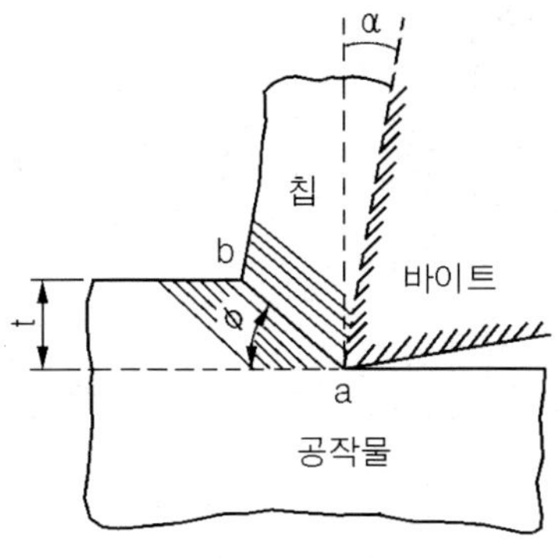

그림 2-36 칩의 형성

일감 즉 소재가 공구 등에 의해 절삭 되는 모양은 매우 복잡하다. 하지만 절삭이 시작 진행되면 날끝 위에 있는 재료는 소성 변형을 일으키고, ab선 부근의 분자 사이에서 미끄럼이 일어나 일감에서 칩으로 분리된다. 그림에서 ab면을 칩으로 분리되는 경계면인 **전단면**, ∅는 **전단각**, α를 **윗면 경사각**이라고 한다. α가 커지면 ∅도 커지므로 칩의 두께는 얇아지고 길어지며, 절삭 저항은 작아진다.

4. 칩의 종류

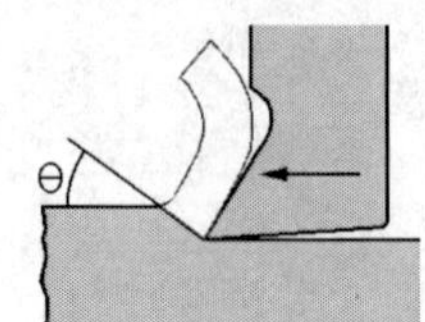

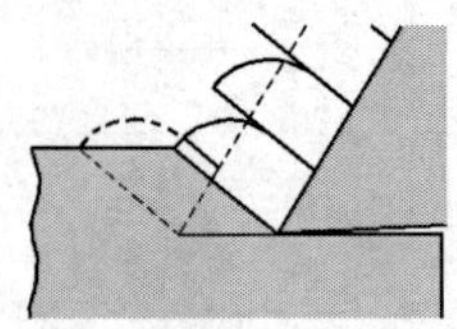

그림 2-37 **유동형 칩과 전단형 칩**

(1) 유동형 칩

일감이 깎여 나갈 때에 칩이 공구의 윗면을 원활하게 연속적으로 흘러 나간다. 일반적으로 연강과 같이 연하고 인성이 큰 재질을 윗면 경사각이 큰 공구로 가공하거나, 절삭 깊이는 작게 하고 높은 절삭 속도에서 절삭유 사용시 발생한다. 이 유동형 칩의 다듬면은 깨끗하다.

(2) 전단형칩

유동형과 같이 칩이 흐르지 못하고 칩을 밀어내는 압축력에 의해 분자 사이에 전단이 발생하여 발행하는 칩의 형태이다. 일반적으로 연한 재료를 작은 윗면 경사각으로 절삭할 때 발생하며 가공면은 좋지 못하다.

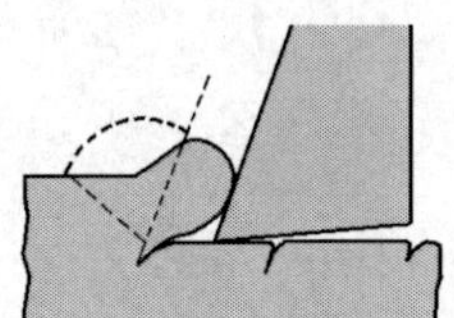
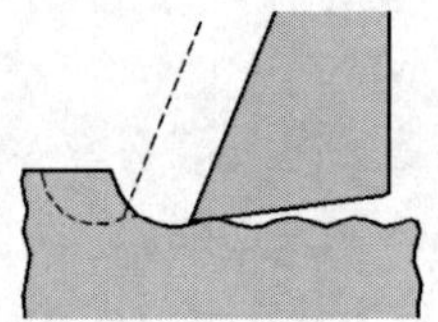

그림 2-38 **경작형 칩과 균열형 칩**

(3) 경작형 칩(열단형 칩)

점성이 큰 재질을 작은 경사각의 공구로 절삭할 때 발생된다.

(4) 균열형 칩

주철과 같이 메짐이 큰 재료를 저속으로 절삭할 때 공구의 날끝 앞에서 일감이 균열로 생기는 칩으로 진동 때문에 날 끝에 작은 파손 발생하여 절삭면이 나쁘다.

4. 구성인선(빌트업 에지 : built - up edge)

① 연한 재료를 절삭할 때 절삭공구의 날 끝에 용착되어 절삭성능을 급격히 떨어뜨리는 현상

② 발생 → 성장 → 분열 → 탈락의 주기를 반복
③ 보통 절삭속도 20~30m/min(저속)에서 발생
④ 구성 인선을 감소시키는 방법
㉠ 절삭 깊이를 작게 한다.
㉡ 공구 경사각을 크게 한다(날 끝을 예리하게 한다.)
㉢ 절삭속도를 크게 한다.(120m/min~150m/min 이상에서 소멸)
㉣ 윤활성이 좋은 절삭유를 공급한다.

5. 절삭저항

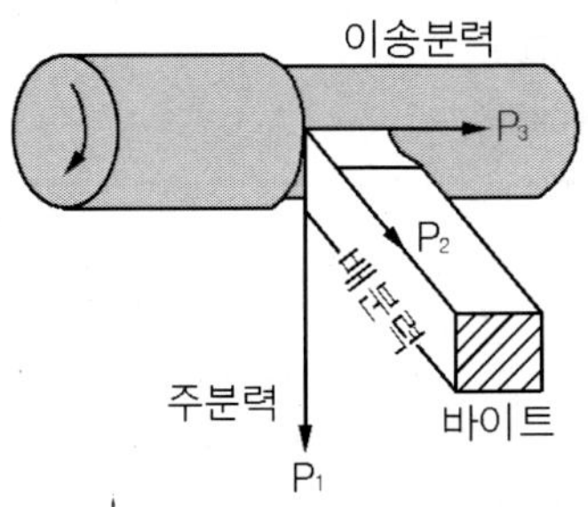

그림 2-39 절삭저항의 3분력

(1) 절삭조건에 영향

① 단단한 일감 > 연한 일감
② 날끝 모양
③ 공구각의 크기 : 윗면 경사각이 감소 → 저항 증가
④ 절삭면적 : 속도가 빨라지면 공구의 윗면과 칩 사이의 마찰계수가 감소로 절삭저항은 감소

(2) 절삭저항의 3분력

주분력 > 배분력 > 이송분력(strain gage로 측정)

(3) 절삭에 소요되는 동력

$$H = \frac{pv}{60 \times 102\eta}$$

H : 절삭소요 동력(kw)
p : 절삭저항의 주분력(kgf)
v : 절삭속도(m / min)
η : 효율(기어식 선반의 효율은 0.70 ~ 0.85정도)

6. 공구마모

마 모 종 류	형 상	원 인 및 대 책
경사면 마모 (크레이터 마모)	공구윗면	• 절삭속도나 이송속도가 높을 때 • 일감이 경도가 높은 합금원소를 포함하고 있을 때
여유면 마모 (플랭크 마모)	공구측면	• 절삭속도가 높을 때 • 일감의 경도가 높을 때
소 성 변 형	공구윗면	• 절삭속도 및 이송이 너무 높아 인선에 고온고압이 작용할 때
치 핑	공구측면	• 이송이 빠를 때 • 단속 절삭할 때 • 공구에 인성이 부족할 때

7. 공구재료

(1) 공구 재료의 구비 조건

① 일감보다 단단하고 인성이 있을 것

② 높은 온도에서도 경도가 떨어지지 않을 것

③ 내마멸성이 클 것

④ 제작 용이하고 가격이 쌀 것

(2) 공구 재료의 종류

① **탄소공구강** : 탄소강(탄소 0.9 ~ 1.50% 함유)을 담금질로 경도, 강도증가 날 끝의 온도가 300℃부근에서 뜨임 효과로 경도 저하로 사용 안함

② **합금공구강** : 탄소공구강에 Cr, W, Ni, V 첨가하여 탄소강보다 성능이 우수하며 450℃ 정도까지 경도 유지

③ **고속도강** : 합금 공구강보다 높은 온도에서 절삭 성능이 뛰어나며 600℃까지 경도 유지, 고속도강 18-4-1(W18%, Cr4%, v1%)이 표준공구강으로 드릴, 밀링커터, 바이트 등에 사용

④ **주조 합금** : 스텔라이트(stellite)로 Co, W, Cr, C 등을 주조하여 만든 합금 주조 작업에서 성형한 것을 연삭하여 사용(메짐이 있고, 값이 고가) 연강자루에 전기 용접이나 경납땜을 하여 사용

⑤ **초경합금** : W, Ti, Ta 등의 탄화물 분말을 Co나 Ni 분말과 혼합 성형한 후 1400℃이상의 고온에서 소결, 고온, 고속절삭에서 높은 경도 유지, 진동이나 충격에 파손 쉬움

⑥ **시효경화 합금** : Fe – Co – Mo계, Fe – Co – W계의 합금으로 1000℃부근에서 단련하고 1,200 ~ 1,250℃부근에서 담금질 600 에서 2 ~ 3시간 뜨임한다. 소결탄화물 합금보다 성능이 떨어지지만 고속도강 공구보다는 우수

⑦ **다이아몬드**(Diamond) : 재료 중 가장 경도가 높고, 내마멸성이 크고 절삭속도가 크고 능률적, 잘 부스러지는 성질, 고가, 비철금속의 정밀 절삭

⑧ **세라믹** : Al2O3(알루미나)분말에 Si 및 Mg 등의 산화물 첨가 후 소결, 고온에서 경도, 내마멸성이 우수, 냉각제를 사용하지 않음

8. 절삭유제

① 공구와 칩 사이의 마찰을 줄여, 절삭열 냉각

② 절삭부의 세척 작용

③ 공구의 수명 연장 효과

④ 공구 끝에 나타나는 구성인선의 발생을 억제 → 표면 거칠기 향상

4-2 선반

1. 선반 개요

① 선반 : 주축에 일감을 고정하고 회전시키고, 공구대에 설치대 절삭 공구인 바이트를 직선으로 이송시켜 절삭하는 공작기계

② 선반 공작물의 단면 형상 : 축방향의 직각으로 보았을 때 항상 원형

③ 선반으로 가능한 작업 : 외경 가공, 내경 가공, 나사 가공, 홈 가공, 절단 가공 등

2. 선반의 종류

(1) 보통선반(engine lathe)

① 4대 구성 : 베드(bed), 주축대(head stock), 심압대(tail stock), 왕복대(carriage)

② 선반의 크기 : 베드 위의 스윙(일감의 최대지름), 양 센터 사이의 최대거리, 왕복대 위의 스윙, 베드의 길이

그림 2-40 선반

③ 베드 : 선반의 몸체로서, 주축대, 심압대, 왕복대 등을 올려놓을 수 있는 구조

④ 주축대 : 베드의 윗면 왼쪽에 고정된 부분으로 주축(spindle), 베어링 및 주축속도 변환 장치로 구성

⑤ 심압대 : 베드 윗면의 오른쪽에 위치

⑥ 왕복대와 이송기구 : 베드 위에서 바이트에 가로이송 및 세로이송을 주는 장치로 새들(saddle)과 에이프런(apron)으로 구성되어 있고 saddle 위에 복식공구대가 위치(회전대, 공구이송대, 사각공구대)

(2) 터릿 선반(turret lathe)

보통 선반의 심압대 대신에 터릿을 장착(여러 가지 공구를 공정 순서대로 장착)

(3) 자동 선반(automatic lathe)

선반의 조작을 캠이나 유압공구를 이용하여 자동화 한 것, 한 작업자가 여러 대의 선반을 조작할 수 있어 대량 생산에 능률적

(4) 모방 선반(copying lathe)

자동 모방 장치를 이용하여 모형이나 형판을 따라 바이트를 안내하며, 턱 붙이 부분, 테이퍼 및 곡면 등을 모방절삭 하는 선반

(5) 공구 선반(tool room lathe)

보통 선반과 같으나 정밀한 형식, 테이퍼 깎기 장치, 릴리빙 장치 등의 부속장치가 부착

(6) 정면 선반

길이가 짧고 지름이 큰 일감을 가공할 수 있도록 주축대에는 지름이 큰 면판을 설치, 왕복대는 베드에 놓여, 주축 중심선과 직각으로 왕복

(7) 수직 선반(vertical lathe)

테이블이 수평면 내에서 회전하고 공구는 수직 방향으로 이송하며, 대형으로 무거운 일감을 절삭

(8) 각종 특수 선반

철도 차량용 차축을 가공하는 차축선반, 차량용 차륜을 가공하는 차륜선반, 크랭크축의 베어링 저널 부분과 크랭크 핀을 깎는 크랭크축 선반, 절삭 공구의 운동을 프로그램으로 제어하여 가공하는 수치제어 선반

3. 선반용 부속품과 부속 장치

① 단동 척(independent chuck) : 4개의 조(Jaw)가 단독으로 움직일 수 있어 불규칙한 모양의 일감고정에 편리하다. 작업자가 일감을 고정할 때 일감의 중심을 맞추기 위해서는 어느 정도 숙련이 요구된다.

② 연동 척(universal chuck) : 스크롤 척(scroll chuck)이라고도 불리며, 3개의 조가 동시에 움직이므로 원형, 정삼각형의 일감을 고정하기는 쉽다. 하지만 조가 마멸되면 척의 정밀도가 떨어지는 단점도 있다.

③ 마그네틱 척(magnetic chuck/자석척) : 원판 안에 전자석을 설치하여 얇은 일감을 변형시키지 않고 고정 가능하다. 하지만 자성이 없는 일감 즉 비자성 일감의 고정은 불가하다.

④ 콜릿 척(collet chuck) : 가는 지름의 봉재 고정에 주로 사용되며, 주축 테이퍼 구멍에 슬리브를 꽂고 여기에 척을 끼워 사용한다.

⑤ 압축 공기 척(compressed air operated chuck) : 압축 공기를 이용하여 조를 자동으로 작동 일감을 고정하는 척으로 고정력은 공기의 압력으로 조정한다. 기계운전을 정지하지 않고 일감의 고정하거나 분리를 자동화할 수 있다. 또한 압축공기 대신에 유압을 사용하는 유압 척(oil chuck)도 있다.

단동척	연동척	마그네틱척	콜릿척
나사봉, 조(jaw), 본체	스크롤, 피니언, 본체, 조(jaw)		주축 끝, 슬릿, 공작물의 지름, 콜릿 척, 중간 슬리브

⑥ 돌림판과 돌리개 : 센터 작업시 주축의 회전을 일감에 전달하기 위해 돌림판과 돌리개는 함께 사용한다. 돌림판은 주축 끝 나사부에 고정하고, 일감에 고정한 돌리개를 거쳐 주축의 회전이 일감에 전달된다.

⑦ 면판 : 돌림판과 비슷하지만 돌림판보다 크며, 일감의 형상이 불규칙하여 척으로 지지할 수 없는 경우에 직접 또는 앵글 플레이트(angle plate)등을 이용하여 볼트로 주축 나사부에 고정하여 사용하는 부속장치이다.

⑧ 맨드릴 : 심봉이라고도 하며, 기어, 벨트, 풀리 등의 소재와 같이 구멍이 뚫린 일감의 원통면이나 옆면을 센터 작업할 때 구멍에 맨드릴(mandrel)을 끼워 고정한 뒤 맨드릴을 센터로 지지하여 사용할 수 있도록 하는 부속장치이다.

⑨ 방진구(wark rest) : 가늘고 긴 일감이 절삭력과 자중에 의해 휘거나 처짐이 일어나는 것을 방지한다.

4. 절삭공구(바이트)

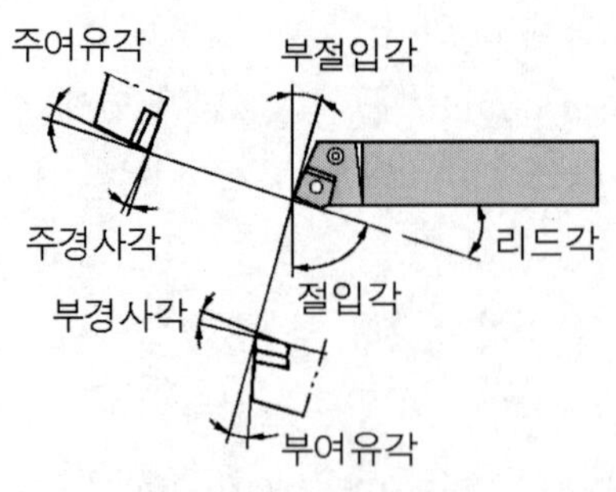

그림 2-41 절삭공구각

(1) 바이트의 공구각

공구각은 용도, 수명, 일감의 재질 및 공구의 재질 등에 의해서 선택

① 윗면 경사각 : 직접 절삭력에 영향(크면 절삭성이 좋고, 표면도 수려하지만 날 끝은 약함)
② 공구 여유각 : 앞면 및 측면과 일감의 마찰을 방지(너무 크면 날이 약함)
③ 칩브레이커 : 연질의 일감을 고속 절삭할 때 chip이 연속적으로 흘러나오는 것 짧게 끊음

(2) 절삭공구의 재종

탄소공구강 → 고속도강 → 초경합금강 → 코우티드 초경합금 → 서멧 → 세라믹 → 다이아몬드

5. 절삭 조건

(1) 절삭 속도(cutting speed) : 바이트에 대한 일감의 원둘레 또는 표면속도

$$v=\frac{\pi dn}{1000},\ n=\frac{1000v}{\pi d}$$

v : 절삭 속도 m / min
n : 주축 회전수(rpm)
d : 일감의 지름 mm

① 절삭 속도가 클수록 표면 거칠기는 좋아지고, 절삭시간도 단축
② 절삭온도의 상승으로 수명 급감

(2) 이송(feed) : 일감의 회전당 길이 방향으로 이동하는 거리
① mm / rev(이송이 작을수록 표면 거칠기 양호)
② 바이트 날끝 반지름이 너무 크면 절삭저항 증가로 떨림 발생
③ 절삭면적(절삭 깊이와 이송량을 곱한 값)

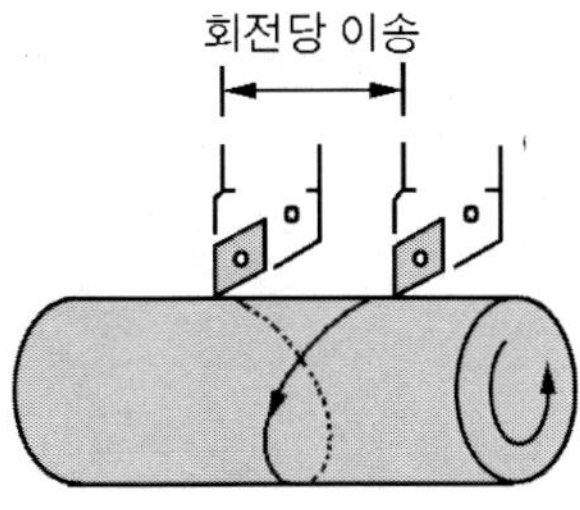

그림 2-42 절삭이송과 면적

㉠ 절삭면적이 클 때에는 절삭 속도를 작게
㉡ 절삭면적이 클 때에는 절삭 능률은 좋지만, 절삭저항이 커져 절삭온도 상승

(3) 절삭 깊이(depth of cut) : 절삭할 면에 대해 수직 방향으로 측정

(4) 절삭 가공 시간

$$가공시간=\frac{가공길이}{회전수\times 이송량}$$

6. 선반가공(테이퍼 절삭 방법)

(1) 심압대 편위에 의한 방법

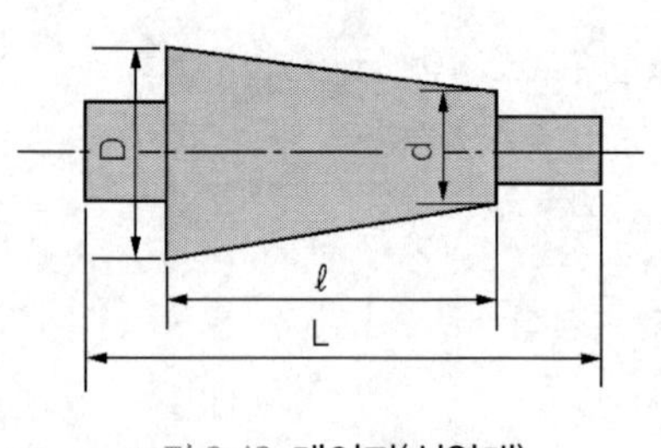

그림 2-43 테이퍼(심압대)

$$L:e=l:\frac{(D-d)}{2}\text{에서}$$

$$e=\frac{L(D-d)}{2\ell}$$

D : 테이퍼의 큰 지름(mm)
d : 테이퍼의 작은 지름(mm),
ℓ : 테이퍼 부분의 길이(mm)
L : 공작물 전체의 길이(mm)

(2) 테이퍼 절삭장치에 의한 방법

Taper attachment는 왕복대의 길이 방향 이송에 따라 바이트에 전후 이송을 준다.

(3) 복식공구대에 의한 방법

테이퍼 부분의 길이가 짧고 경사각이 큰 일감의 테이퍼 가공

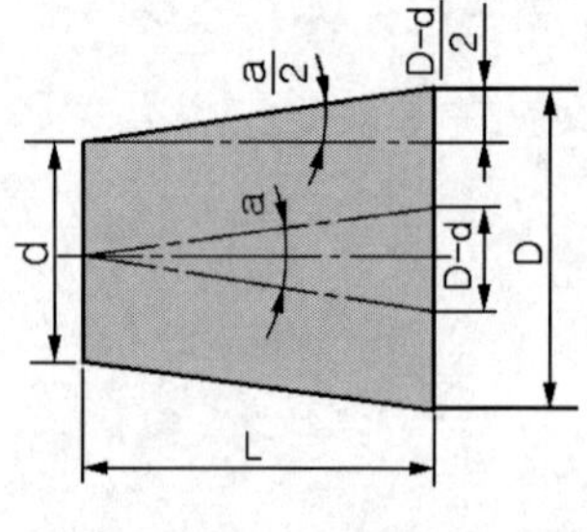

그림 2-44 테이퍼(복식공구대)

$$테이퍼=\frac{D-d}{L},\ \tan\frac{a}{2}=\frac{D-d}{2L}$$

$$경사각=\frac{\alpha}{2}=복식공구대\ 조정각$$

D : 테이퍼의 큰 지름(mm)
d : 테이퍼의 작은 지름(mm),
L : 공작물 전체의 길이(mm)

4-3 밀링

1. 밀링의 개요

① 밀링 : 회전운동 하는 주축에 공구인 커터를 장치하고, 일감은 테이블에 고정하여 이송하면서 절삭 가공하는 공작기계

② 밀링으로 가능한 작업 : 평면 가공, 홈 가공, 각도 가공, 기어의 치형 가공 등

2. 밀링머신의 종류

(1) 니 칼럼형 밀링머신

① 수평 밀링머신 : 주축을 기둥상부에 수평방향으로 장치하고 회전

② 만능 밀링 머신 : 수평 밀링 머신과 거의 같으나 새들 위에 회전대가 있어 수평면 안에서 필요한 각도로 테이블을 회전

③ 수직 밀링 머신 : 주축헤드가 수직으로 되어 있어 주로 정면밀링 커터와 엔드밀 등을 사용

(2) 생산 밀링 머신 : 대량생산에 적합하도록 기능을 단순화, 자동화시킨 밀링 머신

(3) 플래노밀러 : 플래노의 공구대 대신 밀링 헤드가 장치된 형식(대형 일감과 중량물의 절삭이나 강력 절삭에 적합)

3. 밀링 커터

(1) **보통 평면 커터, 홈깎기 밀링 커터, 옆면 밀링 커터** : 바깥지름과 폭으로 구분

(2) **엔드밀, 정면 커터** : 바깥지름으로 구분

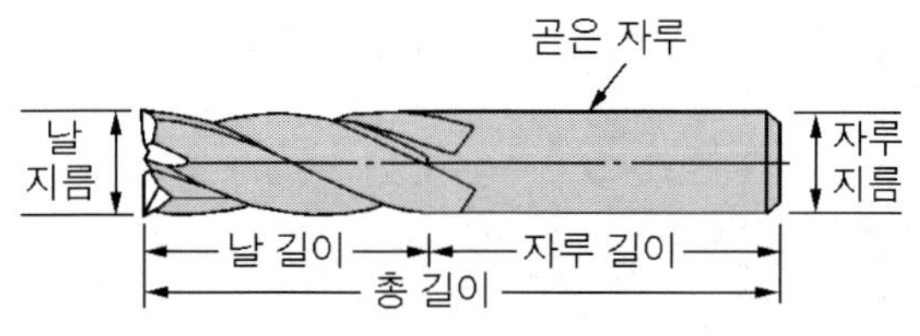

그림 2-45 밀링커터

4. 밀링 가공

(1) 상향 절삭과 하향 절삭

① 하향절삭 : 커터의 회전 방향과 같은 방향으로 일감을 이송시키며 절삭

② 상향절삭 : 커터의 회전 방향과 반대 방향으로 일감을 이송시키며 절삭

하향 절삭(내려 깎기)	상향 절삭(올려 깎기)
• 일감 고정이 간편 • 날 마멸 작고 수명향상 • 날 자리의 간격이 짧고 가공면이 깨끗함 • 기계에 무리가 감 • 날이 부러지기 쉬움 • 백래시 제거 장치 필요 • 절삭열 발생, 치수 불량 • 구성인선의 영향을 받을 수 있음	• 일감 고정이 어려움 • 날 마멸 크고 수명단축 • 날 자리의 간격이 크고 가공면이 거침 • 기계에 무리가 적음 • 날이 잘 부러지지 않음 • 백래시가 자연히 제거 • 절삭 열로 인한 치수 불량이 적음 • 구성인선의 영향이 적음

(2) 백래시 제거장치 : 하향 절삭 시 절삭력의 영향을 받아 일감에 절삭력을 가하면 백래시량 만큼 급격한 이송으로 절삭상태가 불안정 → 백래시 제거장치 필요

(3) 떨림(chattering/채터링) : 절삭점 주위의 구조에 따른 진동적인 성질과 절삭기구와 절삭력이 관련되어 자연발생적 진동을 말함

5. 절삭조건

(1) 절삭 속도 : 커터의 바깥둘레 속도

$$v = \frac{\pi dn}{1000},\ n = \frac{1000v}{\pi d}$$

d : 커터의 지름(mm)
n : 커터의 회전수(rpm)
v : 절삭속도(m / min)

(2) 이송 : 테이블의 이송속도는 밀링 커터의 날 1개당의 이송을 기준

$$f = fz \times z \times n(\text{mm/min})$$

f : 케이블의 이송속도(mm / min)
fz : 밀링 커터의 날 1개당 이송(mm)
z : 밀링 커터의 날 수
n : 밀링 커터의 회전수

(3) 절삭 깊이 : 절삭 깊이는 거친 절삭과 다듬 절삭에 따라 다르다.

① 대략 5mm이하로 하고, 이것 이상일 때는 2회 이상으로 나누어 깎는다.

② 다듬 절삭일 때에는 절삭 깊이를 너무 작게 하면 날 끝의 마멸이 커지므로 0.3 ~ 0.5mm 정도로 하는 것이 좋다.

6. 분할가공

원통의 일감을 필요한 수로 등분하거나, 4각, 6각 등으로 가공할 때 분할 가공을 사용한다. 또, 비틀림 각 구동 장치와 겸용하면 베벨 기어나 드릴의 비틀림 홈 등을 가공할 수 있다.

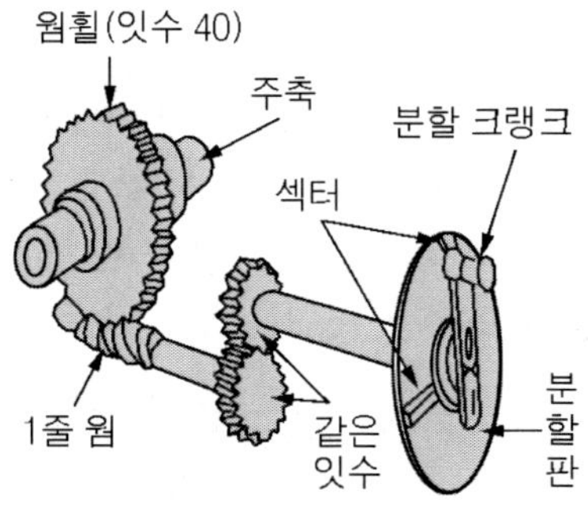

그림 2-46 분할기구

(1) 직접 분할방법(direct indexing)

직접 분할판을 사용하며 2, 3, 4, 6, 8, 12, 24의 등분을 간단히 분할 할 수 있다.

(2) 단식 분할방법(simple indexing)

직접 분할할 수 없는 경우나 분할을 정확해야 할 때 쓰이는 방법이다. 이 방법은 분할 크랭크를 40회전시키면 주축 1회전하므로, 주축을 1 / N 회전시키려면 분할 크랭크를 40 / N 회전시키면 된다.

$$n = \frac{40}{N} = \frac{H}{N'}$$

N : 일감의 등분 분할 수
n : 분할 크랭크의 회전수
N′: 분할 판에 있는 구멍수
H : 크랭크를 돌리는 구멍수

(3) 차동 분할방법(differential indexing)

단식분할로 할 수 없는 수를 분할할 때 쓰인다.

4-4 드릴링

1. 드릴링 개요

① 드릴링 : 회전하는 주축에 드릴을 고정하고 회전하면서 일감의 구멍 등을 뚫는 공작 기계
② 드릴링 기계의 크기 : 가공할 수 있는 구멍의 최대 지름 및 길이 또는 칼럼 내측에서 주축까지의 최대 거리와 주축 하단(下端)에서 테이블 상면까지의 최대 거리로 표시

2. 드릴링 머신에서의 작업

① 드릴링(drilling) : 공작물에 드릴을 회전시키면서 이송을 주어 구멍을 뚫는 작업이다.
② 리밍(reaming) : 리머라는 절삭공구를 사용하여 드릴링 된 구멍의 치수를 정확히 하는 가공으로서, 가공여유는 0.4mm를 초과하지 않는다.
③ 보링(boring) : 드릴링에 의하여 뚫린 구멍을 확대하는 것이 주이고, 구멍의 형상을 바로잡기도 한다.

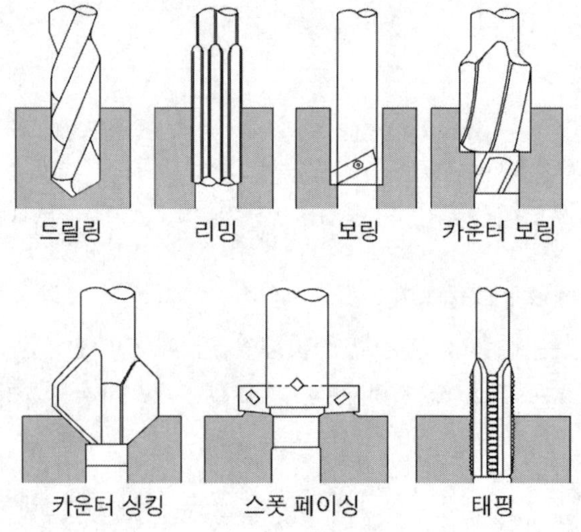

그림 2-47 드릴링 작업

④ 카운터 보링 : 구멍에 나사의 납작머리 나사가 들어갈 부분을 가공하는 것으로, 엔드밀과 같은 공구를 사용하여 드릴에 의한 구멍과 동심(同心)으로 구멍의 한쪽을 확대하며 밑은 평탄하다.

⑤ 카운터 싱킹(countersinking) : 구멍에 나사의 접시머리 나사가 들어갈 부분을 가공하는 것으로 원추형으로 확대하는 가공이다.

⑥ 스폿 페이싱(spot facing) : 너트 또는 캡 스크루 머리가 밀착하도록 구멍 축에 직각인 평탄면으로 가공하는 것이다.

⑦ 태핑(tapping) : 탭 공구를 사용하여 구멍의 내면에 나사를 내는 작업이다.

드릴 지그 : 일감의 수가 많고, 한 일감에 여러 개의 구멍을 뚫을 때 드릴을 안내하는 지그를 사용하면 능률을 향상 시킬 수 있다. 이처럼 지그는 일감을 정확하고 확실히 고정하는 동시에 절삭 공구를 정확한 위치에 설치한다.

3. 드릴링 머신의 종류

종 류	특 징
탁상 드릴링 머신	벤치에 고정하고 작업, 벤치 드릴링머신이라고도 부르며, 전동기에 직접 V벨트로 주축을 회전하고 변속은 단차로 한다.
직립 드릴링 머신	주로 소형 가공물의 구멍 뚫는 작업이 이용, 주축의 이송이 핸드레버 또는 핸드 휠에 의한 수동이송 및 자동 이송의 선택이 가능, 주축속도와 이송을 다양하게 변화
레이디얼 드릴링 머신	대형의 공작물에 여러 개의 구멍을 뚫을 때 공작물을 이동시키지 않고 암을 컬럼 주위로 회전시키고 드릴링 헤드를 암 상에서 이동시켜 암 반경 내의 임의 위치에 드릴을 위치시킬 수 있는 드릴링 머신
다축 드릴링 머신	1개의 구동축으로 부터 유니버설 조인트 등을 통하여 2 ~ 60개의 주축이 회전하며, 주축간의 위치를 조정할 수 있는 다축 드릴링 기계(multiple spindle drilling machine)로 여러 개의 구멍을 동시에 뚫을 때 편리
다두 드릴링 머신	2개 이상의 주축을 단일 테이블과 조합한 다두 드릴링 기계(multi-head drilling machine)로, 각 주축은 별도로 운전되며, 드릴링, 리밍, 태핑 등의 순차적인 가공을 할 때 편리
심공 드릴링 머신	구멍의 깊이가 구멍 지름의 5배 이상인 깊은 구멍을 가공하기 위한 심공 드릴링 기계(deep hole drilling machine)는 처음 총신(銃身)의 구멍 가공을 위하여 개발된 것으로서 일명 건(gun) 드릴링 기계, 긴 축, 커넥팅 로드 등과 같이 긴 구멍을 요하는 구멍가공에 적합한 드릴링 기계

4. 드릴의 형상

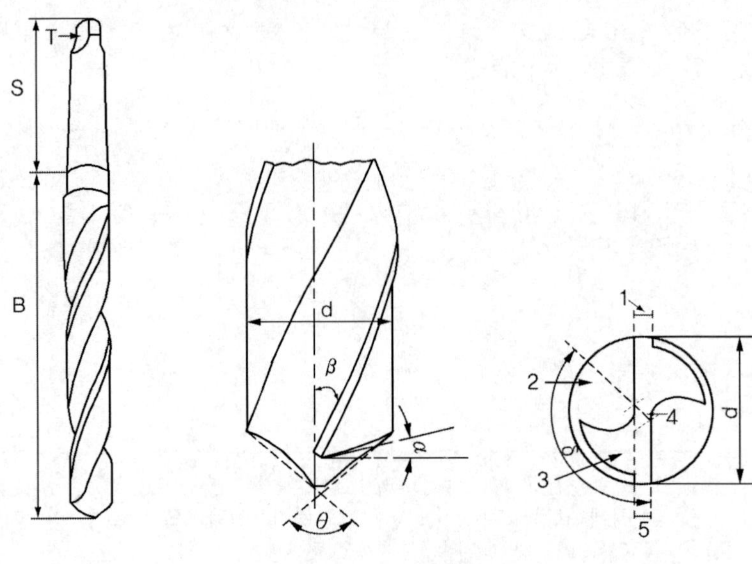

그림 2-48 **드릴**

① 드릴은 생크(자루, S)와 보디(B)로 구성

② 드릴의 규격 : 드릴 끝 부분의 지름을 mm 또는 inch로 표시, inch식의 경우 작은 드릴은 번호로 표시하기도 함

③ 생크

㉠ 자루와 자루끝(탱)으로 구성

㉡ 탱(tang, T) : 드릴을 소켓이나 슬리브에 고정할 때 사용

④ 보디

㉠ 1번 : 마진(margin) : 예비 날 또는 날의 강도를 보강하는 역할

㉡ 2번 : 홈

㉢ 3번 : 랜드(land) : 마진의 뒷부분

㉣ 4번 : 치즐 에지

㉤ 5번 : 웨브(web) : 홈과 홈 사이의 두께, 자루 쪽으로 갈수록 두꺼워짐

⑤ 각도

㉠ 앞 끝날 여유 각(lip clearance angle : α) : 드릴이 공작물에 용이하게 들어갈 수 있도록 주어진 여유 각으로 보통 8~15°이다.

㉡ 나선각 각(twist angle : β) : 두 줄의 나선형 홈이 드릴축과 이루는 각도로 일반적으로 20~35°이며 연한 재질일수록 그 각도는 커진다.

㉢ 드릴 날 끝 각도(drill point angle : θ) : 드릴의 양쪽 2개의 날 끝이 이루는 각도로 보통 118°이다. 재질에 따라 드릴의 날 끝 각은 달라지고 날 끝 각을 크게 하면 모멘트는 감소되나 스러스트는 증가하게 된다.

5. 드릴의 절삭 속도

드릴 가공에서의 절삭 속도는 드릴의 외주 속도를 의미하고 이송은 1회전당 이동(mm/rev)로 표현한다.

$$v = \frac{\pi dn}{1000},\ n = \frac{1000v}{\pi d}$$

v : 절삭속도 m / min
n : 드릴 회전수(rpm)
d : 드릴 지름 mm

4-5 보링·태핑·다이스 작업

1. 보링가공

(1) 보링가공

보링 머신을 이용하여 가공, 보링 바 또는 주축에 보링 공구를 설치하고 주축과 같이 회전시키고, 주축 또는 공구를 이송시켜 이미 드릴 등에 작업에 의해 가공되어진 구멍을 정밀하게 넓히는 작업

(2) 보링머신 가능 작업

구멍확장, 정면 절삭이 주된 작업, 리머작업, 단면절삭, 나사 가공 등

(3) 보링 머신의 종류

① 수평 보링 머신 : 가장 일반적인 보링 머신, 구조에 따라 테이블형, 플로어형, 플레이너형, 이동형 등으로 구분, 일반적으로 수평 보링 머신에서 밀링 커터를 사용하면 작업에 능률적이어서 수평 보링 밀링 머신으로 불림

② 수직 보링 머신 : 엔진의 실린더를 보링하는데 주로 사용, 수평식에 비하여 용도는 한정, 가공 방식에 따라 단축형, 다축형, 경사 다축형, 주축 상향형

③ 지그 보링 머신 : 드릴링 머신 또는 일반 보링 머신, 뚫은 구멍의 정밀도가 충분하지 못할 경우 사용, 그 허용 오차는 ±0.002~0.005㎜ 정도이고 높은 정밀도를 유지하기 위해 항온실에서 작업

④ 정밀 보링 머신 : 다이아몬드 공구 또는 초경합금 공구를 사용하여 고속경절삭과 미세한 이송으로 정밀한 표면가공

⑤ 심공 보링 머신 : 구멍 깊이가 지름의 10~20배 정도 되는 깊은 구멍을 뚫을 때 사용, 일반적으로 사용되는 수평식이 있고 특수한 경우에 사용되는 수직식

(4) 보링 공구

① 보링 바이트 : 선반용 바이트와 같은 계통의 것이 일반적 사용

② 보링 바 : 바이트를 고정하여 회전을 시키면서 공작물에 이송을 주어 구멍을 가공하는데 사용

③ 보링 공구대 : 지름이 작은 것은 일반적으로 보링 바를 이용하여 고정, 지름이 큰 것은 고정이 곤란하므로 보링 공구대를 이용, 2~3개 이상의 바이트를 사용하여 가공

2. 태핑 가공

(1) 태핑가공 : 암나사 가공을 의미, 드릴링 주축 등을 회전하여 나사 가공을 할 수 있음.

(2) 탭의 종류 : 탭은 3개가 주로 1세트로 구성

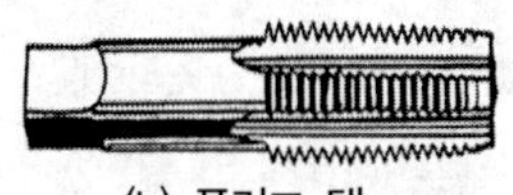

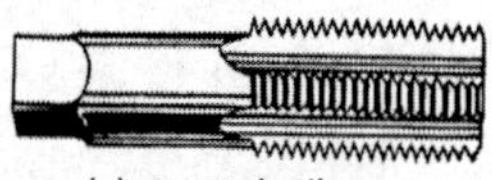

그림 2-49 탭의 종류

① 1번 탭(taper tap) : 선단에 6~7개 나사산이 테이퍼로 됨, 절삭된 칩의 중량비는 25% 정도

② 2번 탭(plug tap) : 선단에 3~4개 나사산이 테이퍼로 됨, 절삭된 칩의 중량비는 55% 정도

③ 3번 탭(bottoming tap) : 선단에 1~1.5개의 나사산이 테이퍼로 됨, 절삭된 칩의 중량비는 20% 정도

(3) 탭 드릴의 지름

① 탭의 바깥지름을 A, 피치 지름을 B, 안지름을 C라 할 때 산의 높이 h는 다음과 같다.

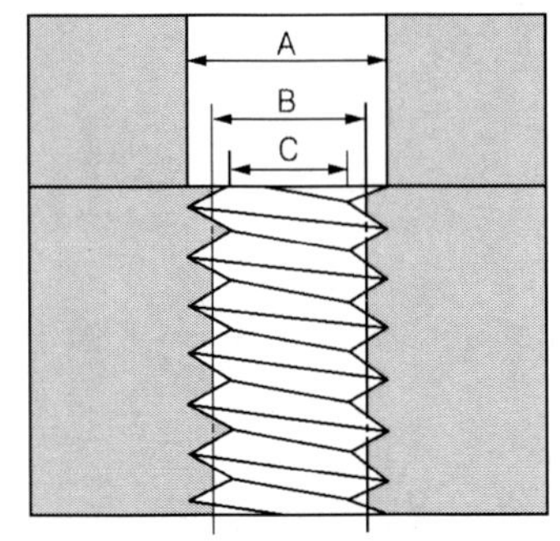

$$h = \frac{A - C}{2}$$

그림 2-50 탭가공

② 100% 산 높이 나사에 대해 탭 드릴의 지름은 다음과 같다.

탭 드릴의 지름 = A−2h

3. 다이스 작업

수나사 작업을 할 수 있는 다이스는 내면은 나사로 되어 있어 칩이 빠져 나올 수 있는 홈이 있다. 일반적으로 관 나사를 가공하는데 사용된다.

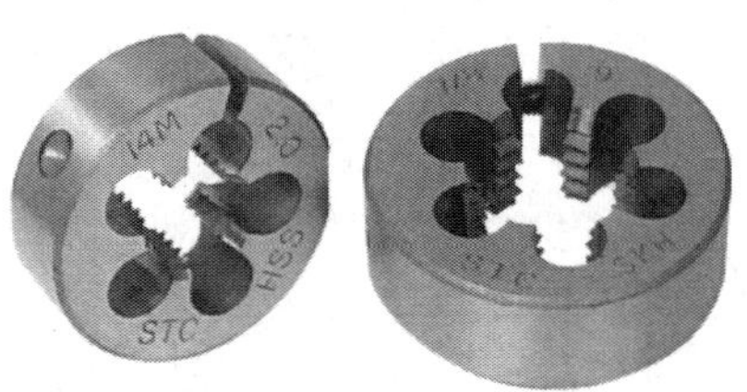

그림 2-51 다이스

4-6 셰이퍼, 플레이너, 슬로터

1. 셰이퍼(shaper)

(1) 바이트와 같은 절삭공구(커터)의 왕복운동을 이용하여 주로 평면절삭을 하는 공작기계
① 절삭공구는 왕복운동을 하는 램에 장치
② 공작물은 상하·좌우로 움직이는 새들에 장치된 테이블 위에 고정
③ 새들의 움직임에 따라 임의의 평면을 절삭

(2) 급속 귀환 운동기구로 설계되어 램이 왕복 운동을 할 때는 절삭을 하지만 귀환할 때 즉, 돌아올 때는 절삭을 하지 않음

(3) 셰이퍼의 구조
① 구성 : 일반적으로 상자형으로 직선의 기둥인 컬럼과 램, 공구대, 새들, 테이블 등
② 규격 : 램의 최대 행정 길이 또는 테이블의 크기 등으로 표시

(4) 세이퍼의 분류
① 램의 운동 방향에 따라 : 수평형, 수직형,
② 운동 절단 방법에 따라 : 단차식, 기어식, 가변 전동기식,
③ 구조에 따라 : 표준형, 만능형, 끌어당기면서 가공하는 인삭형 등

(5) 세이퍼의 절삭 조건
① 절삭 속도

$$V = \frac{nL}{R}$$

n : 1분간의 램의 왕복횟수(회/min)
V : 절삭 속도 , R : 귀환 속도비 , L : 행정
R은 일반적으로 $\frac{3}{5} \sim \frac{2}{3}$의 값을 갖는다.

또는 $\frac{2L}{t} = \frac{2V}{1+R}$에서 $V = \frac{L(1+R)}{t}$

t : 1왕복에 요하는 시간

② 가공 시간

$$T = \frac{W}{nf}$$

n : 1분간의 램의 왕복횟수(회/min)
f : 이송 (㎜/stroke)
W : 가공물의 폭(㎜)

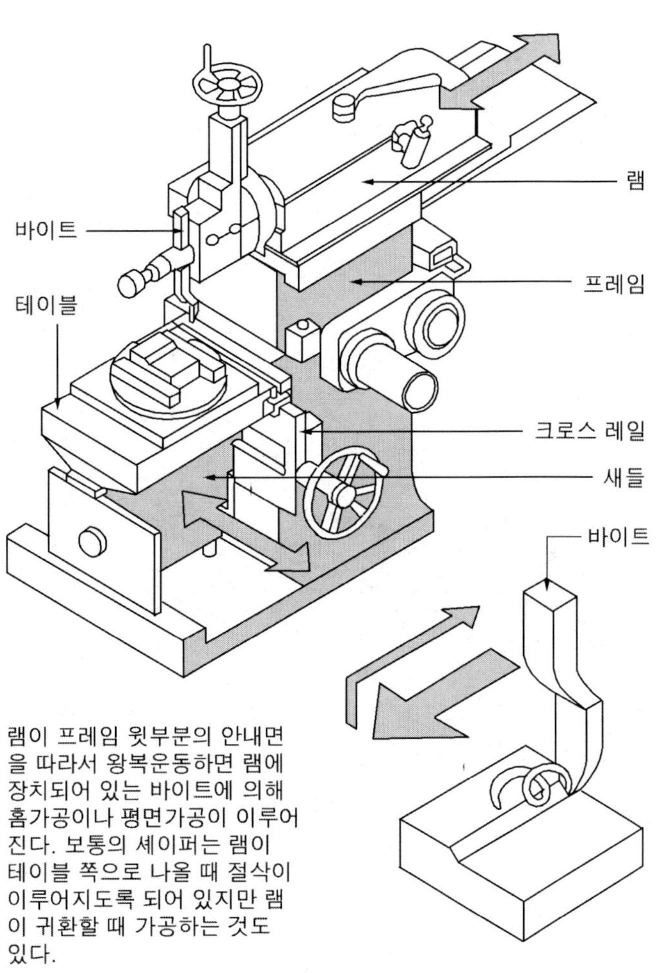

그림 2-52 세이퍼

2. 플레이너(Planer)

① 플레이너는 셰이퍼, 슬로터 비하여 대형 공작물의 절삭에 사용되는 평면 절삭용 공작기계
② 공작물의 직선 왕복 운동과 간헐적인 바이트의 직선 이송 운동으로 가공
③ 플레이너의 종류
   ㉠ 칼럼에 따라 : 쌍주식, 단주식, 특수형,
   ㉡ 용도에 따라 : 일반용, 특수용,
   ㉢ 테이블 구동에 따라 : 기어식, 벨트 풀리식, 유압식, 변속 전동기식
④ 플레이너의 크기 : 테이블의 크기, 공구대의 수평 및 상하 이동거리, 테이블 윗면부터 공구대까지의 최대 높이 등으로 표시

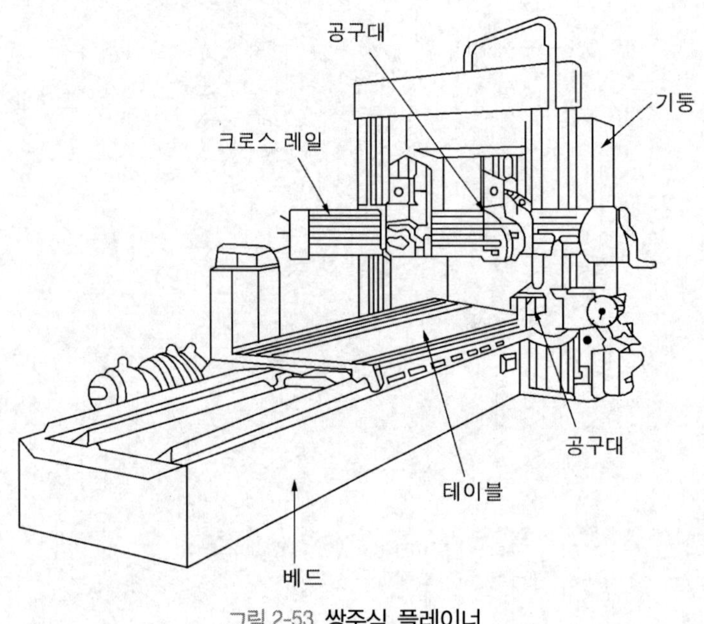

그림 2-53 쌍주식 플레이너

3. 슬로터(slotter)

① 슬로팅 머신이라고도 부르며 그 구조는 수직 셰이퍼와 같다.
② 앞뒤·좌우로 움직이는 테이블위에 수직 축을 중심으로 회전하는 회전 테이블을 두고 그 위에 공작물을 얹어 놓고 가공한다.
③ 풀리와 치차, 축 구멍의 키 홈 파기, 곡면 절삭 가공, 스플라인 구멍 등의 절삭에 사용된다.

④ 슬로터의 크기 : 램의 최대 행정, 테이블의 크기, 테이블의 이동 거리 및 원형 테이블의 지름 등으로 표시

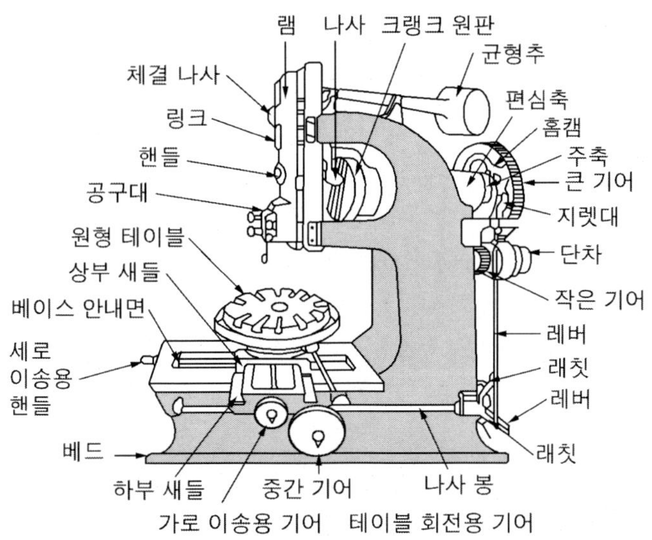

그림 2-54 슬로터

4-7 정밀입자가공

1. 호닝(honing)

(1) **호닝(honing)** : 직사각형 단면의 긴 알루미나, 또는 탄화규소 숫돌을 지지봉의 끝에 방사 방향으로 붙여 놓은 혼을 구멍에 넣고 회전과 동시에 왕복운동을 시켜 구멍내면을 정밀 가공

(2) 호닝 숫돌을 반경 방향으로 밀어 내어 일감을 가압하는 방법 : 스프링 가압식과 막대 팽창식

(3) **호닝 머신 구분** : 수직식과 수평식으로 구분

(4) **호닝에 적합한 가공물 재료**

① 금속 : 주철, 강, 초경합금, 황동, 청동, 알루미늄, 크롬

② 비금속 : 유리, 세라믹, 플라스틱

(5) **호닝 숫돌**

① 호닝 숫돌 : 연삭 작업에 숫돌에 사용되는 것과 재질은 같으나 형상이 각봉상이다. 산화알루미늄, 탄화규소가 일반적으로 사용, 초경합금 등에서는 다이아몬드가 사용. 결합제로는 비트리파이드나 레지노이드결합제가 주로 사용

② 입도 : 거친 다듬질에는 #120~180, 중간 다듬질에는 #320~400, 정밀 다듬질에는 #600이 사용된다. 즉 공작물의 표면 정밀도를 곱게 하면 할수록 입도의 번호는 커진다.

③ 결합도 : 연강에는 K~N, 주철 및 황동 등에는 J~N 등이 사용

2. 래핑(lapping)

(1) **래핑** : 랩(lap, 입자)과 일감을 누르며 상대 운동을 시켜 정밀 가공

(2) **래핑 구분** : 습식과 건식

(3) **래핑 사용처** : 블록 게이지의 측정면, 광학 렌즈 등의 다듬질

(4) **랩 재료** : 일감의 재질에 따라 연한 금속에는 탄화규소계가, 강 등에는 알루미나계가, 마무리 다듬질에는 산화크롬이 사용

(5) **래핑 가공법**

① 건식 래핑법 : 습식 래핑 후에 표면을 더욱 더 매끈하게 가공하기 위하여 사용하는 방식으로 블록 게이지 제작 등에 사용된다. 습식 래핑에 비하여 속도가 빠르며 1~1.5kg/㎠의 압력을 준다. 래핑면의 절삭량은 가공부의 영향을 주고 압력이 적당하여야 양질의 표면을 얻을 수 있다.

② 습식 래핑법 : 랩제와 기름을 혼합하여 가공물에 주입하면서 래핑작업을 하기 때문에 습식이라 하고 고압력(0.5kg/㎠), 고속에서 거친 래핑 작업을 한다.

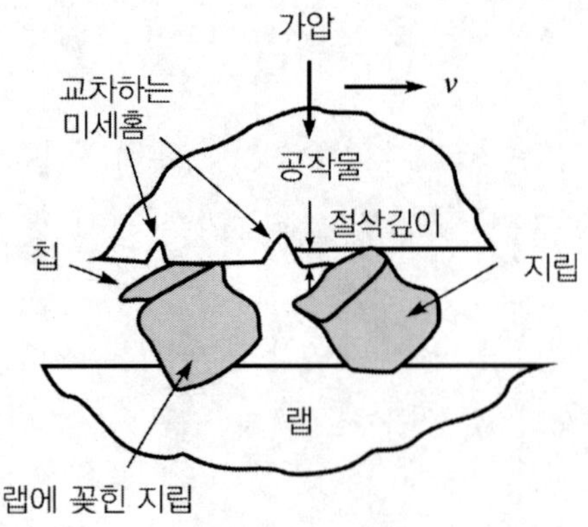

그림 2-55 **래핑**

3. 슈퍼피니싱(super finishing)

① 슈퍼 피니싱 : 원통면, 평면 또는 구면에 미세하고 연한 입자로 된 숫돌을 접촉시키면서 진동을 주는 정도의 낮은 압력을 주어 정밀 가공

② 치수 변화가 주목적이 아니고 고정도의 표면을 얻는 것이 주목적

③ 슈퍼 피니싱은 발열 작용이 없어 절삭제는 칩의 흐름을 좋게 하는 역할

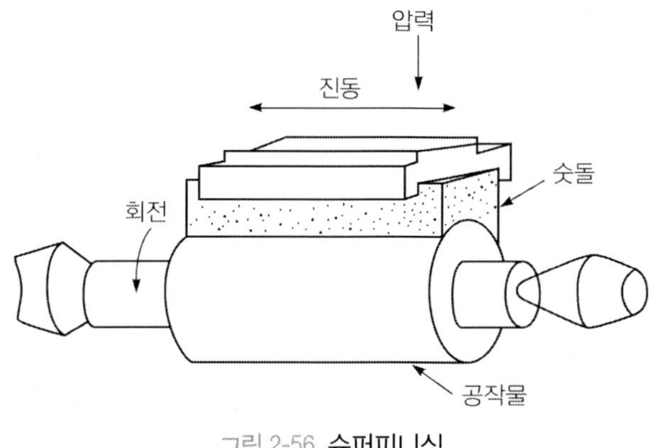

그림 2-56 슈퍼피니싱

4-8 기타 가공

1. 브로칭(broaching)

(1) **브로칭 머신 :** 브로치라고 부르는 다수의 절삭날을 일직선상에 배치한 공구를 이용하여 공작물의 구멍 내면이나 표면을 여러 가지 모양으로 절삭하는 공작기계

(2) 브로칭 머신은 구멍 내면의 키 홈, 복잡한 윤곽형상의 구멍 내면, 부채꼴 기어 등의 정밀한 가공에 응용

(3) **브로칭 머신 구분**

① 동력에 따라 : 수동식, 기계식, 유압식, 전기및기계식

② 운동 방향에 따라 : 수평식과 수직식

③ 구동 방향에 따라 : 인반식, 압입식, 회전식, 연속식

④ 가공 위치에 따라 : 내면, 외면, 만능식

(4) 브로치

① 브로치의 종류 : 재료에 따라 탄소 공구강, 고속도강, 초경합금 등이 있고, 구조에 따라 단체형, 조립형, 회전형, 구동방향에 따라 인발형, 압입형 등으로 분류

② 브로치는 인장부, 전방 도입부(안내부), 절삭부, 평행부 등으로 구성

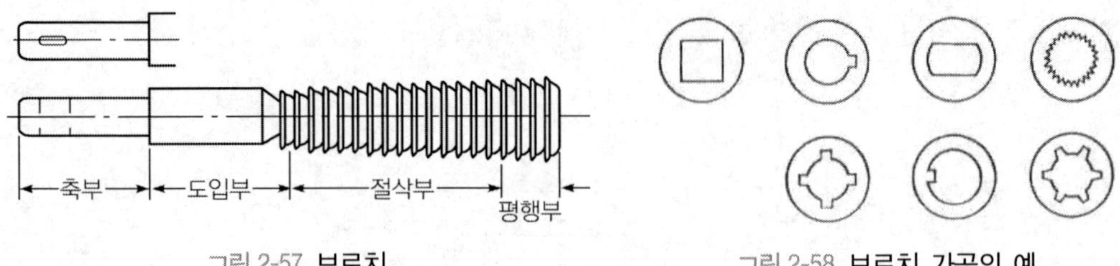

그림 2-57 브로치

그림 2-58 브로치 가공의 예

2. 기어절삭

(1) 기어 가공법의 분류

① 창성법 : 가장 일반적으로 사용, 기어 절삭 공구인 호브, 래크 커터, 피니언 커터 등을 이용하여 가공하는 방법

② 총형 공구에 의한 방법 : 기어 이빨형태에 맞는 공구를 이용하여 세이퍼, 플레이너 등에 의해서 가공, 총형 커터를 밀링 등에서 사용하여 기어가공

③ 모방(template)에 의한 방법 : 형반 절삭법이라고 하며 모방을 따라 공구가 안내되어 기어를 절삭하는 방법

(2) 호빙 머신

원통형 기어를 깎는 호빙머신은 호브라는 공구를 이용하여 기어 가공. 호빙 머신으로는 스퍼기어, 헬리컬 기어 및 웜 기어 등을 가공

(3) 기어 세이빙 머신

세이빙 공구를 공작물에 접촉시켜 작은 절삭 면적에 고속 및 경절삭을 하면서 기어를 가공하는 방법, 커터에는 피니언형과 랙형이 주로 사용

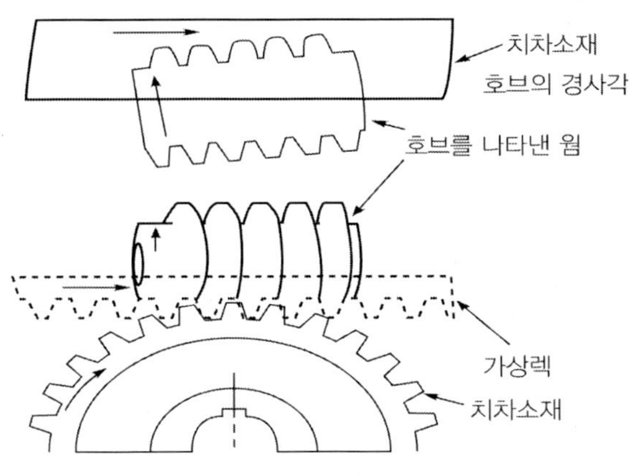

그림 2-59 호브에 의한 치형절삭

3. 쇼트피닝(shot peening)

① 경화된 철의 작은 구(shot, 베어링 형상)를 공작물의 표면에 분사하여 표면을 매끈하게 하는 동시에 피로강도나 기타 기계적 성질을 향상시키는 방법

② 구분 : 압축 공기를 이용하여 분사하거나 원심력에 의해 강구를 분사하는 방식

③ 강구인 쇼트는 칠드 주철 강구, 가단 강구, 주강 강구, 구리 또는 유리의 소구가 극히 적게 사용되기도 하며, 강구의 크기는 보통 0.5~1mm의 것이 사용

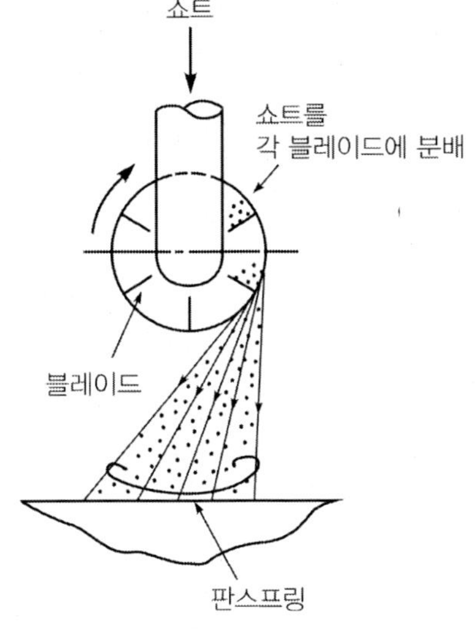

그림 2-60 쇼트피닝

4. 버니싱(burnishing)

① 가공된 구멍에 구멍보다 약간 큰 볼을 통과시켜 절삭 및 연삭 가공 등에서 생긴 면을 정밀하게 다듬질하는 동시에 진원도 및 진직도 등의 정밀도를 향상시키는 가공법
② 연한 재료에는 강구를, 강한 재료에는 초경합금의 볼을 사용
③ 버니싱은 다른 가공법으로 가공하기 어려운 지름이 작은 구멍 가공에 효과가 있다.

5. 버핑(buffing)

① 고속으로 회전하는 원반인 버프는 가죽, 벨트, 마포 등을 이용하여 겹겹이 포개어 만든 것으로 공작물의 표면의 광택을 내는 가공법
② 거친 버핑은 버프 외주에 아교칠을 하며 지료를 결합시키지만, 기타의 지료는 유지를 사용
③ 실제로 사용되는 컴파운드는 수지, 스테아린산 왁스, 광물유 등을 다양하게 배합하여 사용

6. 배럴 피니싱(barrel finishing)

① 회전하는 6각 또는 8각 통인 배럴에 공작물과 미디어, 공작액, 컴파운드를 넣고 공작물이 미디어와 충돌하는 사이에 그 표면의 요철을 제거하여 표면을 다듬질하는 방법
② 배럴 피니싱은 표면을 다듬질할 뿐만 아니라 버(burr)의 제거나 스케일 제거 등에도 응용
③ 강, 주철, 구리, 구리합금 등의 금속 재료는 물론, 플라스틱, 목재 등과 같은 비금속재료에도 사용
④ 미디어로는 숫돌, 지립, 석영, 모래, 강구, 나무, 가죽 등이 다듬질 정도에 따라 선택 사용되는데, 광을 내고자 할 때는 나무, 가죽 등이 사용
⑤ 컴파운드는 산성, 알칼리성, 중성이 있고 또한 세척성을 갖고 있는 것도 있다. 일반적으로 1~2% 정도의 수용액으로 하여 사용되며 물 외에 경유, 글리세린 등이 사용될 때도 있다.
⑥ 배럴 피니싱의 특징
㉠ 응용 범위가 매우 넓다.
㉡ 복잡한 형상의 공작물의 각부를 동시에 가공할 수 있다.
㉢ 다수의 제품의 대해 경제적으로 가공할 수 있다.

7. 폴리싱(polishing)

① 연마포 또는 연마지를 이용하여 표면을 다듬질하는 것
② 폴리싱은 연삭 가공에서 얻어진 형상의 정도를 유지하면서 표면 품질을 개선하고자 할 때 주로 사용

8. 전해 연마 및 전해 가공

(1) 전해연마

가공물을 양극으로 하고 양극의 용해 작용을 이용하여 공작물의 표면 돌기부를 선택적으로 용해하여 가공하는 것, 각종 정밀기계 부속품의 표면 처리에 주로 이용

(2) 전해 가공

① 전기 도금에서의 양극 금속의 용해현상을 응용한 가공
② 절삭 가공이 곤란한 고장력강, 내열강 등에 천공, 홈 가공 등의 버 제거가공 등에 사용
③ 전해액은 염화나트륨 또는 질산나트륨 수용액이 사용
④ 전극 재질로는 고유 저항은 적고, 가공성이 우수하며 강도와 내식성이 큰 황동이 사용

9. 방전 연마

(1) 구분 : 램형 방전가공, 와이어 컷 방전 가공

① 램형 방전 가공 : 전극을 가공하여 가공액인 등유 속에 넣고 전극을 음극에 공작물을 양극에 연결하여 방전시켜 가공하는 방법
② 와이어 방전 가공 : 물 등을 가공액으로 하여 와이어 형상의 전극을 이용하여 복잡한 형상을 가공

(2) 방전 가공의 특징

① 담금질된 강 등 강한 금속 재료가 용이하게 가공된다.
② 복잡한 형상의 가공이 용이하다.
③ 자동화하기 쉽고 경제적이다.
④ 가공 속도가 느리고 전극의 소모가 있다.

4-9 연삭가공

1. 연삭개요

(1) 연삭(grinding) : 공구 대신에 연삭숫돌 입자(abrasive grain)의 절삭작용으로 가공물에서 미소 칩이 발생하도록 하는 가공

(2) 연삭기 : 연삭에 사용되는 공작기계

(3) 연삭 방법에 따라 원통 연삭, 평면 연삭으로 나눌 수 있고, 특수한 숫돌 등을 사용한 특수 연삭의 방법도 있다.

(4) 연삭 가공의 특징

① 생성되는 칩이 매우 작아 가공정밀도가 높다.

② 연삭숫돌 입자의 경도가 높기 때문에 다른 절삭 공구로 가공이 어려운 경화강과 같은 경질 재료의 가공이 용이하다.

③ 연삭숫돌 입자가 무디어져 연삭 저항이 증가하면 숫돌 입자가 탈락되는 자생 작용 → 다른 공구와 같이 작업 중 재연마를 할 필요가 없어 연삭 작업을 계속할 수 있다.

2. 원통 연삭기(cylindrical grinding machine)

(1) 원통형 일감의 외면, 테이퍼 등을 연삭하는 것

(2) 원통연삭기 종류

① 주로 소형의 일감에 적합한 테이블 왕복형

② 대형의 일감을 연삭하는 숫돌대 왕복형

③ 숫돌을 테이블과 직각으로 이동하면서 연삭하여 테이퍼, 곡선 등의 연삭을 할 수 있는 플런지 컷형

(3) 원통 연삭방식

① 트래버스 연삭 : 일감과 연삭숫돌을 회전시키면서 일감을 좌우로 움직이거나 또는 연삭 숫돌을 좌우로 움직여 연삭

② 플런지 연삭 : 일감은 그 자리에서 회전시키고 숫돌바퀴에 회전과 전후 이송을 주어 연삭

(4) 센터식 원통 연삭기

① 원통 외면 연삭기 : 가공물을 center에 의하여 지지하고 외경부를 연삭하며 bed, slide work table, 주축대, 및 심압대 등으로 되어 있는데, 공작물 축선각도를 10°정도 조정할 수 있도록 되어 있다.

② 원통 내면 연삭기 : 내면 연삭기는 공작물 구멍의 내면을 연삭하기 위한 연삭기로서, 숫돌이 작기 때문에 필요한 연삭속도를 얻기 위해서는 숫돌 주축의 회전수가 커야 하고, 원통 외면 연삭(외주연삭)에 비하여 숫돌의 마모가 크다.

(5) 센터리스식 원통 연삭기

공작물을 center로 지지하지 않고 연삭 숫돌차와 조정차 사이에 공작물을 삽입하고 지지대로 지지하면서 연삭하는 연삭기이다. 고무 결합제로 된 조정차와 공작물간의 마찰에 의하여 공작물을 회전시키고, 조정차의 회전수와 공작물에 대한 압력을 조절하여 공작물의 회전수를 조정한다. 숫돌차와 조정차는 동일방향으로 회전하며, 회전차 사이의 거리 및 지지대 높이의 조정으로 가공물의 직경이 정해진다.

① 장점

㉠ 연삭에 숙련을 요하지 않는다.

㉡ 연속적인 연삭을 할 수 있다.

㉢ 공작물의 굽힘이 없으므로 중 연삭을 할 수 있다.

㉣ 공작물 축방향의 추력에 의한 응력이 없으므로 지름이 작은 공작물의 연삭에 적합하다.

② 단점

㉠ 가공물의 단면이 진원으로 되기 어렵다.

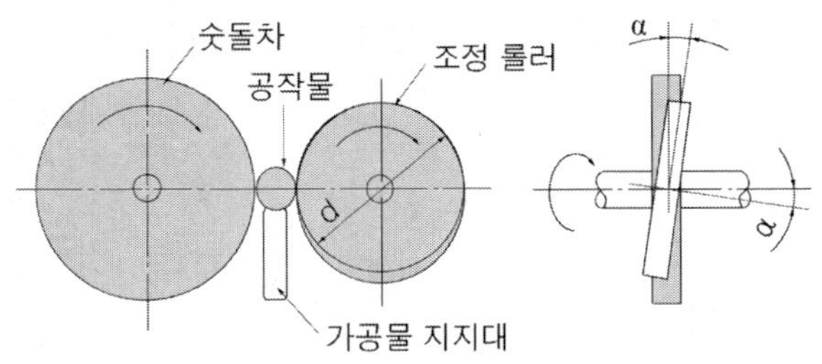

그림 2-61 센터리스 연삭기의 원리

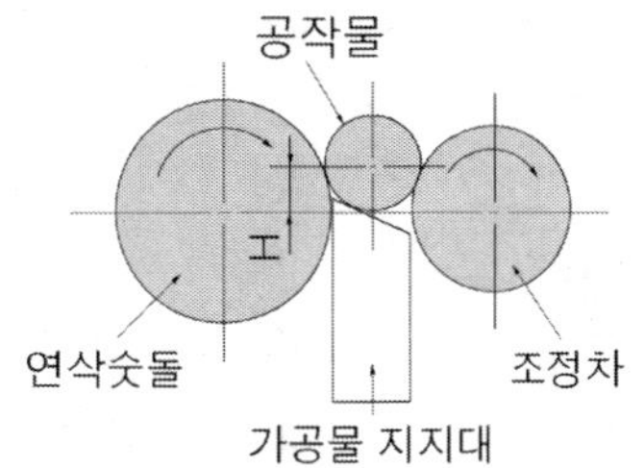

그림 2-62 지지판의 위치

3. 평면 연삭기(surface grinding machine)

① 일감의 평면을 연삭하는 연삭기

② 연삭숫돌의 바깥둘레를 사용하는 방식은 연삭량은 비교적 적으나 표면 거칠기 및 치수 정밀도가 우수하고, 연삭숫돌의 끝면을 사용하여 연삭하는 방식은 동시에 많은 연삭을 하는 거친 연삭에 적합하다.

③ 숫돌축의 종류에 따라 : 수평형 평면 연삭기와 직립형 평면 연삭기로 구분

4. 특수 연삭기

(1) 만능 연삭기

원통 외면 연삭, 원통 내면 연삭, 테이퍼 연삭, 평면 연삭 등을 할 수 있으며, 소규모의 공장에서 다목적으로 사용한다. 원통 연삭기와 다른 점은 주축대 및 숫돌대가 선회할 수 있다. 내면 연삭장치를 부착할 수 있다. 숫돌을 숫돌대의 좌우에 장착할 수 있다. 주축대에서 center 및 chuck을 병용할 수 있다.

(2) 나사 연삭기

나사를 연삭하는 방법으로는 1산 연삭숫돌을 사용하는 방식과 여러 산 숫돌을 사용하는 방식, 센터리스 나사 연삭을 할 수 있는 것으로 구분할 수 있다. 주로 정밀 나사, 나사 게이지 등의 연삭에 사용된다.

(3) 공구 연삭기

가공용 절삭 공구를 연삭하는 공구연삭기는 원통 연삭과 평면 연삭을 응용한 연삭 방법이 사용된다. 드릴의 날끝 각을 연삭하는 드릴 연삭기, 다이아몬드 연삭숫돌을 사용하여 초경 공구를 연삭하는 연삭기, 다양한 부속장치를 사용하여 밀링커터, 호브, 리머 등을 연삭할 수 있는 만능 공구 연삭기 등이 있다.

5. 연삭숫돌

(1) **연삭숫돌 3가지 요소** : 숫돌 입자, 결합제, 기공

(2) 연삭숫돌의 성능은 숫돌 입자, 입도, 조직, 결합도, 결합제 등의 요인에 따라 달라진다.

(3) **연삭숫돌 표시**

WA	46	H	8	V
숫돌재료(입자)	입도	결합도	조직	결합제

① 숫돌재료(입자) : 연삭숫돌의 날을 구성하는 입자는 일감보다 단단하고 질긴 성질을 가

지고 있어야 한다. 다이아몬드가 가장 우수한 숫돌 입자이나 너무 고가이어서 주로 알루미나(Al_2O_3)와 탄화규소(SiC)의 두 종류가 사용된다. 알루미나는 A, WA, 탄화규소는 C, GC의 기호로 표시하고 그 순도가 높은 순서에 따라 4A, 3A, 2A, 1A 또는 4C, 3C, 2C, 1C 등으로 표시한다. 일반적으로 탄화규소가 알루미나에 비하여 단단하나 취성이 있어 인장강도가 작은 재료에 적합하다.

인조 숫돌 입자의 기호

종류	기호	적용범위
갈색 용융 알루미나 백색 용융 알루미나	A WA	탄소강, 합금강, 스테인리스강 등에 사용
흑색 탄화규소 녹색 탄화규소	C GC	주철, 황동, 경합금 초경합금 등을 사용

② 입도 : 돌의 입자의 크기를 나타내는 입도는 번호가 커질수록 고운 것이다. 일반적으로 절삭 깊이와 이송을 많이 주는 거친 연삭에는 거친 입도의 것을, 다듬질 연삭과 같이 일감의 접촉 면적이 작을 때는 고운 것을 사용한다.

연삭숫돌의 입도

호칭	거침 (coarse)	중간 거침 (medium)	고움 (fine)	매우 고움 (extra fine)
입도(번)	10, 12, 14, 16, 20, 24	30, 36, 46, 54, 60	70, 80, 90, 100, 120, 150, 180, 220	240, 280, 320, 400, 500, 600, 700, 800

③ 결합도 : 숫돌 입자의 결합 상태를 나타내는 결합도는 결합도가 낮은 쪽부터 알파벳순으로 표시한다. 연한 재료, 연삭 깊이가 얕을 때 재료 표면이 거칠 때 결합도가 높은 것을 사용한다.

- 눈 메움(loading) : 숫돌의 기공이 너무 작거나 동(銅), 알루미늄 및 납 등과 같이 연성(延性 : ductility)이 큰 재료를 연삭할 때 숫돌표면의 공극을 칩이 메워 연삭이 어렵게 되는 것
- 숫돌이 너무 경하면 자생작용(自生作用 : self－sharpening)이 잘 되지 않아서 마모에 의하여 절인이 점점 더 둔화되어 연삭이 어렵게 되는 것을 날 무딤(grazing)이라 하고, 이때 발열이 심해져 칩의 대부분은 용융된 상태로 배출되지만 일부가 기공을 메워 눈 메움(loading)이 동반되면 연삭저항이 과대하게 되며, 연삭 열에 의하여 가공물 재질이 변하게 된다. 자생작용이란 스스로 날을 다시 뾰족하게 생성하는 것을 말한다.

결합도

호칭	매우 연함 (very soft)	연함 (soft)	중간 (medium)	단단함 (hard)	극히 단단함 (very hard)
결합도 기호	A B C D E F G	H I J K	L M N O	P Q R S	T U V W X Y Z

④ 조직 : 숫돌의 단위 용적당 입자의 양을 조직이라고 한다. 즉 단위 용적당 입자가 많으면 조직이 치밀하고, 적으면 조직은 거친 것이 된다.

조직기호

조직	치밀	중간	거침
KS기호	C	M	W
숫돌 입자율(%)	50 이상	42 ~ 50	42 미만
숫돌 기호	0, 1, 2, 3, 4, 5	6, 7, 8, 9	10, 11, 12

⑤ 결합제 : 숫돌 입자를 결합시켜 연삭숫돌을 만드는 결합제는 비트리파이드, 실리케이트, 탄성 연삭숫돌 등이 있다.

결합제	특성
비트리파이드 결합제 =세라믹 결합제 (vitrified bond, V)	원료는 장석(長石) 및 점토, 현재 사용되고 있는 숫돌의 대부분, 다공성(多孔性), 강도 및 강성이 크다. 물, 연삭유제, 산(酸) 등의 영향을 거의 받지 않는다. 기계적 및 열적 충격에 약하다.
실리케이트 결합제 (silicate bond, S) :	규산 soda(물유리 : water glass)를 숫돌입자와 혼합하여 주형에 넣어 성형하고, 260℃에서 1 ~ 3시간 가열하여 수일간 건조. vitrified 결합제 보다 취성이 크고 강도가 낮기 때문에 연삭입자의 탈락이 용이하여 연삭 열이 적어야 하는 절삭공구 등의 연삭에 적합
셀락 결합제 (shellac bond, E)	shellac이 주성분이며, 숫돌입자에 증기가열 혼합기에서 shellac을 피복하고, 이를 가열된 주형에 넣어 압축하여 성형하고 150℃에서 수 시간 가열. 이 숫돌은 강도와 탄성이 크므로 얇은 형상의 것에 적합
고무 결합제 (rubber bond, R)	결합제의 주성분이 고무, 그 외에 유황 등을 첨가하여 숫돌의 입자와 혼합해서 소요의 두께로 rolling 성형, 원형의 숫돌을 잘라내어 가압하고 경화. 탄성이 크므로 얇은 숫돌을 만드는데 적합하며, 절단용 숫돌 및 centerless 연삭기의 조정차로 많이 사용. 고속연삭에 적합
베이클라이트 또는 합성수지 결합제 (bakelite bond or resinoid bond, B)	결합제의 주성분이 합성수지, shellac 숫돌과 고무 결합제에서 처럼 연삭 열로 인한 연화의 경향이 적고 연삭유제에도 안정하고, 탄성이 커서 건식 절단용 등 광범하게 사용

6. 연삭가공 중에 발생하는 결함과 대책

(1) 연삭 균열이 발생하지 않는 방법

① 결합도가 낮은 숫돌을 사용하여 예리한 숫돌입자를 출현시킴으로써 연삭저항을 적게 한다.

② 연삭유제를 충분히 공급하여 열의 발생을 적게 하고, 발생 열을 신속히 제거한다.

(2) 떨림(chatter) : 연삭 중 떨림 현상은 정밀도를 해친다.

7. 연삭숫돌의 드레싱과 트루잉

(1) 드레싱

연삭숫돌의 입자가 무디어지거나 눈 메움이 생기면 연삭능력이 저하하고, 가공면에 결함을 유발하며, 가공물의 치수정밀도를 저하시키므로 예리한 날이 나타나도록 드레서 공구로 숫돌표면을 가공하는 것

(2) 트루잉

총형연삭 등에서 연삭가공 중에 숫돌의 입자가 탈락되어 숫돌의 단면형상이 변하면 이것을 정상적인 단면형상으로 깎아 다듬는 작업

수치제어 가공

수치제어의 특징

1. CNC의 정의

NC는 Numerical Control의 약어로 직역하면 수치 제어의 뜻이다.

- CNC(Computer NC)는 Computer를 내장한 NC를 말한다. 하지만 오늘날 일반적으로 NC라고 말하는 것은 모두 CNC를 의미한다.

2. CNC 공작 기계 가공영역

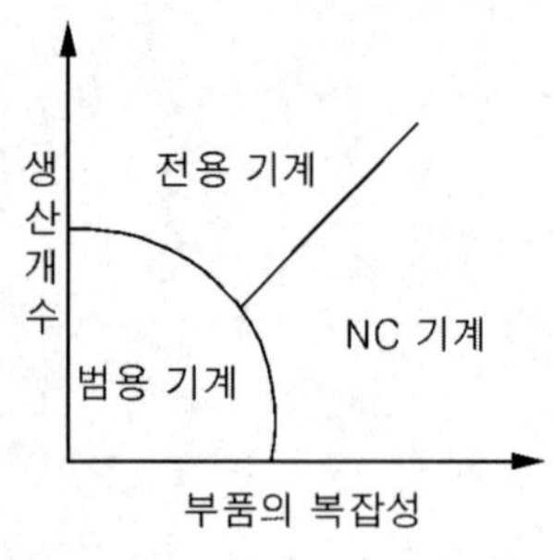

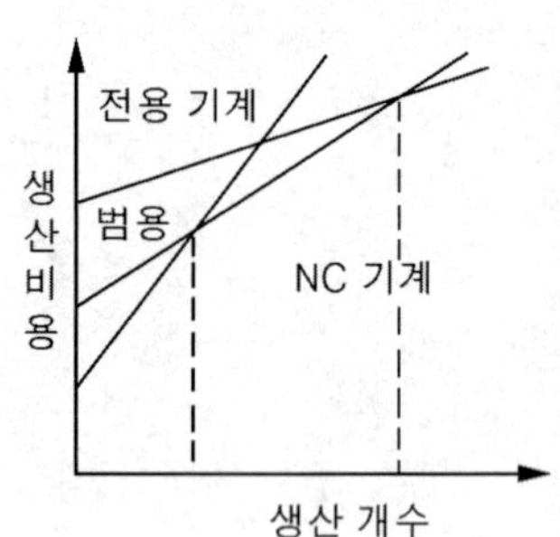

그림 2-63 CNC 경제성

① 다품종 소량 생산, 생산 횟수가 빈번한 경우
② 절삭량이 많은 경우
③ 형상이 복잡한 부품
④ 한 부품에 유사한 많은 종류의 작업이 필요한 경우
⑤ 공차 범위가 좁아 정밀을 요하는 부품

3. CNC 공작기계의 장·단점

장점	단점
① 품질의 향상 ② 검사의 생략 ③ 가공 소요 시간의 단축 ④ 치공구 제작비용 감소 ⑤ 재고 비용 절약 효과 ⑥ 안전 ⑦ 성력 효과	① 기계 가격이 고가 ② 관리 비용의 과다 ③ 프로그래머, 관리자, 작업자의 비용 증대

4. CNC 공작기계와 범용 공작기계 비교

범용 공작기계는 핸들에 회전에 의해 테이블이 이동되며, 움직이는 거리를 사람이 눈으로 확인하면서 작업을 진행한다. 하지만 CNC 공작기계는 작업자가 명령을 주면 기계에 부착된 제어장치에 의해 움직일 거리를 모터의 회전수로 바꾸어 서보 모터에 명령하여 구동한다.

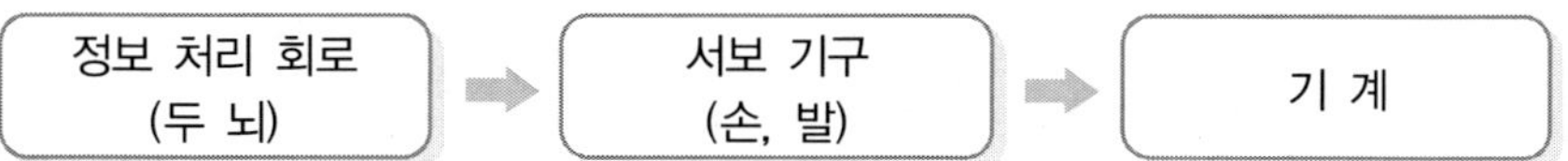

5. CNC 공작 기계의 구조

① 컨트롤러 : 명령을 처리하여 제어.
② 강전반 : 기계의 구동, 공구 선택, 주축 제어.
③ 서보 기구 : 정밀도와 아주 관계가 깊은 X, Y, Z 등 각 축을 제어.
④ 기계 본체 : 베드, 칼럼 등 기계의 골격을 이루고 있다.
⑤ 볼 스크루 : 회전 운동을 직선 운동으로 바꾸어 주는 장치이다.

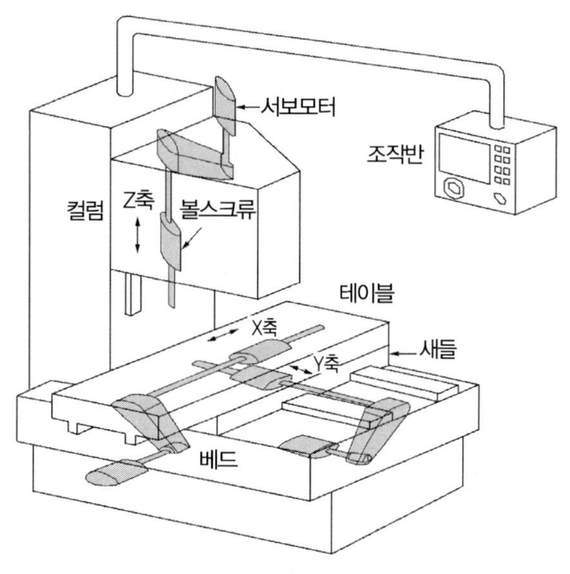

그림 2-64 CNC공작기계의 예(머시닝센터)

5-2 CNC 공작 기계의 이송

1. CNC 공작 기계의 메커니즘

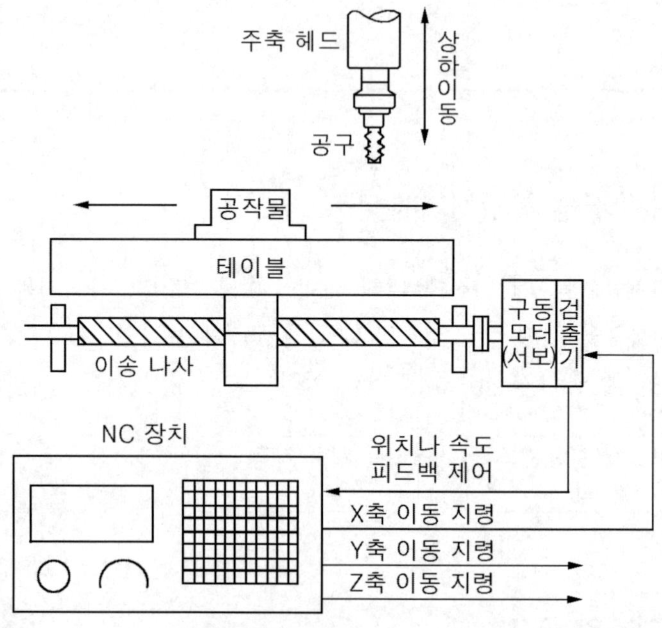

그림 2-65 CNC 공작기계의 메커니즘

① CNC 장치(컨트롤러)로부터 X, Y, Z 각 축의 이동 지령에 의하여 구동 모터는 회전한다.

② 기계 본체 이송 나사의 회전과 함께 테이블이나 주축 헤드가 이동하게 된다.

③ 테이블에는 공작물이, 주축 헤드에는 공구가 부착되어 있어, 이 공작물과 공구의 위치 상태를 제어해가면서 가공이 이루어진다.

2. CNC의 이동 경로

(1) 위치 정하기 제어

공구의 이동 경로를 제어하는 목적이 아니고 공구의 최후 위치만을 정밀하게 제어하는 것으로써 드릴링 머신, 보링 머신, 태핑 머신 등에 채용하며, 주로 X - Y축 제어에 사용된다.

(2) 직선 절삭 제어

위치 정하기 제어와 동시에 축의 이동 경로를 일정한 이송 속도로 제어하는 것으로 단지 그 경로는 직선에만 해당된다.

(3) 윤곽 절삭 제어

동시에 2개 이상의 축을 제어하는 것을 말하며, S자형 경로나 크랭크형 경로 등 어떠한 경로라도 자유자재로 공구를 이동시켜 직선이나 곡선을 가공하도록 하는 것으로 연속 절삭을 한다.

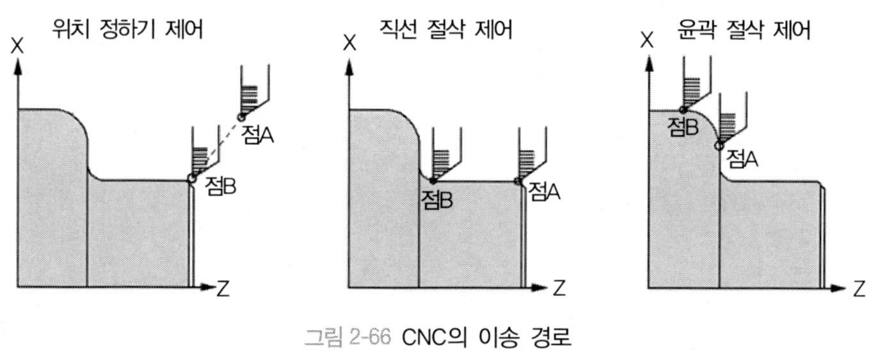

그림 2-66 CNC의 이송 경로

3. CNC 제어 시스템

CNC 제어 시스템은 입력부, 연산부, 서보 구동부, 검출부 등으로 구성된다.

(1) 개방 회로 방식

감지기가 현재 위치를 검출하여 비교하는 기능을 없앤 방식으로 정밀도가 낮기 때문에 오늘날 CNC 공작 기계에서는 거의 사용되지 않는다.

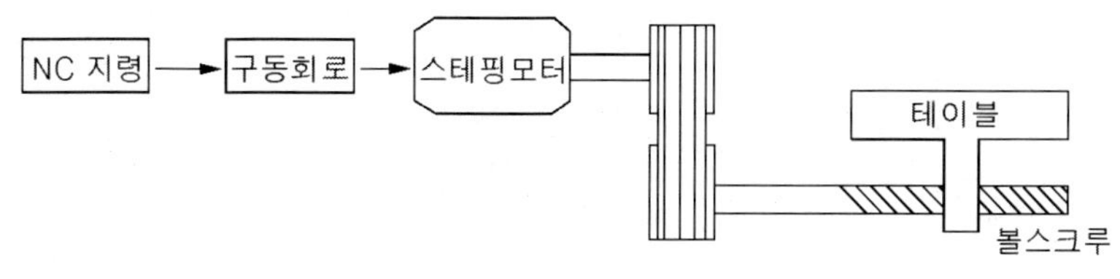

그림 2-67 개방회로

(2) 반 폐쇄 회로 방식

모터 축의 회전 각도를 검출하거나 볼 스크루의 회전 각도를 검출하는 방식으로 테이블 직선 운동을 회전운동으로 바꾸어 검출한다. 오늘날 대부분 CNC 공작 기계에서는 높은 정밀도의 볼 스크루가 개발되어 있어 실용상의 정밀도가 문제되지 않아 대부분 이 방식을 채택하고 있다.

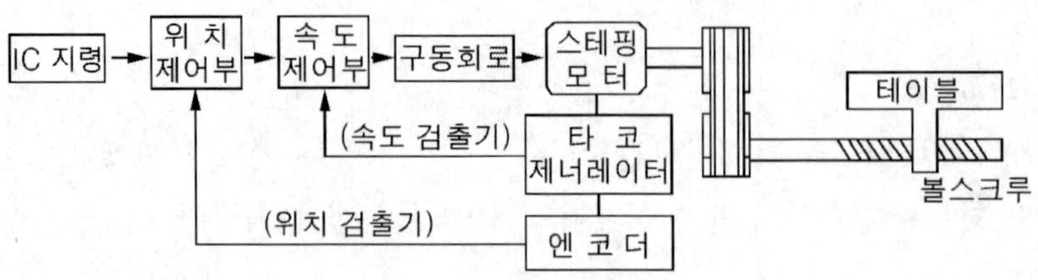

그림 2-68 **반 폐쇄회로**

(3) 폐쇄 회로 방식

테이블에 스케일을 부착하여 위치를 검출한 후 위치 편차를 피드백 하여 사용한다. 즉 이 방식은 볼 스크루의 백래시 량의 변화 등을 정확히 제어 할 수 있다는 장점이 있다.

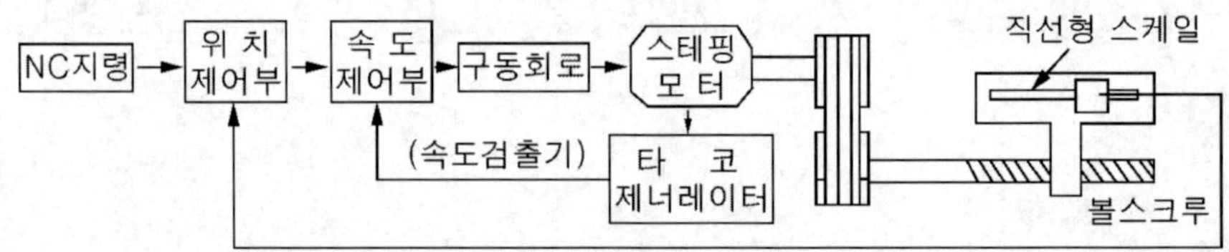

그림 2-69 **폐쇄회로**

(3) 복합 제어 방식(Hybrid Loop System)

반폐쇄 및 폐쇄 회로 방식을 절충한 것으로 정밀도를 향상시킬 수 있어 대형의 공작 기계에서 많이 사용되고 있다.

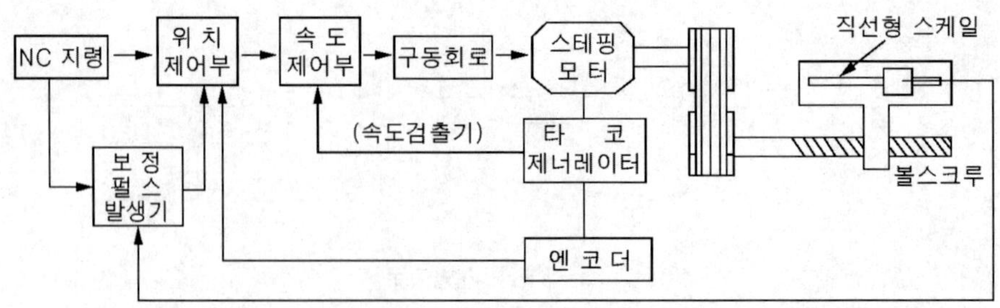

그림 2-70 **복합제어**

5-6 CNC와 미래의 공작기계

1. 수치제어 공작기계의 발달

발달 순서 : NC → CNC → DNC → FMS → FA → CIM(S)

(1) DNC(Direct Numerical Control)

① 여러 대의 CNC공작기계를 한 대의 컴퓨터에 결합시켜 제어하는 시스템

② 컴퓨터에서 CNC 공작기계로 직접 프로그램을 전송하면서 가공하는 것으로 금형가공 프로그램 등 프로그램이 많은 경우(한 개의 프로그램이 CNC장치에 기억시킬 수 있는 메모리양보다 클 때)에 주로 사용

③ 컴퓨터와 DNC용 소프트웨어(컴퓨터에서 CNC 장치로 Data 전송)가 필요

(2) FMS(Flexible Manufacturing System)

유연성 있는 생산 시스템으로 CNC 공작기계와 각종 로봇, 자동 반송 장치 및 자동창고 등 모든 생산관리 체계를 중앙 컴퓨터에 집중시켜 제어하면서 소재투입, 생산, 조립, 반송, 출고까지 전 공정을 관리하는 시스템.

FMC(Flexible Manufacturing Cell) : 공장 전체는 아니지만 CNC 공작기계와 로봇, 반송장치 등을 조합시켜서 공구나 공작물 착탈을 자동화하고, 컴퓨터로 제어할 수 있게 한 소규모 단위

(3) FA(Factory Automation) : 공장의 자동화

(4) CIMS(Computer Integrated Manufacturing System) : 컴퓨터 통합 생산 시스템

2. CAD / CAM

(1) CAD(Computer Aided Design)

컴퓨터를 이용한 설계, 제품의 제도, 해석, 시뮬레이션(Simulation) 등을 행하고, 모니터로 보면서 프린터로 출력

- 모델링의 종류

① 와이어 프레임 모델링 : 2차원 윤곽, 도면 작성

② 서피스 모델링 : 자유 곡면 형상 제품 설계, CNC 가공

③ 솔리드 모델링 : 체적, 무게 중심의 계산, 유한 요소 메시 생성

(2) CAM(Computer Aided Manufacturing)

컴퓨터를 이용한 제조. 공정, 작업방법, 가공, 검사, 조립 등의 전 과정을 포함.

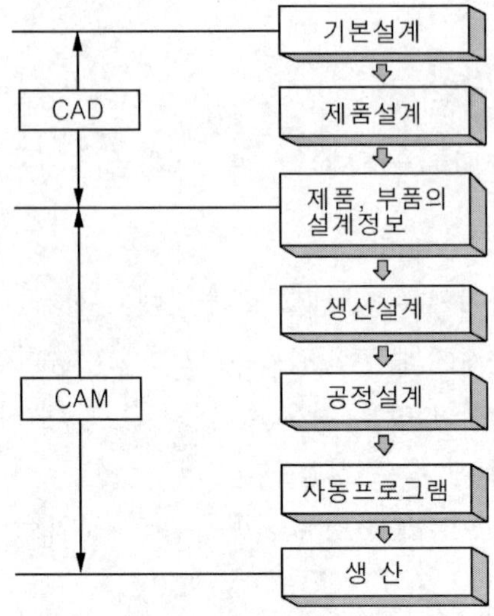

그림 2-71 CAD / CAM의 구분

5-4 CNC 프로그래밍

1. 워드(Word)의 구성

X 200.

어드레스 + 수치 ⇒ 워드

2. 블록(Block)의 구성

N	G	X(U) Z(W)	R(I, K)	F	S	T	M	;
전개번호	준비기능	좌표 어	원호가공	이송기능	주축기능	공구기능	보조기능	블록 끝

① 한 블록에서의 워드의 개수는 제한이 없다.

② 시퀀스(Sequence)번호는 생략 가능하며 순서에 제한이 없다.

③ 한 블록 내에서 같은 내용(기능)의 워드를 두 개 이상 지령하면 앞에 지령된 워드는 무시되고 뒤에 지령된 워드가 실행된다.

【예】 N1 G01 X10. M08 M09 ; 가 실행되면 M08은 무시되고 M09가 실행된다.

3. 프로그램(Program)의 구성(CNC선반)

O2002 ;	프로그램 번호(O 다음에 4단위 숫자)
N001 G28 U0 W0 ;	기계원점 복귀
N002 G50 X100. Z100. S1800 T0100 ;	좌표계 설정, 주축최고 회전수
N003 G96 S180 M03 ;	주축속도 180m / min 일정제어(정 회전)
N004 G00 X62. Z0.2 T0101 ;	공구접근 및 보정번호 선택
N005 G01 X-1. F0.3 M08 ;	공구절삭 및 이송속도 지정, 절삭유 ON
	↓(프로그램의 실행) ↓ ↓ ↓
N098 G28 U0 W0 T0100 M09 ;	기계원점복귀, 공구보정취소 ,절삭유 OFF
N099 M05 ;	주축 정지
N100 M02 ;	프로그램 끝

① 프로그램의 실행은 블록단위로 이루어지며, 한 블록의 실행이 완료되면 다음 블록을 실행(블록의 끝에는 EOB(;) 표시) 한다.

② 하나의 프로그램은 어드레스 "O___"부터 "M02"까지이며 블록의 개수는 제한이 없다.

③ 일반적으로 프로그램의 끝에는 M02를 사용하지만 M30이나 M99를 사용할 수 있다(M30을 사용하면 M02 + RESET).

④ 한 프로그램 내에서 증분치나 절대치의 혼용이 가능하다. 【예】 G01 X25. W5. ;

4. 기본 어드레스 및 지령치 범위(CNC선반)

기 능	주소		의 미	지령범위
프로그램 번호	O		Program Number	1 – 9999
전개번호	N		Sequence Number	1 – 9999
준비기능	G		이동형태(직선, 원호 보간 등)	0 – 99
좌 표 값	X	Z	절대방식의 이동위치	±0.001 – ±99999.999
	U	W	증분방식의 이동위치	
	A	C	회전축의 이동위치	
	I	K	원호 중심의 각축 성분, 면취량	
	R		원호반경, 구석R, 모서리R 등	
이송기능	F		회전 당 이송속도	0.01 – 500.000mm/rev
			분당 이송속도	1 – 1500mm/min
			나사의 리드	0.01 – 500 mm
	E		나사의 리드	0.001 – 500.0000
주축기능	S		주축 속도	0 – 9999
공구기능	T		공구번호 및 공구보정번호	0 – 9932
보조기능	M		기계작동 부위의 ON / OFF지령	0 – 99
일시정지	P, U, X		일시정지(Dwell) 지정	0 – 9999.999sec
공구보정 번호	H, D		공구반경보정 및 공구보정번호지령	0 – 64
프로그램 번호지정	P		보조프로그램 번호의 지정	1 – 9999
전개번호 지정	P, Q		복합반복주기의 호출, 종료 전개번호	1 – 9999
반복회수	L		부 프로그램의 반복 회수	1 – 9999
	A, D, I, K		가공주기에서의 파라미터	

제6장 수기가공과 측정

6-1 수기가공

1. 금 긋기

기계 가공 또는 손 다듬질을 위하여 소재에 금을 긋는 것이며, 이때 가공의 기준선 및 기준점을 정하고 가공 여유를 고려하여야 한다. 금 긋기에 사용되는 도구와 용도는 다음과 같다.

① 정반(surface plate) : 가공물에 기준선 등을 그을 때 기준이 되는 면
② 자(scale) : 길이를 측정하거나 직선 등을 긋는데 사용(강철 직선자, 직각자 등)
③ 컴퍼스 : 원을 그릴 때 사용하며, 일반적으로 연필심 대신에 금긋기 바늘 등을 끼워 사용
④ 캘리퍼스 : 바깥지름과 안지름을 측정하거나 옮기는 데 사용
⑤ 스크라이버(금긋기 바늘)와 펀치 : 스크라이버는 경화강의 일단 또는 양단에 뾰족한 부분이 있는 공구로서 금긋기 표시에 사용되고, 펀치는 경화강으로 된 원추의 선단으로 금속, 가죽, 종이 등에 구멍을 뚫거나, 금속표면에 마킹, 핀, 리벳을 빼낼 때 등에 사용되는 공구이다.

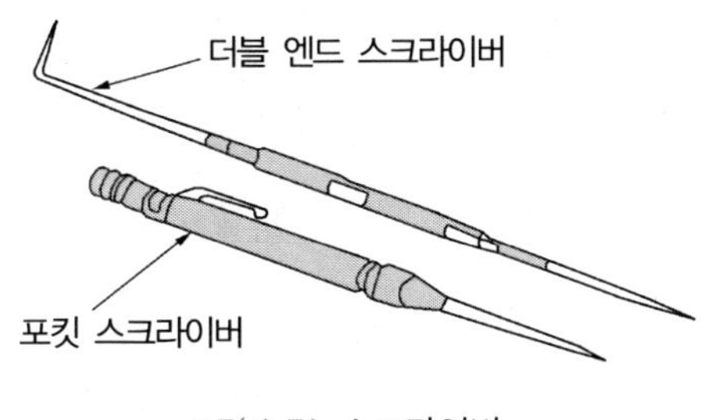

그림 2-72 스크라이버

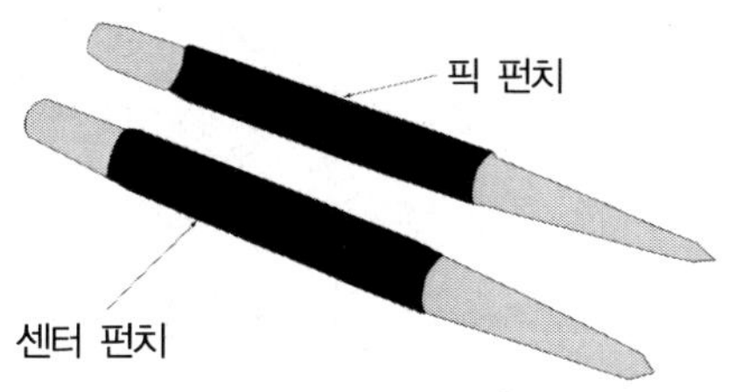

그림 2-73 펀치

⑥ 서피스게이지 : 정반면에 평행한 선을 공작물에 그을 때 또는 선반의 척 작업에서 가공물의 중심잡기 등 각종 금 긋기에 사용

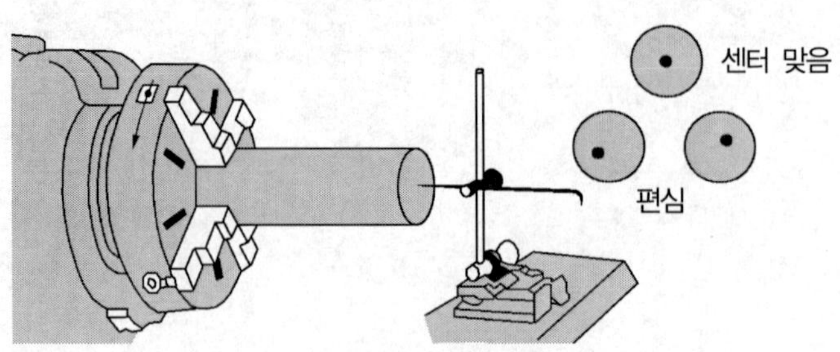

그림 2-74 서피스게이지

⑦ 조합 직각자(combination set) : 직각 및 각종 각도의 금 긋기, 원형단면의 중심 구하기 등에 다목적으로 사용

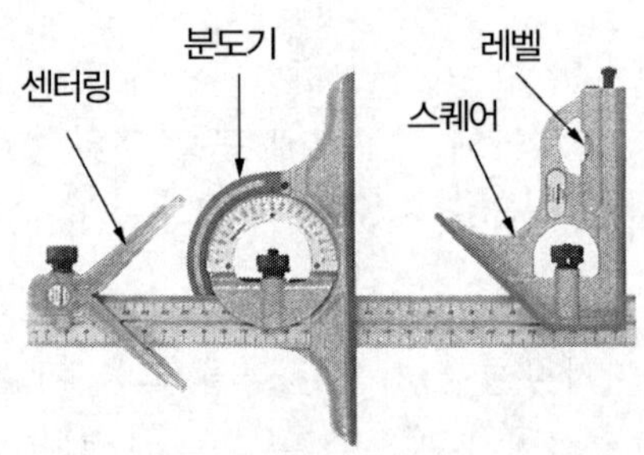

그림 2-75 조합 직각자

⑧ V- 블록 : V- block은 90°의 홈을 내어 공작물을 고정하고 금 긋기 또는 가공하는 데 사용

2. 정(chisel) 작업

정 작업은 정으로 금속을 깎아 내거나 절단하는 것으로 정, 망치 및 바이스 등이 필요하다.

① 정 : 탄소강을 열처리하여 만든 것으로서 금속을 부분적으로 깎아 내거나 절단할 때 사용되는 공구이다. 경재에 사용되는 것은 선단 각이 60° 정도이고, 연재용은 30° 정도이다.

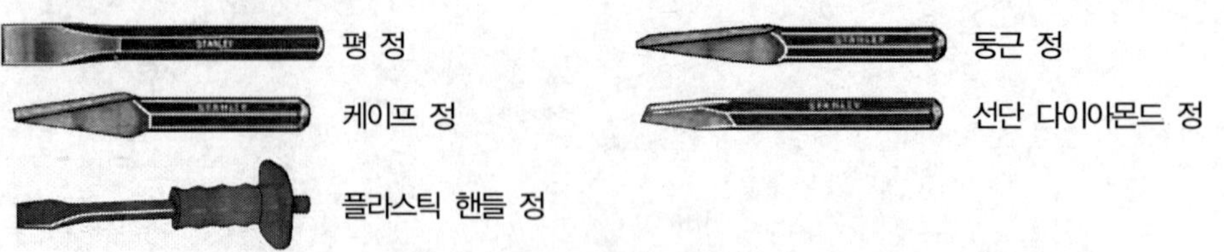

그림 2-76 정의 종류

② 망치(hammer) : 무게는 $\frac{1}{8}$, $\frac{1}{4}$, $\frac{1}{2}$kg 등이고, 공구강 또는 주강의 열처리한 재료를 사용

③ 바이스 : 공작물에 정 작업, 톱 작업, 줄 작업, 구멍작업 등을 할 때 공작물을 고정하는 공구로, 연질 가공물을 고정할 때에는 동판 캡을 바이스 조에 씌워서 공작물에 압력에 대한 흔적이 생기지 않도록 한다.

3. 줄(file) 작업

① 줄은 탄소공구강 막대에 많은 돌기부를 기계 가공하여 열처리 경화시킨 공구로서 공작물을 소량씩 깎아내는데 사용된다.

② 형상에 따라 평줄, 사각줄, 삼각줄, 반원줄, 원형줄로 분류하며, 눈이 거칠고 가늘고 고우냐에 따라 황목, 중목, 세목으로 분류한다.

그림 2-77 줄의 종류

4. 스크레이퍼 작업

평면 또는 곡면을 끝손질할 때 소량의 금속을 그림과 같은 형상의 공구로 긁어 깎아내는 공구로서, 재질은 공구강, 고속도강 및 초경합금이다.

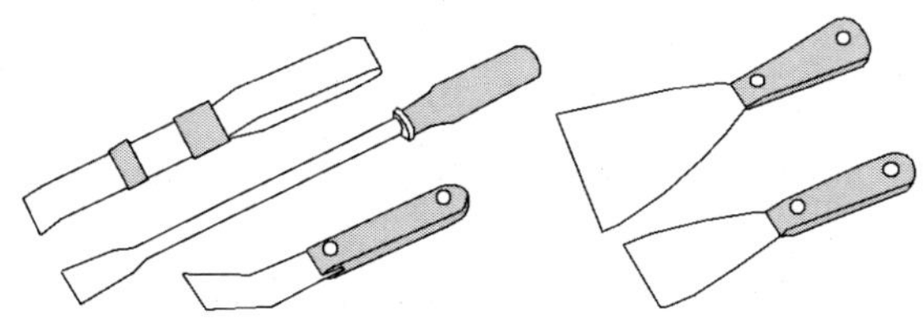

그림 2-78 스크레이퍼

6-2 측정

1. 측정방식

(1) 직접 측정

일정한 길이나 각도가 표시되어 있는 측정 기구를 사용하여 직접 측정한 눈금을 읽는 것

① 장점 : 측정 범위가 넓고, 측정치를 직접 읽을 수 있으며, 소량이고 다종 품목에 적합

② 단점 : 보는 사람마다의 측정오차가 있을 수 있으며, 측정 시간이 길다. 또 측정기가 정밀할 때는 숙련과 경험을 요한다.

(2) 간접 측정

기하학적을 간단하지 않은 물체의 경우, 구하는 값을 직접 측정할 수가 없는 경우를 말함.(예, 사인바(Sine Bar)에 의한 각의 측정, 롤러와 블록게이지에 의한 테이퍼 측정, 삼침에 의한 나사의 유효지름 측정법)

(3) 상대 비교 측정

측정량은 이미 알고 있는 표준의 양과 비교하여 비교 량과의 차를 이용하여 구하는 것

① 장점 : 높은 정밀도를 비교적 쉽게 할 수 있으며, 계산이 필요 없다. 길이 외에 형상, 공작기계의 정밀도 검사 등 사용범위가 넓다.

② 단점 : 측정범위가 좁고, 직접 제품의 치수를 읽지 못한다. 기준이 되는 표준 게이지가 필요하다.

(4) 절대 측정

어떤 정의 또는 법칙에 따라서 측정하고자 하는 값을 구하는 것, 옴의 법칙 $V = IR$ 에서 도선에 흐르는 전류와 전압을 측정해서 저항 R 값을 구하는 방법

(5) 한계 게이지 방법

부품의 치수가 허용한계, 즉 최대 허용치수와 최소 허용치수 사이에 있는가를 측정하는 것으로 치수는 직접측정이 어렵지만 적합여부를 판정하는데 편리하며, 대량 생산되는 제품에 적합하다.

① 장점 : 대량 측정이 가능하고 측정시간이 짧다. 조작이 편리하고 경험 및 기술을 요하지 않는다.

② 단점 : 측정치수가 고정되어 있어 다양한 제품에는 부적합하며, 제품의 실제치수를 읽을 수가 없다.

2. 오차의 분류

오차 = 측정값(X) − 참값(Z)　　상대오차 = 오차/참값 또는 측정값

※ 상대오차는 백분율(%)포 표시하며 오차백분율이라고 함

(1) 계통 오차

동일 측정 조건하에서 어떤 일정한 영향을 주는 원인에 의하여 생기는 오차, 즉 동일 조건 상태에서 항상 같은 크기와 같은 부호를 가지는 오차이다. 계통 오차는 주로 측정기, 측정 방법 및 피측정물의 불완전성과 환경의 영향에 의해 생기는 오차이다.

① 계기 오차 : 측정기가 불안정하거나 사용상의 제한 등으로 생기는 오차
② 환경 오차 : 온도, 압력, 습도 등 측정 환경의 변화에 의해 측정기의 측정량이 규칙적으로 변화하기 때문에 생기는 오차
③ 개인 오차 : 측정자의 개인적 버릇에 의하여 생기는 오차
④ 이론 오차 : 사용하는 공식이나 근사계산 등으로 인하여 생기는 오차

(2) 과실 오차

측정자의 부주의로 발생하는 오차를 말하며, 이것은 주의해서 측정하고, 그 결과를 정리하면 줄일 수 있다.

(3) 우연 오차

우연 오차는 측정대상, 측정기기, 측정기구와 측정조건에 의해 파악할 수 없고, 측정자가 같은 조건하에서 측정 기구를 가지고 측정물을 반복 측정하더라도 측정치는 각각 다르게 나타난다. 이와 같이 불규칙적으로 나타나는 오차를 우연 오차라 한다.

Tip 아베의 원리 : 표준 자와 피측정물은 동일 축선상에 위치하여야 한다.

3. 길이 측정

길이의 단위는 미터법에 의한 mm, cm, m를 사용한다.

(1) 자

자에는 미터계(A) 자와 인치계(B) 자가 있다.

길이의 기본 단위는 A를 사용한다. 여기서 A란 밀리미터(㎜)를 뜻하며, B는 인치(inch)를 의미한다.

(2) 버니어 캘리퍼스(vernier calipers)

버니어 캘리퍼스는 본척(어미자)과 부척(아들자)을 이용하여 0.05㎜, 0.02㎜ 등의 정도까지 읽을 수 있는 길이 측정기의 일종으로 부척의 눈금은 본척의 (n - 1)개의 눈금을 n등분한 것이며, 본척의 1눈금을 A, 부척의 1눈금을 B라 하면 1눈금의 차 C는 다음과 같다. 여기서, C를 아들자의 한 눈금의 크기라 한다.

$$C = A - B = A - \frac{n-1}{n} \cdot A = \frac{1}{n} \cdot A$$

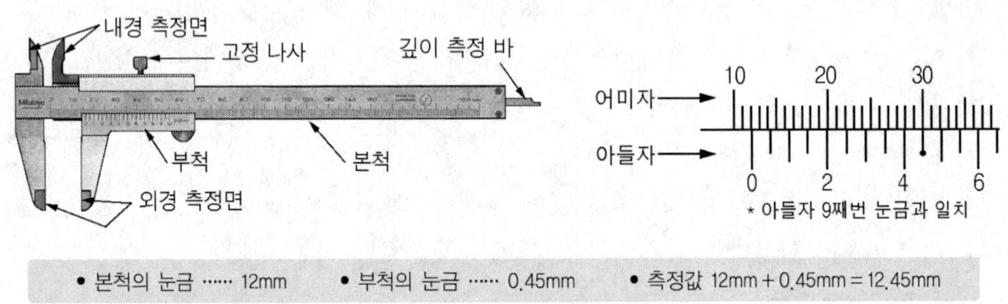

• 본척의 눈금 …… 12mm • 부척의 눈금 …… 0.45mm • 측정값 12mm + 0.45mm = 12.45mm

그림 2-79 버니어캘리퍼스 구조

(3) 마이크로미터(micrometer)

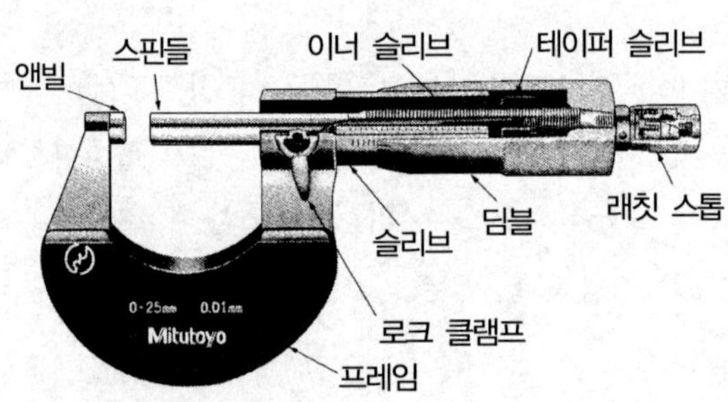

그림 2-80 마이크로미터 구조

나사의 이동량은 그 회전각에 비례하는 원리를 이용하여 길이의 변화를 나사의 회전각과 직경에 의해 변화를 읽을 수 있도록 한 장치로 0.01㎜, 0.001㎜ 정도까지 읽을 수 있는 측정기이다. 앤빌에 스핀들 면을 접촉시켰을 때 딤블상의 눈금"0"이 슬리브에 있는 기준선(index line)상의 눈금"0"과 일치되어야 하며, 앤빌과 스핀들 사이에 측정물을 넣어 접촉시키고 슬리브 눈금에 딤블 눈금을 더한 것이 측정 길이이다.

- 슬리브 상의 눈금 …… 7.5mm
- 딤블 원주 상의 눈금 …… 0.23mm
- 측정값 …… 7.5mm + 0.23mm = 7.73mm

그림 2-81 마이크로미터

(4) 하이트 게이지(height gage)

하이트 게이지는 대형 부품, 금형, 지그, 복잡한 형상의 부품 등을 정반위에 올려놓고, 정반 표면을 기준으로 하여 높이를 측정하거나 스크라이버 끝으로 금 긋기 작업을 하는데 사용한다. 하이트 게이지는 스케일(scale)과 베이스(Base) 및 서피스 게이지를 한데 묶은 구조로서 버니어 눈금을 이용하여 보다 정확하게 읽을 수 있다.

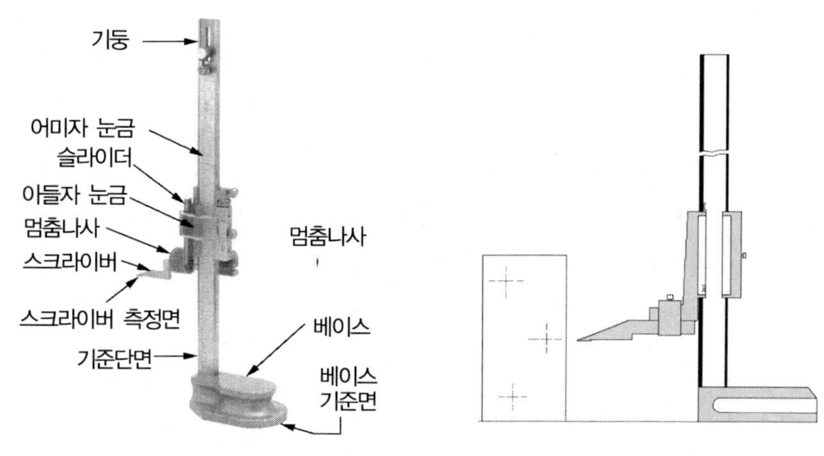

그림 2-82 하이트 게이지 구조

그림 2-83 금긋기 작업

(5) 다이얼게이지(길이 중에서 비교 길이를 측정)

측정자를 갖는 스핀들이 원형의 눈금판에 평행한 직선 운동을 기계적인 회전 운동으로 변환하는 랙(rack)과 피니언(pinion)을 이용하여 미소 길이를 확대 표시하도록 되어 있다. 회전축의 흔들림 점검, 공작물의 평행도 및 평면상태의 측정 등에 사용되며, 랙이 1mm 움직일 때 니들(needle)이 1회전 하도록 기어열을 구성하고 눈금판을 100 등분하면 눈금판상의 1 눈금에 해당하는 스핀들의 움직인 거리는 0.01mm가 된다. 다이얼게이지의 정밀도에는 0.01mm, 0.001mm 등이 있다.

길이 기준 방식
- 선 기준 : 동일 평면상의 2개의 평행한 선의 간격을 기준으로 한다.
- 면 기준 : 2개의 평행 끝면 사이의 간격을 기준으로 한다.

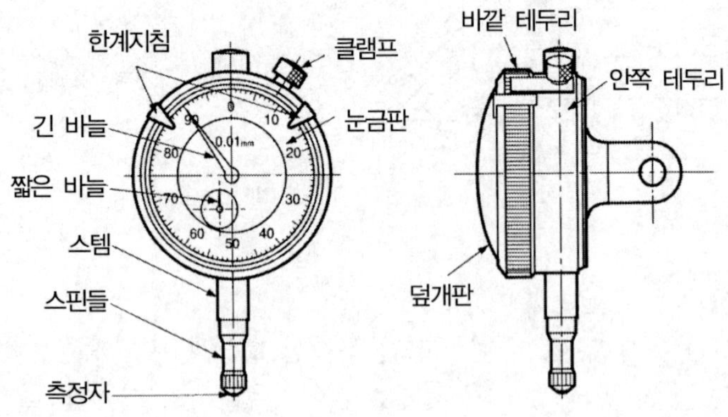

그림 2-84 다이얼게이지

4. 게이지 측정

(1) 블록 게이지

블록게이지는 길이의 기준으로 사용되며, 양 단면이 높은 정밀도로 잘 가공된 단도기로서, 정밀도가 매우 높으며, 서로 밀착되는 특성을 가지고 있어 몇 개의 수로 조합하여 많은 치수를 만들어낼 수 있다.

① 블록 게이지의 구비 조건

㉠ 열팽창 계수가 적당할 것

㉡ 치수의 안정성이 우수할 것

㉢ 충분한 거칠기를 얻을 수 있을 것

㉣ 내마모성이 클 것, 내식성이 좋을 것.

② 블록 게이지의 사용 목적과 등급

등급		사 용 목 적
참조용	00	표준용 블록 게이지의 정도 검사
		정밀 학습 연구용
표준용	0	검사용, 공작용 블록 게이지의 정도의 점검, 측정기의 정도 검사
		게이지의 정도 검사
검사용	1	기계 부품 및 공구 등의 검사
		게이지의 제작
공작용	2	측정기류의 정도 조정
		공구, 절삭 공구의 장치

(2) 실린더 게이지

보어 게이지(bore gage)라고도 하며, 2점 측정이 대표적인 것으로 측정자의 변위를 기계적으로 하여 직각방향으로 전달되는 기구가 있으며, 18mm~400mm의 것이 구멍 측정에 적용된다. 지시기(dial gage)에는 0.001mm와 0.01mm 정도 눈금의 것이 있으며, 측정력은 4N~6N이다

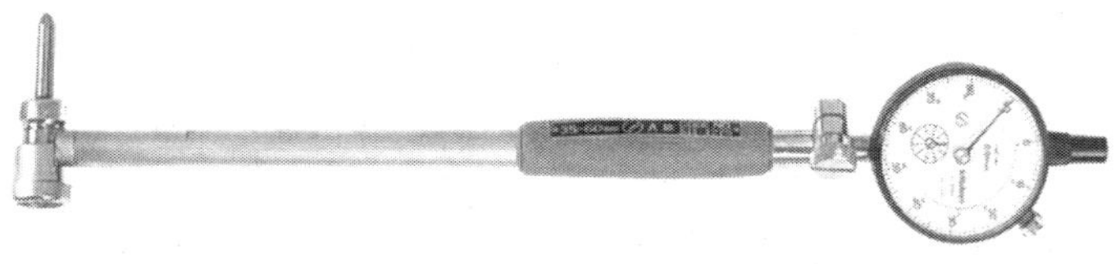

그림 2-85 실린더게이지

5. 각도 측정

(1) 사인 바를 사용하여 계산

① 사인 바의 받침은 두 롤러의 중심 거리가 100mm라고 하면 직각 삼각형의 빗변이 100mm 가 되는 셈이다.

② 여기에 높이를 블록 게이지를 조합하여 만들어지는 각은 사인 함수로 쉽게 계산

③ 일반적으로 45˚가 넘으면 오차가 많이 생긴다.

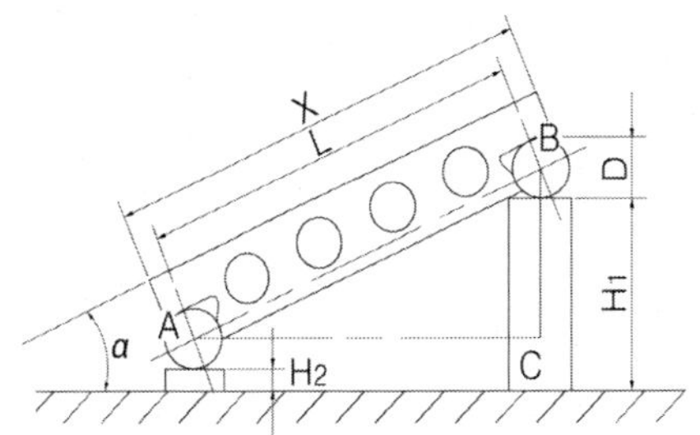

$$\sin\alpha = \frac{H_1 - H_2}{L}$$

$$\alpha = \sin^{-1}\frac{H_1 - H_2}{L}$$

그림 2-86 사인바

(2) 블록게이지를 이용한 외측 테이퍼 측정

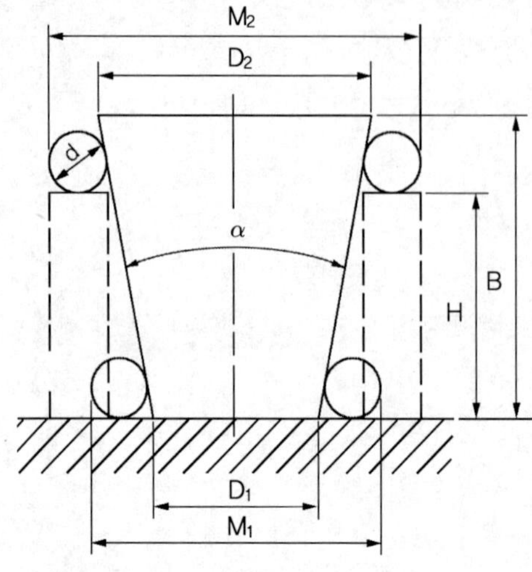

그림 2-87 블록게이지로 각도 측정

정반 위에 플러그 게이지를 세워 2개의 동일 치수의 롤러를 원뿔면에 대고 외측 마이크로미터를 M_1을 측정하고, 양측에 임의의 동일 높이 H의 블록 게이지를 세우고, 그 위에 롤러를 놓아 M_2를 측정한다.

d : 롤러의 지름　α : 테이퍼 각　$\frac{\alpha}{2}$: 경사각　D_1, D_2 : 테이퍼 선단의 지름

$$\tan\frac{\alpha}{2} = \frac{M_2 - M_1}{2H} \rightarrow \frac{\alpha}{2} = \tan^{-1}\left(\frac{M_2 - M_1}{2H}\right) \rightarrow \alpha = \tan^{-1}\left(\frac{M_2 - M_1}{2H}\right) \times 2$$

$$D_1 = M_1 - d\left(1 + \frac{1}{\tan\left(\frac{90-\alpha}{2}\right)}\right), \quad D_2 = D_1 + 2B\tan\alpha$$

6. 좌표 측정(3차원 측정)

3차원 측정기(3-coordinate measuring machine)는 측정점의 위치, 즉 물체의 측정 표면 위치를 검출한다. 데이터를 컴퓨터가 처리함으로써 3차원적인 위치나 크기, 방향 등을 측정하는 만능측정기라 할 수 있다.

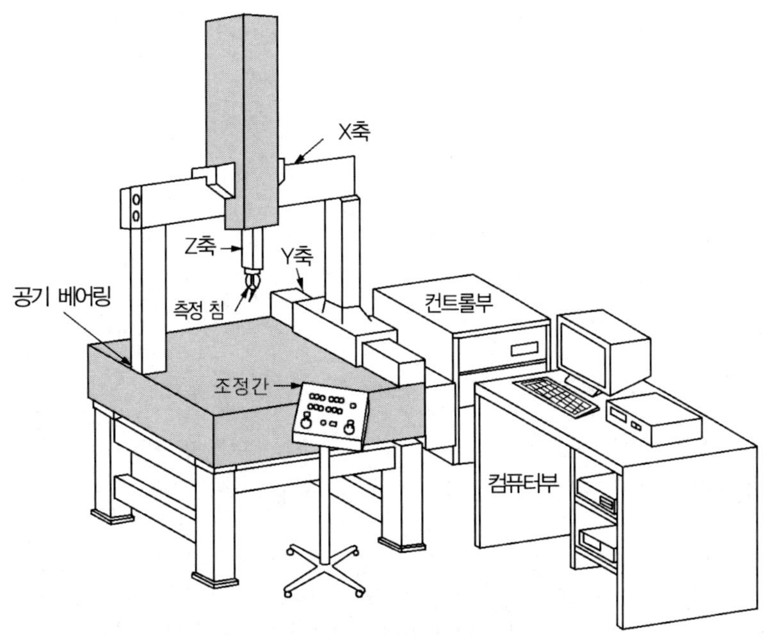

그림 2-88 3차원 측정기

적중예상문제

01 **금속을 가열하여 용해시킨 후 주형에 주입해 냉각 응고시켜 목적하는 제품을 만드는 공작은?**

① 주조 ② 압연
③ 제관 ④ 단조

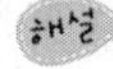

압연(rolling)은 재료를 냉간 및 열간가공하기 위해 회전하는 롤러 사이에 넣어 원하는 제품을 가공, 단조(forging)은 재료를 해머나 기계로 두들겨서 성형하는 가공이다.

 ①

02 **목형의 종류에서 현형에 속하지 않는 것은?**

① 단체형(one plece pattern) ② 분할형(split pattern)
③ 조립형(built up pattern) ④ 회전형(sweeping pattern)

현형이란 제작할 제품과 거의 같은 모양의 원형에 수축여유, 가공여유를 더하여 만든 목형을 말한다. 현형에는 주물의 모양이 간단한 것을 1개로 만든 단체형, 목형에서 주형를 빼내기 위해 2개로 분할되는 분할형, 복잡한 제품에서 여러 조각을 조립하여 하나의 목형으로 완성하는 조립형이 있다.

 ④

03 **제품의 중심축에 직각 방향으로 절단 시 절단단면이 원모양이다. 이 제품의 주형을 만들기 위한 가장 좋은 목형은?**

① 부분형 ② 현형
③ 회전형 ④ 골격형

판형이란 주조품이 회전단면을 가지거나 단면이 동일할 경우 그 단면의 모양에 따라 필요한 윤곽을 가진 판을 만들고, 이것을 주물사에서 돌려서 만들거나(회전형), 움직여서 만들(긁기형)는 것을 말한다.

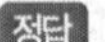 

04 주조작업시 중공부분을 만들 시 사용하는 목형은?

① 현형 ② 회전 목형
③ 코어 목형 ④ 부분 목형

코어목형이란 주물에 중공부분을 만들시 코어를 먼저 만든 다음, 코어를 이미 제작된 주형속에 넣어 중공이 생성되도록 하는 목형이다. 이 때 코어프린트(코어를 지지하기 위해 만든 코어 양쪽의 돌기)를 목형에 붙인다.

 ③

05 주조용 원형(목형)에 라운딩(rounding)을 하는 가장 중요한 이유는?

① 목형을 아름답게 하기 위하여
② 기계가공이 필요할 시 치수여유를 주기 위하여
③ 모서리에서 대각선 방향으로 결정입자의 경계가 나타나 약해지는 것을 방지하기 위하여
④ 주물의 두께가 일정하지 않아 냉각속도를 일정하게 하기 위하여

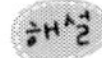

라운딩은 금속이 응고할 때 모서리가 있으면 주조조직의 경계가 생겨서 약해지므로 이를 피하기 위해 모서리에 살을 덧붙여 둥글게 만드는 것을 말한다.

 ③

06 목형과 주물이 똑같은 형상과 체적인 경우 목형의 중량이 2.5kgf이면 주물의 중량(kgf)은? (단, 주물의 비중은 7.2, 목형의 비중은 0.4이다.)

① 35 ② 45
③ 55 ④ 65

해설

풀이1) 목형의 비중이 0.4라 함은 $\gamma = 0.4 \times 10^3 \mathrm{kgf/m^3}$이므로, $\gamma = \dfrac{W(\text{무게})}{V(\text{체적})}$에서 $V(\text{체적}) = \dfrac{W}{\gamma}$ 이므로, $V = \dfrac{2.5}{0.4 \times 10^3}(\mathrm{m^3})$이다. 체적이 같으므로, 주물의 비중이 0.7이라면, $\gamma = 0.7 \times 10^3 \mathrm{kgf/m^3}$, $W(\text{무게}) = \gamma \times V$에서

$W = 7.2 \times 10^3(\mathrm{kgf/m^3}) \times \dfrac{2.5}{0.4 \times 10^3}(\mathrm{m^3}) = 45\mathrm{kgf}$으로 계산된다.

풀이2) 목형과 주물의 체적이 같으므로, 비례식으로 풀어도 된다.
목형의 비중 : 목형의 무게 = 주물의 비중 : 주물의 무게 , 대입하자.

$0.4 : 2.5 = 7.2 : x$, $\text{주물무게}(x) = \dfrac{2.5 \times 7.2}{0.4} = 45\mathrm{kgf}$

정답 ②

07 주조형 목형(원형)을 실물치수보다 크게 만드는 이유는?

① 수축여유와 가공여유를 고려하기 때문이다.
② 잔형을 덧붙임 하여야 하기 때문이다.
③ 코어를 넣어야 하기 때문이다.
④ 주형의 치수가 크기 때문이다.

수축여유는 용융된 금속이 냉각/응고하면 수축이 생겨 치수가 달라지므로 미리 목형제작시에 이 수축에 해당하는 수축 여유값을 두는 것, 가공여유란 손다듬질, 기계다듬질을 할 때 필요한 치수를 목형에 덧붙이는데 이 여유를 말한다.

정답 ①

08 목형의 중량이 3.0kgf이고, 6.4황동주물의 중량(kgf)은?(단, 목형의 비중은 0.4, Cu의 비중은 8.9, Zn의 비중은 7.0이다)

① 54.13　　② 58.22
③ 61.05　　④ 67.05

목형의 비중이 0.4라 함은 $\gamma = 0.4\times10^3\text{kgf/m}^3$이므로, $\gamma = \dfrac{W(\text{무게})}{V(\text{체적})}$에서 $V(\text{체적}) = \dfrac{W}{\gamma}$이므로,

$V = \dfrac{3}{0.4\times10^3}(m^3)$이다. 먼저, 구리의 비중이 8.9로, $\gamma = 8.9\times10^3\text{kgf/m}^3$, $W(\text{무게}) = \gamma\times V$

에서 $W = 8.9\times10^3(\text{kgf/m}^3)\times\dfrac{3}{0.4\times10^3}(\text{m}^3) = 66.75\text{kgf}$으로 계산된다.

아연의 비중이 7.0으로, $\gamma = 7\times10^3\text{kgf/m}^3$,

$W(\text{무게}) = \gamma\times V$에서 $W = 7\times10^3(\text{kgf/m}^3)\times\dfrac{3}{0.4\times10^3}(\text{m}^3) = 52.5\text{kgf}$으로 계산된다.

그러므로, 구리는 60%, 아연은 40%이므로, $66.75\times0.6+52.5\times0.4 = 61.05\text{kgf}$으로 계산된다.

정답 ③

09 금형 속에 용융금속을 주입하여 주조하는 특수주조법으로 대량생산에 적합하고 제품이 정밀한 것은?

① 셀 몰드법　　② 원심 주조법
③ 다이캐스팅　　④ 인베스트먼트법

다이캐스팅(die casting)은 용해된 금속을 금속주형 속에 대기압이상의 고압으로 주입하는 방법이며, 주물의 정밀도가 높고, 표면이 아름다우며, 고속대량 생산에 적합하다. 단점으로는 금형이 고가이므로 소량생산에 적합하지 않으며 주조재료는 내열성의 관계로 융점이 낮은 금속(비철금속)에 한정되고, 금형의 구조상 제품크기에 한도가 있다는 것이다.

정답 ③

10 주물사의 시험 항목에 들지 않는 것은?

① 강도 ② 건조도
③ 경도 ④ 통기도

해설

주물사의 시험항목에는 주탕하였을 때 주물사가 쇳물의 정압과 동압에 견디는 강도, 주물사의 통기성의 정도 비교를 위한 통기도, 모래표면이 소결 시작될 때를 측정하는 내화도(불에 견디는 정도), 주물사의 크기인 입도(메쉬 : 폭 1인치에 들어가는 체의 눈 수로 표시), 주물사의 경도 등이 있다.

정답 ②

11 도가니로의 규격은?

① 시간당 용해 가능한 구리의 중량(kgf)
② 시간당 용해 가능한 구리의 부피(m^3)
③ 한번에 용해 가능한 구리의 중량(kgf)
④ 한번에 용해 가능한 구리의 부피(m^3)

해설

도가니란 점토나 도자기 등으로 만든 용기로 물질을 용해하든가 가열하기 위해 사용하는 것을 말하고, 이 도가니를 사용하여 금속을 용해하는 노를 도가니로라 한다. 도가니로는 1회에 용해할 수 있는 금속의 중량을 번호로 표시한다. 예로 10번은 1회에 10kgf을 용해할 수 있다.

정답 ③

12 용해온도가 낮은 동, 황동, 청동 등 비철금속을 용해시키는 용해로는?

① 큐폴라 (cupola) ② 전기로 (electric furnace)
③ 반사로 (reverberatory furnace) ④ 평로 (open heat furnace)

해설

선철로 주물을 만들기 위해서 주철을 용해하는 로에는 큐우폴라와 전기로가 있는데, 주강에는 전로와 전기로, 비철금속에는 도가니로와 전기로를 사용한다.

정답 ③

13 용융금속을 금속 주형에 넣어 대기압 이상의 압력을 주물에 가해 표면이 매끈하고 정밀한 주물을 만드는 주조법은?

① 원심 주조법 ② 셀 몰드법
③ 다이 캐스팅법 ④ 인베스트먼트 주조법

해설

부연설명으로 원심주조법이란 고속으로 회전하는 원통형의 주형 내부에 용융된 쇳물을 주입하고 그 원심력으로 쇳물이 원통 내면에 균일하게 붙도록 하여 불순물과 분리된 중공 주물을 만드는 방법이다.

정답 ③

14 **응용금속을 금속 주형에 고속, 고압으로 주입하여 정밀도가 높은 알루미늄 합금 주물을 대량 생산하는 주조방법은?**

① 칠드 주조　　② 원심 주조법

③ 다이캐스팅　　④ 셀 주조

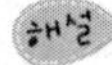

부연설명으로 칠드주조란 주형의 일부를 금형으로 만들어 용융금속이 급랭되면 표면이 경고한 탄화철이 되어 칠드층을 이루고, 내부는 서냉되어 연한 주물이 되도록 하는 주조방법이다.

정답 ③

15 **사형주조와 비교한 다이캐스팅의 설명으로 틀린 것은?**

① 주물의 형상이 정확하고 끝손질할 필요가 거의 없다.

② 아연 알루미늄 합금의 대량 생산용으로 사용한다.

③ 대형 주물의 주조에 적합하다.

④ 단면이 얇은 주물의 주조가 가능하다.

해설

사형주조란 모래로 만든 틀(주형)에 주물을 넣어 작은 것부터 큰 것까지 주물을 만드는 방법이다.

정답 ③

16 **제작하려는 주물과 동일한 모형을 왁스 또는 파라핀으로 만들어 주형재에 넣은 다음, 주형을 가열 경화시켜 모형을 유출하여 주형을 완성하는 특수주조법은?**

① 인베스트먼트법　　② 셀 몰딩법

③ 다이캐스팅법　　④ 이산화탄소법(CO_2법)

부연설명으로, 탄산가스(CO2)주형법은 주물사에 물유리(특수 규산소다)를 혼합하여 조형한 후 모형을 끼운 채 혹은 뗀 후 주형 내에 탄산가스를 불어 넣어 주형을 경화시키는 방법이다.

정답 ①

17 **주물에 기공(blow hole)의 유무를 검사하는 방법이 아닌 것은?**

① 자기 탐상법　　② 방사선 탐상법

③ 형광 탐상법　　④ 초음파 탐상법

해설

형광탐상법이라 주물의 표면에 형광물질을 바른 후 표면을 깨끗이 닦은 후 표면에 젖은 종이를 놓고 두드리면 표면의 틈으로 스며든 형광물질이 종이에 찍혀 나오게 하여 균열여부를 검사하는 방법이다.

정답 ③

18 셀 몰드 주조법의 설명으로 가장 적합한 것은?

① 용융금속을 금형에 넣고 고압으로 주입하는 방법이다.
② 고속회전하는 주형에 쇳물을 주입하여 만드는 방법으로 실린더 라이너, 피스톤 핀 등에 사용된다.
③ 주철의 표면을 급냉시켜 단단한 칠드 층을 형성하는 주조법이다.
④ 2개의 주형을 합치고 내부에 쇳물을 주입하여 주조하는 주조법으로 대량 생산이 가능하다.

해설

셀몰드법은 규사와 페놀계 수지의 혼합물을 250~300℃의 금속모형에 뿌려서 주형을 만들고, 이 주형을 2개 만들어 쇳물을 주입하여 주조하는 방법을 말한다. 보기 '가'는 다이캐스팅, '나'는 원심주조, '다'는 칠드주조를 설명하고 있다.

정답 ④

19 주물제품에서 크랙(crack)의 원인이 아닌 것은?

① 만나는 부분의 살의 두께가 너무 차이가 나서 다를 때
② 구석이나 만나는 부분이 모지게 되었을 때
③ 쇳물 아궁이가 매우 작을 때
④ 주물을 급냉시켰을 때

해설

쇳물의 아궁이가 매우 작으면 용탕주에 흡수된 가스는 응고진행과 더불어 방출되어야 하는데 외부로 방출되지 않아 주물내부에 남으면 중공부분의 구 즉 기공을 만든다. 기공을 방지하기 위해서 용탕의 가스흡수량을 적게, 주형으로부터 가스발생을 적게, 주탕시에 공기를 빨아드리지 않게 해야한다.(방법으로 탕구를 크게, 라이저 두고, 습한 공기를 공급하지 않도록 해야한다.)

정답 ③

20 소성가공에서 열간가공과 냉간가공을 구별하는 기준 온도는?

① 재결정온도　　② 담금질온도
③ 단조온도　　④ 변태온도

해설

재결정이란 가공으로 변형된 금속을 적당한 온도로 가열하면 변형된 결정입자가 파괴되어 점차 미세한 다각형 모양의 결정입자로 변화되는 되는데 이 금속을 재결정(95%이상 재결정되어야 함)이라하고, 재결정을 시작하는 가장 낮은 온도를 재결정온도이다.

정답 ①

21 **탄성한계 이상의 외력을 재료에 가하면 외력을 제거하여도 복원되지 않는 소성변형을 일으키는 성질은?**

① 가소성 ② 취성
③ 역극성 ④ 절삭성

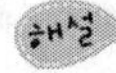

부연설명으로 취성은 부스러짐의 정도이고, 절삭성은 절삭공구를 이용하여 가공할 때 이용되는 성질이다.

정답 ①

22 **소성가공의 종류가 아닌 것은?**

① 인발가공 ② 압출가공
③ 전단가공 ④ 밀링가공

해설

인발이란 재료를 다이(die)를 통과시켜 축방향으로 인발하여 외경을 감소시키면서 일정 제품을 만드는 가공, 압출이란 재료를 컨테이너에 넣고 한쪽에서 압력을 가하면 압출되어 제품이 나오는 가공, 전단가공은 판재를 자르는(전단하는) 가공이다. 밀링은 평삭(평면으로 절삭)가공이다.

정답 ④

23 **소성 가공법에서 판금 가공의 종류가 아닌 것은?**

① 굽힘 가공 ② 타출 가공
③ 압출 가공 ④ 전단 가공

해설

판금가공은 전단가공(펀칭, 전단, 트리밍), 굽힘가공(굽힘, 비이딩, 시이밍), 프레스가공(드로잉, 벌징), 압축작업(압인, 딥드로잉, 스웨이징) 등이 있다. 타출이란 판을 앞뒤로 두드려서 제품을 만드는 것을 말한다.

정답 ③

24 **냉간 가공의 특징을 잘못 설명한 것은?**

① 가공면이 매끄럽고 곱다. ② 가공면이 거칠다.
③ 연신율이 작아진다. ④ 제품의 치수가 정확하다.

해설

냉간가공이란 재결정온도 이하의 낮은 온도에서 가공하는 것을 말하는데, 장점으로는 가공면이 아름답고 정밀한 형상의 가공면을 얻을 수 있으며, 가공경화로 더욱 강도가 증가되고, 연신율이 감소한다.

정답 ②

25 **소성가공에 해당되지 않는 것은?**

① 압연가공 ② 단조가공
③ 주조가공 ④ 인발가공

해설
주조는 주형에 쇳물을 부어 일정한 형태의 제품을 만드는 작업이다.

 ③

26 **소성가공에서 냉간가공과 비교한 열간 가공의 특징이 아닌 것은?**

① 가공면이 아름답고 정밀한 형상의 가공면을 얻는다.
② 재결정온도 이상으로 가열하므로 가공이 쉽다.
③ 거친 가공에 적합하다.
④ 표면이 가열되어 있어 산화로 인해 정밀 가공이 어렵다.

해설
열간가공이란 재결정온도 이상의 높은 온도에서 가공하는 것을 말하는데, 장점으로는 재결정온도 이상으로 가열하므로 가공이 쉽고, 거치른 가공에 적합하며, 단점으로 표면이 가열되어 고온이므로 산화로 인해서 정밀한 가공이 곤란하다.

정답 ①

27 **철, 구리, 황동 등의 소성가공에서 냉간가공 중에 나타날 수 있는 현상은?**

① 풀림 ② 변태
③ 재결정 ④ 가공경화

해설
가공경화(working hardening)란 재료를 가공하는 도중에 힘인 외력을 받아 재료가 단단해지는 현상을 말한다.

정답 ④

28 **단조가공의 주목적으로 가장 적합한 것은?**

① 결정핵성장과 내부응력이완 ② 변태와 대량생산
③ 조직의 재결정과 가공경화 ④ 재료조직의 개선과 성형

해설
단조(forging)란 소재를 적당한 온도로 가열하고 힘을 가해 소요의 형상으로 변형시키며, 조직이나 성질을 개선하기 위해 행하는 작업이다.

정답 ④

29 **커넥팅 로드와 같이 복잡한 형상을 소성 가공하는 방법은?**

① 압연 (rolling) ② 형 단조(die forging)
③ 전조(roll forming) ④ 인발(drawing)

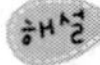

형단조란 상하 2개의 단조형 사이에 가열시킨 재료를 끼우고 가압 성형시키는 방법이다. 단조형은 복잡하고 정밀하여야 되므로, 제작비가 비싸다. 그러나, 모양이나 치수가 일정한 제품을 만들 수 있으므로 대량생산에 적합하다.

정답 ②

30 **액압프레스의 용량을 Q, 단조물의 유효 단면적을 A, 단조 시 프레스 효율을 η 라 할 때 재료의 변형저항(σ)은?**

① $\sigma = \frac{Q\eta}{A}$ ② $\sigma = \frac{A\eta}{Q}$
③ $\sigma = \frac{AQ}{\eta}$ ④ $\sigma = \frac{\eta}{AQ}$

여기서 재료의 변형저항(σ)은 응력(kgf/mm^2)을 뜻하며, 액압프레스에 의한 응력은 액압프레스의 용량(Q:kgf)을 면적(A)로 나눈 값을 뜻하므로, 프레스 효율(η)은 액압프레스 용량에 대한 변형저항(σ)이므로, (이유 : $\frac{Q}{A}$의 값이 더 커야 재료저항을 이기고 변형이 된다.)

$\eta = \frac{\sigma}{\frac{Q}{A}}$ 이므로, $\sigma = \eta \times \frac{Q}{A}$로 유도된다.

정답 ①

31 **압연가공에서 압연전의 두께를 H_0, 압연후의 두께를 H_1 이라고 할 때 압하율(K)는?**

① $K = \frac{H_1 - H_0}{H_0} \times 100$, ② $K = \frac{H_1 - H_0}{H_1} \times 100$
③ $K = \frac{H_0 - H_1}{H_1} \times 100$ ④ $K = \frac{H_0 - H_1}{H_0} \times 100$

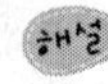

부연설명하면 압연전의 두께(H_0)에서 압연후의 두께(H_1)를 뺀 값은 압하량이라 한다. 압하율을 다른 말로 압연율이라 한다. 압연전의 폭(B_0)와 압연후 커지는 폭(B_1)의 차를 폭증가라 한다.

정답 ④

32 **2개의 회전하고 있는 롤러 사이에 소재를 통과시켜 단면적을 감소시켜 길이를 늘리는 소성가공 방법은?**

① 압출 ② 인발
③ 압연 ④ 단조

해설

2개의 회전하고 있는 롤러 사이에 소재를 통과시켜 단면적을 감소시켜 길이를 늘리는 소성가공을 압연이라 한다.

정답 ③

33 **판재의 두께가 정해져 있는 경우, 압연시 소재의 폭 증가가 가장 작게 될 수 있는 경우는?**

① 압하율과 롤 반경이 모두 큰 경우
② 압하율이 크고, 롤 반경이 작은 경우
③ 압하율이 작고, 롤 반경이 큰 경우
④ 압하율과 롤 반경이 모두 작은 경우

해설

판재의 폭 증가는 롤의 직경, 압하율, 압연속도, 재료의 단면형상(단면크기), 온도, 재질, 롤면과 재료의 표면상태 등에 따라 다르다. 판재의 두께가 정해져 있는 상태에서, 압하율과 롤 반경이 모두 작으면 판재의 폭은 감소하게 된다.

정답 ④

34 **다이나 롤러를 사용하여 재료를 회전시키면서 압력을 가하여 제품을 만드는 가공방법으로 나사 등의 가공에 가장 적합한 가공방법은?**

① 압연가공(rolling) ② 압출가공(extruding)
③ 프레스가공(press working) ④ 전조가공(form rolling)

해설

나사를 가공하는 전조 : 다이나 롤러에 재료를 가압/회전시켜 나사 등을 만드는 가공법(특수 압연 혹은 성형 가공이라 할 수 있다.)

정답 ④

35 **비절삭 가공에 속하는 것은?**

① 전조 ② 호닝
③ 선삭 ④ 연삭

해설

부연설명으로 호닝은 구멍가공이고, 선삭은 선반을 사용하여 절삭하는 것을 말하고, 연삭은 연삭기로 연삭하는 것을 말한다. 전조는 소성가공이다.

정답 ①

36 일반 구조용 압연강재의 특성 설명으로 옳은 것은?

① 열간 압연으로 만들어진 강판, 강대, 평강, 형강, 봉강 등의 강재이다.
② P와 S가 비교적 많이 함유되어 있기 때문에 인성, 특히 저온 인성이 높다.
③ 기계 가공성과 용접성이 뛰어나서 용접 구조용 압연제와 혼용하여 사용할 수 있다.
④ 고장력강으로 분류되며, 인장강도는 대략 100MPa이며, 연성은 25%정도이다.

해설

일반구조용 압연강재는 SS(Steel-Structure)재라고 하며, 탄소 함유량이 적어서 열처리가 되지 않아 그대로 사용한다. 보통 연강이라고 불리는 것이 해당된다. 기계 내부의 특정 응력을 받는 부품의 재료로는 사용되지 못하고, 단순히 기계를 지탱해주는 부위에만 사용된다.

정답 ①

37 파이프(봉재)의 재료를 축방향으로 테이퍼 구멍 같은 다이 구멍을 통과시킴과 동시에 잡아 당겨서 다이 구멍의 최소단면 치수로 가공하는 소성가공법은?

① 단조(forging) ② 압연(rolling)
③ 인발(drawing) ④ 압출(extruding)

해설

단조는 두드려서, 압연은 회전 롤러에 넣어서, 전단은 프레스로 자르는 가공이다.

정답 ③

38 컨테이너 속에 재료를 넣고 램으로 압을 주어 가공하는 소성가공법은?

① 압연가공 ② 압출가공
③ 인발가공 ④ 전조가공

해설

컨테이너 속에 재료를 넣고 램으로 압을 주어 가공하는 소성가공법을 압출이라 한다.

정답 ②

39 압출가공에 대한 설명으로 잘못된 것은?

① 속이 빈 용기를 만드는 데는 충격압출이 적합하다.
② 압출에 의한 표면 결함은 소재온도가 가공속도를 늦춤으로써 방지할 수 있다.
③ 단면의 형태가 다양한 직선, 곡선 제품의 생산이 가능하다.
④ 납 파이프나 건전지 케이스를 생산하는데 적합하다.

해설

압출가공은 컨테이너 속에 있는 재료를 램으로 눌러 빼내는 가공으로 선, 봉, 파이프를 만들 수 있지만, 곡선 제품은 불가능하다.

정답 ③

40 인발작업에서 지름 5.5mm의 와이어를 4mm 로 만들었을 때 단면 수축률은?

① 약 73%　　② 약 27%
③ 약 47%　　④ 약 53%

해설

단면수축률(β)의 단면의 변화율을 말하는 것으로,

$$\beta = \frac{A(\text{원래면적}) - A'(\text{수축후면적})}{A(\text{원래면적})} = \frac{\frac{\pi d_0^2}{4} - \frac{\pi d_1^2}{4}}{\frac{\pi d_0^2}{4}} = \frac{d_0^2 - d_1^2}{d_0^2} = \frac{5.5^2 - 4^2}{5.5^2} = 0.471,$$

즉, 47.1%로 계산된다.

 ③

41 프레스 가공 중에서 전단가공이 아닌 것은?

① 엠보싱　　② 블랭킹
③ 트리밍　　④ 셰이빙

해설

전단가공의 종류에는 블랭킹(판재에서 펀치로서 소요의 형상를 뽑는 작업), 펀칭(판재에서 구멍을 만드는 작업), 전단(판재를 잘라 형상을 만듬), 트리밍(판재를 드로잉 가공으로 만든 다음 둥글게 자르는 작업), 세이빙(뽑기나 구멍뚫기를 한 제품의 가장자리에 붙어 있는 파단면이 편평하지 못하므로 제품의 끝을 약간 깎아 다듬질하는 작업) 등이 있다.

 ①

42 전단가공의 종류에 대한 설명으로 잘못된 것은?

① 블랭킹(blanking) : 편차로 판재를 필요한 치수의 모양으로 따내는 작업
② 전단(shearing) : 판재를 필요한 길이의 치수로 절단하는 작업
③ 세이빙(shaving) : 드로잉을 한 제품의 귀 또는 단조품의 거스러미를 제거하는 작업
④ 피어싱(piercing) : 필요한 치수 모양으로 구멍을 만드는 작업

해설

세이빙이란 뽑기나 구멍뚫기를 한 제품의 가장자리에 붙어 있는 파단면이 편평하지 못하므로, 제품의 끝을 약간 깎아 다듬질하는 작업이다. 다르게 표현하면, 가공된 제품의 단이진 부분을 다듬질하는 작업을 말한다. 보기 '다'에서 드로잉을 한 제품의 귀 또는 단조품의 거스러미를 제거하는 작업을 '트리밍'이라 한다.

정답 ③

43 프레스가공에서 판재에 펀칭을 하여 불필요한 부분을 제거하고, 남는 것이 제품이 되는 작업은?

① 블랭킹(blanking)　② 펀칭(punching)
③ 전단(shearing)　④ 트리밍(triming)

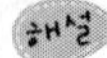

펀칭은 불필요한 부분을 뽑아버린 판재 자체를 사용하는 것을 말한다.

정답 ①

44 프레스 가공 중 전단작업에 해당되지 않는 것은?

① 버링(burring)　② 놋칭(notching)
③ 트리밍(trimming)　④ 구멍뚫기(punching)

해설

버링(burring)은 재료판에 미리 뚫어 놓은 구멍을 넓히기 위해 구멍가장자리를 원통모양으로 프레스 펀치로 넓히는 것을 말한다. 노칭이란 단부(각이 지는 부분)를 만드는 작업이다.

정답 ①

45 전단가공의 종류가 아닌 것은?

① 펀칭(punching)　② 드로잉(drawing)
③ 세이빙(shaving)　④ 피어싱(piercing)

해설

드로잉은 프레스가공에 속한다. 드로잉은 편평한 판금재를 펀치로 다이 구멍에 밀어 넣어 밑이 있는 용기를 만드는 가공이다.

정답 ②

46 스프링 백 현상은 가장 많이 발생하는 작업은?

① 용접　② 프레스
③ 절삭　④ 열처리

해설

굽힘가공을 할 때 굽힘 응력을 제거하면 판의 탄성 때문에 탄성변형 부분이 원상태로 돌아가는데, 실제 굽힘반경과 제품의 반경의 차(실제 굽힘 각도와 제품의 각도의 차)가 생기는 것을 스프링백이라 한다.

정답 ②

47 다이에 요철을 만들어 압축하는 가공으로 동전 제작 시 사용되는 방법은?

① 사이징(sizing) ② 압인가공(coining)
③ 컬링(curling) ④ 엠보싱(embossing)

해설
컬링은 재료의 끝(모서리)을 굽히는 작업, 엠보싱은 재료의 앞뒤면을 오목 혹은 볼록으로 만드는 작업이다.

정답 ②

48 리벳팅이 끝난 뒤에 리벳머리 주위나 강판의 가장자리를 정으로 때려 그 부분을 밀착시켜서 기밀을 유지하는 작업은?

① 코킹 ② 호닝
③ 랩핑 ④ 클러칭

해설
코킹이란 리벳작업이 끝난 뒤에 리벳머리의 주위와 강판으로 가장자리를 정과 같은 공구로 때려 기밀유지하는 작업을 말한다.

정답 ①

49 5mm 이상의 강판 리벳이음에서 코킹작업이 끝난 후 더욱더 기밀을 안전하게 유지하기 위하여 강판두께의 공구로 때려 붙이는 작업은?

① 앤빌(anvil) ② 플러링(fullering)
③ 업세팅(upsetting) ④ 트리밍(trimmiing)

해설
플러링이란 강판 리셋이음에서 코킹작업이 끝난 후 더욱더 기밀을 유지하기 위해 강판 두께와 같은 크기의 공구로 타격하는(두드리는) 작업을 말한다.

정답 ②

50 리벳이음에 비하여 용접이음이 우수한 점이 아닌 것은?

① 기밀성이 좋다.
② 재료를 절감시킬 수 있다.
③ 잔류 응력을 남기지 않는다.
④ 가공 모양을 자유롭게 할 수 있다.

해설
용접은 열이 발생하므로, 용접후 용접부의 가장자리는 빨리 식게 되어 더욱 단단한 조직을 형성하게 되고, 잔류응력이 존재하게 된다.

정답 ③

51 용접을 용접과 압접으로 분류할 때 압접에 해당되는 것은?

① 점 용접 ② 가스 용접
③ 아크 용접 ④ MIG 용접

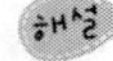

용접은 크게 융접과 압접으로 나눈다. 융접에는 2가지로 크게 분류하는데, 화학적가열(가스용접, 테르밋용접), 전기적가열(불연소아크용접, 금속전극아크용접)으로 구분된다. 압접에는 3가지로 크게 분류를 하는데, 화학적가열(단접, 테르밋압접, 경납땜), 전기저항가열(점용접, 맞대기용접, 시임용접, 프로젝션용접), 가열하지 않는 경우(냉간압접) 등이 있다.

정답 ①

52 용접의 종류 중 압접에 해당하는 것은?

① 미그용접 ② 원자수소용접
③ 레이저용접 ④ 스폿용접

해설

스폿(spot)의 뜻이 점이라는 뜻이므로, 점용접을 뜻한다.

정답 ④

53 알루미늄 분말, 산화철 분말과 점화제의 혼합반응 열로 용융하여 압접하는 방법은?

① 테르밋 용접 ② 일렉트로 슬랙 용접
③ 피복아크 용접 ④ 불활성 가스 아크 용접

해설

테르밋 용접은 알루미늄분말 : 산화철분말 = 1 : 3으로 섞어 혼합반응하는 2000℃의 고열로 녹인 후 눌러서 용접하는 작업이다.

정답 ①

54 가열할 수 없는 용접부를 상온하에서 강하게 압축하여 경계면을 국부적으로 소성변형시켜 용접하는 것으로 알루미늄이나 구리 전선 소재의 맞대기 용접에 이용되고 있는 것은?

① 냉간압접 ② 고주파압접
③ 가스용접 ④ 초음파용접

해설

냉간압접이란 가열할 수 없는 용접부에 상온하에서 강하게 압축함으로써 경계면을 국부적으로 소성변형시켜서 용접하는 것을 말한다. 보통 알루미늄이나 동 전선 소재의 맞대기 용접에 이용되고 있다.

정답 ①

55 가스용접 및 가스절단에 관한 설명으로 틀린 것은?

① 용해 아세틸렌 용기 저장온도는 40℃ 이하로 유지한다.
② 저압식 토치는 가변압식과 불변압식이 있다.
③ 강재를 가스로 절단하는 경우 순도가 높은 아세틸렌만을 고압으로 분출한다.
④ 가스절단에 사용되는 산소의 순도는 산소 소비량과 밀접한 관계가 있다.

해설

강재를 가스로 절단하는 경우 아세틸렌과 산소의 적당한 비로 가열한 후에 강재가 녹기 시작하면 고압산소밸브를 열여 절단을 행한다.

정답 ③

56 화염온도가 가장 높고 발열량에 비하여 가격도 저렴하여 가스용접에 많이 사용하는 가스는?

① 수소
② 프로판
③ 이산화탄소
④ 아세틸렌

해설

아세틸렌은 탄소와 수소의 화합물로 불안정가스로, 공기보다 가볍다. 순수한 것은 무색 무취이며 특히 아세톤에 잘 용해된다. 또한, 온도가 505도 정도에 이르면 폭발한다.

정답 ④

57 가스 용접에서 용접할 금속이 황동인 경우 가장 적합한 불꽃은?

① 표준불꽃
② 탄화불꽃
③ 산화불꽃
④ 중성불꽃

해설

아세틸렌과 산소의 혼합비가 1:1인 경우를 표준불꽃, 산소가 많은 것을 산화불꽃, 아세틸렌이 많은 것을 환원불꽃이라 한다. 연강, 주철 등 일반용접에는 중성불꽃, 구리 및 동합금에는 산화불꽃, 스테인레스강, 니켈강 등에는 환원불꽃을 사용한다.

정답 ③

58 가스 용접에서 용제(Flux)를 사용하지 않아도 되는 금속은?

① 주철
② 연강
③ 반경강
④ 구리합금

해설

용제(flux)란 산소침입을 방지, 용접을 잘되게 하는 물질을 말한다. 연강의 용제는 사용하지 않으나, 사용할 시 규산소다+붕사, 주철의 용제로는 중탄산소다+탄산소다+붕사, 알루미늄의 용제로는 염화리튬+염화카리+토리움+불화카리, 황동과 청동에는 붕사+분산을 사용한다.

정답 ②

59 **60ℓ 의 산소용기에 150기압이 되게 산소를 충전하였다면, 1기압에서 환산할 시 산소용량(ℓ)은?**

① 900 ② 1500

③ 8000 ④ 9000

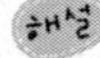

일 = 압력 × 체적이 일정하다면, $P_1 \times V_1 = P_2 \times V_2$이므로,
$150 \times 60 = 1 \times x$, $x = 9000l$로 계산된다.

정답 ④

60 **가스절단이 가장 쉬운 금속은?**

① 구리 ② 알루미늄

③ 주철 ④ 연강

해설

한자 그대로 연(延)은 연하다(무르다)는 뜻으로, 무른 강은 가스로서 절단이 잘된다.

정답 ④

61 **일명 가스 따내기라고 하며, 가공물의 일부를 용융시켜 불어 내어 홈을 만드는 가공방법은?**

① 수중 절단법 ② 가스 가우징

③ 분말혼합 절단법 ④ 아크 절단법

해설

가스가우징은 일명 가스 따내기로, 가공물의 일부를 용융시켜 불어 내어 홈을 만드는 가공방법이다.

정답 ②

62 **피복금속 아크 용접봉에 대한 설명으로 틀린 것은?**

① 피복제가 연소한 후 생성된 물질이 용접부를 보호하는 방법에는 가스 발생식과 슬래그 생성식이 있다.

② 심선은 모재와 동일한 재질을 사용하고 불순물이 적어야 한다.

③ 피복제는 아크를 안정시키고 융착금속을 공기로부터 보호하여 산화와 질화현상을 억제한다.

④ 피복 배합제의 아크안정제로는 탄산바륨(BaCO3), 셀룰로스가 사용된다.

해설

아크를 안정시키는 피복제의 주성분으로 일메나이트계, 라임티타니아계, 고산화철소, 고산화티탄계, 고세루로즈계, 저수소계, 각종 철분계 등이 있다.

정답 ④

63 강재 표면의 홈 탈탄층 등을 제거하기 위하여 가능한 한 얇게 그리고 타원형 모양으로 표면을 깍아내는 가스 절단 가공법은?

① 코오킹
② 산소창 절단
③ 스카핑
④ 아크에어가우징

해설

스카핑은 강재 표면의 홈을 탈탄층 등을 제거하기 위하여 될 수 있는 대로 얇게 그리고 타원형 모양으로 표면을 깍아내는 가스 절단 가공법이다.

정답 ③

64 전기용접봉의 피복제 중에서 내균열성이 가장 좋은 것은?

① 철분산화철계
② 저수소계
③ 일미나이트계
④ 고산화티탄계

해설

보기 중에서 내균열성이 가장 좋은 피복제는 저수소계이다.

정답 ②

65 용접에서 피복제의 기능 설명으로 틀린 것은?

① 생성한 슬래그는 용착 금속을 차폐하고 용접의 냉각속도를 촉진시킨다.
② 용착금속의 기공생성을 억제하고 기계적 성질을 좋게 한다.
③ 아크발생 및 유지를 용이하게 한다.
④ 슬래그 제거가 쉽고, 고운 비드를 만든다.

해설

피복제의 역할에는 중성/환원성의 분위기를 만들에 산소나 질소의 침입을 방지하고 용착급속을 보호, 아크를 안정시키고, 용융점이 낮은 가벼운 슬래그를 만들고, 용착금속의 탈산 및 정련 작요, 용착금속에 적당한 합금원소를 첨가, 용적을 미세화하고 용착효율을 높힌다. 용착금속의 응고나 냉각속도를 지연시켜주며, 슬래그의 제거가 쉽고 파형이 고운 비드를 만든다.

정답 ①

66 직류 아크용접기에서 용접봉에 음(−)극을 연결하고 모재에 양(+)극을 연결한 극성은?

① 정극성(DCSP)
② 역극성(DCRP)
③ 용극성(FCSP)
④ 양극성(MCSP)

해설

모재를 양극에 접속하면 모재가 충분히 용해할 수 있어 두꺼운 용접물에 유리하다. 역극성은 용접물이 얇을 때에 사용하며 모재를 음극으로 한다.

정답 ①

67 아크용접에서 아크의 길이가 너무 길 때 생기는 특징이 아닌 것은?

① 아크가 불안정하다.
② 아크를 지속하기가 곤란하다.
③ 용착이 얇고 지저분하다.
④ 아크 열의 손실이 많다.

긴 아크는 열의 복사손실이 크므로, 용입이 불충분하여지고, 아크불꽃이 공기에 접하는 길이가 길게 하므로 산화 및 질화작용을 받아 용접부를 여리고 약하게 만든다.

정답 ②

68 용접부 결함 중 언더컷(under cut)의 방지대책으로 잘못된 것은?

① 전류를 높인다.
② 짧은 아크 길이로 유지한다.
③ 모재에 적합한 용접봉을 선정한다.
④ 용접속도를 늦추고 운봉 시 유의해야 한다.

해설

언더컷(undercut)이란 용접 전류가 과대할 때 모재용접부의 양단이 지나치게 녹아서 오목하게 패인 것을 말한다. 방지법으로는 적당한 전류로 조정, 아크의 길이를 짧게, 용접 운봉속도를 빨리하지 않아야 한다.

정답 ①

69 아크 용접 중에 불활성 가스 용접에 속하는 것은?

① 피복 아크용접
② 티그 용접
③ 플라즈마 용접
④ 원자수소 아크 용접

불활성가스용접이란 적극과 모재사이에 아크를 발생시키고 여기에 불황성가스(아르곤, 헬륨 등)를 분출시켜 용접부를 보호하면서 용접하는 용접법이다. 대표적으로 전극을 텅스텐으로 사용하는 텅스텐 불활성 가스용접(TIG), 금속을 전극으로 사용하는 금속 불활성 가스용접(MIG)가 있다.

정답 ②

70 불활성가스 텅스텐 아크용접의 설명으로 틀린 것은?

① 전자세 용접이 불가능하다.
② 스패터가 적고, 열집중성이 좋아 능률적이다.
③ 직류 전류를 이용하면 모재의 용입이나 비드 폭의 조절이 가능하다.
④ 피복제나 용제가 불필요하고 철금속이나 비철금속까지 용접이 가능하다.

해설

불활성 가스 속에서 용접을 행하므로 용접부분의 산화, 질화가 방지되고 용제가 필요 없으며, 스테인레스강이나 알루미늄합금 용접에 많이 사용한다.

정답 ①

71 **전자동 용접으로 용접부에 용제를 쌓아 두고 그 속에 전극 와이어를 넣어 모재와의 사이에 아크를 발생시켜 용제와 모재를 융용시켜 용접하는 방식(잠호용접)인 용접은?**

① 불활성 가스 아크 용접　　② 탄산가스 아크 용접
③ 서브머지드 아크 용접　　④ 일렉트로 슬래크 용접

해설

용제 속에 전극을 넣어 아크 발생→잠호용접 = 서브 머지드 아크용접

정답 ③

72 **서브머지드 아크용접의 설명으로 틀린 것은?**

① 용접 홈의 가공 정밀도가 좋아야 한다.
② 일정 조건하에서 용접이 시공되므로 강도가 크고 신뢰도가 높다.
③ 열에너지의 손실이 적고 용접속도가 수동용접과 비교하여 10배 정도 이상이다.
④ 비드가 불규칙할 경우와 하향용접 이외의 경우에도 매우 적합한 자동용접이다.

해설

서브머지드 용접은 용제로 용접부를 외기와 완전히 차단하므로, 용제의 강력한 정련작용으로 상층부에 슬래그 생성, 좁은 장소에서 급속한 고열발생, 급냉을 방지하여 용접부의 기계적 성질이 양호하다. 비교적 소경의 심선에 매우 큰 전류가 흘러 심선의 용접속도가 매구 크고, 비교적 두꺼운 판도 홈을 마련하지 않고 맞대기 용접을 행할 수 있다. 저판소강에서 편평한 비드용접부, 필렛용접부를 만드는데 적합하다.

정답 ④

73 **전기저항용접의 종류가 아닌 것은?**

① 점(spot) 용접　　② 시임(seam) 용접
③ 프로젝션(projection) 용접　　④ 플라즈마(plasma) 용접

해설

전기저항용접에는 4가지가 있다. 점(spot) 용접, 맞대기 용접, 심(seam) 용접, 프로젝션(projection) 용접(돌기용접) 등이다.

정답 ④

74 **자동차 제작시 자동화가 용이해서 자동차 차체 용접에 가장 많이 사용되는 용접은?**

① 산소용접　　② 아크용접
③ 레이저용접　　④ 스폿용접

해설

점용접(spot)이란 2개의 모재를 겹쳐서 2개의 전극사이에 끼워 놓고 전류를 통하면 접촉면이 전기저항에 의해 발열되어 접합부가 녹을 때 압력을 가해서 접합하는 용접을 말한다.

정답 ④

75 전기저항용접이 아닌 것은?

① 점 용접　　② 테르밋 용접
③ 심 용접　　④ 맞대기 용접

전기저항으로 가열하는 압접으로는 점용접, 맞대기용접, 시임용접, 프로젝션용접 등이 있다. 테르밋용접은 화학적 가열방식이다. 테르밋용접은 외부로부터 열을 가하지 않고 알루미늄과 산화철을 1:3으로 혼합한 테르밋 혼제(混劑)의 테르밋반응(약 2000℃ 이상)을 이용하여 용융되면 눌러서 철강제를 용접하는 방법을 말한다. 따라서, 테르밋용접이 압접이다. ①, ②, ③,④ 모두 압접이지만, 테르밋용접이 전기저항용접은 아니다.

정답 ②

76 자동차 산업 등에 널리 이용되고 있는 점(spot)용접의 특징이 아닌 것은?

① 표면이 평평하고 외관이 아름답다.　　② 재료가 절약된다.
③ 구멍을 가공할 필요가 없다.　　④ 변형 발생이 크다.

해설

점용접은 용접되는 면적이 점으로 열을 받는 부분이 국부적이어서 변형 발생이 적다. 또한, 표면이 평평하고 외관이 아름답고 재료가 절약된다.

정답 ④

77 점(spot)용접에 관한 설명으로 맞는 것은?

① 알루미늄 용접이 불가능하다.　　② 가스용접의 일종이다.
③ 가압력이 필요없다.　　④ 로봇을 이용한 자동화가 용이하다.

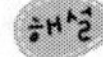

점용접은 6mm이하의 판재를 접합할 때 적합하여 0.4~3.2mm의 판재가 많이 쓰이는 자동차, 항공기 공업에 널리 사용된다. 즉 이런 사업에서는 자동화가 되어 있다.

정답 ④

78 전기저항용접으로 원판상의 전극에 재료를 끼워 가압하면서 전류를 통하게 하여 접합하는 용접 방법은?

① 프로젝션 용접　　② 심 용접
③ 맞대기 용접　　④ 테르밋 용접

해설

부연설명하면, 프로젝션 용접이란 점용접의 한 종류로 금속재료의 접합 장소에 돌기부를 만들어 접촉한 다음 압력을 가하고 전류를 통하는 용접으로 다른 금속이나 두께가 다른 판을 동시에 점용접을 가능하게 한다.

정답 ②

79 심 용접(seam welding)의 설명으로 틀린 것은?

① 용접봉의 강도가 우수하여야 한다.
② 산화작용이 적다.
③ 박판과 후판의 용접이 가능하다.
④ 가열범위가 좁아 변형이 적다.

해설

심용접은 압접의 일종으로 용접봉을 사용하지 않는다.

정답 ①

80 점용접의 품질을 평가하는 방법이 아닌 것은?

① 피로시험 ② 마멸시험
③ 비틀림시험 ④ 인장시험

해설

마멸이란 금속이 서로 접촉하여 닳아서 깎여지는 것을 말하는데, 용접과는 상관이 없는 용어이다.

정답 ②

81 구조물을 용접한 부위의 비파괴 검사가 아닌 것은?

① X-선 투과검사 ② 초음파 탐상 검사
③ 침투 탐상검사 ④ 용착금속 인장검사

해설

인장검사는 인장시험을 위해 구조물을 잘라서 시험편으로 만들어야 하므로 파괴검사이다.

정답 ④

82 용접부의 미소한 균열이나 작은 구멍 등을 신속하고 용이하게 검출하는 방법으로 철, 비철재료 및 비자성 재료에도 널리 이용되며, 형광물질을 기름에 녹인 것을 표면에 칠하는 검사방법은?

① 와류 탐상검사 ② 외관 검사
③ 자분탐상 검사 ④ 침투 탐상검사

해설

형광침투탐상법이란 형광물을 시편의 표면에 발라 두었다가 깨끗이 닦은 다음 젖은 종이를 시편위에 놓고 가볍게 두드리면 균열 속에 스며들었던 형광물질이 종이에 찍혀 나오게 하여 균열을 찾는 검사법이다

정답 ④

83 **용접부의 검사법 중 시험편 내에 있는 결함에서 반사되어오는 반응을 시간적 연관성이 있는 오실로스코프에 받아 기록하는 방법은?**

① 형광 검사 ② 자력결함 검사
③ 초음파 검사 ④ 방사선 검사

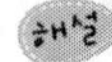

형광검사→형광탐상법(겉과 표면의 균열 검사), 자력결함검사→자기(분)탐상법(재료의 겉과 속의 기공 검사), 방사선검사(사진촬영)

정답 ③

84 **용접부의 검사 중 비파괴 검사법에 해당하는 것은?**

① 인장시험 ② 피로 시험
③ 화학분석 ④ 침투 탐상 검사

해설

침투탐상법의 대표적인 예가 형광침투탐상법, 자기탐상법 등이다. 즉, 파괴하지 않고 형광물질이나 자기력을 사용해서 결함을 찾는다.

정답 ④

85 **공작기계의 절삭저항에 해당되지 않는 것은?**

① 주분력 ② 배분력
③ 횡분력(이송분력) ④ 치핑(chipping)

해설

절삭저항에는 3개의 분력으로 나누어 생각해야 한다. 공작물의 회전반경에 접선방향의 절삭저항을 주분력(tangential force), 공구의 이송 반대 방향의 횡분력(longitudinal force), 주분력과 횡분력에 직각방향인 배분력(radial force) 등이다.

정답 ④

86 **강의 선삭에서 칩(chip)이 연속적으로 길게 감겨져 나와 공작물 표면을 손상시키며, 작업자에게 위험할 뿐만 아니라 열을 공구에 전달하고 윤활을 방해한다. 이것을 방지하기 위하여 공구에 두는 것은?**

① rake angle ② relief angle
③ chip breaker ④ cutting edge angle

해설

경사각(rake angle)은 날위의 임의의 1점을 지나며 저면에 평행한 평면과 경사면(윗면)과 이루는 각, 여유각(relief angle)은 날에 접하며 저면에 수직한 평면과 여유면과 이루는 각

정답 ③

87 공작기계에 대한 설명으로 잘못된 것은?

① 공작물의 회전과 그 회전축을 포함하는 평면 내에서 공구의 선운동에 의해서 공작물을 원하는 형태로 절삭하는 것을 선삭가공이라 한다.
② 밀링 머신은 회전하는 공작물에 절삭공구를 이송하여 원하는 형상으로 가공하는 공작기계이다.
③ 드릴 작업은 일반적으로 드릴 주축을 회전시켜 작업하지만 정확을 요하는 깊은 구멍작업에는 가공물을 회전시킨다.
④ 연삭 숫돌을 공구로 사용하고 가공물에 상대운동을 시켜 정밀하게 가공하는 작업을 연삭이라 한다.

해설
회전하는 공작물에 절삭공구를 이송하여 원하는 형상으로 가공하는 공작기계는 선반이다. 밀링은 회전하는 공구로 이송되는 공작물의 평면절삭을 하는 공작기계이다. ②는 선반가공을 말한다.

 ②

88 연강을 선삭작업으로 고속절삭 할 때 생기는 칩의 형태는?

① 유동형　　② 전단형
③ 경작형　　④ 균열형

해설
유동형칩은 칩이 공구의 경사면 위를 유동하는 것과 같이 이동하는 칩으로 칩의 슬라이딩이 연속적으로 진행되어 절삭작업이 원활하다. 유동형 칩이 생기기 쉬운 경우는 연성의 재료를 고속절삭 할 시, 절삭량이 적은 경우, 공구의 경사각이 클 경우, 절삭제를 사용할 경우 등이다.

정답 ①

89 구성인선(built-up edge)의 발생을 방지법은?

① 절삭속도를 느리게 하고 절삭 깊이 및 이송속도를 크게 하고 윤활성이 좋은 절삭유를 사용한다.
② 바이트의 윗면 경사각을 크게 하고(30°까지) 절삭속도를 높이며, 윤활성이 좋은 절삭유를 준다.
③ 바이트의 윗면 경사각을 작게 한다.
④ 절삭깊이, 이송 속도를 크게 한다.

해설
구성인선(built-up edge)의 발생을 억제하는 방법으로는 칩두께의 감소, 상면경사각의 증대, 날끝을 예리하게, 감마냉각수의 사용, 절삭속도의 증대 등이다.

정답 ②

90 **재질이 연한 금속의 공작물 가공 시, 칩과 공구의 윗면 경사면 사이에 높은 압력과 마찰 저항이 발행하면서 칩이 공구 날 끝 앞에 달라붙어 마치 절삭날처럼 작용을 하는 것은?**

① 리드 스크루(lead screw)
② 빌트업 에지(built-up edge)
③ 스텔라이트(stellite)
④ 칩 브레이크(chip breaker)

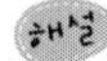

구성인선(built-up edge)이란 재질이 연한 금속의 공작물을 가공할 때 칩과 공구의 윗면 경사면 사이에 높은 압력과 마찰 저항이 발행하면서 칩의 공구 날 끝 앞에 달라붙어 마치 절삭날처럼 작용을 하는 것을 말한다.

 ②

91 **연강재료의 절삭가공 시 절삭저항이 가장 적고, 가공면이 매끈한 칩의 형태는?**

① 전단형
② 유동형
③ 균열형
④ 열단형

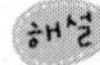

부연설명으로 전단형이란 칩이 공구의 경사면 위에서 압축을 받아 전단을 일으키므로 칩은 연속적으로 나오지만 안정성이 결여되어 공작물의 진동이나 요철이 생기게 하는 칩형태를 말한다.

 ②

92 **절삭가공에서 발생하는 칩의 형태가 절삭력으로 가공된 면을 뜯어낸 것과 같은 형태의 표면이나 땅을 파는 것과 같이 불규칙한 면으로 가공되는 칩(일명 열단형 칩)은?**

① 유동형 칩
② 경작형 칩
③ 전단형 칩
④ 균열형 칩

부연설명으로, 열단형과 비슷한 균열형칩은 여린 재료에서 날끝부터 공작물 표면까지 순간적으로 전단되는 칩을 말한다.

 ②

93 **공작기계에서 윤활유의 작용으로 틀린 것은?**

① 청정 작용
② 충격완화 작용
③ 냉각 작용
④ 응력집중 작용

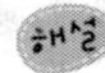

응력이 집중되면 균열이 가든지, 파손이 일어난다. 즉 윤활유는 응력집중이 아니라 응력분산 작용을 해야 한다.

 ④

94 **공작기계에서 윤활유의 작용이 아닌 것은?**

① 냉각작용 ② 산화방지작용
③ 부식작용 ③ 밀폐작용

해설

부식이란 금속이 물과 공기를 만나서 녹스는 현상을 말한다.

정답 ③

95 **윤활유의 사용 목적이 아닌 것은?**

① 밀폐작용 ② 밀봉작용
③ 청정작용 ④ 보온작용

해설

금속이 마찰되는 곳에 윤활유를 넣어 금속 마찰을 줄여주게 해야 한다. 마찰이란 마찰열을 동반한다. 마찰열의 축적은 더욱 금속을 더욱 마멸되게 한다. 그러므로 윤활유는 냉각을 통해 금속의 마멸을 줄여야 한다.

 정답 ④

96 **절삭 가공에 이용되는 성질로 가장 적합한 것은?**

① 소성 ② 용접성
③ 용해성 ④ 연삭성

해설

절삭가공에는 공구(날)에 의한 방법(협의의 절삭가공)과 연삭입자를 이용한 방법(연삭가공)이 있다. 연삭성은 연삭가공이 잘 되는지의 정도를 말한다.

정답 ④

97 **선반작업에서 공작물의 지름을 D(mm), 1분간의 주축 회전수를 N(rpm)이라고 할 때, 절삭속도 V는 몇 m/min인가?**

① $V=\pi DN$ ② $V=\frac{\pi DN}{1000}$

③ $V=\frac{\pi D}{1000N}$ ④ $V=\frac{\pi N}{1000D}$

해설

속도는 원주거리와 rpm의 곱이므로 식으로 표현하면, $v=\pi DN$이다. 속도의 단위를 맞추면, $v(\text{m/min})=\pi\times \text{D}(\text{mm})\times \text{N}(\text{rpm})=\pi\times\frac{\text{D}}{1000}(\text{m})\times \text{N}(\text{rpm})$로 유도된다.

정답 ②

98 절삭가공에 속하는 것은?

① 인발　　② 주조
③ 단접　　④ 래핑

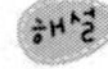

래핑은 가공하려는 공작물 표면의 이상적인 완성형상에 되도록 가깝게 만들어진 랩과 공작물 사이에 랩제를 넣어 압력을 가해 상대운동을 시켜 공작물표면을 고정도로 다듬는 가공법으로 정밀입자가공에 속한다. 크게 보면 연삭, 정밀입자가공, 전해가공, 방전가공 등도 절삭에 속한다.

정답 ④

99 선반으로 지름이 45cm인 환봉을 300rpm으로 절삭하면 절삭속도(m/min)는?

① 254　　② 25.4
③ 424　　④ 42.4

$v(\text{m/min}) = \pi \times D(\text{cm}) \times N(\text{rpm}) = \pi \times \frac{D}{100}(\text{m}) \times N(\text{rpm})$이므로,

$v(\text{m/min}) = \pi \times \frac{45}{100}(\text{m}) \times 300(/\text{min}) = 424.115\text{m/min}$으로 계산된다.

정답 ③

100 선반 가공시 인장강도가 $\sigma_b = 72\text{kgf/mm}^2$인 탄소강의 절삭속도는 70m/min, 절삭 깊이가 5mm, 이송은 1mm/rev일 때 절삭동력(kW)은?(단, 비절삭력$(K_s) = 3.5 \times \sigma_b$이고, 기계효율은 $\eta = 0.75$이다.)

① 14.41　　② 19.21
③ 25.63　　④ 31.45

절삭력(F) = 비절삭력(K_s) × 절삭면적(A)이고, 절삭면적(A) = 깊이 × 이송량이므로,

$F = 3.5 \times 75\text{kgf/mm}^2 \times 5\text{mm} \times 1\text{mm/rev}$,

출력$(Hp) = F \times v = 3.5 \times 75 \times 5(\text{kgf/rev}) \times \frac{70\text{m}}{60\text{s}} \times \frac{1}{102} = 15.0122\text{kW}$로 계산된다.

그러나, 기계효율이 0.75로 $\eta = \frac{\text{순수절삭동력}}{\text{선반에 공급되는 절삭동력}}$이다.

선반에 공급되는 동력 $= \frac{\text{순수절삭동력}(Hp)}{\eta} = \frac{15.0112}{0.75} = 20.01\text{kW}$가 필요하다.

정답 ②

101 선반으로 지름이 20mm인 환봉의 표면을 30m/min속도로 절삭하고 있을 때 주축 회전수(rpm)는?

① 약 400
② 약 478
③ 약 451
④ 약 482

해설

$v(\mathrm{m/min}) = \pi \times \mathrm{D(cm)} \times \mathrm{N(rpm)} = \pi \times \frac{\mathrm{D}}{100}(\mathrm{m}) \times \mathrm{N(rpm)}$을 적용하면,

$30(\mathrm{m/min}) = \pi \times \frac{20}{1000}(\mathrm{m}) \times \mathrm{N(rpm)}$, $N = \frac{30 \times 1000}{\pi \times 20} = 477.46\mathrm{rpm}$ 으로 계산된다.

 정답 ②

102 지름 100mm의 저탄소 강재를 회전수 200rpm으로 절삭하면서 길이 100mm를 1회 선반 가공하는데 2.5분이 소요되었다면 이송속도(mm/rev)는?

① 0.1
② 0.15
③ 0.2
④ 0.25

$\text{이송속도} = \frac{\text{이송거리}}{\text{이송시간}}$, (혹은) = 회전당 이송거리 × 회전수(rpm)이므로,

$v(\text{이송속도}) = \frac{100\mathrm{mm}}{2.5\mathrm{min}} = x(\text{회전당이송거리}) \times 200\mathrm{rpm}$ 이므로,

$x = \frac{100\mathrm{mm}}{2.5\mathrm{min}} \times \frac{1}{200\mathrm{rpm}} = 0.2\mathrm{mm/rev}$

 정답 ③

103 심압축에 꽂아서 사용하는 선반의 부속장치로, 선단이 원뿔형이고 대형 가공물에 사용되며, 자루부는 테이퍼로 되어있는 것은?

① 척(chuck)
② 센터(center)
③ 심봉(mandrel)
③ 돌림판(driving plate)

부연설명으로, 척은 주축에 끼워 공작물을 3개 혹은 4개의 죠(jaw)로 확실하게 물고 이를 지지한 채로 화전하는 도구, 심봉은 중심에 구멍을 가진 공작물의 외주를 깍을 때 사용하며, 이 구멍에 봉을 관통시켜 마찰로 고착하고 양센터로 봉을 지지하게 한다. 돌림판(돌리개판)은 돌리개를 이용하여 공작물을 돌리는 판이다.

 정답 ②

104 선반작업에 사용되는 절삭공구의 일반적인 명칭은?

① 숫돌 ② 커터
③ 탭 ④ 바이트

숫돌은 연삭작업에서 사용하는 공구, 커터는 절단 작업세서 사용하는 공구, 탭은 나사를 내는 작업에서 사용하는 공구이다.

정답 ④

105 선반가공 시 3분력의 크기는?

① 주분력 > 배분력 > 이송분력 ② 주분력 > 이송분력 > 배분력
③ 배분력 > 주분력 > 이송분력 ④ 배분력 > 이송분력 > 주분력

절삭저항에는 3개의 분력으로 나누어 생각해야 한다. 공작물의 회전반경에 접선방향의 절삭저항을 주분력(tangential force)이 가장 크게 발생하고, 공구의 이송 반대 방향의 횡분력(longitudinal force), 주분력과 횡분력에 직각방향인 배분력(radial force) 등이다.

정답 ①

106 선반의 4대 주요구성부분이 아닌 것은?

① 주축대 ② 베드
③ 바이트 ④ 왕복대

구동기구, 속도변환기구를 포함한 주축대, 공작물의 다른 끝을 지지하는 심압대, 이들을 고정하는 베드가 있으며, 공구(바이트)를 이송시키는 왕복대가 있다. 바이트는 공구대에 있고 공구대는 왕복대에 있다.

정답 ③

107 선반의 단동척을 바르게 설명한 것은?

① 조(jaw)가 4개이며 조가 각기 움직이므로 불규칙한 형상의 공작물 고정에 사용한다.
② 조(jaw)가 3개의 원형 정다각형의 공작물을 울리는데 편리하며 조가 마모되면 정밀도가 저하된다.
③ 콜릿을 이용하여 자동선반 터릿선반 시계 선반 등에 사용되는 척이다.
④ 전자석을 이용하여 장 탈착이 쉽도록 하여 대량생산에 주로 사용되는 척이다.

연동척은 3개 죠가 동시에 1개의 나사로 움직여 조임, 보기의 ③은 콜릿척, ④는 전자척을 설명한 것이다. 이외에 벨척, 공기척 등이 있다.

정답 ①

108 선반의 부속장치로, 척에 고정할 수 없는 불규칙하거나 대형의 가공물 또는 복잡한 가공물을 고정할 때 척을 떼어내고 주축에 고정하여 가공물을 직접 몰드나 클램프 등으로 고정할 때 사용하는 것은?

① 면판 ② 하프센터
③ 콜릿척 ④ 돌림판

해설

면판은 선반의 부속기기로, 척에 고정할 수 없는 불규칙하거나 대형의 가공물 또는 복잡한 가공물을 고정할 때 척을 떼어내고 주축에 고정하여 가공물을 직접 몰드나 클램프 등으로 고정할 때 사용한다.

정답 ①

109 선반에서 일반적으로 가공할 수 없는 것은?

① 보링 ② 테이퍼 절삭
③ 나사깎기 ④ 이깎기

해설

기어의 이는 전조에 의해서 가공한다.

정답 ④

110 원형 소재의 테이퍼 절삭을 가장 잘 하는 공작기계는?

① 선반 ② 밀링머신
③ 보링머신 ④ 드릴링 머신

해설

밀링머신은 평면절삭, 보링머신은 실린더의 직경을 넓힐 때 사용하는 기계이고, 드릴링은 구멍을 뚫는 기계이다.

정답 ①

111 일반적으로 선반에서 할 수 있는 작업은?

① 나사 절삭 ② 사각 추 가공
③ 기어 절삭 ④ 묻힘 키 홈 가공

해설

사각은 밀링에서 평삭가공, 기어는 전조가공, 묻힘 키 홈은 밀링에서 공구를 바꾸어 홈가공을 하면 된다.

정답 ①

112 선반에서 복식 공구대를 사용하여 그림과 같은 테이퍼를 가공하려 한다. 공구대의 선회각도는?

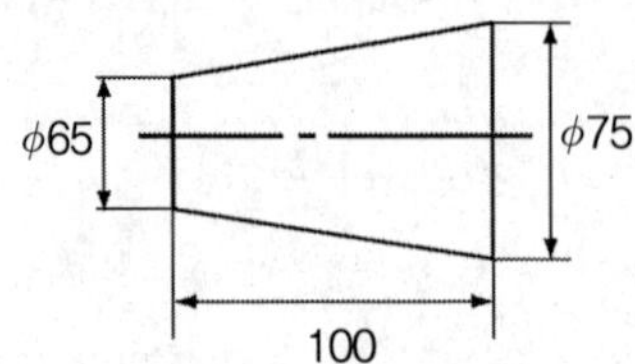

① 11.16° ② 5.58° ③ 2.86° ④ 1.43°

해설

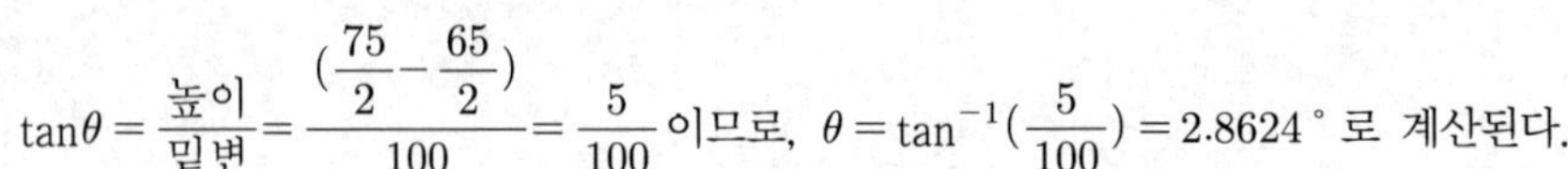

$$\tan\theta = \frac{높이}{밑변} = \frac{(\frac{75}{2}-\frac{65}{2})}{100} = \frac{5}{100}$$ 이므로, $\theta = \tan^{-1}(\frac{5}{100}) = 2.8624^{\circ}$ 로 계산된다.

정답 ③

113 평면절삭을 하려고 할 때 가장 적합한 공작기계는?

① 보링 머신 ② 선반

③ 드릴링 머신 ④ 세이퍼

평면절삭에는 세이퍼, 플레이너, 슬로터가 있다. 세이퍼는 소형의 공작물을 평삭하는데 사용하며 공작물을 테이블에 고정하고 램이 직선 왕복운도해서 절삭을 행한다. 플레이너는 세이퍼와 달리 공구가 공구대에 고정되어 크로스 레일 위를 가로방향으로 이송하고, 긴 왕복테이블(공작물이 고정)이 왕복운동으로 가공된다. 슬로터는 수직형 세이퍼라고 한다.

정답 ④

114 지름 60mm의 커터로 30m/min의 절삭속도로 절삭하는 경우 날수가 12개일 때, 날 1개당의 이송을 0.2mm라 하면 분당 이송량(mm/min)은?

① 382 ② 296

③ 202 ④ 194

절삭속도v(m/min) $= \pi \times D(mm) \times N(rpm) = \pi \times \frac{D}{1000}(m) \times N(rpm)$ 이므로,

$30(m/min) = \pi \times \frac{60}{1000}(m) \times N(rpm)$, $N(rpm) = \frac{30 \times 1000}{\pi \times 60} = 159.155rpm$ 이다.

따라서, 이송속도(mm/min) = 날수 × 1날의 이송거리 × rpm 이므로, 대입하자.

이송속도(mm/min) $= 12 \times 0.2mm \times \frac{159.155rev}{min} = 381.972mm/min$ 으로 계산된다.

정답 ①

115 절삭공구가 회전하지 않는 공작기계는?

① 밀링 머신　　② 드릴링 머신
③ 호빙 머신　　④ 세이퍼

해설

밀링 : 평면절삭, 드릴링 : 구멍, 호빙 : 기어가공, 호닝 : 구멍 다듬질(넓힘)

 ④

116 정육면체의 외형 평면가공에 가장 적합한 공작기계는?

① 선반　　② 드릴링 머신
③ 밀링 머신　　④ 보링 머신

해설

정육면체는 평면이 6개이므로, 평면을 가공하는데는 밀링을 사용하는 것이 좋다.

 ③

117 절삭공구가 회전하는 공작기계는?

① 선반　　② 브로우칭
③ 밀링　　④ 세이퍼

해설

선반은 공작물이 회전하며 왕복대(공구)가 이송, 밀링은 절삭날이 회전하고 공작물이 고정된 테이블이 이동, 세어퍼는 절삭공구가 왕복운동를 행한다.

 ③

118 지름 16mm인 드릴로 연강인 일감에 절삭 속도는 28m/min로 구멍을 뚫을 때 드릴링 머신의 스핀들 회전수(rpm)는?

① 140　　② 280
③ 557　　④ 1114

해설

$v(\mathrm{m/min}) = \pi \times \mathrm{D(cm)} \times \mathrm{N(rpm)} = \pi \times \dfrac{\mathrm{D}}{100}(\mathrm{m}) \times \mathrm{N(rpm)}$ 이므로,

$28(\mathrm{m/min}) = \pi \times \dfrac{16}{1000}(\mathrm{m}) \times x(\mathrm{rev/min})$ 이다.

$x = \dfrac{28 \times 1000}{\pi \times 16} = 557\mathrm{rpm}$ 으로 계산된다.

 ③

119 지름 75mm의 커터가 매분 60회전하며 절삭할 때 절삭속도(m/min)는?

① 14　② 20　③ 26　④ 32

해설

절삭속도$v(\text{m/min}) = \pi \times \text{D(mm)} \times \text{N(rpm)} = \pi \times \frac{\text{D}}{1000}(\text{m}) \times \text{N(rpm)}$이므로,

절삭속도$v(m/\text{min}) = \pi \times \frac{75}{1000}(m) \times \frac{60rev}{\text{min}} = 14.137m/\text{min}$로 계산된다.

정답 ①

120 드릴가공에 대한 설명으로 틀린 것은?

① 재료에 기공이 있으면 가공이 용이하다.
② 드릴의 날끝각은 공작물의 재질에 따라 다르다.
③ 겹쳐진 구멍을 뚫을 때는 먼저 뚫은 구멍에 같은 종류의 재료를 메우고 구멍을 뚫는다.
④ 탭이 파손될 경우에는 나사뽑기 기구를 사용한다.

해설

재료에 기공(공기가 든 구멍)이 있다는 것은 드릴(구멍)하기에 좋지 않다. 드릴날이 기공을 갑자기 만나면 회전저항이 걸리고 드릴날은 파손 혹은 마모되기 쉽다. 그러면 정밀도가 떨어지는 드릴링 작업이 된다.

정답 ①

121 지름 20mm의 드릴로 연강 판에 구멍을 뚫을 때, 회전수가 200rpm이면 절삭속도(m/min)는?

① 12.6　② 15.5　③ 17.6　④ 75.3

해설

$v(\text{m/min}) = \pi \times \text{D(cm)} \times \text{N(rpm)} = \pi \times \frac{\text{D}}{100}(\text{m}) \times \text{N(rpm)}$이므로,

$v(\text{m/min}) = \pi \times \text{D(cm)} \times \text{N(rpm)} = \pi \times \frac{2}{100}(\text{m}) \times 200(\text{rev/min}) = 12.566\text{m/min}$으로 계산된다.

정답 ①

122 황동의 구멍 뚫기 작업에 사용하는 드릴의 날끝 각은?

① 90~120°　② 118°　③ 100°　④ 60°

해설

선단각(날끝각)을 작게 하면 추력은 감소하나 날이 길어져서 비틀림 모멘트가 커지므로, 소요 동력이 증가하고 날의 경사각이 감소하여 수명일 짧아진다. 보통 철강 재료에는 120도를 사용, 황동 및 청동(연)에는 118도를 사용한다.

정답 ②

123 **드릴이 용이하게 재료를 파고 들어갈 수 있도록 드릴의 절삭 날에 주어진 각은?**

① 날 여유 각 ② 보링 각
③ 평면 가공 각 ④ 홈 절삭 각

해설
드릴에는 4가지 각을 가지고 있는데, 선단각(날끝각), 날여유각(칩제거를 용이하게 함과 날에 각도를 주기위해서), 나선각(연질일수록 큰 각), 취즐 에지각 등이 있다.

정답 ①

124 **드릴은 생크, 몸체 및 날끝으로 구성되어 있다. 날끝의 구성요소가 아닌 것은?**

① 치즐에지(chisel edge) ② 힐(heel)
③ 마진 (margin) ④ 시닝(thinning)

해설
치즐에지는 홈과 저면의 교선이 2개의 직선날을 이루는 사이간극을 말한다. 마진은 드릴을 구멍속으로 똑바로 안내하다.

정답 ④

125 **드릴 자루가 테이퍼인 드릴의 끝 부분을 납작하게 한 부분으로, 드릴이 미끄러져 헛돌지 않고 테이퍼 부분이 상하지 않도록 하면서 회전력을 주는 부분은?**

① 탱(tang) ② 몸체(body)
③ 마진(margin) ④ 사심(dead center)

해설
드릴은 크게 2부분으로 나누는데, 생크와 본체(body)이다. 생크는 테이퍼된 자루를 말하고 그 자루 끝에는 탱이 있다. 본체는 2줄의 나선홈을 가지며 저면을 특정한 곡면으로 만든 것이다.

정답 ①

126 **드릴로 뚫은 구멍의 중심위치와 지름을 다듬질 완성 가공하거나 구멍을 넓혀서 정확한 치수로 절삭하기 위한 공작기계는?**

① 보링 머신 ② 호빙 머신
③ 플레이너 ④ 세이퍼

해설
부연설명으로, 호빙머신은 원통형 기어를 가공하는 기계로, 호브라고 부르는 공구를 회전시켜 이에 대응하는 기어 소재의 치형을 창성한다.

정답 ①

127 **속이 빈 대형 공작물의 내면을 축대칭 현상으로 가공하는 공작기계는?**

① 선반　　② 보링머신
③ 밀링머신　　④ 세이퍼

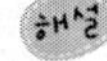

보링은 구멍의 내면을 깍아 넓히는 작업을 말한다.

정답 ②

128 **선삭가공이나 드릴로 뚫어진 구멍의 형상과 치수를 정밀하게 다듬질하는 작업은?**

① 탭핑　　② 다이스 작업
③ 리밍　　④ 스크레이퍼 작업

리머(reamer) 작업은 드릴로 뚫은 구멍의 거칠기나 진원도를 더욱 정밀하게 다듬질 가공하여 치수 정도와 표면거칠기를 향상시킨다.

정답 ③

129 **나사의 머리 모양이 접시 모양일 때, 접시부분이 가공물 안으로 묻히도록 드릴과 동심원의 2단 구멍을 절삭하는 드릴링은?**

① 리밍　　② 카운터 보링
③ 태핑　　④ 카운터 싱킹

카운터 싱킹 : 나사머리 모양이 접시이며 나사머리를 묻히게 하는 드릴작업, 카운터 보링 : 6각(둥근) 볼트머리를 묻히게 하는 드릴 작업, 스폿페이싱 : 너트나 볼트의 머리가 접촉하는 부분을 평면처리

정답 ④

130 **한꺼번에 여러 개의 구멍을 뚫거나 공정수가 많은 구멍을 가공할 때 가장 적합한 드릴링 머신은?**

① 탁상 드릴링 머신　　② 레이디얼 드릴링 머신
③ 다축 드릴링 머신　　④ 직립 드릴링 머신

직립드릴링머신은 일감을 테이블 위에 고정시키고 테이블를 작동시켜 구멍의 위치를 정한다. 비교적 소형일감가공에 편리하다. 탁상드릴링머신은 소형 직립드릴링머신으로 깊이가 얕은 작은 구멍을 뚫을 때 사용한다. 레디얼 드릴링머신은 큰 일감을 고정하고 주축의 드릴부분을 움직여서 구멍을 뚫는 머신이다.

 ③

131 6각 구멍붙이 볼트의 머리를 묻기 위한 드릴링은?

① 카운터 보링
② 보링
③ 카운터 싱킹
④ 리밍

해설

카운터 보링은 6각(둥근) 볼트머리를 묻히게 하는 드릴 작업이다.

정답 ①

132 드릴링 머신에서 할 수 없는 작업은?

① 카운터 보링
② 리밍
③ 카운터 싱킹
④ 코킹

해설

코킹은 리벳팅 후에 리벳머리부분에서 누설을 방지하기 위해서 하는 작업이다.

정답 ④

133 드릴링 머신으로 너트나 볼트의 머리와 접촉하는 면을 평면으로 자리를 파는 드릴링은?

① 리밍
② 스폿 페이싱
③ 태핑
④ 카운터 싱킹

해설

스폿페이싱은 너트나 볼트의 머리가 접촉하는 부분을 평면 처리하는 드릴링 작업이다.

정답 ②

134 드릴링 머신 작업의 종류에 속하지 않는 것은?

① 보링
② 리밍
③ 카운터보링
④ 브로우칭

해설

브로치(broch)는 많은 날을 나란히 갖고 있는 공구로, 공작물 표면에 눌러 1회 통고하는 동안 브로치의 날이 공작물의 표면을 조금씩 깍아 브로치날의 단면형상으로 만드는 공작법이다.

정답 ④

135 드릴구멍에 암나사를 내는데 사용하는 수공구인 것은?

① 톱
② 탭
③ 리머
④ 다이스

해설

탭작업은 암나사를 내는 작업이다.

정답 ②

136 **숫돌이 가공물의 표면을 가압하고, 숫돌을 진동시키면서 가공물에 회전 이송운동을 주어 가공물의 표면을 초정밀 가공하는 방법은?**

① 초음파 가공 ② 호닝
③ 슈퍼피니싱 ④ 연삭

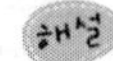

호닝은 입자를 이용 구멍에 넣어 회전 가공, 래핑은 입자를 뿌려 가압 후 상대운동 가공, 슈퍼피니싱은 숫돌을 약하게 가압 후 진동시켜 가공

정답 ③

137 **매우 적은 입자의 숫돌에 극히 작은 압력으로 가압하면서 공작물의 표면을 따라 축방향으로 진동을 주면서 원통의 내면, 외면 및 평면을 가공하는 방법은?**

① 호닝 ② 슈퍼피니싱
③ 래핑 ④ 브로칭

슈퍼피니싱은 매우 적은 입자의 숫돌에 극히 작은 압력으로 가압하면서 공작물의 표면을 따라 축방향으로 진동을 주면서 원통의 내면, 외면 및 평면을 가공하는 방법이다.

정답 ②

138 **원통의 내면을 보링, 리밍, 연삭 등의 가공을 한 후에 공구를 회전 및 직선 왕복 운동시켜 진원도, 진직도, 표면 거칠기 등을 더욱 향상시키기 위한 가공방법은?**

① 래핑 ② 초음파 가공
③ 쇼트피닝 ④ 호닝

호닝은 원통의 내면을 보링, 리밍, 연삭 등의 가공을 한 후에 공구를 회전 및 직선 왕복 운동시켜 진원도, 진직도, 표면 거칠기 등을 더욱 향상시키기 위한 가공방법이다.

정답 ④

139 **선삭이나 밀링가공과 비교한 연삭가공을 바르게 설명한 것은?**

① 연삭에서 제거되는 칩(chip)은 극히 작다.
② 연삭점의 온도는 대단히 낮다.
③ 절삭속도가 대단히 느리다.
④ 날 끝에서는 자생작용이 없다.

연삭은 고속회전일수록 좋은 연삭면을 얻을 수 있으며, 그만큼 연삭점의 온도도 높다.

정답 ①

140 커터와 바이트처럼 연삭하지 않아도 연삭숫돌은 자동적으로 닳아 떨어져 나가서 새로운 날을 형성한다. 이런 현상은?

① 자생작용
② 투루잉
③ 글레이징
④ 드레싱

해설

자생작용이란 연삭이 진행됨에 따라 숫돌입자가 둔하게 된 날이 새로운 날로 바뀌는 것을 말한다.

정답 ①

141 연삭숫돌에서 결합재의 필요조건이 아닌 것은?

① 열과 연삭 액에 대하여 안전할 것
② 고속회전에 대한 안전강도를 가질 것
③ 입간 간에 기공이 생기지 않도록 할 것
④ 균일한 조직으로 임의의 형상 및 연삭 액에 대하여 안전할 것.

해설

숫돌의 조직에서 연삭숫돌의 체적당 입자수를 밀도라 하는데, 밀도가 거친(조직번호가 큰 것) 숫돌은 기공이 크고 칩의 배출이 좋아 연삭이 잘 되고 발열이 적다. 반대로 정밀다듬질에는 조직이 치밀한 것이 좋다.

정답 ③

142 연삭숫돌에 WA-46-K-8-V로 표시되어 있다. V의 의미는?

① 숫돌재료
② 경도
③ 결합제
④ 입도

해설

WA(지립:숫돌입자)-46(입도)-K(결합도)-8(조직)-V(결합도)를 나타낸다.

정답 ③

143 숫돌입자의 표면이나 기공에 칩(chip)이 차 있는 상태를 의미하는 연삭숫돌의 결함은?

① 로딩(loading)
② 트루밍(truing)
③ 글레이징(glazing)
④ 드레싱(dressing)

해설

글레이징(무딤)은 숫돌 날이 마멸되어 무디어지는 현상, 로딩(채움)은 연삭 날이 마멸(칩 발생)되어 기공을 채우는 현상, 드레싱은 나빠진 숫돌 날을 새롭게 날카로운 숫돌 입자로 만드는 것, 트루밍은 드레싱 후 연삭숫돌을 일정한 크기나 방향으로 성형하는 것을 말한다.

정답 ①

144 숫돌차의 바깥지름이 250mm, 회전속도가 1200rpm, 공작물의 원주속도가 20m/min일 때 연삭속도(m/min)는?(단, 공작물과 연삭숫돌의 회전방향은 같다)

① 922　　② 962
③ 1016　　④ 1183

해설

연삭속도$v(\mathrm{m/min}) = \pi \times \mathrm{D(mm)} \times \mathrm{N(rpm)} = \pi \times \dfrac{\mathrm{D}}{1000}(\mathrm{m}) \times \mathrm{N(rpm)}$ 이므로,

연삭속도$v(\mathrm{m/min}) = \pi \times \dfrac{250}{1000}(\mathrm{m}) \times 1200(\mathrm{rpm}) = 942\mathrm{m/min}$ 이고, 공작물과 숫돌이 같은 방향이므로, 두 부분이 접촉되는(연삭되는) 부분은 속도차를 구해야 된다. 연삭부분에서 공작물과 숫돌은 서로 같은 방향으로 접촉한다. 즉, 아래와 같이 계산된다.
$942 - 20 = 922\mathrm{m/min}$ 으로 계산된다.

정답 ①

145 센터리스 연삭작업에서 공작물의 1회전마다의 이송량이 3mm일 때 이송속도(m/min)는?(단, 공작물의 회전수는 2000rpm이다)

① 8　　② 7
③ 6　　④ 5

해설

f를 회전 이송량(mm/rev)라 하면, 이송속도 $(v) = f(\mathrm{mm/rev}) \times \mathrm{N(rpm)}$ 이므로,
$v = 3(\mathrm{mm/rev}) \times \dfrac{2000(\mathrm{rev})}{1(\mathrm{min})} = \dfrac{3}{1000}(\mathrm{m/rev}) \times 2000(\mathrm{rev/min}) = 6\mathrm{m/min}$ 로 계산된다.

정답 ③

146 금속의 전기 분해 현상을 이용한 가공법으로서 가공물을 양극으로 하고 전해용액 속에서 금속 표면의 미소 용기 부분을 용해하여 거울면 상태로 가공하는 방법은?

① 전해연마(electrolytic polishing) 가공
② 버핑(buffing) 가공
③ 버어니싱(burnishing)가공
④ 배럴(barrel finishing)가공

해설

부연설명으로 버핑(buffing)은 모, 면, 직물 등으로 만든 원판에 연삭 재료를 주고 여기에 공작물을 눌러 연삭하는 작업이다.

정답 ①

147 나사 모양의 커터를 회전시키면서 각종 기어를 절삭하는 기계는?

① 보링머신 ② 셰이퍼
③ 호닝 ④ 호빙머신

해설

호빙머신은 원통형 기어를 가공하는 기계로 호브라고 부르는 공구를 회전시켜 이에 대응하는 기어 소재의 치형을 창성한다.

정답 ④

148 CNC 선반가공에서 G04의 의미는?

① 일시정지 ② 나사가공
③ 직선보간 ④ 원호보간

해설

G00 : 위치결정(급속이송), G01 : 직선보간(절삭이송), G02 : 원호절삭(시계방향), G03 : 원호절삭(반시계방향), G04 : 일시정지(시간지정), G05 : 고속 사이클 가공, G09 : 일시정지(정확한 위치 결정)

정답 ①

149 2대 이상의 공작기계군을 컴퓨터에 결합시켜 작업성 및 생산성을 향상시키는 시스템은?

① DNC ② NC
③ FMS ④ LC

해설

DNC(Direct Numerical Control : 직접 수치 제어)는 컴퓨터와 직접연결 되어 생산하는 시스템, FMS(Flexible Manufacturing System : 유연생산시스템)은 다양한 제품을 생산하는 시스템으로 FA(Factory Automation : 공장자동차)를 포함한다.

정답 ①

150 CNC 공작기계의 가공영역으로 가장 적당한 것은?

① 소품종 대량 생산의 경우
② 절삭량이 적은 경우
③ 형상이 복잡한 부품
④ 한 부품에 단순한 작업이 필요한 경우

해설

CNC 공작기계의 가공영역은 다품종 소량 생산, 생산 횟수가 빈번한 경우, 절삭량이 많은 경우, 형상이 복잡한 부품, 한 부품에 유사한 많은 종류의 작업이 필요한 경우, 공차 범위가 좁아 정밀을 요하는 부품 등이다.

정답 ③

151 **CNC 공작기계의 장점에 속하지 않는 것은?**

① 기계가격이 고가
② 제품의 품질이 향상
③ 제품의 검사를 생략할 수 있다.
④ 가공 소요시간을 단축할 수 있다.

해설

CNC 공작기계의 장점으로는 제품의 품질이 향상, 제품의 검사를 생략할 수 있고, 가공 소요 시간의 단축, 치공구 제작비용 감소, 재고 비용 절약 효과, 안전을 도모할 수 있다는 점이다.

정답 ①

152 **CNC 공작기계에서 공작물을 좌우 혹은 상하로 움직여주는 역할을 하는 장치는?**

① 컨트롤러 ② 서보기구
③ 기계본체 ④ 볼스크류

해설

컨트롤러 : 명령을 처리하여 제어, 강전반 : 기계의 구동, 공구 선택, 주축 제어, 서보 기구 : 정밀도와 아주 관계가 깊은 X, Y, Z 등 각 축을 제어, 기계 본체 : 베드, 칼럼 등 기계의 골격을 이루고 있으며, 볼 스크루 : 회전 운동을 직선 운동으로 바꾸어 주는 장치이다.

정답 ②

153 **CNC 공작기계에서 복잡하지 않으면서 가장 많이 적용하고 있는 제어방식은?**

① 개방회로 제어 ② 반 폐쇄회로 제어
③ 폐쇄회로 제어 ④ 복합제어

해설

CNC 공작기계에서 폐쇄회로방식, 복합제어회로방식이 적용되면, 아주 정밀제어가 가능하지만 기계가 복잡한 회로를 구성하면서 기계비용이 비싸게 된다. 그래서, 가장 적당한 것은 반 폐쇄회로이다.

정답 ②

154 **컴퓨터 통합 생산시스템이라고 하며, 가장 미래적인 분야는?**

① CNC ② DNC ③ FMS ④ CIMS

해설

공작기계의 발달 순서는 NC → CNC → DNC → FMS → FA → CIM(S)이다.

정답 ④

155 CAD에서 3차원 모델링은?

① 와이어 프레임 모델　　② 서피스 모델
③ 솔리드 모델　　④ 표면적 모델

해설

3차원 모델은 솔리드 모델이다. 솔리드 모델은 체적, 무게 중심의 계산, 유한 요소 메시 생성 등을 행한다.

 ③

156 공구강의 끝부분에 날을 만든 것으로 평면이나 원통면의 마무리 다듬질용 수공구는?

① 스크류 드라이버　　② 스크레이퍼
③ 컴비네이션 플라이어　　④ 분할 다이스

해설

스크레이퍼는 공구강의 끝부분에 날을 만든 것으로 평면이나 원통면의 마무리 다듬질용 수공구이다.

 ②

157 기계가공이나 줄 작업 후 가공된 평면이나 원통면을 정밀하게 다듬질하기 위한 수공구는?

① 스크레이퍼　　② 리머
③ 다이스　　④ 탭

해설

탭작업은 암나사를 내는 작업, 다이스작업은 수나사를 내는 작업을 말한다. 다이스 : 수나사내는 공구

 ①

158 사용하는 측정기의 최소 측정단위가 1㎛인 것은?

① $\frac{1}{100}$ mm　　② $\frac{1}{1000}$ mm
③ $\frac{1}{10000}$ mm　　④ $\frac{1}{1000000}$ mm

$\mu = 10^{-6}$을 뜻하므로, $\mu = \frac{1}{1000000}$를 말한다. $\frac{1}{1000000}$m $= \frac{1}{1000}$mm이다.

 ②

159 **기계의 분진이나 쇠 부스러기를 청소하기 위해서 사용하는 공구로 가장 적당한 것은?**

① 줄　　② 스크레이퍼
③ 정　　④ 브러쉬

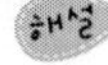

브러시(솔)는 기계의 분진이나 쇠 부스러기를 청소하기 위해서 사용하는 공구이다.

정답 ④

160 **길이 측정기가 아닌 것은?**

① 사인 바　　② 마이크로미터
③ 하이트 게이지　　④ 버니어캘리퍼스

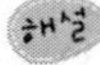

사인바는 삼각함수인 사인(sine)을 이용하여 바라는 각도를 만들기 위한 측정 공구이다. 롤러 중심 사이 거리를 L, 블록게이지 높이를 H와 h라 하면,

$\sin\theta = \dfrac{H-h}{L}$ 로 계산할 수 있다.

정답 ①

161 **$\dfrac{1}{100}$ mm까지 측정할 수 있는 마이크로미터에서 나사의 피치와 딤블의 눈금에 대한 설명으로 옳은 것은?**

① 피치는 0.5mm이고, 딤블은 50등분이 되어 있다.
② 피치는 1mm이고, 딤블은 50등분이 되어 있다.
③ 피치는 0.25mm이고, 딤블은 50등분이 되어 있다.
④ 피치는 0.5mm이고, 딤블은 100등분이 되어 있다.

피치란 나사산과 나사산의 간극을 말하는데, 1줄 나사일 경우 1피치의 눈금이 딤블의 1회전 값과 같다. 즉, ①은 $\dfrac{0.5}{50}\text{mm} = 0.01\text{mm}$, ②는 $\dfrac{1}{50}\text{mm} = 0.02\text{mm}$, ③은 $\dfrac{0.25}{50}\text{mm} = 0.005\text{mm}$, ④는 $\dfrac{0.5}{100}\text{mm} = 0.005\text{mm}$ 이다.

정답 ①

162 외측 마이크로미터에서 측정력을 일정하게 하는 것은?

① 딤블 ② 앤빌
③ 래칫 스톱 ④ 클램프

해설

마이크로미터에서 래칫스토퍼는 외측 마이크로미터에서 측정력을 일정하게 한다.

 ③

163 나사 마이크로미터로 측정하는 것은?

① 암나사의 안지름 ② 수나사의 골지름
③ 수나사의 유효지름 ④ 암나사의 골지름

해설

수나사의 유효지름은 골지름과 나사산지름을 더한 값을 2로 나눈 값을 말한다.

 ③

164 어미자 1눈금이 0.5mm일 때, 12mm를 25등분하여 아들자의 눈금으로 사용하는 버니어 캘리퍼스의 최소눈금은?

① 12.5mm ② 6mm
③ 0.2mm ④ 0.02mm

해설

어미자 한 눈금에 25등분을 하였으므로, $\frac{0.5}{25}\text{mm} = 0.02\text{mm}$ 이다. 이것은 어미자 0.5mm가 12mm가 되기 위해서는 24등분이 있어야 하며, 이 24등분에 아들자를 25등분한 것이다.

 ④

165 버니어캘리퍼스의 어미자에 새겨진 1mm의 19눈금(19mm)을 아들자에서 20등분할 때 어미자와 아들자의 1눈금크기의 차이는?

① $\frac{1}{50}\text{mm}$ ② $\frac{1}{20}\text{mm}$
③ $\frac{1}{24}\text{mm}$ ④ $\frac{1}{25}\text{mm}$

어미자 한 눈금이 1mm이고, 어미자의 19등분이 아들자 20등분과 만나므로, $\frac{1}{20}\text{mm} = 0.05\text{mm}$ 이다.

 ②

166 회전축의 흔들림 검사에 가장 적합한 측정기는?

① 블록 게이지 ② 버니어 캘리퍼스
③ 마이크로미터 ④ 다이얼 게이지

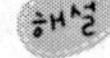

회전축(플라이휠, 크랭크축) 혹은 회전면(브레이크 디스크)의 흔들림을 런아웃이라고 한다. 이 런아웃을 측정하기 위해서는 회전축이나 회전면의 가장자리 부분에 다이얼게이지를 설치하고 회전축(면)을 돌리면 된다. 즉 런아웃 량이란 회전축면, 회전면의 울퉁불퉁한 량의 정도이다.

정답 ④

167 축의 휨, 원통의 진원도 측정에 가장 적합한 비교측정기는?

① 다이얼 게이지 ② 하이트 게이지
③ 버니어캘리퍼스 ④ 각도 게이지

해설

축의 휨을 측정하기 위해서 V블록에 축을 놓고 그 중심에 다이얼게이지를 설치하고 축을 돌려서 측정한다. 원통의 진원도(모든 원주의 중심이 한 점인 원)는 다이얼게이지가 설치된 보어게이지를 사용하여 6군데를 측정하면 된다.

정답 ①

168 공작기계 등의 스핀들 흔들림 검사에 가장 적합한 측정기는?

① 블록 게이지 ② 마이크로미터
③ 다이얼 게이지 ④ 버니어캘리퍼스

스핀들은 공작기계에서 공작물의 한 끝을 지지하는 것으로, 스핀들에 틈새가 있으면 스핀들이 회전시 떨게 된다. 스핀들의 끝에 다이얼게이지를 놓고 아래위로 흔들면 그 틈새를 측정할 수 있다.

정답 ③

169 다이얼 게이지로 측정하는 것이 가장 적합한 것은?

① 캠축의 휨 ② 피스톤의 외경
③ 나사의 피치 ④ 피스톤과 실린더의 간극

해설

피스톤의 외경은 외경마이크로미터나 버니어캘리퍼스, 나사의 피치는 피치게이지로, 피스톤과 실린더의 간극은 필러게이지 등으로 측정할 수 있다.

정답 ①

170 아들자와 어미자로 되어 있지 않는 측정기는?

① 버니어캘리퍼스 ② 마이크로미터
③ 하이트 게이지 ④ 다이얼 게이지

해설

하이트 게이지는 버니어캘리퍼스 눈금과 거의 같다. 다이얼게이지는 1회전 1mm를 나타내는 지침과 $\frac{1}{100}$을 측정하는 지침 등 2개의 지침이 있다.

정답 ④

171 어미자의 눈금이 1mm이고, 어미자 49mm를 50등분 하였다면 버니어 하이트 게이지의 최소 측정값은?

① 0.01 mm ② 0.02 mm
③ 0.025 mm ④ 0.05 mm

해설

어미자 한 눈금에 50등분을 하였으므로, $\frac{1}{50}\text{mm} = 0.02\text{mm}$ 이다. 이것은 어미자 한 눈금이 1mm이고, 어미자의 49등분이 아들자의 50등분한 것이다.

정답 ②

172 게이지 블록의 정도를 나타내는 등급으로 정도가 가장 높아 참조용으로 사용되며, 표준용 게이지 블록의 정도 검사에 사용되는 한국산업규격(KS) 등급인 것은?

① 특급 ② C급
③ 1급 ④ 00급

해설

블록(block) 게이지에는 AA급(최고기준용), A(표준용), B(검사용), C(공장용)의 정밀도가 있다.

정답 ④

173 비교측정의 표준이 되는 게이지는?

① 한계 게이지 ② 마이크로미터
③ 블록 게이지 ④ 센터 게이지

해설

블록게이지는 길이 측정 시 비교측정의 표준이 되는 게이지이다.

정답 ③

174 L = 50 mm의 사인바(sine bar)에 의하여 경사각 θ =20° 를 만드는 데 필요한 게이지블록의 높이차(h)는 몇 mm인가?

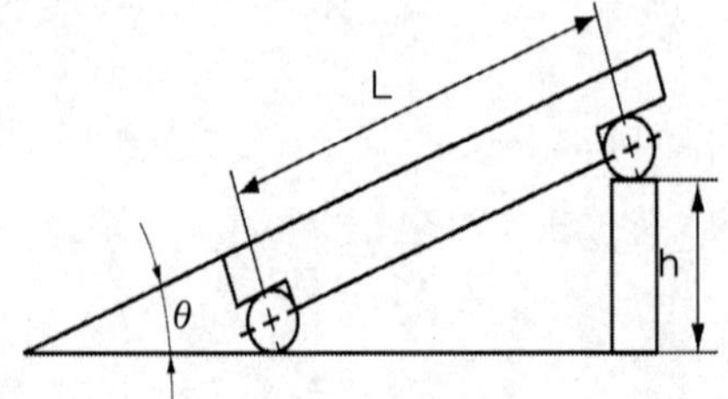

① 16.40　　② 17.10　　③ 18.20　　④ 19.30

$\sin\theta = \frac{h}{L}$ 이므로, $\sin 20° = \frac{h}{50(mm)}$, $h = \sin 20° \times 50mm = 17.1mm$ 으로 계산된다.

 ②

175 마이크로미터의 측정면이나 블록게이지의 측정면과 같이 비교적 작고, 정밀도가 높은 측정물의 평면도검사에 사용하는 측정기는?

① 윤곽 투영기(profile projector)
② 오토 콜리메이타(auto-collimator)
③ 컴비네이션 세트(combination set)
④ 옵티컬 플랫(optical flat)

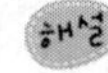

옵티컬 플렛(optical flat)은 마이크로미터의 측정면이나 블록게이지의 측정면과 같이 비교적 작고, 정밀도가 높은 측정물의 평면도검사에 사용하는 측정기이다.

 ④

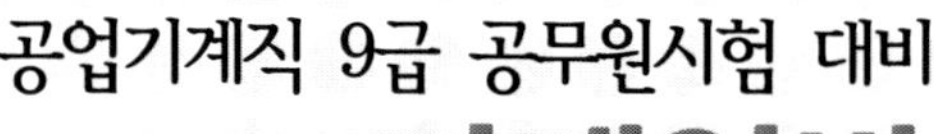

기계일반

PART 03

기계설계

제1장 **기계설계의 기초**

제2장 **체결용 기계요소**

제3장 **동력전달 기계요소** I (축 관계)

제4장 **동력전달 기계요소** II (마찰 및 감아걸기)

제5장 **동력전달 기계요소** III (치차)

제6장 **동력제어용 기계요소**

제7장 **기타 기계요소**

❖ 적중예상문제

제1장 기계설계의 기초

1-1 기계요소와 기계설계

1. 기계요소

(1) 기계요소 개념

기계를 살펴보면 여러 개 같은 종류의 기계 부품들로 조립되어 있다. 이러한 기계 부품들을 기계요소라 한다.

(2) 기계요소의 종류

① 결합용 요소 : 볼트, 너트, 나사, 리벳, 용접, 키 등

② 동력전달용 요소

㉠ 축관계 : 축, 축이음, 베어링(구름베어링, 미끄럼베어링)

㉡ 마찰전동 : 마찰차

㉢ 치차전동 : 평기어, 전위기어, 헬리컬기어, 베벨기어, 웜기어

㉣ 감아걸기 전동 : 평벨트, V벨트, 로프, 체인

③ 동력제어 요소 : 브레이크, 클러치, 스프링

④ 기타 요소 : 관, 관이음, 밸브, 캠

2. 기계설계

(1) 기계설계의 개념

기계를 제작하기 위한 지식, 경험 등을 기초로 기계, 기구, 시스템 등을 고안해 내는 학문

(2) 기계와 기구

① 기구

㉠ 몇 개의 강체로 구성, 운동을 원하는 형태로 변환 가능

㉡ 동력 전달이 없음

② 기계

㉠ 한정된 상호운동

㉡ 외부로부터 에너지를 받아서 일을 행하는 장치

㉢ 동력전달을 행하며 모든 기구를 포함

(3) 기계설계시 유의사항

① 동력손실이 적고, 간단한 기구로써 필요한 운동을 얻어야 한다.

② 외력에 의해서 파손되거나 큰 변형을 일으키지 않도록 충분한 강도와 강성을 갖도록 한다.

③ 성능상 꼭 필요한 경우를 제외하고 필요 이상의 재료비를 피해야 한다.

1-2 재료역학

1. 하중의 종류

(1) 힘의 작용방향에 따라 인장하중(당김), 압축하중(누름), 전단하중(자름), 비틀림하중(비틈), 휨하중(굽힘) 등이 있다.

(2) 시간당 힘(하중)의 작용 크기에 따라 크게 정하중과 동하중으로 나눈다.

① 정하중 : 시간에 따라 작용힘(하중)의 크기가 변하지 않음

② 동하중 : 시간에 따라 작용힘(하중)의 크기가 변함

㉠ 변동하중 : 시간과 더불어 불규칙적으로 변화하는 하중(가장 일반적인 경우)

㉡ 반복하중 : 진폭과 주기가 일정하게 반복하는 하중

㉢ 교번하중 : 하중의 크기와 방향이 충격 없이 주기적으로 변하는 하중

㉣ 충격하중 : 비교적 단시간 충격적으로 작용하는 하중

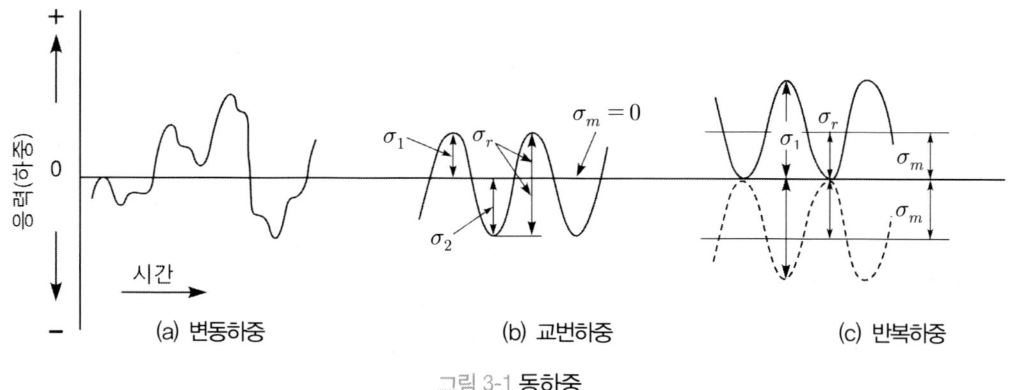

그림 3-1 동하중

(3) 하중의 분포에 따라 집중하중과 분포하중으로 나눈다.

① 집중하중 : 하중이 한 점(또는 아주 작은 면적)에 작용하는 하중

② 분포하중 : 하중이 부재의 특정한 면적 위에 분포하는 하중(예, 베어링 압력)

2. 응력

(1) 수직(축하중) 응력

① 축하중이란 재료에 작용하는 면(A)에 수직인 하중을 말한다.

② 인장응력 : 재료에 가한 힘(인장하중, F)을 면적(A)으로 나눈값을 인장응력이라 한다.

$$\sigma_t = \frac{F}{A}$$

③ 압축응력 : 재료에 가한 힘(압축하중, F)을 면적(A)으로 나눈값을 압축응력이라 한다.

$$\sigma_c = \frac{F}{A}$$

(2) 전단응력

① 전단하중이란 재료에 작용하는 면(A)과 평행한 하중을 말한다.

② 전단응력(τ)

$$\tau = \frac{F}{A}$$

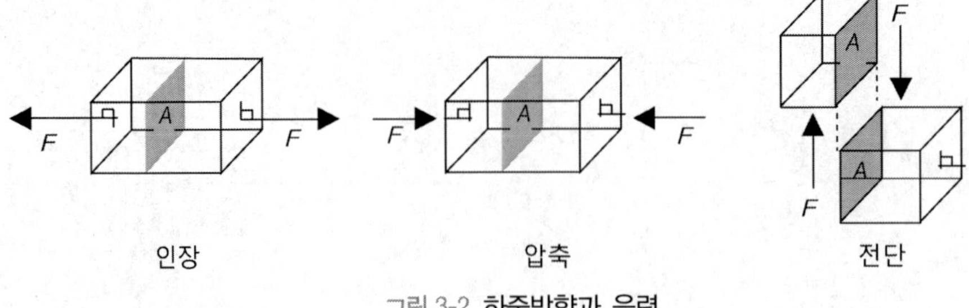

그림 3-2 하중방향과 응력

3. 변형률

(1) 변형률 개념

하중에 의한 재료의 변형량을 변형 전 원래 치수로 나눈 값을 말한다.

(2) 세로변형률(ϵ)

세로란 길이방향을 말한다. 즉 세로변형률은 종변형률과 같은 말이다. 세로변형률은 원래 길이(l)에 대한 변형량(Δl)의 비이다. l'는 변형 후 길이(인장시 늘어난 길이)이다.

$$\epsilon = \frac{\Delta l}{l} = \frac{l' - l}{l}$$

(3) 가로변형률(ϵ')

가로란 길이의 직각방향을 말한다. 즉 가로변형률은 횡변형률과 같은 말이다. 가로변형률은 원래길이(d)에 대한 변형량(Δd)의 비이다. d'는 변형후길이(인장시 줄어든 길이)이다.

$$\epsilon' = \frac{\Delta d}{d} = \frac{d - d'}{d}$$

(4) 전단변형률(γ)

전단변형률은 전단력에 의해 발생하는 전단변형량($\Delta\lambda$)를 원래길이(l)로 나눈값이다.

$$\gamma = \frac{\Delta\lambda}{l} \fallingdotseq \tan\theta$$

여기서, θ는 전단변형각이다.

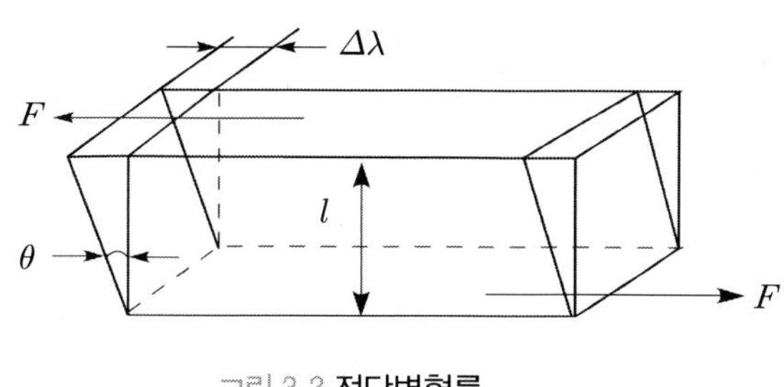

그림 3-3 전단변형률

4. 응력과 변형률 선도

(1) $\sigma-\epsilon$ 선도란?

아래 그림은 $\sigma-\epsilon$선도로 풀림을 한 연강을 인장시험하여 나타낸 선도이다.

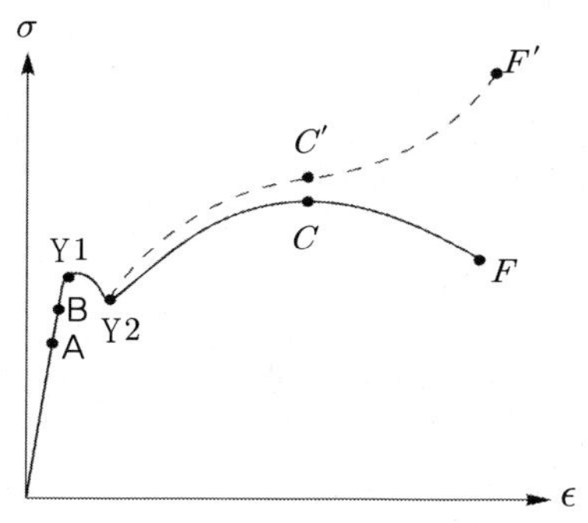

그림 3-4 연강 $\sigma-\epsilon$선도

① 공칭응력 : 재료에 작용하는 하중을 최초 단면적으로 나눈 응력값(실선부분)

② 진응력 : 재료에 작용하는 하중을 변할 때 마다 단면적으로 나눈 응력값(점선부분)

(2) 비례한도(A점)

응력과 변형률이 비례관계를 가지는 영역으로 후크법칙이 적용된다. 즉, 응력과 변형률의 기울기가 탄성계수(E)가 된다. $\sigma=E\times\epsilon$(후크법칙)

(3) 탄성한도(B점)

응력을 제거하면 변형률도 완전히 없어지는 한계점으로, 응력과 변형률은 비례하지 않는다. 이점을 넘은 응력이 가해지면 영구변형(소성변형)이 일어난다.

(4) 항복점(Y_1점, Y_2점)

응력이 그대로 있거나 감소하여도 변형률만이 증가하는 점을 항복점이라 하는데, 위의 항복점을 상항복점(Y_1점), 아래 항복점을 하항복점(Y_2점)이다. 상항복점은 시험속도와 시험편의 모양에 영향을 받는다.(주철, 구리, 알루미늄은 항복점이 나타나지 않음) 항복점을 지나면 재료는 네킹(necking)이 발생하기 시작하여 단면이 가늘게 국부수축이 발생하고 공칭응력과 진응력의 차가 커진다.

(5) 극한강도(C점)

재료가 견딜 수 있는 최대응력치가 발생하는 점으로 극한강도라고 한다. 인장시험일 경우 인장강도, 압축시험일 경우 압축강도라 한다.

(6) 파괴강도(F점)

재료가 더 이상 늘어나지 못하고 파괴되는 지점의 응력을 파괴강도라 한다.

5. 후크법칙

(1) 후크법칙이란?

$\sigma-\epsilon$ 선도에서 응력과 변형률이 비례하는 법칙을 말한다. 즉 식으로 표현하면,

$$\sigma = E\times\epsilon$$

여기서, E는 세로탄성계수로 응력(σ)-변형률(ϵ) 선도의 기울기이며, 단위가 $\mathrm{kgf/cm^2}$존재한다.

(2) 세로탄성계수(E)

인장(압축) 응력(σ)과 세로변형률(ϵ)의 비를 세로탄성계수(종탄성계수) 또는 영률이라 한다.

$$\sigma = E\times\epsilon\,,\ E = \frac{\sigma}{\epsilon}(\text{기울기}) = \frac{Fl}{A\Delta l}$$

(3) 가로탄성계수(G)

전단응력(τ)과 전단변형률(γ)의 비를 가로탄성계수(횡탄성계수)라 한다.

$$\tau = G\times\gamma\,,\ G = \frac{\tau}{\gamma}$$

(4) 프와송의 비(ν)

재료에 따라 가로변형률(ϵ')를 세로변형률(ϵ)를 나눈값이 일정한데, 이를 프와송의 비(ν)라 하고 그 역수를 프와송의 수(m)라 한다.

$$\nu = \frac{\text{가로변형률}}{\text{세로변형률}} = \frac{\epsilon'}{\epsilon} = \frac{1}{m}$$

6. 잔류응력

소성변형을 일으키는 모멘트(T, M)를 제거하면 영구변형과 잔류응력은 남게 된다. 잔류응력은 해로울 때와 이로울 때가 있다. 인장응력이 발생하는 부분에 압축잔류응력을 발생시켜 놓으면 큰 하중에 견딜 수 있다. 잔류응력은 반복하중에 의해 감소되나, 열처리나 용접을 하면 잔류응력이 생성된다.

7. 열응력

물체에 온도가 균일하게 상승하고 팽창한다고 가정하면

$$\text{수직변형률}(\epsilon) = \alpha \times \Delta T = \alpha(T_2 - T_1)$$

여기서, α는 열팽창계수, T_2는 나중온도, T_1는 처음온도이다. 온도상승에 따라 물체의 부피는 증가하는데, 축방향으로 구속하기 때문에 압축응력이 생기게 된다.

$$\text{열응력}(\sigma) = E \times \epsilon = E \times \alpha \times (T_2 - T_1)$$

8. 응력집중

(1) 응력집중이란?

단면적이 급격히 변하는 곳(구멍, 단, 노치, 홈)에는 응력 분포가 불규칙하고 큰 응력이 발생하는데 이를 응력집중이라 한다.

(2) 응력집중 계수

최대응력(σ_{max})을 평균응력(σ_n)으로 나눈값을 응력집중계수라 한다. 이 계수는 재료의 크기에는 무관하고 다만 모양만으로 결정된다. 그러나 같은 모양이라도 하중에 따라 다르며, 인장, 굽힘, 비틀림 하중 순이다.

(3) 응력집중 방지법

① 2~3개의 단면변화부분을 설치하여 응력의 흐름을 완만하게 한다.
② 단부분의 반지름을 크게 하거나 테이퍼 부분을 설치하여 단면변화를 완만하게 한다.
③ 단면변화부에 보강재를 결합하여 응력집중을 경감한다.
④ 쇼트피닝, 압연처리, 열처리로 강화하거나 표면 거칠기를 향상시킨다.

9. 허용응력과 안전율

(1) 사용응력(σ_w)

실제로 기계에 작용하는 하중이 장시간 안전하게 사용하고 있을 때 각 부품에 작용하고 있는 응력을 사용응력이라 한다.

(2) 허용응력(σ_a)

안전하게 여유를 두고 설정된 탄성한도 이하의 응력(재료를 사용하는데 허용되는 최대응력)을 허용응력이라 한다. 일반적으로 극한강도 > 항복점 > 탄성한도 > 허용응력 > 사용응력의 관계가 성립한다.

(3) 안전율(S), 안전계수

적절한 안전율을 사용하여 허용응력을 정해야 한다.

$$\text{안전율}(S) = \frac{\text{기준강도}(\sigma_s)}{\text{허용응력}(\sigma_a)}$$

(4) 기준강도(σ_s)

기준강도는 재질, 사용조건, 수명 등을 고려해서 아래와 같은 값을 선정한다.

① 정하중이 연성재료(연강)에 작용하는 경우 - 항복점
② 정하중이 취성재료(주철)에 작용하는 경우 - 극한강도
③ 교번하중, 반복하중이 작용하는 경우 - 피로한도
④ 고온에서 정하중이 작용하는 경우 - 크리프한도
⑤ 긴 기둥이나 편심하중이 작용하는 경우 - 좌굴응력

10. 보의 반력과 굽힘응력

보에서 임의의 거리 x가 존재하며, 그 위치에서 전단될 경우의 전단력(V)과 굽힘모멘트(M)의 방향은 아래와 같이 표시된다고 가정한다.

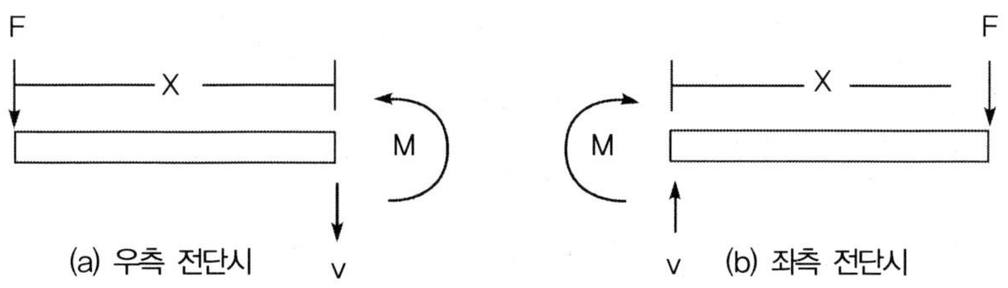

그림 3-5 전단력과 굽힘모멘트의 방향

(1) 외팔보 전단력과 굽힘모멘트(집중하중시)

집중하중(F) 작용시 전단점 x에 대한 전단력 (V) $= R_A = F$이고, 굽힘모멘트 (M) $= F \times x$로 구해진다. 따라서, 지지점 A에서 굽힘모멘트 (M) $= F \times l$이고, 굽힘응력(σ_b) $= \frac{M}{z} = \frac{Fl}{z}$로 구할 수 있다.

(2) 단순보 전단력과 굽힘모멘트(집중하중시)

집중하중(F) 작용시 전단점 x에 대한 전단력(V) $= R_A$이고, 굽힘모멘트(M) $= R_A \times x$로 구해진다. 만일 집중하중(F)가 보의 중앙($\frac{l}{2}$)에 작용한다면, 전단력(V) $= R_A = \frac{F}{2}$ 이고, 최고굽힘은 중앙에 작용하고 굽힘모멘트(M) $= R_A \times x = \frac{F}{2} \times \frac{l}{2} = \frac{Fl}{4}$로 구해진다.

보의 중앙($\frac{l}{2}$)에서 굽힘응력(σ_b) $= \frac{M}{z} = \frac{Fl}{4z}$로 구할 수 있다.

11. 보의 처짐

(1) 집중하중 작용시

① 외팔보 : 외팔보의 처짐(δ) $= \frac{Fl^3}{3EI}$이다. 여기서 F는 보 길이(l)의 끝에 작용하는 집중하중, E는 종탄성계수, I는 관성모멘트이다.

② 단순보 : 단순보의 처짐$(\delta) = \dfrac{Fl^3}{48EI}$이다. 여기서 F는 보 길이(l)의 중앙에 작용하는 집중하중, E는 종탄성계수, I는 관성모멘트이다.

(2) 균일분포하중 작용시

① 외팔보 : 외팔보의 처짐$(\delta) = \dfrac{wl^4}{8EI}$ w는 균일분포하중이다.

② 단순보 : 단순보의 처짐$(\delta) = \dfrac{5wl^4}{384EI}$

12. 비틀림응력과 비틀림각

(1) 비틀림응력

비틀림응력(τ) 힘을 가하여 재료를 비틀었을 시 생기는 응력을 말한다. 전단응력과 상통한다. 식으로 표현하면, 비틀림응력(τ)은 비틀림모멘트(T)를 극단면계수(z_p)로 나눈값이다.

$$\tau = \frac{T}{z_p}$$

(2) 비틀림각

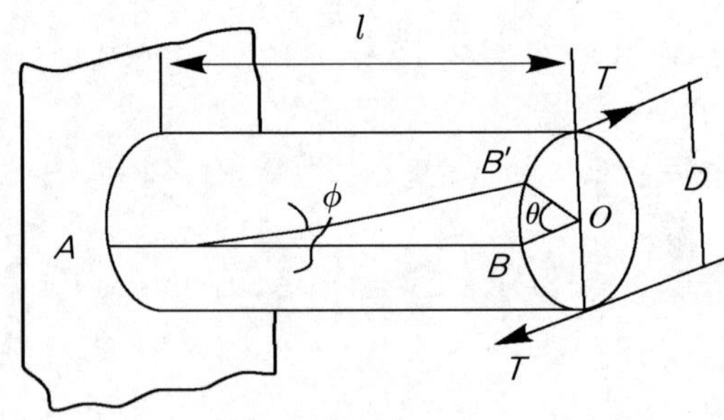

그림 3-6 비틀림각(θ)

축의 길이가 l이고, 비틀림모멘트(T)가 작용할 시 축비틀림각(θ)은 다음과 같이 구해진다.

$$\theta = \frac{Tl}{GI_p}$$

여기서, G는 횡탄성계수이고, I_p는 극관성모멘트로 $I_p = 2I = 2 \times \frac{\pi d^4}{64} = \frac{\pi d^4}{32}$ 이다.

또한, 비틀림모멘트(T)는 접선력(F)와 $\frac{D}{2}$의 곱이고, ϕ는 전단각이 된다.

1-3 치수공차와 끼워맞춤

1. 치수공차

(1) 허용한계치수

실용상 허용할 수 있는 오차의 한계

(2) 치수공차

허용한계치수의 큰 쪽을 최대허용치수, 작은 쪽을 최소허용치수, 이 두 값의 차를 치수공차 또는 단순히 공차라 한다.

(3) 최대허용치수에서 기준치수를 뺀 값을 윗치수허용차, 최소허용치수에서 기준치수를 뺀 값을 아래치수허용차, 윗치수허용차 - 아래치수허용차 = 공차

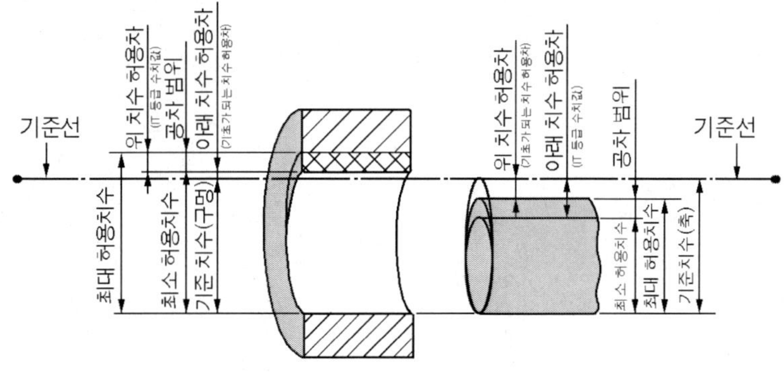

그림 3-7 기준선과 치수공차

2. 기본공차와 등급

제품의 정밀도에 따라 치수공차 등급을 총18개 등급(01급, 0급, 1급....16급)으로 나누어 공차의 기준을 정한 것을 기본공차라 한다. 이중 01~4급은 게이지류, 5~10급은 끼워맞춤 부분, 11~16급은 끼워맞춤하지 않은 부분에 공차로 적용

3. 끼워맞춤과 기호

(1) 끼워맞춤

끼워 맞춰지는 둥근 구멍과 축의 상대적 치수 관계를 끼워맞춤이라 한다. 구멍이 크고 축이 작아서 치수차가 생기면 그 치수차를 틈새, 구멍이 작고 축의 지름이 약간 커서 억지 끼워맞춰지면 죔새가 생긴다.

① 헐거운 끼워맞춤 : 항상 틈새가 생기는 끼워맞춤
② 억지 끼워맞춤 : 항상 죔새가 생기는 끼워맞춤
③ 중간끼워맞춤 : 치수에 따라 틈새나 죔새가 생기는 끼워맞춤

(2) 기호

① 끼워맞춤 기호는 알파벳으로 표시, 구멍의 경우 대문자, 축의 경우 소문자
② 최소치수와 기준치수가 일치하는 기준구멍은 H, 기준축은 h로 표시
③ 알파벳 문자에서 H와 h보다 앞 문자의 경우 구멍은 크고 축은 가늘어 틈새가 생기는 헐거운 끼워맞춤이 생기고, 뒤 문자의 경우 구멍은 작고 축은 굵어 죔새가 생겨 억지 끼워맞춤이 생김
④ 축가공이 쉬워 구멍기준 끼워맞춤이 바람직

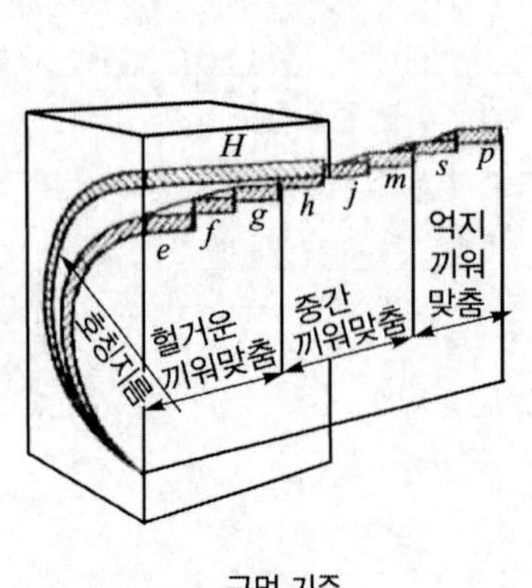

구멍 기준

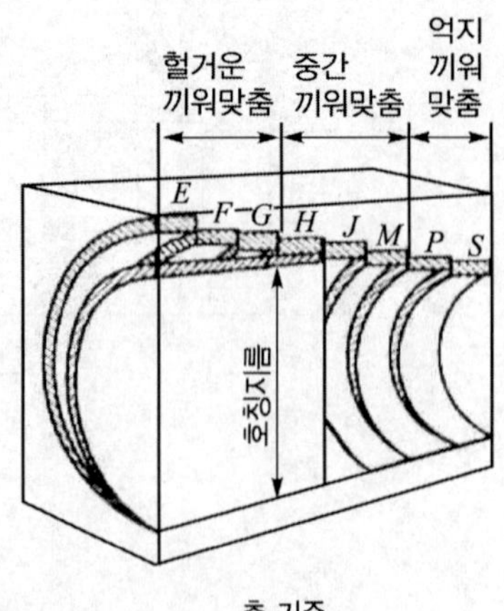

축 기준

그림 3-8 구멍과 축의 기호

4. 한계 게이지

(1) 한계 게이지란?

부품제작시 정해진 공차내의 치수로 가공하면 되나 일일이 측정기로 공차 내에 들어가는지를 확인함이 불편할 수 있다. 이를 편하게 검사하는 게이지가 한계게이지이다.

(2) 한계 게이지 종류

① 플러그 게이지 : 통과쪽은 구멍의 최소치수보다 약간 작게, 정지쪽은 구멍의 최대 치수보다 약간 크게

② 스냅게이지 : 통과쪽은 축의 최대치수보다 약간 크게, 정지쪽은 축의 최소 치수보다 약간 작게

제2장 체결용 기계요소

2-1 나사

1. 나사의 정의

① 나사는 결합용 요소, 회전운동과 직선운동의 상호 변환요소, 작은 회전모멘트로 축방향의 큰 힘을 전달하는 운동용 나사

② 원기둥의 바깥쪽에 나사산을 새기면 수나사(볼트), 속 빈 원통 내부에 나사산을 새기면 암나사(너트)

③ 나사산을 감는 방향에 따라 왼나사, 오른나사(오른쪽 돌림시 전진)

④ 1회전 시 나사산 피치가 만큼 움직이면 1줄나사, 2개 피치가 움직이면 2줄나사

㉠ 리드(l) : 나사를 1회전시 움직인 거리

㉡ 피치(p) : 나사산과 인접 나사산과의 거리

㉢ 리드와 피치의 관계

리드(l) = 줄수$(n)\times$ 피치(p)

1줄나사는 리드와 피치가 같고, 2줄나사의 리드는 $l=2p$이다.

⑤ 나선곡선 : 바깥지름, 골지름, 유효지름에 따라 나선각(리드각, α)이 생기는데, 보통 유효지름을 사용

$\tan\alpha = \frac{\text{리드}}{\text{원주}} = \frac{l}{\pi d_2}$ 여기서, d_2는 유효지름이다.

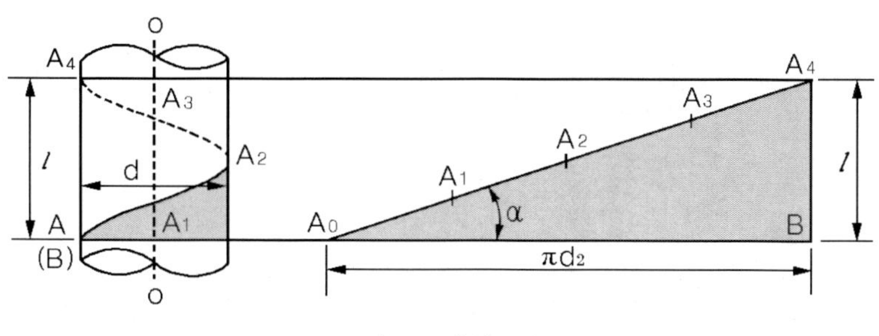

그림 3-9 나선곡선

2. 나사의 명칭

① **바깥지름**(d) : 공칭지름이라고 하며, 수나사 최대지름을 말하고, 나사의 크기를 바깥지름으로 표시

② **골지름**(d_1) : 수나사 최소지름을 말하며, 암나사는 최대지름이다.

③ **유효지름**(d_2) : 바깥지름(d)와 골지름(d_1)의 중간크기 지름으로 아래 식으로 표현,

$$d_2 = \frac{d + d_1}{2}$$

④ **나사산 높이**(h) : $\dfrac{(d - d_1)}{2}$

⑤ **나사산의 각**(λ) : 인접한 2개의 플랭크가 맺는 각으로 2β로 나타낸다.

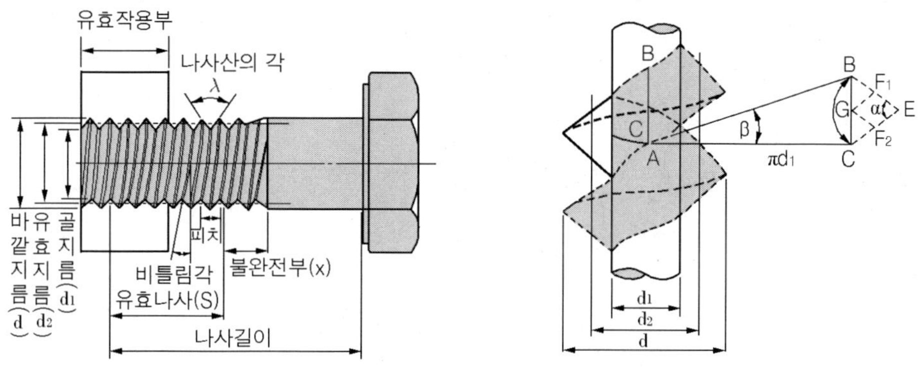

그림 3-10 나사의 명칭

3. 나사의 종류

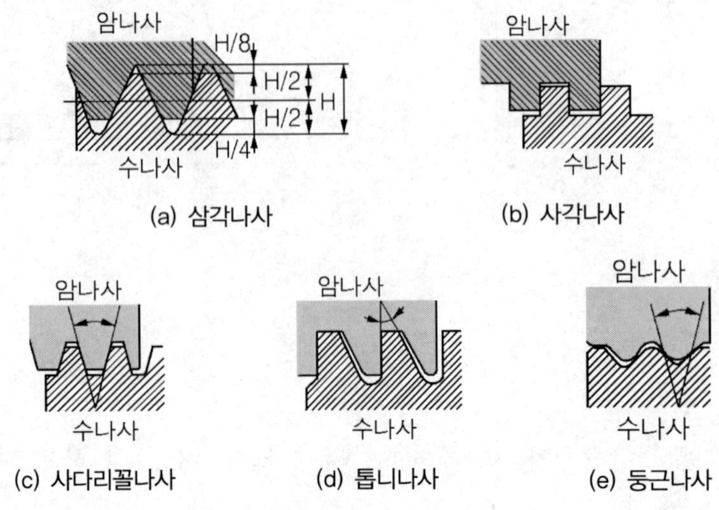

그림 3-11 나사의 종류

(1) 3각 나사

① 미터나사

㉠ 나사의 지름과 피치를 mm로 표시, 나사산의 각은 60°

㉡ 종류 : 보통나사, 가는나사

㉢ 표기법 : M20 × 2.0[호칭기호.호칭지름(mm)×피치(mm)]

M은 나사의 호칭기호로 미터나사, 20은 호칭지름(외경)으로 20mm, 2.0은 피치로 2mm임

② 유니파이나사

㉠ 영국, 미국, 캐나다 3국의 협정으로 정한 나사→ABC나사라 함

㉡ 단위는 인치, 나사산의 각은 60°

㉢ 표기법 : 1/2-12 UNC[나사의 외경-나사산의 수.호칭기호]

1/2는 나사의 외경으로 1/2인치를 뜻하므로, $\frac{1}{2}$인치 $= \frac{1}{2} \times 25.4\text{mm} = 12.7\text{mm}$

12는 1인치 내에 나사산의 수가 12개임을 뜻하므로, 피치가 $\frac{25.4}{12} = 2.14\text{mm}$로 계산된다.

③ 관용나사

㉠ 나사산의 높이가 낮다. 누설을 방지하고 기밀유지에 사용

㉡ 종류 : 테이퍼관용나사, 평행관용나사

(2) 4각 나사

① 단면이 4각, 나사의 효율은 좋으나 공작이 곤란한 결점

② 큰 하중을 받고 전달하는데 효율적임

③ 대형선반의 이송나사, 나사 프레스에 사용

(3) 사다리꼴 나사

① 나사산의 각이 29°인 인치계(TW)를 애크미 나사라고 함

② 나사산의 각 : 미터계(TM)는 30°, 인치계(TW)는 29°

③ 표기법 : TM20-2 → 미터계로 외경이 20mm, 피치가 2mm,

TW20-산6 → 인치계로 외경이 20mm, 1인치내에 나사산의 수가 6개

(4) 톱니나사

① 압력(힘)의 방향이 항상 일정할 때 사용(한쪽 방향의 힘)

② 나사산의 각 : 30°, 45°

(5) 둥근나사

① 나사산과 골을 같은 반지름의 원호로 이음, 나사산의 각은 30°

② 모래, 먼지 등이 들어갈 염려가 있는 곳에 사용

(6) 볼나사

① 암나사와 수나사 부분에 반원모양의 홈, 홈사이에 볼을 삽입 → 볼의 구름 접촉 이용

② 보통나사에 비해 마찰계수가 아주 작아 효율이 90%이상으로 좋아 수치제어용 공작기계의 이송나사나 자동차 조향장치에 이용

4. 나사의 조임 토크(회전력)

(1) 사각나사

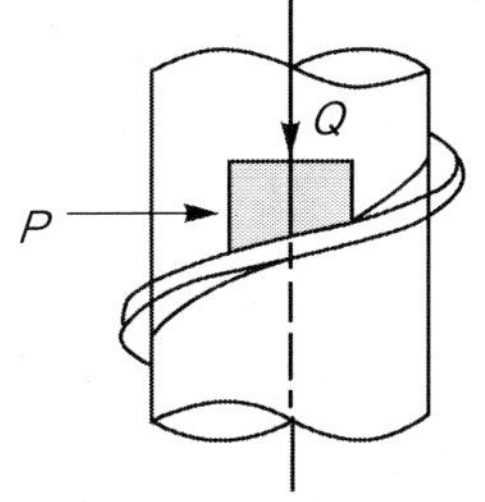

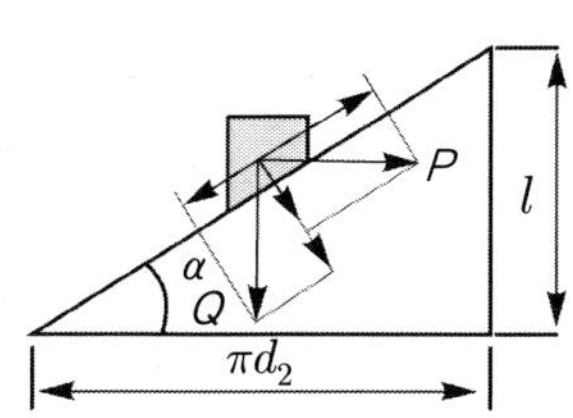

그림 3-12 나사의 조임

① 리드각(α) : $\tan\alpha = \dfrac{리드}{원주} = \dfrac{l}{\pi d_2}$ 에서 구한다.

② 마찰각(ρ) : $\tan\rho = \mu$(마찰계수)에서 구한다.

③ 죄는 힘(P) : $P = Q\tan(\alpha + \rho)$, 여기서 Q는 나사를 누르는 힘(무게)이다.

④ 나사를 죄는 토크(T) : $T = P \times r = Q\tan(\alpha + \rho) \times \dfrac{d_2}{2}$, 여기서 d_2는 나사의 유효지름

⑤ 나사를 푸는 힘(P') : $P' = Q\tan(\rho - \alpha)$, 마찰각의 부호가 반대로 됨

(2) 삼각나사

① 마찰계수(μ') : $\mu' = \dfrac{\mu}{\cos\beta}$, β는 나사산의 각의 1/2이다.

② 마찰각(ρ') : $\tan\rho' = \mu'$에서 구한다.

③ 죄는 힘(P) : $P = Q\tan(\alpha + \rho')$, 여기서 Q는 나사를 누르는 힘이다.

(3) 나사의 자립조건(나사를 죄지 않더라도 풀리지 않는 상태)

나사를 푸는 힘(P') $P' = Q\tan(\rho - \alpha)$이므로,

즉 $\rho \geq \alpha$, 마찰각이 리드각(나선각)보다 같거나 크면 나사는 풀리지 않는다.

(4) 사각나사 효율

$$\eta_{사각} = \frac{무게가\ 한\ 일}{죄는\ 힘으로\ 한\ 일} = \frac{Q \times l}{P \times \pi d_2 n} = \frac{\tan\alpha}{\tan(\alpha + \rho)}$$, n은 나사회전 수

5. 볼트 강도

(1) 축방향 인장하중만 작용

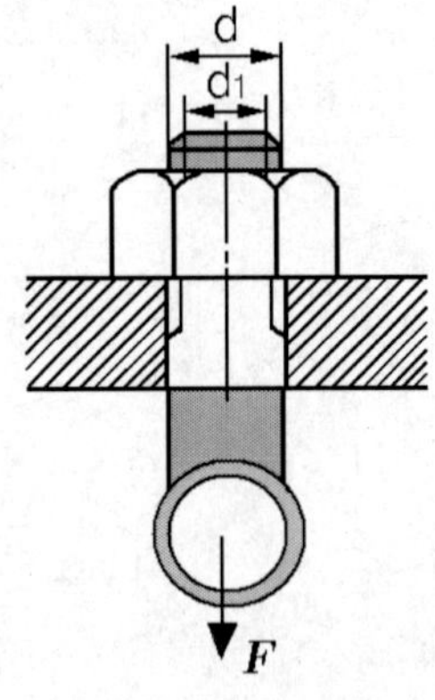

그림 3-13 축방향 인장하중

인장하중(F)가 볼트의 골지름(d_1)에 작용시 허용인장응력(σ_t)

$$\sigma_t = \frac{F}{A} = \frac{F}{\frac{\pi d_1^2}{4}} = \frac{4F}{\pi d_1^2} \cdots\cdots\cdots\cdots \text{(식 1)}$$

골지름과 외경의 비 $\frac{d_1}{d} = 0.8$, 혹은 $(\frac{d_1}{d})^2 = 0.63$이라면, 1식에 대입

$$\sigma_t = \frac{4F}{\pi d_1^2} = \frac{4F}{\pi \times 0.63 d^2},\ d = \sqrt{\frac{4F}{\pi \times 0.63 \times \sigma_t}} \fallingdotseq \sqrt{\frac{2F}{\sigma_t}} \cdots\cdots\cdots\cdots$$ (식 2)로 유도된다.

(2) 축방향 하중과 비틀림하중이 동시에 작용

축하중과 비틀림하중이 동시에 작용하면 작용하중은 인장하중의 $\frac{4}{3}F$가 작용한다.

이를 식 2에 대입하면, 축 외경$(d) = \sqrt{\frac{4F}{3} \times \frac{2}{\sigma_t}} = \sqrt{\frac{8F}{3\sigma_t}}$ 로 유도된다.

6. 나사의 부품

(1) 볼트

① **관통볼트** : 일반적 볼트로, 볼트 지름보다 약간 큰 구멍을 뚫고 여기에 머리붙이 볼트를 삽입하여 너트로 죄는 이 머리붙이 볼트

② **탭볼트** : 관통볼트 사용과 같으나, 상대쪽에 탭으로 암나사를 내고 머리붙이 볼트를 삽입 후 조이는 볼트

③ **스텃볼트** : 머리없는 볼트를 한 끝은 상대쪽의 탭낸 암나사에 반영구적으로 박음하고, 다른 한 끝은 너트로 조이는 볼트

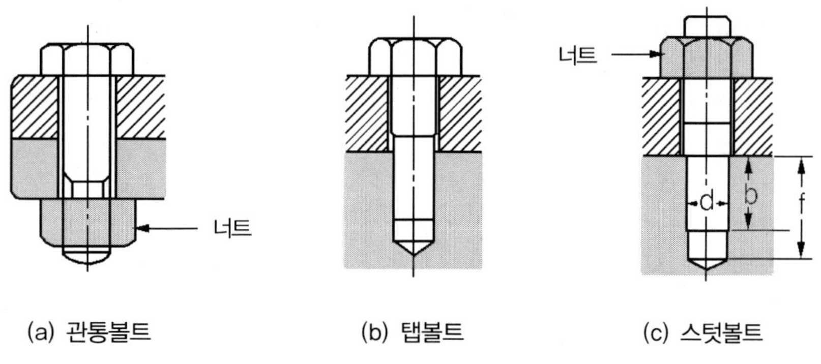

(a) 관통볼트 (b) 탭볼트 (c) 스텃볼트

그림 3-14 볼트의 종류

(2) 특수볼트

① **아이볼트** : 볼트 머리부에 핀을 끼울 구멍이 있는 볼트

② **스테이볼트** : 2개 물건 사이를 일정하게 유지/체결

③ **기초볼트** : 기계류를 콘크리트 기초에 고정하기 위해 사용

④ **T볼트** : T형의 홈에 볼트 머리를 끼우고 위치를 이동하면서 임의의 위치에 물체를 고정할 수 있는 볼트

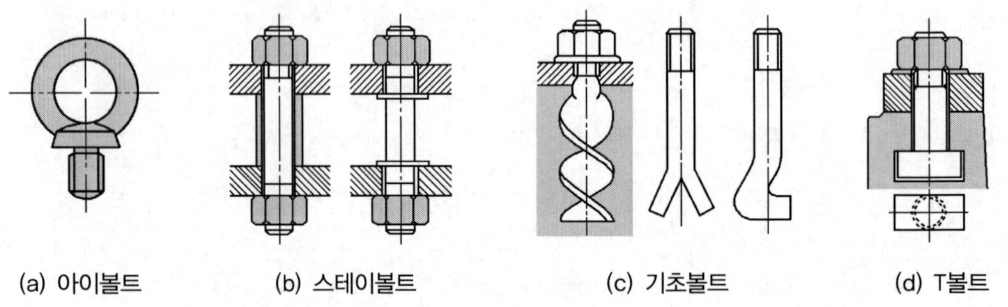

(a) 아이볼트 (b) 스테이볼트 (c) 기초볼트 (d) T볼트

그림 3-15 **특수볼트**

(3) 특수너트

① **나비 너트** : 너트부가 나비모양, 손으로 죌 수 있음

② **플랜지 너트(와셔너트)** : 너트의 밑면에 넓은 원형 플랜지 ⇒ 구멍이 큰 경우 사용

③ **캡 너트** : 나사면에 증기, 기름 새는 것 방지, 먼지 들어가는 것 방지

④ **홈붙이 너트** : 풀림 방지용 핀을 꽂을 수 있는 홈이 있는 너트

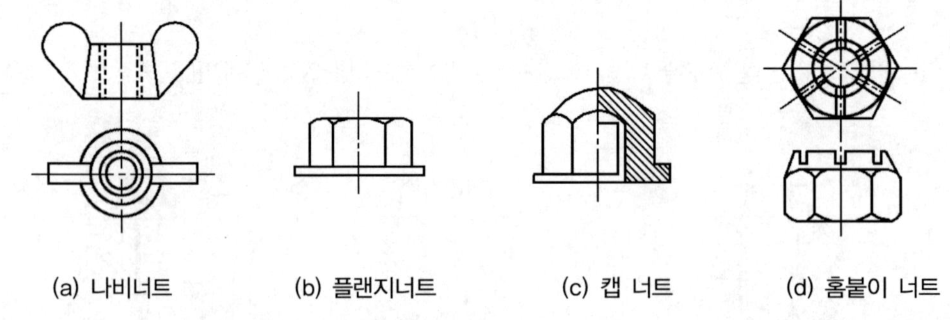

(a) 나비너트 (b) 플랜지너트 (c) 캡 너트 (d) 홈붙이 너트

그림 3-16 **특수너트**

(4) 와셔

① 볼트 구멍이 클 때, 너트 시트에 요철이 있을 때

② 너트 시트가 볼트의 체결압력이나 마모에 견딜 수 없는 연한재료일 경우

③ 종류 : 혀붙이와셔, 스프링와셔, 이붙이와셔

(5) 나사의 풀림방지

① 록크 너트 사용 : 볼트와 너트사이 마찰력 증가
② 스프링와셔, 고무와셔 중간에 끼움 : 축방향힘 유지
③ 볼트(너트)에 구멍뚫어 구멍에 핀 박음
④ 홈붙이 너트에 분할 핀 사용 : 나사 멈춤
⑤ 특수와셔(혀붙이와셔, 스프링와셔, 이붙이와셔) 사용 : 나사 멈춤
⑥ 멈춤나사 사용

2-2 키

1. 키 : 축에 기어, 풀리 등을 고정시켜 운동과 회전력을 전달하는 결합용 요소

2. 키의 종류

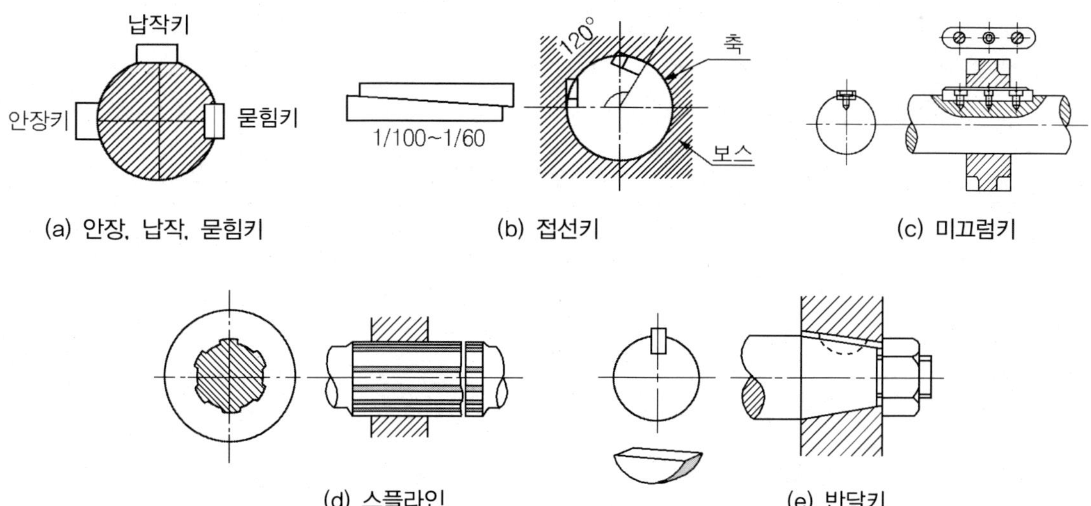

그림 3-17 키의 종류

(1) 안장키(새들키, saddle key)

① 축에 홈을 파지 않고 보스에만 1/100 정도 기울기 홈을 파고, 홈에 키를 박음
② 마찰면의 마찰력만으로 힘을 전달 ⇒ 큰 동력전달 불가

(2) 납작키(평키, flat key)

① 축을 키의 너비만큼 납작하게 깎고, 보스에 1/100 기울기 홈

② 안장키보다 큰 회전력 전달, 묻힘키보다 작은 회전력 전달

(3) 묻힘키(성크키, sunk key) : 일반 4각형 키

① 평행키(심음키, set key) : 상/하면이 평행, 축방향 이동을 막기 위해 멈춤나사 사용

② 경사키(taper key) : 키 윗면과 보스의 키홈 윗면에 1/100의 기울기

(4) 접선키

① 키의 기울기 1/40~1/45

② 접선방향에 2개 키 설치, 설치각은 120°

(5) 미끄럼키(sliding key) = 페더키(feather key) = 안내키

① 회전력을 전달하면서 보스가 축방향으로 미끄러져 움직일 수 있는 키

② 키와 보스(축)에 약간의 틈새, 기울기 없고 평행한 키

(6) 반달키

① 축의 홈이 깊게 가공 ⇒ 축의 강도 약해짐

② 키홈 가공 쉬움, 조립시 키가 자동으로 축(보스)속으로 들어감

(7) 둥근키(=핀키)

단면이 원형으로 테이퍼핀과 평행핀

3. 묻힘키의 강도

(1) 전단응력(τ)

$$\tau = \frac{F}{bl} = \frac{2T}{bdl},\ T = \text{접선력} \times \text{반지름} = F \times \frac{d}{2},\ F = \frac{2T}{d}$$

여기서, b는 키의 폭, d는 축의 지름, l은 키의 길이, T는 회전력, F는 접선력이다.

(2) 압축응력(σ_c)

$$\sigma_c = \frac{F}{tl} = \frac{2F}{hl} = \frac{4T}{hld},\ 2t = h$$

여기서, t는 축에 묻히는 키의 깊이, h는 키의 높이

2-3 코터

1. 코터 : 한쪽 또는 양쪽의 측면이 기울기를 갖는 평판 쐐기

2. 코터 이음역학

① 코터는 축방향의 인장력이나 압축력을 전달

② 코터의 자립조건(저절로 빠지지 않는 조건)

$\tan(\alpha_1 - \rho_1) + \tan(\alpha_2 - \rho_2) \leq 0$

㉠ 양쪽기울기 : $\alpha_1 = \alpha_2 = \alpha$, $\rho_1 = \rho_2 = \rho$를 대입

$\tan(\alpha - \rho) \leq 0$, $\therefore \alpha \leq \rho$

㉡ 한쪽기울기 : $\alpha_2 = 0$, $\alpha_1 = \alpha$, $\rho_1 = \rho_2 = \rho$를 대입

$\tan(\alpha - \rho) - \tan\rho \leq 0$, $\therefore \alpha \leq 2\rho$

2-4 핀

1. 핀 : 키의 대용, 부품의 위치 결정에 사용, 코터가 빠져나오는 것을 방지하기 위해 사용

2. 핀의 종류 : 평행핀, 테이퍼핀, 분할핀, 스프링핀 등 3종류

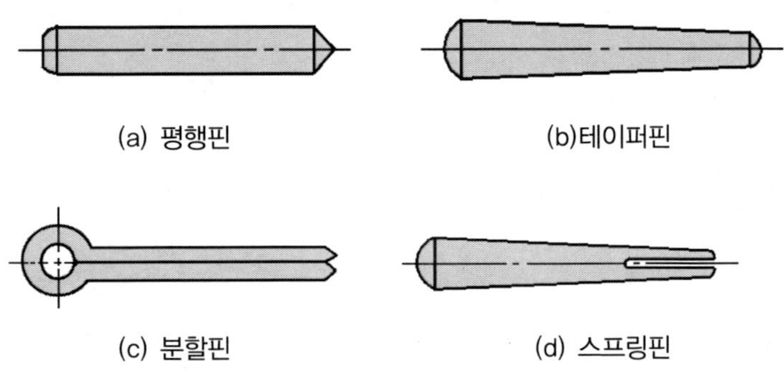

(a) 평행핀 (b)테이퍼핀

(c) 분할핀 (d) 스프링핀

그림 3-18 핀

2-5 리벳과 리벳이음

1. 리벳의 종류

① 냉간리벳 : 호칭지름이 3~13mm, 냉간에서 성형

② 열간리벳 : 호칭지름이 10~40mm, 열간에서 성형

③ 리벳 = 리벳머리 + 리벳자루, 리벳머리에 따라 둥근머리, 접시머리, 자루의 길이는 지름의 5배 이하

2. 리벳작업(riveting)

머리를 성형하여 접합하려는 판재를 체결하는 작업

① 판재에 구멍을 뚫는다.(리벳지름보다 1~1.5mm 더 크게)

② 판재를 겹쳐 구멍을 일치시킨다.

③ 리벳자루를 구멍에 넣는다.

④ 리벳머리를 스냅으로 받치고 자루 끝에 스냅으로 대고 두드려 제2의 리벳머리를 만든다.

⑤ 코킹(caulking) 작업 : 기밀유지를 위해 리벳 머리의 둘레와 강판의 가장자리를 정으로 때리는 작업

⑥ 플러링(fulleriing) 작업 : 코킹이 끝난 후 더욱 기밀을 유지하기 위해 강판의 너비(두께)와 같은 플러링 공구로 때 붙이는 작업(강판과 강판을 붙이는 작업)

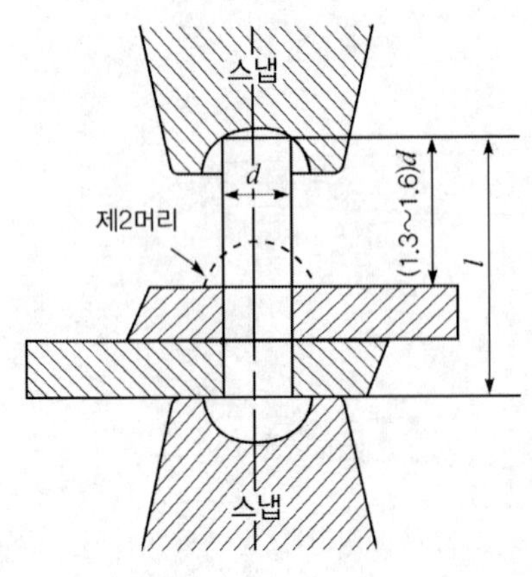

그림 3-19 리벳팅

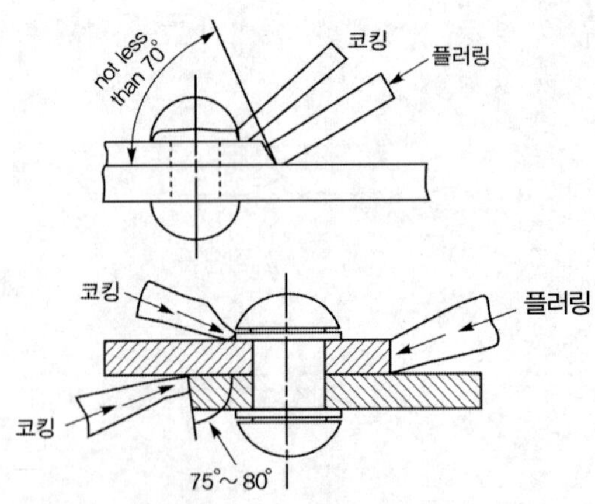

그림 3-20 코킹과 플러링

3. 리벳의 강도

(1) 단일전단면의 리벳강도

$$\text{리벳강도}(\tau_r) = \frac{F}{\frac{\pi d^2}{4}} = \frac{4F}{\pi d^2}$$, F는 전단력, d는 리벳의 지름

(2) 복 전단면의 리벳강도

양쪽 덮개판 맞대기 이음의 경우, 1개의 리벳에 2개의 전단면이 생기면 단면적을 2로 하지 않고 1.8로 한다.

$$\text{리벳강도}(\tau_r) = \frac{F}{1.8 \times \frac{\pi d^2}{4}} = \frac{4F}{1.8 \times \pi d^2}$$

4. 리벳이음의 강도설계

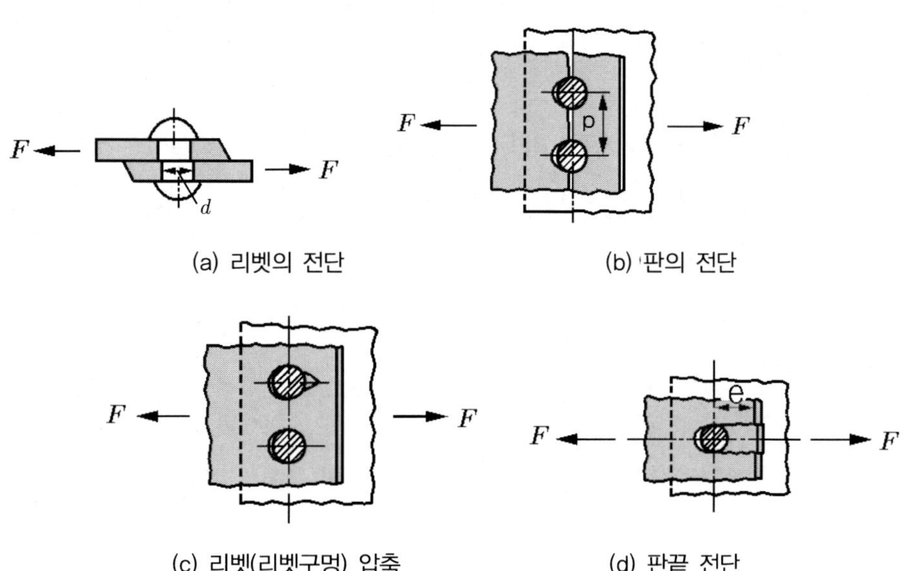

(a) 리벳의 전단
(b) 판의 전단
(c) 리벳(리벳구멍) 압축
(d) 판끝 전단

그림 3-21 리벳이음의 파괴

(1) 리벳의 전단응력

$$\text{전단응력}(\tau_r) = \frac{F}{\frac{\pi d^2}{4}} = \frac{4F}{\pi d^2}$$

(2) 판의 전단 시 인장응력(리벳과 리벳사이의 강판에 작용)

$\sigma_t = \dfrac{F}{(p-d)t}$, p는 피치(리벳과 리벳사이 거리), t는 판의 두께

(3) 리벳(리벳구멍)의 압축응력 $\sigma_c = \dfrac{F}{dt}$

(4) 판 끝의 전단

판의 전단길이(리벳 중심에서 판끝까지 거리)를 e, 판의 전단응력(τ_p) $\tau_p = \dfrac{F}{2et}$

5. 리벳이음의 효율

(1) 판의 효율 : 1피치의 너비 기준, 리벳구멍이 뚫린 판과 구멍이 없는 판의 강도비

$$\eta_{\text{판}} = \frac{(p-d)t\sigma_t}{pt\sigma_t} = \frac{p-d}{p}$$

(2) 리벳의 효율 : 1피치의 너비를 기준, 리벳의 전단강도에 대한 구멍이 없는 판의 강도비

① 단일전단면 : $\eta_{\text{단일}} = \dfrac{\frac{1}{4}\pi d^2 \times \tau_r}{pt\sigma_t}$

② 복전단면 : $\eta_{\text{복}} = \dfrac{1.8 \times \frac{1}{4}\pi d^2 \times \tau_r}{pt\sigma_t}$

2-6 용접 이음

1. 용접의 종류

① **압접** : 결합 금속(모재)를 반용융상태(혹은 냉간상태)에서 기계적 압력(해머)으로 결합
② **용접** : 모재를 용융상태로 해서 결합
③ **경납땜** : 융점이 낮은 합금(경납)을 이용, 모재 결합

2. 용접의 장단점

(1) 장점

① 공작 용이, 재료 절약, 제작비가 싸다.
② 이음효율 100% ⇒ 기밀성이 좋음
③ 사용판재의 두께에 제한이 없다.
④ 재질 우수, 재료선택 자유로움, 무게를 줄임
⑤ 주조물에 비해 결함이 없고 보수 용이
⑥ 리벳이음에 비해 소음이 없다.

(2) 단점

① 고열(5000~5500°)에 의한 변형, 잔류응력 발생, 재질 변화
② 용접조건이 맞지 않으면 결함 생성 ⇒ 노치효과 발생
③ 용접부의 비파괴 검사가 어려움
④ 진동을 감쇠하는 능력 부족
⑤ 강도가 매우 커 응력집중에 민감하다.

3. 용접부 구성

① **용착부** : 용접으로 용접봉과 모재의 일부가 용융하여 응고된 부분
② **용착금속** : 용착부의 금속, 용접금속=모재+용착금속
③ **열영향부** : 용융은 되지 않으나 열로 인해 조직, 특성 등이 변화한 모재부분
④ **용접부** : 용착부 + 열영향부
⑤ **덧붙임** : 용접부에서 표면 치수 이상 덧붙여진 용접금속

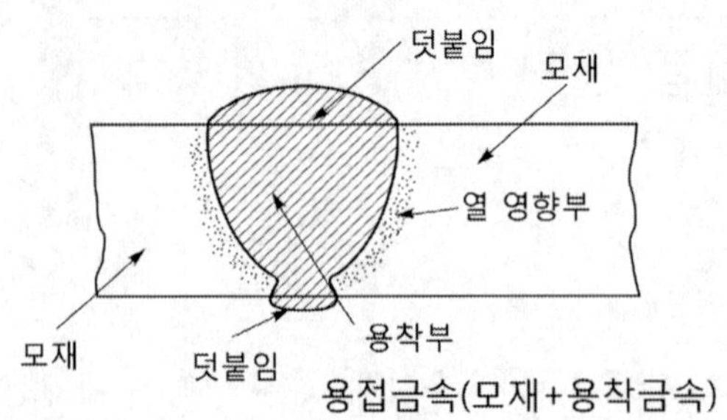

그림 3-22 용접부의 구성

4. 용접부의 모양

(1) 그루브(groove)용접

접합하는 모재사이 그루브 부분 용접(I형, U형, V형, X형 등)

(2) 필렛용접

직교하는 2개의 면을 결합하는 용접, 3각 단면

① **정면 필렛용접** : 용접선의 방향이 힘의 방향과 거의 직각인 필렛용접

② **측면 필렛용접** : 용접선의 방향이 힘의 방향과 거의 측면인 필렛용접

(3) 플러그용접

접합할 위 모재판 한쪽에서 아래 모재판 표면까지 구멍을 뚫고 구멍 가득히 접합

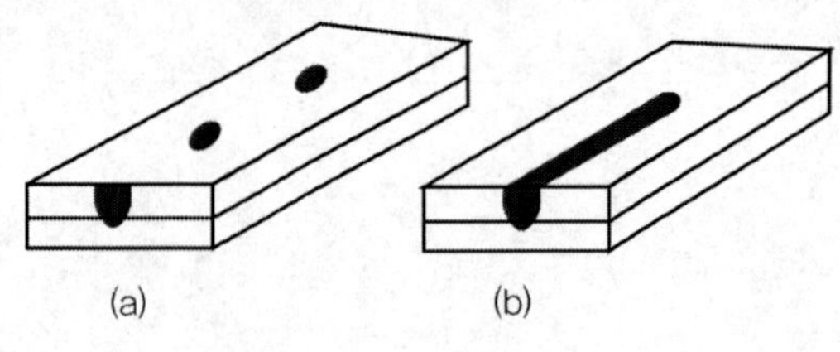

그림 2-23 플러그용접

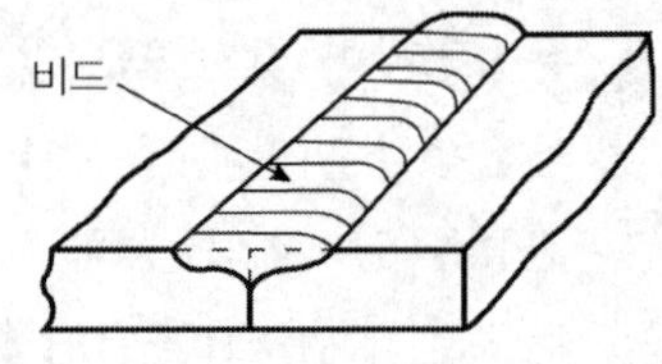

그림 2-24 비드용접

(4) 비드용접

그루브를 만들지 않고 맞대기한 평면 위에 비드를 용착

(5) 덧붙이 용접

마멸되거나 부족한 치수의 표면에 보충 용접

5. 용접부의 결함

① **용접부 결함** : 용입부족, 언더컷, 오버랩, 슬래그섞임, 기공, 비드밑터짐 등

② **비파괴검사** : 육안검사, 방사선 검사, 자기탐상법, 초음파탐상법

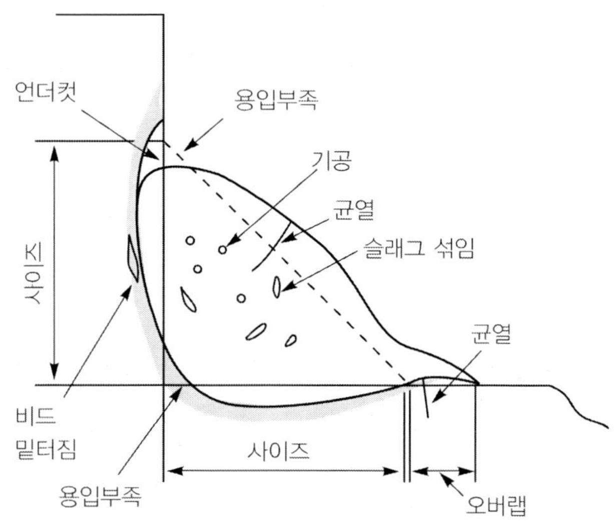

그림 3-25 **용접부의 결함**

동력전달 기계요소 I

- 축 관련 -

3-1 축

1. 축에 작용하는 하중

(1) 굽힘하중을 받는 축

① 정지축 : 굽힘을 받으나 회전력 받지 않음

② 회전축 : 굽힘을 받으면서 회전력 전달

(2) 주로 비틀림을 받는 축 : 동력전달 전동축

(3) 비틀림, 굽힘, 인장과 압축 등 2개 이상 동시에 받는 축 : 선박의 프로펠러축, 크랭크축

3. 축 설계 시 고려 사항

① 작용하는 여러 하중에 충분히 견딜 수 있는 강도,

② 키 홈, 노치 등에서 발생하는 응력집중을 고려

③ 작용하는 여러 하중으로 발생하는 변형이 기준범위에 있도록 충분한 강성

⇒ 한도 내의 처짐량, 한도 내의 비틀림각이 필요

④ 진동방지에 대한 대책 강구

㉠ 위험속도 : 굽힘에 의한 가로진동, 비틀림진동에 의한 고유진동수와 크기가 같은 축의 회전수

㉡ 공진 : 고유진동수와 정수배가 되는 회전수의 겹침 ⇒ 공진발생시 축은 파괴

⑤ 고온에 사용 축은 열응력을 고려

⑥ 가혹한 조건에 사용되는 축은 부식 고려

3. 굽힘 모멘트만 작용하는 축

① 굽힘응력$(\sigma_b) = \dfrac{M}{z}$ …… (식 1), M은 축의 굽힘모멘트, z는 축의 단면계수

② 중실축에서 축지름(d)

중실축의 단면계수$(z) = \dfrac{\pi d^3}{32}$ …… (식 2), 2식을 1식에 대입하면

$$\sigma_b = \frac{M}{z} = \frac{M}{\dfrac{\pi d^3}{32}} = \frac{32M}{\pi d^3}, \rightarrow d = \sqrt[3]{\frac{32M}{\pi \sigma_b}}$$

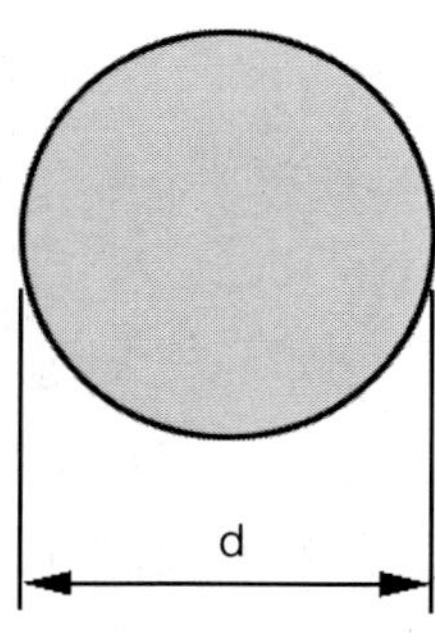

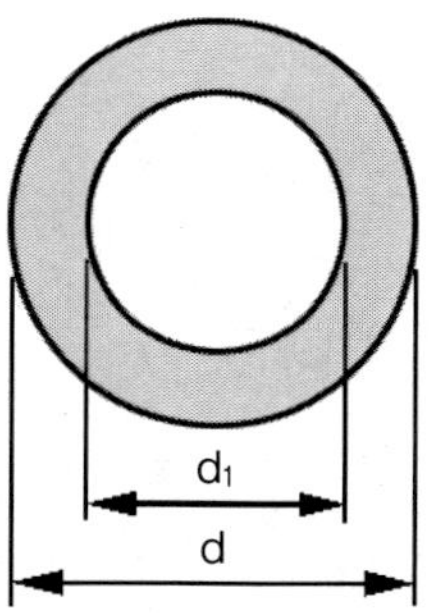

그림 3-26 중실축과 중공축

③ 중공축에서 바깥지름(d), 안지름(d_1), $\dfrac{d_1}{d} = x$라 하면

중공축의 단면계수$(z) = \dfrac{\pi}{32} \times \dfrac{d^4 - d_1^4}{d} = \dfrac{\pi d^3}{32}[1 - (\dfrac{d_1}{d})^4] = \dfrac{\pi d^3}{32}(1 - x^4)$…… (식 3)

3식을 1식에 대입하면

$$\sigma_b = \frac{M}{z} = \frac{M}{\dfrac{\pi d^3(1-x^4)}{32}} = \frac{32M}{\pi d^3(1-x^4)} \rightarrow d = \sqrt[3]{\frac{32M}{\pi(1-x^4)\sigma_b}}$$

4. 비틀림 모멘트만 작용하는 축

① 비틀림응력(τ) $= \dfrac{T}{z_p}$ …… (식 4), T는 축의 비틀림모멘트(토크), z_p는 축의 극단면계수

② 비틀림모멘트 (T) : $H = T \times w$에서 구한다.

H는 동력, w는 각속도로 $\mathrm{w} = \dfrac{2\pi \mathrm{N}}{60(\mathrm{s})}$, N : rpm

㉠ 동력이 마력(ps)일 경우 : 1ps = 75kgf·m/s

$T = 716200\dfrac{H_{ps}}{N}$, T의 단위는 kgf·mm

㉡ 동력이 kW일 경우 : 1kW = 102kgf·m/s

$T = 974000\dfrac{H_{kW}}{N}$, T의 단위는 kgf·mm

③ 중실축에서 축지름(d)

중실축의 극단면계수(z_p) $= \dfrac{\pi d^3}{16}$ …… (식 5), 5식을 4식에 대입하면

$\tau = \dfrac{T}{z_p} = \dfrac{T}{\dfrac{\pi d^3}{16}} = \dfrac{16T}{\pi d^3}$, $\rightarrow d = \sqrt[3]{\dfrac{16T}{\pi\tau}}$ 이 식이 중실축에서 축의 지름을 구하는 식이다.

④ 중공축에서 바깥지름(d), 안지름(d_1), $\dfrac{d_1}{d} = x$라 하면

중공축의 극단면계수(z_p) $= \dfrac{\pi}{16} \times \dfrac{d^4 - d_1^4}{d} = \dfrac{\pi d^3}{16}[1 - (\dfrac{d_1}{d})^4] = \dfrac{\pi d^3}{16}(1 - x^4)$ …… (식 6)

6식을 4식에 대입하면

$\tau = \dfrac{T}{z_p} = \dfrac{T}{\dfrac{\pi d^3(1-x^4)}{16}} = \dfrac{16T}{\pi d^3(1-x^4)}$, $\rightarrow d = \sqrt[3]{\dfrac{16T}{\pi(1-x^4)\tau}}$ 이 식이 중공축에서 바깥지름을 구하는 식이다.

5. 굽힘 모멘트와 비틀림 모멘트가 동시에 작용하는 축

① 최대주응력($\sigma_{\max}$) $= \dfrac{1}{2}(\sigma_b + \sqrt{\sigma_b^2 + 4\tau^2})$

② 최대전단응력($\tau_{\max}$) $= \dfrac{1}{2}\sqrt{\sigma_b^2 + 4\tau^2}$

③ 상당굽힘모멘트$(M_e) = \sigma_{max} \times z = \frac{1}{2}(M + \sqrt{M^2 + T^2})$

④ 상당비틀림모멘트$(T_e) = \tau_{max} \times z_p = \sqrt{M^2 + T^2}$

⑤ 축의 지름을 구하는 방법은 위 1, 2와 같다. 단, $M \to M_e$, $T \to T_e$를 대입하여 구하면 된다.

$\sigma_{max} = \frac{M_e}{z}$, $\tau_{max} = \frac{T_e}{z_p}$에서 축의 지름을 구한다.

6. 비틀림 강성

(1) 비틀림각

거리가 l만큼 떨어진 2개의 단면사이에 비틀림각 $(\theta)rad$이 발생하면,

$$\theta(rad) = \frac{Tl}{GI_p}$$

여기서, T : 비틀림모멘트(토크), G : 횡탄성계수, $I_p = \frac{\pi d^4}{32}$: 극관성모멘트

(2) 바하의 축공식

위 식에서 일반적으로 전동축 비틀림각(θ)은 축 길이 $l = 1\text{m}$에 대하여 $0.25°$ 이하가 되도록 제한함 ⇒ $\frac{\theta°}{l} = \frac{0.25}{1000}$, $G = 8300\text{kgf/mm}^2$을 대입하면 다음과 같다.

① 중실축의 지름(d)

$$d = 120\sqrt[4]{\frac{H_{ps}}{N}} = 130\sqrt[4]{\frac{H_{kW}}{N}}$$, 단위는 mm이다.

② 중공축의 바깥지름(d), 안지름(d_1), $\frac{d_1}{d} = x$라 하면

$$d = 120\sqrt[4]{\frac{H_{ps}}{(1-x^4)N}} = 130\sqrt[4]{\frac{H_{kW}}{(1-x^4)N}}$$, 단위는 mm이다.

3-2 축이음

1. 축이음의 분류

① 커플링 : 고정커플링, 플렉시블커플링, 올덤커플링, 유니버설조인트
② 클러치 : 맞물림 클러치, 마찰 클러치, 비역전클러치(원웨이클러치) ,원심클러치

2. 축이음의 설계 시 고려 사항

(1) 커플링의 경우

① 균형이 잘 잡혀있어야 함
② 분해조립이 쉬울 것
③ 가볍고 소형일 것
④ 진동에 강할 것
⑤ 가능하면 윤활이 필요하지 않을 것
⑥ 가격이 쌀 것

(2) 클러치의 경우

① 적당한 마찰계수
② 관성이 작아야 하고, 소형, 가벼울 것
③ 마모가 있어도 적당하게 수정될 수 있는 것
④ 마찰열을 충분히 발산할 것
⑤ 원활한 단속, 단속시 작은 외력으로 작동 가능할 것
⑥ 균형상태가 좋을 것

3. 커플링

(1) 고정 커플링

① 원통커플링
㉠ 머프커플링 : 주철제의 원통속에 두 축을 맞대고 키로 고정
㉡ 마찰원통커플링 : 원통의 중심으로 부터 좌측끝과 우측끝까지 원추형으로 깍음, 이 원추에 2개의 연강제의 링으로 조인 것

ⓒ 클램프커플링 : 2개로 분할된 원통을 양 축단에 끼우고 볼트로 죈 것

ⓓ 반겹치기커플링 : 축단을 약간 크게 경사지게 겹쳐 키로 고정

ⓔ 셀러원추커플링 : 양 축단에 내면이 원추면으로 된 바깥통을 끼움, 그 속 바깥면이 원추면으로 되어 있는 안통 2개를 축 양단에 넣어 3개 볼트로 죈 것

② 플랜지커플링

양 축단의 각각에 플랜지를 끼우고 키로 고정, 각 플랜지를 볼트로 연결, 확실한 회전력 전달, 지름 200mm까지의 축 이음에 사용

(2) 플렉시블 커플링

① 2축의 중심선이 정확히 일치하지 않을 시 사용

② 커플링부분에 고무, 가죽, 목재, 스프링 등 탄성체 삽입, 축이음의 간격을 넓힘

③ 구동축에 생기는 변동토크, 충격 진동을 완화

(3) 올덤 커플링

① 2축이 평행하고 그 축의 중심선의 유치가 약간 어긋났을 시

② 각속도 없이 회전력(토크)를 전달

(4) 유니버설 커플링

① 양축이 같은 평면 내 존재, 그 축선이 임의의 각도로 교차시 사용

② 구동축의 각속도가 일정하더라도 양 축의 교차각에 따라 피동축의 속도는 변화
→ 회전력(토크)도 변화

③ 보통 교차각 α는 30°이하가 바람직

4. 클러치

(1) 맞물림 클러치

① 이(jaw)와 이가 맞물려 양축이 회전 => 조오클러치라 함

② 이의 종류 : 4각형, 3각형, 톱니형, 사다리형, 나선형

(2) 마찰클러치

① 일직선상의 회전축인 구동축, 피동축 사이의 전동을 접촉면 마찰력을 이용하여 연결

② 종류 : 원판클러치, 원추클러치(원판클러치 보다 마찰면적이 커서 큰 토크를 전달)

(3) 비역전 클러치와 원심 틀러치

① 비역전클러치(One Way clutch)

한쪽 방향만 회전력 전달, 다수의 볼(롤러)가 쐐기공간에 삽입

② 원심클러치

원심력에 의하여 마찰면이 접촉 → 원동축이 회전상승하면 축을 연결, 입체클러치와 유체클러치가 있다.

3-3 베어링

1. 베어링 개요

(1) 베어링의 역할

회전축을 지지하면서 축하중을 받는 기계 요소

(2) 접촉형식에 따른 분류

① 구름베어링 : 볼(점접촉) 롤러, 니들롤러(선접촉)를 구름접촉으로 바꾸어 구름마찰

② 미끄럼베어링 : 축과 베어링이 면접촉으로 미끄럼마찰

(3) 작용하중의 방향에 따라

① 레이디얼베어링 : 축선에 직각으로 작용하는 하중을 지지

② 스러스트베어링 : 축선방향으로 작용하는 하중을 지지

(4) 베어링 설계시 주의사항

① 마모 적고, 마찰저항 작고, 손실동력 작아야 함

② 베어링 사용 온도가 높지 않아야 함

③ 강도가 충분, 구조가 단단, 유지수리가 쉬울 것

④ 눌어붙음이 없을 것

⑤ 하중, 속도에 의해 마찰면이 파괴되지 않을 것

⑥ 진동에 충분히 견딜 것

⑦ 마찰면에 먼지, 이물질 등이 침입하지 않을 것

2. 마찰과 윤활

(1) 마찰계수

수직력(W)이 작용하는 접촉면 사이를 일정한 속도로 운동하고 있을 시 마찰력(F)과 관계

$$F = \mu W,\ \mu = \frac{F}{W}$$

여기서 μ를 마찰계수라 한다. 유체윤활에서 마찰계수(μ)의 변화는 다음과 같다.

① 점도가 높아지면 마찰계수가 증가한다.

② 베어링 면의 유체 평균압력이 증가하면 마찰계수는 감소한다.

③ 회전속도가 증가하면 마찰계수가 증가한다.

(2) 마찰(3가지)

① 고체마찰(건조마찰) : 접촉면 사이에 윤활제의 공급이 없는 마찰, 고체와 고체의 접촉

② 유체마찰 : 접촉면 사이에 윤활제가 두꺼운 유막을 형성, 직접적 고체 접촉이 없는 상태

③ 경계마찰 : 접촉면 사이에 아주 얇은 유막(10^{-3}mm 이하 유막) 형성

④ 불완전 윤활이 일어나는 상태 : 고하중, 저속도, 윤활유 점도 불충분, 베어링 틈새 불량, 베어링 면 거칠기 큼, 베어링 접촉이 한쪽으로 치우쳐짐

3. 구름베어링의 구조

① 내륜, 외륜, 전동체(볼, 니들), 리테이너(전동체의 적당한 간격 유지)로 구성

② 전동체에 따라 볼베어링, 롤러베어링으로 구분

③ 전동체의 열수에 따라 1열 ⇒ 단열, 2열 ⇒ 복열

그림 3-27 구름베어링

4. 구름베어링의 종류

(1) 레이디얼베어링

① 단열 레이디얼 볼 베어링 : 궤도면의 홈이 비교적 깊음, 대표적 베어링
② 단열 앵귤러 볼 베어링 : 볼과 내외륜과의 접촉점을 잇는 직선이 레이디얼 방향에 대해 어느 각도(접촉각)를 가지는 베어링.
③ 복열 레이디얼 볼 베어링 : 내륜에 복열, 외륜의 궤도면이 구면, 내륜이 기울어져도 볼 관계위치는 항상 일정=〉자동조심작용 함
④ 원통 롤러 베어링 : 원통 롤러 사용, 볼베어링 보다 레이디얼 하중이 큰 곳 사용
⑤ 테이퍼 롤러 베어링 : 전동체로 테이퍼 롤러를 사용, 레이디얼 하중과 스러스트 하중(합 하중에 견딜 수 있음)
⑥ 구면 롤러 베어링 : 표면이 구면으로 된 롤러를 전동체로 사용, 자동조심작용을 함
⑦ 니들 롤러 베어링 : 지름이 2~5mm 바늘 모양의 롤러 사용

(2) 스러스트베어링

① 단열 스러스트 볼 베어링 : 스러스트 하중만을 받음, 한쪽 방향 스러스트 하중 ⇒ 단식, 양방향 스러스트 하중 ⇒ 복식
② 스러스트 구면 롤러 베어링 : 구면 롤러를 접촉각 40~50° 정도 경사시켜 배열, 자동조심작용을 함

5. 구름베어링의 주요치수

① 구름베어링 필요치수 : 안지름, 바깥지름, 너비(또는 높이)
② 국내 규격품의 구름베어링은 안지름을 기준
③ 같은 안지름에서 바깥지름이 클수록 무거운 하중에 견딤

6. 구름 베어링의 표시

(1) 지름이 20mm 미만인 경우

안지름번호 00은 10mm, 01은 12mm, 02는 15mm, 03은 17mm를 나타낸다.

(2) 지름이 20mm 이상인 경우

5로 나눈 값을 안지름으로 한다.

예) 6210ZNR ⇒ 62는 형식기호(단열 깊은 홈 볼베어링)
⇒ 10은 안지름번호($10 \times 5 = 50\text{mm}$)
⇒ Z는 실드 기호(한쪽 실드)
⇒ NR은 궤도륜형상기호(중지륜붙이)

7. 구름 베어링 선정

(1) 구름베어링 정격 수명(L_n) 계산

① 정격수명$(L_n) = (\frac{C}{P})^r$ (10^6회전단위)

② 여기서 C는 기본부하용량(kgf), P는 베어링하중(kgf), r은 볼베어링의 경우 3, 롤러베어링의 경우 10/3을 사용한다.

③ 하중계수(f_w)가 주워질 경우 베어링 하중은 하중계수와 이론하중(P_{th})과 곱이다.

$P = f_w \times P_{th}$

(2) 정격수명시간(L_h) 계산

① 정격수명을 회전수로 한 다음, N(rpm)으로 나누면 시간이 나온다.

② 정격수명시간$(L_h) = \frac{L_n \times 10^6}{N \times 60}$(시간, hour)...... (식 1) ← 회전수를 N으로 나누면 분이 나옴, 따라서 시간으로 만들기 위해 60을 나누어 줌

③ 1식에서 $10^6 = 500 \times 33.3 \times 60$이므로, 대입하면,

정격수명시간$(L_h) = \frac{L_n \times 10^6}{N \times 60} = \frac{L_n \times 500 \times 33.3}{N}$

$= 500 \times (\frac{C}{P})^r \times \frac{33.3}{N}$(시간)...... (식 2)로 표시된다.

(식 1)=(식 2)이므로 어느 것을 사용해도 된다.

8. 구름베어링과 미끄럼베어링 비교

구분	구름베어링	미끄럼베어링
하중	양방향(원주와 축방향)의 하중을 하나의 베어링으로 받을 수 있다.	양방향의 하중을 하나의 베어링으로 받을 수 없다.
모양치수	니들베어링을 제외하고 외경이 크고 너비가 작다.	외경이 작고 너비가 크다.
내충격성	약함	대체로 강함
진동소음	발생이 쉽다.	발생이 어렵다.
부착조건	끼워맞춤에 주의	구조가 간단하여 주착조건이 쉽다.
윤활조건	용이함, 그리스윤활은 윤활장치가 필요 없음	주의해야 하며 윤활장치가 필요
수명	피로손상에 의해 한정	마멸에 좌우
온도	점도변화에 영향을 받지 않음	점도에 양향을 줌, 윤활유 선택에 주의
운전속도	고속회전에 부적합, 저속운전에 적당	마찰열을 잘 제거한다면 고속회전에 적당, 저속회전에 부적당
호환성	규격화되어 있어 호환성이 좋음	규격이 없고 주문생산, 호환성이 떨어짐
보수	파손되면 교환, 보수가 간단	윤활장치가 있으므로, 보수에 시간과 노력이 필요
마찰	기동마찰이 0.002-0.006으로 작고 일반적으로 마찰이 작다.	기동마찰이 0.01-0.1로 크며 마찰도 일반적으로 큰 경우가 많다.
가격	보통 고가	보통 저렴

동력전달 기계요소 Ⅱ
-마찰 및 감아걸기-

4-1 마찰차

1. 마찰차의 특징

① 2개의 바퀴가 서로 밀어붙여 마찰접촉(구름접촉)으로 동력 전달
② 약간의 미끄럼이 있어 일정 속도비 유지가 곤란, 전달 동력이 작다.
③ 접촉면이 매끈하여 바퀴의 위치를 이동할 수 있어 운전이 정숙, 전동 단속에 무리 없음
④ 피동 마찰차에 과부하가 생길 시 미끄럼에 의한 손상 방지
⑤ 누르는 힘(밀어붙이는 힘)이 크면 베어링부하가 커져 마찰손실이 큼, 전동효율 나빠짐

2. 마찰차의 종류

① 원통마찰차 : 2축이 평행, 마찰차가 원통형
② 홈마찰차 : 2축이 평행, 접촉면에 홈
③ 원추마찰차 : 2축이 어느 각도로 교차, 마찰차는 원추형
④ 무단변속마찰차 : 원판, 원추, 곡면 등을 이용한 무단 변속

3. 원통마찰차 설계

(1) 회전방향과 속도비

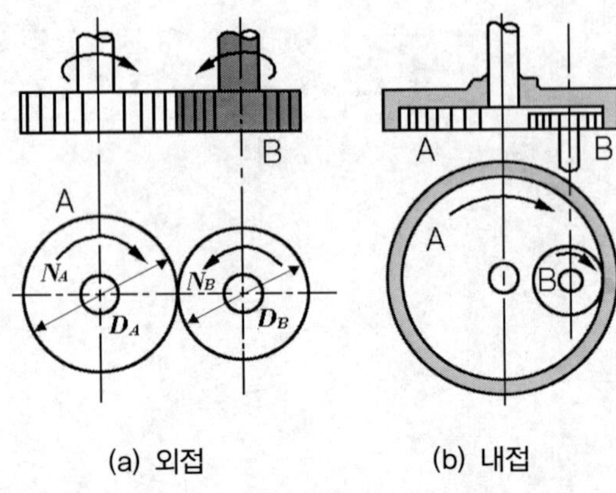

그림 3-28 원통마찰차의 접촉

마찰차의 접촉면 원주속도$(v) = \pi D_A N_A = \pi D_B N_B$ …… (식 1)

여기서, 밑에 붙은 기호A는 원동차(구동차), 기호B는 종동차(피동차)를 의미한다. 즉, D_A는 원동차의 지름을 의미한다. 따라서,

$$\text{속도비}(i)^{1)} = \frac{\text{원동차회전각속도}}{\text{종동차회전각속도}} = \frac{w_A}{w_B} = \frac{N_A}{N_B}$$

이고, 1식을 대입하면, $i = \dfrac{N_A}{N_B} = \dfrac{D_B}{D_A} = \dfrac{r_B}{r_A}$

또한, 외접하면 회전방향이 달라지며, 내접하면 회전방향이 같음을 알 수 있다.

(2) 전달동력

밀어붙이는 힘을 Q라 하면, 마찰력 F는 마찰계수 μ와 관계에서, $F = \mu Q$

$$\text{최대전달 동력}(H) = F \times v = \frac{\mu Q \times v}{75}(ps) = \frac{\mu Q \times v}{102}(kW)$$

여기서 F는 kgf, v는 m/s이다.

---

1) 속도비는 KSB 0102-2002에 의거 $\dfrac{\text{원동차 회전각속도}}{\text{종동차 회전각속도}}$로 개정되었다. 따라서, 이후에 나오는 속도비에 관한 문제는 이와 같이 풀어야 함을 꼭 기억한다.

4-2 벨트

1. 감아걸기 전동의 특징

① 축간거리가 클 경우 감아걸기(간접 동력전달)
② 고속 고부하의 경우 미끄럼으로 인한 일정 속도비 전달 불가
③ 회전 충격 흡수가 가능
④ 부하가 커지면 미끄러져 기계 무리가 적음

2. 감아걸기 전동의 범위

벨트/체인		축간거리(m)	회전비		벨트/체인속도(m/s)	
			보통	최대	보통	최대
① 평벨트		10이하	1:1~6	1:15	10~30	50
② V벨트		5이하	1:1~7	1:10	10~18	25
③ 로프		10~25	1:1~2	1:5	15~25	30
④ 체인	롤러	4이하	1:1~7	1:10	4이하	10
	사일런트	4이하	1:1~8	1:10	8이하	10

3. 평벨트

(1) 평벨트 종류

① **가죽벨트** : 소 가죽을 연하게 처리, 여러 겹(ply) 겹쳐 사용
② **직물벨트** : 무명, 마, 합성섬유 등과 같은 직물로 이음매 없이 구성, 가죽벨트 보다 인장 강도 크나, 유연성 나빠 풀리와 접촉이 떨어져 전동능력이 낮음 ⇒ 가벼워 고속회전에 적합
③ **고무벨트** : 직물벨트에 고무를 포게 붙여 만듦. 유연하고 풀리에 잘 접촉, 미끄럼이 적고 수명이 김. 습기에 잘 견디고 먼지 등에 의한 손상이 없다. 빛, 기름, 열에 약함
④ **강벨트** : 냉간 압연한 얇은 강판을 사용. 가죽벨트와 같은 동력 전달시 1/5너비 필요
⑤ **타이밍벨트** : 미끄럼을 완전히 없애기 위해 접촉면을 치형 붙임, 강성 코드를 사용하여

늘어남을 방지 ⇒ 미끄럼 크리프가 거의 없고 속도변화가 거의 없다. 굽힘저항이 작아 작은 풀리에도 사용, 저속 및 고속에서 원활한 운전

(2) 벨트 이음

① 종류 : 접착제(아교)로 잇는 법, 철사나 가죽끈으로 잇는 법, 이음쇠(벨트레이싱, 앨리케이터)를 사용하는 법

② 벨트이음면 작용힘 : 벨트 유효장력(F_e), 벨트의 이음각을 α라 하면,

㉠ 이음면 수평방향의 힘(F_x)$= F_e \times \sin\alpha$

㉡ 이음면 수직방향의 힘(F_y)$= F_e \times \cos\alpha$

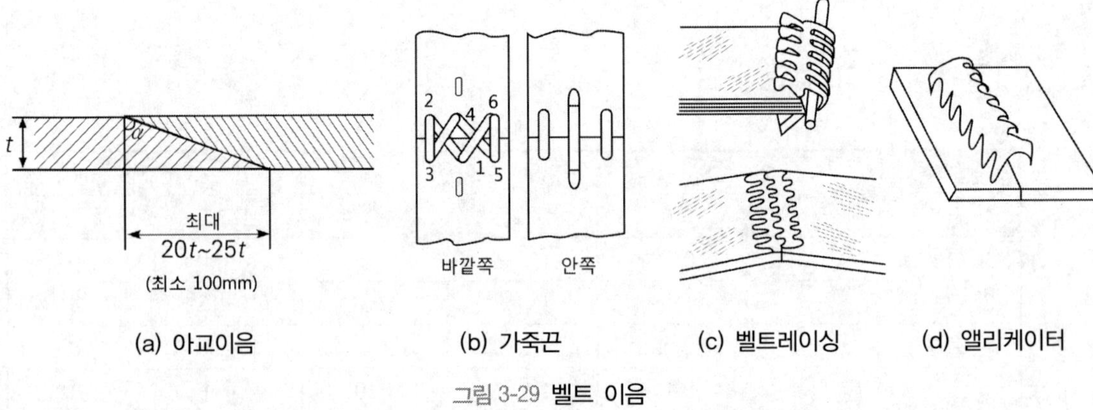

그림 3-29 벨트 이음

(3) 벨트 풀리는 3개 부분으로 구성

① 림(rim) : 풀리 둘레(얇은 살의 바퀴 둘레)

② 보스(boss) : 축 구멍을 구성하는 중앙부분

③ 아암(arm) : 림과 보스 부분을 연결하는 막대부분(판을 사용할 수 있음)

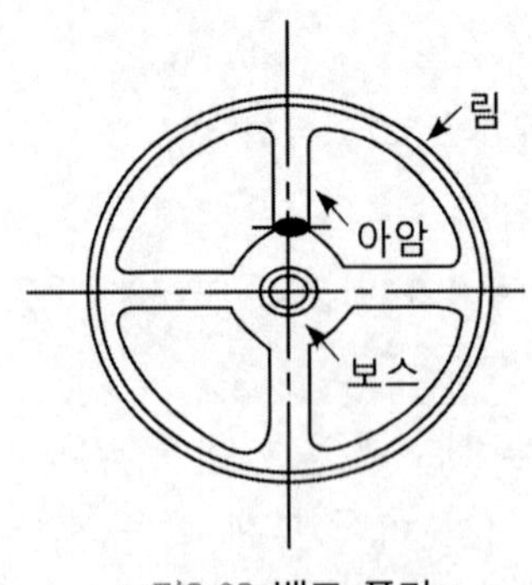

그림3-32 벨트 풀리

(4) 벨트 이상 현상

① 크리핑(creeping) : 벨트와 림의 속도차에 의해 벨트가 림 면을 기어가는 현상

② 플래핑(flapping) : 축간거리가 길어져 고속 벨트 전동시 벨트가 파닥파닥 소리를 내면서 파도치는 현상

(5) 벨트 길이(L)

① 평행걸기(바로걸기)

$$L_p = 2C + \frac{\pi}{2}(D_A + D_B) + \frac{(D_B - D_A)^2}{4C}$$ 여기서, C는 축간거리

② 십자걸기(엇걸기)

$$L_x = 2C + \frac{\pi}{2}(D_A + D_B) + \frac{(D_B + D_A)^2}{4C}$$

(6) 평행걸기과 십자걸기 비교

① 평행걸기 : 접촉각이 작다. 원동차와 종동차의 회전방향이 같다.

② 십자걸기 : 접촉각이 크다. 원동차와 종동차의 회전방향이 반대. 벨트 비틀림에 의한 이상방지를 위해 축간거리를 벨트너비의 20배 이상으로 함.

(7) 벨트 장력

① 초기장력(F_0) : 벨트를 풀리에 걸 때 약간의 인장력(처음 전동에 마찰을 얻기 위함)

② 유효장력(F_e) : 풀리를 돌리기 위해 풀리원주에 작용하는 유효전달력

$$F_e = F_t(\text{긴장력}) - F_s(\text{이완력})$$

③ 장력비($e^{\mu\theta}$) $= \dfrac{F_t(\text{긴장력})}{F_s(\text{이완력})}$

④ 긴장력(F_t) $= \dfrac{e^{\mu\theta}}{e^{\mu\theta} - 1}F_e + \dfrac{wv^2}{g}$

⑤ 이완력(F_s) $= \dfrac{1}{e^{\mu\theta} - 1}F_e + \dfrac{wv^2}{g}$

⑥ 원주속도가 10m/s 이하일 경우 원심력($\dfrac{wv^2}{g}$)은 무시해도 됨($\dfrac{wv^2}{g} = 0$)

따라서 ④와 ⑤는 $F_t = \dfrac{e^{\mu\theta}}{e^{\mu\theta} - 1}F_e$, $F_s = \dfrac{1}{e^{\mu\theta} - 1}F_e$로 변화

그러므로, 유효장력$(F_e) = \dfrac{e^{\mu\theta}-1}{e^{\mu\theta}} F_t = (e^{\mu\theta}-1)F_s$ …… (식 1)

(8) 전달동력(H)

① 원주속도가 10m/s 이하일 경우

$$H = \frac{F_e \times v}{75} = \frac{F_t(e^{\mu\theta}-1)}{e^{\mu\theta}} \times \frac{v}{75} = F_s(e^{\mu\theta}-1) \times \frac{v}{75}$$

② 원주속도가 10m/s 초과일 경우

$$H = \frac{F_e \times v}{75} = (F_t - \frac{wv^2}{g})\frac{(e^{\mu\theta}-1)}{e^{\mu\theta}} \times \frac{v}{75} = (F_s - \frac{wv^2}{g})(e^{\mu\theta}-1) \times \frac{v}{75}$$

4. V벨트

(1) V벨트 전동 특징

① 사다리꼴 단면, 이음매가 없는 벨트

② V풀리의 쐐기작용에 의해 마찰력 증대 ⇒ 작은 장력으로 큰 회전력 전달

③ 축간거리 5m까지 사용, 협소한 곳에 설치 가능

④ 평벨트에 비해 조용하고 충격완화 작용 가능

⑤ 미끄럼이 적어 높은 속도비 얻음(1:7~10), 원주속도 25m/s까지 고속운전 가능

⑥ 전동효율이 96~99% 정도, 장력이 작아 베어링 하중부담이 적음

⑦ 같은 방향의 회전에만 이용, 그 길이 조정이 없음 ⇒ 장력조정장치 필요(혹은 축이동 구조)

(2) V벨트

① 바깥쪽과 안쪽은 늘어나고 줄어드는 고무층

② 중간(신축이 없는 곳)은 강력하고 신장이 적은 벨트의 항장체로 강력인견 로프나 합성 섬유로프로 되어 있고, 외부는 고무를 입힌 면포로 피복

(3) V벨트 풀리

① 풀리 림 위에 V홈

② 홈의 각도와 모양을 정확히 가공, 홈 표면은 매끈하게 다듬질

③ 굽힘을 고려해서 피치원이 큰 것이 좋다.

④ 작은 풀리는 홈의 각도를 작게 한다.

4-3 체인, 로프

1. 체인전동장치 특징

① 벨트나 로프보다 전동효율이 높다.(95% 이상)
② 미끄럼 없는 일정한 속도비
③ 초기장력이 필요없음 ⇒ 초기 베어링 하중이 없음
④ 접촉값은 90°이상, 축간거리도 비교적 짧게 잡을 수 있음
⑤ 체인의 탄성으로 충격하중 흡수
⑥ 다축 전동이 가능, 수리/유지가 용이 ⇒ 수명이 길다.
⑦ 40m이상의 축간거리 전동과 고속전동은 곤란함
⑧ 전달축은 서로 평행
⑨ 소음과 진동 발생

2. 롤러체인과 스프로킷 휠

(1) 롤러체인 구조 : 롤러링크, 핀링크를 교대로 연결

① 롤러링크 : 롤러링크판에 부시를 고정, 부시 바깥쪽에 회전 롤러 끼움
② 핀링크 : 핀링크판에 핀을 고정

(2) 스프로킷 휠

① 스프로킷 휠 잇수는 10~70개, 잇수가 작으면 체인의 굴곡각도가 커져 원활한 운전이 어렵고, 진동을 발생→수명 단축
② 마모가 균일하게 일어나도록 홀수 개로 선택
③ 이의 재료는 인성, 내마모성을 동시 필요, 표면경화 열처리

3. 사일런트 체인 특징

① 롤러체인은 늘러나 물림상태가 나빠지고 소음 발생하지만, 사일런트 체인은 이런 결점을 수정하고, 고속에서도 정숙/원활한 운전

② 스프로킷휠 이와 접촉되는 면적이 크게 되어 운전이 원활, 전동효율이 98%이상
③ 모양과 치수의 높은 정밀도 요구, 공작이 어려워 가격이 비싸다.

4. 로프전동

(1) 로프전동 특징

① 목면, 마, 강선 등으로 로프 만듬, 로프를 홈이 있는 로프풀리에 감아 걸어서 회전을 전달
② 큰 동력 전달에 유리
③ 축간거리가 길어도 됨(와이어로프 축간거리 : 50~100m, 섬유로프 축간거리 : 10~30m)
④ 한 원동풀리에 여러 종동풀리 사용 가능
⑤ 벨트에 비해 미끄럼이 적고, 고속운전에 적합
⑥ 전동경로가 직선이 아닌 경우에도 사용 가능
⑦ 장치가 복잡 ⇒ 로프 벗기기 힘듬, 조정이 어렵고 절단시 수리가 어려움
⑧ 미끄럼은 적으나 전동이 불확실

(2) 로프 종류(로프 크기는 외접원의 지름으로 표시)

① 섬유로프 : 섬유로 만든 실을 꼬아서 작은 스트랜드(strand) 만들고, 3~4개의 스트랜드를 꼬아서 로프 만듦, 전동용으로 사용
② 와이어로프 : 강선(소선을 열처리하여 몇 번이고 다이를 통과시킨 후 아연도금)을 꼬아서 만듦. 크레인과 윈치 같은 중량물 운반용으로 사용
③ 꼬는 방법 : 오른나사와 같은 방향(Z꼬임) : 많이 사용, 왼나사와 같은 방향(S꼬임)

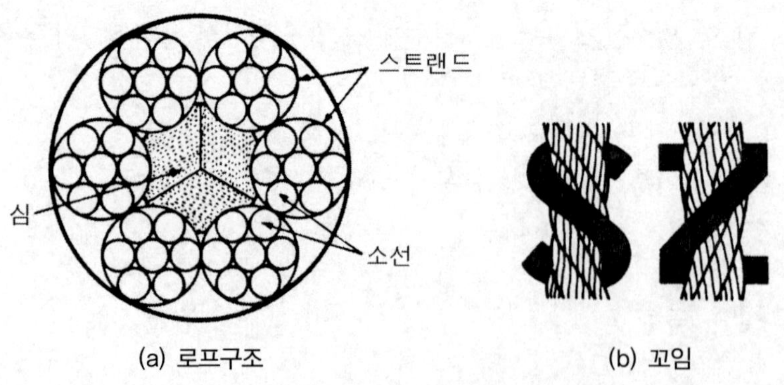

(a) 로프구조 (b) 꼬임

그림 3-30 로프구조와 꼬임

(3) 로프 감는법

① 병렬식 : 2개 로프 풀리 사이에 서로 독립한 로프를 병렬로 여러 개 감아 거는 방식, 각 로프의 장력이 고르지 못함, 이음매에 의한 진동이 큼, 하중이 각 로프에 고르게 분배되어 로프 하나가 전단되어도 전동이 가능

② 연속식 : 하나의 긴 로프를 양 로프 풀리에 여러 번 감아 거는 방식, 운전중 진동 적고 장력 조절이 쉬움, 로프 한 곳이 절단되면 운전 불가능

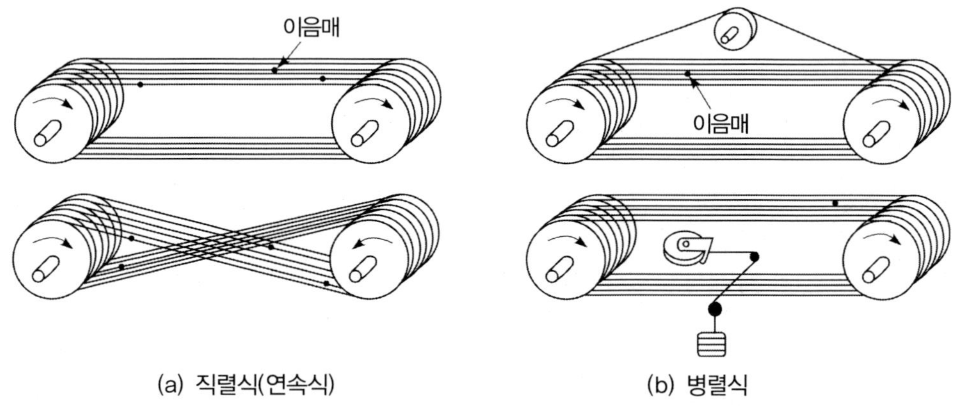

(a) 직렬식(연속식) (b) 병렬식

그림 3-31 로프 감는 방식

동력전달 기계요소 III
- 치차 -

5-1 기어의 종류

1. 두 축의 상대 위치에 의한 분류

(1) 두 축이 평행

① 스퍼기어 : 이끝이 직선, 축에 평행한 원통기어

② 랙 : 원통기어에서 피치 원통의 반지름을 무한대로 한 기어

③ 헬리컬기어 : 이끝이 헬리컬 선을 가진 원통기어

④ 더블헬리컬기어 : 양쪽에서 나선형으로 된 기어를 조합한 것

⑤ 내접기어 : 원통(원추)의 안쪽에 이가 만들어져 있는 기어

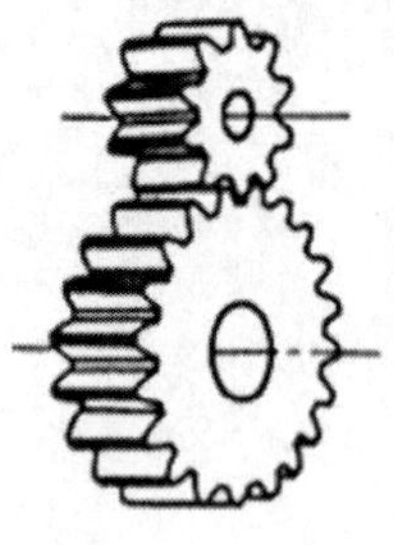

(a) 평기어

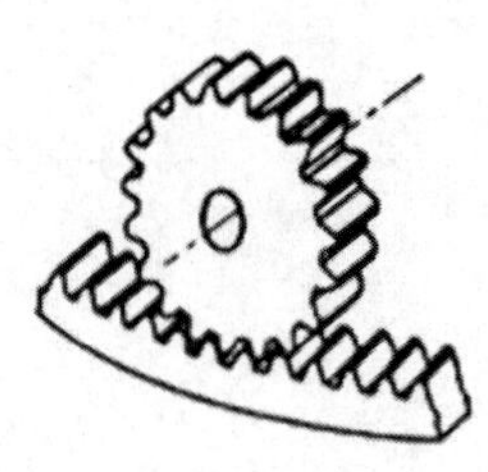

(b) 내접기어

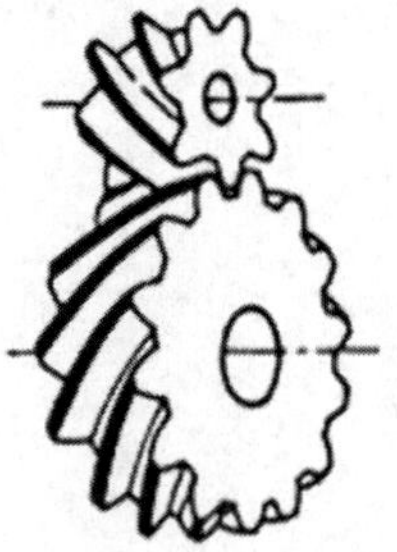

(c) 헬리컬기어

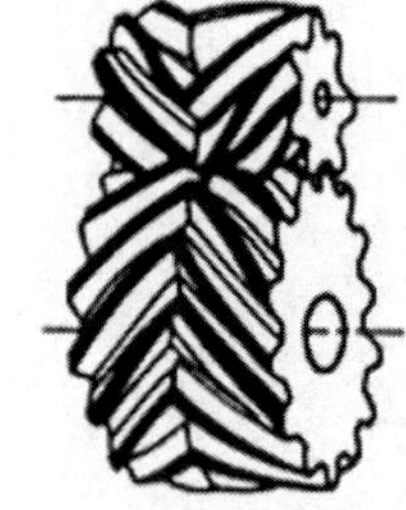

(d) 더블헬리컬기어

그림 3-32 두 축 평행 기어

(2) 두 축이 교차(임의의 각도로 만날 경우)

① 베벨기어 : 교차되는 두 축간에 운동을 전달하는 원추형 기어
② 마이터기어 : 직각인 두 축간에 운동 전달, 잇수가 같은 한쌍의 베벨기어
③ 앵귤러베벨기어 : 직각이 아닌 두 축간에 운동 전달
④ 크라운기어 : 피치면이 평면인 베벨기어(기어의 랙에 해당)
⑤ 헬리컬베벨기어 : 이끝이 헬리컬된 베벨기어
⑥ 스파이럴베벨기어 : 크라운기어의 이끝이 곡선으로 된 기어
⑦ 제로울베벨기어 : 나선각이 0인 한쌍의 스파이럴 베벨기어

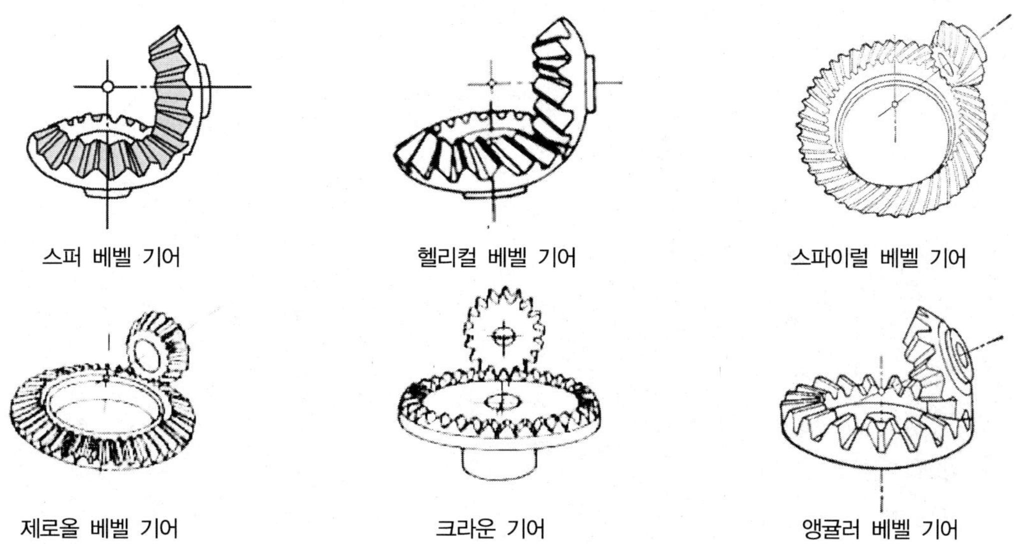

그림 3-33 두 축 교차 기어

(3) 두 축이 어긋남(만나지도 않고 평행하지도 않을 경우)

① 나사기어 : 헬리컬기어의 한 쌍을 스큐 축 사이의 운동전달에 이용
② 하이포이드기어 : 스큐 축 간에 운동을 전달하는 원추형 기어
③ 웜과 웜휠 : 한줄 또는 그 이상의 줄수를 가진 나사모양 기어(웜), 웜과 물리는 기어(웜휠)
④ 장고형 웜기어 : 장고형태의 웜과 웜기어

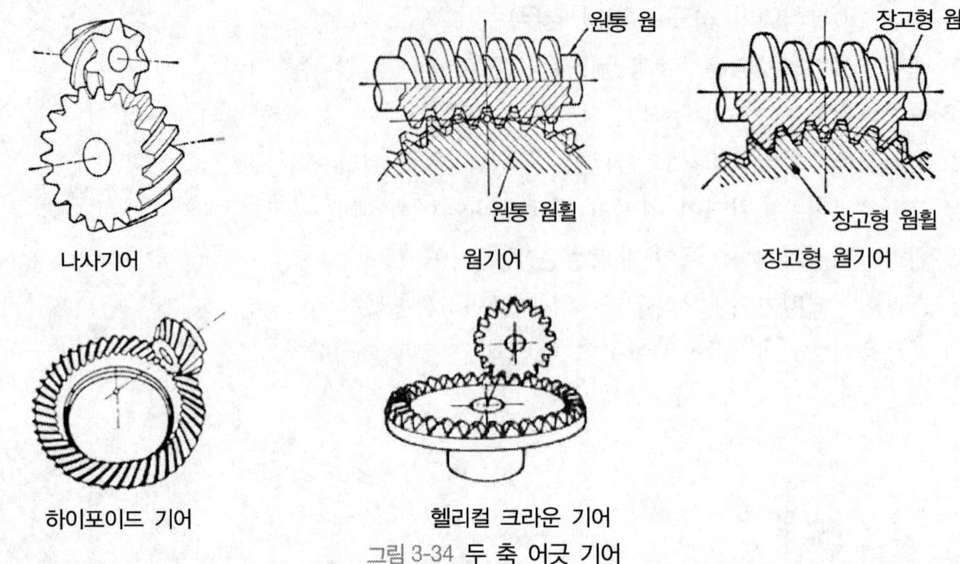

그림 3-34 두 축 어긋 기어

2. 기어의 크기(바깥지름)에 의한 분류

① 극대형기어 : 1000mm 이상

② 대형기어 : 250~1000mm

③ 중형기어 : 40~250mm

④ 소형기어 : 10~40mm

⑤ 극소형기어 : 10mm이하

3. 치형 가공방법에 의한 분류

(1) 성형치절기어

① 밀링 머신으로 깎아낸 조합기어

② 이의 형체 계산하여 이의 모양과 같은 판자 게이지를 만들고, 이 게이지에 맞춘 바이트 (세이퍼와 같은 공작기계)로 절삭

③ 하급기어에 사용, 정밀도가 떨어짐

(2) 창성치절기어

① 커터와 기어(공작물)과의 상관운동에 의해 이를 절삭

② 호브, 피니언 커터, 랙형 커터 등의 전문 기계로 절삭

③ 정밀도가 높고 다량생산

5-2 치형곡선

1. 기구학적 조건

① 두 기어의 회전중심 O_1, O_2으로 회전, 미끄럼접촉

② 접촉점에서 각 기어의 접선 방향의 속도차(미끄럼속도) 있지만, 두 치형은 서로 떨어져도 안 되고 파고 들어가도 안되므로 법선 방향의 속도는 같아야 한다.

③ 선분$\overline{O_1O_2}$를 일정비(w_2/w_1)로 배분하는 점 ⇒ 피치점

④ 피치원 : 기어의 회전중심 O_1, O_2으로 하고, 피치점을 통과하는 원

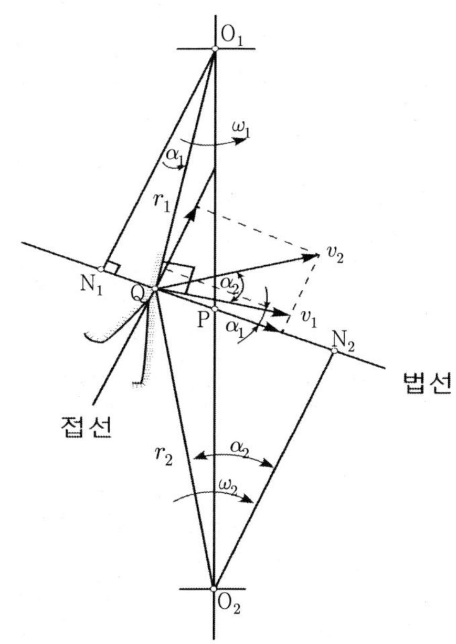

그림 3-35 치형곡선

2. 사이클로이드 치형

① 사이클로이드 치형 : 고정된 하나의 원둘레 위(아래)를 하나의 원이 미끄럼 없이 굴러갈 때 원주 위의 한 점이 그리는 곡선

② 에피사이클로이드 치형 : 그 고정원(구름원)의 원둘레 위의 한 점이 그리는 곡선

③ 하이포사이클로이드 치형 : 그 고정원(구름원)의 원둘레 아래의 한 점이 그리는 곡선

④ 고정된 원이 피치원, 기어치형은 에피사이클로이드와 하이포사이클로이드 조합

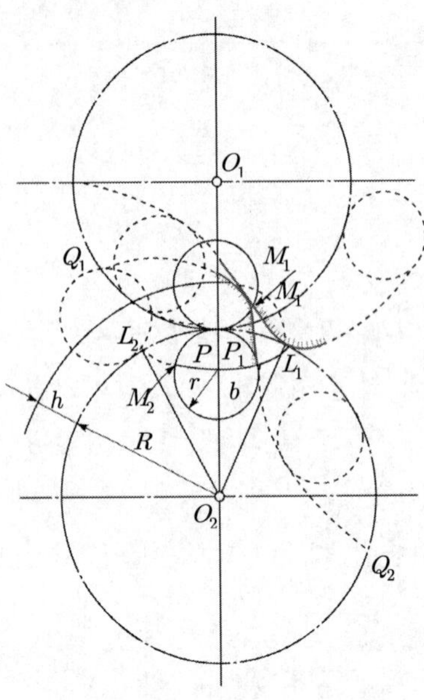

그림 3-36 사이클로이드 치형

3. 인벌류트 치형

① 인벌류트 치형 : 반지름 R_g의 기초원 위의 한 점 Q_1에서 임의의 점 T를 중심으로 실이 풀려나간 곡선 $\widehat{Q_1Q_2}$

② $inv\alpha$(인벌류트 함수) : $\phi = \tan\alpha - \alpha$

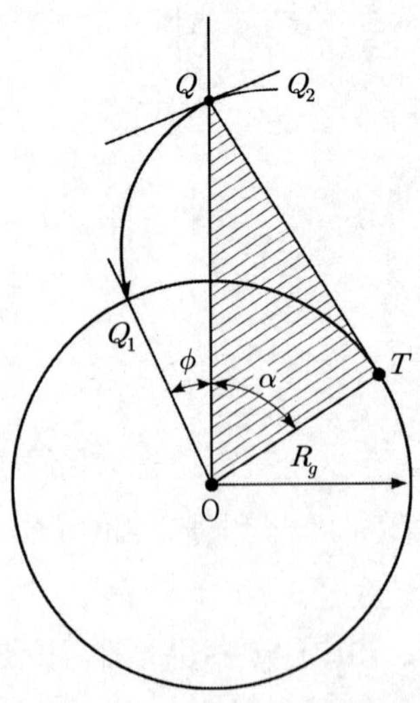

그림 3-37 인벌류트 치형

4. 사이클로이드와 인벌류트 치형 비교

(1) 사이클로이드 치형

① 이끝면, 이뿌리면의 치형곡선이 서로 다른 곡선
② 중심거리의 오차로 피치점끼리 서로 접하지 않으면 원활한 전동과 일정 속도비 못 얻음
③ 미끄럼률이 균일 : 마멸이 균일, 오차가 적어 부하가 작고 정밀을 요하는 곳(시계, 계기)

(2) 인벌류트 치형

① 전체가 단일 곡선계
② 랙의 치형이 직선 : 랙커터에 의한 창성절삭으로 정확한 치형을 쉽게 얻음
③ 중심거리가 변하면 압력각은 변하나 속도비는 변하지 않으므로, 조립시 중심거리에 약간의 오차가 있어도 속도비를 정확히 유지
④ 모듈과 압력각이 같으면 어떤 기어라도 물고 회전

5-3 기어 각부 명칭과 이의 크기

1. 기어 각부 명칭

① 이끝높이 : 피치원에서 이끝까지 높이
② 이뿌리높이 : 이뿌리에서 피치원까지 높이
③ 온 이높이= 이끝높이 + 이뿌리높이
④ 이끝원 : 이끝을 연결한 원
⑤ 이뿌리원 : 이뿌리를 연결한 원
⑥ 이두께 : 피치원을 따라 측정한 이의 두께
⑦ 이너비 : 축선방향으로 측정한 이의 길이
⑧ 원주피치 : 피치원의 원둘레 상에서 인접한 이와 이 사이의 원호길이
⑨ 백래시 : 한 쌍의 이가 물고 회전시 이면과 이면 사이의 틈새
⑩ 이끝틈새 : 한 쌍의 이가 물고 회전시 이끝면과 이뿌리면 사이의 틈새

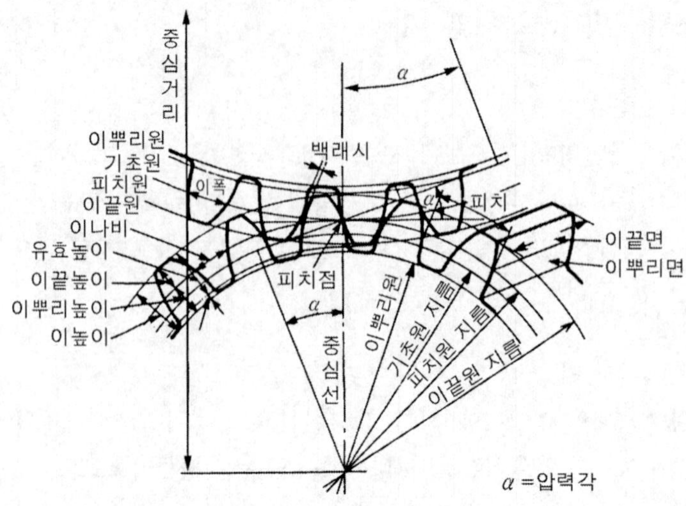

그림 3-38 기어 각부 명칭

2. 이의 크기

① 원주피치$(p) = \frac{\pi D}{Z} = \pi m$, D 는 피치원지름, Z는 잇수, m은 모듈

② 모듈$(m) = \frac{D}{Z} = \frac{p}{\pi}$

③ 지름피치$(p_d) = \frac{Z}{D(\text{인치})} = \frac{\pi}{p(\text{인치})}$

지름피치는 모듈의 역수로 표시되나, 지름피치의 단위가 인치이므로 숫자로 모듈의 역수라고 할 수 없다. 따라서, 지름피치$(p_d) = \frac{25.4}{m}$로 나타낸다.

④ 기초원의 지름$(D_g) = Dcos\alpha = mZcos\alpha$, α는 압력각

⑤ 바깥지름$(D_0) = D + 2h_k = mZ + 2m = m(Z+2)$

⑥ 이끝높이$(h_k) = m$

⑦ 이뿌리높이$(h_f) = h_k + c_k \geq 1.25m$

⑧ 온 이높이$(h) =$ 이끝높이$(h_k) +$ 이뿌리높이$(h_f) \geq 2.25m$

⑨ 중심거리$(C) = \frac{D_1 + D_2}{2} = \frac{m(Z_1 + Z_2)}{2}$

⑩ 이두께$(t) = \frac{p}{2} = \frac{m\pi}{2}$

5-4 기어의 성능

1. 물림률

① 압력각(α) : 피치점에서 접선(작용선)과 수직선이 이루는 각
그림에서 작용선($\overline{N_1N_2}$) 위의 피치점P에서 작용선에 수직인 선과 작용선 사이 각

② 물림길이(l) : 각각 기어의 이끝원과 작용선의 교점을 a, b라 할 때 $\overline{aPb}$

③ 법선피치(p_n) : 작용선 방향의 피치

④ 물림률(ϵ) $= \dfrac{\text{물림길이}(l)}{\text{법선피치}(p_n)}$

⑤ 물림률의 값은 압력각이 클수록, 잇수가 적을수록 작아진다. 잇수가 적고 압력각이 적으면 언더컷이 켜진다. 언더컷이 생기지 않는 범위에서 압력각이 작을수록 물림률이 좋다.

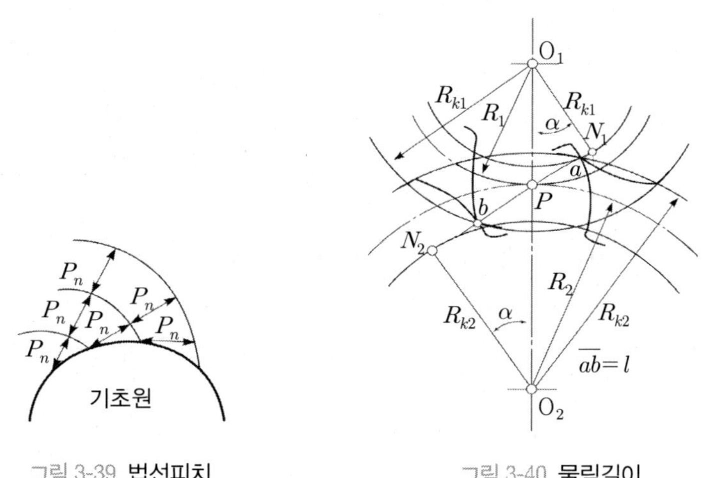

그림 3-39 법선피치

그림 3-40 물림길이

2. 이의 간섭과 언더컷

(1) 이의 간섭

이끝 높이를 크게 하면 기어의 이끝이 피니언의 이뿌리를 파고 드는 현상

(2) 언더컷

① 이의 간섭이 일어나면 기어의 이뿌리를 깎아내어 이뿌리가 가느다랗게 되는 현상

② 언더컷 방지법

㉠ 이의 높이를 줄여 압력각을 증가
㉡ 작은 기어(피니언)의 잇수를 증가
㉢ 두 기어의 잇수비를 작게 한다.
㉣ 전위 기어를 사용한다.
㉤ 언더컷 한계잇수 이상으로 제작한다.

(3) 언더컷 한계잇수

① 언더컷이 일어나지 않는 한계잇수
② 한계잇수$(Z_g) = \dfrac{2}{\sin^2\alpha} \leq Z$(제작 잇수)

3. 미끄럼률

① 두 기어가 물려 돌아갈 경우 기어의 미소 회전각에 대한 미소 변위 ds_1, ds_2라면

미끄럼률$(\epsilon) = \dfrac{ds_2 - ds_1}{ds_1}$ 혹은 $(\epsilon) = \dfrac{ds_1 - ds_2}{ds_2}$

② 두 기어가 물려 돌아갈 경우 피치원(피치점)은 구름접촉, 다른 점은 구름접촉과 미끄럼 접촉
③ 미끄럼접촉으로 마찰생성, 동력손실, 전달효율 감소
④ 미끄럼의 크기는 치형과 잇면의 접촉 위치에 따라 다름(인벌류트치형의 경우 이끝이나 이뿌리에 가까울수록 미끄럼률이 커지며, 사이클로이드치형의 경우 비교적 고르게 분포)

4. 백래시

① 백래시 : 한 쌍의 이가 물고 회전시 이면과 이면 사이의 틈새(이두께와 이홈 사이의 틈새)
② 백래시를 두는 이유 : 윤활유의 유막두께, 기어의 치수오차, 중심거리 변동, 열팽창, 부하에 따른 이의 변형 등으로 백래시가 없으면 원활한 전동이 불가
③ 백래시를 두는 방법
㉠ 중심거리를 반지름 방향으로 크게 한다.
㉡ 기어의 이두께를 작게 한다.(속도비가 클 경우 큰 기어의 이두께만 얇게, 속도비가 1에 가까울 경우 물림 2개 기어 이두께를 얇게)

제6장 동력제어용 기계요소

6-1 브레이크 개요

1. 브레이크란?

① 운동부분의 에너지를 흡수하여 그 운동을 정지 혹은 속도 조절하는 기계요소
② 축의 회전 운동에너지를 마찰로 열에너지로 변환 ⇒ 마찰브레이크(브레이크의 대부분)
③ 클러치와 종류 및 구조면에서 동일 ⇒ 기능이 반대

2. 작동방향에 따른 브레이크 분류

① 반지름방향 작동 브레이크 : 블록브레이크, 밴드브레이크
② 축방향 작동 브레이크 : 원판(디스크)브레이크, 원뿔브레이크

3. 단식 블록브레이크

(1) 계산식 세우는 방법

① 힌지의 지점을 확인하고, 각 힘이 작용하는 위치와 거리를 확인한다.
② 회전방향(블록 진행방향)으로 마찰력(=접선력=제동력=$P=\mu Q$)을 표시한다.
③ 힌지점을 중심으로 $\sum T=0$(모든 회전력의 합은 '0'이다)을 적용하여 식을 세운다. 시계방향의 회전력을 (+), 반시계방향의 회전력을 (−)로 한다.

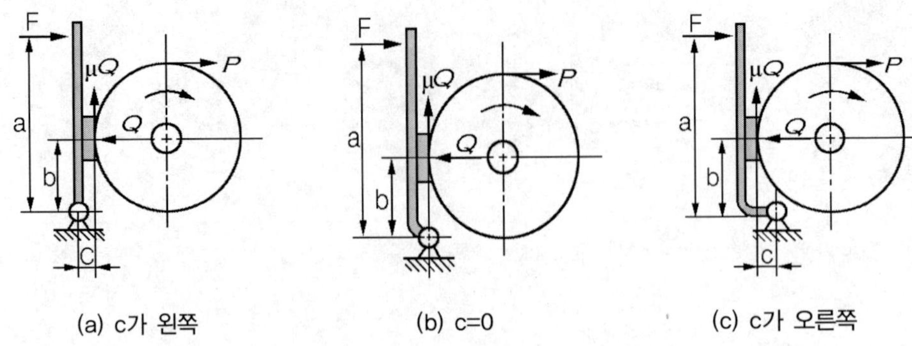

그림 3-41 단식블록브레이크 종류

여기서, Q는 드럼과 블록사이를 밀어붙이는 힘(kgf), D는 브레이크 드럼의 직경(mm), T는 제동토크(kgf·m)로 접선력(= 마찰력 = 제동력 = $P=\mu Q$)과 반지름의 곱이다. 즉, $T=P\times\dfrac{D}{2}=\mu Q\times\dfrac{D}{2}$으로 표현된다.

μ는 드럼과 블록사이의 마찰계수이고, a, b, c는 힘이 작용하는 위치의 거리이다.

(2) C>0 경우(블록 마찰지점에서 수직선의 왼쪽에 힌지가 존재)

① 우회전의 경우

㉠ 제동력(μQ)을 우회전에 맞게 표시(반시계방향의 회전력으로 작용)

㉡ 힌지점을 중심으로 $\sum T=0$을 적용

$$\Rightarrow +Fa-Qb-\mu Q\times c=0,\ F=\frac{Q}{a}(b+\mu c)$$

② 좌회전의 경우

㉠ 제동력(μQ)을 좌회전에 맞게 표시(시계방향의 회전력으로 작용)

㉡ 힌지점을 중심으로 $\sum T=0$을 적용

$$\Rightarrow +Fa-Qb+\mu Q\times c=0,\ F=\frac{Q}{a}(b-\mu c)$$

(3) C=0인 경우 : (블록 마찰지점에서 수직선과 힌지가 같은 위치)

따라서 우회전과 좌회전의 레버 작용힘(F)은 동일하다.

① 우회전의 경우

㉠ 제동력(μQ)을 우회전에 맞게 표시

㉡ 힌지점을 중심으로 $\sum T=0$을 적용

$$\Rightarrow +Fa-Qb-\mu Q\times 0=0,\ F=\frac{Q}{a}b$$

② 좌회전의 경우

㉠ 제동력(μQ)을 좌회전에 맞게 표시

㉡ 힌지점을 중심으로 $\sum T = 0$을 적용

$$\Rightarrow + Fa - Qb + \mu Q \times 0 = 0\,,\, F = \frac{Q}{a} b$$

(4) C<0인 경우(블록 마찰지점에서 수직선의 오른쪽에 힌지가 존재)

① 우회전의 경우

㉠ 제동력(μQ)을 우회전에 맞게 표시(시계방향의 회전력으로 작용)

㉡ 힌지점을 중심으로 $\sum T = 0$을 적용

$$\Rightarrow + Fa - Qb + \mu Q \times c = 0\,,\, F = \frac{Q}{a}(b - \mu c)$$

② 좌회전의 경우

㉠ 제동력(μQ)을 좌회전에 맞게 표시(반시계방향의 회전력으로 작용)

㉡ 힌지점을 중심으로 $\sum T = 0$을 적용

$$\Rightarrow + Fa - Qb - \mu Q \times c = 0\,,\, F = \frac{Q}{a}(b + \mu c)$$

(5) 자동브레이크 경우

① C>0 경우 좌회전, C<0 경우 우회전을 행하면, 레버의 작용힘 $F = \frac{Q}{a}(b - \mu c)$이다.
만일, $b - \mu c \le 0$이면, 즉 c가 b에 비해 상당히 커지면 $F \le 0$이 된다.

② 레버에 힘을 주지 않더라도 $b - \mu c \le 0$의 경우 자동브레이크가 걸린다.

4. 블록브레이크 성능

① 블록 면압

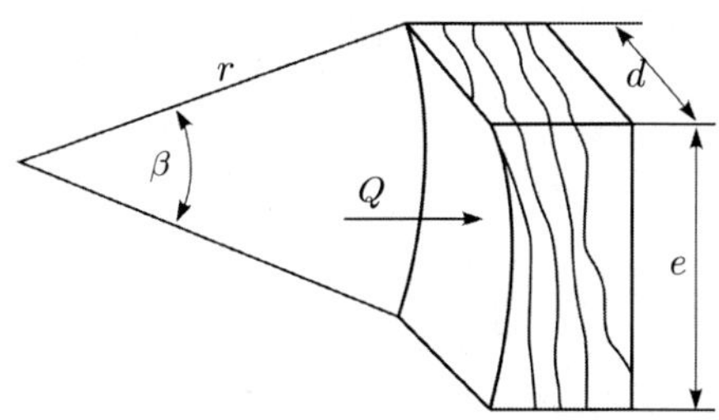

그림 3-42 브레이크 블록

블록과 드럼사이의 브레이크 압력$(p) = \dfrac{Q}{A} = \dfrac{Q}{de}$

② 브레이크 동력$(H_{ps}) = \dfrac{\text{제동력} \times \text{속도}}{75} = \dfrac{Pv}{75} = \dfrac{\mu Qv}{75} = \dfrac{\mu pvA}{75}$ ...... (식 1)

③ 브레이크 용량$(\mu pv) = \dfrac{H_{ps} \times 75}{A}$,

브레이크 용량은 단위면적당 발열량을 표시한다.

6-2 플라이휠

1. 플라이휠의 특징

① 그 자체가 가지고 있는 큰 관성모멘트를 이용
② 운동에너지 흡수, 저축, 방출을 적절히 행함 ⇒ 큰 각속도 변동이 일어나지 않음

2. 플라이휠의 역학

① 각속도 변동계수$(\delta) = \dfrac{w_1 - w_2}{w}$

평균각속도를 w, 최대각속도를 w_1, 최소각속도를 w_2이라 한다.

② 에너지 변동량$(\triangle E) = \dfrac{I(w_1^2 - w_2^2)}{2}$, I는 관성모멘트이다.

③ 원주방향 인장응력$(\sigma_t) = \dfrac{r^2 w^2 \gamma}{g} = \dfrac{v^2 \gamma}{g}$, 속도$v = rw$, γ는 플라이휠의 비중량

6-3 스프링

1. 스프링의 특성

① 스프링 작용 하중을 W, 이때 변형된 량이 δ라면, 스프링상수$(k)=\dfrac{W}{\delta}$

만일, 스프링상수 k_1, k_2의 두 개를 접속시 스프링상수 k는

㉠ 병렬의 경우 스프링상수(k_p) : $k_p = k_1 + k_2$

㉡ 직렬의 경우 스프링상수(k_s) : $\dfrac{1}{k_s} = \dfrac{1}{k_1} + \dfrac{1}{k_2}$

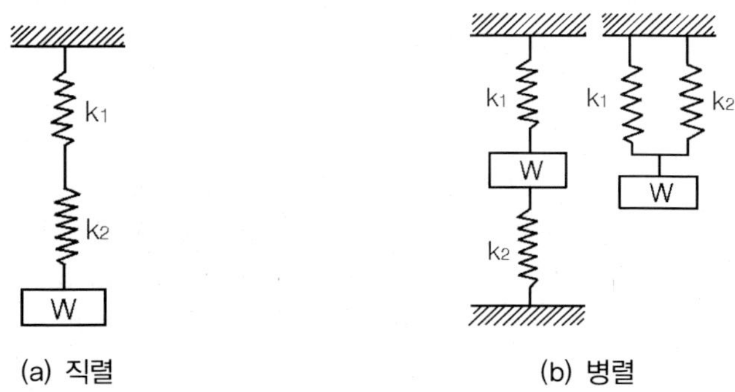

(a) 직렬 (b) 병렬

그림 3-43 스프링 연결

② 선형스프링의 경우, 스프링에 행해진 일량$(U) = \dfrac{1}{2}W\delta = \dfrac{1}{2}k\delta^2$

③ 스프링의 용도

㉠ 진동에너지, 충격에너지 흡수

㉡ 에너지를 저축해 둔 다음 동력으로 사용

㉢ 선형스프링의 특성 이용 ⇒ 힘의 측정에 사용

㉣ 복원성질을 이용 ⇒ 힘을 가함

2. 모양에 의한 스프링의 종류

① 코일스프링 : 모양에 따라 원통형, 원추형, 장고형, 드럼형, 용도에 따라 인장코일스프링, 압축코일스프링(전단응력작용), 비틀림 코일스프링(굽힘응력작용), 제작비가 싸다. 기능이 확실하고 가볍고 작게 만들 수 있다.

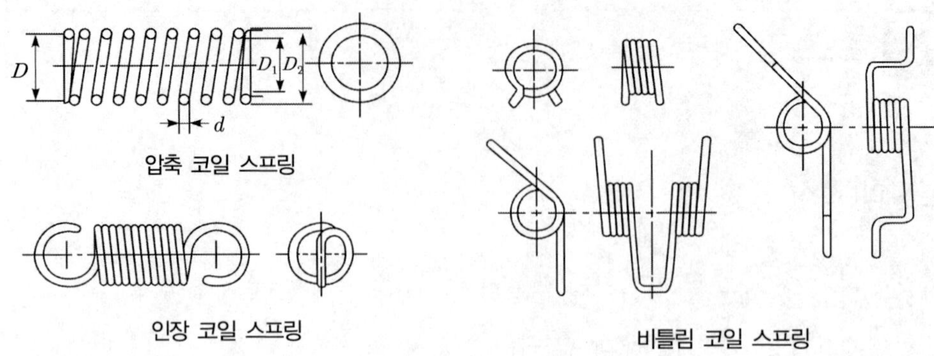

그림 3-44 코일스프링

② 스파이럴 스프링

③ 토션바 : 강재의 비틀림을 이용, 큰 에너지를 저축, 가볍고 간단한 모양, 스프링 특성이 이론과 잘 일치, 부착부의 가공이 복잡

④ 판스프링 : 너비가 좁고 긴 얇은 판을 보처럼 하중지지, 에너지 흡수능력이 크고, 스프링작용 이외의 구조물 기능을 겸함, 제조가공이 쉬움

⑤ 와이어스프링 : 선재를 여러 가지 모양으로 감거나 굽힌 것

⑥ 접시스프링 : 중앙에 구멍이 있는 원판을 원추형으로 성형 ⇒ 상하 하중 작용

3. 원통코일 스프링

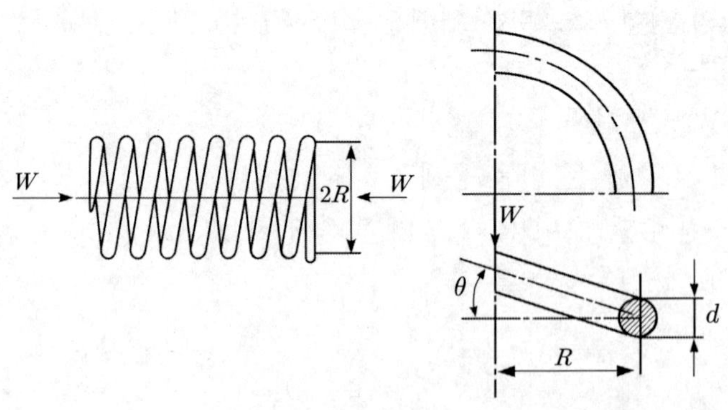

그림 3-45 압축코일 스프링

① 토크$(T) = W \times R = z_p \times \tau = \dfrac{\pi d^3}{16}\tau$

여기서 W는 스프링의 축방향 하중, D는 스프링 평균지름(R은 반지름), d는 소선지름

② 전단응력$(\tau) = \dfrac{16WR}{\pi d^3} = \dfrac{8WD}{\pi d^3} = \dfrac{8C}{\pi d^2}W = \dfrac{8C^3}{\pi D^2}W$ …… (식 1)

스프링지수$(C) = \dfrac{D}{d} = \dfrac{2R}{d}$ 이다. 1식에서 수정계수K로 보정하면

전단응력$(\tau) = K\dfrac{16WR}{\pi d^3} = K\dfrac{8WD}{\pi d^3} = K\dfrac{8C}{\pi d^2}W = K\dfrac{8C^3}{\pi D^2}W$

③ 처짐(δ) 구하기

㉠ 비틀림각$(\theta) = \dfrac{Tl}{GI_p}$, 소선의 유효길이$(l) = \pi Dn$ (n은 감긴 횟수), $T = WR$

㉡ 처짐$(\delta) = R\theta = \dfrac{D}{2} \times \dfrac{WR\pi Dn}{GI_p} = \dfrac{n\pi D^3 W}{4GI_p} = \dfrac{64nWR^3}{Gd^4} = \dfrac{8nWD^3}{Gd^4}$

④ 스프링상수$(k) = \dfrac{W}{\delta} = \dfrac{Gd^4}{8nD^3}$

⑤ 저축 에너지$(U) = \dfrac{1}{2}W\delta = \dfrac{32nR^3W^2}{Gd^4}$

4. 서징

① 자동차의 밸브스프링과 같이 밸브스프링에 반복하중이 빠르게 작용하면, 반복 속도가 스프링의 고유진동수에 가깝거나 정수배가 되면 공진 발생 ⇒ 이 공진현상을 서징이라 함

② 스프링은 기능을 상실, 큰 반복응력을 받아 피로 파괴

5. 기타(스프링)

(1) 토션 바 특징

① 막대의 한 끝을 고정, 다른 끝을 비틀 때 생기는 비틀림 변형 이용

② 단위 체적당 저축되는 탄성에너지가 크고 가벼움

③ 모양이 간단, 좁은 곳에 설치 가능

④ 스프링 특성의 계산값(이론값)이 잘 맞음

⑤ 재료를 엄선해야 함, 끝부분(부착부)의 가공이 어렵다.

⑥ 비용이 들고, 부착(설치) 비용이 많이 든다.

(2) 판스프링 특징

① 차량이나 철도차량에서 차체 구조의 일부를 겸하므로 차체를 단순화 한다.
② 판 사이의 마찰이 감쇠력으로 작용한다. → 진동시 유효한 작용
③ 판스프링 한 장이 절손되더라도 그것을 바꿔서 재사용이 가능

(3) 접시스프링 특징

① 중앙에 구멍이 있는 원판을 원추형으로 성형 → 상하 하중 작용
② 좁은 공간에 비교적 큰 부하용량을 가짐
③ 두께와 높이를 적당히 선정 → 이용범위가 넓은 비선형 스프링을 얻음
④ 구분 : 직렬-접시의 방향이 다를 경우, 병렬-접시의 방향이 같을 경우

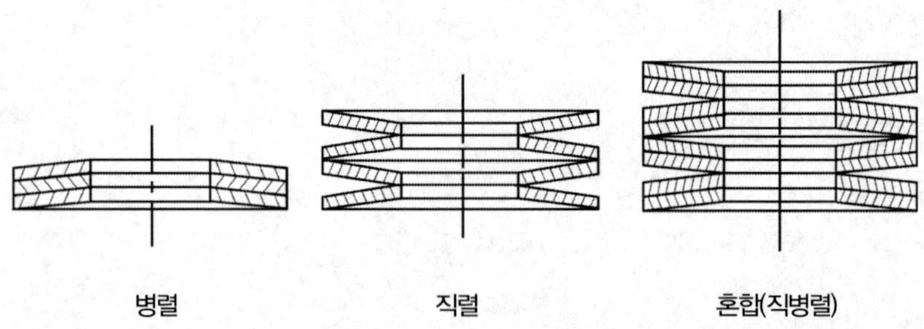

그림 3-46 접시스프링 직렬과 병렬

(4) 고무스프링 특징

① 고무스프링 한 개로 여러 축의 스프링작용을 동시에 행함 → 스프링상수 선택도 자유
② 모양을 자유로 선택 → 여러 가지 용도로 이용가능, 금속과의 접착이 강함
③ 소형, 경량 제작 가능
④ 고무 스프링 내부 마찰로 감쇠력 얻음
⑤ 고주파진동의 절연이 좋음 → 방진효과 우수
⑥ 노화현상이 있고, 내유성(기름에 견디는 성질)이 낮음 → 합성고무를 사용해야 함
⑦ 인장력에 약하여 인장하중을 피해야 한다.
⑧ 직사광선이나 오존을 피하는 것이 좋다. 적당온도는 0~70℃

기타 기계요소

캠

1. 캠의 구성

① 캠 : 원동절로 윤곽을 가진 강체
② 종동절 : 캠의 윤곽에 따라 작동하는 물체 ⇒ 왕복운동, 요동운동을 함

2. 캠의 특징

① 원동절(캠)에 따라 종동절이 왕복(직선)운동, 요동운동
② 형상 간단, 복잡한 운동 얻을 수 있음
③ 마찰에 의한 동력 손실이 매우 적음
④ 제작이 쉽고 동력전달 확실

3. 캠의 분류

① 종동절 접촉부 모양에 따라 : 구름 종동절, 버섯형 종동절, 평면 종동절
② 원동절과 종동절의 접촉부 운동에 따라 : 평면캠(평면운동), 입체캠(입체운동)

4. 캠선도

① 등속도 선도 : 종동절이 등속도운동(속도가 일정 ⇒ 변위와 회전각도가 비례), 속도가 바뀌는 부분에서 가속도가 무한대이면 충돌 발생

② 등가속도 선도 : 종동절이 등가속도운동(가속도가 일정 ⇒ 속도와 회전각도가 비례)

③ 단순조화운동 선도 : 종동절이 단순조화운동

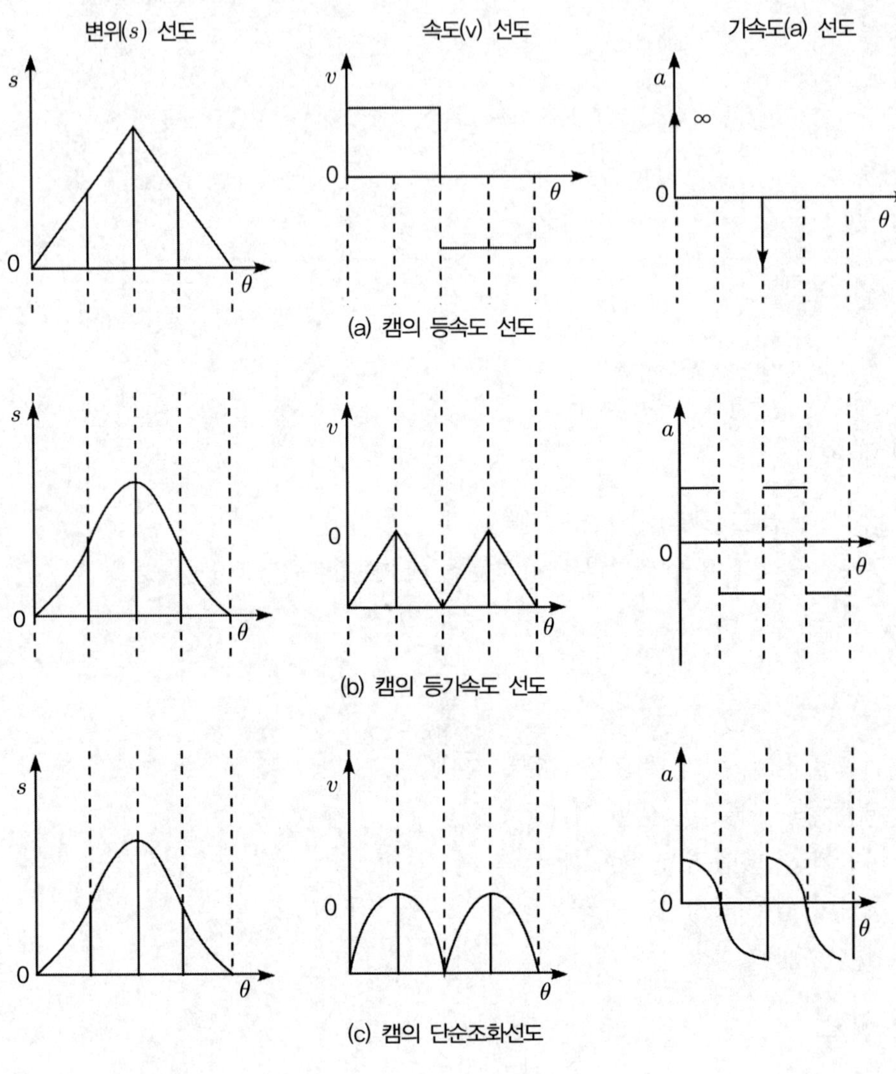

그림 3-47 캠의 운동선도

7-2 관과 관이음

1. 개념

① 관 : 유체(물, 수증기, 가스, 오일 등)를 수송하기 위한 파이프(pipe)
② 관이음 : 관과 관을 이음(pipe joint)

2. 관의 종류

① 사용목적에 따라 : 수도용, 압력배관용, 열교환기용, 구조용
② 관 재료에 따라 : 주철관, 동관(황동관), 연관, 휨관

3. 관의 설계

(1) 관의 유량과 속도

$$Q(\mathrm{m^3/s}) = \mathrm{A}(\mathrm{m^2}) \times v(\mathrm{m/s}) = \frac{\pi D^2}{4} \times v$$, 여기서 D는 관의 안지름

유량(Q)은 관의 면적(A)과 유체평균속도(v)의 곱이다.

(2) 내압을 받는 얇은 관

얇은 관은 원주방향의 인장응력을 받으므로,

$$t = \frac{pD}{2\sigma_a \eta} + C$$

얇은 관의 두께(t), 내압(p, $\mathrm{kgf/mm^2}$), 관의 안지름(D), 관 재료의 허용인장응력(σ_a), 관의 이음효율(η), 부식(마모) 여유(C)를 나타낸다.

(3) 관의 열팽창

열응력(σ)은 종탄성계수(E)와 열변형률(ϵ)의 곱이다. 또한, 열변형률은 재료의 선팽창계수(α)와 온도변화량(= 나중온도-처음온도 = $t_2 - t_1$)의 곱이다.

① 열변형률(ϵ) $= \alpha \Delta t = \alpha(t_2 - t_1)$

② 열응력(σ) $= E \times \epsilon = E \times \alpha(t_2 - t_1)$

4. 관이음

(1) 나사식 관이음

관의 양단에 관용나사를 내고 체결

(2) 플랜지식 관이음

① 플랜지를 관에 나사로 고정, 리벳이음, 열박음, 용접이음 등으로 고정
⇒ 사이에 새는 것을 방지하기 위해 가스킷 삽입 ⇒ 볼트로 체결

② 관의 지름이 크거나 내압이 클 경우 사용

③ 가스킷 : 박판 모양의 패킹, 접합부의 기밀을 오래 유지, 충분한 내구성 유지

(3) 신축이음

열팽창에 의한 응력 증가(길이 변화)에 대응

7-3 밸브

1. 밸브의 용도

관(통)내의 유량이나 유압의 변화를 조정

2. 밸브의 종류

(1) 스톱밸브

유체의 흐름에 대항하는 방향으로 단속(개폐)

① 흐름에 대한 저항손실 크다.

② 물이 고이는 곳 ⇒ 먼지가 차기 쉬움

③ 밸브양정이 적고 개폐가 빠르다.

④ 가격이 싸서 널리 이용

(2) 슬루스 밸브

유체의 흐름에 밸브가 직각으로 미끄러져 유로 단속(개폐)

① 전개나 전폐한 상태로 사용

② 유량 조절에는 사용 불가

③ 반 전개로 사용시 ⇒ 밸브판 뒤에 와류 생성 ⇒ 심한 진동 발생

(3) 감압밸브(reducing valve)

① 고압의 유체(증기, 공기, 가스) 압력을 저압으로 감압하여 일정한 압력 유지

② 보통 한 부품을 보호하는 역할을 행함

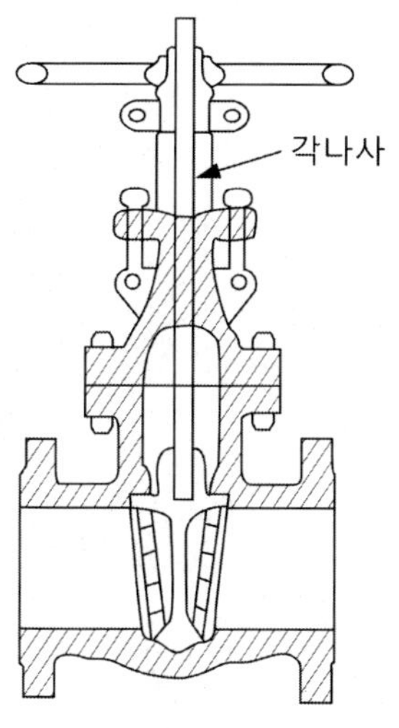

그림 3-48 슬루스 밸브

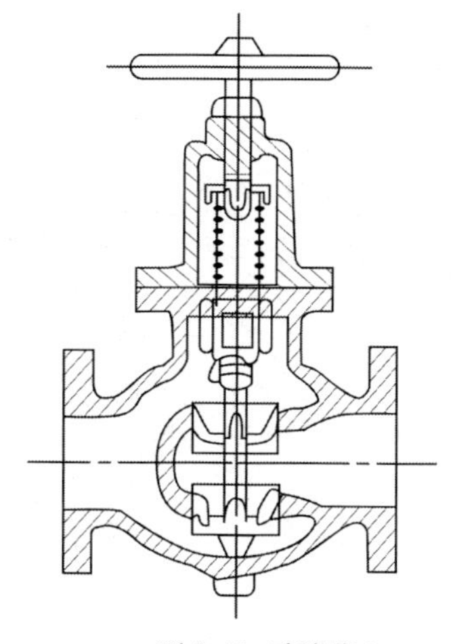

그림 3-49 감압밸브

(4) 안전밸브(relief valve)

① 유체(증기, 가스 등)가 제한된 최고 압력을 초과 시 ⇒ 자동으로 밸브 전개 ⇒ 유체방출

② 압력을 제한값 내에 유지, 배출 후 압력이 정확히 유지

③ 보통 유압회로 전체의 시스템 보호 역할을 행함

(5) 나비형 밸브(스로틀 밸브) : 원판을 회전 ⇒ 관로의 개도 변경

(6) 콕(cock) : 꼭지를 1/4 회전하여 완전히 전개, 개폐가 빠름

(7) 체크밸브(check valve)

① 유체를 한 방향으로 흐르게 함 ⇒ 역류방지

② 밸브의 무게와 밸브 양쪽의 압력차에 의해 자동 작동

적중예상문제

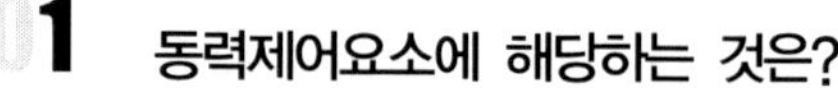

01 동력제어요소에 해당하는 것은?

① 리벳 ② 커플링 ③ 스프링 ④ V벨트

해설

리벳은 결합용(체결용) 요소, 커플링은 동력전달용 요소 중에서 축관계 요소이고, V벨트는 동력전달용 요소 중에서 감아걸기 요소이다.

정답 ③

02 기계와 기구는 기계요소로 구성되어 있다. 기구에 해당하는 것은?

① 믹서 ② 수동변속기

③ 로봇 ④ 아날로그 시계

해설

아날로그 시계는 운동을 전달하거나 변환하여 시간을 지시해주므로 기구에 속하지만, 일상생활에 필요한 일을 실현하는데 사용되는 것은 아니다.

정답 ④

03 압축하중 2400kgf를 받고 있는 연강 축에 발생하는 압축응력이 960kgf/cm^{2}일 경우 축의 지름(mm)은?

① 9.28 ② 10.24

③ 17.85 ④ 30.36

해설

압축응력(σ_c)은 압축력(힘: F)에 수직면적(A)로 나눈값이다.

$\sigma_c = \dfrac{F}{A} = \dfrac{F}{\dfrac{\pi d^2}{4}}$ 으로 표현된다. $960(\mathrm{kgf/cm^2}) = \dfrac{2400(\mathrm{kgf}) \times 4}{\pi d^2}$ 에서

$d = \sqrt{\dfrac{2400 \times 4}{\pi \times 960}} = 1.784\mathrm{cm} = 17.84\mathrm{mm}$ 로 계산된다.

정답 ③

04 **바깥지름이 5cm인 단면에 3500N의 인장하중이 작용할 때, 발생하는 인장응력(N/cm^2)은?**

① 126 ② 137 ③ 167 ④ 178

해설

인장응력(σ_t)은 인장력(힘: F)에 수직면적(A)으로 나눈값이다.

$\sigma_t = \dfrac{F}{A} = \dfrac{F}{\dfrac{\pi d^2}{4}} = \dfrac{3500\,\mathrm{N} \times 4}{\pi \times 5^2(\mathrm{cm}^2)} = 178.25\,\mathrm{N/cm}^2$로 계산된다.

정답 ④

05 **두께 1.5mm인 연강판에 지름 25mm의 구멍을 펀칭할 때, 최소 펀칭력(kgf)은?(단, 판의 전단 저항은 $20kgf/mm^2$이다.)**

① 500 ② 1570

③ 2357 ④ 3250

해설

전단응력(τ)은 작용력(힘: F)에 평행인 면적(A)로 나눈값이다.

$\tau = \dfrac{F}{A}$이고, 여기서 전단면적(A)는 펀칭면적으로 $A = \pi D(\text{원주}) \times t(\text{두께})$이다.

$\tau = \dfrac{F}{A} = \dfrac{F}{\pi D \times t}$이므로,

$F = \tau \times \pi D \times t = 20(\mathrm{kgf/mm^2}) \times \pi \times 25(\mathrm{mm}) \times 1.5(\mathrm{mm})$

$= 2356.2\mathrm{kgf}$으로 계산된다.

정답 ③

06 **지름 30mm, 길이 200mm 둥근봉에 인장하중이 작용하여 길이가 200.12mm로 늘어났다. 세로 변형률은?**

① 15×10^{-2} ② 15×10^{-3}

③ 6×10^{-3} ④ 6×10^{-4}

정답 ④

해설

세로변형률(ϵ)은 원래길이(l)에 대한 변형량(Δl)를 말한다.

$\epsilon = \dfrac{\Delta l}{l} = \dfrac{l' - l}{l} = \dfrac{200.12 - 200}{200} = 0.0006 = 6 \times 10^{-4}$으로 계산된다.

07 **단면적 20cm^{2}의 재료에 6000kgf의 전단하중이 작용하고 있을 때, 이 재료의 전단 변형률은? (단, G=0.8×10^{6}kgf/cm^{2}이다.)**

① 2.81×10^{-4} ② 3.75×10^{-4}
③ 2.81×10^{-3} ④ 3.75×10^{-3}

해설

전단응력(τ)는 횡탄성계수(G)와 전단변형률(γ)의 곱이다. 즉 $\tau = G \times \gamma$로 표현된다.

또한, 전단응력(τ)은 작용력(힘:F)에 평행인 면적(A)로 나눈값으로 $\tau = \dfrac{F}{A}$으로 표현된다.

$$\tau = \frac{F}{A} = \frac{6000(kgf)}{20(cm^2)} = 300kgf/cm^2$$

그리고 $\tau = G \times \gamma$에서,

$$\gamma = \frac{\tau}{G} = \frac{300kgf/cm^2}{0.8 \times 10^6 kgf/cm^2} = 0.000375 = 3.75 \times 10^{-4}$$ 으로 계산된다.

정답 ②

08 **시험 전 시험편 지름이 40mm이었고, 시험 후 시험편의 지름이 30mm이었다. 이 경우의 단면수축률(%)은?**

① 25.00 ② 43.75
③ 65.25 ④ 75.00

해설

단면수축률(ϵ_A)은 원래면적(A)에 대한 변형량(ΔA)를 말한다.

$$\epsilon_A = \frac{\Delta A}{A} = \frac{A - A'}{A} = \frac{d^2 - d'^2}{d^2} = \frac{40^2 - 30^2}{40^2} = 0.4375$$ 으로 계산된다.

즉, 43.75%이다.

정답 ②

09 **연강의 응력-변형률 선도이다. 이 그림에서 C점은?**

① 비례한도
② 하향복점
③ 상향복점
④ 극한강도

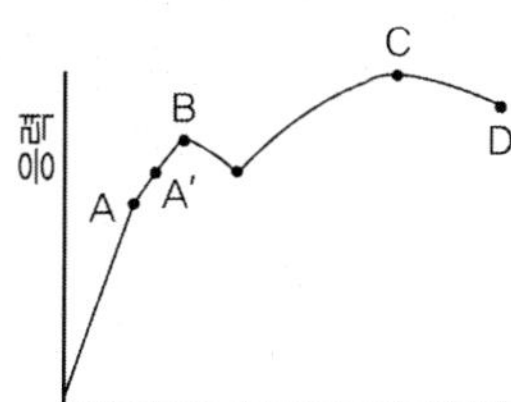

해설

위 그림에서 A는 비례한계, A'는 탄성한계, B는 항복점, C는 극한강도(인장강도, 압축강도, 전단강도), D는 단면에 목이 생겨 파괴되는 점이다.

정답 ④

10 길이 15m, 지름 10mm의 봉에 800kgf의 인장 하중을 걸었을 때 탄성변형이 생겼다면 이때 늘어난 길이는?(단, 재료의 탄성계수는 $E = 2.1\times10^6\ \mathrm{kgf/cm^2}$이다)

① 7.3mm ② 73mm ③ 3.65mm ④ 36.5mm

인장응력(σ_t)은 인장력(힘: F)에 수직면적(A)로 나눈값이다.

$$\sigma_t = \frac{F}{A} = \frac{F}{\frac{\pi d^2}{4}}$$ 으로 표현된다.

또한, 인장응력(σ_t)은 종탄성계수(E)와 세로변형률(ϵ)의 곱이다. 즉, $\sigma_t = E\times\epsilon$이다.

$$\sigma_t = \frac{F}{A} = \frac{F}{\frac{\pi d^2}{4}} = E\times\epsilon = E\times\frac{\Delta l}{l}$$ 로 유도된다. 대입하면,

$$\frac{800(\mathrm{kgf})}{\frac{\pi\times1^2}{4}(\mathrm{cm^2})} = 2.1\times10^6(\mathrm{kgf/cm^2})\times\frac{\Delta l(\mathrm{cm})}{1500(\mathrm{cm})}$$ 에서,

$$\Delta l = \frac{800\times4}{\pi}\times\frac{150}{2.1\times10^6} = 0.7275\mathrm{cm} = 7.275\mathrm{mm}$$ 로 계산된다.

정답 ①

11 후크의 법칙에 대한 설명으로 옳은 것은?

① 탄성계수의 값은 모든 재료에서 동일하다.
② 비례한도 이내에서 응력과 변형률은 비례한다.
③ 비례한도 이내에서 변형량과 단면적은 비례한다.
④ 비례한도 이내에서 변형량과 탄성계수는 비례한다.

해설

후크의 법칙은 비례한도 내에서 $\sigma = E\times\epsilon$

정답 ②

12 재료의 성질 중에서 프와송비(Poisson's ratio)를 바르게 표시한 것은?

① $\frac{\text{세로변형률}}{\text{가로변형률}}$ ② $\frac{\text{가로변형률}}{\text{세로변형률}}$

③ $\frac{\text{세로변형률}}{\text{전단변형률}}$ ④ $\frac{\text{전단변형률}}{\text{세로변형률}}$

여기서, 세로는 종방향(축방향, 길이방향)을 말한다. 가로는 횡방향(축의 직각방향)을 뜻한다.

정답 ②

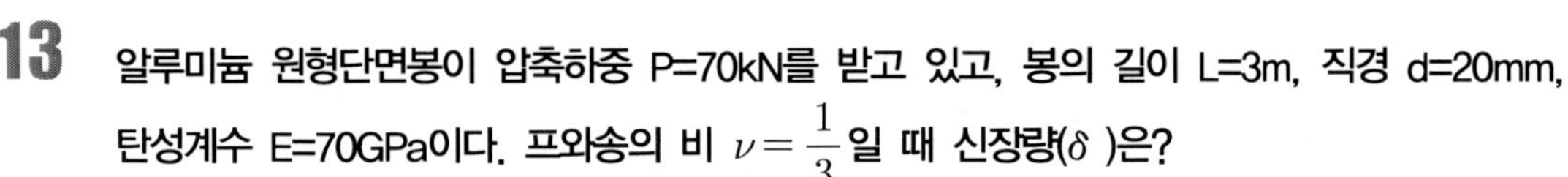

13 알루미늄 원형단면봉이 압축하중 P=70kN를 받고 있고, 봉의 길이 L=3m, 직경 d=20mm, 탄성계수 E=70GPa이다. 프와송의 비 $\nu=\dfrac{1}{3}$일 때 신장량(δ)은?

① 0.2122mm ② 0.02122mm ③ 2.122mm ④ 21.22mm

해설

$\sigma_t=\dfrac{F}{A}=\dfrac{F}{\frac{\pi d^2}{4}}=E\times\epsilon=E\times\dfrac{\Delta l}{l}$을 이용한다. 그대로 대입하면,

$\dfrac{70000(N)}{\frac{\pi\times(2\text{cm})^2}{4}}=\dfrac{70000(N)\times 4}{\pi\times(\frac{2}{100}\text{m})^2}=70\times10^9(\text{Pa}=\text{N/m}^2)\times\epsilon$에서,

$\epsilon=\dfrac{4\times70000\times100^2}{\pi\times2^2\times70\times10^9}=0.003183$로 계산된다.

$\upsilon=\dfrac{1}{m}=\dfrac{\epsilon'}{\epsilon}$에서 $\upsilon=\dfrac{1}{3}=\dfrac{\epsilon'}{0.003183}$이고, $\epsilon'=0.001061$이다.

$\epsilon'=\dfrac{\Delta d}{d}=\dfrac{\Delta d}{20\text{mm}}=0.001061$에서 $\Delta d=20\times0.001061=0.02122\text{mm}$로 계산된다.

정답 ②

14 열응력에 영향을 미치는 주요 인자가 아닌 것은?

① 소재의 지름 ② 선팽창 계수
③ 세로 탄성계수 ④ 온도차

해설

양끝이 고정되어 있으므로, 열을 받으면 봉은 늘어나고 싶지만 늘어나지 못하고 압축을 받게 된다.
열변형률(ϵ_h)은 선팽창계수(α)와 온도변화량(ΔT)의 곱이므로, $\epsilon_h=\alpha\Delta T$이다.
또한 응력(σ)은 종탄성계수(E)와 열변형률(ϵ_h)의 곱이므로, $\sigma=E\times\epsilon_h=E\times\alpha\times\Delta T$로 유도된다.
즉, 열응력은 종탄성계수(E), 선팽창계수(α)와 온도변화량(ΔT)에 비례한다.

정답 ①

15 15℃에서 양 끝을 고정한 봉이 35℃가 되었다면, 이 봉의 내부에 생기는 열응력은 어떤 응력이고 몇 kgf/cm²인가? (단, 봉의 세로 탄성계수 $E=2.1\times10^6\text{kgf/cm}^2$이고, 선 팽창계수 $\alpha=12\times10^{-8}/℃$ 이다)

① 인장응력 : 504 ② 인장응력 : 240
③ 압축응력 : 5.04 ④ 압축응력 : 2.40

해설

$\sigma=E\times\epsilon_h=E\times\alpha\times\Delta T$로 유도된다.
대입하면 $\sigma=E\times\alpha\times\Delta T=2.1\times10^6\times12\times10^{-8}\times(35-15)=5.04(\text{kgf/cm}^2)$으로 계산된다.

정답 ③

16 안전계수(factor of safety)에 대한 설명으로 옳지 않은 것은?

① 재료의 기준강도와 허용응력의 비를 나타낸다.
② 가해지는 하중과 응력의 종류 및 성질을 고려한다.
③ 정확한 응력 계산이 요구된다.
④ 수명은 고려하지 않는다.

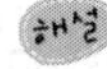

안전계수는 수명보다는 안전 여부와 관련이 있다. 따라서 안전계수를 크게 하면 허용응력이 작아지게 된다. 허용응력이 작게 하려면 지탱하고 있는 물체의 단면적이 커지게 되어 안전하게 된다.

 ④

17 재료가 고온 환경에서 장시간 정하중을 받는 경우 안전율에 관한 식으로 가장 적합한 것은?

① $\frac{\text{크리프 한도}}{\text{허용응력}}$
② $\frac{\text{항복점}}{\text{허용응력}}$
③ $\frac{\text{극한강도}}{\text{허용응력}}$
④ $\frac{\text{사용응력}}{\text{허용응력}}$

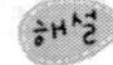

기준강도는 정하중에서는 항복점, 반복하중에서는 피로한도, 고온환경에서 장시간 정하중을 받을 때는 크리프한도를 각각 기준강도(혹은 극한강도)로 잡는 수가 많다. 즉 안전율은 극한강도를 허용응력으로 나눈값으로, 크리프한도를 허용응력으로 나눈값을 고온에서 장시간 정하중 작용시 안전율이 된다.

 ①

18 탄성한도 내에서 인장하중을 받는 봉의 허용응력이 2배가 되면 안전율은 처음에 비해 몇 배가 되는가?

① 1/2배
② 2배
③ 1/4배
④ 4배

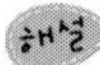

안전율(S)은 극한강도(σ_s)를 허용응력(σ_a)으로 나눈값을 말하므로, 식으로 표현하면 $S=\frac{\sigma_s}{\sigma_a}$이다. 그러므로, 허용응력이 2배가 되므로 분모에 대입하면 $S_1=\frac{\sigma_s}{2\sigma_a}$이므로 안전율은 $\frac{S_1}{S}=\frac{1}{2}$이 되어 안전율은 낮아진다.

정답 ①

19 일반적인 탄소강 재료를 사용하는 경우의 사용응력, 허용응력, 탄성한도의 관계로 가장 적합한 것은?

① 허용응력 > 사용응력 > 탄성한도
② 허용응력 > 탄성한도 > 사용응력
③ 탄성한도 > 사용응력 > 허용응력
④ 탄성한도 > 허용응력 > 사용응력

해설

사용응력이 가장 작아야 한다. 응력은 작용힘을 면적으로 나눈값이다. 즉, 사용응력이 가장 작다는 말은 응력의 분모에 있는 면적이 가장 크다는 말과 같다. 다르게 표현하면 직경이 가장 큰(면적이 가장 큰) 기둥이 가장 큰 무게에 버틸 수 있으므로 가장 안전하다. 일반적으로 사용응력을 작게 할수록 안전해진다는 말이다.

정답 ④

20 재료의 인장강도가 48kgf/mm²인 강재가 안전율이 8이면 허용 인장응력(kgf/cm²)은?

① 560 ② 600
③ 640 ④ 680

해설

여기서 인장응력을 허용응력이라 생각하면,

$S=\frac{\sigma_s}{\sigma_a}$ 에서 $\sigma_a=\frac{\sigma_s}{S}=\frac{48(\text{kgf/mm}^2)}{8}=6\text{kgf/mm}^2=600\text{kgf/cm}^2$ 으로 계산된다.

정답 ②

21 응력집중 및 응력집중계수에 대한 설명으로 옳지 않은 것은?

① 응력집중이란 단면이 급격히 변화하는 부위에서 힘의 흐름이 심하게 변화함으로 인해 발생하는 현상이다.
② 응력집중계수는 단면부의 평균응력에 대한 최대응력의 비율이다.
③ 응력집중계수는 탄성영역 내에서 부품의 형상효과와 재질이 모두 고려된 것으로 형상이 같더라도 재질이 다르면 그 값이 다르다.
④ 응력집중을 완화하려면 단이 진 부분의 곡률 반지름을 크게 하거나 단면이 완만하게 변화하도록 한다.

해설

응력집중계수는 재료의 치수와 크기에는 무관하지만 재료의 형상에 따라 변한다. ③의 재질과는 상관이 없다.

정답 ③

22 **어떤 부품에 힘이 가해졌을 때 균일한 단면형상을 갖는 부분보다 키 홈, 구멍, 단(step), 또는 노치(notch) 등과 같이 단면형상이 급격히 변화하는 부분에서 쉽게 파손되는 이유를 가장 잘 설명하는 것은?**

① 응력집중　　② 좌굴현상
③ 피로파괴　　④ 잔류응력

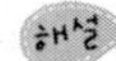

응력집중 : 단면형상이 급격히 변화하는 부분에 발생하여 균열(파괴), 좌굴 : 압축하중에 의해 기둥이 굽는 현상, 피로 : 반복하중이 가해지면 적정강도 보다 낮은 응력에서도 파괴되는 현상.

정답 ①

23 **외팔보에서 A지점의 반력 R_A는?**

① 0
② P
③ L
④ p/L

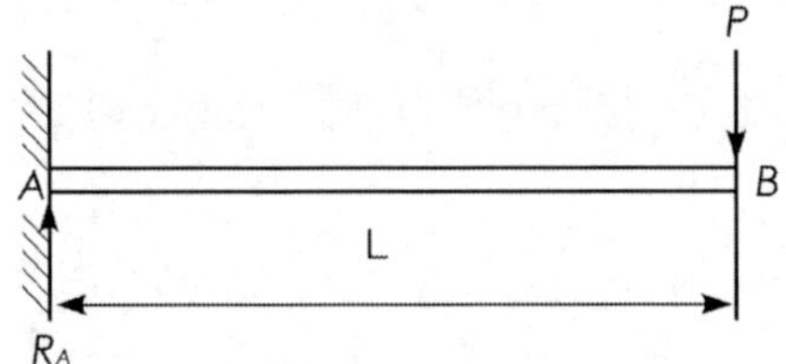

해설

외팔보의 가로를 기준으로 위 아래에 작용하는 모든 힘의 합은 '0'이다. 식으로 표현하면 $\sum F = 0$이다. 윗방향을 (+), 아랫방향을 (-)로 잡으면, $-P + R_A = 0$, $R_A = P$로 계산된다.

정답 ②

24 **단순보의 중앙에 10kN의 집중하중을 받을 시 Rb에서의 반력이 8kN이면 X값은?**

① 2m
② 4m
③ 6m
④ 8m

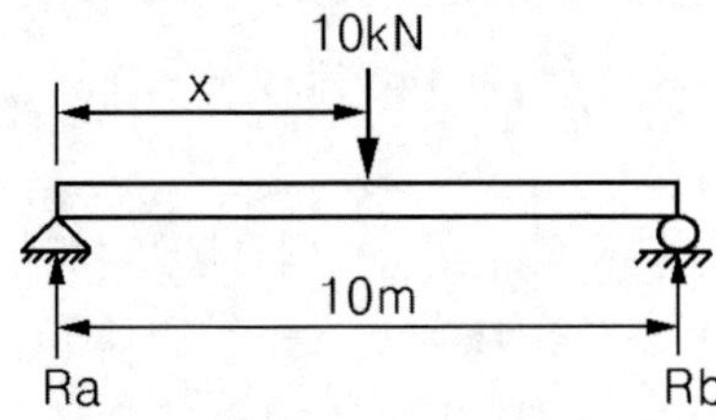

해설

단순보의 가로를 기준으로 위 아래에 작용하는 모든 힘의 합은 '0'이다. 식으로 표현하면 $\sum F = 0$이다. 아래 방향을 (+), 위 방향을 (-)로 잡으면, $+10 - R_a - R_b = 0$, $R_b = 8\text{kN}$이므로, $R_a = 2\text{kN}$이 된다. B점을 기준으로 모든 모멘트의 합은 '0'이다. 식으로 표현하면 $\sum M = 0$이다.
시계반대방향 모멘트를 (+), 시계방향을 (-)라 하면,
$-R_a \times 10 + 10 \times (10 - x) = 0$이다. 여기에 $R_a = 2\text{kN}$를 대입하면,
$-2 \times 10 + 10 \times (10 - x) = 0$, $10x = -20 + 100 = 80$, $x = 8$로 계산된다.

정답 ④

25 길이 ℓ 인 단순보의 중앙에 집중하중 W를 받는 때 최대 굽힘모멘트(Mmax)는?

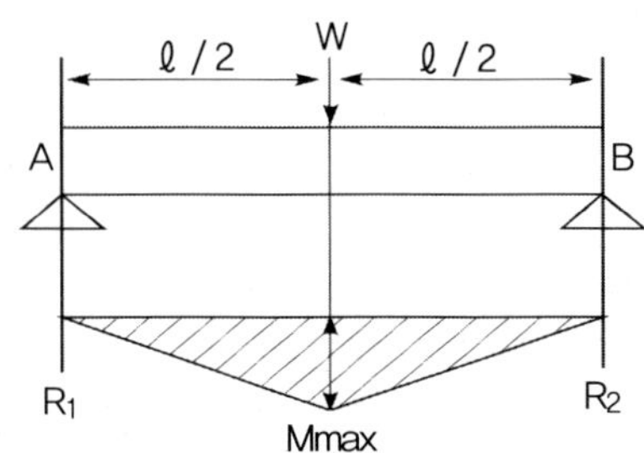

① $\frac{Wl}{4}$ ② $\frac{Wl}{2}$ ③ $\frac{Wl^2}{4}$ ④ $\frac{Wl^2}{2}$

해설

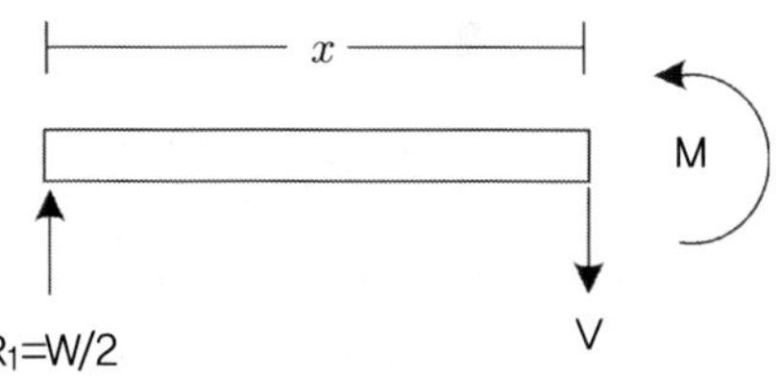

$\sum F=0$에서, $\sum F=0=-W+R_1+R_2$이다.

$\sum M_b=0$에서 $\sum M_b=0=-R_1\times l+W\times\frac{l}{2}$,

$R_1=\frac{W}{2}$이다.

또한 위 식에 대입하면 $R_2=\frac{W}{2}$이다. 좌측에서 우로 임의의 거리 x라 하면, x에서 전단된 설명의 그림에서 모든 모멘트의 합은 '0'이다.

$\sum M_x=0=M-R_1\times x$, $M=R_1x=\frac{W}{2}x$이다.

즉 $x=\frac{l}{2}$에서 최대값을 가지므로, $M_{x=\frac{l}{2}}=\frac{W}{2}x=\frac{W}{2}\times\frac{l}{2}=\frac{Wl}{4}$로 계산된다.

정답 ①

26 지름 80mm인 축에 2000kgf-cm의 굽힘 모멘트가 걸린다면 이 축에 생기는 굽힘 응력(kgf/cm^2)은 얼마인가?

① 39.8 ② 45.2 ③ 56.2 ④ 62.6

해설

$\sigma_b=\frac{M}{z}$에서,

$\sigma_b=\frac{M}{z}=\frac{M}{\frac{\pi d^3}{32}}=\frac{32\times 2000(\text{kgf}-\text{cm})}{\pi\times 8^3(\text{cm}^3)}=39.788(\text{kgf/cm}^2)$으로 계산된다.

정답 ①

27 그림과 같은 4각형 단면의 외팔보에 발생하는 최대 굽힘 응력은?

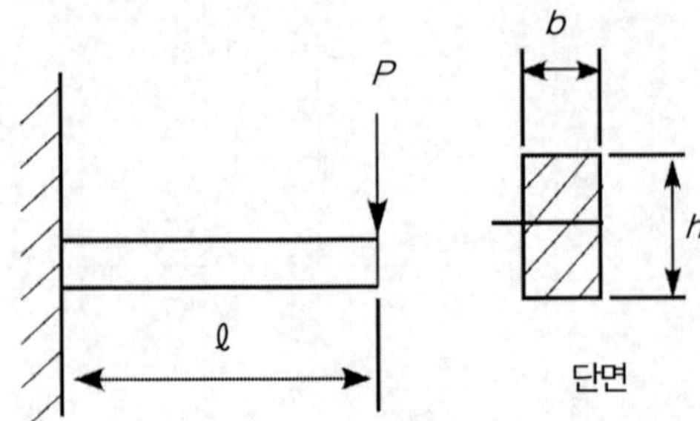

① $\dfrac{12P\ell}{bh^2}$　② $\dfrac{6P\ell}{b^2h}$　③ $\dfrac{6P\ell}{bh^2}$　④ $\dfrac{12P\ell}{b^2h}$

해설

최대굽힘모멘트(M)은 벽 부분에서 발생하는데 그 값은 $M = P\times l$(힘과 거리의 곱이 모멘트 임)이다. 4각단면의 단면계수(z)는 $z = \dfrac{bh^2}{6}$ 이다. 굽힘응력(σ_b)은 굽힘모멘트(M)를 단면계수(z)로 나눈 값이다. 식으로 표현하면 $\sigma_b = \dfrac{M}{z}$ 이므로 대입하면,

$\sigma_b = \dfrac{M}{z} = \dfrac{P\times l}{\dfrac{bh^2}{6}} = \dfrac{6Pl}{bh^2}$ 으로 계산된다.

정답 ③

28 중앙에 집중하중을 받는 단순 지지보의 처짐에 대한 설명으로 옳지 않은 것은?

① 하중의 크기에 비례한다.　② 영계수에 반비례한다.
③ 단면 2차 모멘트에 비례한다.　④ 보의 길이의 3제곱에 비례한다.

해설

- 집중하중 외팔보 처짐 $\delta = \dfrac{Wl^3}{3EI}$, 분포하중 외팔보 처짐 $\delta = \dfrac{wl^4}{8EI}$
- 집중하중 단순보 처짐 $\delta = \dfrac{Wl^3}{48EI}$ …… (식 1), 분포하중 단순보 처짐 $\delta = \dfrac{5wl^4}{384EI}$
- 축비틀림각 $\theta = \dfrac{Tl}{GI_p}$

(식 1)에서 처짐은 영계수(종탄성계수 :E)와 2차모멘트(I)에 반비례한다. 또한 길이(l)의 3승에 비례한다.

정답 ③

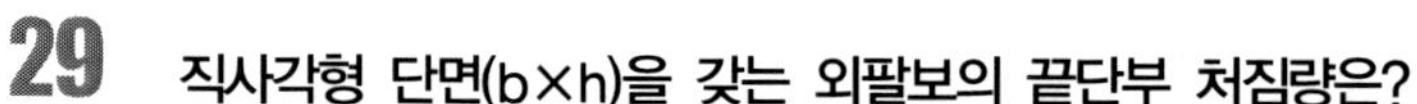

29 **직사각형 단면(b×h)을 갖는 외팔보의 끝단부 처짐량은?**

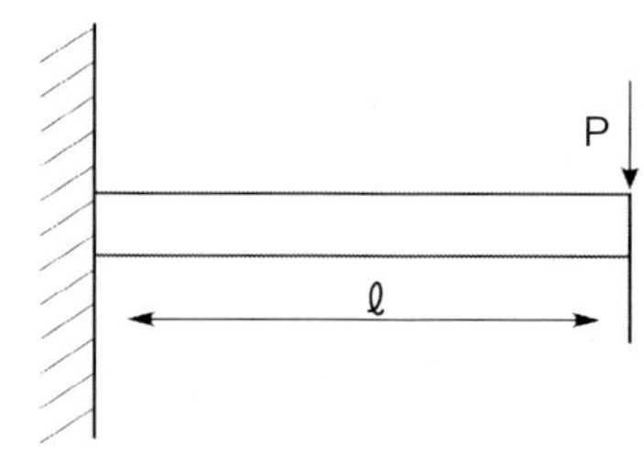

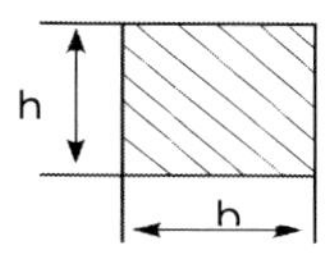

① 처짐량은 보의 길이의 제곱(l^2)에 비례한다.
② 처짐량은 보 높이의 세제곱(h^3)에 반비례한다.
③ 처짐량은 하중(P)에 반비례한다.
④ 처짐량은 보의 너비(b)에 비례한다.

해설

외팔보의 처짐량 $\delta = \dfrac{Pl^3}{3EI}$

여기서, $I = \dfrac{bh^3}{12}$ ← 4각일 경우

대입하자. $\delta = \dfrac{Pl^3}{3E \times \dfrac{bh^3}{12}} = \dfrac{4Pl^3}{Ebh^3}$ 으로 유도된다.

정답 ②

30 **길이가 동일하고 지름이 각각 d, 2d인 동일 재료의 축 A, B를 같은 각도로 비틀었을 경우 필요한 비틀림 모멘트비 $\dfrac{T_A}{T_B}$의 값은?**

① 1/2 ② 1/4 ③ 1/8 ④ 1/16

해설

전단응력(τ)은 비틀림 모멘트(T)를 극단면계수(z_p)로 나눈값이다. 식으로 $\tau = \dfrac{T}{z_p}$ 로 표현된다.

원형축이므로 $z_p = \dfrac{I_p}{r} = \dfrac{\dfrac{\pi d^4}{32}}{\dfrac{d}{2}} = \dfrac{\pi d^3}{16}$ 이다. 그러므로 $T = \tau \times z_p = \tau \times \dfrac{\pi d^3}{16}$ 으로 유도된다. 동일 재료이므로 전단응력(τ)는 동일하므로, $T_A = \tau \times z_p = \tau \times \dfrac{\pi d^3}{16}$ 이면,

$T_B = \tau \times z_p = \tau \times \dfrac{\pi (2d)^3}{16} = \tau \times \dfrac{\pi d^3 \times 8}{16} = T_A \times 8$ 이므로 ③이 정답이다.

정답 ③

31 비틀림이 작용할 때 재료의 단면에 생기는 응력은?

① 인장 ② 압축 ③ 전단 ④ 굽힘

전단응력(τ)은 비틀림 모멘트(T)를 극단면계수(z_p)로 나눈값이다. 식으로 $\tau = \dfrac{T}{z_p}$ 로 표현된다.

 ③

32 중공단면축의 바깥지름 $d_o = 5\text{cm}$, 안지름 $d_i = 3\text{cm}$, 허용전단응력 $\tau = 300\text{kgf/cm}^2$일 때, 비틀림모멘트는?

① 4528 kgf-cm ② 5510 kgf-cm
③ 5772 kgf-cm ④ 6405 kgf-cm

식 $\tau = \dfrac{T}{z_p}$, $z_p = \dfrac{I_p}{r} = \dfrac{\dfrac{\pi}{32}(d_o^4 - d_i^4)}{\dfrac{d_o}{2}} = \dfrac{\pi(d_o^4 - d_i^4)}{16 \times d_o}$ 에서

$T = \tau \times z_p = \tau \times \dfrac{\pi(d_o^4 - d_i^4)}{16 \times d_o} = 300(\text{kgf/cm}^2) \times \dfrac{\pi \times (5^4 - 3^4)}{16 \times 5}(\text{cm}^3) = 6405.6\text{kgf} - \text{cm}$ 로

계산된다.

 ④

33 단면이 원형인 중실축(solid shaft)의 길이와 지름을 각각 2배로 하면, 같은 크기의 비틀림 모멘트에 대한 비틀림 각도는 원래 축의 몇 배가 되는가?

① $\dfrac{1}{2}$배 ② $\dfrac{1}{8}$배
③ 2배 ④ 8배

- 축비틀림각 $\theta = \dfrac{Tl}{GI_p}$ ······ (식 1),

1식을 다시 표현하면 $\theta_1 = \dfrac{Tl}{GI_p} = \dfrac{T\,l}{G \times \dfrac{\pi d^4}{32}} = \dfrac{32\,T\,l}{G \times \pi d^4}$ ······ (식 2)

2식에 $l \longrightarrow 2l$, $d \longrightarrow 2d$를 대입하면,

$\theta_2 = \dfrac{32\,T(2l)}{G \times \pi(2d)^4} = \dfrac{32\,Tl}{G \times \pi d^4} \times \dfrac{2}{2^4} = \theta_1 \times \dfrac{1}{8}$

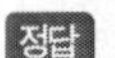 ②

34 기계제도에서 기준치수(basic size)는?

① 실제치수
② 최대 허용치수 − 최소 허용치수
③ 최대 허용치수 − 위치수 허용차
④ 최소 허용치수 − 위치수 허용차

해설

기준치수 = 최대허용치수 - 위치수 허용차

정답 ③

35 끼워맞춤 공차에서 H6g6의 설명으로 올바른 것은?

① 축기준 6급 헐거운 끼워맞춤
② 축기준 6급 억지 끼워맞춤
③ 구멍기준 6급 헐거운 끼워맞춤
④ 구멍기준 6급 중간 끼워맞춤

해설

구멍기준으로, 구멍은 H이고 축은 g로 구멍이 축보다 직경이 크다. 따라서 헐거운 끼워맞춤이 된다.

정답 ③

36 끼워맞춤에 대한 설명으로 옳은 것은?

① 축기준 끼워맞춤은 구멍의 공차역을 H(H5～H10)로 정하고 구멍에 끼워맞출 축의 공차역에 따라 죔새나 틈새가 생기게 하는 것이다.
② 구멍기준 끼워맞춤은 구멍에 끼워맞출 축의 공차역을 정하는 방식이며, 구멍의 위치수 허용차가 0이다.
③ 축기준 끼워맞춤방식에서 $\phi 30H7h6$은 헐거운 끼워맞춤이다.
④ 일반적으로 구멍보다 축의 가공이 쉬워 축기준 끼워맞춤을 많이 사용하고, 구멍보다 축의 정밀도를 높게 한다.

해설

- 끼워맞춤에서 축은 소문자 h, 구멍은 대문자 H로 표시,
- ϕ30H7h6에서 H가 먼저 나오므로, 구멍기준이 된다. 보통 축의 가공이 쉬우므로, 구멍기준을 사용한다.
- 구멍기준의 경우 아래 치수 공차가 0이다.
- 일반끼워맞춤 부분공차는 축의 경우 IT5~9, 구멍의 경우 IT6~10등급이다.

정답 ③

37 **기준치수에 대한 구멍의 공차가 $\Phi 160_{0}^{+0.04}$[mm], 축의 공차가 $\Phi 160_{-0.08}^{+0.03}$[mm]일 때 최대틈새[mm]와 최대죔새[mm]는?**

	최대틈새	최대죔새
①	0.07	0.03
②	0.07	0.04
③	0.12	0.03
④	0.12	0.04

해설

최대틈새는 구멍최대-축최소=0.04-(-0.08)=0.12mm 따라서 0.12mm가 최대틈새가 된다.
최대죔새는 구멍최소-축최대=0-0.03=-0.03mm, 여기서 -부호가 죔새를 말하며, 따라서 0.03mm가 최대죔새가 된다.

정답 ③

38 **2줄 나사의 피치가 0.5mm일 때, 이 나사의 리드는?**

① 1mm ② 1.5mm
③ 2mm ④ 0.5mm

해설

L(리드)$=n$(나사줄수)$\times p$(피치)이므로, L(리드)$=2\times 0.5\text{mm}=1.0\text{mm}$로 계산된다.

정답 ①

39 **바깥지름 24mm인 4각나사의 피치 6mm, 유효지름 22.051mm, 마찰계수가 0.1이라면 나사의 효율(%)은?**

① 30 ② 45
③ 60 ④ 75

해설

나사의 효율(η)식 $\eta=\dfrac{\tan\lambda}{\tan(\lambda+\rho)}$에 대입하면 된다. $\rho=0.1$이므로 $\tan\rho=0.1$,

$\rho=\tan^{-1}(0.1)=5.71^{o}$이고, $\tan\lambda=\dfrac{L}{\pi d_2}$($d_2$는 나사의 유효지름, L은 리드를 말함)에서

$\lambda=\tan^{-1}(\dfrac{L}{\pi d_2})=\tan^{-1}(\dfrac{6}{\pi\times 22.051})=4.49^{o}$로 계산된다.

그러므로, 나사효율은 $\eta=\dfrac{\tan(4.49)}{\tan(4.49+5.71)}=0.436429$이 나온다.

정답 ②

40 2줄 나사의 피치가 0.75 mm일 때, 5회전시키면, 축방향 이동거리(mm)는?

① 1.5　　② 7.5
③ 3.75　　④ 37.5

해설

L(리드) $= n$(나사줄수) $\times p$(피치)이므로, L(리드) $= 2 \times 0.75\text{mm} = 1.5\text{mm}$로 계산된다. 리드는 한바퀴 돌렸을 때 축방향 이동거리이므로,
5회전하면 S(거리) $= L \times N$(회전수) $= 1.5 \times 5 = 7.5\text{mm}$ 이동을 한다.

정답 ②

41 볼트 체결에서 마찰각을 ρ, 리드각을 λ라 하면, 나사의 효율(η)은?

① $\eta = \dfrac{\tan\lambda}{\tan(\lambda+\rho)}$　　② $\eta = \dfrac{\tan(\lambda+\rho)}{\tan\lambda}$
③ $\eta = \dfrac{\tan(\lambda+\rho)}{\tan(\lambda-\rho)}$　　④ $\eta = \dfrac{\tan(\lambda-\rho)}{\tan(\lambda+\rho)}$

해설

나사의 효율(η)을 식으로 표현하면, $\eta = \dfrac{\tan\lambda}{\tan(\lambda+\rho)}$ 이다.
여기서 λ는 리드각을, ρ는 마찰각을 뜻한다.

정답 ①

42 결합용 나사의 리드각(α), 마찰각(ρ)의 관계에서 자립(self locking)상태를 바르게 표현한 것은?

① 리드각 ≤ 마찰각　　② 리드각 = 0.5 × 마찰각
③ 리드각 ≥ 마찰각　　④ 리드각 = 2 × 마찰각

해설

죄는 힘을 가하지 않아도 나사가 풀리지 않는 상태를 자립이라고 한다. 자립을 위해서 리드각(α)보다 마찰각(ρ)이 항상 커야 한다.

정답 ①

43 나사에서 3침법으로 측정한 값으로 가장 적합한 것은?

① 유효지름　　② 피치
③ 골지름　　④ 외경

해설

3침법이란 3개의 침(위 2개침 + 아래 1개침)을 나사의 골에 위치시켜서 유효지름을 측정하는 방법이다.

정답 ①

44 나사에 대한 설명으로 틀린 것은?

① 나사를 1회전 시켰을 때 축방향으로 진행한 거리를 리드라고 한다.
② 오른나사는 시계방향으로 회전할 때 전진하는 나사이다.
③ 유효지름은 수나사의 최대지름이며 나사의 크기를 나타낸다.
④ 사각나사는 힘이 작용하는 방향이 축선과 평행하며 나사효율이 좋다.

유효지름이란 바깥지름(d_o)과 골지름(d_i)의 평균(d_m)을 말한다. 식으로 표현하면 $d_m = \frac{d_o + d_i}{2}$ 이고, 피치지름이라고도 한다. 수나사의 최대지름을 외경이라 한다.
수나사는 이 외경을 나사의 크기로 나타낸다.

 ③

45 시멘트 기계와 같이 모래, 먼지 등이 들어가기 쉬운 부분에 주로 사용되는 나사는?

① 유니파이나사 ② 톱니나사
③ 둥근나사 ④ 관용나사

둥근나사는 나사산과 골을 같은 반지름의 원호로 이은 모양을 하고 있으며, 먼지, 모래, 녹가루 등이 나사산으로 들어갈 염려가 있는 경우에 사용한다.

정답 ③

46 체결용 나사와 운동용 나사로 분류할 때, 운동용 나사로 분류되는 것은?

① 사다리꼴나사 ② 미터나사
③ 유니파이나사 ④ 관용나사

해설

체결용나사는 미터나사, 유니파이나사, 관용나사 등 이고, 운동용나사는 사각나사, 사다리꼴나사, 톱니나사, 둥근나사, 볼나사 등이다.

정답 ①

47 추력이 한 방향으로만 작용할 때 사용되는 것으로 주로 바이스 압착기 등에 사용되는 나사로 가장 적합한 것은?

① 톱니나사 ② 너클나사
③ 볼나사 ④ 삼각나사

해설

압력의 방향이 항상 일정할 때 사용되는 것으로 하중을 받는 쪽은 4각, 반대쪽은 3각으로 깎아서 만들었다. 보통 잭에 많이 사용된다.

정답 ①

48 삼각나사보다 마찰이 적어 바이스, 잭, 프레스 등과 같이 힘을 전달하거나 부품을 이동하는 기구용에 가장 적합한 나사는?

① 사각나사 ② 사다리꼴나사
③ 톱니나사 ④ 둥근나사

해설

사다리꼴 나사는 애크미(acme)나사라고도 하며, 강도가 높아 조항력이 크고 봉우리와 골에 틈이 생기므로 공작이 용이하고 물림이 좋아 동력전달용으로 사용한다. 나사산각에 따라 미터계(30°), 인치계(29°)가 있다. 미터계는 피치를 mm로 나타내고, 인치계는 25.4mm(1inch)에 대한 나사산의 수로 나타낸다. 프레스나사, 선반의 이송나사에 널리 사용된다.

정답 ①

49 나사산 단면이 3각형 형태가 아닌 것은?

① 미터나사 ② 휘트워드나사
③ 유니파이나사 ④ 애크나사

해설

3각나사에는 미터나사, 유니파이나사(휘트워드나사), 관용나사가 있다. 미터나사는 나사의 지름과 피치를 mm로 표시하며 나사산각은 60°이다. 인치계 나사로는 휘트워드나사(영국 : 나사산의 각도는 55°)와 유니파이나사(미국 : 나사산의 각도는 60°)가 있다.

정답 ④

50 KS 규격 볼트 M20의 설명으로 올바른 것은?

① 미터나사이며, 유효지름이 20mm이다.
② 나사산의 각도가 60°이며, 볼트의 외경이 20mm이다.
③ 나사산의 각도가 60°이며, 볼트의 유효지름이 20mm이다.
④ 사다리꼴 나사이며, 나사산의 각도가 20°이다.

해설

미터계나사로 볼트의 외경이 20mm를 나타낸다.

정답 ②

51 볼트를 일반 볼트와 특수 볼트로 분류할 때, 특수 볼트에 해당하는 것은?

① 관통볼트 ② 탭볼트
③ 스텃볼트 ④ 아이볼트

해설

특수 볼트에는 아이볼트, 고리볼트, 나비볼트, T볼트, 스테이볼트, 기초볼트 등이 있다.

정답 ④

52 좌 2줄 M50 × 2-6H로 표시된 나사의 호칭 설명으로 올바른 것은?

① 오른나사, 2줄
② 미터보통나사, 수나사
③ 호칭지름 50mm, 피치 2mm
④ 바깥지름 25mm, 공차 등급 6급

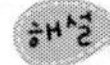

왼나사, 2줄나사, 미터계 나사로 외경이 50mm, 피치가 2mm를 뜻한다.

정답 ③

53 유니파이 보통나사 설명으로 가장 적합한 것은?

① 산의 각도 60° -기호 UNC
② 산의 각도 55° -기밀유지용 나사
③ 산의 각도 60° -미터단위로 표시
④ 산의 각도 55° -1인치 내 산의 수로 표시

해설

유니파이나사는 ABC나사라고 하며, 인치 단위계로써 피치는 나사축선 1인치에 몇 개의 나사산을 포함하고 있는가에 의해서 규정되며, 나사산의 각도는 60°로 미국 표준 나사에 가깝다. 예로 No.2-56UNC로 나타낸다.

정답 ①

54 삼각나사의 특징 중 사각나사와 비교한 특징으로 옳지 않는 것은?

① 체결용으로 적합하다.
② 효율이 떨어진다.
③ 자립(self lock)작용이 있다.
④ 마찰계수가 작다.

해설

실제 마찰면적은 사각보다 삼각이 넓어 마찰계수가 크며 효율이 좋다. 따라서 삼각나사는 자립성에 유리하여 체결용에, 사각나사는 전동용(힘전달)에 사용한다. 그러나 자립작용은 삼각나사가 유리하다.

정답 ④

55 볼 스크루의 장점이 아닌 것은?

① 나사의 효율이 좋다.
② 백래시를 작게 할 수 있다.
③ 높은 정밀도를 유지할 수 있다.
④ 가격이 저렴하다.

해설

볼나사(ball screw)는 보통나사에 비해 마찰계수가 극히 작아 효율은 90% 이상이며, 수치제어의 공작기계 이송나사로 적당하다.

정답 ④

56 물건을 달아 올리거나 운반하는 경우에 주로 사용되는 볼트는?

① 관통볼트 ② 탭볼트
③ 스테이볼트 ④ 아이볼트

볼트머리부에 핀을 끼울 구멍이 있어 핀을 축으로 하여 회전할 수 있는 모양으로 자주 탈부착하는 뚜껑의 체결에 많이 사용한다.

정답 ④

57 볼트의 머리가 고리 모양이어서 후크를 걸 수 있도록 하여 물건을 달아 올리거나 운반하는데 주로 사용하며, 매달아 올리거나 운반하려는 물체에 체결하는 볼트로 가장 적합한 것은?

① 탭볼트 ② 스테이볼트
③ 접시볼트 ④ 고리볼트

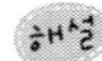

무거운 물체를 달아 올리기 위하여 훅을 걸 수 있는 고리가 있는 모양의 볼트이다.

정답 ④

58 안지름이 1m인 압력용기에 5kgf/cm^{2}의 내압이 작용하고 있다. 압력용기의 뚜껑을 18개의 볼트로 체결할 경우 볼트의 지름은? (단, 볼트 지름 방향의 허용인장응력을 1000kgf/cm^{2}이고, 볼트에는 인장하중만 작용한다.)

① 16.7mm, M18 ② 21.7mm, M22
③ 26.7mm, M27 ④ 31.7mm, M33

해설

압력용기의 뚜껑에 작용하는 힘(F_a)는

$F_a = P \times A = 5(\text{kgf/cm}^2) \times \dfrac{\pi \times 100^2}{4}(\text{cm}^2) = 33269.9\text{kgf}$이다.

그러므로 볼트 1개의 인장력(F)는 $F = \dfrac{F_a}{18(\text{볼트수})} = \dfrac{33269.9}{18} = 2181.66\text{kgf}$이고,

허용응력(σ_a)은 $\sigma_a = \dfrac{F}{\dfrac{\pi d^2}{4}} = \dfrac{2181.66\text{kgf}}{\dfrac{\pi \times d^2}{4}} = 1000\text{kgf/cm}^2$에서

$d = \sqrt{\dfrac{2181.66 \times 4}{\pi \times 1000}} = 1.667\text{cm} = 16.67\text{mm}$으로 계산된다. 그래서 나사는 M18로 선정한다.

정답 ①

59 2톤의 하중을 올리는 나사 잭을 설계하려고 한다. 축방향 하중과 비틀림 하중을 동시에 받는다면 나사의 바깥지름(mm)은?(단, 나사부 재질의 허용 응력은 8kgf/mm^{2}이다.)

① 18　　② 20

③ 24　　④ 26

해설

축방향하중과 비틀림하중을 동시에 받으므로,

σ_a(허용응력)$= \dfrac{F(\text{힘, 무게})}{A(\text{면적})} \rightarrow d = \sqrt{\dfrac{2W}{\sigma_a}}$ 에 힘을 $\dfrac{4F}{3}$을 대입해서 공식을 만들면,

$d = \sqrt{\dfrac{8W}{3\sigma_a}}$ 으로 유도된다.

대입하면, $d = \sqrt{\dfrac{8 \times 2000}{3 \times 8}} = 25.81\text{mm}$ 로 계산된다.(조심할 것: 응력의 단위가 kgf/mm^{2}임)

정답 ④

60 15ton의 인장하중을 받는 볼트 호칭 지름은? (단, 안전율 3, 재료 인장강도는 5400kgf/cm^{2}이며, 골지름/바깥지름은 $(\dfrac{d_1}{d})^2 = 0.62$로 가정한다.)

① M30　　② M36

③ M42　　④ M48

S(안전율)$= \dfrac{\sigma_s(\text{극한강도})}{\sigma_a(\text{허용응력})}$이므로, $\sigma_a = \dfrac{\sigma_s}{S} = \dfrac{5400}{3} = 1800\text{kgf/cm}^2$이고,

σ_a(허용응력)$= \dfrac{F(\text{힘,무게})}{A(\text{면적})}$이므로, $\sigma_a = \dfrac{F}{\dfrac{\pi}{4}d_1^2}$이다. 여기에 $(\dfrac{d_1}{d})^2 = 0.62$, $d_1^2 = 0.62d^2$를 대입하자. $\sigma_a = \dfrac{F}{\dfrac{\pi}{4}0.62d^2} = \dfrac{15000 \times 4}{0.62d^2} = 1800(\text{kgf/cm}^2)$이므로,

$d = \sqrt{\dfrac{15000 \times 4}{\pi \times 0.62 \times 1800}} = 4.1368\text{cm} = 41.368\text{mm}$ 로 계산된다. 그래서, M42를 선정한다.

정답 ③

61 나사의 구멍을 통해 유체가 새어 나오는 것을 방지하는 너트로 가장 적합한 것은?

① 홈붙이 너트　　② 원형 너트

③ 캡 너트　　④ 플랜지 너트

캡볼트는 모자 볼트를 말한다. 즉, 나사의 구멍을 통해 유체가 새는 것을 막거나 비에 의한 녹슮을 방지한다.

정답 ③

62 너트의 풀림방지 방법 중 잘못된 것은?

① 이중너트를 사용
② 고정나사(set screw)를 사용
③ 스프링와셔를 사용
④ 가스킷을 사용

해설

너트의 풀림방지법으로는 록(Lock)너트 사용으로 볼트와 너트사이에 생기는 나사의 마찰력을 증가, 스프링와셔나 고무와셔를 중간에 끼워 축방향의 힘을 유지, 볼트에 구멍을 뚫어 핀을 꽂음, 홈붙이 너트에 분할핀 사용, 특수와셔를 사용하여 너트가 돌지 않도록, 멈춤나사를 사용하여 볼트의 나사부를 고정 등이 있다.

정답 ④

63 와셔의 사용목적으로 적합하지 못한 것은?

① 볼트의 구멍의 지름이 볼트보다 너무 클 때
② 볼트가 받는 전단응력을 감소시키려 할 때
③ 볼트 시트 면의 재료가 약해서 넓은 면으로 지지하여야 할 때
④ 진동이나 회전이 있는 곳의 볼트나 너트의 풀림 방지

해설

와셔는 볼트 구멍이 클 때, 너트 시트에 요철이 있을 때, 너트 시트가 볼트의 체결압력이나 마모에 견딜 수 없는 연한 재료일 때 사용한다.

정답 ②

64 자동차나 소형 전자 부품 조립시 많이 사용하며, 스프링 작용을 할 수 있는 톱니에 의하여 체결볼트와 너트의 풀림을 방지할 수 있고, 여러 번 사용할 수 있는 이점이 있는 와셔는?

① 혀달린와셔
② 평와셔
③ 고무와셔
④ 톱니와셔

해설

톱니와셔는 스프링 작용을 할 수 있는 톱니에 의하여 체결볼트와 너트의 풀림을 방지할 수 있고, 여러 번 사용할 수 있는 이점이 있다.

정답 ④

65 축에 키 홈 가공을 하지 않고 보스에만 키 홈을 가공하는 키는?

① 묻힘키 ② 새들키 ③ 접선키 ④ 반달키

해설

saddle의 뜻이 안장으로 새들키를 안장키라고 한다. 축에 홈을 파지 않고 보스에만 1/100의 경사를 두어 홈을 파고, 이 홈속에 키를 박는 것으로, 큰 동력을 전달할 수 없으며 불확실하다.

정답 ②

66 키(key)에 대한 설명으로 틀린 것은?

① 기어, 벨트풀리 등을 축에 고정하여 토크를 전달한다.
② 키는 축보다 강도가 약한 재료를 사용한다.
③ 일반적으로 키의 윗면에는 1/100의 기울기를 붙인다.
④ 가장 널리 사용되는 키는 묻힘키이다.

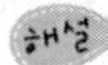

키는 축에 기어나 풀리 등을 고정시켜 상대적인 운동을 방지하면서 회전력을 전달시키는 결합용 기계 요소이다. 보통 전단력을 받으며, 단면은 4각 혹은 원형으로 축재질보다 굳고 좋은 재질로 만든다.

정답 ②

67 보스와 축 사이의 윗면과 아랫면을 죄고 측면에 틈새를 둔 끼워맞춤으로 키의 상단과 하단면에 압축응력이 발생하는 키의 종류가 아닌 것은?

① 경사키　　② 평키
③ 평행키　　④ 성크키

평키(flat key)는 납작키라고 하며, 평행키는 묻힘키(sunk key)의 일종으로 키 홈에 미리 키를 묻어 놓고 그 위에 보스를 축방향으로 끼우기 때문에 심음(set)키라고 한다. 즉, 평행키는 윗면과 아랫면의 경사가 없는 평행한 키로, 윗면과 아랫면에 압축힘을 받지 않는 곳에 사용한다. 납작키, 경사키는 모두 경사를 가지고 있다.

정답 ③

68 축과 보스에 모두 키 홈을 가공하는 키의 명칭으로 가장 적합한 것은?

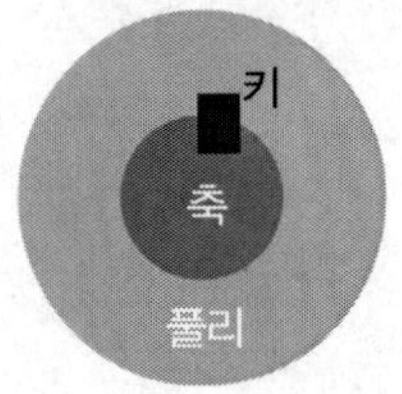

① 안장키(saddle key)　　② 납작키(flat key)
③ 반달키(woodruff)　　④ 묻힘키(sunk key)

해설

묻힘키는 일반적으로 가장 많이 사용하는 키로 단면모양이 정 4각형 혹은 직 4각형이다. 종류로는 평행키(심음키), 경사키(때려박음 키), 머리붙이 경사키 등이 있다.

정답 ④

69 **똑같은 크기와 구배가 같은 2개의 키를 한 쌍으로 조합하여 축의 접선방향에 때려 박은 것으로 묻힘보다 동일한 축에서 큰 회전력을 전달할 수 있는 것은?**

① 접선키 ② 반달키 ③ 새들키 ④ 페더키

해설

추가 설명으로, 키의 기울기는 1/40~1/45정도, 보통 키와 키의 설치 각은 120° 또는 180°, 묻힘키보다 큰 회전력을 전달할 수 있다.

정답 ①

70 **일명 미끄럼 키라고도 하며, 회전 토크를 전달함과 동시에 보스가 축 방향으로 이동할 수 있는 키는?**

① 새들키 ② 평키 ③ 페더키 ④ 반달키

해설

회전력을 전달하면서 보스가 축방향으로 미끄러져 움직일 수 있도록, 키와 보스(축) 사이에 약간의 틈새를 두고 기울기가 없고 평행한 키를 미끄럼키 혹은 페더키, 안내키라고 한다.

정답 ③

71 **이의 높이가 낮고 잇수가 많으므로, 측압강도가 크게 되고 같은 축 지름에서 스플라인축보다 큰 회전력을 전달할 수 있는 결합용 기계요소는?**

① 스프로킷 ② 테이퍼키 ③ 세레이션 ④ 미끄럼키

해설

수많은 작은 3각형의 스플라인을 세레이션(serration)이라 하며, 이의 높이가 낮고 잇수가 많으므로 측압강도가 크게 되고 같은 외경의 스플라인축보다 큰 회전력을 전달할 수 있다.

정답 ③

72 **미끄럼키와 같은 토크를 전달하는 동시에 축 방향의 이동도 할 수 있고, 토크를 수 개의 키로서 분당 할 수 있어 자동차 항공기 터빈 등의 속도 변환하는 축에 많이 사용되는 기계요소는?**

① 스플라인 ② 성크키 ③ 코터 ④ 핀

해설

축의 원주상에 같은 간격으로 평행키를 배치한 것과 같은 모양으로 축과 일체시킨 것. 스플라인축이라 하고, 보스부분을 스플라인이라고 한다. 평행키와 마찬가지로 축방향으로 이동할 수도 있으며 큰 토크를 전달할 수 있어 자동차, 항공기, 공작기계 등의 속도변환기구로 많이 사용한다.

정답 ①

73 키가 전달할 수 있는 토크의 크기가 큰 키부터 작은 순으로 된 것은?

① 성크키, 스플라인, 새들키, 평키
② 스플라인, 성크키, 평키, 새들키
③ 평키, 새들키, 성크키, 스플라인
④ 세레이션, 성크키, 스플라인, 평키

해설

굳이 순서를 정하자면, 세레이션(3각), 스플라인(4각), 접선키, 성크키, 평키, 새들키 등으로 나열될 수 있다.

정답 ②

74 지름 110mm, 회전수 500rpm인 축에 묻힘키를 치수가 b×h×ℓ (폭×높이×길이)=28mm×18mm×300mm로 설계하려고 한다면 키의 전단응력에 의한 전달 동력은 약 PS인가?(단, 키의 허용 전단응력 τ_a= 3.2kg/mm^{2}이다.)

① 516　② 762　③ 1032　④ 2580

해설

$\tau(\text{전단응력}) = \dfrac{F(\text{면적에 나란한 힘})}{A(\text{면적})}$ 이므로, $\tau = \dfrac{F}{b\times L}$ 이고,

$F = \tau \times b \times L = 3.2(\text{kgf/mm}^2) \times 28\text{mm} \times 300\text{mm} = 26880\text{kgf}$ 으로 계산되고,

$H_p = T\times\omega = F\times r\times\omega = F\times r\times\dfrac{2\pi N}{60(s)} = 26880\text{kgf}\times\dfrac{0.11}{2}\text{m}\times\dfrac{2\pi\times500}{60(\text{s})}\times\dfrac{1}{75}$

$=1032.118$ps로 계산된다.

정답 ③

75 96kgf-m의 토크를 전달하는 지름 50mm인 축에 사용할 묻힘 키의 폭과 높이가 12mm×8mm일 때, 키의 길이로 가장 적합한 것은? (단, 키의 전단응력만으로 계산하고, 키의 허용 전단응력은 800kgf/cm^{2}이다.)

① 30mm　② 40mm　③ 60mm　④ 80mm

해설

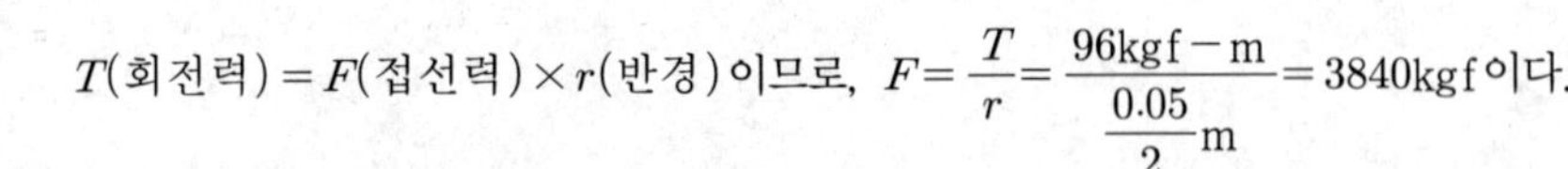

$T(\text{회전력}) = F(\text{접선력})\times r(\text{반경})$ 이므로, $F = \dfrac{T}{r} = \dfrac{96\text{kgf}-\text{m}}{\dfrac{0.05}{2}\text{m}} = 3840\text{kgf}$ 이다.

$\tau(\text{전단응력}) = \dfrac{F(\text{면적에 나란한 힘})}{A(\text{면적})}$ 이므로, $\tau = \dfrac{F}{b\times L}$ 이고, 여기에 대입을 한다.

$800\text{kgf/cm}^2 = \dfrac{3840\text{kgf}}{1.2\text{cm}\times \text{L}}$ 에서 $L = \dfrac{3840\text{kgf}}{1.2\text{cm}\times 800\text{kgf/cm}^2} = 4\text{cm} = 40\text{mm}$ 로 계산된다.

정답 ②

76 **축에 끼운 링이 빠지는 것을 방지하기 위하여 사용하여 끝부분을 두 갈래로 벌려 굽혀 빠지지 않도록 하는 기계요소인 것은?**

① 테이퍼 핀 ② 코터
③ 분할 핀 ④ 코킹

해설
분할핀 : 축에 끼운 링이 빠지는 것을 방지하기 위하여 사용하여 끝부분을 두 갈래로 벌려 굽혀 빠지지 않도록 하는 기계요소

정답 ③

77 **한쪽 또는 양쪽에 기울기를 갖는 평판 모양의 쐐기로, 인장력이나 압축력을 받는 2개의 축을 연결하는 기계요소는?**

① 소켓 ② 너클 핀
③ 코터 ④ 커플링

해설
코터 : 한쪽 또는 양쪽에 기울기를 갖는 평판 모양의 쐐기로, 인장력이나 압축력을 받는 2개의 축을 연결하는 기계요소

정답 ③

78 **리벳 효율을 가장 잘 설명한 것은?**

① 강판의 인장강도에 대한 리벳의 전단 파괴 강도의 비
② 구멍을 뚫기 전 강판의 강도에 대한 리벳의 전단 파괴 강도의 비
③ 리벳 이음을 한 강판의 강도와 구멍을 뚫기 전의 강판 강도와의 비
④ 리벳 이음을 한 강판의 강도와 인장강도와 의 비

해설
리벳효율은 1피치의 너비를 기준으로, 리벳의 전단강도에 대한 구멍이 없는 판의 인장강도 비를 말하는 것으로, 전단력을 인장력으로 나눈값이 된다.

정답 ②

79 **리벳이음에서 1피치 내의 리벳 전단면의 수가 증가함에 따라 리벳의 효율은?**

① 증가한다. ② 감소한다.
③ 관계없다. ④ 반비례한다.

해설
리벳효율은 분자가 전단강도로 전단면이 많을수록 전단력이 증가하므로 증가한다.

정답 ①

80 **리벳 효율을 나타낸 식은? (단, 리벳효율은 전단파괴에 의하여 구하며, n은 1 피치 내의 리벳의 전단 면수, P는 피치 (mm), σ 는 강판 재료의 허용 인장응력(kg/mm²), t는 강판의 두께 (mm), d : 리벳의 지름 (mm) τ : 리벳의 허용 전단응력(kg/mm²) 이다.)**

① $\eta = 1 - \frac{d}{p}$　② $\eta = \frac{4pt\sigma}{\pi d^2 \tau}$　③ $\eta = 1 - \frac{p}{d}$　④ $\eta = \frac{\pi d^2 \tau}{4pt\sigma}$

해설

보기의 ①은 판의 효율을 나타내고, ④는 단일전단면의 경우 리벳효율을 나타낸 것이다. 여기서 $p \times t$는 피치면적이고, $\frac{\pi d^2}{4}$은 리벳의 전단면적이다. 즉, 리벳효율은 전단력을 인장력으로 나눈값이 된다.

정답 ④

81 **강판의 두께 12mm, 리벳의 지름 20mm, 피치 50mm의 1줄 겹치기 리벳이음에서 1피치당 하중이 1,200kgf일 경우, 강판의 인장응력은 몇 kgf/mm²인가?**

① 3.33　② 6.42　③ 7.53　④ 8.61

해설

강판의 인장응력이 작용하는 면적은 $A = (p-d)t$이므로,

$\sigma_t = \frac{F}{(p-d)t} = \frac{1200}{(50-20) \times 12} = 3.3333\text{kgf/mm}^2$으로 계산된다.

정답 ①

82 **원통형 보일러용 리벳이음에서 축방향의 응력은 원주방향 응력의 몇 배가 되는가?**

① 1/2배　② 1/4배　③ 같다　2배

해설

원주방향의 응력(σ_{tl})은 $\sigma_{tl} = \frac{F}{A} = \frac{P \times D \times L}{2 \times t \times L} = \frac{PD}{2t}$로 유도된다. 여기서 아라비아숫자 2는 면적이 2개, 힘은 압력에 면적(축방향 면적: $D \times L$)을 곱한 값이기 때문이다.

축방향의 응력(σ_{tc})는 $\sigma_{tc} = \frac{F}{A} = \frac{P \times \frac{\pi D^2}{4}}{\pi D \times t} = \frac{PD}{4t}$로 유도된다. 여기서 힘은 압력에 면적(축의직각방향 면적: $\frac{\pi D^2}{4}$)을 곱한 값이고, $\pi D \times t$는 원주방향의 면적이다.

그러므로, $\frac{\text{축방향응력}}{\text{원주방향응력}} = \frac{\sigma_{tl}}{\sigma_{tc}} = \frac{\frac{PD}{4t}}{\frac{PD}{2t}} = \frac{1}{2}$으로 계산된다.

정답 ①

83 리벳의 지름이 20mm일 때, 적당한 리벳구멍은?

① (18~19)mm ② (19.5~20.5)mm
③ (21.0~21.5)mm ④ (22.0~24.5)mm

해설

리벳구멍은 리벳의 지름보다 조금 크게 뚫어야 한다. 보기 ④의 경우 너무 크다.

정답 ③

84 다음 그림과 같이 편심하중을 받는 겹치기 리벳이음에서 가장 큰 힘이 걸리는 리벳은? (단, 도면에 기입된 치수의 단위는 mm)

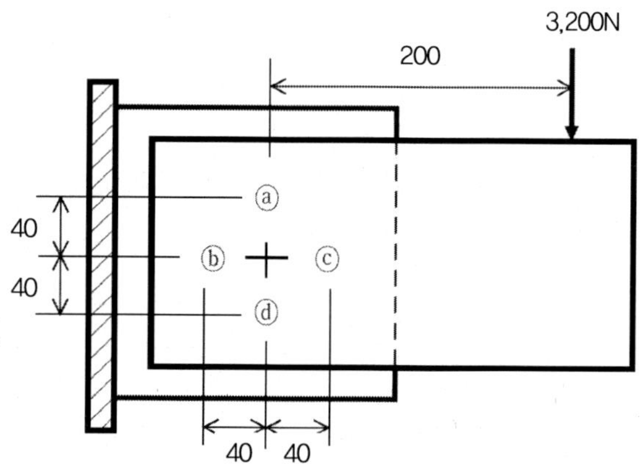

① 리벳 ⓐ ② 리벳 ⓑ ③ 리벳 ⓒ ④ 리벳 ⓓ

해설

- 재료에서 편심하중에 대항하는 직접전단력 $V = \dfrac{P}{n(\text{볼트수})}$ 의 방향은 P와 반대 방향이다.
- 회전모멘트에 의해 발생하는 모멘트 전단력 $F_n = \dfrac{P \times e(P\text{와 중심거리})}{n \times r(\text{볼트와 중심거리})}$ 이고, 방향은 수평선에서 P에 가까울수록 점점 많이 꺾인 방향(P회전방향과 같은 방향으로 꺾임)
- 전체 전단력은 벡터로 합성력이므로, 합성력$(W) = \sqrt{V_a^2 + F_a^2 + 2F_aF_a\cos\theta}$ ······(식 1)이다.
  - b점의 경우 직접전단력과 회전모멘트 전단력의 방향이 반대되어 (1식에 대입) 전단력이 가장 작다. $(\cos\theta = \cos 180 = -1)$
  - c점의 경우 직접전단력과 회전모멘트 전단력의 방향이 같아(1식에 대입) 전단력이 가장 크다. $(\cos\theta = \cos 0 = 1)$
  - a점과 d점의 경우 직접전단력과 회전모멘트 전단력의 방향이 각을 두고 있다(크기는 같고, 방향은 차이가 있다. a점은 오른쪽 아래로, d점은 왼쪽 아래로 방향이 주어진다.)

정답 ③

85 용접이음에 대한 설명으로 옳지 않은 것은?

① 용접부의 이음효율은 이음의 형상계수 및 용접계수에 따라 결정된다.

② 용접계수는 용접품질에 따라 변화하는데 아래보기 용접에 대한 위보기 용접의 효율이 가장 크다.

③ 플러그(plug) 용접은 모재의 한쪽에 구멍을 뚫고 용접하여 다른 쪽 모재와 접합시키는 방식이다.

④ 필렛(fillet) 용접에서 용접다리의 길이가 다를 경우, 짧은 쪽을 한 변으로 하는 이등변 삼각형을 기준으로 목두께를 정한다.

용접계수는 용접의 종류(필렛, 수직, 상향, 하향, 현장 등)에 따라 변화하며, 수직용접(0.95) 효율이 가장 크다.

 ②

86 주로 굽힘 작용을 받으면서 회전력은 거의 전달하지 않는 축으로 가장 적당한 것은?

① 차축 ② 프로펠러 샤프트
③ 기어축 ④ 공작기계의 주축

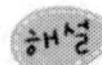

차축의 경우 정지되어 있을 경우 굽힘만 받지만, 주행을 하고 있는 차축의 경우 굽힘과 비틀림을 모두 받게 된다.

 ①

87 1000rpm으로 716.2kgf-cm의 비틀림 모멘트를 전달하는 회전축의 전달 마력(PS)은?

① 7.3 ② 10
③ 1.0 ④ 0.73

전달동력(H_p)은 회전력(T :토크)과 각속도(ω)의 곱이다.

즉, $H_p(ps) = T \times \omega = T(\text{kgf}-\text{m}) \times \frac{2\pi \text{N}}{60(\text{s})} \times \frac{1}{75}$ 이다.

여기서 $\frac{1}{75}$는 $1\text{ps} = 75\text{kgf}-\text{m/s}$에서 나왔다.

$H_p(ps) = 716.2 \times \frac{1}{100} \times \frac{2\pi \times 1000}{60(s)} \times \frac{1}{75} = 10\text{ps}$로 계산된다.

여기서 $\frac{1}{100}$은 $1\text{cm} = \frac{1}{100}\text{m}$에서 나왔다.

 ②

88 굽힘과 비틀림을 동시에 받는 축으로 동력전달용으로 사용되는 축의 명칭으로 가장 적합한 것은?

① 중공축 ② 크랭크축
③ 전동축 ④ 플렉시블축

해설

전동축 : 굽힘과 비틀림을 동시에 받는 축으로 동력전달용, 중공축 : 중심이 비어 있는 축, 플렉시블 축 : 유연하게 굽혀지는 축(예로 자동차 속도계 케이블 축)

 정답 ③

89 350rpm으로 70PS를 전달하는 축의 전달 토크(kgf–cm)는?

① 1432.4 ② 1948
③ 14324 ④ 19480

해설

전달동력(H_p)은 회전력(T :토크)과 각속도(ω)의 곱이다.

즉, $H_p(ps) = T\times\omega = T(\mathrm{kgf-m})\times\dfrac{2\pi N}{60(s)}\times\dfrac{1}{75}$ 이다. 여기서 $\dfrac{1}{75}$ 는 $1\mathrm{ps} = 75\mathrm{kgf-m/s}$ 에서 나왔다. $70\mathrm{ps} = \mathrm{T}(\mathrm{kgf-m})\times\dfrac{2\pi\times350}{60(s)}\times\dfrac{1}{75}$,

$T(\mathrm{kgf-m}) = \dfrac{70\times60\times75}{2\pi\times350} = 143.239\mathrm{kgf-m} = 14323.9\mathrm{kgf-cm}$ 로 계산된다.

 정답 ③

90 1000rpm으로 2000kgf–cm의 비틀림 모멘트를 전달하는 축의 전달 동력(kW)은?

① 2.053 ② 20.53
③ 205.3 ④ 2053

해설

전달동력(H_p)은 회전력(T :토크)과 각속도(ω)의 곱이다.

즉, $H_p(\mathrm{kW}) = \mathrm{T}\times\omega = \mathrm{T}(\mathrm{kgf-m})\times\dfrac{2\pi N}{60(s)}\times\dfrac{1}{102}$ 이다. $\dfrac{1}{102}$ 는 $1\mathrm{kW} = 102\mathrm{kgf-m/s}$ 에서 나왔다. 혹은 $H_p = T\times\omega = T(\mathrm{kgf-m})\times9.8\times\dfrac{2\pi N}{60(s)}$ 로 계산해도 된다. 여기서 9.8은 $1\mathrm{kgf} = 9.8\mathrm{N}$ 에서 나왔다. 어느 것을 사용해도 똑같다. 여기서는 아래 공식을 사용하다.

$H_p = T\times\omega = 2000\times\dfrac{1}{100}(\mathrm{m})\times9.8(\mathrm{N})\times\dfrac{2\pi\times1000}{60(s)} = 20525.075\mathrm{W} = 20.525\mathrm{kW}$ 로 계산된다.

 정답 ②

91 100rpm으로 5kW를 전달하는 축에 작용하는 토크(N-m)는?

① 478　② 578
③ 678　④ 778

전달동력(H_p)은 회전력(T :토크)과 각속도(ω)의 곱이다.

$H_p(W) = T\times\omega = T(\mathrm{kgf-m})\times 9.8\times\dfrac{2\pi N}{60(s)}$로, 여기서 9.8은 1kgf = 9.8N에서 나왔다.

$5000\,W = T(\mathrm{N-m})\times\dfrac{2\pi\times 100}{60(s)}$, $T(\mathrm{N-m}) = \dfrac{5000\times 60}{2\pi\times 100} = 477.46(\mathrm{N-m})$로 계산된다.

정답 ①

92 지름이 40mm인 실축에 200rpm으로 7.5kW를 전달할 때, 생기는 전단응력($\mathrm{kgf/cm^2}$)은?

① 90　② 145
③ 180　④ 291

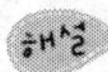

전달동력(H_p)은 회전력(T :토크)과 각속도(ω)의 곱이다.

즉, $H_p(\mathrm{kW}) = T\times\omega = T(\mathrm{kgf-m})\times\dfrac{2\pi N}{60(s)}\times\dfrac{1}{102}$이다. $\dfrac{1}{102}$는 1kW = 102kgf − m/s에서 나왔다. $7.5kW = T(kgf-m)\times\dfrac{2\pi\times 200}{60(s)}\times\dfrac{1}{102}$,

$T(\mathrm{kgf-m}) = \dfrac{7.5\times 60\times 102}{2\pi\times 200} = 36.54\mathrm{kgf-m} = 3654\mathrm{kgf-cm}$로 계산된다. $\tau = \dfrac{T}{z_p}$에서

$\tau = \dfrac{3654(\mathrm{kgf-cm})}{\dfrac{\pi\times 4^3}{16}(\mathrm{cm^3})} = 290.78\mathrm{kgf/cm^2}$으로 계산된다.

정답 ④

93 지름이 10cm인 축에 6MPa의 최대 전단응력이 발생했을 때 비틀림 모멘트(N-m)는?

① 589　② 1767　③ 6280　④ 1178

전단응력(τ)은 비틀림 모멘트(T)를 극단면계수(z_p)로 나눈값이다. $\tau = \dfrac{T}{z_p}$에서

$T = \tau\times z_p = \tau\times\dfrac{\pi d^3}{16} = 6\times 10^6(\mathrm{N/m^2})\times\dfrac{\pi\times(0.1)^3}{16}(\mathrm{m^3}) = 1178.0\mathrm{N-m}$로 계산된다.

정답 ④

94 **비틀림 모멘트만 받는 축이 1000rpm으로 회전하고 10kW를 전달할 때, 최소 허용 축 지름(mm)은? (단, 축의 허용 비틀림 응력은 4N/mm^{2}이다.)**

① 23　　② 46
③ 50　　④ 70

해설

전달동력(H_p)은 회전력(T :토크)과 각속도(ω)의 곱이다.

$H_p(W) = T \times \omega = T(\mathrm{N-m}) \times \dfrac{2\pi \mathrm{N}}{60(\mathrm{s})}$ 로, $10000(W) = T(\mathrm{N-m}) \times \dfrac{2\pi \times 1000}{60(\mathrm{s})}$,

$T = \dfrac{10000 \times 60}{2\pi \times 1000} = 95.49\mathrm{N-m} = 95490\mathrm{N-mm}$ 로 계산된다. $\tau = \dfrac{T}{z_p}$ 에서

$4(\mathrm{N/mm^2}) = \dfrac{95490(\mathrm{N-mm})}{\dfrac{\pi \times \mathrm{d}^3}{16}(\mathrm{mm}^3)}$ 에서 $d = \sqrt[3]{\dfrac{95490 \times 16}{\pi \times 4}} = 49.54\mathrm{mm}$ 로 계산된다.

 ③

95 **500rpm으로 20PS를 전달시키는 보통 연강 재료인 축의 강성(stiffness)에 의한 지름으로 가장 적합한 것은?(단, 비틀림각은 1m에 0.25° 이내로 한다.)**

① 35.2mm　　② 42.5mm
③ 53.7mm　　④ 61.4mm

강성에 의한 축공식은 $\theta = I_p \times \dfrac{Tl}{G}$ 이다. 여기에 전단변형률($G = 8300\mathrm{kgf/mm^2}$)과 비틀림각($\theta$)의 일정한 값으로 정의하면 $d(\mathrm{mm}) = 120\sqrt[4]{\dfrac{\mathrm{H_p(ps)}}{\mathrm{N}}} = 130\sqrt[4]{\dfrac{\mathrm{H_p(kW)}}{\mathrm{N}}}$ 으로 표현된다.

$d(\mathrm{mm}) = 120\sqrt[4]{\dfrac{\mathrm{H_p(ps)}}{\mathrm{N}}} = 120\sqrt[4]{\dfrac{20(\mathrm{ps})}{500}} = 53.66\mathrm{mm}$ 으로 계산된다.

 ③

96 **축의 처짐을 작게 하는 설계 방안에 대한 설명 중 잘못된 것은?**

① 축에 설치되는 부품은 가능한 베어링에서 멀리 설치한다.
② 축에 고정되는 풀리, 기어류 및 부품들은 가급적 경량화 해야 한다.
③ 부품의 무게 중심이 기하학적인 중심과 일치하도록 균형을 이루어야 한다.
④ 고속류의 축은 부품의 불균형을 배제해야 하는 것 못지않게 축 자체의 균형이 중요하다.

해설

베어링을 멀리 두고 설치하면 축의 길이가 길어져서 축의 회전시에 진동과 처짐현상이 일어난다.

 ①

97 **축의 위험속도를 피하기 위한 조치 중에서 가장 적합한 것은?**

① 축의 지름을 가늘게 한다. ② 축의 지름을 크게 한다.
③ 기초 볼트의 지름을 크게 한다. ④ 케이스의 강성을 높인다.

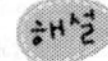

축의 위험속도를 피하려면 축의 진동을 줄여야 하고, 축의 진동을 줄이는 방법으로는 중간베어링을 설치하거나 축의 지름을 크게 하면 된다.

정답 ②

98 **내면이 원추형인 원통에 2개의 원추키 모양의 슬릿을 가진 원추를 넣고, 3개의 볼트로 죄어 두 축을 연결하는 것은?**

① 슬리브 커플링 ② 분할 머프 커플링
③ 셀러 커플링 ④ 플랜지 커플링

해설

머프커플링은 고정커플링의 한 종류로 주철제의 원통속에 두축을 맞대어 맞추고 키로 고정한 것, 플랜지커플링은 양 축단에 각각 플랜지를 억지끼워맞춤으로 끼우고 키로 고정 한 것, 셀러원추커플링은 위의 개념과 같다.

정답 ③

99 **두축이 평행하고 두축의 중심선이 약간 떨어진 경우에 각속도의 변화없이 토크를 전달시키려고 할 때 사용하는 커플링은?**

① 머프 커플링 ② 플랜지 커플링
③ 올덤 커플링 ④ 유니버설 커플링

해설

올덤커플링 : 두축이 평행하고 두축의 중심선이 약간 떨어진 경우에 각속도의 변화없이 토크를 전달시키려고 할 때 사용하는 커플링

정답 ③

100 **한 축에서 다른 축으로 운전 중 단속을 할 경우 사용되는 축 이음은?**

① 유니버설 조인트 ② 올덤 커플링
③ 물림 클러치 ④ 플렉시블 커플링

해설

플렉시블커플링은 양 축의 중심선이 정확하게 일치하지 않을 때 사용, 올덤커플링은 2개의 축이 평행하고 그 축의 중심선의 위치가 약간 어긋났을 경우 각속도의 변화없이 토크를 전달하고자 할 때 사용, 유니버설커플링은 양축이 같은 평면내에 있고 그 축선이 어떤 각도로 교차하는 경우에 사용

정답 ③

101 마찰 클러치의 장점이 아닌 것은?

① 주동축의 운전 중에도 단속이 가능하다.
② 무단변속에도 적은 충격으로 단속시킬 수 있다.
③ 토크가 걸리면 미끄럼이 일어나 안전장치의 작용을 한다.
④ 클러치의 재료는 온도상승에 의한 마찰계수 변화가 커야 한다.

해설

마찰클러치는 구동축과 수동축사이의 전동을 마찰력을 이용하여 양축을 연결하는 클러치로 회전 중에 단속할 수 있다. 연결시 약간의 미끄럼이 발생하지만 큰 전달토크를 전할 수 있다. 그러나, 마찰에 따른 마멸과 가열은 피할 수 없다. 클러치의 재료는 온도상승에 대한 마찰계수 변화가 작아야 항상 일정한 마찰력을 얻을 수 있다.

정답 ④

102 단판 마찰클러치의 접촉면 평균 지름이 80mm, 전달 토크가 494kgf-mm, 마찰계수 0.2인 경우 전달 힘(kgf)은?

① 44.8 ② 51.8
③ 61.8 ④ 73.8

해설

접선력(F)는 마찰계수(μ)와 누르는힘(Q)의 곱으로, $F=\mu\times Q$이고,
전달토크(T)는 접선력(F)과 반경(r)의 곱이므로, $T=\mu Q\times r$로 표현된다.
그러므로, $Q=\dfrac{T}{\mu\times r}=\dfrac{494}{0.2\times 80}=61.75\text{kgf}$으로 계산된다.

정답 ③

103 축방향 하중만 작용할 때 사용하는 베어링으로 가장 적합한 것은?

① 스러스트 볼 베어링 ② 앵귤러 볼 베어링
③ 테이퍼 롤러 베어링 ④ 자동조심 볼 베어링

해설

축방향의 하중이란 스러스트 하중을 말하므로, 스러스트 베어링이 답이다.

정답 ①

104 구름베어링을 미끄럼베어링과 비교한 일반적인 특징으로 틀린 것은?

① 구조가 복잡하다. ② 진동과 소음이 작다.
③ 표준형 양산품으로 호환성이 높다. ④ 기동 토크(마찰)가 작다.

해설

구름베어링은 점접촉을 행하므로, 마찰이 적지만 충격에 약하며, 미끄럼베어링에 비해 소음과 진동이 크다.

정답 ②

105 **유니버설 조인트에 대한 설명으로 가장 적합한 것은?**

① 두 축이 평행할 때 사용되는 감속장치이다.
② 두 축이 일직선상일 때 사용되는 클러치이다.
③ 두 축이 30도 이하 각도로 만나고 있을 때 사용되는 클러치의 일종이다.
④ 두 축이 30도 이하 각도로 만나고 있을 때 사용되는 커플링의 일종이다.

해설

유니버설조인트는 양축이 같은 평면내에 있고 그 축선이 어떤 각도로 교차하는 경우에 사용하며, 보통 2축의 교차각이 30° 이하이다.

정답 ④

106 **구름베어링을 미끄럼베어링과 비교한 특징으로 틀린 것은?**

① 마찰이 적다.
② 시동 저항이 크다.
③ 동력을 절약할 수 있다.
④ 윤활유의 소비가 적다.

해설

베어링 형식에 따라 미끄럼접촉을 구름접촉으로 바꾸어서 마찰이 훨씬 작은 구름마찰을 하는 구름베어링과 축과 베어링이 면접촉으로 미끄럼 마찰을 하는 미끄럼베어링으로 나눈다. 구름베어링은 마찰이 적으므로 시동저항이 적다.

정답 ②

107 **전동축이 회전할 때 축에 직각방향으로만 힘이 작용하는 축에 사용하는 베어링으로 가장 적합한 것은?**

① 레이디얼 볼 베어링
② 원추 롤러 베어링
③ 스러스트 볼 베어링
④ 피봇 저널 베어링

해설

작용하는 힘의 방향에 따라 레이디얼베어링, 스러스트베어링으로 나누고, 레이디얼(radial)베어링은 레이디얼하중(축선에 직각방향하중)을 지지하고, 스러스트(thrust)베어링은 스러스트하중(축선 방향의 하중)을 지지한다.

정답 ①

108 **베어링의 번호가 6008일 때, 베어링의 안지름(mm)은?**

① 8
② 20
③ 30
④ 40

해설

베어링번호의 60은 구름베어링의 형식기호이고, 08은 안지름값을 5로 나눈값이다. 그러므로 안지름값은 $d = 8 \times 5 = 40\text{mm}$ 로 계산된다.

정답 ④

109 축 방향과 축 직각방향의 베어링 하중을 동시에 크게 받는 경우, 가장 적합한 구름베어링은?

① 복식 평면자리형 스러스트 볼 베어링
② 단열 깊은 홈형 볼 베어링
③ 복열 앵귤러 볼 베어링
④ 원추 롤러 베어링

해설

내륜, 외륜 및 테이퍼롤러의 원추 정점이 축전상의 한 점에 모이며, 롤러는 내륜의 턱에 의하여 안내된다. 그래서 레이디얼 하중과 한 방향의 스러스트 하중의 합성하중에 대한 부하능력이 크다.

정답 ④

110 볼 베어링에서 처음 수명이 L_n 인 경우, 동일조건에서 베어링 하중만을 2배로 하면 수명은?

① $\frac{1}{2}L_n$　② $\frac{1}{4}L_n$
③ $\frac{1}{8}L_n$　④ $\frac{1}{16}L_n$

해설

베어링 처음수명(L_n)은 $L_n=(\frac{C}{P})^r$으로 C는 기본부하용량, P는 베어링 하중, r은 볼베어링이면 3이다. $L_n(회전)=(\frac{C}{P})^3$에 베어링하중(P)만 2배하므로

$L(회전)=(\frac{C}{2P})^3=\frac{1}{2^2}(\frac{C}{P})^3=\frac{1}{8}L_n$으로 유도된다.

정답 ③

111 기본 부하용량이 2400kgf인 볼베어링이 베어링 하중 200kgf를 받고, 500rpm으로 회전할 때, 이 베어링의 수명시간은?

① 57540 시간　② 78830 시간
③ 87420 시간　④ 98230 시간

해설

$L=(\frac{C}{P})^3=(\frac{2400}{200})^3=1728$이고, $L_h=\frac{L\times10^6(시간)}{N\times60}$으로 유도된다. 여기서 60은 시간으로 환산하는 계수이다. $L_h=\frac{1728\times10^6}{500\times60}=57600(시간)$으로 계산된다.

정답 ①

112 구름베어링과 비교한 미끄럼베어링의 장점이 아닌 것은?

① 내충격성이 크다. ② 유막에 의한 감쇠력이 우수하다.
③ 일반적으로 구조가 간단하다. ④ 표준형 양산품으로 호환성이 높다.

〈구름베어링과 미끄럼베어링의 비교〉

구분	구름베어링	미끄럼베어링
하중	양방향(원주와 축방향)의 하중을 하나의 베어링으로 받을 수 있다.	양방향의 하중을 하나의 베어링으로 받을 수 없다.
모양치수	니들베어링을 제외하고 외경이 크고 너비가 작다.	외경이 작고 너비가 크다.
내충격성	약함	대체로 강함
진동소음	발생이 쉽다.	발생이 어렵다.
부착조건	끼워맞춤에 주의	구조가 간단하여 주착조건이 쉽다.
윤활조건	용이함, 그리스윤활은 윤활장치가 필요없음	주의해야 하며 윤활장치가 필요
수명	피로손상에 의해 한정	마멸에 좌우
온도	점도변화에 영향을 받지 않음	점도에 양향을 줌, 윤활유 선택에 주의
운전속도	고속회전에 부적합, 저속운전에 적당	마찰열을 잘 제거한다면 고속회전에 적당, 저속회전에 부적당
호환성	규격화되어 있어 호환성이 좋음	규격이 없고 주문생산, 호환성이 떨어짐
보수	파손되면 교환, 보수가 간단	윤활장치가 있으므로, 보수에 시간과 노력이 필요
마찰	기동마찰이 0.002-0.006으로 작고 일반적으로 마찰이 작다.	기동마찰이 0.01-0.1로 크며 마찰도 일반적으로 큰 경우가 많다.
가격	보통 고가	보통 저렴

정답 ④

113 미끄럼베어링 재료가 구비하여야 할 성질이 아닌 것은?

① 열에 녹아 붙음이 일어나기 어려울 것.
② 마멸이 적고 면압 강도가 클 것.
③ 피로 한도가 작을 것.
④ 내식성이 높을 것.

피로한도란 반복하중에 의해 견딜 수 있는 정도를 말하는데 이 한도가 작으면 반복하중을 받을 경우 미끄럼베어링은 파손되기 쉽다.

정답 ③

114 **구름베어링에 비교한 미끄럼베어링의 특징으로 올바른 것은?**

① 지름이 크고 폭이 작다.
② 규격화 되지 않으나 제작이 용이하다.
③ 기동마찰이 적고, 온도 변화에 비교적 좋다.
④ 고속에서는 성능이 나쁘나, 저속에서는 좋다.

정답 ②

115 **허용압력·속도계수(발열계수)가 $p \cdot v = 2\text{N/mm}^2 \cdot \text{m/s}$인 안지름 60mm, 길이 70mm의 중간 저널 베어링을 250rpm으로 회전하는 축에 사용하였을 경우 허용하중(N)은?**

① 4583　　② 9167
③ 10695　　④ 12210

해설

압력(p)와 속도(v)의 곱이 $p \cdot v = 2\text{N/mm}^2 \cdot \text{m/s}$이므로,

$p = \dfrac{F}{d \times l} = \dfrac{F(N)}{60 \times 70(\text{mm}^2)}$, $v = \pi \times d \times N = \pi \times 0.06(\text{m}) \times \dfrac{250}{60(\text{s})}$을 각각 대입하자.

$p \cdot v = 2\text{N/mm}^2 \cdot \text{m/s} = \dfrac{\text{F}}{60 \times 70} \times \dfrac{\pi \times 0.06 \times 250}{60}$에서,

$F = \dfrac{2 \times 60 \times 70 \times 60}{\pi \times 0.06 \times 60} = 10695.21218N$으로 계산된다.

정답 ③

116 **원통마찰차 전동장치에서 원동차 지름이 180mm이고 속도비가 3일 때 두 축의 중심거리는?**

① 120mm　　② 180mm
③ 360mm　　④ 420mm

해설

속도비(i)는 피동속도(N_b)에 대한 구동속도(N_a)의 값을 말한다. 또한 속도비는 잇수(기어비=직경비)에 반비례하므로, $i = \dfrac{N_a}{N_b} = \dfrac{Z_b}{Z_a} = \dfrac{D_b}{D_a}$으로 표현된다.

$i = 3 = \dfrac{D_b}{180}$에서, $D_b = 3 \times 180 = 540\text{mm}$으로 계산된다.

축간거리(L)은 $L = \dfrac{D_a + D_b}{2} = \dfrac{180 + 540}{2} = 360\text{mm}$로 계산된다.

정답 ③

117 **평 마찰차의 결점을 보완하기 위하여 원동차와 종동차에 V형 홈을 만들어서 요철부가 서로 맞물리도록 한 마찰차는?**

① 원판 마찰차　　② 크라운 마찰차
③ 원추 마찰차　　④ 홈 마찰차

마찰차에는 원통마찰차, 홈마찰차, 원추마찰차, 무단변속마찰차로 나누는데, 원통마찰차는 두축이 평행하고 바퀴는 원통형이다. 홈마찰차는 두축이 평행하고 접촉면에 V홈이 있다. 원추마찰차는 두축이 어느 각도로 만나며 바퀴는 원추형이다. 홈마찰차는 밀어붙이는 힘을 증가시키지 않고 전달동력을 크게 하도록 개량한 것이다.

 ④

118 **베어링 하중 165kgf, 회전수가 300rpm인 단열 레이디얼 볼 베어링이 수명시간은?(단, 사용 베어링의 기본 부하용량은 C=1690kgf이다.)**

① 29641 시간　　② 49700 시간
③ 129640 시간　　④ 59694 시간

$L=(\frac{C}{P})^3=(\frac{1690}{165})^3=1074.5$이고, 회전수명시간($L_h$)은 회전수명회전수를 N(rpm)으로 나눈 값이므로, $L_h=\frac{L\times10^6}{N\times60}=\frac{(\frac{C}{P})^r\times10^6}{N\times60}$(시간)…… (식 1)로 유도된다. 여기서 60은 시간으로 환산하는 계수이다.

1식에서 $10^6=500\times33.3\times60$이므로 대입하면,

$L_h=500\times(\frac{C}{P})^r\times\frac{33.3}{N}$…… (식 2)

1식= 2식이므로 어느 것을 선택해도 답은 같다.

1식에 대입하면 $L_h=\frac{1074.5\times10^6}{300\times60}=59694.7$(시간)으로 계산된다.

 ④

119 **평벨트 풀리와 벨트와의 접촉면 중앙을 약간 높게 하는 이유는?**

① 강도를 크게 하기 위하여　　② 외간상 보기 좋게 하기 위하여
③ 축간 거리를 맞추기 위하여　　④ 벨트의 벗겨짐을 방지하기 위하여

중앙부분을 약간 높게 하면 벨트의 벗겨짐을 방지할 뿐 아니라 벨트의 누름현상을 증가시켜 마찰 전달효율을 높인다.

 ④

120 벨트전동장치에 대한 설명으로 옳지 않은 것은?

① 벨트와 풀리 사이의 마찰력에 의해 동력을 전달한다.
② 비교적 정숙한 운전이 가능하다.
③ 작은 크기의 토크를 전달하는 데 쓰인다.
④ 정확하고 일정한 속도비를 얻을 수 있다.

해설

벨트전동은 벨트와 풀리사이의 마찰력에 의해서 운동을 전달하므로, 약간의 미끄럼을 수반하여 기어와 같이 정확하고 일정한 속도비를 얻기 어렵다. 그러나, 어느 정도의 충격을 흡수하고, 부하가 커지면 미끄러져서 기계에 무리를 작게 주고, 비교적 정숙한 운동을 행한다.

정답 ④

121 평 벨트와 비교한 V벨트 전동장치에 대한 특징 설명으로 틀린 것은?

① 이음매가 없어 운전이 정숙하다.
② 지름이 작은 풀리의 사용이 가능하다.
③ 미끄럼이 적어 작은 장력으로 큰 회전력을 전달할 수 있다.
④ 설치 면적이 크므로, 사용이 불편하나 정확하고 일정한 속도비를 얻을 수 있다.

해설

V벨트 전동은 이음매가 없어 운전이 정숙하다. 그러나, 마찰력으로 운동을 전달하므로 미끄럼은 발생한다. 즉, 평벨트보다 나은 전동효율을 가져오지만, 일정한 속도비는 얻기 어렵다.

정답 ④

122 두 축간거리가 200mm, 속도비가 1/3인 외접원뿔 마찰차에서, 지름이 작은 마찰차의 지름(mm)은?

① 100　　② 155
③ 200　　④ 300

해설

속도비(i)는 피동회전수(N_b)에 대한 구동회전수(N_a)의 값을 말한다.

또한 속도비는 잇수(기어비=직경비)에 반비례하므로, $i=\dfrac{N_a}{N_b}=\dfrac{D_b}{D_a}$ 으로 표현된다.

$i=\dfrac{N_a}{N_b}=\dfrac{1}{3}=\dfrac{D_b}{D_a}$ 에서 $D_a=3D_b$이므로,

축간거리(L)은 $L=\dfrac{3D_b+D_b}{2}=\dfrac{4D_b}{2}=200\text{mm}$ 로, $D_b=100\text{mm}$ 로 계산된다.

$D_a=3D_b=3\times100=300\text{mm}$ 이다.

정답 ①

123 원동차 지름이 24cm, 회전수가 200rpm이고 종동차 지름이 36cm일 때, 벨트와 풀리의 미끄럼을 2%로 하면 종동차의 회전수(rpm)는?

① 127　　② 131
③ 138　　④ 142

해설

속도비(i)는 피동회전수(N_b)에 대한 구동회전수(N_a)의 값을 말한다.

또한 속도비는 잇수(기어비=직경비)에 반비례하므로, $i=\dfrac{N_a}{N_b}=\dfrac{D_b}{D_a}$으로 표현된다.

$i=\dfrac{200}{N_b}=\dfrac{D_b}{D_a}=\dfrac{36}{24}$에서 $N_b=\dfrac{24}{36}\times 200=133.333$이다.

2%의 미끄럼률 만큼 회전은 감소하므로,

$(1-0.02)\times 133.333=130.66\text{rpm}$으로 계산된다.

정답 ②

124 직경 300mm의 V벨트 풀리가 300rpm으로 회전하고 있을 때, V벨트의 속도(m/s)는?

① 3.5　　② 4.7
③ 2.1　　④ 5.5

해설

$v=\pi DN$에서 $v=\pi\times 0.3(\text{m})\times\dfrac{300}{60(\text{s})}=4.71238\text{m/s}$로 계산된다.

정답 ②

125 벨트 전동장치에 있어서 유효장력이 300kgf이고, 인장측의 장력이 이완측의 2.5배일 경우 인장측의 장력(kgf)은?

① 150　　② 200
③ 500　　④ 750

해설

유효장력(F)는 긴장력(F_1)에서 이완력(F_2)의 차를 말하므로,

$F=F_1-F_2$이고, $\dfrac{F_1}{F_2}=2.5$에서,

$F_1=2.5F_2,\quad F=F_1-F_2=2.5F_2-F_2=1.5F_2=300\text{kgf}$으로

$F_2=\dfrac{300}{1.5}=200\text{kgf}$이고,

$F_1=2.5F_2=2.5\times 200=500\text{kgf}$으로 계산된다.

정답 ③

126 2m/s로 4ps를 전달하는 벨트 전동장치에서, 필요한 벨트의 유효장력(kgf)은? (단, 원심력은 고려하지 않는다.)

① 50 ② 100
③ 150 ④ 200

해설

유효장력(F)는 긴장력(F_1)에서 이완력(F_2)의 차를 말하므로, $F = F_1 - F_2$이고,

$H_p = F$(유효장력)$\times v$이므로, $4\text{ps} = \text{F(kgf)} \times 2(\text{m/s}) \times \frac{1}{75}$에서

$F = \frac{4 \times 75}{2} = 150\text{kgf}$이다. (원심력을 고려하지 않을 경우이다.)

정답 ③

127 평벨트 전동장치에서 벨트의 원주속도가 10m/sec, 긴장측 장력이 F_1=150kgf, 이완측 장력이 F_2= 30kgf일 때, 유효장력은?

① 30kgf ② 120kgf
③ 150kgf ④ 180kgf

해설

유효장력(F)는 긴장력(F_1)에서 이완력(F_2)의 차를 말하므로,
$F = F_1 - F_2 = 150 - 30 = 120\text{kgf}$로 계산된다.

정답 ③

128 4m/sec의 속도로 회전하는 평벨트의 긴장측의 장력을 114kgf, 이완측 장력을 45kgf이라 하면 전달 동력(PS)은?

① 2.7 ② 3.7
③ 4.5 ④ 6.1

해설

유효장력(F)는 긴장력(F_1)에서 이완력(F_2)의 차를 말하므로,
$F = F_1 - F_2 = 114 - 45 = 69\text{kgf}$이다.

$H_p = F \times v$이므로, $H_p = 69(\text{kgf}) \times 4(\text{m/s}) \times \frac{1}{75} = 3.68\text{ps}$로 계산된다.

여기서 $\frac{1}{75}$는 $75\text{kgf} - \text{m/s} = 1\text{ps}$에서 나왔다.

정답 ②

129 **평벨트 전동장치에서 긴장측 장력 F_1이 이완측 장력 F_2의 2배인 경우, 긴장측의 장력을 150kgf이라 하면 유효장력(kgf)은?**

① 75　　② 80
③ 50　　④ 300

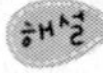

$\frac{F_1}{F_2}=2$, $F_1=2F_2=150$이고, $F_2=\frac{150}{2}=75\text{kgf}$으로 계산된다.

정답 ①

130 **5m/sec의 속도로 동력을 전달하는 벨트의 긴장측 장력이 135kgf, 이완측 장력이 55kgf일 때 전달하고 있는 동력(kW)은?**

① 3.9　　② 5.3
③ 6.2　　④ 9.0

해설

유효장력(F)는 긴장력(F_1)에서 이완력(F_2)의 차를 말하므로,
$F=F_1-F_2=135-55=80\text{kgf}$으로 계산된다.
$H_p=F(\text{유효장력})\times v$이므로,
$H_p(W)=F(\text{kgf})\times 9.8\times 2(\text{m/s})=80\times 9.8\times 2(\text{N}-\text{m/s})=3921.5\text{W}=3.9215\text{kW}$이다.

정답 ①

131 **호칭번호 100번의 롤러 체인용 스프로킷 휠에서 잇수 40일 때, 피치원 지름(mm)은 ? (단, 호칭번호 100번 체인의 피치는 31.75mm이다.)**

① 404.67　　② 304.67
③ 454.54　　④ 354.54

$\frac{\pi D}{Z}=p$에서 $D=\frac{p}{\pi}\times Z$이므로, $D=\frac{31.75}{\pi}\times 40=404.25\text{mm}$로 계산된다.

정답 ①

132 **평행한 2축 사이에 회전운동을 전달하고, 기어 이의 줄이 축에 평행한 기어는?**

① 스퍼기어(spur gear)　　② 헬리컬기어(helical gear)
③ 베벨기어(bevel gear)　　④ 웜기어(worm and worm wheel)

스퍼기어는 2축이 평행일 때 사용하며, 이끝이 직선이고 축에 평행한 원통 기어를 말한다.

정답 ①

133 체인 전동 장치의 특징으로 틀린 것은?

① 속도비가 정확하다.
② 큰 동력을 고효율로 전달한다.
③ 내열·내습·내유성이 있다.
④ 고속 회전에 적당하다.

해설

체인전동의 장점은 미끄럼이 없는 일정한 속도비, 초기장력이 필요 없고, 정지시에도 베어링에 하중이 가해지지 않으며, 접촉각이 90도 이상이면 되고, 축간거리도 비교적 짧게 잡을 수 있다. 또한 체인의 탄성으로 충격흡수가 가능, 다축전동이 가능, 유지 및 수리가 용이해서 수명이 길고, 큰 동력을 전달할 수 있으며 전동효율이 95%이상이다. 단점으로는 축간거리가 40m 이상에는 곤란하고, 고속전동이 곤란, 양축이 평행해야만 하며, 진동과 소음이 나기 쉽다.

정답 ④

134 두 축이 교차하는 경우에 사용하는 기어는?

① 스퍼기어
② 베벨기어
③ 헬리컬기어
④ 웜기어

해설

2축이 교차하는 경우에 사용하는 기어로는 베벨기어, 마이터기어, 앵귤러베벨기어, 크라운기어, 스파이럴 베벨기어 등이 있다.

정답 ②

135 두 축이 만나지도 않고, 평행하지도 않는 기어는?

① 웜과 웜휠
② 베벨기어
③ 헬리컬기어
④ 스퍼기어

해설

두축이 만나지도 않고 평행하지도 않은 경우에 사용하는 기어는 스큐우 기어, 나사기어, 하이포이드 기어, 페이스기어, 웜기어 등이 있다.

정답 ①

136 기어의 각 부 명칭에 대한 설명 중 틀린 것은?

① 피니언 : 서로 물리는 2개의 기어 중 작은 것
② 원주 피치 : 피치 원주에서 측정한 하나의 이에서 다음 이까지의 거리
③ 모듈 : 피치원 지름을 잇수로 나눈 값
④ 지름 피치 : 기어의 잇수를 이뿌리원으로 나눈 값

해설

잇수를 인치로 표시된 피치원의 지름으로 나눈값을 지름피치(p_d)이다. 식으로 표현하면 $p_d = \dfrac{Z}{D(\text{인치})} = \dfrac{\pi}{p(\text{인치})} = \dfrac{25.4(\text{mm})}{\text{m}}$ 으로 나타난다.

정답 ④

137 **기어 물림에서 이의 간섭을 방지하는 방법으로 적당하지 못한 것은?**

① 이의 높이(어덴덤)를 줄인다.
② 압력각을 20° 이상으로 크게 한다.
③ 치형의 이끝면을 깎아낸다.
④ 피니언의 반지름 방향의 이뿌리 면을 높인다.

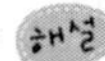

이의 간섭이란 이끝 높이를 크게 잡으면 기어의 이끝이 피니언의 이 뿌리를 파고 들어가는 현상을 말한다. 이런 이의 간섭이 일어나면 이뿌리를 깎아 내어 가느다랗게 되는데 이를 언더컷라 한다. 언더컷을 줄이는 방법은 이의 높이를 줄여 압력각을 증가, 작은 기어의 잇수를 증가, 두 기어의 잇수비를 작게, 전위기어를 사용, 언더컷 한계잇수 이상으로 제작한다.

 ④

138 **기어에서 언더컷 현상이 일어나는 원인은?**

① 잇수비가 아주 클 때
② 잇수가 많을 때
③ 이 끝이 둥글 때
④ 이 끝 높이가 낮을 때

언터컷이 일어나면 이의 강도가 떨어지고 물림길이가 감소, 물림률이 저하하여 기어의 성능이 떨어진다. 보통 피니언의 잇수가 적을 때, 잇수비가 클 때 많이 생긴다.

 ①

139 **기초원 지름이 150[mm], 잇수 30, 압력각 20°인 인벌류트 스퍼기어에서 물림길이가 7π [mm]라면, 이 기어의 물림률은?**

① 1.0 ② 2.0 ③ 1.4 ④ 2.5

이뿌리원$(D_g) = D \times \cos\alpha$, 여기서 α는 압력각을 의미한다.

따라서, $D = \dfrac{D_g}{\cos\alpha}$ …… (식 1), 1식을 모듈식에 대입하면 $p = \dfrac{\pi D}{Z} = \dfrac{\pi D_g}{\cos\alpha \times Z}$ …… (식 2)

인볼류트치형에서 법선피치$(p_n) = p \times \cos\alpha$ …… (식 3)

2식을 3식에 대입하면, $p_n = p \times \cos\alpha = \dfrac{\pi D_g}{\cos\alpha \times Z} \times \cos\alpha = \dfrac{\pi D_g}{Z}$ …… (식 4)

기어물림률(ϵ)은 $\epsilon = \dfrac{l(\text{물림길이})}{p_n(\text{법선피치})}$ …… (식 5)

5식에 4식을 대입, $l = 7\pi$ 대입

$\epsilon = \dfrac{l}{p_n} = \dfrac{l}{\dfrac{\pi D_g}{Z}} = \dfrac{l \times Z}{\pi D_g} = \dfrac{7\pi \times 30}{\pi \times 150} = \dfrac{7}{5} = 1.4$로 계산된다.

 ③

140 표준 스퍼기어에서 모듈이 3일 때, 기어의 원주피치(mm)는?

① 구할 수 없음　　② 3.14
③ 6.28　　④ 9.42

해설

피치(p)는 기어이와 옆기어 사이의 거리를 말하므로, 원주(πD)에 기어수(Z)로 나눈 값이다.
즉, $p=\dfrac{\pi D}{Z}$ 이므로, $\dfrac{D}{Z}=m$(m:모듈)을 대입하면 $p=\pi m$ 으로 표현된다.
$p=\pi m=\pi\times 3=9.42\text{mm}$ 로 계산된다.

 ④

141 표준 스퍼기어에서 모듈이 10이고, 피치원 지름이 160mm일 때, 잇수는?

① 32　　② 16
③ 10　　④ 5

해설

$\dfrac{D}{Z}=m$(m:모듈)에 대입하면 $Z=\dfrac{D}{m}=\dfrac{160\text{mm}}{10}=16$개로 계산된다.

 ②

142 기어 잇수 25개, 피치원의 지름 75 mm인 표준 스퍼기어의 모듈은?

① 3　　② 9.42
③ 8.5　　④ 6

해설

$m=\dfrac{D}{Z}=\dfrac{75}{25}=3$ 으로 계산된다.

 ①

143 잇수 Z=24, 모듈=2의 표준기어가 있다. 피치원의 반지름 R은?

① 52　　② 12
③ 48　　④ 24

해설

$m=\dfrac{D}{Z}$에서 $D=m\times Z=2\times 24=48\text{mm}$, $R=\dfrac{D}{2}=\dfrac{48}{2}=24\text{mm}$로 계산된다.

정답 ④

144 **모듈이 5, 압력각은 15°, 잇수가 19개인 표준 평기어의바깥 지름(mm)은?**

① 52.5　　② 54.35

③ 105　　④ 108.70

바깥지름(D_o)는 $D_o = D + 2h_k$의 관계가 있고, 이끝높이(h_k)는 $h_k = m$이므로,

$\frac{D}{Z} = m$에서 $D = mZ = 5 \times 19 = 95\text{mm}$를 대입하면,

$D_o = D + 2h_k = 95 + 2 \times 5 = 105\text{mm}$로 계산된다.

정답 ③

145 **피치원 지름이 40mm, 잇수가 20인 표준 스퍼기어의 이끝 높이(mm)는?**

① 0.64　　② 2

③ 3.14　　④ 6.28

해설

이끝높이(h_k)는 $h_k = m$이므로, $m = \frac{D}{Z} = \frac{40}{20} = 2$로 계산되어 $h_k = m = 2\text{mm}$이다.

정답 ②

146 **모듈이 4, Z_a=38, Z_b=79개인 한쌍의 외접 표준 스퍼기어의 축간 거리(mm)는?**

① 144　　② 230

③ 316　　④ 460

해설

$\frac{D}{Z} = m$ (m : 모듈)에서 $D_a = m \times Z_a = 4 \times 38 = 152\text{mm}$, $D_b = m \times Z_b = 4 \times 79 = 316\text{mm}$이므로,

축간거리(L)은 $L = \frac{D_a + D_b}{2} = \frac{152 + 316}{2} = 234\text{mm}$로 계산된다.

정답 ②

147 **외접한 한 쌍의 표준평치차의 중심거리가 100mm이고, 한쪽 기어의 피치원 지름이 80mm일 때, 상대기어의 피치원 지름은?**

① 40mm　　② 90mm

③ 120mm　　④ 160mm

축간거리(L)은 $L = \frac{D_a + D_b}{2}$이므로, $100 = \frac{D_a + 80}{2}$, $D_a = 100 \times 2 - 80 = 120\text{mm}$로 계산된다.

정답 ③

148 모듈이 8인 외접한 한쌍의 표준 평기어의 잇수가 각각 70, 98일 때, 중심거리(mm)는?

① 560 ② 672
③ 782 ④ 1344

해설

$\frac{D}{Z}=m(m$:모듈)에서 $D_a=m\times Z_a=8\times70=560\text{mm}$, $D_b=m\times Z_b=8\times98=784\text{mm}$ 이므로, 축간거리(L)은 $L=\frac{D_a+D_b}{2}=\frac{560+784}{2}=672\text{mm}$로 계산된다.

149 스퍼기어의 원동축 피니언이 300rpm으로 잇수가 20개 일 때, 100rpm으로 감속하려면 종동축 기어의 잇수는?

① 30개 ② 40개
③ 60개 ④ 80개

해설

속도비(i)는 피동회전수(N_b)에 대한 구동회전수(N_a)의 값을 말한다. 또한 속도비는 잇수(기어비)에 반비례하므로, $i=\frac{N_a}{N_b}=\frac{Z_b}{Z_a}$으로 표현된다.

$i=\frac{300}{100}=\frac{Z_b}{20}$에서 $Z_b=20\times\frac{300}{100}=60$으로 계산된다.

정답 ③

150 전위기어를 사용하는 이유 설명으로 틀린 것은?

① 언더컷을 피하려고 할 때 ② 이의 강도를 개선하려고 할 때
③ 중심거리를 변화시키려고 할 때 ④ 축방향의 하중을 제거하려고 할 때

해설

전위기어는 설계 계산상 표준기어보다 다소 복잡한 단점이 있으나 중심거리를 자유롭게, 언더컷을 방지, 이의 강도를 개선할 수 있는 장점이 있다.

정답 ④

151 마찰면을 축방향으로 눌러 제동하는 브레이크는?

① 밴드 브레이크(band brake) ② 원심 브레이크(centrifugal brake)
③ 원판 브레이크(disk brake) ④ 블록 브레이크(block brake)

해설

브레이크에는 블록브레이크, 밴드브레이크, 축압브레이크, 자동하중 브레이크 등이 있으며, 블록브레이크는 회전하는 드럼에 블록으로 제동, 밴드브레이크는 외주에 강제밴드를 감고 밴드에 장력을 주어 밴드와 브레이크드럼 사이의 마찰에 의해 제동, 축압브레이크는 브레이크 축방향으로 스러스트를 주어 그 마찰력으로 제동한다. 축압브레이크의 종류로는 원판브레이크, 원추브레이크가 있다.

정답 ③

152 그림과 같은 블록 브레이크에서 드럼 축의 레버를 누르는 힘 F를 우회전할 때는 F_1, 좌회전할 때는 F_2라고 하면, F_1/F_2의 값은?

① 1
② 1.5
③ 2
④ 2.5

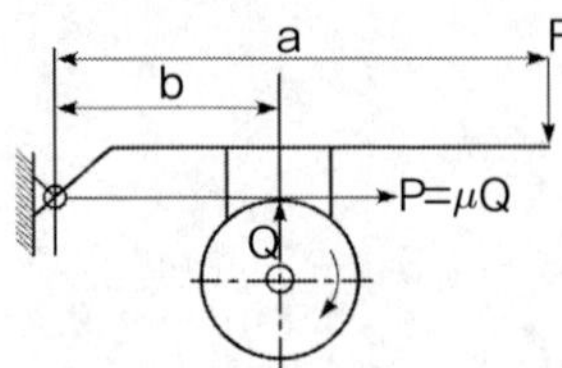

해설

마찰지점과 레버의 지점이 같으므로, 토크가 같다는 원리를 이용하여

$F\times a-Q\times b=0$, $F=\dfrac{Q\times b}{a}$ 로 좌회전과 우회전의 제동력은 같다.

정답 ①

153 블록 브레이크 드럼 직경이 D=400mm이고 단식 브레이크 블록을 밀어붙이는 힘이 Q=150kgf일 때, 마찰계수가 μ =0.3이면 제동 토크(kgf-mm)는?

① 2500　② 4500　③ 7500　④ 9000

해설

마찰력(F)는 마찰계수(μ)와 누르는힘(Q)의 곱이다. 즉, $F=\mu\times Q=0.3\times 150=45\text{kgf}$으로 계산된다. $T=F\times r=45(\text{kgf})\times\dfrac{400}{2}(\text{mm})=9000\text{kgf}-\text{mm}$로 계산된다.

정답 ④

154 그림과 같이 브레이크 축에 6667kgf-mm의 토크가 작용하고 있을 때, 레버에 15kgf의 힘을 가하여 제동하려면 브레이크 축의 지름 D는?(단, 접촉면 마찰계수는 μ=0.3이다)

① 98mm
② 225mm
③ 198mm
④ 327mm

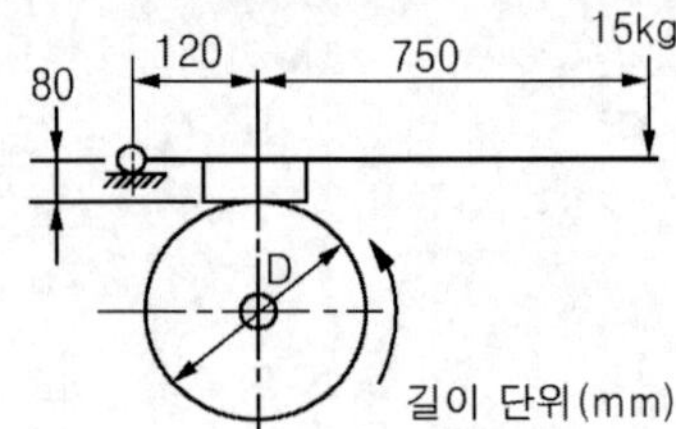

해설

레버의 지점이 패드 접촉면의 왼쪽에 있으면서 좌회전하므로 제동력(μQ)는 시계방향임. 시계방향을 (+), 반시계 (-)라면 $\sum T=0$, 힌지를 중심으로 회전하는 모멘트의 합은 0이다.

$\sum T=+F\times a-Q\times b+\mu Q\times c=0$, 따라서, 레버를 미는힘($F$)는 $F=\dfrac{Q}{a}(b-\mu c)$로 구한다.

$15=\dfrac{Q}{870}(120-0.3\times 80)$에서 $Q=\dfrac{15\times 870}{120-0.3\times 80}=135.9375\text{kgf}$이다.

$T=P\times r=\mu Q\times r=\mu Q\times\dfrac{D}{2}$이므로, $D=\dfrac{2\times T}{\mu Q}=\dfrac{2\times 6667}{0.3\times 135.9375}\fallingdotseq 327\text{mm}$로 계산된다.

정답 ③

155 스프링의 평균지름(D)를 소선의 지름(d)으로 나눈 비는?

① 스프링상수 ② 스프링 지수
③ 스프링의 종회비 ④ 코일의 유효 감김수

해설

스프링 소재의 직경(d)로 스프링의 평균 지름(D)를 나눈값을 스프링지수(C)라 한다. 수식으로 표현하면 $\frac{D}{d} = \frac{2R}{d} = C$라 한다.

정답 ②

156 스프링에 작용하는 진동수가 스프링의 고유진동수와 같거나 공진하는 현상은?

① 스프링의 완화 현상 ② 스프링의 지수 현상
③ 스프링의 피로 현상 ④ 스프링의 서징 현상

정답 ④

157 스프링의 일반적인 용도 설명으로 잘못된 것은?

① 진동 또는 충격 에너지를 흡수한다.
② 운동에너지를 열에너지로 소비한다.
③ 에너지를 저축하여 놓고 이것을 동력원으로 사용한다.
④ 하중 및 힘의 측정에 사용한다.

해설

용도로는 진동과 충격에너지를 흡수, 에너지를 저축하여 놓고 이를 동력원으로 사용 가능, 복원하려는 성질을 이용하여 힘을 주는데 사용, 선형스프링의 특성을 이용하여 힘의 측정에 이용된다. 운동에너지를 열에너지로 소비하는 것은 브레이크 장치이다.

정답 ②

158 코일 스프링에 관한 일반적인 특징 설명으로 틀린 것은?

① 압축 스프링의 단면은 원형과 각형이 있다.
② 제작이 쉽고 가격이 싸며, 형태와 단면의 형상에 따라 여러 가지로 분류된다.
③ 인장스프링은 양단에 훅을 만들어 사용하며, 하중이 작용하지 않을 경우 코일이 밀착될 수 있다.
④ 여러 장의 판을 맞대어 사용하며, 하중은 상하방향으로 작용하여 판의 마찰에 의해 변화하기 쉽다.

해설

여러 장의 판을 맞대어 사용하는 스프링은 겹판스프링이다. 모양에 따른 스프링의 종류에는 코일스프링, 스파이럴 스프링, 토오션 바, 판스프링, 와이어 스프링, 접시스프링 등이 있다.

정답 ④

159 **동일 규격의 인장코일 스프링에서 유효권수 만을 2배로 하면 같은 조건의 하중에 대하여 처음 처짐량 δ 에 비교한 유효권수 만을 2배로 한 스프링의 처짐량은?**

① $\frac{1}{2}\delta$ ② δ ③ 2δ ④ 4δ

해설

처짐(δ)는 $\delta = \frac{n\pi D^3 W}{4GI_p} = \frac{64nWR^3}{Gd^4} = \frac{8nWD^3}{Gd^4}$ 이다.

여기서 n은 감김수, D는 코일스프링의 평균지름, d는 소선지름을 뜻한다.
즉, 처짐은 권수(감김수)에 비례한다. 그러므로 권수를 2배하면 처짐량은 2배로 증가한다.

 ③

160 **스프링상수가 5kgf/cm 인 코일 스프링에 30kgf 의 하중을 작용시키면 처짐(mm)은?**

① 10 ② 30 ③ 60 ④ 90

스프링장력(W)는 스프링상수(k)와 처짐(δ)의 곱이다.

즉 $W = k \times \delta = 5(\text{kgf/cm}) \times \delta(\text{cm}) = 30\text{kgf}$ 에서 $\delta = \frac{30}{5} = 6\text{cm} = 60\text{mm}$ 로 계산된다.

 ③

161 **스프링을 직렬로 연결한 코일스프링 장치에서 처짐량이 40mm일 때, 작용한 하중(kgf)은? (단, k_1=5kgf/cm, k_2=8kgf/cm이다.)**

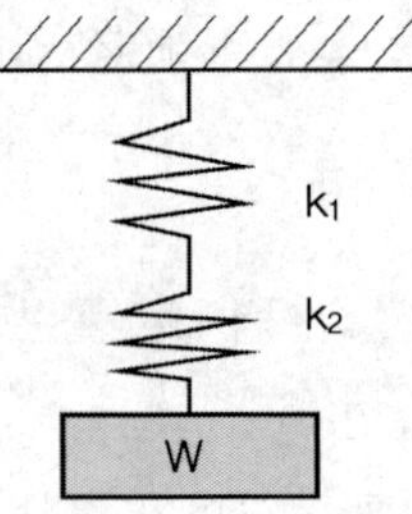

① 520 ② 5 ③ 123 ④ 12.3

해설

직렬연결이므로 스프링상수(k)는 $\frac{1}{k} = \frac{1}{k_1} + \frac{1}{k_2}$..... 에서 구한다. 대입하면,

$\frac{1}{k} = \frac{1}{5} + \frac{1}{8} = \frac{8+5}{40}$, $k = \frac{40}{13}$kgf/cm 로 계산된다.

$W(F) = k \times \delta = \frac{40}{13}(\text{kgf/cm}) \times 4(\text{cm}) = 12.3\text{kgf}$ 으로 계산된다.

 ④

162 그림에서 스프링상수가 k_1=0.4kgf/mm, k_2=0.2kgf/mm일 때, 전체 스프링상수(kgf/mm)는?

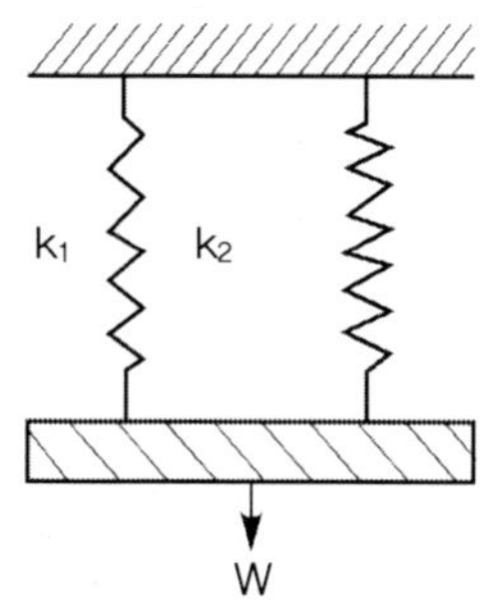

① 0.16 ② 0.4 ③ 0.6 ④ 0.13

해설

병렬연결이므로 스프링상수(k)는 $k=k_1+k_2$..... 에서 구한다. 대입하면,

$k=k_1+k_2=0.4+0.2=0.6\text{kgf/mm}$ 로 계산된다.

 ③

163 그림과 같은 스프링 장치에 인장하중 W=100kgf일 때, 하중방향의 처짐은?
(단, 각 스프링의 스프링상수는 k_1=20kgf/cm이고, k_2=10kgf/cm이다.)

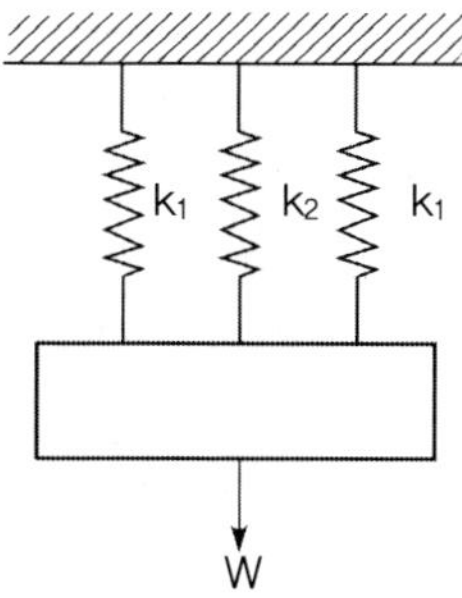

① 1.67cm ② 2cm ③ 2.5cm ④ 20cm

해설

병렬연결이므로 스프링상수(k)는 $k=k_1+k_2$..... 에서 구한다. 대입하면,

$k=k_1+k_2+k_1=20+10+20=50\text{kgf/cm}$ 로 계산된다.

$W(F)=k\times\delta$, $\delta=\dfrac{W}{k}=\dfrac{100\text{kgf}}{50\text{kgf/cm}}=2\text{cm}$ 로 계산된다.

정답 ②

164 그림과 같은 스프링을 연결하고 W=60kgf일 때 처짐량(mm)은?(단, 스프링상수 k_1= 60kgf/mm, k_2=20kgf/mm, k_3=40kgf/mm이다.)

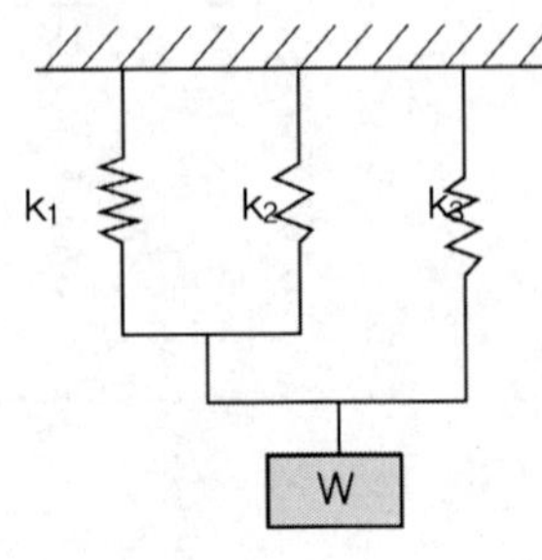

① 0.5 ② 1 ③ 4 ④ 5.5

해설

병렬연결이므로 스프링상수(k)는 $k = k_1 + k_2 \cdots\cdots$에서 구한다. 대입하면,
$k = k_1 + k_2 + k_3 = 60 + 20 + 40 = 120\text{kgf/mm}$로 계산된다.
$W(F) = k \times \delta$, $\delta = \dfrac{W}{k} = \dfrac{60\text{kgf}}{120\text{kgf/mm}} = 0.5\text{mm}$으로 계산된다.

정답 ①

165 보기의 코일 스프링 장치에서 W는 작용하는 하중이고 스프링상수를 K_1, K_2라 할 경우 합성 스프링상수 K를 나타내는 식은?

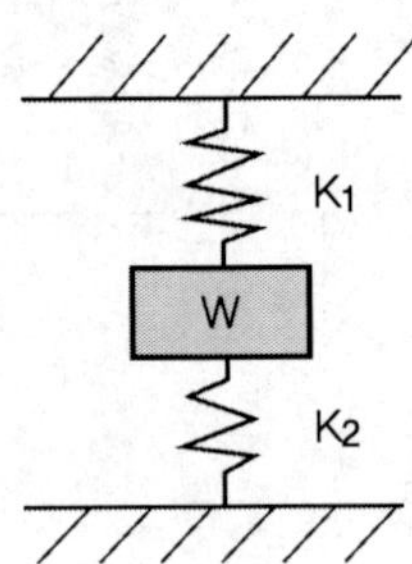

① $K = \dfrac{1}{K_1 + K_2}$ ② $K = K_1 + K_2$

③ $K = \dfrac{1}{\dfrac{1}{K_1} + \dfrac{1}{K_2}}$ ④ $K = \dfrac{K_1 + K_2}{K_1 \cdot K_2}$

해설

이 그림은 물건을 기준으로 해서 스프링이 병렬연결이므로 스프링상수(k)는 $k = k_1 + k_2 \cdots\cdots$에서 구한다.

 정답 ②

166 3개의 스프링을 조합하여 연결하였을 때 조합된 스프링정수(N/mm)는 ?(단, 스프링상수 $k_1 = 20\text{N/mm}$, $k_2 = 30\text{N/mm}$, $k_3 = 40\text{N/mm}$이다.)

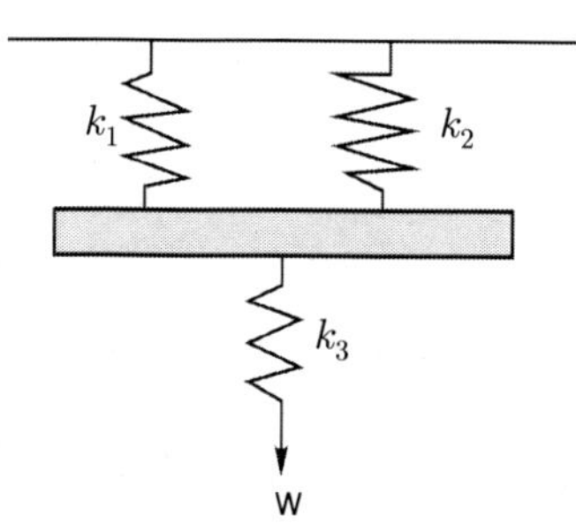

① 22.22 ② 44.44 ③ 66.67 ④ 266.67

k_1, k_2는 병렬연결이므로 스프링상수(k_a)는 $k_a = k_1 + k_2$에서 구한다.
k_a, k_3는 직렬연결이므로

스프링상수(k_b)는 $\dfrac{1}{k_b} = \dfrac{1}{k_a} + \dfrac{1}{k_3} = \dfrac{k_2 + k_a}{k_a k_3} = \dfrac{k_1 + k_2 + k_3}{(k_1 + k_2)k_3} = \dfrac{20+30+40}{(20+30) \times 40} = \dfrac{90}{200}$에서

$k_b = \dfrac{200}{90} = 22.22\text{N/mm}$로 계산된다.

 ①

167 다음 기계요소 중 회전운동을 직선운동으로 변환시킬 수 있는 것은?

① 캠과 캠기구 ② 체인과 스프로킷 휠
③ 래칫 휠과 폴 ④ 웜과 웜기어

캠이 회전운동하면 로드는 직선 왕복운동을 한다.
체인과 스프로킷휠 –물림
래치 휠과 폴 : 멈춤작용
웜과 웜기어 : 회전을 회전으로(역전불가능)

 ①

168 캠선도에 해당하지 않는 것은?

① 변위선도 ② 속도선도
③ 가속도선도 ④ 운동량선도

변위란 움직인 거리, 속도는 변위를 시간으로 나눈값, 가속도는 속도를 시간으로 나눈값으로 변위를 시간의 제곱으로 나눈값이다.

 ④

169 외경 110mm, 두께 5mm인 강관에 내압 40MPa이 작용한다. 강관을 얇은 두께로 가정할 때, 길이(축)방향 하중[kN]과 길이(축) 방향 응력[MPa]은?

① 20π, 100 ② 40π, 400
③ 80π, 200 ④ 100π, 200

길이방향 $\sigma_1 = \frac{F}{A} = \frac{P \times \frac{\pi d^2}{4}}{\pi d \times t} = \frac{Pd}{4t}$ …… (식 1)

원주방향 $\sigma_2 = \frac{F}{A} = \frac{P \times d \times l}{2 \times t \times l} = \frac{Pd}{2t}$ …… (식 2)

외경이 110mm이므로, 실제로 두께만큼 빠져야 하므로 100mm가 된다.

1식에 대입하면, $\sigma_1 = \frac{Pd}{4t} = \frac{40(\mathrm{MPa} = \mathrm{N/mm^2}) \times 100\mathrm{mm}}{4 \times 5\mathrm{mm}} = 200\mathrm{N/mm^2}(=\mathrm{MPa})$

$F = P \times \frac{\pi d^2}{4} = \frac{40(\mathrm{MPa} = \mathrm{N/mm^2}) \times \pi(100\mathrm{mm})^2}{4} = 10\pi \times 10^4\mathrm{N} = 100\pi\mathrm{kN}$

 ④

170 한변의 길이가 8cm인 정4각 단면의 봉에 온도를 20℃ 상승시켜도 길이가 늘어나지 않도록 하는데 28000N이 필요하다면 이 봉의 선팽창계수는?(단, 탄성계수(E)는 2.1X10^6 N/cm^{2}이다.)

① 1.14 × 10^{-5} / ℃ ② 1.04 × 10^{-5} / ℃
③ 1.14 × 10^{-6} / ℃ ④ 1.04 × 10^{-6} / ℃

$\sigma = E \times \epsilon = E \times \alpha \Delta T,\ \sigma = \frac{F}{A}$ 두식을 합성하면

$E \times \alpha \Delta T = \frac{F}{A},\ \alpha = \frac{F}{E \times \Delta T \times A}$ 로 유도, 대입하자

$\alpha = \frac{F}{E \times \Delta T \times A} = \frac{28000}{2.1 \times 10^6 \times 20 \times 8^2} = 10.417 \times 10^{-6} = 1.0417 \times 10^{-5}$ 으로 계산된다.

 ②

171 공작물을 단면적 100cm²인 유압실린더로 1분에 2m의 속도로 이송시키기 위해 필요한 유량은 몇 ℓ /min인가?

① 10 ② 20
③ 30 ④ 40

해설

유량$Q(\text{cm}^3/\text{min}) = A \times v$에 대입하자.

$Q = 100\text{cm}^2 \times 200\text{cm/min} = 20000\text{cm}^3/\text{min} = 20l/\text{min}$으로 계산된다.

여기서, $1l = 10^3\text{cm}^3$이다.

정답 ②

172 고정되어 있지 않은 관에 온도변화가 있을 때의 신축량에 대한 설명으로 옳은 것은?

① 신축량은 관의 열팽창계수에 비례하고 길이와 온도변화에 반비례한다.
② 신축량은 관의 열팽창계수, 길이, 온도변화에 반비례한다.
③ 신축량은 관의 길이와 온도변화에 비례하고 열팽창계수에 반비례한다.
④ 신축량은 관의 열팽창계수, 길이, 온도변화에 비례한다.

해설

관도 철로 만든다. $\sigma = E \times \epsilon = E \times \alpha(T_2 - T_1)$…… (식 1)

(열)응력은 종탄성계수(E), 열팽창계수(α), 온도변화량($T_2 - T_1$)에 비례한다.

1식에서 ϵ(변형률) $= \dfrac{\Delta l}{l_1} = \dfrac{l_2 - l_1}{l_1} = \alpha(T_2 - T_1)$이므로,

신축량(Δl)은 열팽창계수, 길이, 온도변화에 비례한다.

정답 ④

173 가스킷의 설명으로 틀린 것은?

① 가스킷이란 박판 모양의 패킹을 말한다.
② 유체의 흐름을 개폐하는 장치가 대표적이다.
③ 접합부의 기밀을 유지하는 부품이다.
④ 충분한 내구성을 유지해야 한다.

해설

유체의 흐름을 개폐하는 장치는 밸브이다.

정답 ②

174 **유체를 한 방향으로만 흐르도록 하고 역류를 방지할 목적으로 사용하는 밸브는?**

① 체크 밸브　　② 슬루스 밸브
③ 스톱 밸브　　④ 안전 밸브

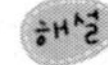

체크밸브 : 유체를 한쪽 방향으로, 역류방지

 ①

175 **유압회로에서 회로 내 압력이 설정치 이상이 되면 그 압력에 의하여 밸브를 전개하여 압력을 일정하게 유지시키는 역할을 하는 밸브는?**

① 시퀀스 밸브　　② 유량제어 밸브
③ 릴리프 밸브　　④ 감압 밸브

① 시퀀스 밸브 : 순차적 작동 밸브
② 유량제어 밸브 : 속도제어됨
③ 릴리프 밸브 : 안전/구조 밸브, 전체회로의 압력을 제한(전체회로 보호)
④ 감압밸브 : 압력을 감소, 부분회로를 보호

공업기계직 9급 공무원시험 대비

기계일반

열원동기

1-1 에너지

1. 에너지의 변천

① 사람과 가축의 힘 : 에너지 양이 적고 장시간 사용이 불가
② 풍력과 수력 이용 : 풍차나 수차를 만들어 사용
③ 18세기 : 와트의 증기기관 발명, 연료를 이용한 원동기 발명
④ 19세기 : 석유에너지(열에너지)를 이용한 가스기관, 가솔린기관, 디젤기관 개발
⑤ 20세기 : 화석연료 이용 원동기 성능향상 → 삶의 풍요, 지구온난화, 환경문제와 에너지 고갈
⑥ 신재생에너지 : 태양광에너지, 풍력에너지, 지열에너지, 해양에너지 개발, 실용화단계

2. 에너지 자원의 형태

① 위치에너지 : 특정위치에서 표준위치로 돌아갈 때 에너지 발생
② 운동에너지 : 물체가 운동할 때 가지는 에너지(질량, 속도와 관계 함)
③ 내부에너지 : 물체를 구성하고 있는 분자들의 운동에너지와 분자들 사이의 에너지 합
④ 열에너지 : 물체의 온도를 변화시키거나 상태를 변화시키는 에너지
⑤ 기계적에너지 : 운동에너지 + 위치에너지

3. 에너지의 변환

에너지원	에너지 변환과정	변환기기
화석연료	화학 → 열 → 기계(회전운동)	각종 열기관
수력, 풍력	수력/풍력 → 기계(회전운동)	수차, 풍차
지열	지열 → 기계 → 전기	터빈, 발전기
태양	빛 → 열/전기	태양발전기
원자력	핵분열 → 열 → 기계(회전운동) → 전기	원자력발전기

1-2 자동차기관

1. 각 기관의 사이클

(1) 오토사이클(정적사이클)

오토사이클의 열효율은 $n_{tho} = 1 - \frac{1}{\epsilon^{k-1}} = 1 - \frac{T_4 - T_1}{T_3 - T_2}$

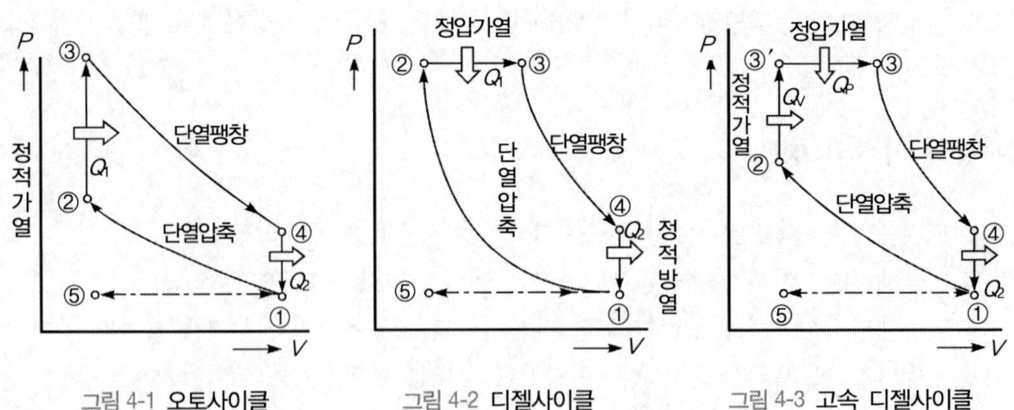

그림 4-1 오토사이클 　 그림 4-2 디젤사이클 　 그림 4-3 고속 디젤사이클

(2) 디젤사이클(정압사이클)

압축비는 ϵ이고, 단절비를 σ라 하면

디젤사이클의 열효율 $n_{thd} = 1 - (\frac{1}{\epsilon})^{k-1} \frac{\sigma^k - 1}{k(\sigma - 1)}$ 이다.

(3) 고속디젤사이클(사바테사이클)

$$n_{ths} = 1 - (\frac{1}{\epsilon})^{k-1} \frac{\rho\sigma^k - 1}{(\rho - 1) + k\rho(\sigma - 1)}$$

$\rho = \frac{P_3'}{P_2}$ 압력 상승비 혹은 폭발비

복합 사이클의 열효율에서 압력상승비(ρ)가 1에 가깝게 하면 정압 사이클에 가까워지고, 분사 단절비(σ)가 1에 가깝게 하면 정적 사이클에 가까워짐을 알 수 있다.

(4) 사이클 비교

① 최고압력과 가열량이 일정할 때 열효율 : $\eta_{tho} < \eta_{ths} < \eta_{thd}$

② 압축비와 가열량이 일정할 때 열효율 : $\eta_{tho} > \eta_{ths} > \eta_{thd}$

(5) 가솔린기관과 디젤기관의 비교

구분	가솔린	디젤
기관의 크기	출력당 중량이 적다	출력당 중량이 무겁다
연소실 형상	간단	복잡
사용연료	가솔린(화재위험, 비싸다)	경유(위험적고 싸다)
연료공급법	혼합하여 실린더로 흡입	공기만 흡입, 노즐로 연료분사
연료연소법	전기점화	자연착화(압축착화)
저속성능	저속회전에서 회전력이 적음	저속에서 성능이 좋고, 회전력 큼
고속성능	4000-5000rpm(회전이 큼)	3000rpm(회전이 낮음)
기관의 진동	연소압력이 낮아 진동 적음	고온고압하 연소, 진동 큼
소음	적음	큼
연료소비량	연료소비량 큼, 연료소비율 큼	연료소비량 적음, 연료소비율 적음
고장	점화장치 고장 많음	고장적음
가격	싸다	정밀도를 요하므로 고가, 정비보수 비쌈

2. 열효율과 출력

(1) 압축비

$$압축비(\epsilon) = \frac{실린더체적}{연소실체적} = \frac{행정체적 + 연소실체적}{연소실체적}$$

(2) 배기량

$$총배기량 = \frac{\pi D^2}{4} \times L \times Z \text{ (여기서 Z는 기통수)}$$

(3) 기계효율

식으로 표현하면

기계효율(η_m) = $\frac{제동일}{도시일} = \frac{Wb}{Wi} = \frac{제동열효율}{도시열효율}$ 이다.

$\eta_m = \frac{BHP}{IHP} \times 100$, η_m : 기계효율, BHP : 제동마력(PS), IHP : 도시마력(PS)

기계효율이 1보다 작은 이유는

① 피스톤과 실린더 벽과의 마찰손실

② 크랭크축의 각 저널부의 마찰손실

③ 점화장치, 오일펌프, 워터펌프, 연료공급장치 등 운전상 필요한 보조기구 + 구동을 위한 손실 등이다. 또한, 엔진에서 직접 측정하여 얻은 도시(지시)마력에서 앞의 마찰손실을 뺀 값이 제동마력이 된다. 이것을 식으로 정리하면 다음과 같이 나타낼 수 있다.

㉠ 100%의 전체출력=냉각손실+배기와 복사 손실 + 도시(지시)마력

㉡ 도시마력= 각부의 마찰손실 + 보조기 구동손실 + 제동(축)마력

3. 기관작동

(1) 4행정 사이클

① 크랭크축이 2바퀴 회전하는 동안 흡입 → 압축 → 폭발(동력) → 배기 행정을 순환

② 4사이클의 가솔린엔진은 최대 폭발압력을 피스톤이 상사점 후 10~15°에서 생기도록 점화시기를 조절해야 한다. 보통 상사점 전 5~8°정도 진각을 시킨다.

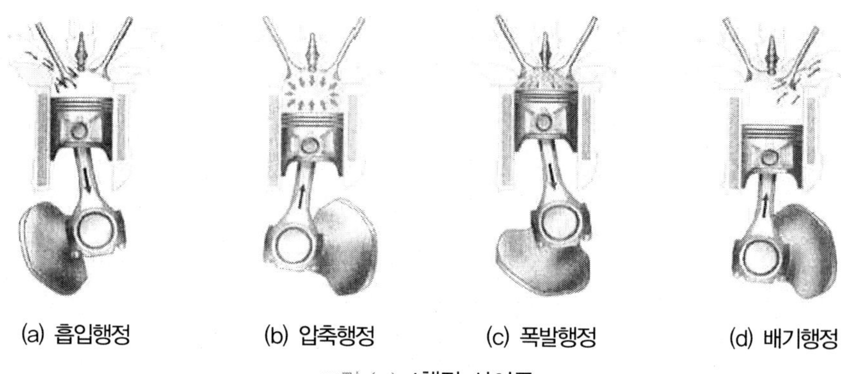

그림 4-4 4행정 사이클

(2) 2행정 사이클

크랭크축이 1회전하는 동안 흡/압/폭/배기 과정을 모두 행함

- 2사이클 디젤엔진의 소기방식 : 횡단 소기(cross scavenging), 루우프 소기(loop scavenging) 및 단류 소기(uniflow scavenging)로 구분된다.

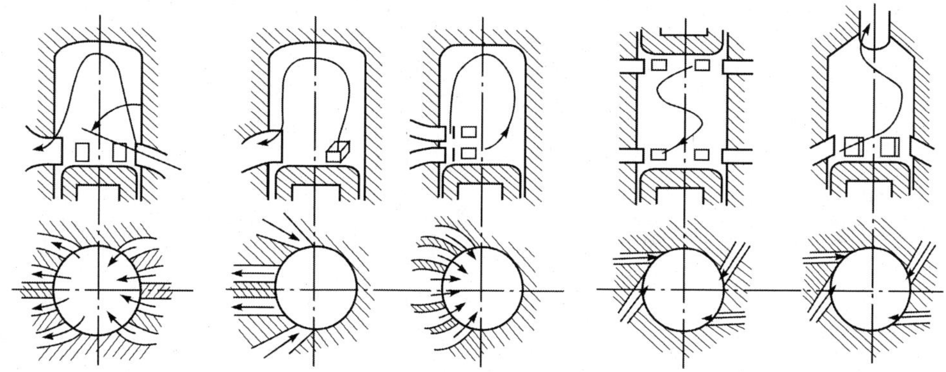

그림 4-5 소기 방식

① **횡단소기법** : 이 소기법은 새로운 공기가 실린더를 위로 횡단하는 형식인데, 새로운 공기가 바로 배기구멍 쪽으로 빠져나가지 않고, 실린더 윗 부분을 통과하도록 디플렉터를 사용한다. 그리고 실린더 윗 부분에 남은 잔류 연소가스를 효과적으로 보내기 위하여 소기구멍을 상향으로 경사(35~50°)지게 한다. 횡단 소기에 있어서 가장 효율적인 방법은 실린더 윗 부분의 먼 곳까지 새로운 공기를 공급한 다음 새로운 공기가 실린더 상부에 머물도록 하는 일이다.

② **루프소기법** : 이 소기법은 새로운 공기가 루프를 그리면서 유동하는 데서 이름한 명칭으로 일반적으로 횡단 소기에 비하면 실린더 상부의 소기가 좋다. 그러나 소기 및 압축시 흡입된 신선한 공기가 배기 연소가스와 더불어 배기구멍으로 통과할 확률이 높아 체적 효율이 감소한다.

③ **단류소기법** : 이 소기법은 새로운 공기가 아래에서 위로 단류인 형식으로 소기 효율면에서 이상적인 방법이다. 소기와 배기류의 혼란이 없으므로 소기 효율이 높고, 소기구멍의 닫침을 늦추어서 과급 또는 후과급을 할 수 있는 특징이 있다. 보통의 2사이클 엔진에서는 배기구멍이 소기구멍보다 늦게 닫쳐지게 되어 과급이 불가능하지만, 이 순서를 바꾸어서 배기구멍이 먼저 닫치고 이어서 소기공이 닫치게 하기 위하여 소기구멍 앞에 과급 밸브를 설치할 수 있다. 이렇게 하면 배기구멍이 닫치고 나서 소기구멍이이 닫힐 때까지의 그 사이에 과급을 할 수 있다.

4. 4행정 사이클과 2행정 사이클 비교

(1) 가솔린 4행정엔진과 2행정엔진의 비교

① 4행정 사이클 엔진의 장단점

㉠ 각행정이 완전히 구분되어 있어서 행정이 정확하다.

㉡ 저속 및 고속까지 넓은 범위의 속도변화가 가능하다.

㉢ 흡기를 위한 충분한 시간이 있고 2행정엔진 보다 블로바이가스가 적에 체적효율과 연료소비율이 좋다.

㉣ 기동이 쉽고 저속운전이 원활하며, 2행정사이클과 같이 소기의 불완전에 원인하는 실화가 없다.

㉤ 밸브기구가 복잡하여 부품수가 많고 충격소음, 기계소음이 많다.

㉥ 폭발하는 동력행정 회수가 적으므로 실린더수가 적은 경우에는 운전이 원활하지 않을 수 있다.

② 2행정 사이클 엔진의 장단점

㉠ 크랭크축이 1회전마다 동력행정이 있어 토크의 변화가 적다. 즉 실린더수가 적어도 운전이 원활하다.

㉡ 밸브에 따른 부품수가 적고 고장도 적다.

㉢ 크랭크케이스의 구조가 간단하고 마력당 중량이 작고 값이 싸며 취급이 편하다.

㉣ 배기가 불완전하게 되기 쉽고 유효행정의 길이가 짧다.

㉤ 배기구멍과 흡기구멍이 동시에 열려있는 시간이 길므로 새 혼합기의 손실이 많고 평균유효압력이나 효율을 높이기 어렵다.

㉥ 저속운전이 어렵고 역화할 우려가 있다.

㉦ 실린더의 벽에 구멍이 있으므로 피스톤이나 링의 소손, 마멸이 일어나기 쉽고, 유막이 잘 제거되므로 기름방울이 튀기 쉽고, 윤활유의 소비가 많아진다.

(2) 디젤 4행정엔진과 2행정엔진의 비교

요즘 대체로 대형엔진에는 2사이클식을, 중형과 소형에는 4사이클식을 사용하는 경향이 있는데 이는 2사이클 디젤엔진의 장단점을 이해하면 알 수 있다.

① 2사이클 디젤엔진의 장점

㉠ 크랭크축이 1회전하여 동력행정이 한번 있으므로, 4사이클 보다 회전력의 변화가 없이 균일하다.

㉡ 회전속도와 제동평균유효압이 같다고 가정하면 동일 배기량의 엔진에서 이론적으로 4사이클엔진에 비해 2배의 출력이 나온다. 실제는 1.7배 정도이다.

㉢ 4사이클에 비해 실린더 수가 적어도 되므로 보조기구도 적고, 중량도 가벼워지고, 제작비도 싸다.

㉣ 소형엔진에는 흡배기 밸브를 없앨 수 있으므로 구조가 간단하고 제작비도 싸게 든다.

㉤ 취급하기가 쉽고, 고장율도 적다.

② 2사이클 디젤엔진의 단점

㉠ 4사이클 보다 배기작용이 불완전하여 출력이 감소된다.

㉡ 압축초기 새 공기가 배기구멍으로 나가기 쉬우므로 체적효율이 감소하고, 압축압력이 감소되고 평균유효압력도 저하할 수 있다.

㉢ 폭발회수가 단위시간당 4사이클보다 많으므로 엔진의 과열이 우려되므로 냉각장치의 용량이 비교적 크게 된다.

㉣ 위의 결점을 없애기 위해 대형에는 소기 펌프를 두는데, 이 때문에 엔진은 구조가 복잡해지고 고장의 원인이 되기도 한다.

5. 가솔린기관 연료장치

(1) 연료 : 휘발유(인화성), 옥탄가(%) $= \dfrac{\text{이소옥탄}}{\text{이소옥탄} + \text{정햅탄}} \times 100$

(2) 가솔린기관 연료장치의 구성(MPI전자제어)

① 연료의 순환 : 연료펌프(연료탱크 속) → 연료필터 → 딜리버리파이프 → 인젝터(흡기다기관에 분사) → 연료압력조정기(남는 연료) → 연료탱크

② 공기의 흐름 : 에어필터(공기여과기) → 흡입관 → 스로틀보디(공기량조절) → 흡기다기관(분사된 연료와 섞임) → 실린더(연소) → 배기다기관 → 촉매 → 소음기 → 외부

③ GDI의 경우 연료는 실린더에 직접 분사

④ 분사량의 조절은 크랭크각센서(회전수), 공기흐름량센서(공기량), 스로틀센서(운전 의

지) 등에 의해 ECU가 분사량을 결정하고, 인젝터 통전시간의 가감에 의해 분사량이 조절된다.

⑤ 점화시기는 크랭크각센서와 엔진의 상태에 따라 점화코일의 1차전류를 단속시키는 시기를 변화(파워TR의 베이스 신호의 진각/지각을 통하여)시켜 조절된다.

6. 디젤기관 연료장치

(1) 연료 : 경유(발화성), $\text{세탄가} = \dfrac{\text{세탄}}{\text{세탄} + \alpha\text{메틸나프탈렌}} \times 100(\%)$

(2) 디젤기관 연료장치의 구성

① 공기는 지속적으로 흡입(스로틀 밸브가 흡기부에 없음)

② 연료의 흐름

㉠ 구형 디젤의 경우 : 연료탱크 내부에 호스 → 연료필터 → 연료분사펌프 → 노즐(실린더에 분사) :연료분사펌프에서 남는 압력의 연료가 탱크로 순환

㉡ 신형(CRDI)의 경우 : 저압펌프(연료탱크 내부) → 연료필터 → 고압펌프(저압과 고압 겸용도 있음) → 인젝터 분사(1350bar압력)

③ 조속기(거버너):엔진의 회전속도나 부하변동에 따라 자동적으로 제어래크를 움직여 분사량을 가감

④ 연료분사펌프 : 연료분사를 위해 분사량과 압력을 가함

㉠ 독립형 연료펌프의 분사량은 제어슬리브와 피니언의 위치에 의해 플런저의 행정을 조절할 수 있어 조정을 하고, 분배형 연료펌프의 분사량은 조정이 불가능하다. 억지로 조정을 한다면 컷오프 배럴을 움직이면 된다.

㉡ 독립형 분사펌프의 분사시기는 타이머에 의해서 펌프와 타이밍기어 캠이 만나는 시기를 조절한다. 분배형 분사펌프의 분사시기는 자동분사시기 조정기의 피스톤에 의해서 조절이 된다.

㉢ 딜리버리 밸브는 규정압력이 되면 열리고, 압력이 급격히 낮아지면 스프링에 의해 닫혀 연료가 역류하는 것을 방지하고, 잔압을 유지시킨다. 또한 급격한 연료압의 저하와 함께 신속히 닫혀서 후적(분사후 노즐에 연료방울이 맺히는 현상)을 방지한다.

⑤ 분사노즐 : 실린더에 설치되어 연료를 분사(=인젝터)

- 연료분사의 요건 : 무화, 관통도, 분포

⑥ 예열플러그 : 연료(경유)의 자기착화(자연발화)가 잘 되도록 흡입공기를 가열

7. 노킹과 조기점화

(1) 가솔린 노킹

가솔린 엔진의 노킹은 혼합기의 자연발화에 의해서 일어난다. 실린더의 혼합기는 점화플러그에 의해 점화되면 화염면이 생기고 이 화염면이 미연가스 부분으로 점차로 이동되어 연소를 진행하며, 미연가스 부분은 화염면이 진행됨에 따라 고온 고압이 된다. 화염면 전방의 미연 가스는 이 고온고압에 의해 자연발화를 일으킨다. 최초의 점화는 어떤 일부분 혹은 여러 개소에서 동시에 일어나 미연가스 전부가 연소한다. 미연가스의 자연발화에 의해 국부적 압력상승이나 진동이 생긴다. 이와 같이 기관을 두드리는 것과 같은 금속성 음을 내며, 운전이 원활하지 못하게 되는 현상을 노킹이라 한다.

(2) 조기점화

조기점화란 점화플러그, 밸브, 피스톤의 헤드 등에서의 국부적인 열점에 의해 플러그의 점화전에 신기가 연소하는 현상을 말한다. 노킹이 일어나면 엔진이 과열이 되고, 이는 열점을 생성하므로 조기점화를 가져올 수 있다.

(3) 가솔린 노킹대책

가솔린 기관의 노킹은 말단가스(end gas)가 자연 발화하는 현상이므로 대책으로는 크게 연료, 연소실의 형상, 운전조건 등을 개량하면 된다.

① 연료

㉠ 분자구조가 조밀, 탄소수가 많으며 체인이 긴 연료가 안티 노크성이 좋다.

㉡ 프로판이나 부탄과 같은 LPG나 방향족계가 노킹이 어렵다.

㉢ 연료에 안티노크제를 첨가한다. 안티노크제는 착화지연이 길어지게 한다.

② 연소실의 형상

㉠ 점화플러그에서 먼 곳을 줄이도록 밀집한 형태로 한다.

㉡ 연소실의 중앙에 점화플러그를 두어 화염 전파거리를 단축한다.

㉢ 오버헤드 밸브식이 사이드 밸브식보다 좋으며 모양은 반구형이 좋다.

㉣ 혼합가스가 압축행정에서 심한 유동(와류)을 줄 수 있도록 한다.

㉤ 말단가스가 형성되는 부분에 협소한 틈을 주어 말단가스를 냉각한다.

③ 운전조건

㉠ 점화시기가 빨라지면 상사점전의 연소의 진행이 빨라 연소 최고온도와 압력이 생겨 노킹이 일어나므로 점화를 지연시켜야 한다.

㉡ 기화를 위해 흡기를 가열하면 노킹이 일어나므로 과급하기가 어렵다.

㉢ 희박혼합가스는 연소속도가 느리고 배기온도가 높아 노킹이 일어난다.

㉣ 고속에서는 가스의 와류가 심해 노킹이 어렵다.

(4) 디젤 노킹

① 디젤 노킹은 착화지연기간 중에 다량의 분사된 연료가 화염전파기간 중에 일시적으로 연소하여 실린더 내의 압력이 급격히 상승하여 생긴다. 또한 디젤 노킹은 최고압력의 대소보다는 압력의 상승도에 따라 달라지므로 상승도를 낮게 해야 노킹을 완화할 수 있다.

② 디젤기관의 안티노크 발화 첨가제로는 초산에틸, 아초산아밀, 초산아밀 등이 사용된다.

③ 노킹의 방지책은 다음과 같다.

㉠ 연소실의 형식 : 착화지연 기간이 짧고, 압력상승이 급격하지 않는 형상이 바람직하고, 와류가 잘 일어나게 해야한다.

㉡ 압축비 : 압축비를 크게 하면 압축온도, 압축압력이 커져서 노킹을 방지할 수 있다.

㉢ 연료의 분사시기 : 분사시기는 착화시간에 따른 한계가 있다. 엔진의 온도가 낮거나 회전속도가 낮을 때는 압축온도가 저하하므로 착화지연 기간이 길어져 노킹을 일으킨다.

㉣ 분무의 상태 : 입자가 작고 연소실에 고르게 분포

㉤ 회전속도 : 저속이 좋다.

㉥ 엔진의 부하 : 과부하에 오래 운행하면 노킹을 일으킨다.

㉦ 분사량 : 분사개시시의 연료분사량을 적게, 착화 후에 연료분사량을 많이 하면 노킹을 방지할 수 있다.

㉧ 냉각장치 : 적당한 온도를 유지해야 한다.

㉨ 연료의 종류 : 착화 지연이 짧은 것(착화성이 좋은 연료)를 사용한다.

(5) 가솔린과 디젤의 노킹 방지법 비교

구분	착화점	착화지연	압축비	흡입온도	흡입압력	실린더벽 온도	실린더 체적	회전수	와류
가솔린	높게	길게	낮게	낮게	낮게	낮게	작게	높게	많이
디젤	낮게	짧게	높게	높게	높게	높게	크게	낮게	많이

8. 배출가스제어

(1) 배기재순환장치(EGR)

EGR장치는 연소시의 생성억제나 후처리 모두에 관련이 있다. 배출되는 가스의 일부를 흡기로 재순환하여 신기와 혼합하여 연소온도를 저하시킴으로 질소산화물을 감소시키는 방법이다. 연소 그 자체를 변화시킨다는 점에서 연소시의 생성억제라고 하지만, 배출가스를 재순환한다는 점에서 후처리라 할 수 있다.

(2) 삼원촉매장치

① 적당한 촉매를 사용하여 일산화탄소, 탄화수소의 산화작용과 질소산화물의 환원작용을 동시에 달성하는 즉 3성분을 동시에 정화할 수 있는 촉매를 3원촉매라 부른다. 3원촉매로는 백금과 파라듐의 펠릿형(산화작용을 도움)을 사용하거나 백금과 로듐의 펠릿형(환원작용을 도움)을 사용한다.

② 3원촉매장치는 이론공연비에서 연소한 배기가스의 정화율이 가장 높으므로 산소센서를 통해 항상 산소의 농도를 측정하여 피드백하여 줌으로써 이론공연비에 가깝게 유지하도록 제어한다.

(3) 증발가스제어장치

캐니스터는 연료탱크나 기화기에서 연료가 증발하는 가스를 모아두는 곳이다. PCSV(퍼지 컨트롤 솔레노이드 밸브)는 캐니스터에 채집된 연료 증발가스를 ECU의 제어신호에 따라 작동하여 스로틀 보디로 넣어준다.

(4) OBD 시스템

OBD-Ⅱ 시스템의 주요 감시기능 : 촉매감시, 엔진실화 감시, 산소센서 감시, EGR 감시, 증발가스 감시, 연료공급시스템 감시 등 6가지 감시체계가 있다.

1-3 증기원동기

1. 증기원동기의 개요

(1) 증기원동기의 기본 사이클(랭킨사이클)

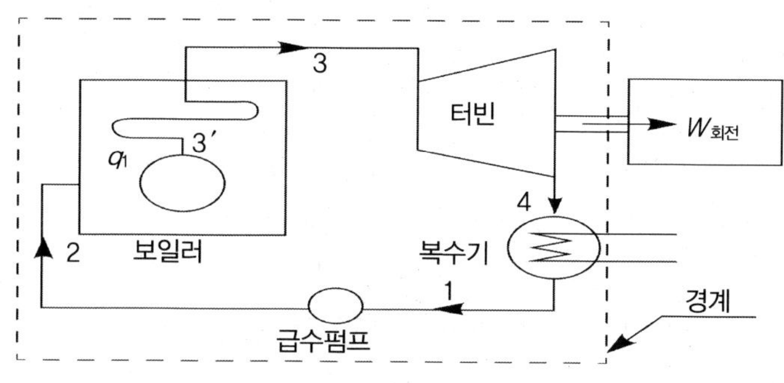

그림 4-6 랭킨사이클

(2) 증기원동기의 작동

① 보일러에서 발생한 고온고압의 증기(열에너지) → 기계에너지로 변환

② 증기기관 : 증기가 실린더 내 피스톤을 왕복운동 → 크랭크축을 회전

③ 증기터빈 : 증기가 터빈의 날개를 회전운동하게 함

(3) 증기원동기의 구성

① 보일러 : 증기발생기, 연료를 연소시켜 발생하는 열로 물을 가열(액체를 기체로 변환) → 고온고압의 증기 발생

② 터빈 : 고온고압의 증기를 부채모양의 고정날개와 가동날개를 통과 → 가동날개가 회전 (증기에 저장된 열에너지를 기계에너지로 변환)

③ 복수기 : 터빈에서 일을 하고 나온 증기를 냉각 → 모두 액체/물로 변환

④ 급수펌프 : 복수기에서 만들어진 물을 보일러에 공급

2. 보일러

(1) 보일러의 주요부 : 노, 본체, 부속장치로 구성

① 노 : 연료를 연소시키는 곳, 굴뚝과 송풍기가 필요

② 보일러 본체 : 연료의 연소에 의해 발생하는 열로 물을 가열/증발시키는 압력용기로 원통형의 보일러 드럼, 수관, 연관 등으로 구성

③ 부속장치 : 보일러를 효율적이고 안전한 운전을 위해 필요

㉠ 과열기 : 보일러본체에서 나오는 습포화증기를 가열 → 고온의 과열증기로 만듬

㉡ 재열기 : 터빈을 통해 일하고 나온 포화증기를 다시 가열 → 과열증기로 만듬

㉢ 절탄기 : 중형보일러에서 사용, 본체로 보내는 급수를 연도 중에서 예열(본체와 과열기를 가열한 후 온도가 내려간 연소가스를 배출하면서 급수를 예열)

㉣ 기타 : 급유장치, 분출장치, 집진장, 안전장치, 통풍장치, 계측기기

(2) 보일러의 종류

① 원통보일러

㉠ 노통보일러 : 지름이 큰 동체속에 노통이라는 원통형의 연도를 설치

㉡ 연관보일러 : 전열면을 크게 하기 위해 연관을 설치

㉢ 직립보일러 : 동체를 수직으로 세운 보일러

㉣ 노통연관보일러 : 노통과 연관을 조합한 보일러, 전열면적이 넓어 증발량 크고, 열효율 높음

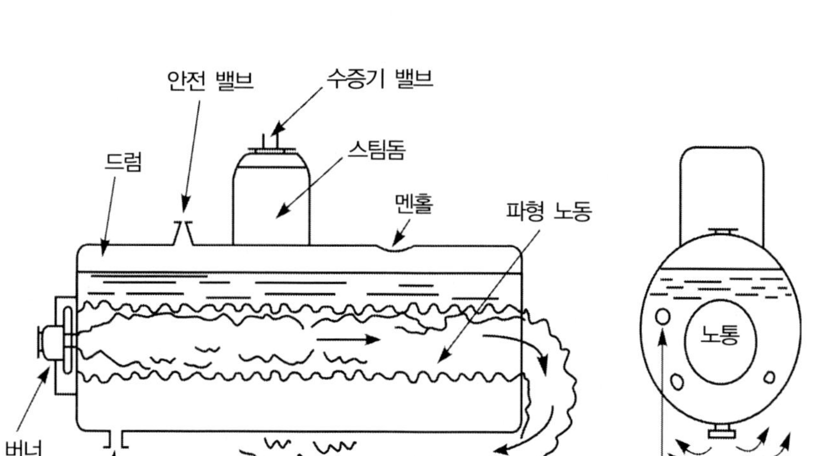

그림 4-7 노통 연관 보일러

② 수관보일러

㉠ 물이 흐르는 가는 수관을 여러 개 설치

㉡ 직각이나 평행으로 연소기체가 수관을 지나감 → 수관은 증기발생

㉢ 수관의 굵기가 가늘면 청소가 곤란

㉣ 고온고압의 큰 용량으로 나아가는 추세(요즘 선박, 공장, 대규모 난방시설의 주류)

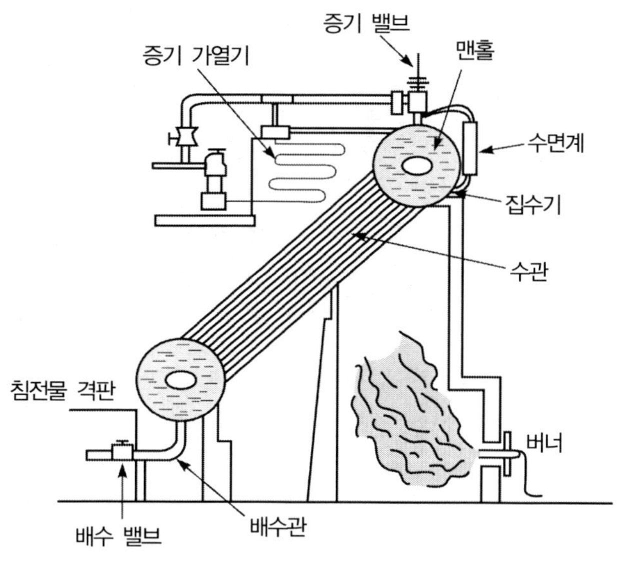

그림 4-8 수관 보일러

③ 특수보일러

㉠ 폐열이나 특수연료를 이용하는 보일러

㉡ 특별한 열매체를 쓰는 경우 + 특수한 가열방식 = 간접가열보일러, 폐열보일러, 특수연료 보일러

3. 증기터빈

(1) 증기터빈의 구조

① 노즐 : 증기가 가지고 있는 고온고압의 열에너지를 속도에너지로 변환

② 터빈날개 : 노즐에 의한 속도에너지를 기계적에너지(회전운동에너지)로 변환

③ 터빈의 단 : 노즐과 터빈날개의 한 조

④ 터빈 축 : 터빈 날개가 장착된 축, 터빈 날개의 회전으로 터빈 축이 회전→발전기부착

(2) 증기터빈의 종류

① 충동터빈

㉠ 충동단으로 구성, 노즐내에서 터빈으로 증기를 팽창시켜 운동량의 변화에 의해 생기는 충동작용을 이용

㉡ 증기는 노즐 통과시 팽창, 압력 강하, 속도가 증가

㉢ 증기가 노즐에서 나와 날개사이를 통과하는 동안 압력강하 없으며, 속도에너지를 잃음

② 반동터빈

㉠ 증기가 날개를 나올 때의 반동을 이용

㉡ 증기가 축방향으로 흐르는 것이 많아 축류터빈이라 함

㉢ 회전 날개를 통과하는 동안 증기의 압력변화 생김(내려감)

㉣ 많은 고정날개와 회전날개를 축방향으로 번갈아 배치

㉤ 고정 노즐은 없음

㉥ 증기가 고정날개와 회전날개 사이를 흐르는 동안 압력이 차례로 강하, 온도 강하 →열에너지를 운동에너지로 변환시킴

㉦ 충동터빈보다 날개 속의 속도가 느려 회전수를 저하 가능, 대용량으로 효율 좋다.

1-4 기타 기관

1. 가스터빈 : 연소실에서 연소한 열에너지로 터빈을 회전

(1) 가스터빈의 이상사이클(브레이톤 사이클)

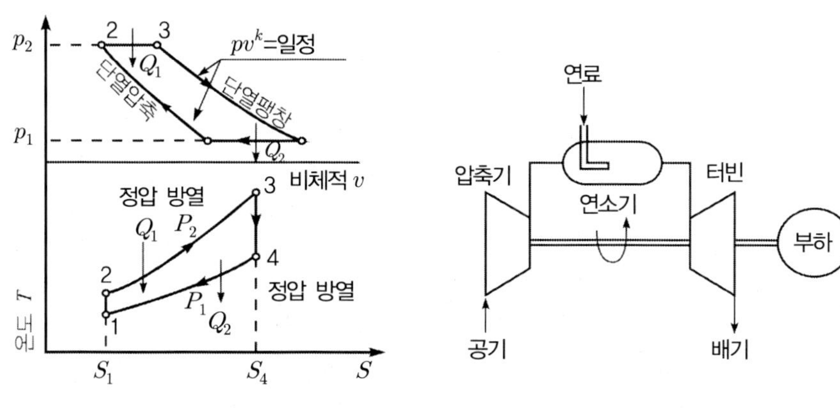

그림 4-9 브레이톤 사이클

그림 4-10 가스터빈의 구성

① 압축기 : 공기를 흡입하여 압축한 후 연소기로 보냄
② 연소기 : 압축기의 공기에 연료를 혼합/점화시켜 연소→고온고압의 가스발생
③ 터빈 : 고온고압의 가스가 터빈의 날개를 통과하면서 팽창→회전축이 회전

(2) 가스터빈의 특징(왕복운동기관과 비교)

① 구조가 간단하고 출력의 범위가 넓다.
② 직접 회전운동을 얻으므로 토크변동과 진동이 크다.
③ 고속회전이 용이하며 기관출력당 중량이 가볍다.

2. 제트기관

① 기관내부에서 연소한 연소가스를 후방으로 분출시켜 그 반동력으로 추력을 얻는 원동기
② 압축기, 연소기, 터빈으로 구성
③ 제트기관의 종류
㉠ 터보제트 기관
㉡ 램제트 기관
㉢ 펄스제트 기관

3. 로터리기관

(1) 로터리 기관의 특징

① 회전 운동을 하므로 진동이 적다.
② 동일 배기량당 출력이 왕복형 기관보다 크다.
③ 크랭크 기구가 없어 기계적 손실이 적다.
④ 회전력의 변동 및 소음이 적다.
⑤ 출력당 중량 및 체적이 적다.
⑥ 고속 회전이 용이하다.
⑦ 연소실 온도가 낮아 NOx 발생이 적다.

(2) 로터리 기관의 작동

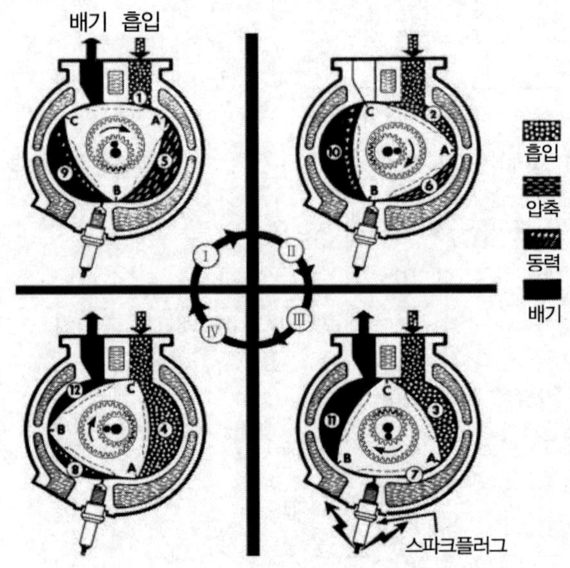

그림 4-11 로터리 기관의 작동(출처 : NAVER)

① 로터 속에 편심축이 조립됨
② 로터(회전피스톤)에 작용하는 폭발력이
③ 로터의 회전에 따라 흡입 → 압축 → 폭발(동력) → 배기를 행한다.
④ 편심축에 표시된 작은 흑색점(•)이 270°우회전할 시 로터의 원호는 단지 90°만 우회전
⑤ 즉, 편심축이 3회전하는 동안 로터는 단지 1회전
⑥ 다시말해, 로터가 1회전하면 → 3개의 연소실은 각각 1회의 동력행정(모두 3회의 동력행정을 수행) → 편심축은 3바퀴 회전을 의미

유체기계

2-1 유체의 기초

1. 유체(액체와 기체)의 기본적 성질

(1) 압축성유체와 비압축성유체

① 압축성유체 : 외부 힘에 의해 체적이 감소되는 성질(보통 기체)

② 비압축성유체 : 외부 힘에 의해 체적변화가 없는 성질

(2) 이상유체와 점성유체

① 이상유체 : 유체운동에서 점성을 무시할 수 있는 유체

② 점성유체(실제유체) : 점성을 무시할 수 없는 유체

(3) 유체의 성질

① 밀도 : 부피의 단위당 질량

② 비중 : 어떤 물질의 질량과 같은 체적의 표준물질(물은 4℃, 공기는 0℃의 1기압)의 질량 비

③ 표면장력 : 액체의 표면이 스스로 수축하여 작은 면적을 취하려는 힘

④ 모세관현상 : 가는 대롱의 액체 높이가 대롱밖에서 보면 높거나 낮아지는 현상

2. 압력의 세기

① 물속에서의 압력(P) 세기는 비중량(γ)과 깊이(h)에 비례한다.

② 물속의 원면적(A)에 원기둥의 물이 작용하는 전수압(F)이라 하면

압력세기$(P) = \dfrac{F}{A} = \gamma \times h$ $(\mathrm{kgf/cm^2})$

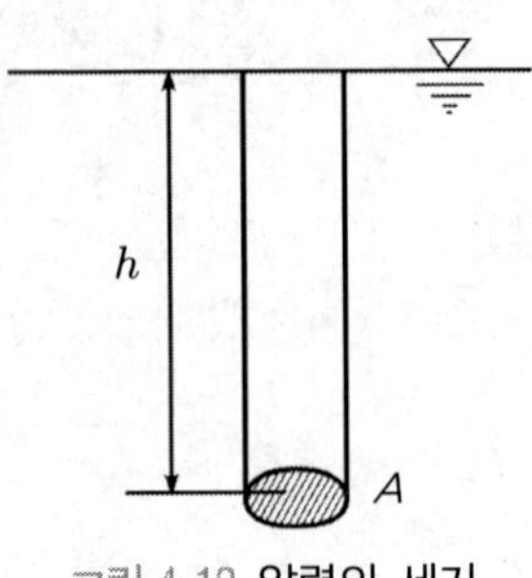

그림 4-12 압력의 세기

3. 파스칼의 원리

① 밀폐된 계(용기)에 있는 유체의 일부분에 가한 압력은 밀폐 계 내의 모든 곳에서 균일하게 전달(식으로 표현하면, $P_1 = P_2 = C$)

② 각 피스톤의 면적을 A_1, A_2라 하고, 피스톤 작용힘을 F_1, F_2라 하면

$$P = \frac{F_1}{A_1} = \frac{F_2}{A_2}$$

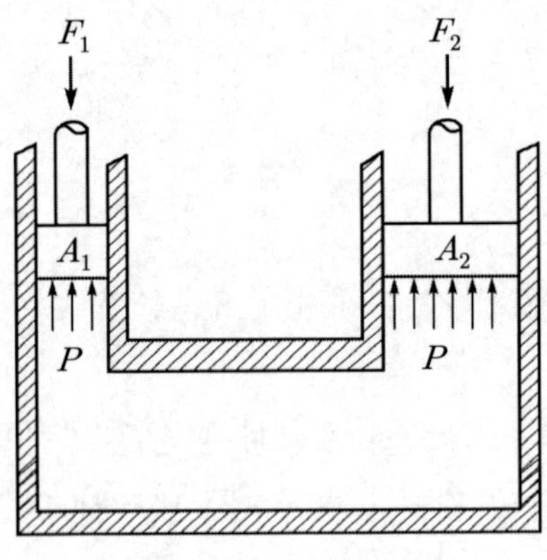

그림 4-13 파스칼의 원리

4. 연속방정식

(1) 질량유량 연속방정식

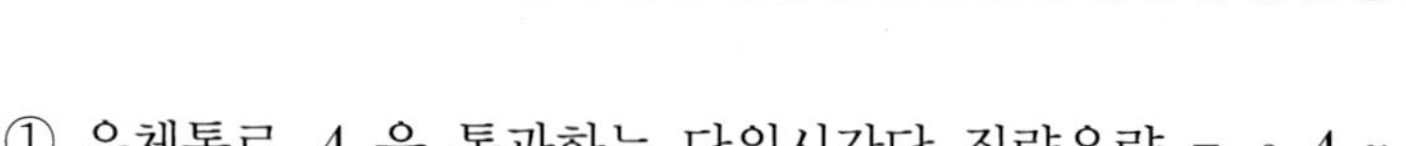

① 유체통로 A_1을 통과하는 단위시간당 질량유량 = $\rho_1 A_1 v_1$

② 유체통로 A_2을 통과하는 단위시간당 질량유량 = $\rho_2 A_2 v_2$

ρ_1은 상태1에서 밀도, v_1은 상태1에서 속도, ρ_2은 상태2에서 밀도, v_2은 상태2에서 속도

③ 질량유량$(m) = \rho_1 A_1 v_1 = \rho_2 A_2 v_2 \ (kg/s)$

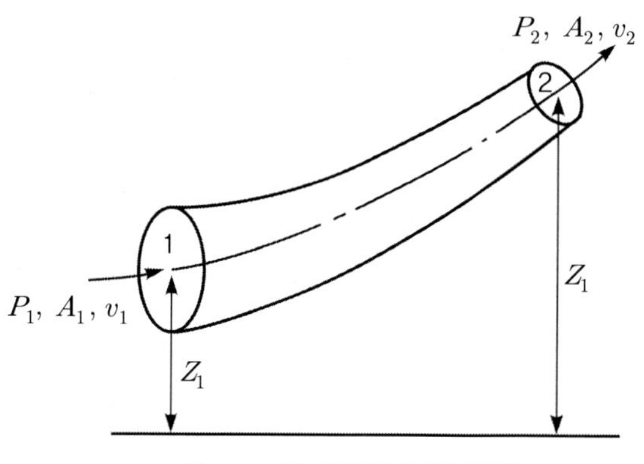

그림 4-14 연속방정식(질량유량)

(2) 유량연속방정식

① 위 방정식에서 상태1과 상태2의 작용유체가 같다면 비중량은 같다.$(\rho_1 = \rho_2)$

② 이를 적용하면

$$\text{유량}(Q) = A_1 v_1 = A_2 v_2 \ (m^3/s)$$

5. 베르누이 방정식

① 오일러의 운동방정식에서 적분한 다음 밀도가 일정$(\rho = C)$할 경우

$$\frac{P}{\rho} + \frac{v^2}{2} + gZ = C(\text{상수})$$

② 양변을 g로 나누면 → $\dfrac{P}{\rho g} + \dfrac{v^2}{2g} + Z = H(\text{일정})$

이를 달리 표현하면 $\dfrac{P_1}{\gamma} + \dfrac{v_1^2}{2g} + Z_1 = \dfrac{P_2}{\gamma} + \dfrac{v_2^2}{2g} + Z_2$

이를 베르누이 방정식이라 한다.($\dfrac{P}{\gamma}$:압력수두, $\dfrac{v^2}{2g}$:속도수두, Z:위치수두, H:전수두)

6. 관속의 유체운동

① 관의 지름을 d, 관마찰계수를 f, 유체의 속도를 v, 관의 길이를 l이라면

손실수두$(H_L) = f \times \dfrac{l}{d} \times \dfrac{v^2}{2g}$

② 관마찰계수

층류: $f = \dfrac{64}{Re}$, 난류 : $\dfrac{1}{\sqrt{f}} = 0.86\ln(Re\sqrt{f}) - 0.8$

③ 관로의 부차적 손실

단면변화, 엘보우 밸브 및 기타 관의 부품에서 생기는 손실을 부차적 손실이라 한다.

부차적 손실수두$(H_L) = K \times \dfrac{v^2}{2g}$ (K는 손실계수)

7. 유량측정

(1) 벤튜리관

직관의 단면적을 점차적으로 감소하고, 그 부분에서 유속의 차이에 따른 압력차를 측정함으로써 유량을 구하는 관

$$Q = c_d A_2 v_2 = c_d \frac{A_2}{\sqrt{1-(\frac{A_2}{A_1})^2}} \times \sqrt{2gh}\ (\mathrm{m^3/s})$$

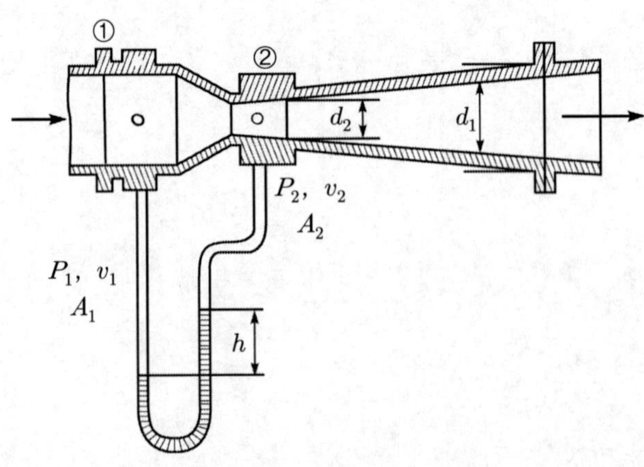

그림 4-15 벤튜리관

(2) 위어

3각 혹은 4각의 관로(덮개가 없음)에 흐름을 방지하는 막을 설치할 경우 유량측정

① 3각 위어 : $Q = \dfrac{8}{15} c_1 \tan\dfrac{\theta}{2} \sqrt{2g}\, H^{\frac{5}{2}}\,(\mathrm{m^3/s})$

② 4각 위어 : $Q = \dfrac{2}{3} c_2 b \sqrt{2g}\, H^{\frac{3}{2}}\,(\mathrm{m^3/s})$

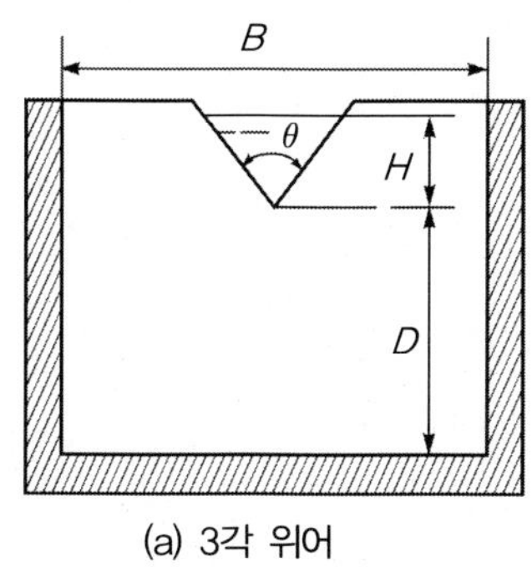

(a) 3각 위어

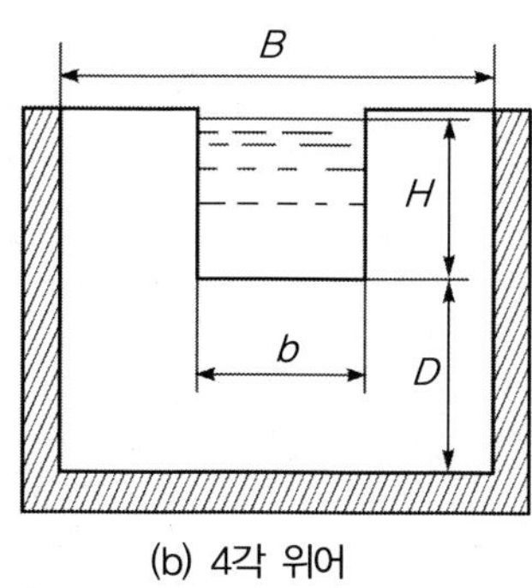

(b) 4각 위어

그림 4-16 위어(3각, 4각)

(3) 피토우관

유체의 흐름이 그 속에 있는 장애물에 충돌하는 경우에 앞 끝에 생기는 압력상승을 측정하여 유속 측정 계기

$$v_2 = K\sqrt{\frac{2g}{\gamma}(P_1 - P_2)} = K\sqrt{2gh}$$

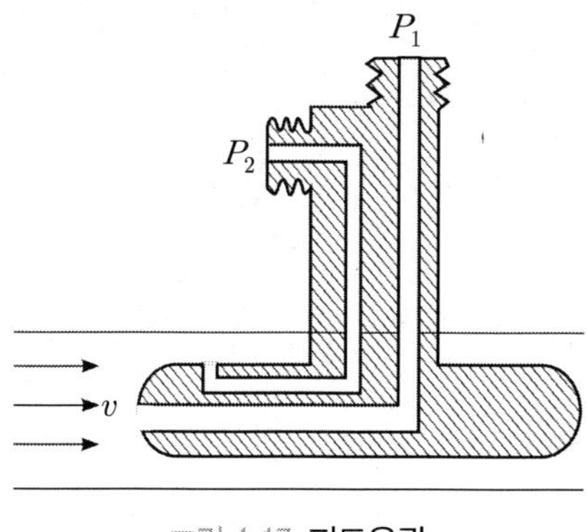

그림 4-17 피토우관

(4) 오리피스

물탱크의 측면에 뚫은 구멍으로부터 유체를 유출시킬 시 이 구멍을 말함

$v_2 = c_v \sqrt{2gh}\,(\mathrm{m/s}),\quad Q = c_v A_2 \sqrt{2gh}\,(\mathrm{m^3/s})$

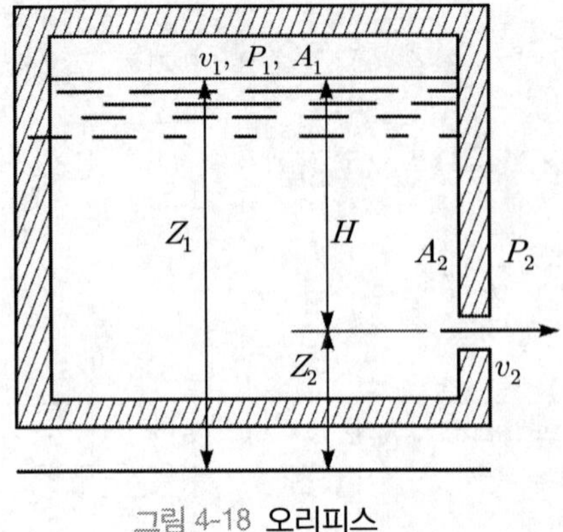

그림 4-18 오리피스

2-3 유체기계

1. 수차의 종류

① 중력수차 : 물이 낙하할 시 중력에 의해 수차 회전(예 : 물레방아)
② 충격수차 : 물의 속도에너지에 의해 물의 충격력으로 수차 회전(펠톤수차)
③ 반동수차 : 물이 날개차를 통과하는 사이에 물의 압력과 속도에너지로 수차 회전(프란시스수차, 프로펠러수차)

2. 수차의 낙차(유효낙차)

① 총낙차(H_g) : 총수두
② 유효낙차$(H) = H_g - (h_1 + h_2 + h_3)(m)$ (여기서 h는 각 손실수두)

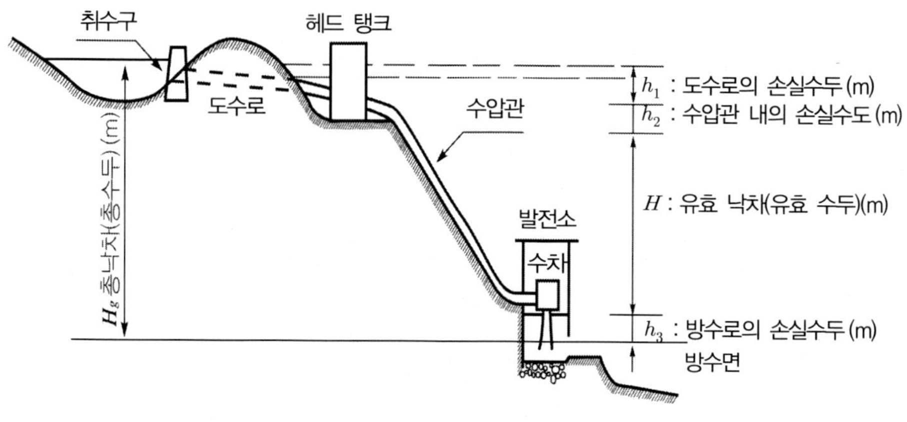

그림 4-19 유효낙차(손실수두)

3. 수차의 출력

① 출력(H_p)은 압력(P)과 유량(Q)의 곱이다.($H_p = P \times Q$)

② 수차의 출력(H_p) $= P \times Q = \gamma h \times Q$

4. 원심펌프

(1) 안내깃 유무에 따른 분류

① 볼류트펌프(volute pump) : 회전차의 바깥둘레에 접하여 볼류트케이싱, 안내깃이 없음

② 디퓨즈펌프(diffuser pump) : 회전차의 바깥둘레에 안내깃을 갖는 펌프

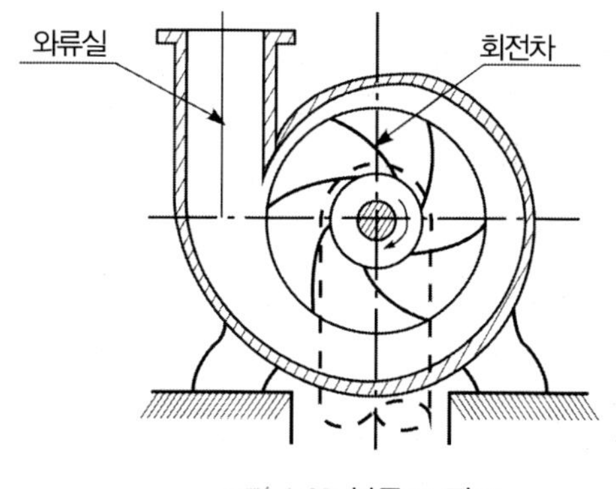

그림 4-20 볼류트 펌프

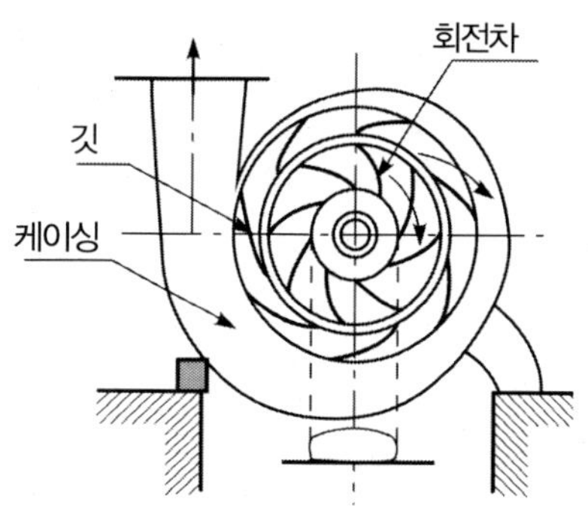

그림 4-21 디퓨즈 펌프

(2) 양정과 유량

① 펌프의 입구를 상태1, 펌프의 출구를 상태2, 상태1과 2에서의 에너지 차=총양정(H)

② 베르누이 방정식을 도입

$$\frac{P_1}{\gamma}+\frac{v_1^2}{2g}+Z_1+H=\frac{P_2}{\gamma}+\frac{v_2^2}{2g}+Z_2 \rightarrow H=\frac{P_2-P_1}{\gamma}+\frac{v_2^2-v_1^2}{2g}+(h_2-h_1)$$

여기서, 압력계 설치 높이 차이 $= h_2 - h_1$

③ 이를 조금 변형하여, 펌프 입구의 흡입구 상태를 1, 펌프출구의 배출구 상태를 2하면

$$H=\frac{P_2-P_1}{\gamma}+\frac{v_2^2-v_1^2}{2g}+H_a(\text{실양정})+h_L(\text{손실수두})$$

(3) 원심펌프 전달 동력$(H_p) = P \times Q = \gamma h \times Q$

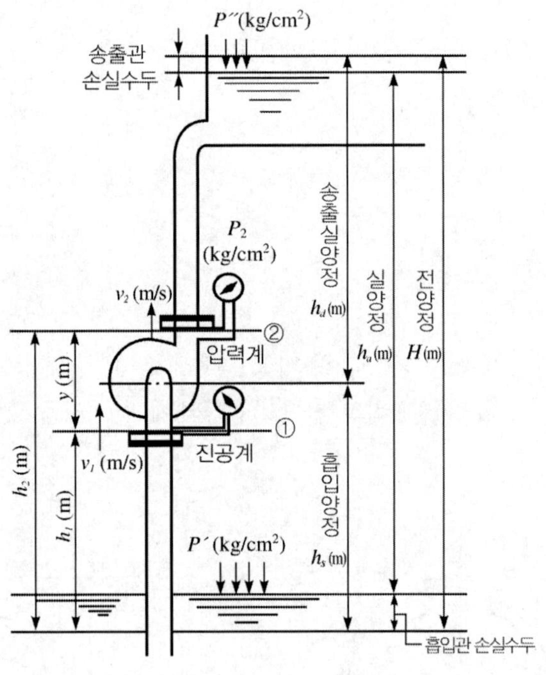

그림 4-22 **양정**

5. 캐비테이션(cavitation, 공동현상)

(1) 관속을 물이 유동할 시 어느 지점의 물 정압이 물의 증기압보다 낮게 되어 증기가 발생하는 현상

(2) 발생시 현상

① 양정곡선 및 효율곡선의 저하(효율감소)
② 소음과 진동 발생
③ 깃에 대한 침식 발생

(3) 방지법

① 펌프의 설치 위치를 낮춘다.(흡상 : 펌프를 액면 가깝게, 압상 : 액면에서 가능한 낮게) →유효흡입 수두를 증가시킨다.
② 단흡입 펌프를 양흡입 펌프로 만듦
③ 흡입관 손실을 작게 한다.
④ 펌프 회전수를 작게 한다.

6. 수격과 서징

(1) 수격

관 속의 물 흐름에서 급격한 밸브 닫힘(열림) 등으로 인한 흐름 차단(감속)되면 관 속의 압력상승→압력파가 생성되어 물속을 전파

(2) 서징

펌프(송풍기) 운전시 송출압과 송출량이 주기적으로 변동하여 운전상태를 변화하지 않으면 지속적으로 그 변동이 유지되는 현상

7. 축류, 왕복, 회전펌프

① 축류펌프 : 유량이 크고, 양정이 10m이하인 저양정에 알맞음
② 왕복펌프 : 피스톤, 플런저의 왕복운동으로 액체를 흡입하고 송출하는 펌프, 저유량 고양정에 적합(피스톤펌프, 플런저펌프)
③ 회전펌프 : 로터(날개형, 기어형)와 케이싱으로 구성(나사펌프 포함)

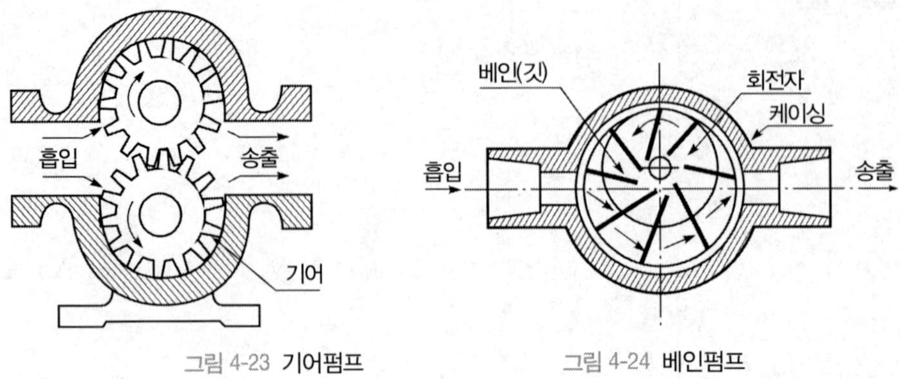

그림 4-23 기어펌프

그림 4-24 베인펌프

2-3 유압기기와 회로

1. 유압기기의 특성

장점	단점
• 높은 압력을 이용하기 때문에 작은 힘(입력)으로 큰 힘(출력)을 낼 수 있다. • 유압유가 윤활유 역할을 겸함(윤활할 필요 없음) • 비압축성의 유체를 이용하므로 정확한 위치제어가 가능 • 힘과 속도를 무단으로 쉽고 정확하게 제어가 가능	• 고압에서 사용하므로 비교적 부품의 크기가 큼 • 부품의 가격이 비교적 비쌈 • 온도에 민감, 유압유의 오염과 누유, 이물질이 성능에 영향을 미침 • 작업속도가 느림

2. 유압기기의 구성

(1) 유압펌프

전동기(모터)나 내연기관과 연결되어 기계적 에너지(회전)를 유체에너지(압력, 유량)로 변환시키는 기기

(2) 유압제어밸브

① 방향제어밸브 : 유압의 흐름을 차단 혹은 흐름의 방향을 전환(체크밸브 포함)
(체크밸브 : 한쪽 방향으로만 유체 흐름, 역류는 되지 않음)

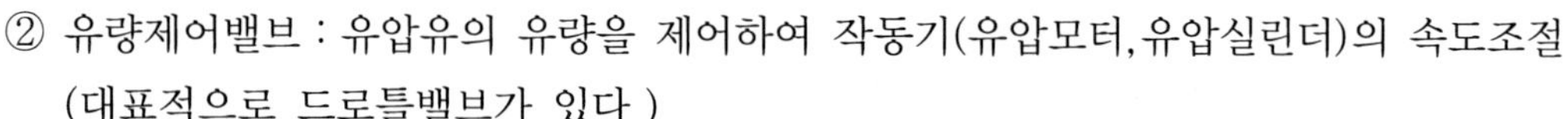

② 유량제어밸브 : 유압유의 유량을 제어하여 작동기(유압모터,유압실린더)의 속도조절 (대표적으로 드로틀밸브가 있다.)

③ 압력제어밸브 : 유압시스템의 압력을 제한하거나 조절
(릴리프밸브 : 유압시스템의 최고 압력을 제한하거나 설정하는 밸브
감압밸브 : 입력되는 높은 압력을 낮은 출구압력으로 조절해주는 밸브)

(3) 작동기(액추에이터)

① 유압실린더 : 유압에너지를 기계적에너지(직선 왕복운동)로 변환

② 유압모터 : 유압에너지를 기계적에너지(회전운동)로 변환

3. 유압제어회로

① 압력제어회로 : 유압장치의 압력 조정, 부하 조정
(무부하회로, 감압회로, 증압회로, 시퀀스회로)

② 속도제어회로 : 작동기에 공급되는 유량을 제어

㉠ 미터인 방식 : 작동기 입구에 유량제어밸브 설치

㉡ 미터아웃 방식 : 작동기 출구에 유량제어밸브 설치, 블리드오프 방식)

③ 방향제어회로 : 작동기의 방향이 바뀌는 것을 방지하거나 필요에 따라 전환

④ 카운트밸런스회로 : 인장력을 받은 쪽에 압력을 만들어 끄는 힘에 저항

2-4 공압기기와 회로

1. 공압기기의 특성

구 분	특 성
직선운동	• 구조가 간단한 공압실린더로 쉽게 구현 • 1~2m/s정도의 빠른 속도 가능→균일속도 얻기 힘듬
회전운동	• 공압모터를 이용 빠른 회전 가능→효율 나쁘고 운전비용이 많이 듬 • 정지 시 에너지 소비 없이 큰 토크 얻음
조절성	• 힘은 압력조절밸브, 속도는 유량조절밸브와 급속조절밸브 이용하여 쉽게 조절
주변환경의 영향	• 온도변화에 둔감, 화재 위험이 없음 • 주위의 온도가 낮을 경우 : 압축공기중의 수분 응축으로 결빙의 위험

2. 공압기기 기본 시스템

① 공기압축기 : 전동기(모터)에 의해 공기를 압축(공기 압력에너지로 변환)
② 공기여과기 : 공압 제어 회로 속의 이물질, 수분, 불순물을 제거 → 공기 정화(건조공기)
③ 레귤레이터 : 공기압축기로부터 설정된 1차압력을 다시 작업라인에 알맞은 압력으로 조정(즉, 2차 압력을 항상 일정하게 유지)
④ 윤활기 : 공기 여과기의 건조공기에 액추에이터(작동기)나 제어밸브가 원활히 작동할 수 있는 윤활유 공급

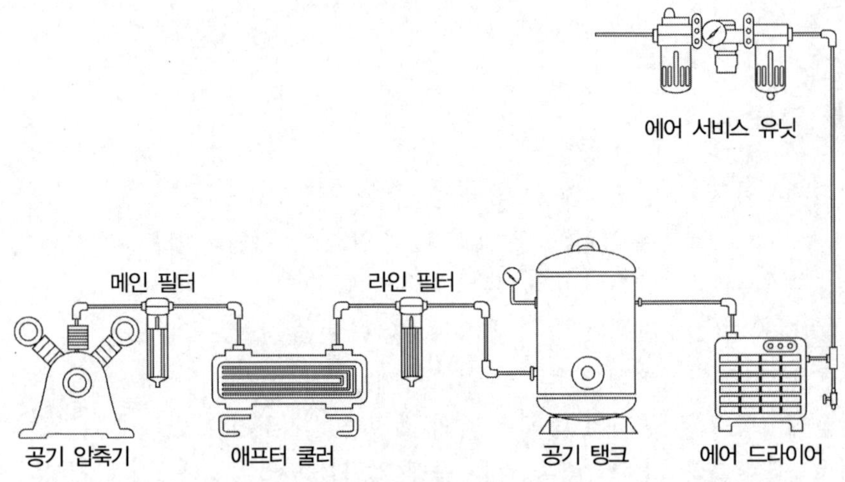

그림 4-25 공압기기 기본 시스템

3. 공압 액추에이터(작동기)

(1) 공압 실린더(왕복 직선운동)

① 단동실린더 : 한방향의 운동에만 압축공기 사용, 반대방향은 스프링, 로드의 자중으로 복귀
② 복동실린더 : 압축공기를 실린더의 양쪽에 공급하여 피스톤을 전진, 후진 운동

(2) 공압모터(회전운동)

① 압축공기 에너지를 기계적 회전에너지로 변환

② 특징

㉠ 전동기와 비교시 시동과 정지가 원활, 정회전과 역회전 변환이 간단,

㉡ 공기의 압축성 때문에 회전속도가 부하의 영향을 쉽게 받음

㉢ 그러나, 과부하에 대해 안전하고 폭발성 분위기 속에서도 안전하게 사용

4. 공압제어밸브

(1) 압력제어밸브 : 공기의 압력을 제어하는 밸브

① 압력조절밸브 : 출력되는 압력을 일정 압력 이하로 조절

② 압력제한밸브 : 입력되는 압력을 일정 압력 이하로 유지

③ 압력시퀀스밸브 : 일정압력에 도달하면 제어신호를 출력시켜 줌

(2) 방향제어밸브 : 공기흐름의 시작과 정지, 흐름방향을 제어

(3) 유량제어밸브 : 유체의 흐르는 양을 제어 → 속도가 제어됨

양방향 제어밸브, 일방향 유량 제어밸브, 급속 배기밸브

제3장 공기조화설비

3-1 공기조화의 기초

1. 실내공기 환경기준

인체에 적합한 온도, 상대습도, 기류, 청정도 등은 쾌적하게 생활하는데 필수적인 요소이다. 현 실내공기 환경기준은 그림과 같다.

그림 4-26 실내공기 환경기준

여기서, ppm은 parts per million의 약자로 100만분의 1을 뜻한다.

(1) 온도

① 건구온도 : 수은(알코올)을 이용한 감온부 온도를 측정(보통 온도)

② 습구온도 : 감온부의 무명천에 물을 적셔 2.5~5m/s의 풍속으로 3분정도 통풍시킨 다음 측정한 온도(상대습도, 불쾌지수를 구하는데 사용)

(2) 습도

① 절대습도 : 건조공기 1kgf을 함유하고 있는 수증기 중량을 말함

② 상대습도 : $1m^3$의 습 공기 중에 함유한 수분의 중량(kgf)를 동일 온도의 $1m^3$의 포화습공기 중에 함유한 수분의 중량(kgf)으로 나눈값(비,%)

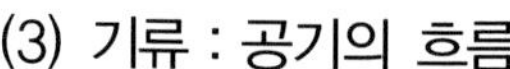

(3) 기류 : 공기의 흐름

① 기류속도 1.5m/s 이상 : 피부자극, 가벼운 물건 날림 → 불쾌감을 줌

② 기류속도 0.1m/s 이하 : 답답함을 느낌

(4) 청정도

① 공기 중 먼지의 양, 일산화탄소나 이산화탄소 함유율, 기류, 상대습도, 환기횟수, 압력 등에 따라 실내청정도는 달라짐

② 공기청정의 단위 : CLASS(1m^3안에 있는 0.5μm 크기의 먼지 개수)

2. 목적

① 근무환경을 개선 → 생산능력 향상

② 작업상의 과오를 줄임 → 업무능력을 향상

③ 피로 등을 줄임 → 종합적 측면에서 비용 절감

3. 구성 : 열원장치, 열운반 장치, 공기조화기, 자동제어장치

(1) 열원장치

열(더운 열, 차가운 열)을 만드는 장치로 보일러와 냉동기가 있다.

(2) 열운반장치

① 펌프 : 열원장치에서 만들어진 열매체(냉수, 온수, 증기 등)를 필요한 장소까지 운반

② 덕트 : 냉풍과 온풍을 운반하기 위한 관

③ 배관 : 열매체(냉수, 온수) 이동 통로

(3) 공기조화기

① 열원 기기로부터 열매체(냉수, 온수, 증기 등)를 공급받아 실내로 공급되는 공기를 필요 조건에 적합하도록 만드는 기기

② 구성 : 먼지를 제거하는 필터, 항온을 위한 가열 및 냉각코일, 항습을 위한 가습기

(4) 자동제어장치

공기조화장치 및 설비를 원하는 조건에 따라 최상의 상태로 운전하기 위한 제어밸브, 댐퍼, 정지 장치 등

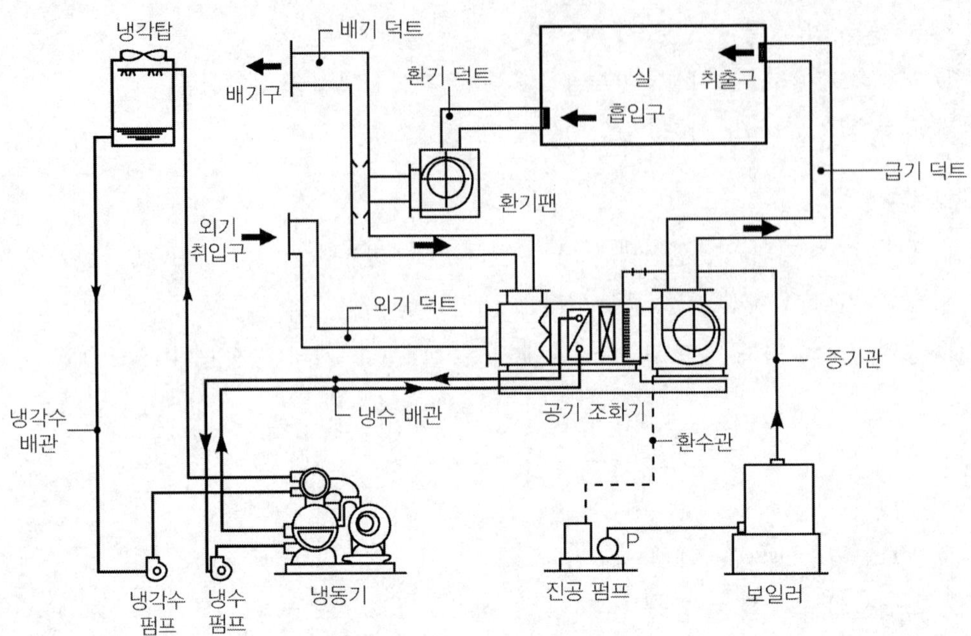

그림 4-27 공기조화장치의 구성

3-2 공기조화 방식

1. 열분배 제어방식에 의한 분류

(1) 건물 전체 제어방식

① 건물 전체를 1대의 공조장치로 여름엔 냉풍, 겨울엔 온풍을 공급, 하나의 덕트 계통으로 각 방에 일정한 풍량을 송풍

② 각 실별로 너무 덥거나 추울 수 있음

③ 한 개의 실을 사용해도 전체를 가동(단점)

(2) 일정 구역 제어 방식

① 공기조화 실시 구역을 몇 개로 분할, 각 구역에 대한 공기조화 계통을 나눔

② 공기조화 운전을 경제적으로 함, 온도 및 습도 조건을 각 구역별로 조정

2. 운반되는 열매체에 따른 분류

열매체를 운반하는 방법에 따라 공기방식, 물방식, 물과 공기방식, 냉매방식으로 구분

구분	개념도	특징
공기 방식	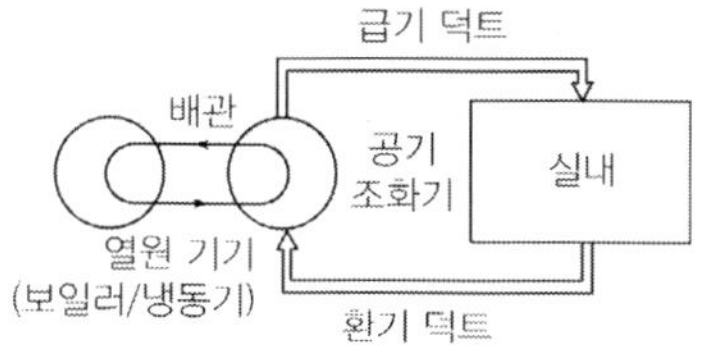 급기 덕트 배관 공기 조화기 실내 열원 기기 (보일러/냉동기) 환기 덕트	• 공기로 냉풍/온풍 만들고, 덕트로 각 실에 공급 • 물 사용않음, 누수/부식/동파 없음 • 대형 덕트 필요, 많은 덕트공간/대형 공조기계실 필요(단점)
물 방식	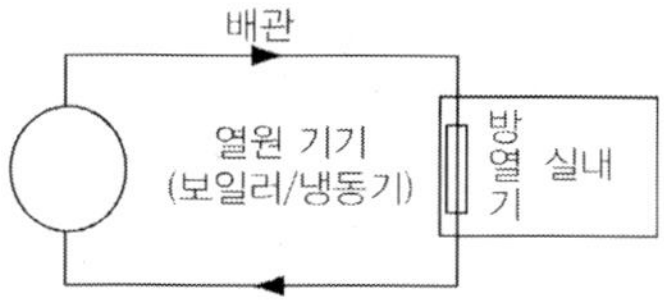 배관 열원 기기 (보일러/냉동기) 방열기 실내	• 냉수와 온수를 실내로 공급하여 실내장치로 공기를 냉각/가열 방식 • 실내의 열 처리가 가능 • 외기를 틈새/창문에 의지 →공기 정화/환기가 불충분(단점)
물 + 공기 방식	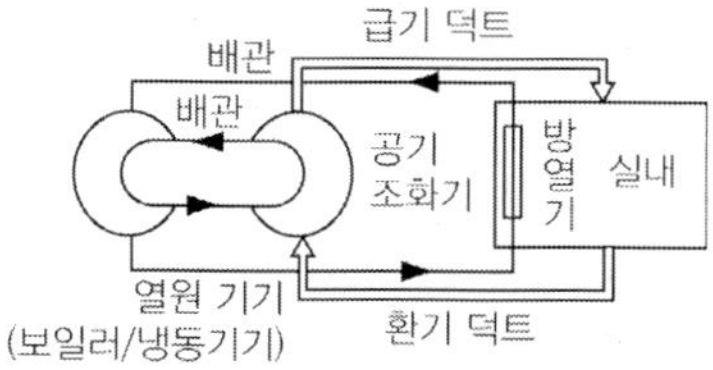 급기 덕트 배관 배관 공기 조화기 방열기 실내 열원 기기 (보일러/냉동기기) 환기 덕트	• 열원장치에서 만든 냉수/온수/증기를 실내에 설치한 열교환장치로 보냄 • 물 사용배관이 공간을 적게 차지 • 송풍을 이용→실내공기 청정하게 함 • 누수/동파 염려, 필터 정기적 청소
냉매 방식	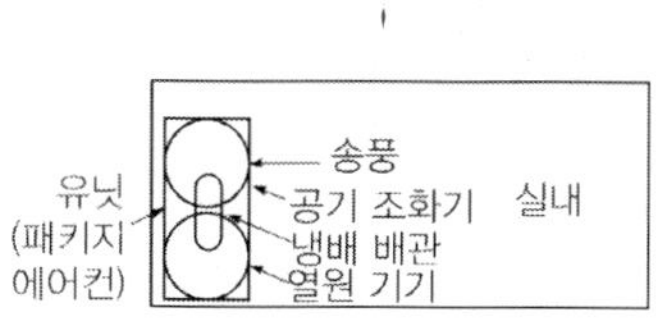 유닛 (패키지 에어컨) 송풍 공기 조화기 냉배 배관 열원 기기 실내	• 공기조화 장치 속에 냉각/가열/송풍하도록 열원기기 두고, 실내공기를 냉각/가열(실외기:공기/물을 열교환) • 각 실 개별 사용, 대량생산, 제작비 줄임, 설치와 이동 쉬움, 비교적 작은 용량으로 쉽게 운전 • 설치장소 많아져 관리 어려움(단점)

3-3 공기조화용 기기

1. 공기조화장치

공기를 가열, 냉각, 가습, 여과, 세정하는 장치

(1) 공기가열기와 냉각기

① 공기 직접 열교환 방식

공기냉각 코일을 중앙 공기 조화기와 덕트 속에 설치, 냉매 배관을 접속, 냉매가 온도 및 압력 조건에 따라 끓으면서(기화하면서) 주위 공기를 직접 냉각

② 공기 간접 열교환 방식

튜브 속에 흐르는 냉수 및 온수의 열이 코일을 통과하는 공기에 전달

(2) 공기감습기와 가습기

① 공기 냉각 코일을 사용하여 냉각하는 것이 일반적

② 흡습성이 있는 고체나 액체에 공기를 접촉시켜 감습

(3) 여과기(filter) : 공기 중의 유해가스나 먼지 등을 걸러 줌

2. 공기분배장치

기계실에서 만들어진 공기를 실내로 공급하는 장치

(1) 송풍기

기계적 에너지를 이용→공기를 압력과 속도 에너지로 원하는 곳으로 보내는 장치

(2) 덕트

급기 덕트와 환기 덕트로 분류

(3) 외기 도입구

바깥 공기를 도입하는 부분

① 유효개구율 : 외기 도입구 전체면적에 대한 공기 투과비률이 45%이상

② 보행자 통로의 배기구 도입구는 설치에 유의

(4) 취출구와 흡입구

① 취출구 : 공기를 충분히 혼합 → 원하는 곳에 도달토록 기류 발생시키는 공기분포장치
→ 기류속도 : 여름에는 0.5m/s, 겨울에는 0.3m/s

② 흡입구 : 실내 천장, 벽, 바닥에 설치되어 실내 공기를 흡입하는 부분

(5) 댐퍼

덕트에 설치되어 공기(가스)의 송풍량을 가감

3. 공기조화용 자동제어 기기

공기조화장치의 효율적인 운전을 위함

① 온도조절기 : 열교환기, 팬코일 유닛 등에 장착하여 온도 조절

② 습도조절기 : 전자밸브나 계전기를 조절하여 가습(제습)을 행함

③ 압력검출 및 조절기 : 압력변화를 검출하여 스위치 동작으로 제어

④ 밸브와 콕 : 냉/온수/증기 유량 제어를 위해 부착

적중예상문제

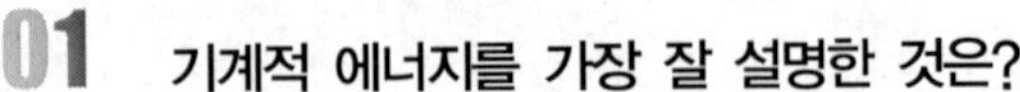

01 기계적 에너지를 가장 잘 설명한 것은?

① 위치에너지 ② 운동에너지
③ 열 에너지 ④ 위치에너지+운동에너지

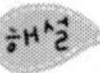

기계적 에너지는 위치에너지와 운동에너지의 합을 말한다.

 ④

02 열기관에 사용되는 에너지원은?

① 수력에너지 ② 화석연료
③ 원자력에너지 ④ 태양에너지

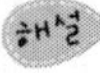

열기관은 화석연료를 에너지원으로 사용하여 화학반응에 의한 열을 생성하고, 이 열은 온도상승과 팽창으로 일을 하게 되는 기관이다. 일을 하는 부속품으로는 피스톤의 직선운동을 크랭크축을 회전운동시키는 크랭크기구가 대표적이다.

 ②

03 P–V선도(지압선도)에서 사이클 내부의 면적은?

① 열량 ② 압력
③ 일 ④ 체적

P-V선도의 면적(넓이)은 P×V를 뜻하므로, $P\times V$를 단위로 표현해보면,
$P(\mathrm{kgf/m^2})\times V(\mathrm{m^3})=(\mathrm{kgf-m})$ 즉, 이 결과의 단위를 보면 일이 나왔음을 알 수 있다.

 ③

04 정적 사이클에 속하는 기관은?

① 디젤기관 ② 가솔린기관
③ 소구기관 ④ 복합기관

정적사이클은 다른 말로 오토사이클을 말한다. 정적사이클은 가솔린기관의 이상기체사이클이다.

정답 ②

05 오토 사이클에서 열효율을 높이는 방법은?

① 압축비를 낮춘다.
② 압축비를 높인다.
③ 단절비를 낮춘다.
④ 체절비를 높인다.

해설

가솔린기관의 열효율 공식을 살펴보면,

$\eta_{tho} = 1-(\frac{1}{\epsilon})^{k-1}$으로 표현된다. 즉, 분모에 압축비($\epsilon$)가 있어 클수록 분수값은 작아지고, 효율($\eta_{tho}$)은 증가함을 알 수 있다.

정답 ②

06 압축비 16.5, 단절비 1.5인 디젤기관의 이론 열효율(%)은?(단, 비열비는 1.3이다)

① 51
② 54
③ 58
④ 63

해설

압축비가 ϵ이고, 단절비를 σ라 하면

$\eta_{thd} = 1-(\frac{1}{\epsilon})^{k-1}\frac{\sigma^k-1}{k(\sigma-1)} = 1-(\frac{1}{16.5})^{1.3-1}\frac{1.5^{1.3}-1}{1.3(1.5-1)} = 0.5395$이다.

정답 ②

07 고속디젤기관에 가장 적합한 사이클은?

① 사바테 사이클
② 정압사이클
③ 정적사이클
④ 디젤사이클

해설

고속디젤기관의 이상사이클은 복합사이클 혹은 사바테 사이클이라고 한다.

정답 ①

08 사바테 사이클의 열효율에서 단절비를 1일 때, 열효율이 같은 사이클은?

① 디젤 사이클
② 브레이톤 사이클
③ 오토사이클
④ 에릭슨 사이클

해설

$\rho = \frac{P_3'}{P_2}$로 정적상태에서의 압력상승률을 뜻하며 압력 상승비 혹은 폭발비라 한다.

고속디젤 사이틀의 이론 열효율은 $n_{ths} = 1-(\frac{1}{\epsilon})^{k-1}\frac{\rho\sigma^k-1}{(\rho-1)+k\rho(\sigma-1)}$

그리고, 복합 사이클의 열효율에서 압력상승비(ρ)가 1에 가깝게 하면 정압 사이클에 가까워지고, 분사 단절비(σ)가 1에 가깝게 하면 정적 사이클에 가까워짐을 알 수 있다.

정답 ③

09 최고압력과 가열량이 일정할 때 열효율이 가장 좋은 사이클은?

① 오토 사이클　　② 사바테 사이클

③ 브레이톤 사이클　　④ 디젤 사이클

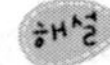

최고압력과 가열량이 일정하면, 오토사이클, 사바테사이클, 디젤사이클 순서로 방출열량이 크지게 된다. 따라서 이론효율은 반대가 되어 $\eta_{tho} < \eta_{ths} < \eta_{thd}$순서가 된다.

정답 ④

10 압축비와 가열량이 일정할 때 열효율이 가장 좋은 사이클은?

① 오토 사이클　　② 디젤 사이클

③ 사바테사이클　　④ 랭킨 사이클

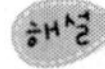

압축비와 가열량이 일정하게 되면, 디젤사이클, 사바테사이클, 오토사이클 순서로 방출열량이 크지게 된다. 따라서 이론효율은 반대가 되어 $\eta_{tho} > \eta_{ths} > \eta_{thd}$순서가 된다.

정답 ①

11 가솔린기관과 디젤기관의 비교 중 가솔린기관의 특징이 아닌 것은?

① 점화장치가 필요하다.

② 디젤기관보다 시동 전동기의 힘이 커야한다.

③ 연료를 흡기다기관에 분사할 필요가 있다.

④ 디젤기관보다 마력당 무게가 작다.

디젤기관은 압축착화기관으로 압축비가 가솔린기관보다 높다. 압축비가 높을 경우 냉시동성이 떨어진다.(압축비 높음이 시동전동기 구동 저항으로 작용한다.)

정답 ②

12 실린더 간극 체적이 행정체적의 20%인 오토 사이클 기관의 열효율은? (단, 비열비 k=1.4)

① 42%　　② 45%

③ 51%　　④ 59%

간극체적(연소실체적)이 20%이므로 실린더의 체적은 행정체적+연소실체적이므로 120% 이다.

그러므로, 압축비$(\epsilon) = \dfrac{\text{실린더체적}}{\text{연소실체적}} = \dfrac{\text{행정체적}+\text{연소실체적}}{\text{연소실체적}} = \dfrac{120}{20} = 6$이다.

$\eta_{tho} = 1 - \dfrac{1}{\epsilon^{k-1}} = 1 - \dfrac{1}{6^{k-1}} = 0.5115$ 이므로 51.16%이다.

정답 ③

13 실린더 지름이 75mm, 피스톤행정이 80mm인 4사이클 4실린더 엔진의 총배기량은?

① 1234cc　② 1287cc
③ 1413cc　④ 2345cc

해설

실린더 1개의 행정체적 ×실린더수 = 총배기량이므로

$$총배기량 = \frac{\pi D^2}{4} \times L \times Z$$ (여기서 Z는 기통수)

$$총배기량 = \frac{\pi \times 7.5^2(cm^2)}{4} \times 8(cm) \times 4 = 1413.7cc$$

정답 ③

14 제동마력이 125PS, 기계효율 η_m= 0.85일 때 도시마력(PS)은?

① 126　② 137
③ 142　④ 147

해설

$\eta_m = \frac{BHP}{IHP} \times 100$, η_m : 기계효율, BHP : 제동마력(PS), IHP : 도시마력(PS)

$IHP = \frac{BHP}{\eta_m} = \frac{125}{0.85} = 147PS$로 계산된다.

정답 ④

15 4행정사이클 가솔린 엔진에서 최대 압력이 발생되는 시기는?

① 배기행정의 끝　② 피스톤의 TDC전 10~15°에서
③ 동력에서에서 TDC 부근　④ 동력행정에서 TDC후 10~15°에서

해설

4사이클의 가솔린엔진은 최대 폭발압력을 피스톤이 상사점 후 10~15°에서 생기도록 점화시기를 조절해야 한다. 보통 상사점 전 5~8° 정도 진각을 시킨다.

정답 ④

16 2사이클 디젤엔진의 소기방식에 속하지 않는 것은?

① 횡단소기식　② 단류소기식
③ 복류소기식　④ 루프소기식

해설

2행정 사이클 디젤엔진의 소기방식에는 횡단 소기(cross scavenging), 루우프 소기(loop scavenging) 및 단류 소기(uniflow scavenging) 등이 있다.

정답 ③

17 내연기관의 출력을 증가시키기 위한 방법으로 틀린 것은?

① 회전수를 높인다.
② 플라이휠을 크게 한다.
③ 평균유효압력을 높인다.
④ 실린더 안지름을 크게 한다.

내연기관의 출력은 $N_b = \dfrac{P \times Q}{75} = \dfrac{P_{mb}\ V_s RZ}{75 \times 60 \times 100}$ 에서 볼 수 있듯이 평균유효압력(P_{mb}), 행정체적(V_s), 회전수(R), 기통수(Z)에 비례함을 볼 수 있다. 또한 행정체적은 실린더직경과 행정의 함수이므로 이에 따라 비례한다.

정답 ②

18 4행정 기관(2행정 기관과 비교)의 단점은?

① 기관이 과열되지 않는다.
② 작동이 확실하고 연료 소비율이 적다.
③ 시동이 용이하다.
④ 실린더 수가 적을 때에는 원활한 운전이 어렵다.

해설

2행정 기관의 경우 크랭크축 1바퀴 마다 1번 폭발을 하므로, 실린더수가 적어도 원활한 운전이 되지만, 4행정기관은 실린더 수가 적으면, 2회전당 1회 폭발하므로 운전이 어려울 수 있다.

정답 ④

19 노킹(knocking)과 조기점화(pre ignition)에 관한 설명이 틀린 것은?

① 조기점화는 연료의 종류 교환하여 억제한다.
② 디젤노크는 연료의 착화지연 기간이 긴 경우 나타난다.
③ 혼합기가 점화플러그 이외의 방법에 의해 점화되는 것을 조기점화라고 부른다.
④ 노킹과 조기점화는 서로 관계는 있으나, 현상은 서로 다르다.

해설

가솔린 엔진의 노킹은 혼합기의 자연발화에 의해서 일어난다. 실린더의 혼합기는 점화플러그에 의해 점화되면 화염면이 생기고 이 화염면이 미연가스 부분으로 점차로 이동되어 연소를 완료하며, 미연가스 부분은 화염면이 진행됨에 따라 고온 고압이 된다. 화염면 전방의 미연 가스는 이 고온고압에 의해 자연발화를 일으킨다. 최초의 점화는 어떤 일부분 혹은 여러 개소에서 동시에 일어나 미연가스 전부가 연소한다. 미연가스의 자연발화에 의해 국부적 압력상승이나 진동이 생긴다. 이와 같이 기관을 두드리는 것과 같은 금속성 음을 내며, 운전이 원활하지 못하게 되는 현상을 노킹이라 한다. 조기점화란 점화플러그, 밸브, 피스톤의 헤드 등에서의 국부적인 열점에 의해 플러그의 점화전에 신기가 연소하는 현상을 말한다. 노킹이 일어나면 엔진이 과열이 되고, 이는 열점을 생성하므로 조기점화를 가져올 수 있다.

정답 ①

20 4행정 사이클 기관과 비교하여 2행정 사이클 기관의 장점은?

① 연료 소비량이 적다.
② 흡·배기 작용이 완전히 구분되어 있다.
③ 저속 운전에 적합하다.
④ 마력당 중량이 적다.

해설
①, ②, ③의 경우 4행정 사이클의 장점이고, 2행정사이클 기관은 밸브기구가 간단하여 마력당 중량이 적으며 출력이 크다.

정답 ④

21 가솔린 엔진의 노킹발생 원인이 아닌 것은?

① 혼합기가 농후하다. ② 점화시기가 빠르다.
③ 엔진의 온도가 높다. ④ 옥탄가가 낮다.

해설
가솔린 노킹의 원인으로는 점화시기가 부정확할(빠를) 때, 압축비가 너무 높을 때, 흡기의 온도와 압력이 높을 때, 실린더나 피스톤이 과열되었을 때, 과부하로 기관을 운전하였을 때, 나쁜 연료(옥탄가가 낮은 연료)를 사용하였을 때 등이다.

정답 ①

22 가솔린은 어떠한 원소의 화합물인가?

① 산소와 수소 ② 탄소와 질소
③ 산소와 질소 ④ 탄소와 수소

해설
가솔린은 원소기호로 C8H18로 표기된다. 즉, 탄소와 수소의 화합물이다. 이 가솔린이 연소하면 산소와 반응하여 완전 연소시 이산화탄소와 물(수증기)이 배출되어야 하지만, 완전연소를 못해서 유해배출가스를 배출하게 된다.

정답 ④

23 연료 파이프의 일부분이 가열될 시 발생하는 현상은?

① 연료 록 현상 ② 베이퍼록 현상
③ 엔진 록 현상 ④ 점화 록 현상

해설
베이퍼록이란 휘발성이 좋은 연료가 연료 라인 내에서 증발하여 파이프 속에 부분적으로 증기가 발생하여 연료 수송이 차단되는 현상을 말한다.

정답 ②

24 디젤기관의 노킹방지 대책이 아닌 것은?

① 착화성이 좋은 연료를 사용한다.
② 압축비를 높여 압축압력 및 압축온도를 높게 한다.
③ 기관의 온도를 높인다.
④ 분사개시 때 분사량을 증가시킨다.

디젤노킹은 주로 저속운전에서 많이 나타난다. 디젤 노킹은 착화지연기간 중에 다량의 분사된 연료(미연 연료)가 화염전파기간 중에 일시적으로 연소하여 실린더 내의 압력이 급격히 상승하여 생긴다. 따라서 분사량을 한꺼번에 많이 분사할 경우 미연소 되어 디젤 노킹을 더 제촉하게 된다.

정답 ④

25 노크 현상을 설명한 것 중 틀린 것은?

① 디젤노크는 혼합기가 일시에 폭발적으로 연소하여 압력이 급상승하는 현상이다.
② 가솔린 노크는 말단가스가 국부적으로 급격히 연소하여 발생하는 현상이다.
③ 디젤노크 및 가솔린 노크는 모두 착화지연이 짧기 때문에 발생하는 현상이다.
④ 디젤노크는 국부적인 압력상승보다는 광범위한 폭발현상이다.

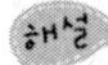

가솔린 기관의 노킹은 화염전파 후기에 모여진 미연가스의 자연착화로 발생하며, 디젤 노킹은 연소과정의 초기에 착화지연기간이 길어진 연료가 다음 과정에서 일시적으로 폭발연소를 이룩하여 압력이 급격히 상승하는 현상을 말한다. 두 기간 모두 자연발화에 의해 노킹이 일어나지만, 가솔린 기관은 압축시 자연발화가 전혀 없어야 하며 디젤기관은 압축시 자연발화가 있으면 있을수록 좋다.

정답 ③

26 옥탄가 85일 때 85란 의미는?

① 세탄의 체적 백분율
② 알파메탈 나프탈렌 체적 백분율
③ 정햅탄의 체적 백분율
④ 이소옥탄의 체적 백분율

옥탄가는 아래와 같은 수식으로 이루어진다.

옥탄가(%) $= \dfrac{\text{이소옥탄}}{\text{이소옥탄} + \text{정햅탄}} \times 100$, 즉 옥탄가 85라는 말은 이소옥탄 85와 정햅탄(노멀햅탄) 15가 혼합된 연료를 말한다.

정답 ④

27 전자제어 연료분사장치(가솔린기관)의 계통 분류에 속하지 않는 것은?

① 흡기계통 ② 연료계통
③ 제어계통 ④ 출력계통

해설

전자제어 연료분사장치의 구성으로 기본적인 계통으로는 연료 계통, 흡기 계통, 제어 계통으로 구성된다. 연료 계통의 주요 기능은 연료를 연료 펌프로부터 압축하여 인젝터로 보내고, 연료 압력 조정기로 연료압력을 항상 일정하게 유지하여 정밀한 분사를 하는 계통이다. 흡기 계통의 주요 기능은 스로틀 밸브나 공기 밸브의 개폐에 알맞은 공기를 실린더에 공급하는 계통으로 흡입 공기량 검출 장치, 스로틀 보디, 서지 탱크 등의 구성품이 있다. 제어 계통의 주요기능은 흡입 공기량, 기관 회전속도, 스로틀 밸브 개도량 등을 검출하여 그 전기 신호를 전자 제어 유닛(electronic control unit, ECU)으로 보내고 냉각수 온도, 흡기 온도, 에어컨스위치 등 여러 가지 센서의 신호에 따라서 공회전속도, 분사 시기, 분사량 등을 제어하는 계통이다.

정답 ④

28 디젤 엔진 연료의 세탄가란?

① α-메틸 나프탈린에 대한 이소옥탄의 비
② 정헵탄에 대한 이소옥탄의 비
③ 세탄과 α-메틸 나프탈린의 합에 대한 세탄의 비
④ 세탄에 대한 이소옥탄의 체적비

해설

세탄값은 가변 압축비 시험 기관(CFR엔진)에 의하여 시험되며, 착화성이 우수한 세탄의 세탄값을 100으로 하고, 착화성이 나쁜 α-메틸라프탈린의 세탄값을 0으로 정한 다음, 이들을 각각 적당한 혼합비로 혼합하여 세탄의 체적 백분율로 세탄값을 나타낸다. 이와 같이 혼합된 연료를 표준 연료로 하고, 시험하고자 하는 연료가 같은 세기의 노크를 발생할 때 표준 연료의 세탄값이 구하고자 하는 연료의 세탄값이 된다.

$$\text{세탄가} = \frac{\text{세탄}}{\text{세탄} + \alpha\text{메틸나프탈렌}} \times 100(\%)$$

정답 ③

29 디젤기관에는 없는 부품은?

① 연료공급펌프 ② 점화코일
③ 발전기 ④ 시동전동기

해설

디젤기관은 압축착화(자기착화)로 연소하는 기관이다. 따라서 스파크 발생을 유도시키는 점화코일이 필요없다. 구형 디젤기관의 연료흐름 순서는 연료탱크 내부에 호스→연료필터→연료분사펌프→노즐(실린더에 분사) 등이다.

정답 ②

30 디젤엔진의 분배형분사펌프 내부의 거버너가 하는 작용은?

① 분사시기 조정 ② 연료 압력 조정
③ 분사압력 조정 ④ 분사량 조정

조속기(거버너)는 엔진의 회전속도나 부하변동에 따라 자동적으로 제어래크를 움직여 분사량을 가감한다. 즉 최고회전속도를 제어하고 동시에 전속운전을 안정시키는 일을 행한다.

정답 ④

31 구형 디젤엔진의 분사펌프에서 딜리버리밸브의 작용이 아닌 것은?

① 연료의 역류 방지
② 연료의 후적 방지
③ 가압된 연료를 분사파이프로 송출
④ 분사량 조정

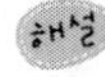

딜리버리 밸브는 규정압력이 되면 열리고, 압력이 급격히 낮아지면 스프링에 의해 닫혀 연료가 역류하는 것을 방지하고, 잔압을 유지시킨다. 또한 급격한 연료압의 저하와 함께 신속히 닫혀서 후적(분사후 노즐에 연료방울이 맺히는 현상)을 방지한다. 분사량 조절은 거버너의 역할이다.

정답 ④

32 자동차의 유해 배출가스와 원인을 잘못 연결한 것은?

① NOx의 배출량 증가-연소온도의 낮음
② CO의 증가-불완전 연소
③ HC의 증가-증발가스의 과대배출
④ CO, HC, NOx의 증가-3원 촉매장치의 파손

해설

질소산화물(NOx)의 배출량은 연소온도가 높을수록 많이 발생한다. 따라서 연소온도를 낮추면 질소산화물의 생성을 억제할 수 있다.(←배기재순환장치의 역할)

정답 ①

33 증기원동기의 기본 사이클은?

① 랭킨 사이클 ②브레이톤 사이클
③ 냉동 사이클 ④사바테 사이클

증기원동기의 기본 사이클은 랭킨 사이클이다. 랭킨사이클은 급수펌프(등엔트로피/단열 압축), 보일러(정압 가열), 증기터빈(등엔트로피/단열 팽창), 복수기(정압 냉각)을 행한다.

정답 ①

34 가솔린 엔진에서 배기가스의 일부를 재순환하여 연소실 온도를 낮춤으로서 질소산화물(NOx)의 발생을 억제하는 장치는?

① O_2 센서 ② EGR장치
③ 캐니스터 ④ PCV밸브

해설

EGR장치는 연소시의 생성억제나 후처리 모두에 관련이 있다. 배출되는 가스의 일부를 흡기로 재순환하여 신기와 혼합하여 연소되므로 연소온도를 낮추어 질소산화물의 생성을 감소시키는 방법이다. 연소 그 자체를 변화시킨다는 점에서 연소시의 생성억제라고 하지만, 배출가스를 재순환한다는 점에서 후처리라 할 수 있다.

정답 ②

35 삼원 촉매 장치의 주요 금속은?

① 백금, 로듐 ② 납, 로듐
③ 백금, 알루미늄 ④ 니켈, 안티몬

해설

삼원촉매장치는 백금(Pt), 로듐(Rb), 파라듐(Pd)으로 구성되어 산화와 환원 역할을 담당한다. 즉, CO와 HC는 산소를 공급하여 CO_2와 H_2O로 만들고(산화작용), NOx에서는 O_2를 분해하여 N_2를 만든다(환원작용).

정답 ①

36 보일러의 절탄기를 가장 잘 설명한 것은?

① 석탄의 절약하기 위한 목적의 연소장치이다.
② 연도의 연소가스 열을 사용하여 급수를 가열하는 장치이다.
③ 증기터빈에서 나온 수증기를 다시 가열하는 장치이다.
④ 연도의 연소가스로 연소를 위해 공급되는 공기를 가열하는 장치이다.

해설

절탄기는 연소장치가 아니라, 연소가스의 열로 보일러에 들어가는 급수를 가열하는 장치이다. 보기 ④의 설명은 공기예열기를 말하며, ③과 같이 증기터빈에서 나온 포화증기를 재 가열하여 과열증기로 만드는 것은 재열기이다.

정답 ②

37 **증기터빈에서 배출되는 증기를 냉각하여 물로 만드는 일을 하는 주요부는?**

① 복수기 ② 급수펌프
③ 증기밸브 ④ 보일러

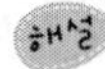

복수기는 다른말로 콘덴서(응축기)라 한다. 즉, 증기를 식혀서(방열하여) 물로 응축하는 작용을 행한다.

정답 ①

38 **증기원동기 주요부에서 증기에 저장된 열에너지를 기계에너지로 변환시키는 것은?**

① 복수기 ② 급수펌프
③ 증기터빈 ④ 보일러

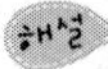

보일러에서 과열증기가 되면, 고온고압의 과열증기를 부채모양의 고정날개와 가동날개를 통과시켜 가동날개가 회전하도록 하는 것이 증기터빈이다.

정답 ③

39 **증기터빈은 충동터빈과 반동터빈으로 나눌 수 있다. 반동터빈의 특징이 아닌 것은?**

① 증기가 축방향으로 흐르는 것이 많아 축류터빈이라 한다.
② 회전 날개를 통과하는 동안 증기의 압력이 내려간다.
③ 많은 고정날개와 회전날개를 축방향으로 번갈아 배치되어 있다.
④ 고정 노즐이 설치되어 압력을 속도증가로 변환한다.

반동터빈은 증기가 날개를 나올 때의 반동을 이용하며, 고정노즐이 설치되어 있지 않다.

정답 ④

40 **가스터빈의 기본사이클은?**

① 랭킨 사이클 ②브레이톤 사이클
③ 냉동 사이클 ④사바테 사이클

해설

가스터빈의 기본 사이클은 브레이톤 사이클이다. 브레이톤 사이클은 공기압축기(단열 압축), 연소기(정압 가열), 가스터빈(단열 팽창) 등을 행한다.

정답 ②

41 가스터빈에서 압축기를 구동시키는 축은?

① 급수기 ② 보일러
③ 터빈 ④ 연소기

해설

가스터빈에서 압축기의 축은 터빈과 연결되어 있다. 연소기에서 발생한 고온고압의 연소가스가 터빈을 구동하고, 터빈은 공기를 흡입할 수 있도록 압축기를 구동한다.

정답 ③

42 왕복운동기관과 비교한 가스터빈의 특징이 아닌 것은?

① 구조가 다소 복잡하지만 출력의 범위가 넓다.
② 고속회전이 용이하다.
③ 기관출력당 중량이 가볍다.
④ 직접 회전운동을 얻어 토크변동이 크다.

해설

가스터빈의 구성요소가 압축기, 연소기, 터빈으로 간단하다. 그러나, 출력의 범위가 저출력부터 고출력까지 범위가 넓다.

정답 ①

43 기관내부에서 연소한 연소가스를 후방으로 분출시켜 그 반동력으로 추력을 얻는 원동기로 가스터빈과 비슷한 기관은?

① 로터리기관 ② 방켈기관
③ 제트기관 ④ 증기원동기관

해설

제트기관과 가스터빈기관은 아주 비슷하지만 동일하지는 않다. 제트기관이란 기관내부에서 연소한 연소가스를 후방으로 분출시켜 그 반동력으로 추력을 얻는 원동기를 말한다.

정답 ③

44 로터리 기관에서 흡입, 압축, 폭발, 배기의 각 행정을 수행할 시 출력축의 회전각은?

① 90° ② 120°
③ 270° ④ 360°

해설

로터리기관은 1회전하면서 흡입, 압축, 폭발, 배기의 1사이클을 그린다. 이때 출력축은 3회전을 행한다. 즉, 출력축은 $360 \times 3 = 1080^{\circ}$ 회전을 행한다. 각 행정의 출력축 회전각도는 4로 나누면 되므로 $\frac{1080}{4} = 270^{\circ}$ 로 계산된다.

정답 ③

45 왕복형 기관과 비교 시 로터기기관의 특징이 아닌 것은?

① 기관을 구성하고 있는 부품수가 적다.
② 출력이 같은 왕복형 기관에 비해 대형이고 무겁다.
③ 왕복운동 부분과 밸브 기구가 없으므로 진동과 소음이 적다.
④ 캠에 의한 밸브기구가 없으므로 고속시 출력이 저하되는 일이 적다.

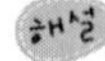

로터리기관의 특징은 왕복형기관과 비교해서 크랭크기구도 없이 바로 회전운동을 하므로 진동이 적고, 동일 배기량당 출력이 왕복형 기관보다 크다. 따라서 출력당 중량 및 체적이 적으며, 고속회전이 용이하다.

 ②

46 물탱크의 자유표면에서 수면 아래의 깊이가 20m인 지점에 있는 급수밸브의 수압(kgf/㎠)은? (단, 물의 비중량 γ = 1000kgf/㎥ 이다.)

① 0.02　　② 0.2
③ 2.0　　④ 20

P(압력) = γ(비중량) × h(수두)이므로, 이 식에 대입한다.

$P = 1000(\mathrm{kgf/m^3}) \times 20(\mathrm{m}) = 1000 \times \frac{20}{100^2}(\mathrm{kgf/cm^2}) = 2\mathrm{kgf/cm^2}$으로 계산된다.

 ③

47 파스칼의 원리에 대한 설명으로 틀린 것은?

① 유체의 압력은 면에 직각으로 작용한다.
② 각 점에서의 압력은 모든 방향으로 같다.
③ 가한 압력은 유체 각부에 같은 세기로 전달된다.
④ 유체의 압력은 압력을 직접 받는 면이 가장 크다.

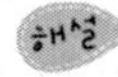

밀폐계의 모든 점에서의 압력은 동일하므로, 식으로 표현하면 $P_1 = P_2$, $P_1 = \frac{F_1}{A_1}$이고, $P_2 = \frac{F_2}{A_2}$이므로, $\frac{F_1}{A_1} = \frac{F_2}{A_2}$이다. 유체의 압력은 직접 받는 면적과 반비례하므로, 작을 수록 큰 압력이 발생한다.

정답 ④

48 피스톤 (1)의 단면적은 A_1=100cm^2, 누르는 힘이 P_1=20kgf, 1m/s의 속도로 내려갈 때 피스톤(2)의 상승 속도(m/s)는?(단, 피스톤(2)의 단면적은 A_2=600cm^{2}이다.)

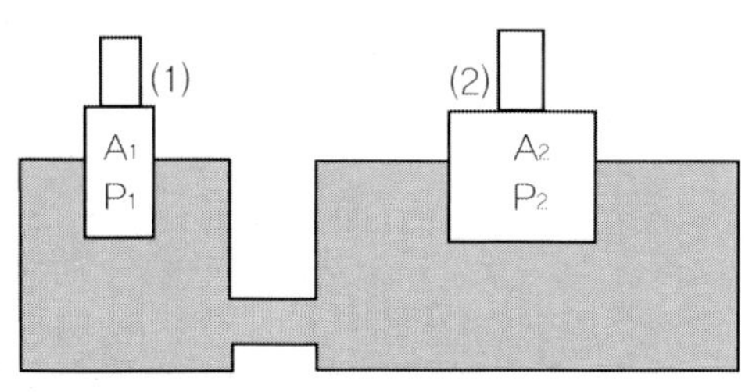

① 0.17　② 6　③ 7　④ 32.4

해설

$Q(\mathrm{m^3/s}) = A(\mathrm{m^2}) \times v(\mathrm{m/s})$, 유량(Q)이 일정하므로, $Q_1 = Q_2$이다.

즉, $A_1 \times v_1 = A_2 \times v_2$이므로, $100 \times 1 = 600 \times v_2$, $v_2 = \dfrac{1}{6} = 0.16666\,\mathrm{m/s}$로 계산된다.

정답 ①

49 수력기계에서 공동현상(Cavitation)이 발생하는 주 원인은?

① 고속회전 때문　② 낮은 대기압 때문
③ 고압 때문　④ 저압 때문

해설

물이 관속을 유동하고 있을 때 물은 어느 정도 정압을 받는데, 이 물의 증기압보다 낮아지게 되면 유체의 일부분에서 증기가 발생되는데 이를 공동현상(캐비테이션)이라 한다. 유체의 압력이 낮아진다는 것은 펌프가 고속으로 회전하여 압력강하가 일어나기 때문이다.

정답 ①

50 펌프의 캐비테이션(공동현상) 방지법으로 틀린 것은?

① 펌프의 설치 위치를 낮게 하여 흡입 양정을 짧게 한다.
② 펌프의 회전수를 작게 한다.
③ 양 흡입 펌프를 단 흡입 펌프로 바꾼다.
④ 2대 이상의 펌프를 사용한다.

해설

공동현상을 방지하는 방법으로는, 펌프의 설치위치를 낮추고(흡상인 경우 펌프를 액면 가까운 높이, 압입인 경우는 펌프를 액면보다 낮게 하여 흡입수두를 증가), 단흡입펌프인 경우 양흡입으로, 흡입관의 손실을 적게, 펌프의 회전수를 낮춘다.

정답 ③

51

펌프에서 관의 길이 ℓ [m], 마찰계수 f, 유체의 평균 유속 v[m/s]라 하면, 관의 마찰 손실수두(h_f)는? (단, 관은 한변이 b[m]인 정사각형이며, Rh는 수력 반지름이고, 원관의 지름 d[m] 이다.)

① $h_f = f\dfrac{l}{d}\dfrac{v^2}{2g}$　　② $h_f = f\dfrac{d}{l}\dfrac{v}{2g}$

③ $h_f = f\dfrac{4l}{R_h}\dfrac{v^2}{2g}$　　④ $h_f = \dfrac{f}{4}\dfrac{l}{R_h}\dfrac{v^2}{2g}$

해설

①의 경우가 원 파이프에서 유체가 흘러갈 경우에 생기는 마찰 손실 수두이고, 비원형일 경우에는 수력반지름을 사용한다. 수력반지름이란 비원형 파이프의 유체흐름을 해석에서 원형파이프의 반지름대신에 사용하는 상당 직경을 말한다. 여기서 수력반지름이란 (수로의 단면적)/(수로의 젖은 주변)을 뜻한다. 예를 들어 변의길이가 a및 b인 직사각형 덕트일 경우, (수로의 단면적)=$a\times b$, (수로의 젖은 주변=모서리)=$2a+2b$로

수력 반지름$(R_h)=\dfrac{\text{면적}}{\text{주변길이}}=\dfrac{ab}{2(a+b)}$로 계산된다.

정답 ④

52

높이(위치수두) 8m인 지점에서의 압력이 15kgf/cm², 속도가 15m/s일 때, 물의 총 수두(m)는?(단, 물의 비중량은 1000kgf/m³ 으로 한다.)

① 169.5　　② 178.2

③ 20.9　　④ 158.8

손실수두를 H라 하면, $H=\dfrac{P}{\gamma}+\dfrac{v^2}{2g}+Z$을 이용하면 된다.

$H=\dfrac{15\times 10^4}{1000}+\dfrac{15^2}{2\times 9.8}+8=150+11.48+8=169.48m$ 로 계산된다.

정답 ①

53

펌프 운전시 출구와 입구의 압력변동이 생기고 유량이 변하는 현상은?

① 수격현상　　② 공동현상

③ 서징현상　　④ 유체 고착현상

해설

서징현상 : 펌프 운전 시 출구와 입구의 압력변동이 생기고 유량 변화가 생기는 현상

정답 ③

54 **관로 내의 흐름을 급격히 정지 시 유체속도의 급격한 변화에 따라 유체 압력이 크게 상승하는 현상은?**

① 퍼컬레이션 ② 캐비테이션
③ 수격현상 ④ 서징현상

해설

수격현상 : 관로내의 흐름을 급격히 정지시킬 경우, 유체는 관성으로 인해 계속 운동하므로 유체의 압력이 급격히 상승하는데 그 현상을 말한다.

정답 ③

55 **유량 측정기가 아닌 것은?**

① 피토 튜브(Pitot tube) ② 벤투리 미터(venturi meter)
③ 오리피스(Oripice) ④ 미압계(Micromano meter)

해설

피토관은 직각으로 굽은 관으로 선단에 있는 구멍을 이용하여 유속을 측정한다. 속도를 식으로 표현하면$v_0 = \sqrt{2g\Delta h}$ 이다. 이 속도와 관로의 면적을 곱하면 유량을 구할 수 있다. 미압계는 액의 높이로 아주 작은 압력을 측정하는 장치이다.

정답 ④

56 **반동수차가 아닌 것은?**

① 프란시스 수차 ② 펠톤 수차
③ 프로펠러 수차 ④ 카플란 수차

해설

반동수차란 물이 날개차를 지나는 사이에 물이 갖는 압력과 속도에너지를 수차에 주어서 수차를 회전시키는 방식이다. 여기의 펠톤수차는 물이 갖는 에너지 중에 속도 에너지에 의한 물의 충격력으로 수차를 회전시키는 충격수차이다.

정답 ②

57 **유효낙차 10m, 유량 200m^3/s 인 수력 발전소 수차의 이론 출력(kW)은?**

① 40 ×103 ② 30 ×103
③ 20 ×103 ④ 10 ×103

해설

출력의 관계는 $H_p = P\times Q = \gamma h\times Q$이므로,

$H_p = \gamma h\times Q = 1000(\text{kgf/m}^3)\times 10(\text{m})\times 200\text{m}^3/\text{s} = \dfrac{1000\times 10\times 200}{102} = 19607.843\text{kW}$로 계산된다. 여기서 102는 $1kW = 102kgf-m/s$의 관계에서 나왔다.

정답 ③

58 **디퓨저(diffuser)펌프, 볼류트(Volute)펌프 등이 해당되는 펌프는?**

① 원심 펌프 ② 왕복식 펌프

③ 축류 펌프 ④ 회전 펌프

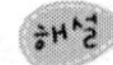

디퓨즈펌프와 볼류트펌프는 원심펌프의 일종이다.

정답 ①

59 **50℃의 물을 30m 높은 곳으로 양수할 시 펌프의 전양정(m)은?(단, 흡수면에는 대기압이 작용하고 송수면 출구에서 압력은 39.2 N/cm² 이고, 전 손실수두는 6m, 흡입관과 송출관의 지름은 같다. 50℃ 물의 비중량은 γ = 9800 N/m³ 이다)**

① 36 ② 40

③ 76 ④ 84

해설

전양정에 대한 공식으로는, $\frac{P_1}{\gamma}+\frac{v_1^2}{2g}+Z_1+H_{all}=\frac{P_2}{\gamma}+\frac{v_2^2}{2g}+Z_2+H_f$이다. 이는 압력수두, 속도수두, 위치수두와 마찰손실수두(H_f)의 합으로 표현된다고 할 수 있다. 이를 다시 표현하면, $H_{all}=\frac{P_2-P_1}{\gamma}+\frac{v_2^2-v_1^2}{2g}+(Z_2-Z_1)+H_f$로 고쳐 표시할 수 있다. 대입하면, 지름이 같으므로 속도변화는 0이고, $H_{all}=\frac{10^4\times 39.2(\mathrm{N/m^2})}{9800(\mathrm{N/m^3})}+0+30\mathrm{m}+6\mathrm{m}=40+36=76\mathrm{m}$로 계산된다.

정답 ③

60 **원심펌프에서 전양정 1.6m, 송출량 0.1m³/s, 펌프효율이 90% 일 때 축 동력(kw)은?(단, 송출 유체의 비중량은 900 kgf/m³이다.)**

① 1.41 ② 1.57

③ 1.74 ④ 3.04

해설

출력의 관계는 $H_p=P\times Q=\gamma hQ$이므로,

$H_p=\gamma \mathrm{h}\times \mathrm{Q}=900(\mathrm{kgf/m^3})\times 1.6\mathrm{m}\times 0.1(\mathrm{m^3/s})\times\frac{1}{102}=1.4117\mathrm{kW}$로 계산된다.

이 동력을 발생하려면 실펌프의 동력은 $H_s=\frac{H_p}{\eta}=\frac{1.4117\mathrm{kW}}{0.9}=1.5686\mathrm{kW}$로 더 큰 동력을 공급해야만 효율만큼 낮아져 동력(유압동력)이 발생한다.

정답 ②

61 급수펌프에 연결된 흡입관을 저수탱크에 넣을 때 수면으로부터 흡입이 시작되는 관 끝까지의 최소 길이는?

① 10cm　　② 흡입관 지름의 1배
③ 20cm　　④ 흡입관 지름의 2배

해설

급수펌프의 흡입관을 저수탱크에 넣을 때 수면으로부터 흡입이 시작되는 관 끝까지의 최소길이는 흡입관 지름의 2배

정답 ④

62 원심 송풍기의 전압이 250V, 회전수 960rpm, 풍량이 16m^3/min일 때, 송풍기의 회전수를 1400rpm으로 증가 시 풍량(m^3/min)은?

① 19.32　　② 23.33
③ 34.03　　④ 49.62

해설

풀이1) 유량을 rpm으로 나누면 1회전당 체적이 나온다. 이 1회전당 체적을 문제의 1400rpm으로 곱하면 유량이 나온다.
풀이2) 풍량은 원심 송풍기의 회전수에 비례하므로, 식을 세우면

$960 : 16 = 1400 : x$ 이므로, $x = \frac{16 \times 1400}{960} = 23.33\text{m}^3/\text{min}$ 으로 계산된다.

정답 ②

63 유압장치의 특징으로 틀린 것은?

① 소형장치로 큰 힘(출력)을 발생시킬 수 있다.
② 폐유에 의한 주변 환경이 오염될 우려가 있다.
③ 고압사용으로 인한 위험성 및 이물질에 민감하다.
④ 과부하에 대한 안전장치가 간단하다.

해설

유압장치의 장점은 작동체를 직선운동이나 회전운동을 할수 있고, 소형의 장치로 큰 힘을 낼 수 있다. 작동체의 속도는 무단 변속할 수 있다. 일정속도나 가변속도로 작동체를 연속 및 단속 운동를 할 수 있다. 과부하에 대한 안전장치를 간단하게 조합할 수 있고, 에너지의 축적이 가능하다. 또한 왕복운동으로 인한 충격이나 진동을 비교적 용이하게 프로그램 감쇠시킬 수 있다. 단점으로는 유온에 따라 점도가 변하므로 작업속도가 변동하고 출력효율이 변하기 쉽다. 전기회로에 비하여 유압회로 구성이 쉽지 않다. 작동유의 속도제한이 있기 때문에 작동체의 운동속도 제한이 있다. 장치의 연결부에서 기름이 새기 쉽다. 작동유속에 공기가 혼입되면 유체의 압축성이 커져서 장치작동이 불량해진다. 또 작동유 속에 먼지가 혼입되면 고장을 일으키기 쉽다.

정답 ②

64 유압작동유의 구비조건으로 바른 것은?

① 압축성이어야 한다.
② 열을 방출하지 아니하여야 한다.
③ 장시간 사용하여도 화학적으로 안정하여야 한다.
④ 외부로부터 침입한 불순물을 침전 분리시키지 않아야 한다.

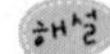

작동유는 유체운동의 전달, 윤활부분의 윤활, 금속면의 방정을 주목적으로 한다. 구비조건으로는 윤활성이 좋고, 넓은 온도변화에 걸쳐 점도변화가 적으며, 적당한 점도일 것, 수명일 길고 열, 물, 산화와 전단에 안전성이 클 것, 기포생성이 적을 것, 비중이 낮을 것, 값이 싸고 이용도가 높을 것, 내화성이 크고 공기의 흡수도가 적을 것, 열전달율이 높으며, 증기압이 낮고 비점이 높을 것, 양호한 절연성을 가질 것.

 ③

65 유압용 가스킷이 갖추어야 할 필요조건으로 틀린 것은?

① 마찰계수가 적을 것
② 충분한 강도를 가질 것
③ 유체에 의해 변질되지 않을 것
④ 유연성을 유지할 것

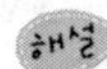

유압용실에서 고정부분에 쓰이면 가스킷, 회전부분에 쓰이면 패킹이라 한다. 실의 요구조건은 양호한 유연성(압축복원성이 좋고 압축변형이 작을 것), 내유성(기름 중에 있어서의 체적변화가 적고 내약품성이 양호), 내열, 내한성(고온시 노화, 저온시 탄성저하가 적을 것), 기계적 강도(장시간의 사용에도 내구성, 내마모성이 풍부할 것)

 ①

66 터보형(Turbo type) 펌프의 속하지 않는 것은?

① 왕복식 펌프　　② 원심식 펌프
③ 축류식 펌프　　④ 사류식 펌프

회전하는 임펠러에 의해 동역학적 작용으로 인해 연속적으로 에너지의 수수가 이루어지는 유체기계를 터보형기계이다. 회전체는 고속회전운동을 하므로 같은 양의 에너지를 수수하는데, 용적형보다 소형, 경량으로 만들 수 있다. 또한 대동력용으로 적합하다. 또한, 터보형기계에서 에너지 변환부분의 운동방향을 기준 반경유형(원심펌프), 축류형, 사류형 등이 있다. 왕복식은 피스톤에 의해 정량의 용적을 배출하므로 용적형이다.

정답 ①

67 용적형 펌프는?

① 원심펌프 ② 축류펌프
③ 왕복펌프 ④ 제트펌프

해설

용적형이란 피스톤, 로터 등의 용적의 배출작용에 의하여 정압으로 에너지 전달이 이루어지는 기계를 말한다. 정압을 이용하기 때문에 큰힘을 요하는 경우에 터보형펌프보다 적합하다. 대표적 용적형펌프로 피스톤펌프(플런저펌프 포함), 기어펌프, 베인펌프 등이 있다. 제트펌프는 분사펌프로 특수펌프에 해당된다.

정답 ③

68 왕복 운동을 하는 펌프는?

① 제트 펌프 ② 수격 펌프
③ 피스톤 펌프 ④ 기어 펌프

해설

왕복펌프에는 피스톤 펌프와 플런저 펌프가 있다. 고압용으로 고양정, 저용량이다.

정답 ③

69 베인펌프의 구성요소가 아닌 것은?

① 베인(날개) ② 회전자
③ 피스톤 ④ 캠링

해설

베인펌프는 케이싱에 편심되어 있는 회전체(로터)가 있어, 회전체가 회전함에 따라 그 주위에 부착되어 있는 깃(베인:vane)이 항상 케이싱의 내부에 접하므로 그 깃 사이에 유체를 넣어 배출한다.

정답 ③

70 베인 펌프의 특징으로 틀린 것은?

① 작동유의 점도에 제한이 있다.
② 비교적 고장이 적고 수리 및 관리가 용이하다.
③ 베인의 마모에 의한 압력 저하가 발생되지 않는다.
④ 기어 펌프나 피스톤 펌프에 비해 토출 압력의 맥동 현상이 적다.

해설

베인펌프는 용적형펌프로 작동유의 점도에 제한이 없다. 베인펌프는 베인이 마모하더라도 스프링의 장력으로 베인을 밀어 항상 케이싱에 접촉되도록 설계되어 있다.

정답 ①

71 기어펌프의 특징 설명으로 틀린 것은?

① 먼지의 영향을 비교적 받지 않는다.
② 부품이 마모되어도 효율이 거의 저하되지 않는다.
③ 부품수가 적고 간단한 구조로 되어 있다.
④ 일반적으로 운전 소음이 크다.

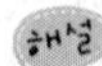

기어펌프는 기어 이가 서로 물리면서 회전할 때 기어 이가 서로 분리될 때 흡입하고, 기어이가 서로 만날 때 배출을 행한다. 따라서 기어 이가 마모하면 펌프효율이 떨어진다.

 ②

72 펌프의 토출압이 60kgf/cm², 토출량이 30ℓ /min 인 유압펌프의 펌프동력(PS)은?

① 3
② 4
③ 5
④ 6

출력의 관계는 $H_p = P\times Q = \gamma h \times Q$이므로, $1l = 10^3cc = 10^3cm^3$으로

$H_p = \mathrm{P}\times\mathrm{Q} = 60(\mathrm{kgf/cm^2})\times\dfrac{30\times10^3(\mathrm{cm^3})}{60(\mathrm{s})}\times\dfrac{1}{100}\times\dfrac{1}{75} = 4\mathrm{ps}$로 계산된다. 여기서 $\dfrac{1}{100}$은 cm를 m로 단위환산하기 위한 것이고, $\dfrac{1}{75}$는 kgf-m/s를 Ps로 나타내기 위함이다.

 ②

73 총 양정이 3m, 공급유량 2.5㎥/min인 펌프의 동력(kW)은?(단, 유체의 비중은 0.82 이고, 펌프효율은 0.9이다.)

① 0.56
② 1.12
③ 2.24
④ 4.48

출력의 관계는 $H_p = P\times Q = \gamma h \times Q$이므로,

$H_p = \gamma h \times Q = 0.82\times10^3(\mathrm{kgf/m^3})\times 3\mathrm{m}\times 2.5\mathrm{m^3/min}\times\dfrac{1}{60}\times\dfrac{1}{102} = 1.116\mathrm{ps}$로 계산된다.

여기서 $\dfrac{1}{60}$는 min를 초(s)로 단위환산하기 위한 것이고, $\dfrac{1}{102}$는 kgf-m/s를 kW로 나타내기 위함이다.

 ②

74 압력제어 밸브에 속하지 않는 것은?

① 시퀀스 밸브 ② 체크 밸브
③ 언로더 밸브 ④ 카운터 밸런스 밸브

해설

압력제어 밸브에는 릴리이프밸브, 감압밸브, 시퀀스밸브, 카운터밸런스밸브, 언로우드밸브 등이 있다. 릴리이프밸브는 유압회로의 최고압력을 제한하여 일부 부품의 과부하압력을 방지하며, 모터나 작동실린더의 회전력(힘)을 제한한다. 시퀀스밸브는 순차작동밸브로 유압원의 주회로에서 유압실린더 등이 2개이상의 분기회로를 가질 때 각 유압실린더를 순차적으로 작동시키는 밸브이다.

정답 ②

75 릴리프 밸브(relief valve)의 설명으로 맞는 것은?

① 회로의 일부에 배압을 발생시키고자 할 때 사용하는 밸브
② 회로내의 최고 압력을 낮추어 압력을 일정하게 하는 밸브
③ 두 개 이상의 분기회로를 가진 회로 내에서 작동순서를 제어하는 밸브
④ 유량이나 입구 측의 압력크기와는 관계없이 미리 설정한 2차측 압력을 일정하게 해주는 밸브

해설

보기 ③은 시퀀스밸브의 설명이고, 보기 '라'의 설명은 감압밸브의 설명이다.

정답 ②

76 유량제어밸브에 속한는 것은?

① 스로틀 밸브(throttle valve) ② 셔틀밸브(shuttle valve)
③ 시퀀스 밸브(sequence valve) ④ 4방향 밸브(4-way valve)

해설

압력제어밸브의 종류 : 릴리프밸브, 안전밸브, 감압밸브, 시퀀스밸브, 언로더밸브, 카운터밸런스밸브, 방향제어밸브 : 체크밸브, 셔틀밸브, (2.3.4)포트 방향변환밸브, 유량제어밸브 : 오리피스, 스로틀밸브 등이 있다.

정답 ①

77 유압 액추에이터인 것은?

① 유압펌프 ② 유압실린더
③ 제어밸브 ④ 유압조절밸브

해설

유압 액추에이터란 유압으로 일을 하는 요소를 말하므로, 유압실린더는 유압에 의해 직선왕복운동의 일, 유압모터는 유압에 의해 회전일을 행한다.

정답 ②

78 유압실린더를 미는 힘을 500kgf이고 피스톤의 속도가 50cm/s일 때 유압실린더의 이론 유체 동력은?

① 1.22kW　　② 1.67kW
③ 2.45kW　　④ 3.33kW

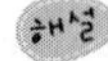

동력은 힘과 속도의 곱이므로, $H_p = F \times v = 500(\text{kgf}) \times 0.5(\text{m/s}) \times \frac{1}{102} = 2.45\text{kW}$ 으로 계산된다. 여기서 $\frac{1}{102}$ 는 kgf-m/s를 kW로 환산한 상수이다.

정답 ③

79 실린더 A부 단면적이 4000mm², 축 d부를 뺀 B부 단면적 3000mm²일 때, 압력 P_1=30 kgf/cm², P_2=5kgf/cm²이면 추력 F(kgf)는?

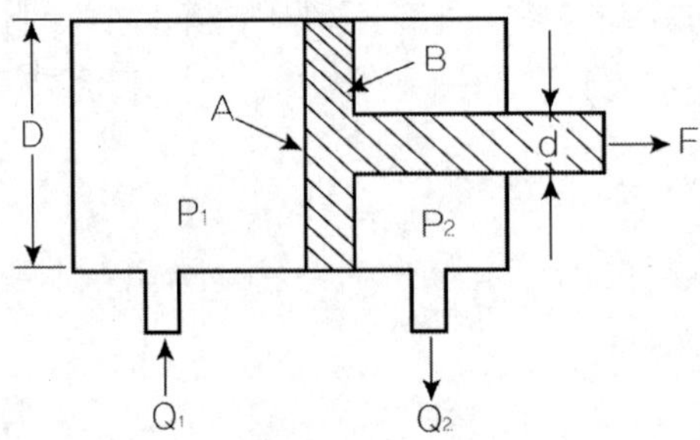

① 850　　② 1050　　③ 1200　　④ 1350

압력은 힘을 면적으로 나눈 값이므로, $P = \frac{F}{A}$ 에서 $F = P \times A$ 이다.

$F_1 = P_1 \times A_1 = 30(\text{kgf/cm}^2) \times 4000(0.1\text{cm}^2) = 1200\text{kgf}$ 이고,
$F_2 = P_2 \times A_2 = 5(\text{kgf/cm}^2) \times 3000(0.1\text{cm}^2) = 150\text{kgf}$ 이므로,
$F_1 - F_2 = 1200 \times 150 = 1050\text{kgf}$

정답 ②

80 유압장치 부속기기 중 유압탱크용 필터로 가장 적합한 것은?

① 스트레이너　　② 어큐뮬레이터
③ 보조 릴리프 필터　　④ 바이패스 필터

해설

스트레이너는 유압펌프의 흡입쪽에 부착되어 기름 탱크에서 펌프 및 회로에 불순물을 들어오지 못하도록 여과작용을 한다.

정답 ①

81 **유압기기의 부속기기 중 유압 에너지의 축적, 압력보상, 맥동제거 및 충격 완충의 역할을 하는 것은?**

① 증압기 ② 탱크용 필터
③ 축압기 ④ 필터 엘리먼트

해설

축압기(accumulator)는 용기 내에 고압유를 압입한 것으로 유압유의 에너지를 일시적으로 축적하였다가 압력 강하 시 보상을 한다. 또한 유압 액추에이터에 의한 맥동이나 충격에 의한 압력상승이나 충격을 흡수하기도 한다.

정답 ③

82 **유압 회로 중 속도제어 회로인 것은?**

① 무부하 회로 ② 미터 인 회로
③ 로킹 회로 ④ 일정 모터 구동회로

해설

유량조절밸브를 써서 속도제어를 하는 회로는 미터인회로, 미터아웃회로, 블리드 오프회로 등이 있다. 미터인회로는 작동실린더로 들어가는 유량을 조절(상하 작동 속도가 같다)하도록 설치되어 있다.

정답 ②

83 **클램프 상태에 있는 회로에서 압력저하에 따른 위험방지 목적으로 공기탱크와 압축기 사이에 설치하여 압축기 정지시 역류 방지용 등에 사용되는 밸브는?**

① 체크 밸브 ② 셔틀밸브
③ 2압 밸브 ④ 게이트 밸브

해설

체크밸브 : 역류방지, 한 방향만으로 유체 흐름, 방향제어밸브이다.

정답 ①

84 **공기가 흐르는 통로의 크기를 가감시켜서 공기의 흐르는 양을 조절하는 것으로 니들형, 격판형 등이 있는 밸브는?**

① 셔틀 밸브 ② 체크 밸브
③ 차단 밸브 ④ 유량제어 밸브

해설

유량제어밸브로는 조리개(오리피스형, 니들형 등), 압력보상붙이 유량조정밸브, 유압-온도보상형 유량조정밸브, 분류밸브 등이 있다. 대표적으로 자동차 흡입공기의 양을 조절하는 스로틀밸브가 있다.

정답 ④

85 유압 회로도에서 품번 ①은?

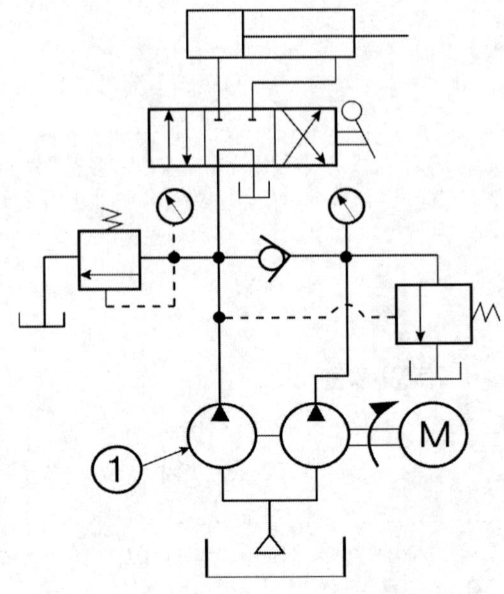

① 유압 모터　　② 공압 모터
③ 유압 펌프　　④ 공압 펌프

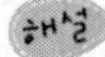

그림에서 유압펌프를 말하며, 삼각형의 방향은 펌핑 방향을 나타낸다. 삼각형의 바탕색이 흰색이면 공기압펌프(압축기)를 말한다. 삼각형이 아래 위로 되어 있으면 양방향 펌프를 나타낸다.

 ③

86 공기압 회로 중 압축공기 필터의 설명으로 틀린 것은?

① 수분 먼지가 침입하는 것을 방지하기 위해 설치한다.
② 공기 출구부에 설치한다.
③ 드레인 배출 방식으로 수동식과 자동식이 있다.
④ 필터는 오염의 정도에 따라서 엘리먼트를 선정할 필요가 있다.

공기의 출구부에 필터가 있으면, 외부에서 공압 펌프로, 이물질이 들어가서 공압장치를 파손시킬 수 있다. 필터는 항상 작동유체(액체, 기체)의 작동부 입구 혹은 펌프의 입구에 설치한다.

정답 ②

87 압축기 뒤에 설치되어 압축공기를 저장하는 공기탱크의 기능으로 틀린 것은?

① 맥동을 방지하거나 평준화 한다.
② 다량의 공기 소비 시 급격한 압력 상승을 방지한다.
③ 비상시에도 일정시간 운전 가능하다.
④ 압력 용기이므로 법적 규제를 받는다.

해설

압축공기를 저장하는 공기탱크는 어큐뮬레이터와 비슷한 역할을 행한다. 다량의 공기 소비시 급격한 압력 강을 보상한다.

②

88 공기압축기로부터 토출되는 고온의 압축공기를 공기 건조기로 보내기 전에 1차 냉각하여 수분은 제거하는 것(일명 후부 냉각기)은?

① 압축기 필터
② 저장탱크(Air tank)
③ 흡착식 건조기(Absorption)
④ 애프터 쿨러(After cooler)

해설

애프터 쿨러 : 후부 냉각기라고 하며, 공기압축기로부터 토출되는 공기의 압축공기를 공기 건조기로 보내기 전에 1차 냉각→수분 제거

정답 ④

공업기계직 9급 공무원시험 대비

기계일반

국가직 **2007~2018년**

지방직 **2009~2018년**

특성화고 **2015~2018년**

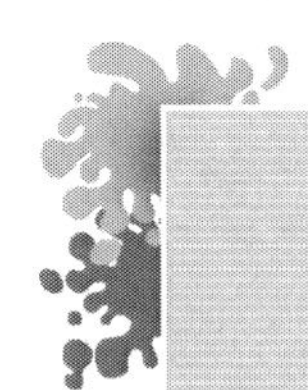

공업기계직 기계일반 (2007년 4월 시행 국가직) 9급

01 **강의 탄소 함유량이 증가함에 따라 나타나는 특성 중 옳지 않은 것은?**

① 인장강도가 증가한다. ② 항복점이 증가한다.
③ 경도가 증가한다. ④ 충격치가 증가한다.

해설

탄소의 증가는 철합금의 특성을 강하게 한다. 그러나, 탄소의 증가는 취성을 증가시키게 된다. 이 취성은 충격에 약하다. 즉, 충격치가 감소하게 된다.

02 **일반적으로 베어링은 내륜, 외륜, 볼(롤러), 리테이너의 4가지 주요 요소로 구성된다. 다음 중에서 볼 또는 롤러를 사용하지 않는 베어링은 어느 것인가?**

① 공기정압 베어링 ② 레이디얼 베어링
③ 스러스트 롤러베어링 ④ 레이디얼 롤러베어링

해설

레이디얼이란 반경방향(축의 직각방향)을 말하고, 스러스트는 축방향을 말한다. 볼베어링은 볼로, 롤러베어링은 원통롤러로 되어 있다.

03 **다음 중 인성(toughness)에 대한 설명으로 옳은 것은?**

① 국부 소성 변형에 대한 재료의 저항성
② 파괴가 일어나기까지의 재료의 에너지 흡수력
③ 탄성변형에 따른 에너지 흡수력과 하중 제거에 따른 이 에너지의 회복력
④ 파괴가 일어날 때까지의 소성 변형의 정도

해설

인성이란 파괴가 일어나기까지의 버팀정도라 할 수 있다.
① 응력을 뜻한다.
③ 탄성을 뜻한다.
④ 변형률로 소성변형의 정도를 알 수 있다.

04 **회주철의 기호로 GC300과 같이 표시할 때 300이 의미하는 것은?**

① 항복강도(N/mm^2) ② 인장강도(N/mm^2)
③ 굽힘강도(N/mm^2) ④ 전단강도(N/mm^2)

해설

한국산업규격(ks규격)의 회주철 재질 기호가 GC이고, 300은 인장강도 300N/mm^2 이상을 의미한다. 회주철은 탄소가 흑연 박판 형태로 석출, 내마모성이 우수, 압축강도가 좋음(엔진블록, 브레이크 드럼에 사용)

정답 01.④ 02.① 03.② 04.②

05 금속 재료의 기계적 성질과 그것을 평가하기 위한 시험을 서로 짝지은 것 중 적합하지 않은 것은?

① 종탄성계수 - 인장시험
② 피로한도 - 압축시험
③ 전단항복응력 - 비틀림시험
④ 경도 - 압입시험

① 인장시험 $\sigma = \frac{F}{A} = E \times \epsilon$

② 피로한도를 시험하는 피로한도 시험기가 존재하며, 쇼트피닝(shot peening)으로 피로 강도를 강화한다.

③ 비틀림시험 $\tau = \frac{F}{A} = \frac{T}{Z_p}$

④ 경도시험

06 유압장치의 일반적인 특징이 아닌 것은?

① 힘의 증폭이 용이하다.
② 제어하기 쉽고 정확하다.
③ 작동 액체로는 오일이나 물 등이 사용된다.
④ 구조가 복잡하여 원격조작이 어렵다.

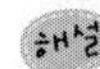

유압장치와 공압장치는 잘 비교해두어야 한다. 유압장치는 액체를 작동유로 사용하므로, 비압축성이므로 제어가 쉽고 정확하며, 누설방지가 쉽다. 공압은 공기(기체)를 작동유로 사용하므로, 압축되어지기 때문에 제어가 어려울 뿐 아니라 공기제어를 위한 여러 장치가 필요하다.

07 기계요소를 설계할 때, 응력집중 및 응력집중계수에 대한 설명으로 옳지 않은 것은?

① 응력집중이란 단면이 급격히 변화하는 부위에서 힘의 흐름이 심하게 변화함으로 인해 발생하는 현상이다.
② 응력집중계수는 단면부의 평균응력에 대한 최대응력의 비율이다.
③ 응력집중계수는 탄성영역 내에서 부품의 형상효과와 재질이 모두 고려된 것으로 형상이 같더라도 재질이 다르면 그 값이 다르다.
④ 응력집중을 완화하려면 단이 진 부분의 곡률 반지름을 크게 하거나 단면이 완만하게 변화하도록 한다.

해설

응력집중계수는 재료의 치수와 크기에는 무관하지만 재료의 형상에 따라 변한다. 보기 ③의 재질과는 상관이 없다.

정답 05.② 06.④ 07.③

08 다음 중 짧은 거리를 운동하며 큰 힘을 내는 운동기구는?

① 와트 기구(Watt's mechanism)
② 스코치 요크 기구(Scotch-Yoke mechanism)
③ 토글 기구(toggle mechanism)
④ 팬토그래프(pantograph)

해설

짧은 거리를 운동하며 큰 힘을 내는 운동기구는 배력장치를 말한다. 배력기구=토글기구
토글이란 암과 스프링으로 만든 기구/ 조명기에 붙여 높이를 자유롭게 조정
② 스코치 요크 기구 : 더블 슬라이드 크랭크 기구

09 가솔린 기관의 연료에서 옥탄가(octane number)는 무엇과 관계가 있으며, '옥탄가 90'에서 90은 무엇을 의미하는가?

① 연료의 발열량, 정헵탄 체적(%)
② 연료의 발열량, 이소옥탄 체적(%)
③ 연료의 내폭성, 정헵탄 체적(%)
④ 연료의 내폭성, 이소옥탄 체적(%)

해설

옥탄가는 식으로 표현하면, $\text{옥탄가} = \frac{\text{이소옥탄}}{\text{이소옥탄} + \text{정헵탄(노멀헵탄)}} \times 100$이다.

옥탄가는 이소옥탄과 정헵탄의 혼합물을 이소옥탄(100)+정헵탄(0)에서 출발하여 이소옥탄의 비율을 조금씩 감소시켜 CFR엔진에 넣어서 노킹이 일어나기 시작할 때의 이소옥탄 비율을 말한다. 이는 폭발을 참는 성질 즉 내폭발성을 나타낸다.

10 다음은 어떤 주조법의 특징을 설명한 것인가?

- 영구주형을 사용한다.
- 비철금속의 주조에 적용한다.
- 고온챔버식과 저온챔버식으로 나뉜다.
- 용융금속이 응고될 때까지 압력을 가한다.

① 스퀴즈 캐스팅(squeeze casting)
② 원심 주조법(centrifugal casting)
③ 다이 캐스팅(die casting)
④ 인베스트먼트 주조법(investment casting)

해설

다이캐스팅은 고압의 용융물을 어떤 형태의 틀에 쏘아서 물건을 만드는 방법.
④인베스트먼트는 형상모형을 왁스나 합성수지로 만들고, 열을 가해 모형을 녹여 주형 제작
셀몰드는 가열된 모형에 규사와 페놀계 수지의 배합가루를 뿌려 주형 만듦

정답 08.③ 09.④ 10.③

11 나사산의 각도가 55°인 나사는?

① 관용나사 ② 미터보통나사
③ 미터계(TM) 사다리꼴나사 ④ 인치계(TW) 사다리꼴나사

관용나사 : 일반적 나사에 비해 피치, 나사산의 높이가 낮아 배관용(55° 인치계나사),
③ 미터계 사다리꼴 나사는 나사산의 각이 30°,
④ 인치계 사다리꼴 나사는 나사산의 각이 29° → 애크미나사라 한다.

12 금속재료를 냉간 소성가공하여 부품을 생산할 때, 소재에서 일어나는 변화가 아닌 것은?

① 결정립의 변형으로 인한 단류선(grain flow line) 형성
② 전위의 집적으로 인한 가공경화
③ 불균질한 응력을 받음으로 인한 잔류응력의 발생
④ 풀림효과에 의한 연성의 증대

풀림(Annealing) : 연화를 목적으로 가열 후 공기중에 서서히 냉각

13 공작물을 별도의 고정 장치로 지지하지 않고 그 대신에 받침판을 사용하여 원통면을 연속적으로 연삭하는 공정은?

① 크립 피드 연삭(creep feed grinding)
② 센터리스 연삭(centerless grinding)
③ 원통 연삭(cylindrical grinding)
④ 전해 연삭(electrochemical grinding)

센터리스 연삭기는 공작물을 세터나 척에 고정시킬 필요 없이 원통의 내면과 외면 연삭이 가능

14 다음 중 연성파괴와 관련이 없는 것은?

① 컵-원뿔 파괴(cup and cone fracture)
② 소성변형이 상당히 일어난 후에 파괴됨
③ 균열이 매우 빠르게 진전하여 일어남
④ 취성파괴에 비해 덜 위험함

연성이란 무른(연한) 성질로 늘어난다.
③의 균열은 취성일 때 깨짐을 말한다.

정답 11.① 12.④ 13.② 14.③

15 다음은 사출성형품의 불량 원인과 대책에 관한 설명이다. 어떤 현상을 설명한 것인가?

> 금형의 파팅 라인(parting line)이나 이젝터 핀(ejector pin) 등의 틈에서 흘러나와 고화 또는 경화된 얇은 조각 모양의 수지가 생기는 것을 말하는 것으로 이를 방지하기 위해서는 금형 자체의 밀착성을 좋게 하도록 체결력을 높여야 한다.

① 플로 마크(flow mark) 현상　② 싱크 마크(sink mark) 현상
③ 웰드 마크(weld mark) 현상　④ 플래시(flash) 현상

해설

사출이란 용융물을 압출하여 모형 형태 그대로를 베껴 내는 것을 말한다. 보통 플라스틱 제품 제작을 말한다.(다이캐스팅의 경우 쇠, 금속, 플라스틱 제품을 포함한다)
① 플로마크 : 성형품 표면에 원사의 물결무늬가 생기는 현상
② 싱크마크 : 플라스틱 성형에서 성형품 표면에 생기는 오목한 자국
③ 웰드마트 : 수지/고무를 사출(압출)하여 성형시 수지의 둘 이상의 흐름이 완전히 융합되지 않을 경우에 생기는 줄무늬 얼룩
④ 플래시 : 금형의 파팅라인이나 이젝터 핀 등의 틈에서 흘러나와 고화(경화)된 얇은 조가 모양의 수지가 생기는 현상

16 한줄 겹치기 리벳 이음에서 리벳 구멍 사이가 절단되는 경우 리벳이음 강도 P는? (단, 리벳의 지름 d, 리벳의 피치 p, 강판의 두께 t, 리벳의 중심에서 강판의 가장자리까지의 거리 e, 리벳의 전단응력 τ, 강판의 인장응력 σ_t, 강판 또는 리벳의 압축응력 σ_c이다)

① $P=\frac{\pi}{4}d^2\tau$　② $P=2et\tau$
③ $P=(p-d)t\sigma_t$　④ $P=dt\sigma_c$

해설

①은 전단응력, ②는 판끝과 리벳구멍 사이의 판이 파괴될 경우
③ 리벳의 구멍사이가 인장력에 의해 파괴 될 경우
④ 판재의 압축으로 인해 리벳의 구멍이 파괴되는 경우

17 절삭가공의 기본 운동에는 주절삭운동, 이송운동, 위치조정운동이 있다. 다음 중 주로 공작물에 의해 이송운동이 이루어지는 공작기계끼리 짝지어진 것은?

① 선반, 밀링머신　② 밀링머신, 평면연삭기
③ 드릴링머신, 평면연삭기　④ 선반, 드릴링머신

해설

선반 : 공작물은 척으로 고정된 채로 회전, 공구(바이트) 이송
밀링 : 공작물 좌우이동, 공구는 고정된 체로 회전
평면연삭 : 공작물 좌우이동, 공구는 좌우로 반원 회전
드릴링 : 공작물은 바디에 고정, 드릴이 회전, 손으로 드릴을 아래로 움직임

정답 15.④ 16.③ 17.②

18 다음 중에서 불활성 가스 아크 용접법에 대한 설명으로 옳지 않은 것은?

① 아르곤, 헬륨 등과 같이 고온에서도 금속과 반응하지 않는 불활성 가스를 차폐가스로 하여 대기로부터 아크와 용융 금속을 보호하며 행하는 아크 용접이다.

② 비소모성 텅스텐 봉을 전극으로 사용하고 별도의 용가재를 사용하는 MIG용접(불활성 가스 금속 아크 용접)이 대표적이다.

③ 불활성 가스는 용접봉 지지기 내를 통과시켜 용접물에 분출시키며 보통의 아크 용접법보다 생산비가 고가이다.

④ 용접부가 불활성 가스로 보호되어 용가재 합금 성분의 용착효율은 거의 100%에 가깝다.

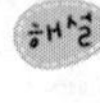

비소모성의 텅스텐(W) 봉을 전극으로 사용하는 것은 TIG용접이다. 불활성가스로 알곤(Ar)을 사용한다.

19 환경 경영 체제에 관한 국제 표준화 규격의 통칭으로, 기업 활동 전반에 걸친 환경 경영 체제를 평가하여 객관적으로 인증(認證)하는 것은 무엇인가?

① ISO 14000　　② ISO 9004

③ ISO 9000　　④ ISO 8402

② ISO 9004 : 공급자의 품질 경영 및 품질 시스템의 요소 지침을 규정
③ ISO 9000 : 제품의 생산, 유통과정 전반에 소비자 보호 품질 보증 제도
④ ISO 8402 : 품질경영 및 품질 보증 용어

20 기계의 안전설계에 대한 다음 설명 중 옳지 않은 것은?

① 안전도를 크게 하면 경제성이 저하된다.

② 허용응력에 대한 기준강도를 안전계수라 한다.

③ 허용응력이란 부품 설계 시 사용하는 응력의 최대 허용치로서 기준강도보다 작아야 한다.

④ 취성재료가 상온에서 정하중을 받을 때 항복점을 고려한다.

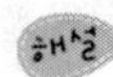

연성재료의 경우 항복점을 고려해야 한다. 취성재료는 파괴에 이르는 극한 상태를 기준으로 설계해야 한다.

정답 18.② 19.① 20.④

공업기계직 기계일반 (2008년 4월 시행 국가직)

01 성크키(묻힘키, sunk key)에 의한 축이음에서 축의 외주에 작용하는 접선력이 1N일 때 키(key)에 작용하는 전단응력[N/m²]은? (단, 키의 치수는 10mm×8mm×100mm이다)

① 1000　　② 1250
③ 2000　　④ 2500

해설

$$\tau = \frac{W}{b \times l} = \frac{1\text{N}}{10\text{mm} \times 100\text{mm}} = \frac{1}{1000}(\text{N/mm}^2)$$

$$= \frac{1}{1000}\frac{\text{N}}{(\frac{1}{1000}\text{m})^2}$$

$$= 1000\text{N/m}^2$$

02 선반을 이용하여 지름이 50mm인 공작물을 절삭속도 196m/min으로 절삭할 때 필요한 주축의 회전수[rpm]는?(단, π는 3.14로 계산하고, 결과 값은 일의 자리에서 반올림 한다)

① 1000　　② 1250
③ 3120　　④ 3920

해설

$v = \pi DN$, $196\text{m/min} = \pi \times \frac{50}{1000}(\text{m}) \times \frac{N}{\text{min}}$

$N = \frac{196 \times 1000}{\pi \times 50} = 1248.48$(회전수)로 계산된다.

03 캠의 압력각을 줄이기 위한 방법으로 적절한 것은?

① 기초원의 직경을 증가시키고 종동절의 상승량을 증가시킨다.
② 기초원의 직경을 감소시키고 종동절의 상승량을 감소시킨다.
③ 기초원의 직경을 증가시키고 종동절의 상승량을 감소시킨다.
④ 기초원의 직경을 감소시키고 종동절의 상승량을 증가시킨다.

해설

캠의 압력각이란 추적점에서 피치곡선에 세운 법선과 종동절의 운동방향이 이루는 각도(기어에서 작용선과 피치점 접선이 이루는 각). 캠의 압력각을 줄이는 방법은 기초원의 직경을 증가, 종동절의 상승량(변위량)을 감소, 종동절의 편심량을 변화, 종동절의 운동종류를 변경, 종동절의 상승 또는 하강에 대하여 정해진 캠회전각을 늘린다.

정답 01.① 02.② 03.③

04 다음 중 원심식 펌프에 해당하는 것만으로 묶은 것은?

① 피스톤 펌프, 플런저 펌프
② 벌류트 펌프, 터빈 펌프
③ 기어 펌프, 베인 펌프
④ 마찰 펌프, 제트 펌프

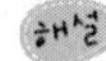

벌류트 펌프는 안내 날개가 없으며 저양정 대유량에 유리, 터빈펌프는 안내 날개가 있으며 고양정에 유리(펌프는 크게 2가지로 분류 ① 터보형 : 원심펌프, 사류펌프, 축류펌프/저양정 대유량 ② 용적형 : 왕복펌프(피스톤, 플런저), 기어펌프, 베인펌프, 나사펌프/고양정 저유량)

05 연마제를 압축 공기를 이용하여 노즐로 고속 분사시켜 고운 다듬질 면을 얻는 가공법은?

① 액체 호닝
② 래핑
③ 호닝
④ 슈퍼피니싱

② 래핑 : 랩(미세란 가루 입자)제를 넣고 랩을 누르면서 상대운동시켜 가공
③ 호닝 : 혼(세립자)으로 된 각 봉/ 이 봉의 공구를 구멍에서 회전 동시 왕복하여 구멍내면을 정밀 가공
④ 슈퍼피니싱 : 미세한 입자로 된 숫돌을 접촉시키면서 진동하여 정밀가공

06 침탄법과 질화법에 대한 설명 중 옳지 않은 것은?

① 침탄법은 질화법에 비해 같은 깊이의 표면 경화를 짧은 시간에 할 수 있다.
② 질화법은 침탄법에 비해 변형이 적다.
③ 질화법은 침탄법에 비해 경화층은 얇으나 경도가 높다.
④ 질화법은 질화 후 열처리가 필요하다.

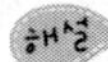

침탄법(숯, 탄소가루에 둠)보다 질화법(암모니아 NH_3에 둠)의 열처리 시간이 길다.

07 다음 중 볼나사(ball screw)에 대한 설명으로 옳지 않은 것은?

① 마찰계수가 극히 작아서 정확한 미세이송이 가능하다.
② 윤활은 아주 소량으로도 가능하다.
③ 축 방향의 백래시를 작게 할 수 있다.
④ 미끄럼 나사보다 전달 효율이 상대적으로 낮다.

해설

볼나사가 미끄럼나사보다 전달효율이 높다. 그래서 정밀한 운행에는 볼나사가 사용된다.

정답 04.② 05.① 06.④ 07.④

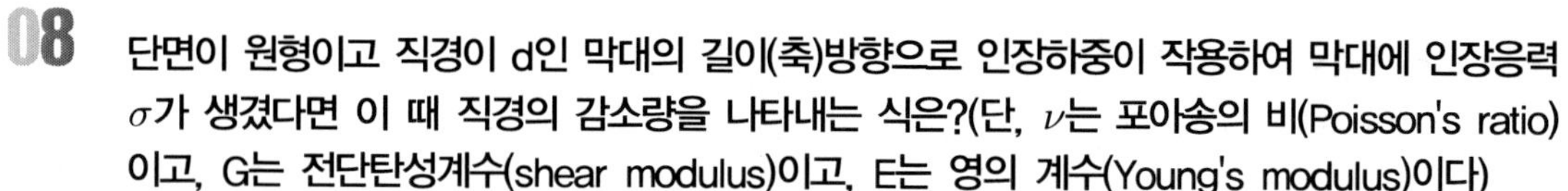

08 단면이 원형이고 직경이 d인 막대의 길이(축)방향으로 인장하중이 작용하여 막대에 인장응력 σ가 생겼다면 이 때 직경의 감소량을 나타내는 식은?(단, ν는 포아송의 비(Poisson's ratio)이고, G는 전단탄성계수(shear modulus)이고, E는 영의 계수(Young's modulus)이다)

① $\frac{\nu d G}{\sigma}$　② $\frac{\nu \sigma G}{d}$

③ $\frac{\nu \sigma d}{E}$　④ $\frac{\nu \sigma E}{d}$

해설

$\sigma = \frac{W}{A} = E \times \epsilon$ (식1), 프와송비$(\nu) = \frac{\epsilon'(\text{가로변형률})}{\epsilon(\text{세로변형률})}$ (식2)

2식을 전개하면, $\epsilon = \frac{\epsilon'}{\nu}$ (3식), $\epsilon'(\text{가로변형률}) = \frac{\Delta d}{d}$ (식 4)

3식을 2식에 대입, 다시 4식을 대입하면,

$\sigma = E \times \frac{\epsilon'}{\nu} = E \times \frac{\frac{\Delta d}{d}}{\nu} = \frac{E\Delta d}{\nu d}$, $\Delta d = \frac{\sigma \nu d}{E}$

09 승용차의 엔진에 설치된 EGR(Exhaust Gas Recirculation) 장치에 대한 설명으로 가장 적합한 것은?

① 흡기계통으로 배기가스의 일부를 재순환시켜 연소할 때의 최고 온도를 낮춤으로써 CO^2의 발생을 억제하는 장치이다.

② 흡기계통으로 배기가스의 일부를 재순환시켜 연소할 때의 최고 온도를 낮춤으로써 NOx의 발생을 억제하는 장치이다.

③ 촉매장치로 배기가스를 재순환시켜 CO와 HC의 함유량을 더 감소시키는 장치이다.

④ 흡기계통으로 배기가스의 일부를 재순환시켜 미연소된 배기가스를 재연소시켜 공해물질의 발생을 억제하는 장치이다.

해설

EGR장치는 배기가스의 일부를 재순환시켜 연소온도를 낮춤으로 질소산화물(NOx)을 감소시킨다. 촉매장치는 자신을 변하지 않고 주위를 변하게 하는 것으로, CO(불완전연소)와 HC(미연소), NOx 모두를 감소시킨다.

10 다이아몬드 다음으로 경한 재료로 철계 금속이나 내열합금의 절삭에 적합한 것은?

① 세라믹(ceramic)

② 초경합금(carbide)

③ 입방정 질화 붕소(CBN, cubic boron nitride)

④ 고속도강(HSS, high speed steel)

해설

초경합금과 고속도강은 고속 절삭용 공구에 사용된다.

정답 08.③ 09.② 10.③

11 다음 중 응고 반응이 아닌 것은?

① 공석 반응　　② 포정 반응

③ 편정 반응　　④ 공정 반응

해설

① 공석 : 고체상태에서 일정한 온도에 이르면 2가지의 고용체로 석출(727℃, A1 변태점)

② 포정 : δ고용체와 반응하여 γ고용체 형성(1495℃)(하나의 고상과 액상이 반응하여 또 다른 고상을 만듦, δ고용체가 γ고용체에 둘러쌓인다고 해서 포정)

③ 편정 : 공액 용체의 한 쪽이 결정을 정출하여 다른 쪽의 용체로 변하는 반응(Fe－C선도에 없음)

④ 공정 : 2개의 금속이 기계적으로 혼합된 조직이 나타남(1148℃)

12 사형 주조에서 응고 중에 수축으로 인한 용탕의 부족분을 보충하는 곳은?

① 게이트　　② 라이저

③ 탕구　　④ 탕도

해설

사형에서 사는 모래 사(沙)를 말한다. 주물액의 흐름은 쇳물아궁이→탕구봉→탕구저→탕도→게이트→주입구→주물체 순이다.

① 게이트 : 탕도로부터 갈라져서 주형으로 들어가는 통로

② 라이저 : 보통 탕도에 위치하며, 쇳물 응고(수축)시 쇳물 부족을 공급하는 저장고

③ 탕구 : 좁은 의미에선 탕구봉을 말함, 넓은 의미 탕구계 =탕구봉+탕구저+탕도+게이트+주입구

④ 탕도 : 탕구봉 밑부터 주형의 적절한 위치에 설치된 게이트까지 쇳물을 안내하는 통로(수평통로)

13 스프링 상수가 같은 2개의 코일스프링을 각각 직렬과 병렬로 연결하였다. 직렬로 연결한 시스템의 상당(등가) 스프링 상수는 병렬로 연결한 시스템의 상당(등가) 스프링 상수의 몇 배 크기인가?

① 1/4배　　② 1/2배

③ 2배　　④ 4배

직렬의 경우 $\frac{1}{k_s}=\frac{1}{k_1}+\frac{1}{k_2}+....$　(식 1)

병렬의 경우 $k_p=k_1+k_2+...$　(식 2)

여기서 k1=k2=k라고 하고 1식과 2식에 대입한다.

$\frac{1}{k_s}=\frac{1}{k}+\frac{1}{k}=\frac{2}{k},\ k_s=\frac{k}{2}$　(식 3)

$k_p=k+k=2k$　(식 4)

4식에서 $k=\frac{k_p}{2}$를 3식에 대입하면

$k_s=\frac{k}{2}=\frac{k_p}{4}$

정답 11.① 12.② 13.①

14 **두 축이 평행할 때 회전을 전달하는 기어는?**

① 베벨 기어 ② 스퍼 기어
③ 웜 기어 ④ 하이포이드 기어

해설

베벨기어 : 2축이 일정각을 두고 만날 때(마이터기어 : 2축이 90도로 만나는 베벨기어), 웜기어 : 조향장치에 이용, 하이포이드 기어 : 종감속장치에 이용, 따라서, 2축이 평행하지도 않고 만나지도 않는 경우에 웜기어, 하이포이드기어

15 **다음 재료시험 방법 중에서 전단응력을 측정하기 위한 시험법은?**

① 인장시험(tensile test) ② 굽힘시험(bending test)
③ 충격시험(impact test) ④ 비틀림시험(torsion test)

해설

전단응력(τ), 비틀림모멘트(T)에 의한 비틀림응력(τ) $= \dfrac{T}{Z_p}$

16 **다음 용접법 중에서 압접법(pressure welding)에 해당하는 것만을 올바르게 묶은 것은?**

① 시임용접, 마찰용접, 아크용접
② 마찰용접, 전자빔용접, 점용접
③ 점용접, 레이저용접, 확산용접
④ 마찰용접, 점용접, 시임용접

해설

압접법 : 눌러서 붙이는 법. 전기저항용접에는 점(spot)용접, 시임용접, 프로젝션(돌기)용접이 있다. 마찰용접은 마찰에 의해 열발생 후 두 축을 눌러서 접합, 이후에는 선삭하여 제품 만듦

17 **방전가공(EDM)과 전해가공(ECM)에 사용하는 가공액에 대한 설명으로 옳은 것은?**

① 모두 도체의 가공액을 사용한다.
② 모두 부도체의 가공액을 사용한다.
③ 방전가공은 부도체, 전해가공은 도체의 가공액을 사용한다.
④ 방전가공은 도체, 전해가공은 부도체의 가공액을 사용한다.

해설

전해가공은 가공액이 도체(전해액), 방전가공은 주위 액이 부도체

정답 14.② 15.④ 16.④ 17.③

18 유압회로에서 회로 내 압력이 설정치 이상이 되면 그 압력에 의하여 밸브를 전개하여 압력을 일정하게 유지시키는 역할을 하는 밸브는?

① 시퀀스 밸브　　② 유량제어 밸브
③ 릴리프 밸브　　④ 감압 밸브

① **시퀀스 밸브** : 순차적 작동 밸브
② **유량제어 밸브** : 속도제어됨
③ **릴리프 밸브** : 안전/구조 밸브, 전체회로의 압력을 제한(전체회로 보호)
④ **감압밸브** : 압력을 감소, 부분회로를 보호

19 마그네슘의 특징이 아닌 것은?

① 비중이 알루미늄보다 크다.
② 조밀육방격자이며 고온에서 발화하기 쉽다.
③ 대기 중에서 내식성이 양호하나 산 및 바닷물에 침식되기 쉽다.
④ 알카리성에 거의 부식되지 않는다.

마그네슘 비중 1.742이고, 알루미늄 비중이 2.70이다.

20 2사이클 기관과 비교할 때 4사이클 기관의 장점으로 옳은 것은?

① 매회전마다 폭발하므로 동일 배기량일 경우 출력이 2사이클 기관보다 크다.
② 마력당 기관중량이 가볍고 밸브기구가 필요 없어 구조가 간단하다.
③ 회전력이 균일하다.
④ 체적효율이 높다.

4사이클의 경우 밸브시스템이 마련되어 정확한 개폐를 행한다. 즉 체적 효율이 크다. 2사이클의 경우 흡입과 압축, 폭발과 배기를 같이 행한다. 따라서 새는 가스가 많다.

정답 18.③ 19.① 20.④

공업기계직 기계일반 (2009년 4월 시행 국가직) 9급

01 **탄소강(SM30C)을 냉간가공하면 일반적으로 감소되는 기계적 성질은?**

① 연신율　　② 경도
③ 항복점　　④ 인장강도

해설

SM30C에서 SM은 Steel Mechanical(기계구조용 탄소강)의 약자. 30은 탄소함유량이 0.30%을 말한다. 연신율은 원래길이에 대한 늘어난 길이(량)을 나타내므로, 탄소가 증가할수록 잘 늘어나지 않는다.

02 **Fe－C 평형상태도에 표시된 S, C, J 점에 대한 설명으로 옳은 것은?**

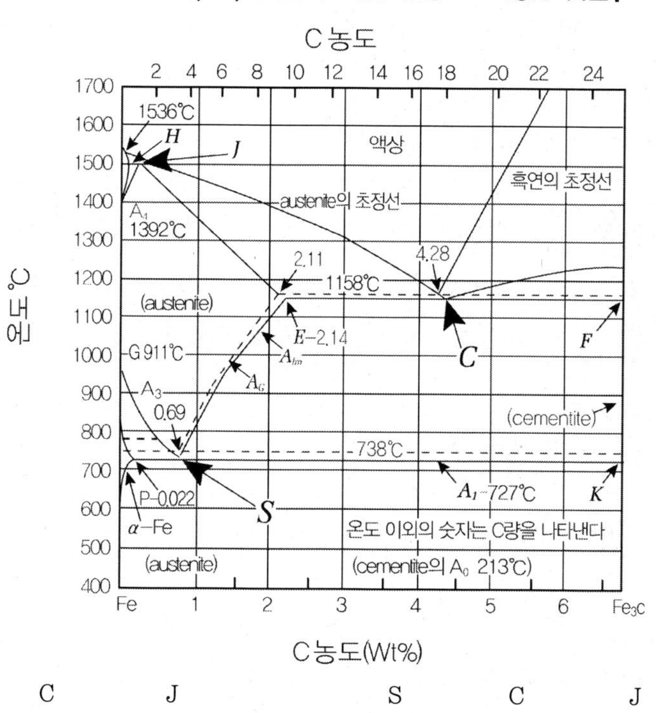

	S	C	J
①	포정점	공정점	공석점
②	공정점	공석점	포정점
③	공석점	공정점	포정점
④	공정점	포정점	공석점

해설

① 공석 : 고체상태에서 일정한 온도에 이르면 2가지의 고용체로 석출(727℃, A1변태점)
② 포정 : δ고용체와 반응하여 γ고용체 형성(1495℃)
③ 편정 : 공액 용체의 한 쪽이 결정을 정출하여 다른 쪽의 용체로 변하는 반응(Fe–C선도에 없음)
④ 공정 : 2개의 금속이 기계적으로 혼합된 조직이 나타남(1148℃)

정답 01.① 02.③

03 **철강에 포함된 탄소 함유량의 영향에 대한 설명으로 옳지 않은 것은?**

① 탄소량이 증가하면 연신율이 감소한다.
② 탄소량이 감소하면 경도가 증가한다.
③ 탄소량이 감소하면 내식성이 증가한다.
④ 탄소량이 증가하면 단면수축률이 감소한다.

해설

탄소량이 증가하면 경도가 증가한다.

04 **탄소강 판재로 이음매가 없는 국그릇 모양의 몸체를 만드는 가공법은?**

① 스피닝
② 컬링
③ 비딩
④ 플랜징

해설

① 스피닝 : 스피닝축에 형틀 부착, 소재를 누름쇠로 형틀에 밀고 회전, 누름쇠에 의해 형태생김 (이음매없는 국그릇 모양 만듦)
② 컬링(curling : 꼬불꼬불 굽힘,파마) : 보통 끝 부분을 굽힘, 말리게 함
③ 비딩 : 가공된 용기에 좁은 선모양의 돌기를 만드는 가공

05 **속이 찬 봉재로부터 길이방향으로 이음매가 없는 긴 강관(鋼管)을 제조하는 방법은?**

① 프레스가공
② 전조가공
③ 만네스맨가공
④ 드로잉가공

해설

속이 찬 봉재로부터 길이방향으로 이음매가 없는 긴 강관을 만드는 방법에는 만네스맨 가공, 압출법, 에르하르트법, stifel법 등이 있다.

06 **다음 중 정밀 입자가공에 해당하지 않는 것은?**

① 호빙(hobbing)
② 래핑(lapping)
③ 슈퍼 피니싱(super finishing)
④ 호닝(honing)

해설

호빙은 기어절삭방법으로 호빙머신(기어절삭기계)를 사용한다.

정답 03.② 04.① 05.③ 06.①

07 허용할 수 있는 부품의 오차 정도를 결정한 후 각각 최대 및 최소 치수를 설정하여 부품의 치수가 그 범위 내에 드는지를 검사하는 게이지는?

① 블록 게이지 ② 한계 게이지
③ 간극 게이지 ④ 다이얼 게이지

해설

① 블록게이지 : 블록을 쌓아 높이(길이) 측정
④ 다이얼게이지 : 비교측정기

08 가솔린 기관의 노크 현상에 대한 설명으로 옳은 것은?

① 공기－연료 혼합기가 어느 온도 이상 가열되어 점화하지 않아도 연소하기 시작하는 현상
② 흡입공기의 압력을 높여 기관의 출력을 증가시키는 현상
③ 가솔린과 공기의 혼합비를 조절하여 혼합기를 발생시키는 현상
④ 연소 후반에 미연소가스의 급격한 연소에 의한 충격파로 실린더 내 금속을 타격하는 현상

해설

① 공기+연료 혼합기가 어느 온도 이상 가열되어(열점에 의해서) 점화하지 않아도 연소시작 현상 →조기점화
④ 가솔린 노킹 : 연소후반에 화염전파에 의한 국부적 압력상승으로 미연소 가스의 급격한 연소

09 리벳작업에서 코킹을 하는 목적으로 가장 옳은 것은?

① 패킹재료를 삽입하기 위해
② 파손재료를 수리하기 위해
③ 부식을 방지하기 위해
④ 기밀을 유지하기 위해

해설

코킹(caulking)의 뜻이 틈새메우기이다. 즉 기밀유지(새는 것을 방지)

10 다음 중에서 탄소강의 표면경화 열처리법이 아닌 것은?

① 어닐링법 ② 질화법
③ 침탄법 ④ 고주파경화법

해설

- 강의 열처리에는 어닐링(풀림) : 연성목적(내부응력제거),
- 퀜칭(담금질) : 급냉, 강도와 경도 증가,
- 탬퍼링(뜨임) : 담금질 후 인성증가,
- 노멀라이징(불림) : 조직미세화/균일한 조직
- 강의 표면경화에는 침탄법, 질화법, 고주파경화법, 화염경화법 등이 있다.

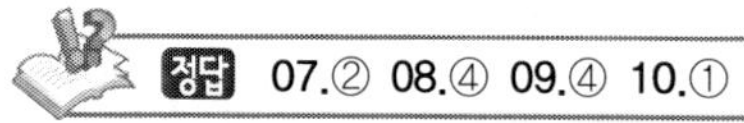
정답 07.② 08.④ 09.④ 10.①

11 다음 용접의 방법 중 고상용접이 아닌 것은?

① 확산용접(diffusion welding)
② 초음파용접(ultrasonic welding)
③ 일렉트로슬래그용접(electroslag welding)
④ 마찰용접(friction welding)

- 고상용접 : 고체상태의 용접
- 일렉트로 슬래그용접 : 용제를 아크로 녹여서 슬래그로 만든 후 용융된 슬래그에 넣은 와이어에서 모재로 전류를 흐르게 하여 발생하는 저항열로 와이어와 모재를 녹여 용접

12 다음 기계 가공 중에서 표면거칠기가 가장 우수한 것은?

① 내면연삭가공　　② 래핑가공
③ 평면연삭가공　　④ 호닝가공

해설

정밀가공에서 호닝 < 래핑 < 슈퍼피니싱 순으로 고정밀 가공이다.

13 그림과 같이 지름이 d_1에서 d_2로 변하는 축에 인장력 P가 작용하고 있다. 직경비가 $d_1 : d_2 = 1 : 2$일 때 두 단면에서 발생하는 인장응력의 비인 $\sigma_1 : \sigma_2$ 는?

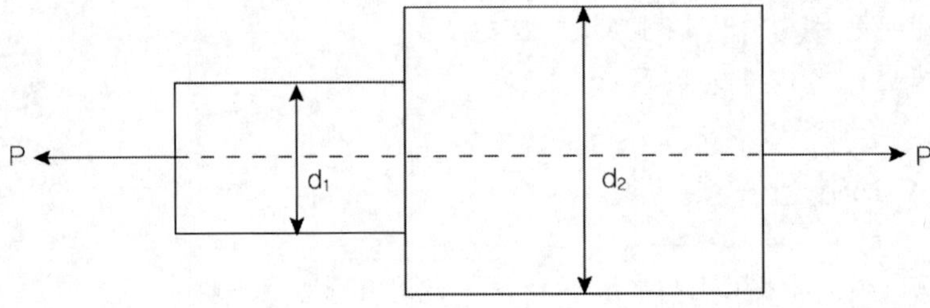

① 1 : 2　　② 1 : 4
③ 2 : 1　　④ 4 : 1

해설

$$\frac{d_1}{d_2} = \frac{1}{2}, \rightarrow d_2 = 2d_1 \text{ (식 1)}$$

$$\sigma_1 = \frac{P}{\frac{\pi d_1^2}{4}} = \frac{4P}{\pi d_1^2} \text{ (식 2)}$$

$$\sigma_2 = \frac{P}{\frac{\pi d_2^2}{4}} = \frac{4P}{\pi d_2^2} = \frac{4P}{\pi (2d_1)^2} = \sigma_1 \times \frac{1}{2^2}$$

정답 11.③ 12.② 13.④

14 3줄 나사에서 수나사를 고정하고 암나사를 1회전시켰을 때 암나사가 이동한 거리는?

① 나사 피치의 1/3배
② 나사 리드의 1/3배
③ 나사 피치의 3배
④ 나사 리드의 3배

해설

수나사를 고정한다는 말은 회전하지 않는다는 말이다. 대신 암나사를 회전하면 수나사는 전(후)진하게 된다. 즉 암나사를 고정하고 수나사를 회전하는 것과 같은 결과를 가져온다.

15 연삭숫돌에 눈메움이나 무딤이 발생하였을 때 이를 제거하기 위한 방법으로 가장 옳은 것은?

① 드레싱(dressing)
② 폴리싱(polishing)
③ 연삭액의 교환
④ 연삭속도의 변경

해설

②폴리싱 : 광택내기
드래싱의 경우 트루잉을 동반한다. 트루잉은 숫돌의 연삭면을 평행 또는 일정한 형대로 성형시켜주는 방법. 무딤현상(글레이징) : 탈락하지 않고 마멸, 눈메움(로딩) : 숫돌 기공에 칩이 채워지는 현상.

16 SM35C, SC350으로 표현된 재료규격의 설명으로 옳지 않은 것은?

① SM35C에서 SM은 기계구조용 탄소강재라는 것이다.
② SM35C에서 35C는 탄소함유량이 3.5%라는 것이다.
③ SC350에서 SC는 탄소강 주강품이라는 것이다.
④ SC350에서 350은 인장강도 350N/mm^2 이상을 나타낸다.

해설

SM35C : 기계구조용강으로 탄소(C)가 0.35%
SC350 : 주강용 탄소강으로 인장강도가 350N/mm^2

17 제품과 같은 모양의 모형을 양초나 합성수지로 만든 후 내화재료로 도포하여 가열경화시키는 주조 방법은?

① 셸몰드법
② 다이캐스팅
③ 원심주조법
④ 인베스트먼트 주조법

해설

① 셸몰드는 가열된 모형에 규사와 페놀계 수지의 배합가루를 뿌려 주형 만듦
② 다이캐스팅은 고압의 용융물을 어떤 형태의 틀에 쏘아서 물건을 만드는 방법
③ 원심주조는 원심력을 이용, 파이프 제작
④ 인베스트먼트는 형상모형을 왁스나 합성수지로 만들고, 열을 가해 모형을 녹여 주형 제작

정답 14.③ 15.① 16.② 17.④

18 절삭가공에서 공구 수명을 판정하는 방법으로 옳지 않은 것은?

① 공구날의 마모가 일정량에 달했을 때
② 절삭저항이 절삭개시 때와 비교해 급격히 증가하였을 때
③ 절삭가공 직후 가공표면에 반점이 나타날 때
④ 가공물의 온도가 일정하게 유지될 때

해설

가공물의 온도가 일정할 시는 공구가 정상적임을 나타낸다.

19 사각나사의 축방향 하중이 Q, 마찰각이 ρ, 리드각이 α일 때 사각나사가 저절로 풀리는 조건은?

① $Q\tan(\rho+\alpha)>0$
② $Q\tan(\rho+\alpha)<0$
③ $Q\tan(\rho-\alpha)<0$
④ $Q\tan(\rho-\alpha)>0$

해설

여기서 축방향하중 Q가 책에서 누르는 하중 W와 같다.
즉 나사를 돌리는 힘$(P)=W\tan(\alpha+\rho)$, 여기서는 나사를 푸는힘$(P')=W\tan(\rho-\alpha)$가 된다.
$\alpha<\rho$가 되면 $P'<0$로 되어 저절로 풀린다.

20 직각인 두 축 간에 운동을 전달하고, 잇수가 같은 한 쌍의 원추형 기어는?

① 스퍼어기어
② 마이터기어
③ 나사기어
④ 헬리컬기어

해설

두축이 직각이므로, 마이터기어이다. 스퍼기어(평기어)는 두축이 나란할 때

정답 18.④ 19.③ 20.②

공업기계직 기계일반 (2010년 4월 시행 국가직)

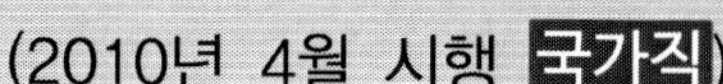

9급

01 길이가 3m, 단면적이 $0.01m^2$인 원형 봉이 인장하중 100kN을 받을 때 봉이 늘어난 길이[m]는? (단, 봉의 영계수(Young's Modulus) E = 300GPa이다)

① 1×10^{-7}　② 0.0011
③ 0.002　④ 0.0001

해설

$$\sigma = \frac{W}{A} = \frac{100\text{kN}}{0.01\text{m}^2} = 10^4\text{kN/m}^2 \text{ (식 1)}$$

또한 $\sigma = E \times \epsilon = E \times \frac{\Delta l}{l} \rightarrow \Delta l = \frac{\sigma l}{E}$ (식 2)

1식을 2식에 대입하면

$$\Delta l = \frac{10^4\text{kN/m}^2 \times 3\text{m}}{300 \times 10^9\text{N/m}^2} = \frac{1}{10000}\text{m} = 0.0001$$

02 펀치(punch)와 다이(die)를 이용하여 판금재료로부터 제품의 외형을 따내는 작업은?

① 블랭킹(blanking)　② 피어싱(piercing)
③ 트리밍(trimming)　④ 플랜징(flanging)

해설

① 블랭킹 : 안에 것 사용 반대는 펀칭(외부 것 사용)
② 피어싱 : 구멍 뚫고
③ 트리밍 : 블랭킹 후 2차 가공

03 지름이 50mm인 공작물을 절삭속도 314 m/min으로 선반에서 절삭할 때, 필요한 주축의 회전수[rpm]는? (단, π 는 3.14로 계산하고, 결과 값은 일의 자리에서 반올림한다)

① 1,000　② 2,000
③ 3,000　④ 4,000

해설

$$v = \pi DN,\ 314\text{m/min} = \pi \times \frac{50}{1000}(\text{m}) \times \frac{N}{\text{min}}$$

$$N = \frac{314 \times 1000}{\pi \times 50} = 2000(\text{회전수})$$ 로 계산된다.

04 측정기에 대한 설명으로 옳은 것은?

① 버어니어 캘리퍼스가 마이크로미터보다 측정정밀도가 높다.
② 사인 바(sine bar)는 공작물의 내경을 측정한다.
③ 다이얼 게이지(dial gage)는 각도 측정기이다.
④ 스트레이트 에지(straight edge)는 평면도의 측정에 사용된다.

해설

① 마이크로미터가 버니어캘리퍼스 보다 고 정밀도
② 사인바 : 각도측정기
③ 다이얼게이지 : 비교측정기(양정, 흔들림)

05 브레이크 블록이 확장되면서 원통형 회전체의 내부에 접촉하여 제동되는 브레이크는?

① 블록 브레이크 ② 밴드 브레이크
③ 드럼 브레이크 ④ 원판 브레이크

해설

블록브레이크는 외부 수축식, 드럼브레이크는 내부 확장식, 밴드브레이크는 밴드(끝)에 의한 브레이크, 원판브레이크는 디스크브레이크를 뜻한다.

06 컴퓨터에 의한 통합 제조라는 의미로 제조 부문, 기술 부문 등의 제조 시스템과 경영 시스템을 통합 운영하는 생산시스템의 용어로 옳은 것은?

① CAM(computer aided manufacturing)
② FMS(flexible manufacturing system)
③ CIM(computer integrated manufacturing)
④ FA(factory automation)

해설

① CAD : 컴퓨터 활용 생산 ② FMS : 유연생산장치
③ CIM : 컴퓨터 통합 생산 ④ FA : 공장 자동화

07 다음 중 큰 회전력을 전달할 수 있는 기계요소 순으로 나열된 것은?

① 안장 키>경사 키>스플라인>평 키
② 스플라인>경사 키>평 키>안장 키
③ 안장 키>평 키 >경사 키>스플라인
④ 스플라인>평 키>경사 키>안장 키

해설

여기서 경사키란 기울어진 키(접선키 포함) → 접선키의 경우 키가 1/40~1/45도 정도 기울어져 있음, 키와 키의 사이는 보통 120도임

정답 04.④ 05.③ 06.③ 07.②

08 스프링에 대한 설명으로 옳지 않은 것은?

① 병렬 연결의 경우 스프링 상수는 커진다.
② 직렬 연결의 경우 스프링 상수는 작아진다.
③ 같은 하중에서 처짐이 커지면 스프링 상수는 작아진다.
④ 선형 스프링의 경우 하중이 한 일은 처짐과 스프링 상수의 곱과 같다.

해설

일은 에너지와 같으므로, 탄성에너지 $U=\frac{1}{2}W\delta$이다. 처짐(δ)와 스프링상수(k)의 곱은 힘(W)이 된다.

09 유압 작동유의 점도가 지나치게 높을 때 발생하는 현상이 아닌 것은?

① 기기류의 작동이 불활성이 된다.
② 압력유지가 곤란하게 된다.
③ 유동저항이 커져 에너지 손실이 증대한다.
④ 유압유 내부 마찰이 증대하고 온도가 상승된다.

해설

점도란 끈끈한 정도를 말한다. 점도가 높으면 유체가 잘 이동하지 않으며 유동저항이 커져 손실이 증대한다. 또한 유압내 내부 마찰이 증가하며 온도가 상승한다. 즉 신속한 작동이 불가하다.

10 가솔린기관과 디젤기관에 대한 비교 설명으로 옳지 않은 것은?

① 가솔린기관은 압축비가 디젤기관보다 일반적으로 크다.
② 디젤기관은 혼합기 형성에서 공기만 압축한 후 연료를 분사한다.
③ 열효율은 디젤기관이 가솔린기관보다 상대적으로 크다.
④ 디젤기관이 저속 성능이 좋고 회전력도 우수하다.

해설

가솔린 기관은 디젤기관보다 압축비가 낮다. 디젤기관은 압축착화 기관으로 압축이 잘 되야 내부 온도가 올라가고 자기착화(스스로 불이 붙음)가 잘 된다.

11 일반적으로 큰 하중을 받거나 고속회전을 하는 축에 사용되는 합금의 성분이 아닌 것은?

① 베릴륨 ② 니켈
③ 몰리브덴 ④ 크롬

해설

니켈(Ni), 몰리브덴(Mo), 크롬(Cr)은 부하가 큰 축에 사용. 베릴륨(Be)은 4번(2족 원소) 알칼리토 금속으로 내식성이 뛰어남, 원자로의 감속재, 반사재로 사용됨

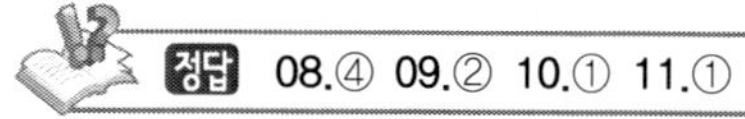
정답 08.④ 09.② 10.① 11.①

12 연강용 아크 용접봉에서 그 규격을 나타낼 때, E4301에서 43이 의미하는 것은?

① 피복제의 종류

② 용착 금속의 최저 인장강도

③ 용접 자세

④ 아크 용접시의 사용 전류

해설

E4301→E는 전기용접봉(종류), 43은 최저인장강도(kgf/mm^2), 0은 용접자세, 1은 피복제 종류를 뜻한다.

13 열영향부(HAZ)를 가장 좁게 할 수 있는 용접은?

① 마찰 용접 ② TIG 용접

③ MIG 용접 ④ 서브머지드 용접

해설

마찰용접 : 마찰시켜 마찰열이 발생하면 밀어서 용접

14 홈이 깊게 가공되어 축의 강도가 약해지는 결점이 있으나 가공하기 쉽고, 60mm이하의 작은 축에 사용되며, 특히 테이퍼 축에 사용하면 편리한 키는?

① 평행 키 ② 경사 키

③ 반달 키 ④ 평 키

반달키는 테이퍼 축에 꽂힘, 홈 때문에 축의 강도가 약해지는 결점이 있음

15 절삭가공에 대한 일반적인 설명으로 옳은 것은?

① 경질재료일수록 절삭저항이 감소하여 표면조도가 양호하다.

② 절삭깊이를 감소시키면 구성인선이 감소하여 표면조도가 양호하다.

③ 절삭속도를 증가시키면 절삭저항이 증가하여 표면조도가 불량하다.

④ 절삭속도를 감소시키면 구성인선이 감소하여 표면조도가 양호하다.

해설

① 경질 재료란 단단한 재료를 말한다. 즉 절삭저항이 증가한다.

② 절삭깊이를 깊게 하면 절삭저항이 커진다. 구성인선이란 공구전면에 단단한 물질이 달라붙는 현상

③ 절삭속도가 빠를수록(회전속도 빠를수록) 절삭저항이 감소, 표면조도 양호

④ 절삭속도가 느릴수록 절삭저항 증가→ 저항에 의한 온도 증가→구성인선의 증가→표면조도의 불량으로 이어진다.

정답 12.② 13.① 14.③ 15.②

16 소성변형의 전위에 대한 설명으로 옳지 않은 것은?

① 전위의 움직임에 따른 소성변형 과정이 슬립이다.
② 슬립은 결정면의 연속성을 파괴한다.
③ 전위의 움직임을 방해할수록 재료는 경도와 강도가 증가한다.
④ 혼합전위는 쌍정과 나사전위가 혼합된 전위를 말한다.

해설

혼합전위에는 칼날전위와 나사전위가 혼합된 전위이다. 전위란 재료에 외력이 가해져 격자의 일부분이 미끄러져 생긴 국부적 격자결함.

17 철판에 전류를 통전하며 외력을 이용하여 용접하는 방법은?

① 마찰 용접
② 플래시 용접
③ 서브머지드 아크 용접
④ 전자 빔 용접

해설

플래시 용접이란 두 부재의 끝을 맞댈 때 발생하는 전기저항에 의한 아크를 이용하여 용접하는 방법(단, 접합부의 단면이 동일). 저항열에 따른 국부온도상승이 적절한 온도에 도달하면, 맞대어진 경계면이 녹기 시작하고 적절한 축방향의 가압력에 의해 접합부에는 소성변형(업세팅)이 일어나 용접이 됨

18 강의 열처리에서 생기는 조직 중 가장 경도가 높은 것은?

① 펄라이트(pearlite)
② 소르바이트(sorbite)
③ 마르텐사이트(martensite)
④ 트루스타이트(troostite)

해설

마르텐사이트 : 담금질에서 생기는 조직(오스테나이트에서 급냉시 생김)
마르텐사이이트에서 가열 후 서냉하면 조직은→트루스타이트→솔바이트→펄라이트로 조직이 변화

19 금속의 파괴 현상 중 하나인 크리프(creep)현상에 대한 설명으로 적절한 것은?

① 응력이 증가하여 재료의 항복점을 지났을 때 일어나는 파괴 현상
② 반복응력이 장시간 가해졌을 때 일어나는 파괴 현상
③ 응력과 온도가 일정한 상태에서 시간이 지남에 따라 변형이 연속적으로 진행되는 현상
④ 균열이 진전되어 소성변형 없이 빠르게 파괴되는 현상

해설

①은 소성변형이 일어나는 시점, ②는 피로파괴, ③은 온도관련이므로 크리프

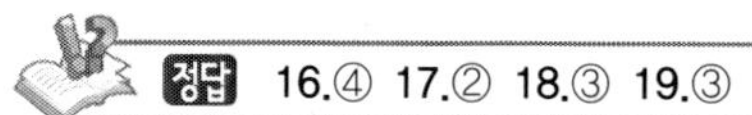
정답 16.④ 17.② 18.③ 19.③

20 **원통 코일 스프링의 스프링 상수 k에 대한 설명으로 적절하지 않은 것은?**

① 유효감김 수 n에 반비례한다.
② 소선의 전단 탄성계수 G에 비례한다.
③ 소선의 지름 d의 네제곱에 비례한다.
④ 스프링의 평균 지름 D의 제곱에 비례한다.

$k=\dfrac{W}{\delta}$, $\delta=r\theta$, $r=\dfrac{D}{2}$, $\theta=\dfrac{Tl}{GI_p}$, $I_p=\dfrac{\pi d^4}{32}$, $l=n\pi D$을 대입하면

$k=\dfrac{Gd^4}{8D^3n}$으로 유도된다. 즉 D의 제곱이 아니라 세제곱에 반비례한다.

정답 20.④

공업기계직 기계일반 (2011년 4월 시행 국가직) 9급

01 항온 열처리 방법이 아닌 것은?

① 오스템퍼링(austempering)
② 마래징(maraging)
③ 마퀜칭(marquenching)
④ 마템퍼링(martempering)

해설

항온열처리에는 4가지 방법이 있다.
① 오스템퍼 : 오스테나이트 → 베나이트
③ 마퀜칭 : 강 → 마텐자이트
④ 마템퍼 : 오스테나이트 → 베나이트 /마텐자이트 혼합
그리고, MS퀜칭이 있다.

02 보일러 효율을 향상시키는 부속장치인 절탄기(economizer)에 대한 설명으로 옳은 것은?

① 연도에 흐르는 연소가스의 열을 이용하여 급수를 예열하는 장치이다.
② 석탄을 잘게 부수는 장치이다.
③ 연도에 흐르는 연소가스의 열을 이용하여 연소실에 들어가는 공기를 예열하는 장치이다.
④ 연도에 흐르는 연소가스의 열을 이용하여 고온의 증기를 만드는 장치이다.

해설

절탄기는 보일러 본체로 들어가는 급수를 가열하는 장치를 말함

03 클러치를 설계할 때 유의할 사항으로 옳지 않은 것은?

① 균형상태가 양호하도록 하여야 한다.
② 관성력을 크게 하여 회전 시 토크 변동을 작게 한다.
③ 단속을 원활히 할 수 있도록 한다.
④ 마찰열에 대하여 내열성이 좋아야 한다.

해설

관성이란 계속 자신의 운동을 유지하려는 성질이다. 따라서 관성력이 크게 되면 클러치 역할이 동력단속을 행하기가 어렵다.

04 스테인레스강(stainless steel)의 구성 성분 중에서 함유율이 가장 높은 것은?

① Mo
② Mn
③ Cr
④ Ni

해설

스테인레스강 : 내식성이 우수, 주성분이 크롬(Cr)
Mn(망간), Mo(몰리브덴), Ni(니켈)을 뜻한다.

정답 01.② 02.① 03.② 04.③

05 산업설비 자동화의 장점에 대한 설명으로 옳지 않은 것은?

① 생산속도를 향상시키고 생산량을 증대시킬 수 있다.
② 위험한 작업환경에서 작업자의 안정성을 높인다.
③ 생산품의 품질이 균일해지고 향상된다.
④ 자동화라인은 단위 기계 별 고장 대처 및 유지 보수에 유리하다.

해설

자동화설비는 단위기계별 고장대처나 유지보수에 불리하다. 그 이유는 같은 시기에 같은 고장을 나타낼 확률이 높다.

06 주물에 사용하는 주물사가 갖추어야 할 조건으로 옳지 않은 것은?

① 열 전도도가 낮아 용탕이 빨리 응고되지 않도록 한다.
② 주물표면과의 접합력이 좋아야 한다.
③ 열에 의한 화학적 변화가 일어나지 않도록 한다.
④ 통기성이 좋아야 한다.

해설

주물사는 붕괴가 잘 되어야 한다. 접합력이 좋으면 주물을 만든 후 모래를 주물에서 털어내기 힘들다.

07 특정한 온도영역에서 이전의 입자들을 대신하여 변형이 없는 새로운 입자가 형성되는 재결정에 대한 설명으로 가장 부적절한 것은?

① 재결정 온도는 일반적으로 약 1시간 안에 95%이상 재결정이 이루어지는 온도로 정의한다.
② 금속의 용융 온도를 절대온도 Tm이라 할 때 재결정 온도는 대략 0.3Tm~0.5Tm 범위에 있다.
③ 재결정은 금속의 연성을 증가시키고 강도를 저하시킨다.
④ 냉간 가공도가 클수록 재결정온도는 높아진다.

해설

냉간 가공도가 클수록 재결정온도는 낮아진다. 즉, 재결정온도가 낮을수록 냉간 가공이 쉽다. 다른말로 재결정온도가 높으면, 상온에서는 힘이 많이 든다.

08 미끄럼 베어링의 장점이 아닌 것은?

① 충격 흡수력이 크다.
② 고속 회전에 적당하다.
③ 시동할 때 마찰저항이 작다.
④ 진동과 소음이 작다.

해설

볼 베어링은 점접촉을 하므로 시동시 마찰저항이 적다. 미끄럼베어링이 고속회전에 적당한 이유는 윤활유가 마찰열을 식혀주기 때문이다. 그리고 진동과 소음도 적다.

정답 05.④ 06.② 07.④ 08.③

09 단인공구가 사용되는 공정으로만 묶인 것은?

① 외경선삭, 형삭, 평삭
② 리밍, 브로칭, 밀링
③ 밀링, 드릴링, 형삭
④ 드릴링, 브로칭, 외경선삭

해설

- 다인공구란 공구 본체에 고정된 두 개 이상의 절삭부분(칩을 생성하는 요소)을 포함한 공구.
- 단인공구란 공구 본체에 고정된 한 개의 절삭부분.
- 형삭 : 형태 만드는 절삭(안경 알)
- 리밍 : 이미 뚫은 규멍을 정밀 다듬질
- 브로칭 : 다인 공구를 눌러서 통과시키면서 절삭

10 절삭속도 628m/min, 밀링커터의 날수를 10, 밀링커터의 지름을 100mm, 1날당 이송을 0.1mm로 할 경우 테이블의 1분간 이송량[mm/min]은? (단, π 는 3.14이다)

① 1,000
② 2,000
③ 3,000
④ 4,000

해설

$v = \pi DN$, $628\text{m/min} = \pi \times \dfrac{100}{1000}(\text{m}) \times \dfrac{N}{\text{min}}$

$N = \dfrac{628 \times 1000}{\pi \times 100} = 2000$(회전수)로 계산된다.

f(1분간 이송량) $= f_z$(날당 이송량) $\times z$(날수) $\times N$(rpm)

$f(\text{mm/min}) = 0.1(\text{mm/날}) \times 10\text{날} \times 2000/\text{min} = 2000$으로 계산된다.

11 산화철 분말과 알루미늄 분말의 혼합물을 이용하는 용접방법은?

① 플러그 용접
② 스터드 용접
③ TIG 용접
④ 테르밋 용접

해설

① 플러그 용접 : 부재 한쪽에 구멍 뚫고 그곳을 용접하여 채움
② 스터드 용접 : 강봉을 모재에 심는 아크용접
③ TIG : 텅스텐(W) 불활성 가스 용접
④ 테르밋 용접 : 산화철 : 알루미늄분말 = 3 : 1

12 공작물을 양극으로 하고 공구를 음극으로 하여 전기화학적 작용으로 공작물을 전기분해시켜 원하는 부분을 제거하는 가공공정은?

① 전해가공
② 방전가공
③ 전자빔가공
④ 초음파가공

해설

① 전해가공 : 공작물에 (+)극, 공구에 (-)극을 사용, 전해액(도체)을 사용하여 공작물을 전기분해
② 방전가공 : 전극(+)인 와이어를 사용, 가공액이 부도체, 가공물이 (-)극

정답 09.① 10.② 11.④ 12.①

13 알루미늄 재료의 특징에 대한 설명으로 옳지 않은 것은?

① 열과 전기가 잘 통한다.
② 전연성이 좋은 성질을 가지고 있다.
③ 공기 중에서 산화가 계속 일어나는 성질을 가지고 있다.
④ 같은 부피이면 강보다 가볍다.

해설

알루미늄의 경우 산화피막을 형성하여 내식성이 좋다.

14 미끄럼을 방지하기 위하여 안쪽 표면에 이가 있는 벨트로 정확한 속도가 요구되는 경우에 사용되는 전동벨트는?

① 링크(link) 벨트　② V 벨트
③ 타이밍(timing) 벨트　④ 레이스(lace) 벨트

해설

벨트의 안쪽에 이가 있는 경우 타이밍 벨트, 링크벨트는 대부분 체인(사이런트체인), 레이스가 달린 레이스벨트

15 유압회로에서 접속된 회로의 압력을 설정된 압력으로 유지시켜 주는 밸브는?

① 릴리프(relief) 밸브　② 교축(throttling) 밸브
③ 카운터밸런스(counter balance) 밸브　④ 시퀀스(sequence) 밸브

해설

릴리프밸브(안전밸브) : 회로의 설정압력으로 유지
교축밸브 : 오리피스처럼 가는 관에 통로를 변환하여 유량을 변화하는 밸브

16 펌프의 송출유량이 Q[m^3/s], 양정이 H[m], 액체의 밀도가 1,000[kg/m^3]일 때 펌프의 이론동력 L을 구하는 식으로 옳은 것은?(단, 중력가속도는 9.8 m/s2이다)

① L=9,800 QH (kW)
② L=980 QH (kW)
③ L=98 QH (kW)
④ L=9.8 QH (kW)

해설

압력$(P)=\rho$(밀도)$\times g$(중력가속도)$\times H$(높이)$=\gamma$(비중량)$\times H$(높이) (식 1)
동력(L) = 압력(P) × 유량(Q) (식 2)
1식에 2식을 대입하면,
$L=\rho g H\times Q=1000(\mathrm{kg/m^3})\times 9.8(\mathrm{m/s^2})\mathrm{H(m)Q(m^3/s)}$
$=9800\mathrm{HQ(W)}=9.8\mathrm{HQ(kW)}$

정답 13.③ 14.③ 15.① 16.④

17 **동일 재질로 만들어진 두 개의 원형단면 축이 같은 비틀림 모멘트 T를 받을 때 각 축에 저장되는 탄성에너지의 비($\frac{U_1}{U_2}$)는?(단, 두 개의 원형 단면 축 길이는 L_1, L_2이고, 지름은 D_1, D_2 이다)**

① $\frac{U_1}{U_2}=(\frac{D_1}{D_2})^4\frac{L_2}{L_1}$

② $\frac{U_1}{U_2}=(\frac{D_1}{D_2})^4\frac{L_1}{L_2}$

③ $\frac{U_1}{U_2}=(\frac{D_2}{D_1})^4\frac{L_2}{L_1}$

④ $\frac{U_1}{U_2}=(\frac{D_2}{D_1})^4\frac{L_1}{L_2}$

해설

탄성에너지(U) $=\frac{1}{2}W\delta$ (식 1)

처짐(δ) $=r\theta$ (식 2), $W=\frac{T}{r}$ (식 3)

2식과 3식을 1식에 대입하면, $U=\frac{1}{2}\frac{T}{r}r\theta=\frac{T\theta}{2}$ (식 4)으로 유도된다.

$$U_1=\frac{T}{2}\theta=\frac{T}{2}\times\frac{Tl_1}{GI_{p1}}=\frac{T^2l_1}{2G\frac{\pi d_1^4}{32}}=\frac{16T^2l_1}{G\pi d_1^4} \quad (\text{식 } 5)$$

$$U_2=\frac{T}{2}\theta=\frac{T}{2}\times\frac{Tl_2}{GI_{p2}}=\frac{T^2l_2}{2G\frac{\pi d_2^4}{32}}=\frac{16T^2l_2}{G\pi d_2^4} \quad (\text{식 } 6)$$

5식/6식(T는 같다고 했음)

$$\frac{U_1}{U_2}=\frac{\frac{l_1}{d_1^4}}{\frac{l_2}{d_2^4}}=\frac{d_2^4}{d_1^4}\frac{l_1}{l_2}$$ 로 유도된다.

18 **다음 중 옳지 않은 것은?**

① 아공석강의 서냉조직은 페라이트(ferrite)와 펄라이트(pearlite)의 혼합조직이다.

② 공석강의 서냉조직은 페라이트로 변태종료 후 온도가 내려가도 조직의 변화는 거의 일어나지 않는다.

③ 과공석강의 서냉조직은 펄라이트와 시멘타이트(cementite)의 혼합조직이다.

④ 시멘타이트는 철과 탄소의 금속간 화합물이다.

해설

공석강의 서냉조직은 페라이트(α 고용체) + 시멘타이트이다.

정답 17.④ 18.②

19 선반을 이용한 가공으로 옳지 않은 것은?

① 나사깎기(threading) ② 보오링(boring)
③ 구멍뚫기(drilling) ④ 브로칭(broaching)

브로칭은 브로칭 머신이 따로 있다. 브로칭 : 다인 공구를 눌러서 통과시키면서 절삭

20 기어의 설계시 이의 간섭에 대한 설명으로 옳지 않은 것은?

① 이에서 간섭이 일어난 상태로 회전하면 언더컷이 발생한다.
② 전위기어를 사용하여 이의 간섭을 방지할 수 있다.
③ 압력각을 작게 하여 물림길이가 짧아지면 이의 간섭을 방지할 수 있다.
④ 피니언과 기어의 잇수 차이를 줄이면 이의 간섭을 방지할 수 있다.

압력각을 크게 하여 물림길이가 짧아지면 이의 간섭을 방지할 수 있다.

정답 19.④ 20.③

공업기계직 기계일반 (2012년 4월 시행 국가직) 9급

01 금속결정 중 체심입방격자(BCC)의 단위격자에 속하는 원자의 수는?

① 1개 ② 2개
③ 4개 ④ 8개

해설

체심입방격자는 육면체 내부에 원자 1개, 8개의 모서리꼭지점에 1/8개 =1개, 따라서 모두 2개이다.

02 재결정 온도에 대한 설명으로 옳은 것은?

① 1시간 안에 완전하게 재결정이 이루어지는 온도
② 재결정이 시작되는 온도
③ 시간에 상관없이 재결정이 완결되는 온도
④ 재결정이 완료되어 결정립 성장이 시작되는 온도

해설

재결정온도에 대한 정의 : 1시간 안에 완전하게 재결정되는 온도(95%이상 재결정이라고도 함)

03 잔류응력(residual stress)에 대한 설명으로 옳지 않는 것은?

① 변형 후 외력을 제거한 상태에서 소재에 남아 있는 응력을 말한다.
② 물체 내의 온도구배에 의해서도 발생할 수 있다.
③ 잔류응력은 추가적인 소성변형에 의해서도 감소될 수 있다.
④ 표면의 인장잔류응력은 소재의 피로수명을 향상시킨다.

해설

표면의 인장잔류응력은 소재의 피로수명을 감소시킨다.

04 스테인레스강에 대한 설명으로 옳지 않는 것은?

① 스테인레스강은 뛰어난 내식성과 높은 인장강도의 특성을 갖는다.
② 스테인레스강은 산소와 접하면 얇고 단단한 크롬산화막을 형성한다.
③ 스테인레스강에서 탄소량이 많을수록 내식성이 향상된다.
④ 오스테나이트계 스테인레스강은 주로 크롬, 니켈이 철과 합금된 것으로 연성이 크다.

해설

스테인레스강의 주성분은 크롬(Cr)이다. 이 크롬의 증가는 내식성(부식됨을 견디어 내는 성질)을 증가시킨다.

정답 01.② 02.① 03.④ 04.③

05 회전운동을 병진운동으로 변환시키는 기구로 옳지 않은 것은?

① 원통캠과 종동절　　② 크랭크-슬라이더 기구

③ 크랭크-로커 기구　　④ 랙-피니언 기구

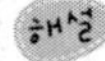

로커는 원호운동, 크랭크는 원운동을 왕복운동, 병진운동이란 아래위로 움직이는(평행이동하는) 운동

06 키(key)에 대한 설명으로 옳지 않은 것은?

① 축과 보스(풀리, 치차)를 결합하는 기계요소이다.

② 원주방향과 축방향 모두를 고정할 수 있지만 축방향은 고정하지 않아 축을 따라 미끄럼 운동을 할 수도 있다.

③ 축방향으로 평행한 평행형이 있고 구배진 테이퍼형이 있다.

④ 키홈은 깊이가 깊어서 응력집중이 일어나지 않는 좋은 체결기구이다.

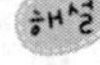

키홈 깊이가 깊으면, 응력집중에 생긴다.

07 구성인선(built-up edge)에 대한 설명으로 옳지 않은 것은?

① 구성인선은 일반적으로 연성재료에서 많이 발생한다.

② 구성인선은 공구 윗면경사면에 윤활을 하면 줄일 수 있다.

③ 구성인선에 의해 절삭된 가공면은 거칠게 된다.

④ 구성인선은 절삭속도를 느리게 하면 방지할 수 있다.

해설

구성인선 : 연성의 대상물을 가공 시 공구전면에 단단한 물질이 부착되는 것을 말하며, 절삭속도가 느릴 때 생김(열축적). 방지책은 절삭속도를 빠르게 한다.

08 공구수명을 단축시키는 요인 중 하나인 치핑(chipping)에 대한 설명으로 옳은 것은?

① 절삭 중 칩이 연속적으로 흐르는 현상이다.

② 칩과 공구의 마찰에 의해 공작물에 열이 발생하는 현상이다.

③ 절삭공구 끝이 절삭저항에 견디지 못해 떨어지는 현상이다.

④ 절삭저항이 증가하여 절삭공구가 떨리는 현상이다.

해설

치핑(chipping) : 절삭공구 끝이 절삭저항에 견디지 못하고 떨어지는 현상

①의 경우 유동형 칩이라 한다.

정답 05.③ 06.④ 07.④ 08.③

09 주조법의 특성에 대한 비교 설명으로 옳지 않은 것은?

① 일반적으로 석고주형 주조법은 다이캐스팅에 비해 생산 속도가 느리다.
② 일반적으로 인베스트먼트 주조법은 사형 주조법에 비해 인건비가 저렴하다.
③ 대량생산인 경우에는 사형 주조법보다 다이캐스팅 방법을 사용하는 것이 바람직하다.
④ 일반적으로 석고주형 주조법은 사형 주조법에 비해 치수 정밀도와 표면정도가 우수하다.

해설

인베스트먼트법 : 모형을 왁스나 합성수지로 만듦, 열을 가해 녹여내고 그 껍질이 주형이 됨. 단점으로 대형물은 곤란, 비용이 비싸다.

10 딥드로잉된 컵의 두께를 더욱 균일하게 만들기 위한 후속 공정은?

① 아이어닝 ② 코이닝
③ 랜싱 ④ 허빙

아이어닝(ironing) : 중공부품을 압출 가공하는 작업에서 펀치나 다이(die)가 마멸되면 성형품의 외경 또는 내경이 정확한 치수로 가공이 되지 않음, 마모된 펀치나 다이의 치수 및 형상을 수정하는 가공법이 아이어닝.

11 다음 설명에 해당하는 현상은?

> 성형품의 냉각이 비교적 높은 부분에서 발생하는 성형 수축으로 표면에 나타나는 오목한 부분의 결함을 말한다. 이를 제거하기 위해서는 성형품의 두께를 균일하게 하고, 스프루, 러너, 게이트를 크게 하여 금형 내의 압력이 균일하도록 하며, 성형온도를 낮게 억제한다. 두께가 두꺼운 위치에 게이트를 설치하여 성형온도를 낮게 억제한다.

① 플래시 현상 ② 싱크 마크 현상
③ 플로 마크 현상 ④ 제팅 현상

① 플래시 : 금형의 파팅 라인이나 이젝터 핀 등의 틈에서 흘러나와 고화(경화)된 얇은 조가 모양의 수지가 생기는 현상
② 싱크마크 : 플라스틱 성형에서 성형품 표면에 생기는 오목한 자국
③ 플로마크 : 성형품 표면에 원사의 물결무늬가 생기는 현상
④ 제팅현상 : 플로마크의 일종, 성형품의 표면에 게이트를 기점으로 하여 지렁이가 기어간 자국 모양의 용융수지의 흐름 자국이 생기는 불량

정답 09.② 10.① 11.②

12 표면거칠기에 대한 설명으로 옳지 않는 것은?

① 표면거칠기에 대한 의도를 제조자에게 전달하는 경우 삼각기호를 일반적으로 사용한다.
② Rmax, Ra, Rz의 표면거칠기 표시 중에서 Ra 값이 가장 크다.
③ 표면거칠기는 공작물 표면의 임의 위치의 기준길이 L내에서 채취한 데이터로부터 평가한다.
④ 표면거칠기 검사법으로는 접촉식과 비접촉식 방법 모두 사용된다.

해설

표면거칠기를 나타내는 3가지 요소(파라미터)는 다음과 같으며, 여기서 가장 많이 사용되는 것은 Ra(중심선 평균 거칠기)이다.
① Ra(중심선 평균 거칠기):거칠기 곡선에서 중심선이 평균선(평균거칠기)으로부터 떨어진 거리
② Rmax(최대 높이):단면곡선의 가장 높은 봉우리에서 가장 깊은 골짜기까지의 수직 거리
③ Rz(10점 평균 거칠기):단면곡선에서 가장 높은 봉우리 5개의 평균 높이와 가장 깊은 골짜기 5개의 평균 깊이의 차

13 다음과 같이 지름이 D_1인 A 피스톤에 F_1의 힘이 작용하였을 때, 지름이 D_2인 B 실린더에 작용하는 유압은? (단, $D_2 = 4D_1$이다)

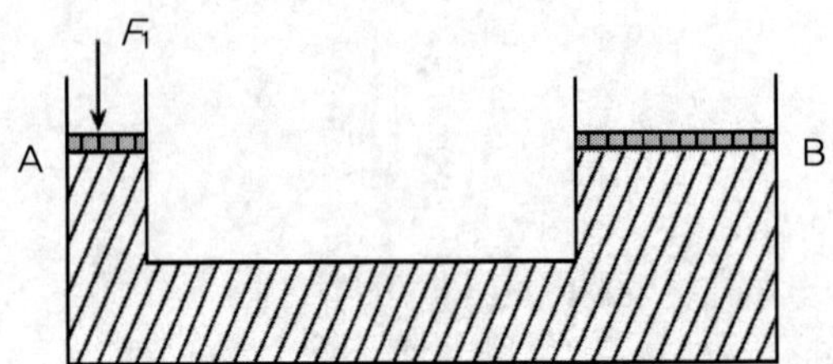

① $\dfrac{4F_1}{\pi D_1^2}$　　② $\dfrac{F_1}{\pi D_1^2}$

③ $\dfrac{F_1}{2\pi D_1^2}$　　④ $\dfrac{F_1}{4\pi D_1^2}$

해설

파스칼의 원리 : 밀폐된 내부의 압력은 어느 곳이든 같다.

$P = C$, $\dfrac{F_1}{A_1} = \dfrac{F_2}{A_2}$ 라는 말과 같다.

그대로 대입을 하자.

$\dfrac{F_1}{\dfrac{\pi D_1^2}{4}} = \dfrac{F_2}{\dfrac{\pi D_2^2}{4}}$, 약분하고나면 $\dfrac{F_1}{D_1^2} = \dfrac{F_2}{D_2^2}$, $F_2 = F_1(\dfrac{D_2}{D_1})^2$으로 유도된다.

정답 12.② 13.①

14 통계적 품질관리에 사용되는 용어에 대한 설명으로 옳지 않은 것은?

① 모집단은 표본을 통한 조사의 대상이 되는 어떤 특성을 가진 모든 개체들의 전체 집합이다.
② 표본크기는 전체 모집단에 관한 정보를 얻기 위하여 표본의 성질을 조사할 때 표본으로 추출되어 검사되는 개체의 수량이다.
③ 계량법은 기계가공, 성형가공 또는 용접 가공된 부품의 내부와 외부 결함이나 판금 제품의 표면 흠집 등 정성적인 특성의 존재 여부를 조사하는 방법이다.
④ 도수분포는 각 조건에 맞는 개체의 수를 곡선으로 나타낸 분포도이다.

해설

계량법은 양을 측정, 정성법은 느낌, 분위기

15 다음 설명에 해당하는 것은?

> 판재가공에서 모양과 크기가 다른 판재 조각을 레이저 용접한 후, 그 판재를 성형하여 최종 형상으로 만드는 기술이다.

① 테일러 블랭킹 ② 전자기성형
③ 정밀 블랭킹 ④ 하이드로포밍

해설

① 테일러 블랭킹 : 모양과 크기가 다른 판재 조각을 레이저 용접 후 그 판재를 성형하여 최종형상 제작
② 전자기성형(EMF) : 전자기적 반발력을 구동력으로 이용하여 성형
④ 하이드로포밍 : 강관, 알루미늄 압출튜브를 소재로 사용, 내부에 액체를 이용한 압력을 가함으로 복잡한 형상 제조

16 개수로를 흐르는 유체의 유량 측정에 사용되는 것은?

① 벤투리미터(venturimeter) ② 오리피스(orifice)
③ 마노미터(manometer) ④ 위어(weir)

해설

위어 : 유체를 판으로 막아 넘치는 유체 높이를 측정하여 유량을 측정(▽, ∪형)

17 내연기관에 사용되는 윤활유가 갖추어야 할 조건으로 옳지 않은 것은?

① 산화 안정성이 클 것 ② 기포 발생이 많을 것
③ 부식 방지성이 좋을 것 ④ 적당한 점도를 가질 것

해설

내연기관 윤활유 : 고체접촉부에 접촉이 일어나지 않도록 함, 온도상승을 막음, 마찰마모를 줄임, 충격을 흡수, 방청작용, 산화방지(적당한 점도 : 중요한 말/ 점도가 크면 동력소비)

정답 14.③ 15.① 16.④ 17.②

18 **캐비테이션(cavitation) 현상이 일어날 때 관계가 없는 것은?**

① 소음과 진동 발생 ② 펌프의 효율 증가

③ 가동날개에 부식 발생 ④ 심한 충격 발생

캐비테이션 : 속도 빨라 진공/공기 생김 현상, 속도가 낮아지며 효율이 감소, 소음진동 및 충격 발생, 가동날개가 부식된다.

19 **인벌류트 치형을 갖는 평기어의 백래쉬(backlash)에 대한 설명으로 옳은 것은?**

① 피치원둘레상에서 측정된 치면 사이의 틈새이다.

② 피치원상에서 측정한 이와 이 사이의 거리이다.

③ 피치원으로부터 이끝원까지의 거리이다.

④ 맞물린 한쌍의 기어에서 한 기어의 이끝원에서 상대편 기어의 이뿌리원까지의 +중심선상 거리이다.

②는 피치, ③은 이끝 높이, ④는 이끝 틈새

20 **평벨트의 접촉각이 θ, 평벨트와 풀리 사이의 마찰계수가 μ, 긴장측 장력이 T_t, 이완측 장력이 T_s일 때, $\frac{T_t}{T_s}$의 비는? (단, 평벨트의 원심력은 무시한다)**

① $e^{\mu\theta}$ ② $\frac{1}{e^{\mu\theta}}$

③ $1-e^{\mu\theta}$ ④ $1-\frac{1}{e^{\mu\theta}}$

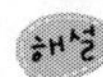

$\frac{T_t(\text{긴장장력})}{T_s(\text{이완장력})} = e^{\mu\theta}$(장력비)이다.

정답 18.② 19.① 20.①

공업기계직 기계일반 (2013년 4월 시행 국가직) 9급

01 **소성가공의 종류 중 압출가공에 대한 설명으로 옳은 것은?**

① 소재를 용기에 넣고 높은 압력을 가하여 다이 구멍으로 통과시켜 형상을 만드는 가공법
② 소재를 일정 온도 이상으로 가열하고 해머 등으로 타격하여 모양이나 크기를 만드는 가공법
③ 원뿔형 다이 구멍으로 통과시킨 소재의 선단을 끌어당기는 방법으로 형상을 만드는 가공법
④ 회전하는 한 쌍의 롤 사이로 소재를 통과시켜 두께와 단면적을 감소시키고 길이 방향으로 늘리는 가공법

해설

①은 압출, ②는 단조, ③은 인발, ④는 압연

02 **강의 열처리 방법에 대한 설명을 순서대로 옳게 나열한 것은?**

가. 강을 표준 상태로 하기 위하여 가공 조직의 균일화, 결정립의 미세화, 기계적 성질의 향상
나. 강 속에 있는 내부 응력을 완화시켜 강의 성질을 개선하는 것으로 노(爐)나 공기 중에서 서냉
다. 불안정한 조직을 재가열하여 원자들을 좀 더 안정적인 위치로 이동시킴으로써 인성을 증대
라. 재료를 단단하게 하기 위해 가열된 재료를 급랭하여 경도를 증가시켜서 내마멸성을 향상

	가	나	다	라
①	뜨임	불림	담금질	풀림
②	불림	풀림	뜨임	담금질
③	불림	뜨임	풀림	담금질
④	뜨임	풀림	불림	담금질

해설

- 불림 : 조직 균일화, 결정립 미세화
- 풀림 : 내부응력완화, 연성
- 뜨임 : 담금질 후 인성부여
- 담금질 : 강도나 경도 증가

03 **박판성형가공법의 하나로 선반의 주축에 다이를 고정하고, 심압대로 소재를 밀어서 소재를 다이와 함께 회전시키면서 외측에서 롤러로 소재를 성형하는 가공법은?**

① 스피닝(spinning)
② 벌징(bulging)
③ 비딩(beading)
④ 컬링(curling)

해설

스피닝 : 스피닝축에 형틀을 부착, 소재를 누름쇠로 형틀에 밀고, 형틀과 함께 회전, 외측에서 롤러로 소재를 성형(이음매 없는 국그릇모양 만듦)

정답 01.① 02.② 03.①

04 **금속의 인장시험의 기계적 성질에 대한 설명으로 옳지 않은 것은?**

① 응력이 증가함에 따라 탄성 영역에 있던 재료가 항복을 시작하는 위치에 도달하게 된다.
② 탄력(resilience)은 탄성 범위 내에서 에너지를 흡수하거나 방출할 수 있는 재료의 능력을 나타낸다.
③ 연성은 파괴가 일어날 때까지의 소성변형의 정도이고 단면감소율로 나타낼 수 있다.
④ 인성(toughness)은 인장강도 전까지 에너지를 흡수할 수 있는 재료의 능력을 나타낸다.

해설

인성 : 파괴가 일어나기까지 재료의 에너지 흡수력이다. ①은 상항복점을 나타낸다.

05 **길이 방향으로 여러 개의 날을 가진 절삭공구를 구멍에 관통시켜 공구의 형상으로 가공물을 절삭하는 가공법은?**

① 밀링(milling)
② 보링(boring)
③ 브로칭(broaching)
④ 태핑(tapping)

해설

브로칭 : 다인공구를 공작물에 눌러 통과시키면서 절삭, 절삭공구는 여러 개의 날을 가짐

06 **제품의 시험검사에 대한 설명으로 옳지 않은 것은?**

① 인장시험으로 항복점, 연신율, 단면감소율, 변형률을 알아낼 수 있다.
② 브리넬시험은 강구를 일정 하중으로 시험편의 표면에 압입시킨다. 경도 값은 압입자국의 표면적과 하중의 비로 표현한다.
③ 비파괴 검사에는 초음파 검사, 자분탐상 검사, 액체침투 검사 등이 있다.
④ 아이조드 충격시험은 양단이 단순 지지된 시편을 회전하는 해머로 노치를 파단시킨다.

해설

아이조드 충격시험기는 시편을 한쪽만 고정, 샤르피 충격시험기는 시편을 양쪽에서 고정

07 **인베스트먼트 주조법의 설명으로 옳지 않은 것은?**

① 모형을 왁스로 만들어 로스트 왁스 주조법이라고도 한다.
② 생산성이 높은 경제적인 주조법이다.
③ 주물의 표면이 깨끗하고 치수 정밀도가 높다.
④ 복잡한 형상의 주조에 적합하다.

해설

인베스트먼트법 : 왁스나 합성수지로 모형, 나중에 모형을 열로 녹임, 주형만듦, 주조하는데 비용이 비싸다.

정답 01.④ 05.③ 06.④ 07.②

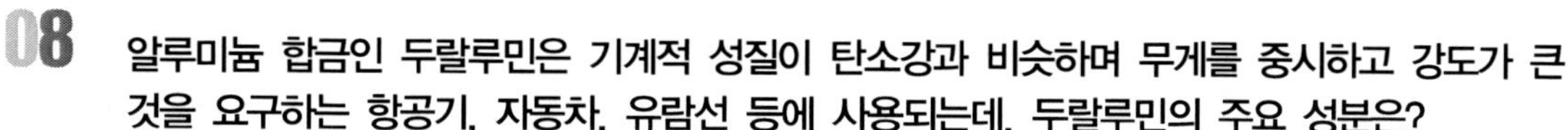

08 **알루미늄 합금인 두랄루민은 기계적 성질이 탄소강과 비슷하며 무게를 중시하고 강도가 큰 것을 요구하는 항공기, 자동차, 유람선 등에 사용되는데, 두랄루민의 주요 성분은?**

① Al－Cu－Ni
② Al－Cu－Cr
③ Al－Cu－Mg－Mn
④ Al－Si－Ni

해설

두랄루민 : 대표적 단조용 알루미늄합금, 주성분(알루미늄Al + 구리Cu + 마그네슘Mg + 망간Mn), 항공기와 자동차에 많이 사용, 시효경과로 강인성이 좋음.

09 **강화플라스틱 재료에 대한 설명으로 옳지 않은 것은?**

① 강화플라스틱은 분산상의 섬유와 플라스틱 모재로 구성되어 있다.
② 강화플라스틱에서 최대 강도는 인장력이 작용하는 방향에 수직으로 섬유가 배열될 때 얻어진다.
③ 강화플라스틱은 비강도 및 비강성이 높고 이방성이 크다.
④ 강화플라스틱은 섬유와 플라스틱 모재 간의 경계면에서 하중이 전달되기 때문에 두 재료의 접착력이 매우 중요하다.

해설

강화플라스틱에서 인장력이 크게 나오려면 섬유가 인장력방향으로 배열되어야 한다.

10 **포정반응의 설명으로 옳은 것은?**

① 냉각할 때 액상이 두 개의 고상으로 바뀌고, 가열할 때 역반응이 일어난다.
② 철탄화물계에서 냉각시 액상이 철과 시멘타이트로 바뀌는 반응이다.
③ 가열할 때 하나의 고상이 하나의 액상과 다른 하나의 고상으로 바뀌고, 냉각할 때 역반응이 일어난다.
④ 냉각할 때 고상이 서로 다른 두 개의 고상으로 바뀌고, 가열할 때 역반응이 일어난다.

해설

포정반응 : 어떤 합금의 융액과 다른 합금 성분의 고상이 작용해 새로운 종류의 고상을 만드는 항온가역 반응, 다른 합금 성분의 공상이 새로운 종류의 고상에 둘러 쌓이게 되어 포정이라 함.

11 **전기저항 용접법에서 겹치기 저항용접에 속하지 않는 것은?**

① 점(spot) 용접
② 플래시(flash) 용접
③ 심(seam) 용접
④ 프로젝션(projection) 용접

해설

전기저항용접에는 점용접, 심용접, 프로젝션용접이 있다.
플래시용접 : 전류를 처음 통전 시 약한 압력으로, 접촉부는 불꽃으로 용융 비산시키도록 하여, 그 동안 접합부 전체를 충분히 가열한 후 센 압력을 가하여 맞댄 면을 접합(맞대기용접의 일종)

정답 08.③ 09.② 10.③ 11.②

12 와이어 방전가공에 대한 설명으로 옳지 않은 것은?

① 가공액은 일반적으로 수용성 절삭유를 물에 희석하여 사용한다.
② 와이어 전극은 동, 황동 등이 사용되고 재사용이 가능하다.
③ 와이어는 일정한 장력을 걸어주어야 하는데 보통 와이어 파단력의 1/2정도로 한다.
④ 복잡하고 미세한 형상 가공이 용이하다.

와이어 방전가공 : 와이어(보통 0.05~0.25mm 정도의 동선 또는 황동선)를 전극으로 이용하여 이 와이어가 늘어짐이 없는 상태로 감아가면서 와이어와 공작물 사이에 방전 가공, 와이어는 재사용이 불가능

13 디젤기관의 일반적인 특성에 대한 설명으로 옳은 것은?

① 공기와 연료를 혼합하여 동시에 공급한다.
② 전기점화 방식을 사용하여 연료를 착화한다.
③ 소음과 진동이 적어 조용한 운전이 가능하다.
④ 연료장치로 연료 분사 펌프와 노즐을 사용한다.

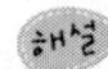

①, ②, ③은 가솔린기관의 일반적 특성, 디젤기관은 튼튼한 엔진의 피스톤에 의해 공기를 흡입하고, 흡입공기를 압축하여 500℃이상으로 올린다음 연료(경유)을 분사하여 자기착화(스스로 불이 붙음)하는 기관이다.

14 길이가 L이고 스프링 상수가 k인 균일한 스프링이 있다. 이 스프링 길이의 2/3를 잘라내고 남은 길이가 1/3인 스프링의 스프링상수는 얼마인가? (단, 스프링에는 길이 방향 하중만 작용한다)

① k/3 ② 2 k/3
③ 3 k/2 ④ 3 k

길이가 일정한 판스프링이라고 가정하면, 길이=L 일 때 처짐(δ)는

$\delta = R \times \theta$(여기서 θ는 비틀림각)으로 계산된다. $\theta = \dfrac{TL}{GI_P}$, θ는 길이에 비례한다.

따라서 1/3으로 절단했으므로, 처짐은 $\dfrac{\delta}{3}$가 된다.

스프링상수$(k) = \dfrac{W}{\delta}$ (식 1)

처짐=$\dfrac{\delta}{3}$ 을 1식에 대입하면

스프링상수$(k_2) = \dfrac{W}{\frac{\delta}{3}} = \dfrac{3W}{\delta} = 3\mathrm{k}$ (식 2) , 즉 3배이다.

정답 12.② 13.④ 14.④

15 **국가의 산업 표준 기호를 바르게 연결한 것은?**

① 미국－ANSI　　② 영국－BN
③ 독일－DIS　　④ 일본－JIN

해설

영국은 BS, 독일은 DIN, 일본은 JIS로 표시한다.

16 **축압 브레이크의 일종으로, 회전축 방향에 힘을 가하여 회전을 제동하는 제동 장치는?**

① 드럼 브레이크　　② 밴드 브레이크
③ 블록 브레이크　　④ 원판 브레이크

해설

반지름 방향으로 작동하는 브레이크로는 블록, 밴드 브레이크, 축방향으로 작동하는 브레이크는 원판, 원뿔 브레이크임.

17 **기하공차를 표시하는 기호가 옳지 않은 것은?**

① 진원도－⌖　　② 원통도－⌭
③ 평면도－⏥　　④ 동심도－◎

해설

진원도 : ○, ①은 위치도(⊕)를 말한다.

18 **㉠, ㉡에 들어갈 축 이음으로 적절한 것은?**

> 두 축의 중심선을 일치시키기 어렵거나, 진동이 발생되기 쉬운 경우에는 (㉠)을 사용하여 축을 연결하고, 두 축이 만나는 각이 수시로 변화하는 경우에는 (㉡)이(가) 사용된다.

	㉠	㉡
①	플랜지 커플링	유니버설 조인트
②	플렉시블 커플링	유니버설 조인트
③	플랜지 커플링	유체 커플링
④	플렉시블 커플링	유체 커플링

해설

두축의 만나는 각이 수시로 변할 경우 : 유니버설조인트,
두축의 중심선을 일치시키기 어렵거나 진동발생이 우려될 경우 : 플렉시블 커플링

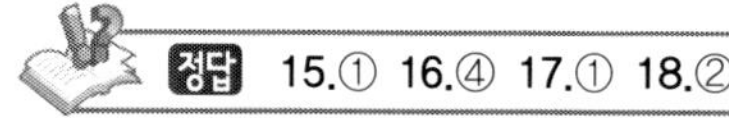
정답 15.① 16.④ 17.① 18.②

19 **응력집중 현상이 재료의 한계 강도를 초과하면 균열이 발생되어 파손을 초래하는 원인이 된다. 이러한 응력집중 현상에 대한 설명으로 옳지 않은 것은?**

① 필릿의 반지름을 크게 하여 응력집중 현상을 감소시킨다.
② 노치, 구멍, 홈 및 단 부위에 응력집중 현상이 발생된다.
③ 응력집중 정도를 알아보기 위한 응력집중계수는 재료의 크기와 재질에 영향을 크게 받는다.
④ 단면 부분을 열처리하거나 표면 거칠기를 향상시켜서 응력집중 현상을 감소시킨다.

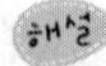

응력집중은 재료의 치수와 크기에는 무관하며, 재료의 형상에 따라 변한다.

20 **레이디얼 구름 베어링의 구성요소가 아닌 것은?**

① 내륜 ② 리테이너
③ 전동체 ④ 고정륜

구름베어링의 4요소는 내륜, 외륜, 전동체(볼, 롤러), 리테이너이다.

정답 19.③ 20.④

공업기계직 기계일반 (2014년 4월 시행 국가직) 9급

01 강에 크롬(Cr)을 첨가하는 목적으로 옳지 않은 것은?

① 내식성 증가　　② 내열성 증가
③ 강도 및 경도 증가　　④ 자기적 성질 증가

해설

크롬(Cr) 첨가 : 내식성(부식을 잘 견디는 성질), 내열성(열에 잘 견디는 성질), 강도 및 경도가 증가

02 서브머지드 아크용접에 대한 설명으로 옳지 않은 것은?

① 용접부가 곡선 형상일 때 주로 사용한다.
② 아크가 용제 속에서 발생하여 보이지 않는다.
③ 용접봉의 공급과 이송 등을 자동화한 자동용접법이다.
④ 복사열과 연기가 많이 발생하지 않는다.

해설

서브머지드 아크용접 : 직선 자동용접, 용접선에 뿌려진 용제 속에 전극 넣어 아크 발생, 이 열로 모재와 와이어를 녹여 용접, 잠호 용접이라고도 함

03 운동용 나사 중 다음 조건을 충족시키는 것은?

○ 애크미(acme) 나사라고도 하며, 정밀가공이 용이하다.
○ 공작기계의 리드 스크류와 같이 정밀한 운동의 전달용으로 사용한다.

① 사각나사　　② 톱니나사
③ 사다리꼴나사　　④ 둥근나사

해설

사다리꼴 나사 : 인치계(나사산 29°)의 나사를 애크미 나사라 함, 공작기계의 축방향 힘 전달용으로 많이 사용

04 금형용 합금공구강의 KS 규격에 해당하는 것은?

① STD 11　　② SC 360
③ SM 45C　　④ SS 400

해설

합금 공구각 KS규격 : SC000은 주조용 탄소강, SM00C는 기계구조용강, SS000는 일반구조용 압연강, STD 00은 열간 합금 공구강

정답 01.④ 02.① 03.③ 04.①

05 연삭가공에 대한 설명으로 옳지 않은 것은?

① 연삭입자는 불규칙한 형상을 가진다.
② 연삭입자는 깨짐성이 있어 가공면의 치수정확도가 떨어진다.
③ 연삭입자는 평균적으로 큰 음의 경사각을 가진다.
④ 경도가 크고 취성이 있는 공작물 가공에 적합하다.

해설

연삭입자 : 불규칙한 형상, 가공물 보다 경도가 크고 인성 있어야 함, 자생작용(입자가 떨어져 나가 새롭게 날카로워짐)

06 기어와 치형 곡선에 대한 설명으로 옳은 것은?

① 사이클로이드 곡선은 기초원에 감은 실을 잡아당기면서 풀어 나갈 때 실의 한 점이 그리는 곡선이다.
② 인벌류트 곡선은 기초원 위에 구름원을 굴렸을 때 구름원의 한 점이 그리는 곡선이다.
③ 물림률이 클수록 소음이 커진다.
④ 2개의 기어가 일정한 각속도비로 회전하려면 접촉점의 공통 법선은 일정한 점을 통과해야 한다.

해설

①은 사이클로이드 곡선이 아니라 인벌류트 곡선 설명, ②는 사이클로이트 곡선을 설명, ③에서 물림률이 커지면 소음이 작아진다.

07 다음 그림의 마이크로미터 측정값에 가장 가까운 것은?

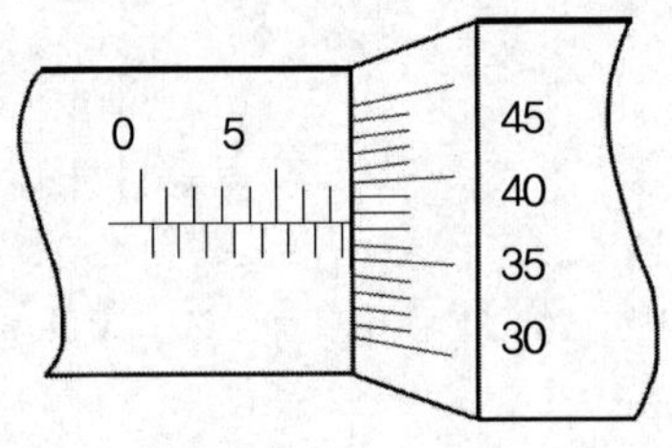

① 7.87 ② 7.97 ③ 37.87 ④ 37.97

해설

마이크로미터 읽기 : 스핀들에서 7mm + 0.5mm =7.5mm를 읽음
심블에서 37.3을 가리키므로, 0.373mm
두 값을 합치면 7.5 + 0.373 =7.873mm로 읽는다.

정답 05.② 06.④ 07.①

08 **기준 치수에 대한 공차가 $\varnothing 150_{0}^{+0.04}$mm인 구멍에, $\varnothing 150_{-0.03}^{+0.03}$mm인 축을 조립할 때 해당되는 끼워맞춤의 종류는?**

① 억지 끼워맞춤　② 중간 끼워맞춤
③ 헐거운 끼워맞춤　④ 아주 헐거운 끼워맞춤

해설

구멍이 크고 축이 작아서 치수차가 생기면 그 치수차를 틈새, 구멍이 작고 축의 지름이 약간 커서 억지 끼워 맞춰지면 죔새가 생긴다. ㉠헐거운 끼워맞춤 : 항상 틈새가 생기는 끼워맞춤, ㉡억지 끼워맞춤 : 항상 죔새가 생기는 끼워맞춤, ㉢ 중간 끼워맞춤치수에 따라 틈새나 죔새가 생기는 끼워맞춤 등이 있다. 여기서는 치수에 따라 죔새와 틈새가 생기므로 중간 끼워 맞춤이다.

09 **한 대의 컴퓨터가 여러 대의 공작기계를 단계별로 제어하는 방식으로 가장 적절한 것은?**

① 컴퓨터지원 검사시스템(CAT)　② 직접수치제어(DNC)
③ 유연생산시스템(FMS)　④ 컴퓨터통합생산(CIM)

해설

- 직접수치제어(Direct Numerical Control) : 컴퓨터가 직접 여러 대의 공작기계를 제어
- 컴퓨터통합생산(Computer Integrated Manufacturing) : 새로운 컴퓨터 통합 생산시스템으로 필요한 제품을 필요한 시기에 필요한 양만큼 생산 가능토록 함
- 유연생산시스템(Flexible Manufacturing System) : 다품종 소량 생산 시스템으로, 생산 시스템을 자동화, 무인화하여 다품종 소량 또는 중량 생산에 유연하게 대응할 수 있도록 하는 것

10 **드릴링 머신으로 가공할 수 있는 작업을 모두 고른 것은?**

ㄱ. 리밍	ㄴ. 브로칭	ㄷ. 보링
ㄹ. 스폿 페이싱	ㅁ. 카운터 싱킹	ㅂ. 슬로팅

① ㄱ, ㄴ, ㄷ, ㅁ　② ㄱ, ㄴ, ㄷ, ㄹ
③ ㄱ, ㄷ, ㄹ, ㅁ　④ ㄱ, ㄷ, ㅁ, ㅂ

해설

- 브로칭은 브로칭 머신으로 구멍을 가공
- 드릴링머신 : 리밍(구멍다듬질, 턱을 없앰), 보링(직경을 크게), 스폿페이싱(볼트자리를 평면으로), 카운터 싱킹(접시나사머리를 잠기도록 가공)
- 슬로터 : 평삭 가공기계(세이퍼는 좌우(가로방향) 왕복, 슬로터는 위아래(세로방향) 왕복

11 **상원사의 동종과 같이 고대부터 사용한 청동의 합금은?**

① 철과 아연　② 철과 주석
③ 구리와 아연　④ 구리와 주석

해설

청동 : 구리 + 주석 ,　황동 : 구리 + 아연

정답 08.② 09.② 10.③ 11.④

12 유압회로에서 사용되는 릴리프 밸브에 대한 설명으로 가장 적절한 것은?

① 유압회로의 압력을 제어한다.
② 유압회로의 흐름의 방향을 제어한다.
③ 유압회로의 유량을 제어한다.
④ 유압회로의 온도를 제어한다.

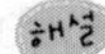

릴리프밸브(안전밸브) : 전체 유압회로의 압력을 제어, 제한압력보다 높을 경우 방출을 행하고, 규정 압력을 유지한다.

13 사형주조에 대한 설명으로 옳지 않은 것은?

① 소모성 주형을 사용한다.
② 모형으로 공동부를 만든다.
③ 모래 입자의 크기가 크면 통기도가 낮아진다.
④ 용탕의 점도가 온도에 민감할수록 유동성은 낮아진다.

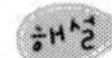

사형주조 : 모래로 형을 만들고, 주탕을 부여 주물 제작, 통기도 : 공기가 통과하는 정도로 입자가 크면 통기도가 높아진다. 점도가 온도에 민감하다는 뜻은 온도가 고르지 않으면 유동성이 좋지않다는 말과 상통

14 가스터빈에 대한 설명으로 옳지 않은 것은?

① 압축, 연소, 팽창, 냉각의 4과정으로 작동되는 외연기관이다.
② 실제 가스터빈은 개방 사이클이다.
③ 증기터빈에 비해 중량당의 동력이 크다.
④ 공기는 산소를 공급하고 냉각제의 역할을 한다.

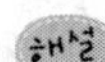

가스터빈기관 : 가스터빈기관은 압축기에 의해 공기를 압축하여 연소기에 의한 점화, 연소가스의 팽창, 팽창된 가스가 터빈을 돌려서 일을 행한다. → 내연기관(실린더 내에서 연소, 팽창)

15 금속의 응고에 대한 설명으로 옳지 않은 것은?

① 용융 금속에 함유된 불순물은 결정립 경계에 주로 축적된다.
② 금속이 응고되면 일반적으로 다결정체를 형성한다.
③ 용융 금속이 급랭되면 결정립의 크기가 작아진다.
④ 결정립이 커질수록 강도와 경도가 증가한다.

금속의 응고 : 불순물은 결정립 경계에 주로 축적, 금속은 응고시 다결정체, 용융금속이 급냉되면 결정입자가 작아짐, 결정입자가 작을수록 강도와 경도가 증가

정답 12.① 13.③ 14.① 15.④

16 **초기 재료의 형태가 분말인 신속조형기술(RP)을 모두 고른 것은?**

ㄱ. 융착모델링(FDM)	ㄴ. 선택적 레이저소결(SLS)
ㄷ. 박판적층법(LOM)	ㄹ. 3차원 인쇄(3DP)

① ㄱ, ㄷ　　② ㄴ, ㄹ

③ ㄱ, ㄴ, ㄹ　　④ ㄴ, ㄷ, ㄹ

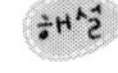

신속조형기술(RP)

17 **미끄럼 베어링의 유체윤활에 대한 설명으로 옳지 않은 것은?**

① 미끄럼 표면들이 윤활막으로 완전히 분리된 상태이다.

② 점도가 높아지면 마찰계수가 증가한다.

③ 베어링 면의 평균압력이 증가하면 마찰계수가 감소한다.

④ 회전속도가 증가하면 마찰계수가 감소한다.

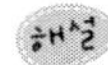

미끄럼베어링 유체윤활 : 표면이 윤활막으로 완전 분리, 점도가 높아지면 아주 끈끈해 마찰계수가 증가, 베어링면의 평균유압이 증가하면 마찰계수 감소, 회전속도가 증가하면 마찰계수 증가

18 **탁상 스탠드의 구조를 단순화하여 다음과 같은 평면 기구를 얻었다. 이 기구의 자유도는? (단, 그림에서 '°'는 핀 절점이다)**

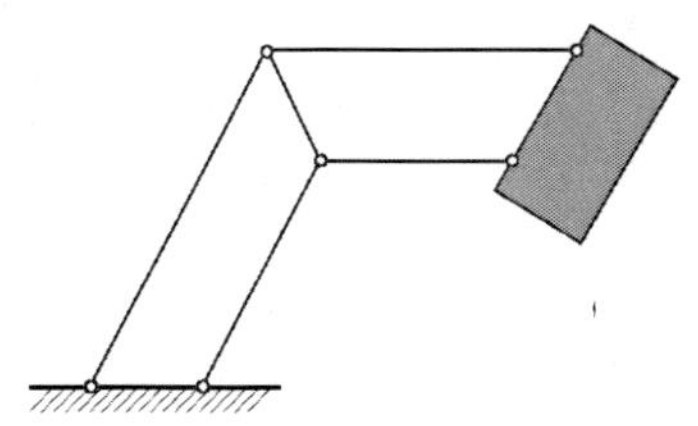

① 0　　② 1　　③ 2　　④ 3

해설

자유도 : 조건하에 자유롭게 변할(이동할) 수 있는 가지수. 보기의 그림은 아래벽에 고정힌지로 고정되었지만 그 축은 좌우로 움직임(1자유도), 아래 2링크 고정시 검은색의 사각은 좌우로 움직임(1자유도), 그래서 자유도는 2이다.

정답 16.② 17.④ 18.③

19 베인 펌프에 대한 설명으로 옳은 것은?

① 회전자(rotor)의 회전에 의하여 유체를 송출하는 용적형 회전펌프이다.
② 실린더 내에서 유체를 가압하여 송출하는 용적형 왕복펌프이다.
③ 회전차(impeller)를 회전하여 발생하는 원심력으로 송출하는 터보형 원심펌프이다.
④ 송출량이 매우 커서 유체가 회전차의 축방향으로 유입되고 유출되는 터보형 축류펌프이다.

베인펌프 : 편심된 회전자(로터)가 회전함에 따라 베인이 점점 커져 흡입, 최대 베인이 커진 후 점점 작아져 배출을 행함, 용적형 펌프 : 퍼는 용량이 일정한 펌프, 용량형 펌프는 원심펌프가 대표적이며 배출압력이 높게 걸리면 베인은 혼자 회전(펌핑을 못할 수 있음)

20 압연가공에 대한 설명으로 옳은 것은?

① 윤활유는 압연하중과 압연토크를 증가시킨다.
② 마찰계수는 냉간가공보다 열간가공에서 작아진다.
③ 압연롤러와 공작물 사이의 마찰력은 중립점을 경계로 반대방향으로 작용한다.
④ 공작물이 자력으로 압입되기 위해서는 롤러의 마찰각이 접촉각보다 작아야 한다.

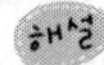

압연롤러와 공작물 사이의 마찰력은 중립점을 경계로 반대 방향, 윤활유는 압연하중과 압연 토크를 감소, 마찰계수는 냉간가공이 큼, 공작물이 자동으로 압입되려면 롤러의 마찰각이 접촉각보다 커야 한다.

정답 19.① 20.③

공업기계직 기계일반 (2015년 4월 시행 국가직) 9급

01 **구조용 강의 인장시험에 의한 공칭 응력-변형률 선도(stressstrain diagram)에 대한 설명으로 옳지 않은 것은?**

① 비례한도(proportional limit)까지는 응력과 변형률이 정비례의 관계를 유지한다.
② 탄성한도(elastic limit)에 이를 때까지는 하중을 제거하면, 시험편이 최초의 변형이 없는 상태로 돌아간다.
③ 항복점(yield point)에서는 하중이 증가하더라도 시험편의 변형이 일어나지 않는다.
④ 극한응력(ultimate stress)은 선도 상에서의 최대 응력이다.

해설

응력이 감소하거나 그대로 유지되어도 변형률만 증가하는 점을 항복점이라 한다.

02 **금속의 접촉부를 상온 또는 가열한 상태에서 압력을 가하여 결합시키는 용접은?**

① 가스 용접　② 아크 용접
③ 전자빔 용접　④ 저항 용접

해설

압접은 눌러서 접합하는 것을 말한다. 대표적 압접이 전기저항용접이고, 이에는 맞대기(점용접, 심용접, 프로젝션용접), 겹치기(업셋용접, 플래시용접, 퍼커션용접)가 있다.

03 **평벨트에 비해 V벨트 전동장치에 대한 특징으로 옳지 않은 것은?**

① 미끄럼이 적고 속도비가 보통 크다.
② 운전이 정숙하고 충격을 잘 흡수한다.
③ 바로걸기와 엇걸기에 사용한다.
④ 작은 장력으로 큰 동력을 전달할 수 있다.

해설

V벨트는 엇걸기(십자걸기)를 하지 못한다.

정답 01.③ 02.④ 03.③

04 단면적 500mm², 길이 100mm의 봉에 50kN의 길이 방향 하중이 작용했을 때, 탄성영역에서 늘어난 길이는 2mm이다. 이 재료의 탄성계수는?

① 5GPa ② 2GPa
③ 5MPa ④ 2MPa

해설

$A=500\text{mm}^2, l=100\text{mm}, F=50000N, \Delta l=2\text{mm}$

$\sigma=\frac{F}{A}=E\times\frac{\Delta l}{l}$ 에 대입하자.

$\frac{50000N}{500\text{mm}^2}=E\times\frac{2\text{mm}}{100\text{mm}}, E=\frac{50000\times100}{500\times2}=5000\text{N/mm}^2=5000\times\frac{(\text{N})}{(\frac{1}{1000}\text{m})^2}=5\times10^9(\text{N/m}^2)$

따라서, 5GPa로 유도된다.

05 재료의 경도 측정에 사용되는 시험법과 그 시험에서 사용하는 압입자 및 측정하는 값을 나타낸 것 중 옳지 않은 것은?

① Brinell 경도 : 강구(steel ball), 압입자국의 깊이
② Vickers 경도 : 다이아몬드 피라미드, 압입자국의 대각선길이
③ Shore 경도 : 다이아몬드 추, 반발되는 높이
④ Rockwell C 경도 : 다이아몬드 콘(cone), 압입자국의 깊이

해설

브리넬경도는 강구를 눌러서 생긴 표면적으로 경도를 표시한다. 그래서 식이 압흔의 직경이 들어간다. 록커웰경도는 연강의 경우 강구의 깊이, 경강의 경우 다이아몬드 콘의 깊이로 경도를 측정한다.

06 ㉠, ㉡에 들어갈 말을 올바르게 짝지은 것은?

> 강에서 [㉠] 이라 함은 변태점 온도 이상으로 가열한 후 물 또는 기름과 같은 냉각제 속에 넣어 급랭시키는 열처리를 말하며, 일반적으로 강은 급랭시키면 [㉡] 조직이 된다.

	㉠	㉡
①	어닐링(annealing)	마르텐사이트(martensite)
②	퀜칭(quenching)	마르텐사이트(martensite)
③	어닐링(annealing)	오스테나이트(austenite)
④	퀜칭(quenching)	오스테나이트(austenite)

해설

급랭은 담금질(퀜칭)이고, 급랭에 의해 경도가 높아진다. 제일 경도가 높은 담금질 조직이 마텐자이트이다.

정답 04.① 05.① 06.②

07 미끄럼 베어링과 구름 베어링의 특성을 비교한 설명으로 옳지 않은 것은?

	미끄럼 베어링	구름 베어링
①	자체 제작하는 경우가 많음	표준형 양산품임
②	강성이 작음	강성이 큼
③	진동 및 소음이 적음	진동 및 소음이 발생하기 쉬움
④	저속회전에 적합	고속회전에 적합

해설

미끄럼베어링의 경우 마찰면적이 크지만, 윤활공급체를 사용하면 고속회전에도 매우 적합하다. 구름베어링의 경우 마찰면적이 작지만, 고속회전시 윤활유가 공급되지 않으므로 열발생으로 고착위험이 있다.

08 원형축에 비틀림 모멘트를 가했을 경우에 축의 비틀림 각에 대한 설명으로 옳은 것은?

① 축 재질의 전단탄성계수 값이 작을수록 비틀림 각은 감소한다.
② 축 길이가 증가할수록 비틀림 각은 감소한다.
③ 단면 극관성 모멘트값이 클수록 비틀림 각은 감소한다.
④ 축 지름이 작을수록 비틀림 각은 감소한다.

해설

비틀림 각$(\theta) = \dfrac{Tl}{GI_p}$으로 표시되므로, 극관성모멘트$(I_p)$가 클수록 비틀림각은 작아진다. 횡탄성계수$(G)$가 작을수록 비틀림각은 커진다.

09 밀링가공에서 밀링커터의 날(tooth)당 이송 0.2mm/tooth, 회전당 이송 0.4mm/rev, 커터의 날 2개, 커터의 회전속도 500rpm일 때, 테이블의 분당 이송 속도[mm/min]는?

① 100　　② 200
③ 400　　④ 800

해설

한바퀴당 이송$(f) = 0.4\text{mm/rev}$, $N = 500\text{rpm}$이므로,
$v_{이송} = f \times N = 0.4(\text{mm/rev}) \times 500(\text{rev/min}) = 200\text{mm/min}$으로 계산된다.

10 드릴링머신 가공에서 접시머리나사의 머리가 들어갈 부분을 원추형으로 가공하는 작업으로 옳은 것은?

① 리밍(reaming)　　② 카운터보링(counterboring)
③ 카운터싱킹(countersinking)　　④ 스폿페이싱(spotfacing)

해설

접시머리가 들어갈 부분을 가공하는 것은 카운터싱킹이고, 육각머리가 들어갈 부분을 가공하는 것은 카운터보링이다.

정답 07.④ 08.③ 09.② 10.③

11 **하중을 들어 올릴 때 효율이 30%이고 피치가 4mm인 1줄 나사를 40N•mm의 토크로 회전시킬 때, 나사에 작용하는 축방향의 하중[N]은? (단, π는 3으로 계산한다.)**

① 18 ② 19
③ 20 ④ 21

해설

나사의 효율= $\frac{\text{무게가 1회전(리드) 일}}{\text{나사 1회전 돌린 에너지}} = \frac{W \times l}{T \times 2\pi}$ 이므로, 대입하자.

$0.3 = \frac{W \times 4mm}{40(N-mm) \times 2\pi}$, $W = \frac{0.3 \times 40 \times 2\pi}{4} = 18$로 계산된다.

12 **소성가공법에 대한 설명으로 옳지 않은 것은?**

① 압출:상온 또는 가열된 금속을 용기 내의 다이를 통해 밀어내어 봉이나 관 등을 만드는 가공법
② 인발:금속 봉이나 관 등을 다이를 통해 축방향으로 잡아당겨 지름을 줄이는 가공법
③ 압연:열간 혹은 냉간에서 금속을 회전하는 두 개의 롤러 사이를 통과시켜 두께나 지름을 줄이는 가공법
④ 전조:형을 사용하여 판상의 금속 재료를 굽혀 원하는 형상으로 변형시키는 가공법

해설

전조는 압연의 일종으로 위아래 틀 속에 재료를 넣고 틀을 누르면서 좌우왕복해서 가공하는 것을 말한다.

13 **피치원 지름 D, 기어잇수 Z, 공구압력각 α인 평기어의 기초원 피치로 옳은 것은?**

① $\frac{\pi D}{Z} sin\alpha$ ② $\frac{\pi D}{Z} cos\alpha$
③ $\frac{Z}{\pi D} sin\alpha$ ④ $\frac{\pi D^2}{Z} cos\alpha$

해설

피치원 지름 $= D$, 기어잇수 $= Z$, 공구압력각 $= \alpha$ 이므로,

피치원의 지름$(D) = \frac{D_g}{\cos\alpha}$ 이고, 기초원의 지름$(D_g) = D \times \cos\alpha$

기초원의 피치$(p_g) = \frac{\pi D_g}{Z} = \frac{\pi D cos\alpha}{Z}$ 으로 유도된다.

정답 11.① 12.④ 13.②

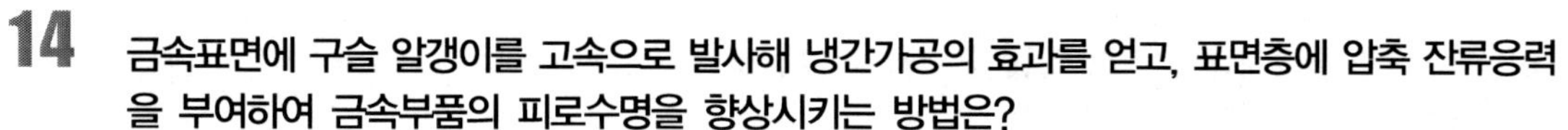

14 **금속표면에 구슬 알갱이를 고속으로 발사해 냉간가공의 효과를 얻고, 표면층에 압축 잔류응력을 부여하여 금속부품의 피로수명을 향상시키는 방법은?**

① 숏피닝(shot peening)　　② 샌드블라스팅(sand blasting)
③ 텀블링(tumbling)　　④ 초음파세척(ultrasonic cleaning)

해설

구슬알갱이(쇼트:shot)를 고속으로 분사해서 표면층의 피로수명을 향상시키는 것이 쇼트피닝이다.

15 **냉간가공과 열간가공에 대한 설명으로 옳지 않은 것은?**

① 냉간가공을 하면 가공면이 깨끗하고 정확한 치수 가공이 가능하다.
② 재결정온도 이상에서의 가공을 열간가공이라 한다.
③ 열간가공은 소재의 변형저항이 적어 소성가공이 용이하다.
④ 냉간가공은 열간가공보다 표면산화물의 발생이 많다.

해설

냉간가공은 재결정온도 이하에서 가공을 하므로, 표면산화물의 발생이 적다.

16 **M은 질량, L은 길이, T는 시간이라고 할 때, 점성계수의 차원은?**

① $ML^{-}1T^{-2}$　　② ML−1T−1
③ MLT^{-1}　　④ $M^{-1}L^{-1}T^{-2}$

해설

$\tau=\mu\frac{du}{dy}$, 전단응력(τ)은 점성계수(μ)와 [속도(u)/높이(y)]의 곱이다.

$\mu=\tau\times\frac{dy}{du}$ ->차원으로 표시하면,

점성계수(μ) $=\frac{F}{L^2}\times\frac{L}{L/T}=\frac{MLT^{-2}}{L^2}\times T=ML^{-1}T^{-1}$으로 유도된다.

17 **내연기관에서 도시열효율, 이론열효율, 제동(순)열효율 사이의 관계로 옳은 것은?**

① 이론열효율 < 도시열효율< 제동(순)열효율
② 제동(순)열효율< 이론열효율< 도시열효율
③ 제동(순)열효율< 도시열효율< 이론열효율
④ 도시열효율< 이론열효율< 제동(순)열효율

해설

이론열효율은 이상적 사이클에서 계산한 값이므로, 연료마력에 대한 실린더 내에서 직접 측정한 도시마력의 비인 도시열효율보다 약간 크다. 제동열효율은 도시마력과 제동마력의 비로 도시열효율보다 약간 작다. 즉, 도시마력은 제동마력에 마찰마력이나 외부기구 구동마력을 더한 것이다.

정답 14.① 15.④ 16.② 17.③

18 **버니어 캘리퍼스의 길이 측정이 그림과 같을 때 측정값[mm]은? (단, 아들자는 39mm를 20 등분한 것이다)**

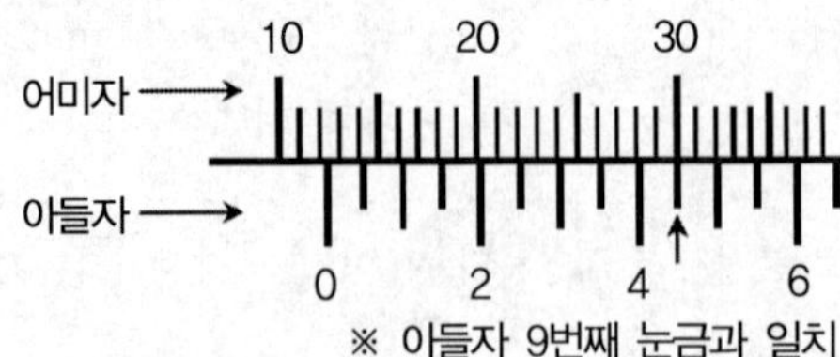

① 12.20
② 12.30
③ 12.45
④ 12.90

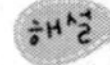

어미자의 최소눈금이 1mm이고, 20등분하였으므로 아들자의 최소눈금은 $\frac{1}{20}=0.05\text{mm}$ 이다. 아들자의 '0'이 위치한 어미자의 눈금이 12mm, 아들자가 0.45mm를 가리키고 있으므로, 합계하면 12.45mm가 된다.

19 **기계 및 구조물의 1자유도계 선형(linear)진동과 관련된 설명으로 옳지 않은 것은?**

① 질량이 증가할 때 고유진동수는 감소한다.
② 강성이 증가할 때 고유진동수는 증가한다.
③ 감쇠가 존재하면 공진에서 변위가 무한대로 되지 않는다.
④ 가진력이 클수록 고유진동수는 증가한다.

해설

1자유도 선형진동에서 고유진동수$(f)=\frac{1}{2\pi}\sqrt{\frac{k}{m}}$, (k가 강성, m은 질량)으로 표시되며, 고유진동수는 질량과 강성분포에 의해 결정되는 고유한 특성이다(속도가 없다->감쇄가 없다). 자유진동은 추를 놓았을 시를 말하고, 강제진동은 가진력이 존재할 경우를 말한다. 감쇠가 존재하면 변위가 작아진다.

20 **회로의 압력이 설정치 이상이 되면 밸브가 열려 설정 압력 이상으로 증가하는 것을 방지하는 데 사용되는 유압밸브의 기호는?**

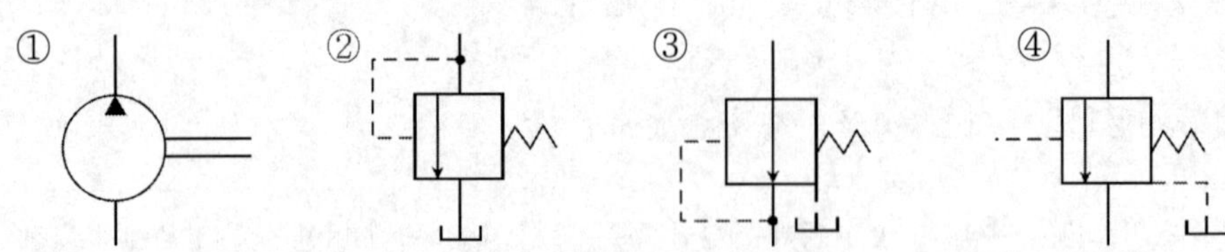

해설

①은 화살표가 밖으로 향하고 있으므로, 펌프를 나타낸다. ②는 파일럿신호(점선)에 의거 압력이 제한선에 이르면 탱크로 보내는 릴리프밸브를 나타낸다. ③과 ④는 탱크의 위치가 이상함

정답 18.③ 19.④ 20.②

공업기계직 기계일반 (2016년 4월 시행 국가직) 9급

01 **관통하는 구멍을 뚫을 수 없는 경우에 사용하는 것으로 볼트의 양쪽 모두 수나사로 가공되어 있는 머리 없는 볼트는?**

① 스터드 볼트 ② 관통 볼트
③ 아이 볼트 ④ 나비 볼트

해설

관통하는 구멍을 뚫을 수 없는 경우, 볼트의 양쪽 모두를 수나사로 가공하여 머리없는 볼트를 사용하는데 이를 스텃볼트라 한다. 아래 수나사는 몸체에 위수나사는 다른 제품을 넣은 다음 너트로 조인다.

02 **압력용기 내의 게이지 압력이 30kPa로 측정되었다. 대기압력이 100kPa일 때 압력용기 내의 절대압력[kPa]은?**

① 130 ② 70
③ 30 ④ 0

해설

게이지압의 경우 절대압 = 게이지압 + 대기압으로 계산한다.
진공일 경우 절대압 = 대기압 - 진공압으로 계산한다.

$$절대압(P_{ab}) = 게이지(P_g) + 대기압(P_b) = 30kPa + 100kPa = 130kPa$$

03 **가공경화(work hardening) 혹은 변형경화(strain hardening) 현상이 발생하는 예가 아닌 것은?**

① 선재의 단면적을 감소시키기 위한 인발 공정
② 제작된 부품에 수행하는 어닐링(annealing) 공정
③ 볼트 머리 제작을 위한 단조 공정
④ 자동차 차체용 박판 제작을 위한 압연 공정

해설

가공경화란 가공하면 할수록 단단해지는 것을 말한다. 보통 소성가공이 대부분 가공경화를 이용한다. ②의 어닐링이란 열처리의 하나로 풀림을 뜻한다.

04 **연삭숫돌 및 연삭공정에 대한 설명으로 옳지 않은 것은?**

① 연삭숫돌의 숫돌입자 크기를 나타내는 입도번호가 낮을수록 연삭공정으로 우수한 표면 정도를 얻을 수 있다.

정답 01. ① 02. ① 03. ② 04. ①

② 결합도가 높은 연삭숫돌은 연한 재료의 연삭공정에 사용된다.
③ 연삭숫돌은 숫돌입자, 결합제, 기공의 세 가지 요소로 구성된다.
④ 연삭공정은 전통적인 절삭공정보다 높은 비에너지를 요구한다.

해설

연삭숫돌의 3요소는 숫돌입자, 결합제, 기공이며, 연삭숫돌의 숫돌입자 크기를 나타내는 입도번호가 커질수록 고운 것이다.

05 다음의 공구재료를 200℃ 이상의 고온에서 경도가 높은 순으로 옳게 나열한 것은?

> 탄소공구강, 세라믹공구, 고속도강, 초경합금

① 초경합금 〉 세라믹공구 〉 고속도강 〉 탄소공구강
② 초경합금 〉 세라믹공구 〉 탄소공구강 〉 고속도강
③ 세라믹공구 〉 초경합금 〉 고속도강 〉 탄소공구강
④ 고속도강 〉 초경합금 〉 탄소공구강 〉 세라믹공구

해설

200℃이상의 고온에서 경도가 높은 순은 세라믹공구, 초경합금, 고속도강, 탄소공구강 이다.

06 길이 2m의 강체 OE는 그림에서 보여지는 순간에 시계방향의 각속도 w = 10rad/sec와 반시계방향 각가속도 α = 1,000rad/sec^{2}으로 점 O에 대하여 평면 회전운동한다. 이 순간 E 점의 가속도에 대한 설명으로 옳은 것은?

	접선 가속도		법선가속도	
	방향	크기	방향	크기
①	$\overrightarrow{EA}$	200m/sec^2	$\overrightarrow{OE}$	2000m/sec^2
②	$\overrightarrow{EA}$	2000m/sec^2	$\overrightarrow{EO}$	200m/sec^2
③	$\overrightarrow{EA}$	2000m/sec^2	$\overrightarrow{OE}$	200m/sec^2
④	$\overrightarrow{EB}$	2000m/sec^2	$\overrightarrow{EO}$	200m/sec^2

극좌표계에서 접선방향의 가속도$(a_\theta) = r\ddot{\theta} + 2\dot{r}\dot{\theta}$ --1식

법선방향의 가속도 $(a_r) = \ddot{r} - r\dot{\theta}^2$--2식으로 나타낼 수 있다.

문제에서 법선방향의 경우 막대이므로 $\dot{r}=0, \ddot{r}=0$이므로, 이를 1식과 2식에 대입한다. 또한, 문제에서 회전하는 반지름 $(r)=2m$, 각속도$\dot{\theta}= w = 10rad/s$, 각가속도$\ddot{\theta}= 1000rad/s^2$을 대입

접선방향 가속도 $a_\theta = r\ddot{\theta} = 2m \times 1000rad/s^2 = 2000m/s^2$

법선방향 가속도 $(a_r) = -r\dot{\theta}^2 = -2m \times (10rad/s)^2 = -200m/s^2$

(-)방향은 밖에서 안으로 향함을 말한다.

정답 05. ③ 06. ②

07 내연기관에 사용되는 윤활유의 점도에 대한 설명 중 옳지 않은 것은?

① SAE 번호가 높을수록 윤활유의 점도가 높다.
② SAE 번호는 윤활유의 사용가능한 외기온도를 나타내는 지표가 된다.
③ 점도지수(viscosity index)가 높은 것일수록 온도변화에 대한 점도변화가 크다.
④ 절대점도의 단위로 Pa·s 또는 Poise를 사용한다.

해설
점도지수가 클수록 온도변화에 따른 점도변화가 작은 것을 말한다.

08 철(Fe)에 탄소(C)를 함유한 탄소강(carbon steel)에 대한 설명으로 옳지 않은 것은?

① 탄소함유량이 높을수록 비중이 증가한다.
② 탄소함유량이 높을수록 비열과 전기저항이 증가한다.
③ 탄소함유량이 높을수록 연성이 감소한다.
④ 탄소함유량이 0.2% 이하인 탄소강은 산에 대한 내식성이 있다.

해설
탄소함유량이 높을수록 비열, 전기저항이 증가하고, 비중과 연성이 감소한다.

09 특정한 온도 영역에서 이전의 결정립을 대신하여 새로운 결정립이 생성되는 금속의 재결정에 대한 설명으로 옳지 않은 것은?

① 재결정은 금속의 강도를 낮추고 연성을 증가시킨다.
② 냉간가공도가 클수록 재결정 온도는 낮아진다.
③ 냉간가공에 의한 선택적 방향성은 재결정 온도에서 등방성으로 회복된다.
④ 냉간가공도가 일정한 경우에는 온도가 증가함에 따라 재결정 시간이 줄어든다.

해설
회복은 결정립의 형이나 결정의 방향에는 변화가 일어나지 않고 물리적성질이나 기계적성질이 변화하는 과정이다. 등방성의 새로운 결정립의 핵이 생성되어 성장하는 과정은 재결정이라 한다.

10 강의 열처리 및 표면경화에 대한 설명 중 옳지 않은 것은?

① 구상화 풀림(spheroidizing annealing) :과공석강에서 초석 탄화물이 석출되어 기계가공성이 저하되는 문제를 해결하기 위해 행하는 열처리 공정으로, 탄화물을 구상화하여 기계가공성 및 인성을 향상시키기 위해 수행된다.
② 불림(normalizing) :가공의 영향을 제거하고 결정립을 조대화 시켜 기계적 성질을 향상시키기 위해 수행된다.
③ 침탄법:표면은 내마멸성이 좋고 중심부는 인성이 있는 기계부품을 만들기 위해 표면층만을 고탄소로 조성하는 방법이다.

정답 07. ③ 08. ① 09. ③ 10. ②

④ 심냉(subzero)처리: 잔류 오스테나이트(austenite)를 마르텐사이트(martensite)화 하기 위한 공정이다.

해설

불림(normalizing:노멀라이징)은 조직의 표준화, 균일화가 목표, 풀림(annealing:어닐링)은 연화, 내부응력제거, 기계적성질 향상 등이 목표이다.

11 **전달 토크가 크고 정밀도가 높아 가장 널리 사용되는 키(key)로서, 벨트풀리와 축에 모두 홈을 파서 때려 박는 키는?**

① 평 키　② 안장 키　③ 접선 키　④ 묻힘 키

해설

풀리와 축에도 홈을 파서 때려 박는 키를 묻힘 키(sunk key : 성크키)라 하며, 전달 토크가 크고 정밀도가 높아 가장 널리 사용된다.

12 **축압 브레이크의 일종으로 마찰패드에 회전축 방향의 힘을 가하여 회전을 제동하는 장치는?**

① 블록 브레이크　② 밴드 브레이크　③ 드럼 브레이크　④ 디스크 브레이크

해설

축방향으로 작동하는 브레이크는 원판(디스크) 브레이크, 원뿔브레이크 이며, 반지름방향 작동 브레이크는 블록브레이크와 밴드브레이크이다.

13 **수차에 대한 설명으로 옳지 않은 것은?**

① 프란시스 수차는 반동수차의 일종이다.
② 프란시스 수차에서는 고정깃과 안내깃에 의해 유도된 물이 회전차를 회전시키고 축방향으로 송출된다.
③ 프로펠러 수차는 축류형 반동수차로 수량이 많고 저낙차인 곳에 적용된다.
④ 펠턴 수차는 고낙차에서 수량이 많은 곳에 사용하기 적합하다.

해설

펠톤 수차는 고낙차를 이용하여 높은 속도에너지로 터빈에 충돌하여 회전시키는 충동수차의 한 종류이다.

14 **연신율이 20%인 재료의 인장시험에서 파괴되기 직전의 시편 전체길이가 24 cm일 때 이 시편의 초기 길이[cm]는?**

① 19.2　② 20.0　③ 28.8　④ 30.0

해설

연신율(ϵ) $= \dfrac{l'-l}{l} = \dfrac{\Delta l}{l}$ 로 나타낸다. l은 원래길이, Δl은 변화량을 말한다.

$0.2 = \dfrac{24-l}{l}$, $0.2l = 24-l$, $1.2l = 24$, $l = 20cm$ 로 구해진다.

정답 11. ④ 12. ④ 13. ④ 14. ②

15 ㉠, ㉡에 들어갈 말을 올바르게 짝지은 것은?

(㉠)은/는 금속 혹은 세라믹 분말과 폴리머나 왁스 결합제를 혼합한 후, 금형 내로 빠르게 사출하여 생형을 제작하고, 가열 혹은 용제를 사용하여 결합제를 제거한 후, 높은 온도로 (㉡)하여 최종적으로 금속 혹은 세라믹 제품을 생산하는 공정이다.

	㉠	㉡
①	인베스트먼트 주조	소결
②	분말야금	경화
③	금속사출성형	경화
④	분말사출성형	소결

해설

분말사출성형: 금속(세라믹) 분말과 폴리머(왁스 결합제)를 혼합한 후, 금형 내로 빠르게 사출하여 생형을 제작하고, 가열 혹은 용제를 사용하여 결합제를 제거한 후, 높은 온도로 소결하여 최종적 금속(세라믹) 제품을 생산하는 공정

16 절삭속도를 변화시키면서 공구 수명시험을 하였다. 절삭속도를 60m/min으로 하였을 때 공구의 수명이 1200min, 절삭속도를 600m/min으로 하였을 때 수명은 12min이었다. 절삭속도가 300m/min일 때 그 공구의 수명[min]은?

① 24　　② 48　　③ 240　　④ 600

해설

절삭속도(v)와 공구 수명(T)의 $\frac{1}{n}$승의 곱은 일정하다.

이를 수식으로 표현하면 $VT^{(\frac{1}{n})}=C$이며, 먼저 로그(log)를 취해서 n을 구한다.

$VT^{(\frac{1}{n})}=C \longrightarrow V_1T_1^{\frac{1}{n}}=V_2T_2^{\frac{1}{n}}$ --1식

1식에 대입하자. $60\times1200^{\frac{1}{n}}=600\times12^{\frac{1}{n}}$, $(\frac{1200}{12})^{\frac{1}{n}}=\frac{600}{60}$, $100^{\frac{1}{n}}=10$, $n=2$

$300\times T_3^{\frac{1}{2}}=600\times12^{\frac{1}{2}}$, $(\frac{T_3}{12})^{\frac{1}{2}}=\frac{600}{300}=2$에서 양변에 제곱을 하면

$\frac{T_3}{12}=2^2$, $T_3=4\times12=48\text{min}$으로 계산된다.

17 가솔린기관과 디젤기관의 비교 설명으로 옳지 않은 것은?

① 디젤기관은 연료소비율이 낮고 열효율이 높다.

② 디젤기관은 평균유효압력 차이가 크지 않아 회전력 변동이 작다.

③ 디젤기관은 압축압력, 연소압력이 가솔린기관에 비해 낮아 출력당 중량이 작고, 제작비가 싸다.

정답 15. ④ 16. ② 17. ③

④ 디젤기관은 연소속도가 느린 경유나 중유를 사용하므로 기관의 회전속도를 높이기 어렵다.

해설

디젤기관은 압축착화기관으로 가솔린기관에 비해 압축압력이 높고, 연소압력도 높고, 출력당 중량이 무겁고 제작비도 비싸다.

18 연삭가공 및 특수가공에 대한 설명으로 옳지 않은 것은?

① 방전가공에서 방전액은 냉각제의 역할을 한다.
② 전해가공은 공구의 소모가 크다.
③ 초음파가공 시 공작물은 연삭입자에 의해 미소 치핑이나 침식작용을 받는다.
④ 전자빔 가공은 전자의 운동에너지로부터 얻는 열에너지를 이용한다.

해설

전해가공은 가공물을 (+)극, 공구를 (−)극으로 사용한다. 따라서 공구의 마모는 적은 편이다.

19 호칭이 2N M8×1인 나사에 대한 설명으로 옳지 않은 것은?

① 리드는 2mm이다.
② 오른나사이다.
③ 피치는 1mm이다.
④ 유효지름은 8mm이다.

해설

$2N\ M8\times1C2\ P6$이라면 오른나사(표시가 없음), $2N$은 2줄, 피치는 1mm, 틈새가 2, 등급이 6을 나타낸다.

20 사출성형품의 불량원인과 대책에 대한 설명으로 옳지 않은 것은?

① 플래싱(flashing) : 고분자 수지가 금형의 분리면(parting line)의 틈으로 흘러나와 고화 또는 경화된 것으로, 금형 자체의 체결력을 높임으로써 해결될 수 있다.
② 주입부족(short shot) : 용융수지가 금형 공동을 완전히 채우기 전에 고화되어 발생하는 결함으로, 성형 압력을 높임으로써 해결될 수 있다.
③ 수축(shrinkage) : 수지가 금형공동에서 냉각되는 동안 발생하는 수축에 의한 치수 및 형상 변화로, 성형수지의 온도를 낮춰 해결될 수 있다.
④ 용접선(weld line) : 용융수지가 금형공동의 코어 등의 주위를 흐르면서 반대편에서 서로 만나는 경계 부분의 기계적 성질이 떨어지는 결함으로, 게이트의 위치변경 등으로 개선할 수 있다.

해설

수축은 수지가 금형공동에서 냉각되는 동안 발생하는 수축에 의한 치수 및 형상변화로, 대책으로는 보압력과 보압시간을 증가시키거나 금형의 온도를 낮춘다.(성형수지의 온도를 높인다.)

정답 18. ② 19. ④ 20. ③

공업기계직 기계일반 (2017년 4월 시행 국가직) 9급

01 금속재료의 기계적 성질을 측정하기 위해 시편에 일정한 하중을 가하는 시험은?

① 피로시험 ② 인장시험
③ 비틀림시험 ④ 크리프시험

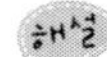

①은 반복하중을 가해서 시험 ②은 일정한 하중을 점점 증가시키면서 인장시험(응력과 변형율) ③은 일정한 하중을 점점 증가시키면서 비틀림시험(토크와 각) ④는 일정한 하중을 가한다음 열(온도)를 가감해서 기계적 특성을 파악

02 외경 선삭에서 가공 전과 후의 평균 지름이 100mm인 황동봉을 절삭깊이 1mm, 이송속도 0.3mm/rev, 주축 회전속도 1,000rpm 으로 가공하였을 때, 재료제거율[cm^3/min]은?(단, π는 3.14로 하고 가공 전과 후의 평균 지름, 평균 절삭속도를 이용하여 재료 제거율을 계산하라)

① 30 ② 300
③ 9.42 ④ 94.2

재료제거율(cm^3/min)은 면적(A)가 절삭속도(v) 만큼 제거된다고 할 수 있다.
따라서 면적$(A) = f$(1회전당 이송거리)$\times t$(절삭깊이)$= 0.3mm/rev \times 1mm$

$v = \pi DN = \pi \times 100mm \times \dfrac{1000rev}{\text{min}}$

재료제거율

$(V) = A \times v = 0.03cm/rev \times 0.1cm \times \pi \times 10cm \times \dfrac{1000rev}{\text{min}} = \pi \times 30cm^3/\text{min}$

03 1줄 나사에서 나사를 축방향으로 20mm 이동시키는 데 2회전이 필요할 때, 이 나사의 피치[mm]는?

① 1 ② 5
③ 10 ④ 20

해설

리드란 1회전당 이동거리이므로, $l = \dfrac{20mm}{2rev} = 10mm/rev$

$l = n \times p,\ 10mm = 1 \times p,\ p = 10mm$

정답 01. ④ 02. ④ 03. ③

04 체인(chain)에 대한 설명으로 옳지 않은 것은?

① 큰 동력을 전달할 수 있다.
② 초기 장력을 줄 필요가 있으며 정지 시에 장력이 작용한다.
③ 미끄럼이 적으며 일정한 속도비를 얻을 수 있다.
④ 동력 전달용으로 롤러 체인(roller chain)과 사일런트 체인(silent chain)이 사용된다.

해설

벨트의 경우 초기장력이 필요하지만, 체인은 초기 장력이 필요없다. 벨트는 마찰력에 의해 전동되고, 체인은 스프로킷의 기어와 체인의 링크에 의해 전동되기 때문이다.

05 웜 기어에 대한 설명으로 옳은 것만을 모두 고른 것은?

ㄱ. 역전 방지를 할 수 없다.
ㄴ. 웜에 축방향 하중이 생긴다.
ㄷ. 부하용량이 크다.
ㄹ. 진입각(lead angle)의 증가에 따라 효율이 증가한다.

① ㄱ, ㄹ　　② ㄴ, ㄷ
③ ㄱ, ㄴ, ㄷ　　④ ㄴ, ㄷ, ㄹ

웜기어: 역전방지, 웜기어의 축방향 힘이 웜휠을 돌림, 부하용량이란 작용하는 힘이라 할 수 있는데 웜휠의 큰 힘을 웜(피니언)이 잡아 견딜 수 있는 힘이라 할 수 있다. 진입각이 크면 웜휠이 웜기어에 잘 진입할 수 있으므로 효율이 좋다.

06 유압기기에 대한 설명으로 옳지 않은 것은?

① 유압기기는 큰 출력을 낼 수 있다.
② 비용적형 유압펌프로는 베인 펌프, 피스톤 펌프 등이 있다.
③ 유압기기에서 사용되는 작동유의 종류에는 석유 계통의 오일, 합성유 등이 있다.
④ 유압실린더는 작동유의 압력 에너지를 직선 왕복운동을 하는 기계적 일로 변환시키는 기기이다.

해설

비용적형 펌프란 터보형 펌프를 말한다. 즉 출구의 압력이 크게 걸리면 혼자 회전하는 펌프로 대표적으로 원심펌프와 축류펌프가 있다.

07 내연기관에 대한 설명으로 옳지 않은 것은?

① 디젤기관의 압축비가 가솔린기관의 압축비보다 높다.
② 가솔린기관에서는 노크(knock)를 저감하기 위해 실린더 체적을 작게 한다.

정답 04. ② 05. ④ 06. ② 07. ④

③ 디젤기관에서는 노크(knock)를 저감하기 위해 압축비를 높인다.
④ 벤투리(venturi)는 공기의 압력을 높이기 위해서 설치한 단면이 좁은 통로이다.

해설

내연기관에 벤튜리 사용은 옛 기화기식의 스로틀장치에 있었다. 이는 면적을 줄여서 속도를 빠르게 함으로서 연료를 뽑는 데 사용하였다.

08 압출에서 발생하는 결함이 아닌 것은?

① 솔기결함(seam)
② 파이프결함(pipe defect)
③ 세브론균열(chevron cracking)
④ 표면균열(surface cracking)

해설

심(seam, 솔기)은 궤맨 자국을 말하는데, 이음부라 할 수 있다. 압출의 경우 이음부가 없다.

09 강의 표면 처리법에 대한 설명으로 옳은 것은?

① 아연(Zn)을 표면에 침투 확산시키는 방법을 칼로라이징(calorizing)이라 한다.
② 고주파 경화법은 열처리 과정이 필요하지 않다.
③ 청화법(cyaniding)은 침탄과 질화가 동시에 일어난다.
④ 강철입자를 고속으로 분사하는 숏 피닝(shot peening)은 소재의 피로수명을 감소시킨다.

해설

①은 아연 〉 세라다이징, 알루미늄 〉 칼로라이징
②고주파경화법은 가열후 수냉, ④의 쇼트피닝은 표면잔류응력을 증가시켜 수명을 증가

10 소모성 전극을 사용하지 않는 용접법만을 모두 고른 것은?

ㄱ. 일렉트로가스 용접(electrogas welding)
ㄴ. 플라즈마 아크 용접(plasma arc welding)
ㄷ. 원자 수소 용접(atomic hydrogen welding)
ㄹ. 플래시 용접(flash welding)

① ㄱ, ㄴ
② ㄴ, ㄷ
③ ㄱ, ㄷ, ㄹ
④ ㄴ, ㄷ, ㄹ

해설

일렉트로가스용접 : 소모성, 플라즈마 : 플라즈마 이용, 비소모성, 원자 수소용접 : 텅스텐전극 2개 사용, 비소모성, 플래시 용접 : 압접으로 전기저항 용접

정답 08. ① 09. ③ 10. ④

11 절삭가공에서 절삭유(cutting fluid)의 일반적인 사용 목적에 해당하지 않는 것은?

① 공구와 공작물 접촉면의 마찰 감소
② 절삭력 증가
③ 절삭부로부터 생성된 칩(chip) 제거
④ 절삭부 냉각

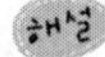

절삭유는 공구와 공작물의 접촉부의 마찰감소->열 저하->냉각을 돕는다. 구성인선의 발생을 막을 수 있다.

12 전해가공(electrochemical machining)과 화학적가공(chemical machining)에 대한 설명으로 옳지 않은 것은?

① 광화학블랭킹(photochemical blanking)은 버(burr)의 발생 없이 블랭킹(blanking)이 가능하다.
② 화학적 가공에서는 부식액(etchant)을 이용해 공작물 표면에 화학적 용해를 일으켜 소재를 제거한다.
③ 전해가공은 경도가 높은 전도성 재료에 적용할 수 있다.
④ 전해가공으로 가공된 공작물에서는 열 손상이 발생한다.

전해가공의 특징으로 경도가 크고 인성이 큰 재료에도 가공률이 높으며, 열이나 힘의 작용이 없으므로 금속학적인 결함이 생기지 않는다는 점이다.

13 상온에서 금속결정의 단위격자가 면심입방격자(FCC)인 것만을 모두 고른 것은?

ㄱ : Pt,　ㄴ : Cr,　ㄷ : Ag,　ㄹ : Zn,　ㅁ: Cu

① ㄱ, ㄷ, ㄹ　② ㄱ, ㄷ, ㅁ
③ ㄴ, ㄷ, ㄹ　④ ㄷ, ㄹ, ㅁ

면심입방격자 : Ag, Al, Au, Cu, Ni, Pb, Ce, Pd, Pt, Rh, Ca, $\gamma-Fe$
Cr : 체심입방격자, Zn : 조밀육방격자

14 연마 입자(abrasive particle)를 이용하는 가공 방법으로만 묶은 것은?

① 래핑(lapping), 초음파가공(ultrasonic machining)
② 허빙(hubbing), 호닝(honing)
③ 슈퍼피니싱(super finishing), 방전가공(electric discharge machining)
④ 스피닝(spinning), 버핑(buffing)

정답 11. ② 12. ④ 13. ② 14. ①

해설

초음파가공: 숫돌입자와 물(기름)을 넣고 공구에 초음파 진동을 주어 구멍뚫기, 연삭 등을 행함, 허빙(hubbing): 단조의 한 방법으로, 금속 소재의 표면에 특정한 형상을 가진 경화처리된 펀치로 압입하는 작업 → 이 소재를 금형으로 사용

15 공기 스프링에 대한 설명으로 옳지 않은 것은?

① 2축 또는 3축 방향으로 동시에 작용할 수 있다.
② 감쇠특성이 커서 작은 진동을 흡수할 수 있다.
③ 하중과 변형의 관계가 비선형적이다.
④ 스프링 상수의 크기를 조절할 수 있다.

해설

스프링상수(k) 조절이 쉬우며, 진동을 흡수, 하중과 변형의 관계는 비선형적, 측면방향의 강성이 없어 사용에 조심

16 비커스 경도(HV) 시험에 대한 설명으로 옳지 않은 것은?

① 꼭지각이 136°인 다이아몬드 사각추를 압입한다.
② 경도는 작용한 하중을 압입 자국의 깊이로 나눈 값이다.
③ 질화강과 침탄강의 경도 시험에 적합하다.
④ 압입자국의 대각선 길이는 현미경으로 측정한다.

해설

비커스경도: 시편에 가한 일정한 하중을 다이아몬드 사각뿔로 인한 시편자국의 표면적으로 나눈 값. 여기서 d는 대각선길이의 평균값이다.

17 펌프(pump)에 대한 설명으로 옳지 않은 것은?

① 송출량 및 송출압력이 주기적으로 변화하는 현상을 수격현상(water hammering)이라 한다.
② 왕복펌프는 회전수에 제한을 받지 않아 고양정에 적합하다.
③ 원심펌프는 회전차가 케이싱 내에서 회전할 때 발생하는 원심력을 이용한다.
④ 축류 펌프는 유량이 크고 저양정인 경우에 적합하다.

해설

송출량 및 송출압력이 주기적으로 변하는 현상을 서징이라 한다. 수격은 관속의 물 흐름에서 급격한 밸브 닫힘(열림) 등으로 인한 흐름 차단(감속)되면 관 속 압력이 상승하고 압력파가 생기는 현상

정답 15. ① 16. ② 17. ①

18 방전가공에 대한 설명으로 옳지 않은 것만을 모두 고른 것은?

ㄱ. 스파크 방전을 이용하여 금속을 녹이거나 증발시켜 재료를 제거하는 방법이다.
ㄴ. 방전가공에 사용되는 절연액(dielectric fluid)은 냉각제의 역할도 할 수 있다.
ㄷ. 전도체 공작물의 경도와 관계없이 가공이 가능하고 공구 전극의 마멸이 발생하지 않는다.
ㄹ. 공구 전극의 재료로 흑연, 황동 등이 사용된다.
ㅁ. 공구 전극으로 와이어(wire) 형태를 사용할 수 없다.

① ㄱ, ㄷ　　② ㄴ, ㄹ
③ ㄷ, ㅁ　　④ ㄴ, ㅁ

해설

방전가공 : 공구전극의 마멸이 발생한다. 전극으로 와이어 형태를 사용한다.

19 주조 공정중에 용탕이 주입될 때 증발되는 모형(pattern)을 사용하는 주조법은?

① 셸 몰드법(shell molding)　　② 인베스트먼트법(investment process)
③ 풀 몰드법(full molding)　　④ 슬러시 주조(slush casting)

해설

풀 몰드법은 모형으로 소모성인 발포 폴리스티렌 모형을 쓰며, 조형 후 모형을 빼내지 않고 주물사 중에 매몰한 그대로 용탕을 주입하여 그 열에 의하여 모형을 기화시키고 그 자리를 용탕으로 채워 주물을 만드는 방법

20 마그네슘(Mg)에 대한 설명으로 옳은 것은?

① 산소와 반응하지 않는다.
② 비중이 1.85로 공업용 금속 중 가장 가볍다.
③ 전기 화학적으로 전위가 높아서 내식성이 좋다.
④ 열전도율은 구리(Cu)보다 낮다.

해설

마그네슘은 비중이 1.74로 산화마그네슘을 얻을 수 있으며, 전기 화학적으로 전위가 낮아서 내식성이 나쁘다.

정답 18. ③ 19. ③ 20. ④

공업기계직 기계일반 (2018년 4월 시행 국가직) 9급

01 **용접 안전에 대한 설명으로 옳지 않은 것은?**

① 아크용접에서 방출되는 자외선에 주의해야 한다.
② 유독가스를 배출하기 위한 환기시설이 필요하다.
③ 아크용접에서 작업자는 감전의 위험이 있다.
④ 가스용접에서 아세틸렌 가스는 화재의 위험이 없다.

해설

용접안전에 대한 내용 파악, 아크용접은 용접 빛과 감전이 문제, 가스용접은 아세틸렌의 폭발성과 산소부족.

02 **재료의 비파괴시험에 해당하는 것은?**

① 인장시험 ② 피로시험
③ 방사선 탐상법 ④ 샤르피 충격시험

해설

인장, 피로, 충격 시험은 파괴시험, 방사선 탐상은 비파괴 시험

03 **축방향 하중을 지지하는 데 가장 부적합한 베어링은?**

① 단열 깊은 홈 볼베어링(single-row deep-groove ball bearing)
② 앵귤라 콘택트 볼베어링(angular contact ball bearing)
③ 니들 롤러베어링(needle roller bearing)
④ 테이퍼 롤러베어링(taper roller bearing)

해설

가장 부적합 것으로 니들 롤러베어링이 되었다.
니들롤러 베어링도 스러스트형으로 사용된다. 즉 정확한 명칭을 나열하자면 스러스트 니들 롤러 베어링이라 하겠다. 실제 자동차의 자동변속기에는 레디얼 니들 롤러 베어링이 많이 들었지만, 스러스트 니들 롤러 베어링도 있다.

04 **밀링가공에서 하향 절삭(down milling)의 특징으로 옳지 않은 것은?**

① 절삭날의 마모가 작고 수명이 길다.
② 백래시(backlash)가 자연히 제거된다.
③ 절삭날이 공작물을 누르는 형태여서 고정이 안정적이다.
④ 마찰력은 작으나 하향으로 큰 충격력이 작용한다.

정답 01. ④ 02. ③ 03. ③ 04. ②

해설

하향 절삭시 절삭력의 영향을 받아 일감에 절삭력를 가하면 백래시 량 만큼 급격한 이송으로 절삭 상태가 불안정 해지므로 백래시 제거 장치가 필요

05 **골프공에 역회전을 주었을 때 높이 뜨거나, 투수가 던진 공이 상하좌우로 휘는 것과 같이, 유동장 내에 있는 물체가 회전하는 경우 유체흐름에 수직한 방향으로 힘을 받는 현상은?**

① 딤플 효과(dimple effect)
② 웨지 효과(wedge effect)
③ 스트레치 효과(stretch effect)
④ 매그너스 효과(magnus effect)

해설

- **딥플효과** : 난류 경계층을 형성시켜 박리를 지연시켜 얇은 후류를 형상함. 이를 이용하여 공기저항을 줄임(대표적인 예가 골프공의 표면 홈)
- **웨지효과** : 웨지가 쐐기를 뜻함. 유체의 와류, 소용돌이를 좋게 함
- **매그너스 효과** : 유체속에서 회전하는 물체의 회전축에 직각으로 흐름이 닿을 때, 이 흐름이 미치는 힘이 유속과 회전속도에 비례하는 현상(예로 투수의 공회전이 공의 진행을 좌우로 혹은 위아래로 향하게 함)

06 **2개의 스프링을 연결한 장치에 같은 크기의 하중이 작용할 때, 변위가 가장 큰 것은?**

① 스프링 상수가 k인 스프링 2개를 직렬로 연결
② 스프링 상수가 k/2인 스프링 2개를 병렬로 연결
③ 스프링 상수가 2k인 스프링 2개를 직렬로 연결
④ 스프링 상수가 k인 스프링 2개를 병렬로 연결

해설

같은 크기의 하중이 작용하므로, $k = \frac{W}{\delta}$에서 변위(δ)가 가장 크다는 말은 스프링상수(k)가 가장 작다는 말과 같음

①의 경우 $\frac{1}{k_A} = \frac{1}{k} + \frac{1}{k} = \frac{2}{k}$, $k_A = \frac{k}{2}$로 스프링상수가 줄어듬

②의 경우 $k_B = \frac{k}{2} + \frac{k}{2} = k$ ③의 경우 $\frac{1}{k_C} = \frac{1}{2k} + \frac{1}{2k} = \frac{2}{2k}$, $k_A = k$

④의 경우 $k_D = k + k = 2k$

07 **재료의 절삭성이 좋다는 의미로 사용할 수 있는 것만을 모두 고른 것은?**

ㄱ. 작은 절삭력과 절삭동력
ㄴ. 긴 공구수명
ㄷ. 가공품의 우수한 표면정밀도 및 표면완전성
ㄹ. 수거가 용이한 칩(chip)의 형태

정답 05. ④ 06. ① 07. ④

① ㄱ　　② ㄱ, ㄴ
③ ㄱ, ㄴ, ㄷ　　④ ㄱ, ㄴ, ㄷ, ㄹ

해설

정삭성이 좋다는 의미 : 작은 절삭력과 절삭동력, 긴 공구수명, 우수한 표면 정밀도, 수거 용이한 칩의 형태

08 원기둥형상의 소재를 열간 업세팅(upsetting)할 때 발생하는 배부름(barrelling)현상에 대한 설명으로 옳지 않은 것은?

① 금형과 소재가 접촉하는 면에서 발생하는 마찰이 주원인이다.
② 소재의 변형이 금형과 접촉되는 부위에 집중되기 때문에 나타난다.
③ 금형에 초음파 진동을 주면서 작업을 진행하면, 이 현상을 줄일 수 있다.
④ 금형의 온도가 낮을 경우에도 발생될 수 있다.

해설

① 업셋팅에서 배부름(barrelling)현상
㉮ 배부름 현상은 마찰이 없으면 일어나지 않음
㉯ 배부름 현상은 금형과 소재간의 접촉면에서 재료가 바깥방향으로 유동하는 반대방향으로 마찰력이 작용하기 때문이다.
② 고온의 시편 아래 부분이 저온의 다이와 접촉하므로 시편 아래 부분은 부풀지 않음

09 다음 그림의 NC 공작기계 이송계에 가장 가까운 제어방식은?

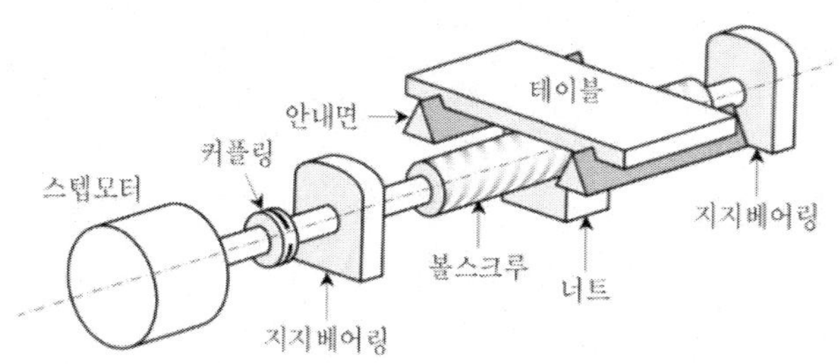

① 개회로(open loop) 제어방식　　② 적응(adaptive) 제어방식
③ 폐회로(closed loop) 제어방식　　④ 적분(integral) 제어방식

해설

① 스탭모터에 의해 출력된 값을 인지함, 만일 스탭모터의 각 검출 센서를 쓴다면 반 폐회로
② 폐회로는 출력값을 센서로 감지해서 정밀하게 제어

10 기어 이(gear tooth)의 크기가 가장 큰 것은?(단, m은 모듈(module), pd는 지름피치(diametral pitch), p는 원주피치(circular pitch)이다)

① p=15 ② pd=8
③ m=5 ④ m=3

기어 이가 가장 큰 것은 $p=\frac{\pi D}{Z}=\pi\times m$ 에서 같이 모듈(m)이 가장 크면 된다.

①에서 $p=\pi\times m,\ m=\frac{15}{\pi}=4.---$ 즉, 5 미만의 값

②에서 $P_d=\frac{25.4}{m},\ \ m=\frac{25.4}{8}=3.--$ 즉, 4 미만의 값

11 기계구성요소 상호 간의 운동관계를 결정하는 기구의 접촉형태에 따른 운동양식의 분류에서 면접촉에 해당하지 않는 것은?

① 볼과 베어링 내륜 ② 수나사와 암나사
③ 피스톤과 실린더 ④ 미끄럼베어링과 축

볼과 베어링의 내륜은 점 접촉이다.

12 연강(mild steel)의 상온 인장시험으로 공칭응력-변형률 선도를 작성하였을 때, 가장 큰 값은?

① 비례한도 ② 항복강도
③ 인장강도 ④ 파단강도

$\sigma-\epsilon$의 선도를 잘 기억하자. 보통 그림이 연강에 대한 그림이다. 즉 극한강도=인장강도가 제일 큰 값을 가진다.

13 증기기관에서 수증기를 물로 변환하는 열 교환 장치는?

① 터빈 ② 보일러
③ 복수기 ④ 급수 펌프

해설

보일러 : 외부의 열을 받아 물을 증기로 만드는 곳
터빈 : 일을 하는 곳, 회전운동을 함,
복수기 : 터빈에서 나온 증기를 물로 변환시키는 곳,
급수펌프 : 복수기에서 나온 물을 보일러에 공급

정답 10. ③ 11. ① 12. ③ 13. ③

14 저항용접에 대한 설명으로 옳지 않은 것은?

① 작업속도가 느려 대량생산에 적용하기 어렵다.
② 전극과 모재 사이의 접촉저항을 작게 한다.
③ 통전시간은 모재의 재질, 두께 등에 따라 다르다.
④ 금속의 전기저항 특성을 이용한다.

해설

①답이 약간 명확하지 않음
㉮ 저항용접은 작업속도가 빠름 → 대량생산에 적용
㉯ 전극과 모재 사이의 접촉 저항이 발생해야 열이 올라가지 않을까?-의심이 듬

15 강의 담금질 열처리에서 냉각속도가 가장 느린 경우에 나타나는 조직은?

① 소르바이트 ② 잔류 오스테나이트
③ 투르스타이트 ④ 마르텐사이트

해설

냉각속도가 빠른 순서 : 마르텐 〉 투루스타이트 〉 솔바이트 〉 오스테나이트
그런데, 잔류 오스테나이트: 담금질한 강에 남아 있는 오스테나이트로 마르텐자이트가 되지 못한 상태. 물 담금질보다 기름 담금질에 더 많이 존재

16 신속금형(rapid tooling)기술에 대한 설명으로 옳지 않은 것은?

① 신속조형기술로 주형이나 주형 인서트 등을 제작하는 기술을 의미한다.
② 설계과정이 단순해지고, 소프트웨어로 수축을 보상하여 제작할 수 있다.
③ 이 기술로 제작된 금형은 기계가공 등으로 가공된 기존의 금형보다 수명이 길다.
④ 금속분사금형기술(sprayed-metal tooling), 켈툴(keltool) 공정 등이 활용되고 있다.

해설

신속금형(rapid tooling) : 짧은 시간 제작함을 의미한다. 제품의 시간과 비용 감소, 제품의 정확도와 내구성은 떨어짐, 개선되지 않은 문제점을 품고 있는 금형이 된다.

17 절삭공정에 따른 절삭운동과 이송운동의 조합으로 옳지 않은 것은?

	절삭공정	절삭운동	이송운동
①	선삭공정	공작물의 회전운동	공구의 직선운동
②	평삭공정	공구의 회전운동	공작물의 직선운동
③	드릴링공정	공구의 회전운동	공구의 직선운동
④	밀링공정	공구의 회전운동	공작물의 직선운동

정답 14. ① 15. ① 16. ③ 17. ②

해설

약간 생각해 볼점 : 밀링도 평삭이 가능하지 않은가?
평삭은 세이퍼, 플레이너, 슬로터 등: 공구가 직선운동 혹은 테이블이 직선운동

18 **다음은 NC밀링 프로그램의 일부이다. 이 프로그램에 따른 가공순서로 옳은 것은?**

```
N10 G00 X112.0 Y112.0;
N20 M03 S1000;
N30 G01 X130.0 F160;
N40 G02 X115.0 Y115.0 R15.0;
N50 M09;
N60 M05;
```

① 급속이송 → 직선보간 → 주축시계방향회전
② 직선보간 → 주축정지 → 절삭유정지
③ 주축시계방향회전 → 직선보간 → 원호보간
④ 원호보간 → 직선보간 → 주축정지

해설

M03 : 정회전, S1000 : 속도 1000rpm
R 150 : 원호가공/반지름 150mm, M09 : 절삭유 off, M05 : 주측정지

19 **다음 그림의 단조공정에 사용되는 프레스 기계의 기구부에 대한 설명으로 옳지 않은 것은?**

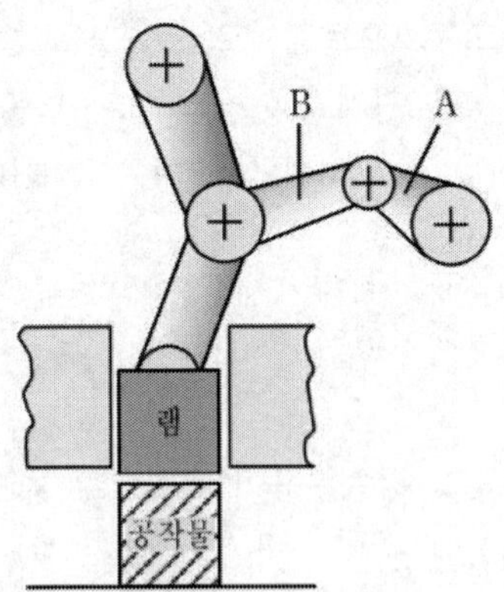

① 너클조인트 프레스 기계이다.
② 링크 A가 회전하면서 램이 직선운동을 하는 구조이다.
③ 가압행정의 마지막 단계에서 큰 힘을 얻을 수 있다.
④ 링크 A와 B가 직각을 이룰 때, 램은 상사점 또는 하사점에 있게 된다.

정답 18. ① 19. ④

해설

그림은 너클 조인트 프레스 기계. A(암)이 회전하면 B(연결대)가 따라오면서 램을 상하 운동시킨다. A와 B의 연결점이 램과 가장 먼 곳이 상사점, 가장 가까운 곳이 하사점

20 **금속합금과 그 상태도에 대한 설명으로 옳지 않은 것은?**

① 2개의 금속 성분이 용융되어 있는 상태에서는 균일한 액체를 형성하나, 응고된 후 각각의 결정으로 분리하여 2개의 성분이 일정한 비율로 혼재된 조직이 되는 것을 공정이라고 한다.

② 용융상태에서 냉각하면 일정한 온도에서 고용체가 정출되고, 이와 동시에 공존된 용액이 반응을 하여 새로운 별도의 고용체를 형성하는 것을 편정이라고 한다.

③ 두 개 이상의 금속이 혼합되어 용융상태에서 합금이 되거나, 혹은 고체상태에서도 균일한 융합상태가 되어, 각 성분을 기계적인 방법으로 구분할 수 없는 것을 고용체라고 한다.

④ 2종 이상의 화학적 친화력이 큰 금속이 간단한 원자비로 결합되어 본래의 물질과는 전혀 별개의 물질이 형성되는 것을 금속간 화합물이라고 한다.

해설

①은 2개의 금속성분 용융(액체) → (냉각) → γ고용체+시멘타이트 ← 공정반응
②도 공정반응, 편정반응은 액체A+고체 → 가열 → 액체B /반대/액체B → 냉각 → 액체A+고체

정답 20. ②

공업기계직 기계일반 (2009년 6월 시행 지방직)

9급

01 **다음 중 상온에서 소성변형을 일으킨 후에 열을 가하면 원래의 모양으로 돌아가는 성질을 가진 재료는?**

① 비정질합금 ② 내열금속
③ 초소성재료 ④ 형상기억합금

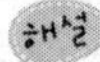

① 비정질 상태 : 정해지지 않은 상태, 물질을 구성하는 원자나 이온이 주기성 배치를 하지 않은 상태(보통 고체(약 1013P 이상의 점도를 갖는 것)로 비정질 고체를 말함
④ 형상기억합금 : 형태가 변형되어도 적당한 온도로 가열하면 다시 변형 전의 형상으로 회복하는 성질을 가진 합금

02 **순철은 상온에서 체심입방격자이지만 912℃ 이상에서는 면심입방격자로 변하는데 이와 같은 철의 변태는?**

① 자기변태 ② 동소변태
③ 변태점 ④ 공석변태

① 자기변태 : 원자배열은 그대로, 자기의 강도만 변화
② 동소변태 : 고체 내에서 원자의 배열이 변하는 현상
③ 변태점 : 금속이 온도의 상승(하강)에 의해 어떤 온도에서 결정구조 또는 자기적 성질이 변화하는 현상을 변태라고 하고, 그 변태가 일어나는 온도를 변태점이라 함

03 **연삭가공에 대한 설명 중 옳지 않은 것은?**

① 숫돌의 3대 구성요소는 연삭입자, 결합제, 기공이다.
② 마모된 숫돌면의 입자를 제거함으로써 연삭능력을 회복시키는 작업을 드레싱(dressing)이라 한다.
③ 숫돌의 형상을 원래의 형상으로 복원시키는 작업을 로딩(loading)이라 한다.
④ 연삭비는 (연삭에 의해 제거된 소재의 체적) / (숫돌의 마모체적)으로 정의된다.

해설

- 드레싱 : 마모된 숫돌면의 입자를 새롭고 날카로운 입자로 회복시키는 작업
- 트루잉 : 숫돌의 연삭면을 평행(일정한 형태)하게 성형시켜주는 작업, 드레싱을 동반
- 로딩 : 숫돌의 기공에 칩이 채워지는 현상
- 글레이징(무딤현상) : 숫돌의 결합도가 틀수로 자생작용이 부족 → 숫돌입자가 탈락하지 않고 마멸되어 무뎌지는 현상

정답 01.④ 02.② 03.③

04 **다음 중 비소모성전극 아크용접에 해당하는 것은?**

① 가스텅스텐 아크용접(GTAW) 또는 TIG 용접
② 서브머지드 아크용접(SAW)
③ 가스금속 아크용접(GMAW) 또는 MIG 용접
④ 피복금속 아크용접(SMAW)

해설

비소모성전극에는 텅스텐(W)를 사용→TIG용접이다.

05 **다음 중 기계재료가 갖추어야 할 일반적 성질과 관계가 먼 것은?**

① 힘을 전달하는 기구학적 특성
② 주조성, 용접성, 절삭성 등의 가공성
③ 적정한 가격과 구입의 용이성 등의 경제성
④ 내마멸성, 내식성, 내열성 등의 물리화학적 특성

해설

힘을 전달하는 기구학적 특성은 기계재료의 일반성질이 아니라, 사용조건이나 환경에 대한 성질이라 할 수 있다.

06 **다음 중 구름 베어링이 미끄럼 베어링보다 좋은 이유로 옳지 않은 것은?**

① 표준화된 규격제품이 많아 교환성이 좋다.
② 베어링의 너비를 작게 제작할 수 있어 기계의 소형화가 가능하다.
③ 동력 손실이 적다.
④ 큰 하중이 작용하는 기계장치에 사용되며 설치와 조립이 쉽다.

해설

미끄럼베어링이 큰 하중에 견디기 좋다. 볼베어링은 점 접촉으로 충격에 약하다.

07 **다음은 도면상에서 나사 가공을 지시한 예이다. 각 기호에 대한 설명으로 옳지 않은 것은?**

4－M8 × 1.25

① 4는 나사의 등급을 나타낸 것이다.
② M은 나사의 종류를 나타낸 것이다.
③ 8은 나사의 호칭지름을 나타낸 것이다.
④ 1.25는 나사의 피치를 나타낸 것이다.

해설

여기서 4는 나사의 구멍 개수이다.

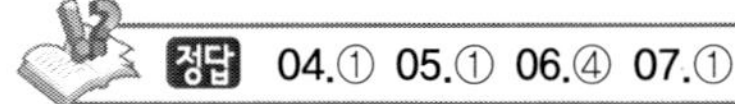
정답 04.① 05.① 06.④ 07.①

08 다음 중 축의 위험속도와 가장 관련이 깊은 것은?

① 축에 작용하는 최대 비틀림모멘트
② 축 베어링이 견딜 수 있는 최고회전속도
③ 축의 고유진동수
④ 축에 작용하는 최대 굽힘모멘트

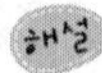

위험회전속도 $N_c = \dfrac{30}{\pi}\sqrt{\dfrac{\mathrm{k}}{\mathrm{m}}} = \dfrac{30}{\pi}\sqrt{\dfrac{\mathrm{g}}{\delta}} \fallingdotseq 300\sqrt{\dfrac{1}{\delta(\mathrm{cm})}}\,(\mathrm{rpm})$이다. 여기서 rpm은 분당회전수로 초당 회전수로 바꿀수 있다. 이것이 주파수=진동수이다. 그래서 축의 위험속도와 가장 관계 있는 것은 고유진동수이다.(공진현상 주의)

09 다음 중 구성인선이 발생되지 않도록 하는 노력으로 적절한 것은?

① 바이트의 윗면 경사각을 작게 한다.
② 윤활성이 높은 절삭제를 사용한다.
③ 절삭깊이를 크게 한다.
④ 절삭속도를 느리게 한다.

구성인선의 생성을 방지하는 방법으로는 4가지가 있다.
① 공구의 경사각을 크게 한다.
② 절삭속도를 크게 한다.
③ 절삭유를 사용한다.
④ 절삭깊이를 작게 한다.

10 지름이 d이고 길이가 L인 전동축이 있다. 비틀림모멘트에 의해 발생된 비틀림각이 α라고 할 때 이 축의 비틀림각을 $\dfrac{\alpha}{4}$로 줄이고자 한다면 축의 지름을 얼마로 변경해야 하겠는가?

① $\sqrt{2}\,d$
② $2d$
③ $\sqrt[3]{4}\,d$
④ $4d$

해설

처음에 $\theta_1 = \alpha_1 = \dfrac{T_1 l_1}{G I_{p1}} = \dfrac{T_1 l_1}{G}\dfrac{32}{\pi d_1^4}$ (식 1)

나중에 $\theta_2 = \alpha_2 = \dfrac{T_2 l_2}{G I_{p2}} = \dfrac{T_2 l_2}{G}\dfrac{32}{\pi d_2^4}$ (식 2)

$$\frac{\theta_2}{\theta_1} = \frac{\frac{\alpha}{4}}{\alpha} = \frac{1}{4} = \frac{\frac{\pi d_1^4}{32}}{\frac{\pi d_2^4}{32}} = \left(\frac{d_1}{d_2}\right)^4,\ d_2^2 = 2d_1^2,\ d_2 = \sqrt{2}\,d_1$$

정답 08.③ 09.② 10.①

11 **스프링 상수가 200[N/mm]인 접시 스프링 8개를 아래 그림과 같이 겹쳐 놓았다. 여기에 200[N]의 압축력(F)을 가한다면 스프링의 전체 압축량 [mm]은?**

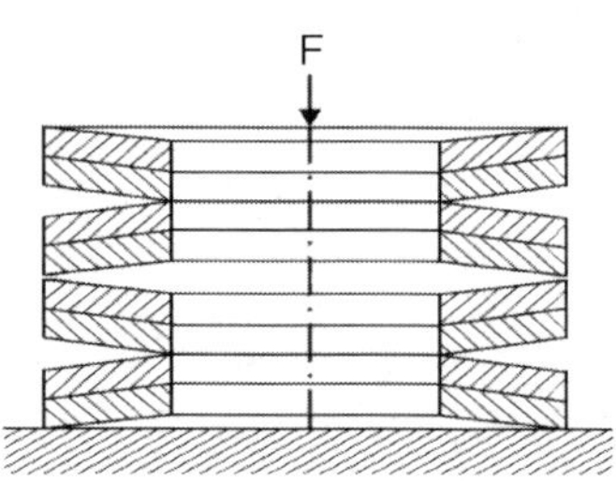

① 0.125 ② 1.0 ③ 2.0 ④ 8.0

해설

직렬 : 각의 방향이 다를 경우
병렬 : 각의 방향이 같을 경우
따라서 문제의 그림은 병렬이 2개 한 묶음이 직렬로 4개 연결,
병렬 2개 한 묶음 스프링상수$(k_p) = k_1 + k_2 = k_1 \times 2 = 200 \times 2 = 400\text{N/mm}$
병렬 2개 한 묶음 직렬 4개 스프링상수(k_s)

$$\frac{1}{k_s} = \frac{1}{k_p} + \frac{1}{k_p} + \frac{1}{k_p} + \frac{1}{k_p} = \frac{4}{k_p},\ k_s = \frac{k_p}{4} = \frac{400}{2} = 100\text{N/mm}$$

W=200N일 때 압축량$(\delta) = \frac{W}{k_s} = \frac{200\text{N}}{100\text{N/mm}} = 2\text{mm}$로 계산된다.

12 **인베스트먼트 주조(investment casting)에 대한 설명 중 옳지 않은 것은?**

① 제작공정이 단순하여 비교적 저비용의 주조법이다.
② 패턴을 내열재로 코팅한다.
③ 패턴은 왁스, 파라핀 등과 같이 열을 가하면 녹는 재료로 만든다.
④ 복잡하고 세밀한 제품을 주조할 수 있다.

해설

인베스트먼트법 : 왁스나 합성수지로 모형제작, 가열하여 모형을 녹임, 단점으로 주조하는데 비용이 비싸다.

13 **수치제어(NC : numerical control) 프로그램에 포함되지 않는 가공정보는?**

① 공구 오프셋(offset) 량 ② 절삭속도
③ 절삭 소요시간 ④ 절삭유제 공급여부

해설

수치제어(NC, numerical control)에서 절삭 소요시간은 프로그램에 포함하지 않는다. 그 이유는 공구(공작물)의 회전속도와 공구(공작물)의 이동속도에 따라서 절삭 소요시간이 결정되기 때문이다.

정답 11.③ 12.① 13.③

14 유압장치에 대한 설명 중 옳지 않은 것은?

① 유량의 조절을 통해 무단 변속 운전을 할 수 있다.
② 파스칼의 원리에 따라 작은 힘으로 큰 힘을 얻을 수 있는 장치제작이 가능하다.
③ 유압유의 온도 변화에 따라 액추에이터의 출력과 속도가 변화되기 쉽다.
④ 공압에 비해 입력에 대한 출력의 응답속도가 떨어진다.

① 유량(Q)는 단위가 m^3/s로 면적(A) × 속도(v)이다. 따라서 유량조절은 속도를 조절할 수 있다.
④ 유압은 유체가 대부분 비압축성이어서 압축성인 공기를 사용하는 공압보다 제어가 확실하고 제어속도가 빠르다.

15 원통 코일 스프링의 스프링 상수에 대한 설명으로 옳지 않은 것은?

① 코일스프링의 권선수에 반비례한다.
② 코일을 감는데 사용한 소선의 탄성계수에 비례한다.
③ 코일을 감는데 사용한 소선 지름의 네제곱에 비례한다.
④ 코일스프링 평균지름의 제곱에 반비례한다.

$k=\dfrac{W}{\delta}$ (식 1) , $\delta=R\theta$ (식 2), $\theta=\dfrac{Tl}{GI_p}=\dfrac{16D^2Wn}{Gd^4}$ (식 3)

2식에 3식을 대입하고, 다시 1식에 대입하면,

$k=\dfrac{W}{\delta}=\dfrac{W}{R\theta}=\dfrac{2W}{D\theta}=\dfrac{2W}{D\times\dfrac{16D^2Wn}{Gd^4}}=\dfrac{Gd^4}{8D^3n}$ (식 4) 으로 유도된다.

4식에서 스프링 상수는 횡탄성계수(G)와 소선의 지름(d) 네제곱에 비례하고, 코일스프링 평균지름(D) 세제곱, 권수비에 반비례한다.

16 경도측정에 사용되는 원리가 아닌 것은?

① 물체의 표면에 압입자를 충돌시킨 후 압입자가 반동되는 높이 측정
② 일정한 각도로 들어 올린 진자를 자유낙하시켜 물체와 충돌시킨 뒤 충돌전후 진자의 위치에너지 차이 측정
③ 일정한 하중으로 물체의 표면을 압입한 후 발생된 압입자국의 크기 측정
④ 물체를 표준 시편으로 긁어서 어느 쪽에 긁힌 흔적이 발생하는지를 관찰

해설

①처럼 반동높이로 경도측정은 쇼어경도, ②와 같이 압입자국의 크기 즉, 압입자국의 넓이 측정은 브리넬경도, 압입자국의 깊이는 록웰경도, ④와 같이 사각뿔로 시편에 일정한 힘을 가해 생긴 자국의 넓이로 측정하면 비커스 경도

정답 14.④ 15.④ 16.②

17 탄성체의 고유진동수를 높이고자 한다면 다음 중 어떤 변수를 낮추어야 하는가?

① 외력 ② 질량
③ 강성 ④ 운동량

해설

위험각속도 $\omega = \sqrt{\frac{k}{m}}$ (식 1)에서 진동수는 코일의 스프링상수에 비례한다고 할 수 있다.

$k = \frac{W}{\delta}$ (식 2)에서 스프링상수(k)는 처짐에 반비례, 대신에 무게에 비례한다.

무게(W)는 질량 × 중력가속도이므로, 무게와 질량은 비례한다.
즉, 질량을 크게 하면 무게가 증가하고, 무게 증가는 스프링상수를 증가시켜 진동수를 크게 한다.

18 원심펌프에 대한 설명으로 옳지 않은 것은?

① 비속도를 성능이나 적합한 회전수를 결정하는 지표로 사용할 수 있다.
② 펌프의 회전수를 높임으로서 캐비테이션을 방지할 수 있다.
③ 송출량 및 압력이 주기적으로 변화하는 현상을 서징현상이라 한다.
④ 평형공(balance hole)을 이용하여 축추력을 방지할 수 있다.

해설

② 캐비테이션(공동) 현상 : 속도가 빠를 경우 진공 및 공기방울이 생기는 경우로 부품에 충격을 줌
③ 송출량 및 압력이 주기적으로 변하는 현상을 서징 또는 맥동이라 한다.

19 다이캐스팅(die casting)에 대한 설명으로 옳지 않은 것은?

① 주물조직이 치밀하며 강도가 크다.
② 일반 주물에 비해 치수가 정밀하지만, 장치비용이 비싼 편이다.
③ 소량생산에 적합하다.
④ 기계용량의 표시는 가압유지 체결력과 관계가 있다.

해설

다이캐스팅 : 정밀한 금속주형에 고압, 고속으로 용탕을 주입, 응고, 압력유지 등으로 주물 생산, 정밀도가 높고 대량, 고속 생산이 가능, 금형제작이 비싸 소량생산에 부적합

20 산소-아세틸렌 용접법(OFW)의 설명으로 옳지 않은 것은?

① 화염크기를 쉽게 조절할 수 있다.
② 산화염, 환원염, 중성염 등의 다양한 종류의 화염을 얻을 수 있다.
③ 일반적으로 열원의 온도가 아크 용접에 비하여 높다.
④ 열원의 집중도가 낮아 열변형이 큰 편이다.

해설

산소-아세틸렌 용접에서 불꽃 중심의 최고 온도는 3500℃ 정도, 전기아크용접의 열원 온도는 5000~6000℃로 매우 높다.

정답 17.② 18.② 19.③ 20.③

공업기계직 기계일반 (2010년 6월 시행 지방직)

01 절삭공구의 피복(coating) 재료로 적절하지 않은 것은?

① 텅스텐탄화물(WC) ② 티타늄탄화물(TiC)
③ 티타늄질화물(TiN) ④ 알루미늄산화물(Al2O3)

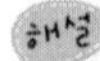

절삭공구의 피복(코팅) 재료로는 ②티타늄탄화물 ③티타늄질화물 ④알루미늄산화물이 사용되며, 초기 CVD코팅 초경합금으로 티타늄탄화물이 사용되었고, 이후에 티타늄질화물, 알루미늄산화물이 사용됨, ①탄화텅스텐(WC) : 미세한 입방 결정으로 다이아몬드에 가까운 경도, 초경공구재로 사용

02 연성 파괴에 대한 설명으로 옳지 않은 것은?

① 진전하는 균열 주위에 상당한 소성 변형이 일어난다.
② 취성 파괴보다 적은 변형률 에너지가 필요하다.
③ 파괴가 일어나기 전에 어느 정도의 네킹 현상이 나타난다.
④ 균열은 대체적으로 천천히 진전한다.

연성의 경우 변형률이 크므로, 변형에너지$(U)=\frac{1}{2}W\delta$의 식과 같이 처짐량(변형량)이 크면 에너지가 더 커짐을 알 수 있다. 네킹(necking)은 목과 같이 좁아지는 점이 있다고 말한다.

03 재료시험 항목과 시험방법의 관계로 옳지 않은 것은?

① 충격시험 : 샤르피(Charpy)시험 ② 크리프시험 : 표면거칠기시험
③ 연성파괴시험 : 인장시험 ④ 경도시험 : 로크웰경도시험

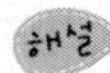

크리프시험이란 고온에서 하중을 가하여 기계적 특성을 측정하는 시험으로 온도에 따른 변화를 시험한다.

04 탄소가 흑연 박편의 형태로 석출되며 내마모성이 우수하고 압축강도가 좋으며 엔진 블록, 브레이크 드럼 등에 사용되는 재료는?

① 회주철(gray iron) ② 백주철(white iron)
③ 가단주철(malleable iron) ④ 연철(ductile iron)

해설

- 회주철 : 탄소가 흑연박편 형태로 석출, 내마모성이 우수, 압축강도가 좋아 엔진블록, 브레이크 드럼에 사용, 기호로는 GC를 사용
- 가단주철 : 백주철을 가열하여 탈탄, 흑연화 → 연성주철을 만듦, 시간과 비용이 많이 듦

정답 01.① 02.② 03.② 04.①

05 스플라인 키의 특징인 것은?

① 축에 원주방향으로 같은 간격으로 여러 개의 키 홈을 깎아 낸 것이다.
② 큰 토크를 전달하지 않는다.
③ 키 홈으로 인하여 축의 강도가 저하된다.
④ 키와 축의 접촉면에서 발생하는 마찰력으로 회전력을 발생시킨다.

해설

스플라인은 큰 회전력을 전달할 수 있을 뿐만 아니라 축방향(길이방향)의 길이변화에 대처할 수 있다.

06 사각나사의 나선각이 λ, 나사면의 마찰계수 μ에 따른 마찰각이 $\rho(\mu=\tan\rho)$인 사각나사가 외부 힘의 작용 없이 스스로 풀리지 않고 체결되어 있을 자립 조건은?

① $\rho \geq \lambda$
② $\rho \leq \lambda$
③ $\rho < \lambda$
④ ρ 및 λ와 상관없음

해설

마찰각이 나선각보다 같거나 커야만 스스로 정지(자립)할 수 있다. 만일 나선각이 마찰각보다 크면 스스로 풀린다.

07 다음 중 유성기어장치에 대한 설명으로 옳은 것은? (단, 내접기어 잇수는 ZI, 태양기어 잇수는 ZS 이며 ZI > ZS이다.)

① 태양기어를 고정하고 캐리어를 구동할 경우 내접기어는 감속한다.
② 캐리어를 고정하고 내접기어를 구동할 경우 태양기어는 역전 증속한다.
③ 내접기어를 고정하고 태양기어를 구동할 경우 캐리어는 증속한다.
④ 태양기어를 고정하고 내접기어를 구동할 경우 캐리어는 역전 감속한다.

해설

유성기어장치의 3요소는 링기어, 선기어, 유성캐리어이다.
- 유성캐리어를 구동하고, 링기어/선기어 중에 하나를 고정하고 다른 하나로 출력하면 감속이 된다.
- 유성캐리어를 고정하고, 링기어/선기어 중에 하나를 구동하고 다른 하나로 출력하면 역전이 된다.
- 유성캐리어로 출력하고, 링기어/선기어 중에 하나를 고정하고 다른 하나로 구동하면 증속이 된다.

08 다음 중 플라스틱의 성형과 관계없는 가공 공정은?

① 압출성형
② 사출성형
③ 인발성형
④ 압축성형

해설

인발의 경우 잡아당겨서 제작하는 방법이다. 플라스틱의 경우 늘어나는 성질이 있어 당겨지지 않을 수 있다.

정답 05.① 06.① 07.② 08.③

09

굽힘 모멘트 M과 비틀림 모멘트 T를 동시에 받는 축에서 최대주응력설에 적용할 상당 굽힘 모멘트 M_e은?

① $M_e = \frac{1}{2}(M + \sqrt{M^2 + T^2})$　　② $M_e = \sqrt{M^2 + T^2}$

③ $M_e = (M + \sqrt{M^2 + T^2})$　　④ $M_e = \frac{1}{2}(M + T)$

해설

여기서 조심해야 할 것은 상당비틀림모멘트(T_e) $= \sqrt{M^2 + T^2}$ 로 구한다. 즉 1/2가 없음을 꼭 알아야 한다.

10

두께가 6mm이고 안지름이 180mm인 원통형 압력용기가 14kgf/cm^{2}의 내압을 받는 경우, 이 압력용기의 원주 방향 및 축 방향 인장응력[kgf/cm^2]은?

	원주 방향	축 방향
①	210	420
②	420	840
③	210	105
④	420	210

원주방향 인장응력(σ_r) $= \frac{PD}{2t}$ (식 1), 축방향 인장응력(σ_t) $= \frac{PD}{4t}$ (식 2)을 적용하자.

$$\sigma_r = \frac{PD}{2t} = \frac{14(\mathrm{kgf/cm^2}) \times 18\mathrm{cm}}{2 \times 0.6\mathrm{cm}} = 210\mathrm{kgf/cm^2}$$

축방량의 인장응력은 여기에 반이므로 105이다.

11

항복 인장응력이 Y인 금속을 소성영역까지 인장시켰다가 하중을 제거하고 다시 압축을 하면 압축 항복응력이 인장 항복응력 Y보다 작아지는 현상이 있다. 이러한 현상과 관련이 없는 것은?

① 변형률 연화　　② 스프링 백

③ 가공 연화　　④ 바우싱어(Bauschinger) 효과

해설

스프링백은 소성변형 힘을 가했다 빼면 약간 다시돌아오는 성질을 말한다. 예를 들어 90도로 판재를 꺾었을 시 힘을 제거하는 85도 정도 꺾인다. 즉 스프링백에 의해 5도가 복귀됨.
바우싱어 효과란 위 문제에서 말하는 현상을 말한다.

정답 09.① 10.③ 11.②

12 원심주조와 다이캐스트법에 대한 설명으로 옳지 않은 것은?

① 원심주조법은 고속회전하는 사형 또는 금형주형에 쇳물을 주입하여 주물을 만든다.
② 원심주조법은 주로 주철관, 주강관, 실린더 라이너, 포신 등을 만든다.
③ 다이캐스트법은 용융금속을 강한 압력으로 금형에 주입하고 가압하여 주물을 얻는다.
④ 다이캐스트법은 주로 철금속 주조에 사용된다.

해설

다이캐스팅은 철금속 뿐만이 아니라 플라스틱 제품 제작에도 많이 사용된다.

13 다음 중 잔류응력에 대한 설명으로 옳은 것으로만 묶인 것은?

ㄱ. 표면에 남아 있는 인장잔류응력은 피로수명과 파괴강도를 향상시킨다.
ㄴ. 표면에 남아 있는 압축잔류응력은 응력부식균열을 발생시킬 수 있다.
ㄷ. 표면에 남아 있는 인장잔류응력은 피로수명과 파괴강도를 저하시킨다.
ㄹ. 잔류응력은 물체 내의 온도구배(temperature gradient)에 의해 생길 수 있다.
ㅁ. 풀림처리(annealing)를 하거나 소성변형을 추가시키는 방법을 통하여 잔류응력을 제거하거나 감소시킬 수 있다.
ㅂ. 실온에서도 충분한 시간을 두고 방치하면 잔류응력을 줄일 수 있다.

① ㄱ, ㄴ, ㅁ, ㅂ　　② ㄴ, ㄷ, ㄹ, ㅁ
③ ㄷ, ㄹ, ㅁ, ㅂ　　④ ㄱ, ㄴ, ㄷ, ㄹ

인장잔류응력은 피로수명과 파괴강도를 저하시킨다. 또한 부식과는 관계가 없다. 부식은 녹슴을 말한다. 부식은 화학작용이다.

14 열처리에 대한 설명으로 옳지 않은 것은?

① 완전 풀림처리(Full annealing)에서 얻어진 조직은 조대 펄라이트(Pearlite)이다.
② 노말라이징(Normalizing)은 강의 풀림처리에서 일어날 수 있는 과도한 연화를 피할 수 있도록 공기중에서 냉각하는 것을 의미한다.
③ 오스템퍼링(Austempering)은 오스테나이트(Austenite)에서 베이나이트(Bainite)로 완전히 등온변태가 일어날 때까지 특정 온도로 유지한 후 공기중에서 냉각한다.
④ 스페로다이징(Spherodizing)은 미세한 펄라이트 구조를 얻기 위해 공석온도 이상으로 가열한 후 서냉하는 공정이다.

해설

스페로다이징 어닐링(구상화 풀림)은 풀림의 한 종류이다. 풀림(Annealing)에는 3가지의 종류가 있다. 완전풀림(연화를 목적), 응력제거풀림(내부응력제거), 구상화풀림(기계적성질 개선). 여기서 구상화란 둥글게 만든다는 뜻. Fe_3C를 구상화하면, 담금질 효과를 균일화, 경도/강인성을 증가, 기계가공성을 증대할 수 있다.

15 열간가공과 냉간가공에 대한 설명으로 옳은 것은?

① 열간가공은 냉간가공에 비해 표면 거칠기가 향상된다.
② 열간가공은 냉간가공에 비해 정밀한 허용치수 오차를 갖는다.
③ 일반적으로 열간가공된 제품은 냉간가공된 같은 제품에 비해 균일성이 적다.
④ 열간가공은 냉간가공에 비해 가공이 용이하지 않다.

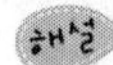

열간가공는 재결정온도 이상 가열 후 가공하므로, 가공이 용이한 면이 있으나 냉각하여 상온에서는 치수, 거칠기, 균일성에서 좋지 않을 수 있다. 열간가공은 재결정온도 이하에서 가공하므로, 다소 힘을 들지라도(가공이 용이하지 않을지라도) 거칠기, 치수, 균일성에서 좋다.

16 증기원동기의 증기동력 사이클과 가장 가까운 사이클은?

① 오토 사이클
② 디젤 사이클
③ 브레이톤 사이클
④ 랭킨 사이클

① 오토사이클 : 정적사이클, 가솔린기관에 적용, 2개의 정적과정과 2개의 단열과정
② 디젤사이클 : 정압시이클, 디젤기관에 적용, 1개의 정압과정, 1개의 정적과정, 2개의 단열과정
③ 브레이톤사이클 : 가스터빈기관에 적용, 2개의 정압과정, 2개의 단열과정
④ 랭킨사이클 : 증기원동기(증기터빈 기관)에 적용, 2개의 정압과정, 2개의 단열과정(브레이톤 사이클과 같음)

17 유압펌프의 특성에 대한 설명으로 옳지 않은 것은?

① 기어펌프는 구조가 간단하고 신뢰도가 높으며 운전보수가 비교적 용이할 뿐만 아니라 가변토출형으로 제작이 가능하다는 장점이 있다.
② 베인펌프의 경우에는 깃이 마멸되어도 펌프의 토출은 충분히 행해질 수 있다는 것이 장점이다.
③ 피스톤 펌프는 다른 펌프와 비교해서 상당히 높은 압력에 견딜 수 있고, 효율이 높다는 장점이 있다.
④ 일반적으로 용적형 펌프(Positive displacement pump)는 정량토출을 목적으로 사용하고, 비용적형 펌프(Non-positive displacement pump)는 저압에서 대량의 유체를 수송하는 데 사용된다.

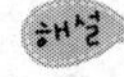

가변토출이란 퍼는량(토출량)을 조절할 수 있다는 말이다. 기어펌프의 경우 제품생산 시 기어이의 크기가 정해지므로 토출량이 정해지며 조절이 불가능하다. 가변토출은 왕복형펌프(피스톤펌프, 플러저펌프)의 장치를 조절하면 가능해진다.

정답 15.③ 16.④ 17.①

18 **4사이클 기관과 2사이클 기관을 비교할 때 2사이클 기관의 장점이 아닌 것은?**

① 2사이클 기관은 4사이클 기관에 비하여 소형 경량으로 할 수 있다.
② 2사이클 기관은 구조가 간단하여 저가로 제작할 수 있다.
③ 이론적으로는 4사이클 기관의 2배의 출력을 얻게 된다.
④ 2사이클 기관은 4사이클 기관에 비하여 연료소비가 적다.

해설

2행정사이클은 1회전시 1번 폭발한다. 즉 1회전시 마다 연료를 공급받으므로 연료소비가 많아 열효율이 떨어지며, 출력은 크고(회전력변동이 적음) 간단하다.

19 **그림과 같은 수평면에 놓인 50kg무게의 상자에 힘 P=400N으로 5초 동안 잡아당긴 후 운동하게 되는 상자의 속도[m/sec]와 가장 가까운 값은?(단, 상자와 바닥면간의 마찰계수는 0.3이다.)**

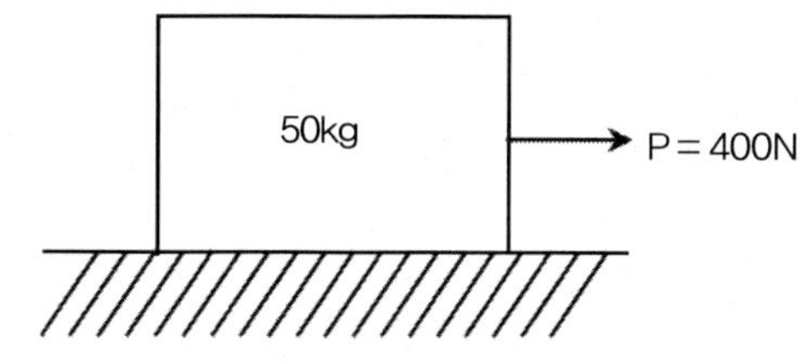

① 10　　② 25　　③ 40　　④ 50

해설

50kgf을 N으로 표시하면, $50kgf \times 9.8 = 약 500N$
마찰력(운동의 반대방향)=마찰계수×무게=0.3×500N=150N
실제움직이는 힘=400−150=250N이다.
운동량보존의 법칙 $mv = Ft$, $50\text{kg} \times v(\text{m/s}) = 250\text{N} \times \text{t}$,

$$50\text{kg} \times v(\text{m/s}) = 250(\text{kgm/s}^2) \times 5\text{s},\ v = \frac{250 \times 5}{50} = 25\text{m/s}$$

20 **높은 경도의 금형 가공에 많이 적용되는 방법으로 전극의 형상을 절연성 있는 가공액 중에서 금형에 전사하여 원하는 치수와 형상을 얻는 가공법은?**

① 전자빔가공법　　② 플라즈마 아크 가공법
③ 방전가공법　　④ 초음파가공법

해설

전사(全射)란 일대일 대응 혹은 다수대 일대응과 같이 적어도 하나와 대응(연결)된다는 말이다. 방전가공은 전극으로 동/황동의 와이어를 사용, 가공액은 절연(부도체), 금형을 접지로 함

정답 18.④ 19.② 20.③

공업기계직 기계일반 (2011년 6월 시행 지방직) 9급

01 **자기변태에 대한 설명으로 옳지 않은 것은?**

① 자기변태가 일어나는 점을 자기변태점이라 하며, 이 변태가 일어나는 온도를 큐리점(curie point)이라고 한다.
② 자기변태점에서 원자배열이 변화함으로써 자기강도가 변화한다.
③ 철, 니켈, 코발트 등의 강자성 금속을 가열하여 자기변태점에 이르면 상자성 금속이 된다.
④ 순철의 자기변태점은 768℃이다.

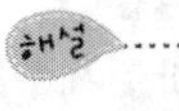

②의 원자배열이 변화하는 것을 동소변태, 원자배열은 변하지 않고 자기의 강도만 변하는 현상을 자기변태라 한다.

02 **양쪽 끝 모두 수나사로 되어있고, 관통하는 구멍을 뚫을 수 없는 경우에 사용하며, 한쪽 끝은 상대 쪽에 암나사를 만들어 미리 반영구적으로 박음을 하고 다른 쪽 끝에는 너트를 끼워 조이는 볼트는?**

① 관통볼트　　② 탭 볼트
③ 스터드 볼트　　④ 양 너트 볼트

보기 ④는 없다. 탭볼트는 한쪽을 탭(암나사 만드는 공구)으로 해서 암나사 내고 볼트로 바로 체결, 관통볼트는 보통볼트로 관통 후 너트로 체결

03 **플라스틱 성형법 중에서 음료수병과 같이 좁은 입구를 가지는 용기의 제작에 가장 적합한 것은?**

① 압축성형　　② 사출성형
③ 블로우성형　　④ 열성형

③ 블로우(blow) 성형 : 입이나 기체 주입기로 불어서 성형

04 **자동차에서, 직교하는 사각구조의 차동 기어 열(differential gear train)에 사용되는 기어는?**

① 평기어　　② 베벨기어
③ 헬리컬기어　　④ 웜기어

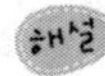

직교하는 기어열이므로, 베벨기어를 사용하여야 하며, 특히 두축이 90도로 만날 경우에 사용하는 베벨기어인 마이터기어를 사용한다.

정답 01.② 02.③ 03.③ 04.②

05 CNC 공작기계의 프로그램에서 G 코드가 의미하는 것은?

① 순서번호 ② 준비기능
③ 보조기능 ④ 좌표값

해설

① 순서번호 : 따로 없음, 프로그램 순서대로 읽음
② 준비기능 : G
③ 보조기능 : M, T : 공구
④ 좌표값 : X, Y 표기

06 두 가지 성분의 금속이 용융되어 있는 상태에서는 하나의 액체로 존재하나, 응고 시 일정한 온도에서 액체로부터 두 종류의 금속이 일정한 비율로 동시에 정출되어 나오는 반응은?

① 공정반응 ② 포정반응
③ 편정반응 ④ 포석반응

해설

① 공정 : 2개의 금속이 기계적으로 혼합된 조직이 나타남(1148℃)
② 포정 : δ고용체와 반응하여 γ고용체 형성(1495℃)(하나의 고상과 액상이 반응하여 또다른 고상을 만듦, δ고용체가 γ고용체에 둘러쌓인다고 해서 포정)
③ 편정 : 공액 용체의 한 쪽이 결정을 정출하여 다른 쪽의 용체로 변하는 반응(Fe-C선도에 없음)
④ 공석 : 고체상태에서 일정한 온도에 이르면 2가지의 고용체로 석출(727℃, A1변태점)

07 나사에 대한 설명으로 옳은 것은?

① 나사의 지름은 수나사에서는 대문자로, 암나사에서는 소문자로 표기한다.
② 피치는 나사가 1회전할 때 축 방향으로 이동하는 거리이다.
③ 피치가 같으면 한 줄 나사와 다중 나사의 리드(lead)는 같다.
④ 나사의 크기를 나타내는 호칭은 수나사의 바깥지름으로 표기한다.

해설

나사의 지름에서 축(수나사)은 소문자, 암나사(구멍)은 대문자로 표기한다. 1회전시 축 방향 이동거리는 리드, 피치와 리드는 한줄나사의 경우 같다.

08 M-D-100-L-75-B로 표시된 연삭숫돌에서 L이 의미하는 것은?

① 결합도 ② 연삭입자의 종류
③ 결합제의 종류 ④ 입도지수

해설

MD100L75B → MD : 연삭숫돌재료, 100 : 입도(클수록 미세), L : 결합도(클수록 단단), 75:조직(밀, 중, 조), B : 점결제(결합제) 종류

정답 05.② 06.① 07.④ 08.①

09 다음 합금 중에서 열에 의한 팽창계수가 작아 측정기 재료로 가장 적합한 것은?

① Ni-Fe
② Cu-Zn
③ Al-Mg
④ Pb-Sn-Sb

① 니켈(Ni) 합금 : 강도, 경도, 내마멸성, 내식성 좋아 스핀들, 기어, 체인 등에 사용
② 구리(Cu) + 아연(Zn) : 황동, → 톰백, 문쯔메탈(6:4)
③ 알루미늄합금 : 두랄루민(Al-Cu-Mg-Mn) → 항공기, 자동차, Y합금(Al-Cu-Mg-Ni) → 피스톤
④ 납(Pb)-주석(Sn)-안티몬(Sb) → 베빗메탈에 가까움
캘밋합금 : 구리+ 납, 베빗메탈 : 구리+주석+안티몬(=화이트메탈)

10 비파괴검사에 일반적으로 이용되는 것과 가장 거리가 먼 것은?

① 초음파
② 자성
③ 방사선
④ 광탄성

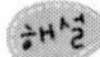

① 초음파 : 열 감지(분포) ② 자성 : 자기력 분포 ③ 방사선 : X선, γ선
④ 광탄성 : 탄성체가 외력에 의해서 변형하여 복굴절을 일으키는 현상

11 판재의 굽힘가공에서 최소굽힘반지름에 대한 설명으로 옳지 않은 것은?

① 인장단면감소율이 0%에 가까워질수록 $\dfrac{\text{굽힘반지름}}{\text{판재두께}}$의 비율도 0에 접근하게 되고 재료는 완전 굽힘이 된다.
② $\dfrac{\text{굽힘반지름}}{\text{판재두께}}$의 비율이 작은 경우, 폭이 좁은 판재는 측면에 균열이 발생할 수 있다.
③ 최소굽힘반지름은 T의 배수로 표기되는데, 2T라고 하면 균열이 발생하지 않고 판재를 굽힐 수 있는 최소굽힘반지름이 판재 두께의 2배라는 것을 의미한다.
④ 굽힘의 바깥 면에 균열이 발생하기 시작하는 한계굽힘반지름을 최소굽힘반지름이라고 한다.

해설

인장단면 감소율($\dfrac{\text{면적변화량}}{\text{원래면적}} \times 100$)이 0%라는 말은 단면이 줄지 않는다는 뜻, $\dfrac{\text{굽힘반지름}}{\text{판재두께}}$의 비율도 0에 가까워짐 →재료가 거의 굽혀지지 않았다는 말과 상통, T는 두께를 뜻함

정답 09.① 10.④ 11.①

12 소성가공법에 대한 설명으로 옳은 것은?

① 냉간가공은 재결정온도 이상에서 가공한다.
② 가공경화는 소성가공 중 재료가 약해지는 현상이다.
③ 압연시 압하율이 크면 롤 간격에서의 접촉호가 길어지므로 최고 압력이 감소한다.
④ 노칭(notching)은 전단가공의 한 종류이다.

해설

① 냉간가공은 재결정온도 이하에서 가공
② 가공경화는 소성가공중 재료가 단단
③ 압하율($\frac{H_o - H_1}{H_o} \times 100$)이 크면, 많이 누런 것이므로 최고압력이 상승
④ 노칭(notching) : 소재의 가장자리로부터 원하는 형상을 절단하는 것으로 전단선 윤곽이 폐곡선을 이루지 않음(삼각 혹은 사각 등 각이 짐)

13 선형 탄성재료로 된 균일 단면봉이 인장하중을 받고 있다. 선형 탄성범위 내에서 인장하중을 증가시켜 신장량을 2배로 늘리면 변형에너지는 몇 배가 되는가?

① 2
② 4
③ 8
④ 16

해설

에너지 $(U) = \frac{1}{2} W$(가한힘)$\times \delta$(변형량) (식 1)으로, 가한 힘이 변하면 변형량이 바뀐다. 즉, 변형량은 가한힘과의 관계를 가진다.

스프링상수$(k) = \frac{W}{\delta}$의 관계에서 $W = k \times \delta$ (식 2)

2식을 1식에 대입하면

$(U) = \frac{1}{2} W$(가한힘)$\times \delta$(변형량)$= \frac{1}{2} k\delta^2$으로 변형량이 2배가 되면 에너지는 4배가 된다.

14 테르밋 용접에 대한 설명으로 옳지 않은 것은?

① 금속 산화물이 알루미늄에 의하여 산소를 빼앗기는 반응을 이용한 용접이다.
② 레일의 접합, 차축, 선박의 선미 프레임 등 비교적 큰 단면을 가진 주조나 단조품의 맞대기 용접과 보수 용접에 사용된다.
③ 설비가 간단하여 설치비가 적게 들지만 용접변형이 크고 용접시간이 많이 걸린다.
④ 알루미늄 분말과 산화철 분말의 혼합반응으로 발생하는 열로 접합하는 용접법이다.

해설

테르밋용접은 산화절과 알루미늄 분말을 3:1의 비율로 혼합한 후 점화하면 화학반응이 전개되어 발생하는 고온(3000℃)을 이용하여 용접, 즉, 고온을 얻기 위한 설비장치가 복잡하고 비용이 많이 든다.

정답 12.④ 13.② 14.③

15 유압장치의 구성요소에 대한 설명으로 옳지 않은 것은?

① 유압 펌프는 전기적 에너지를 유압 에너지로 변환시킨다.
② 유압 실린더는 유압 에너지를 기계적 에너지로 변환시킨다.
③ 유압 모터는 유압 에너지를 기계적 에너지로 변환시킨다.
④ 축압기는 유압 에너지의 보조원으로 사용할 수 있다.

유압펌프는 작동유를 펌핑해서 압력을 생성시켜 작동부로 공급하는 장치이다. 전기나 물로 터빈을 돌리면, 이 터빈의 회전운동(기계에너지)에 의해 유압(에너지)이 형성된다. 반대로 유압모터는 공급되는 유압(에너지)에 의해 터빈이 회전하여 운동하게 된다.

16 가스 터빈에 대한 설명으로 옳지 않은 것은?

① 단위시간당 동작유체의 유량이 많다.
② 기관중량당 출력이 크다.
③ 연소가 연속적으로 이루어진다.
④ 불완전 연소에 의해서 유해성분의 배출이 많다.

브레이톤 사이클은 가스터빈의 기본사이클이다. 가스터빈은 연소가 연속적으로 이루어져 배출가스의 유해성분이 적다. 또한 단위시간당 동작유체의 흐름량이 많아서 중량당 출력이 크다.

17 용접에서 열영향부(heat affected zone)에 대한 설명으로 가장 적절한 것은?

① 융합부로부터 멀어져서 아무런 야금학적 변화가 발생하지 않은 부분
② 용융점 이하의 온도이지만 금속의 미세조직 변화가 일어난 부분
③ 높은 온도로 인하여 경계가 뚜렷하며 화학적 조성이 모재 금속과 다른 조직이 생성된 부분
④ 용가재 금속과 모재 금속이 액체 상태로 융해되었다가 응고된 부분

용접에서 열영향부란 용융점 이하의 온도이지만 금속의 미세조직 변화가 일어나는 부분

18 주철에 함유된 원소 중 인(P)의 영향으로 옳은 것은?

① 스테다이트(steadite)를 형성하여 주철의 경도를 낮춘다.
② 공정온도와 공석온도를 상승시킨다.
③ 주철의 융점을 낮추어 유동성을 양호하게 한다.
④ 1wt% 이상 사용할 때 경도는 상승하지만 인성은 감소한다.

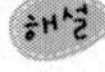

인(P)는 경도와 강도를 증가시키나 메짐(청열취성)과 균열의 원인이 된다. 그러나 주철에서는 인의 경우 주철의 융점을 낮추어 유동성을 양호하게 한다.

정답 15.① 16.④ 17.② 18.③

19 **변형이 일어나지 않는 튼튼한 벽 사이에 길이 L은 50mm이고 지름 d는 20mm인 강철봉이 고정되어 있다. 온도를 10℃에서 60℃로 가열하는 경우 봉에 발생하는 열응력[MPa]은?(단, 선팽창계수는 12 × 10⁻⁶/℃, 봉 재료의 항복응력은 500MPa이고 탄성 계수 E는 200 GPa이다.)**

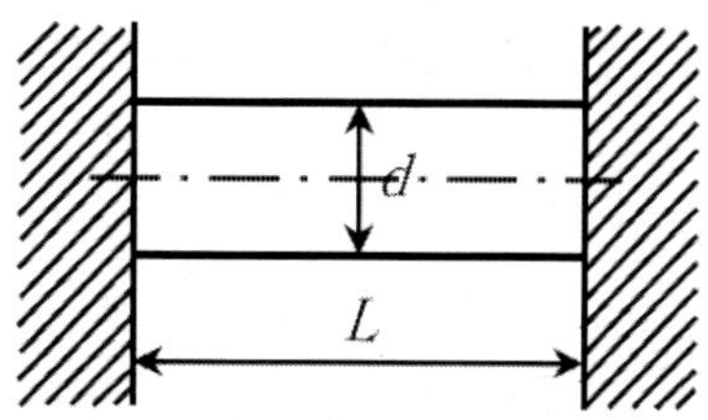

① −60　　② −120　　③ −240　　④ −480

해설

$\sigma = E \times \epsilon = E \times \alpha \times (T_2 - T_1)$
$= 200 \times 10^9 (\mathrm{N/m^2}) \times 12 \times 10^{-6}/℃ \times (60-10)℃$
$= 120\mathrm{M}(\mathrm{N/m^2})$

여기서 압축으로 부호는 (−)이다. 즉 재료내부에서 인장이 생기게 되는데 벽이 막고 있으므로, 압축이 된다.

20 **취성 재료의 분리 파손과 가장 잘 일치하는 이론은?**

① 최대 주응력설　　② 최대 전단응력설
③ 총 변형 에너지설　　④ 전단 변형 에너지설

해설

취성재료의 분리파손과 가장 일치하는 이론 : 최대주응력설

① 최대 주응력설(Maximum normal stress theory) : 최대 인장(압축)응력의 크기가 인장(압축)항복강도(한 방향의 단순 인장시험에서 항복이 시작되는 응력)보다 클 경우, 재료의 파손이 일어난다는 이론, 즉, 인장(압축)응력에 의하여 재료가 파손된다는 이론으로 취성재료의 분리파손과 일치, 2차원에서 주응력 $\sigma_{(principal)} = \dfrac{\sigma_x + \sigma_y}{2} \pm \sqrt{(\dfrac{\sigma_x - \sigma_y}{2})^2 + \tau_{xy}^2}$ 임

② 최대 전단응력설(Maximum shear stress theory) : 최대전단응력이 그 재료의 항복전단응력에 도달하여 재료의 파손이 일어난다는 이론, 전단응력에 의하여 재료가 파손된다는 이론으로 연성재료의 미끄럼파손과 일치, $\tau_{\max} = \dfrac{\sigma_1 - \sigma_2}{2} = \sqrt{(\dfrac{\sigma_x - \sigma_y}{2})^2 + \tau_{xy}^2}$ (만일 $\sigma_2 = \sigma_3 = 0$(1차원)일 경우 $\tau_{\max} = \dfrac{\sigma_1}{2}$가 된다.)

④ 전단 변형에너지설(distortion-energy theory) : 변형에너지는 전단변형에너지와 체적변형에너지로 구성되는데, 전단변형에너지가 인장 시 항복점에서의 변형에너지에 도달하였을 때 파손된다는 이론. 연성재료의 파손예견에 사용. 최대전단응력설보다 실험결과와 더 잘 일치,

총 변형에너지 $(U) = \dfrac{1}{2E}\left\{\sigma^2_1 + \sigma^2_2 + \sigma^3_3 - 2v(\sigma_1\sigma_2 + \sigma_2\sigma_3 + \sigma_3\sigma_1)\right\}$

정답 19.② 20.①

공업기계직 기계일반 (2012년 6월 시행 지방직)

01 **펄라이트(pearlite) 상태의 강을 오스테나이트(austenite) 상태까지 가열하여 급랭할 경우 발생하는 조직은?**

① 시멘타이트(cementite) ② 마르텐사이트(martensite)
③ 펄라이트(pearlite) ④ 베이나이트(bainite)

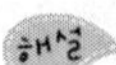

마르텐사이트 : 담금질에서 생기는 조직(오스테나이트에서 급냉시 생김)
마르텐사이이트에서 가열 후 서냉하면 조직은 → 트루스타이트 → 솔바이트 → 펄라이트로 조직이 변화

02 **강(steel)의 재결정에 대한 설명으로 옳지 않은 것은?**

① 냉간가공도가 클수록 재결정 온도는 높아진다.
② 냉간가공도가 클수록 재결정 입자크기는 작아진다.
③ 재결정은 확산과 관계되어 시간의 함수가 된다.
④ 선택적 방향성은 재결정 후에도 유지된다.

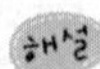

냉간가공도가 클수록 재결정온도는 낮아지고, 입자크기는 작아진다.(조밀) 재결정은 1시간에 95%가 이룩되어야 말할 수 있다.

03 **서로 맞물려 돌아가는 기어 A와 B의 피치원의 지름이 각각 100mm, 50mm이다. 이에 대한 설명으로 옳지 않은 것은?**

① 기어 B의 전달 동력은 기어 A에 가해지는 동력의 2배가 된다.
② 기어 B의 회전각속도는 기어 A의 회전각속도의 2배이다.
③ 기어 A와 B의 모듈은 같다.
④ 기어 B의 잇수는 기어 A의 잇수의 절반이다.

해설

A와 B의 전달동력은 맞물려 있으니까 동일, $D_A = 100\text{mm}$, $D_B = 50\text{mm}$ 라면

$i = \frac{w_B}{w_A} = \frac{D_A}{D_B} = \frac{Z_A}{Z_B}$ 에서 $i = \frac{w_B}{w_A} = \frac{100}{50} = 2$ → B가 A의 2배

모듈은 동일, $i = 2 = \frac{D_A}{D_B} = \frac{Z_A}{Z_B}$ → A가 B의 2배

정답 01.② 02.① 03.①

04 전위기어(profile shifted gear)를 사용하는 목적이 아닌 것은?

① 최소잇수 증가 ② 이의 강도 증가
③ 물림률 증가 ④ 두 기어 간 중심거리의 자유로운 변화

해설
전위기어 특징 : 언더컷 방지, 압력각 크게→물림률 증가, 이 두께증가→강도증가 (단점) 호환성이 없어지고 베어링압력이 커진다.

05 강관이나 알루미늄 압출튜브를 소재로 사용하며, 내부에 액체를 이용한 압력을 가함으로써 복잡한 형상을 제조할 수 있는 방법은?

① 롤 포밍(roll forming)
② 인베스트먼트 주조(investment casting)
③ 플랜징(flanging)
④ 하이드로포밍(hydroforming)

해설
하이드로포밍 : 강관이나 알루미늄 압출튜브를 소재로 사용, 내부의 액체에 압력을 가하여 형상제조

06 가단주철에 대한 설명으로 옳지 않은 것은?

① 가단주철은 연성을 가진 주철을 얻는 방법 중 시간과 비용이 적게 드는 공정이다.
② 가단주철의 연성이 백주철에 비해 좋아진 것은 조직 내의 시멘타이트의 양이 줄거나 없어졌기 때문이다.
③ 조직 내에 존재하는 흑연의 모양은 회주철에 존재하는 흑연처럼 날카롭지 않고 비교적 둥근 모양으로 연성을 증가시킨다.
④ 가단주철은 파단시 단면감소율이 10% 정도에 이를 정도로 연성이 우수하다.

해설
가단주철 : 백주철을 가열하여 탈탄, 흑연화로 제조, 이를 제조하기 위해서는 시간과 비용이 많이 소모된다.

07 표면경화를 위한 질화법(nitriding)을 침탄경화법(carburizing)과 비교하였을 때, 옳지 않은 것은?

① 질화법은 침탄경화법에 비하여 경도가 높다.
② 질화법은 침탄경화법에 비하여 경화층이 얇다.
③ 질화법은 경화를 위한 담금질이 필요 없다.
④ 질화법은 침탄경화법보다 가열 온도가 높다.

해설
침탄법 : 숯, 탄소가 있는 곳에 둔다. 침탄법이 질화법보다 온도가 높다.

정답 04.① 05.④ 06.① 07.④

08 동력전달축이 비틀림을 받을 때, 그 축의 반지름과 길이가 모두 두 배로 증가하였다면, 비틀림 각은 몇 배로 변하는가?

① $\frac{1}{2}$　　② $\frac{1}{4}$

③ $\frac{1}{8}$　　④ $\frac{1}{16}$

해설

$\theta = \frac{Tl}{GI_P} = \frac{Tl}{G\times\frac{\pi d^4}{32}} = \frac{32\,Tl}{G\pi d^4}$ 에서 길이에 비례 반지름의 4제곱에 반비례, 적용하면

$\frac{\theta_1}{\theta_2} = \frac{l_1}{l_2}\times\frac{d_2^4}{d_1^4}$ (식 1)으로 유도, 1식에 $d_2 = 2d_1$, $l_2 = 2l_1$를 대입하면

$\frac{\theta_1}{\theta_2} = \frac{l_1}{2l_1}\times\frac{(2d_1)^4}{d_1^4} = 2^3 = 8 \rightarrow \theta_2 = \frac{1}{8}\theta_1$

09 압축코일스프링에서 스프링 전체의 평균 지름을 반으로 줄이면 축방향 하중에 대한 스프링의 처짐과 스프링에 발생하는 최대 전단응력은 몇 배가 되는가?

① $\frac{1}{16}, \frac{1}{4}$　　② $\frac{1}{8}, \frac{1}{2}$

③ $8, 2$　　④ $16, 8$

해설

$\tau = \frac{T}{Z_p} = \frac{WR}{\frac{\pi d^3}{32}} = \frac{W\times\frac{D}{2}}{\frac{\pi d^3}{32}} = \frac{16\,WD}{\pi d^3}$, D 대신에 $\frac{D}{2}$를 대입하면 전단응력은 $\frac{1}{2}$로 된다.

$\delta = R\theta = \frac{8nD^3W}{Gd^4}$ D 대신에 $\frac{D}{2}$를 대입하면 세제곱이므로 처짐은 $\frac{1}{8}$로 된다.

10 기어를 가공하는 방법에 대한 설명으로 옳지 않은 것은?

① 주조법은 제작비가 저렴하지만 정밀도가 떨어진다.

② 전조법은 전조공구로 기어소재에 압력을 가하면서 회전시켜 만드는 방법이다.

③ 기어모양의 피니언공구를 사용하면 내접기어의 가공은 불가능하다.

④ 호브를 이용한 기어가공에서는 호브공구가 기어축에 평행한 방향으로 왕복이송과 회전운동을 하여 절삭하며, 가공될 기어는 회전이송을 한다.

해설

기어모양의 피니언 공구를 사용하여 내접기어, 외접기어를 가공할 수 있다. 이 방법이 전조이다.

정답 08.③ 09.② 10.③

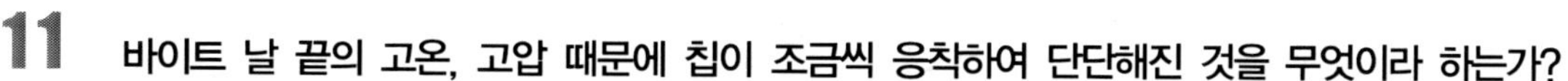

11 **바이트 날 끝의 고온, 고압 때문에 칩이 조금씩 응착하여 단단해진 것을 무엇이라 하는가?**

① 구성인선(built-up edge) ② 채터링(chattering)
③ 치핑(chipping) ④ 플랭크(flank)

해설

① 구성인선 : 바이트 날 끝의 고온/고압에 의해 칩이 달라붙어 단단해지는 것
② 채터링 : 절삭 시 공구의 떨림현상
③ 치핑 : 공구 날의 일부가 떨어져 나가는 현상

12 **유압회로에서 사용하는 축압기(accumulator)의 기능에 해당되지 않는 것은?**

① 유압 회로 내의 압력 맥동 완화 ② 유속의 증가
③ 충격압력의 흡수 ④ 유압 에너지 축적

해설

축압기(accumulator) : 유압에너지를 축적(저장), 유압회로 내의 압력 맥동을 완화, 충격압력을 흡수한다. 유속을 증가시키면 유량이 증가하고, 이는 작동속도를 빠르게 한다.

13 **다이캐스팅에 대한 설명으로 옳지 않은 것은?**

① 정밀도가 높은 표면을 얻을 수 있어 후가공 작업이 줄어든다.
② 주형재료보다 용융점이 높은 금속재료에도 적용할 수 있다.
③ 가압되므로 기공이 적고 치밀한 조직을 얻을 수 있다.
④ 제품의 형상에 따라 금형의 크기와 구조에 한계가 있다.

해설

다이캐스팅 : 정밀 금속주형에 고압, 고속으로 용탕 주입, 압력유지 후 주물 제조, 용융점이란 녹는점을 말하며, 소재재료의 용융점이 높다는 말은 용탕(끓는 액체)이 되는 온도가 높다는 말로, 용탕이 되게 하는데 많은 비용을 들여야 한다는 말임 → 안됨

14 **지름이 600 mm인 브레이크 드럼의 축에 4,500 N·cm의 토크가 작용하고 있을 때, 이 축을 정지시키는 데 필요한 최소 제동력 [N]은?**

① 15 ② 75
③ 150 ④ 300

해설

$$제동력(P) = \frac{T}{R} = \frac{4500\text{N}\cdot\ \text{cm}}{30\text{cm}} = 150\text{N}$$

정답 11.① 12.② 13.② 14.③

15 아크 용접법 중 전극이 소모되지 않는 것은?

① 피복 아크 용접법
② 서브머지드(submerged) 아크 용접법
③ TIG(tungsten inert gas) 용접법
④ MIG(metal inert gas) 용접법

해설

TIG용접 : 비소모성 전극 텅스텐(W)를 사용

16 다음 공작기계에서 절삭 시 공작물 또는 공구가 회전 운동을 하지 않는 것은?

① 브로칭 머신
② 밀링 머신
③ 호닝 머신
④ 원통 연삭기

해설

브로칭 : 다인 공구를 눌러서 통과시키면서 절삭(구멍 넓힘 등)

17 밀링 절삭에서 상향절삭과 하향절삭을 비교하였을 때, 하향절삭의 특성에 대한 설명으로 옳지 않은 것은?

① 공작물 고정이 간단하다.
② 절삭면이 깨끗하다.
③ 날 끝의 마모가 크다.
④ 동력 소비가 적다.

해설

하향절삭은 절삭 날 접촉시 소재를 두껍게 깍고, 이탈시 얇게 깍는다. 따라서 동력소비가 적고, 날 마모가 적으며 절삭면이 깨끗하다.

18 방전가공(EDM)과 전해가공(ECM)에 사용하는 가공액에 대한 설명으로 옳은 것은?

① 방전가공과 전해가공 모두 전기의 양도체의 가공액을 사용한다.
② 방전가공과 전해가공 모두 전기의 부도체의 가공액을 사용한다.
③ 방전가공은 부도체, 전해가공은 양도체의 가공액을 사용한다.
④ 방전가공은 양도체, 전해가공은 부도체의 가공액을 사용한다.

해설

① 전해가공 : 공작물에 (+)극, 공구에 (−)극을 사용, 전해액(도체)을 사용하여 공작물을 전기분해
② 방전가공 : 전극(+)인 와이어를 사용, 가공액이 부도체, 가공물이 (−)극

정답 15.③ 16.① 17.③ 18.③

19

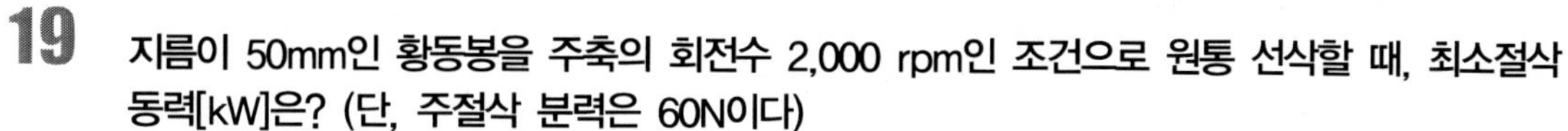

지름이 50mm인 황동봉을 주축의 회전수 2,000 rpm인 조건으로 원통 선삭할 때, 최소절삭 동력[kW]은? (단, 주절삭 분력은 60N이다)

① 0.1 π　　② 0.2 π

③ π　　④ 2 π

해설

$$v=\pi DN=\pi\times\frac{50}{1000}(\mathrm{m})\times\frac{2000}{60(\mathrm{s})}=\frac{5\pi}{3}(\mathrm{m/s})$$

주절삭분력(F)이 60N이므로

$H_w=F\times v=60(\mathrm{N})\times\frac{5\pi}{3}(\mathrm{m/s})=100\pi(\mathrm{W})=0.1\pi(\mathrm{kW})$ 로 계산된다.

20

유압기기에 사용되는 작동유의 구비조건에 대한 설명으로 옳지 않은 것은?

① 인화점과 발화점이 높아야 한다.

② 유연하게 유동할 수 있는 점도가 유지되어야 한다.

③ 동력을 전달시키기 위하여 압축성이어야 한다.

④ 화학적으로 안정하여야 한다.

인화점 : 불이 옮겨 붙는 온도, 발화점 : 스스로 불이 붙는 온도
유압기기에서 정상 작동을 위해서는 압축성이 아닌 작동유(비압축성 작동유)를 사용해야 한다.
만일, 압축성의 작동유(공기, 기체)를 사용하면 정확한 움직임을 얻을 수 없다.

공업기계직 기계일반 (2013년 6월 시행 지방직) 9급

01 환경친화형 가공기술 및 공작기계 설계를 위한 고려 조건으로 옳지 않은 것은?

① 절삭유를 많이 사용하는 습식 가공의 도입
② 공작기계의 소형화
③ 주축의 냉각 방식을 오일 냉각에서 공기 냉각으로 대체
④ 가공시간의 단축

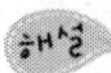

환경친화형 가공기술 및 공작기계 설계를 위한 고려조건 ; 절삭유를 적게 사용(오염감소), 오일냉각을 공기냉각으로

02 20mm두께의 소재가 압연기의 롤러(roller)를 통과한 후 16mm로 되었다면, 이 압연기의 압하율[%]은?

① 20　　② 40
③ 60　　④ 80

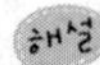

압하율$=\dfrac{H_0-H_1}{H_0}\times 100(\%)=\dfrac{20-16}{20}\times 100=20\%$로 계산된다.

03 금속의 결정구조 분류에 해당하지 않는 것은?

① 공간입방격자　　② 체심입방격자
③ 면심입방격자　　④ 조밀육방격자

해설

금속의 결정구조에는 체심입방격자, 면심입방격자(Al), 조밀육방격자

04 열간 가공에 대한 설명으로 옳지 않은 것은?

① 냉간 가공에 비해 가공 표면이 거칠다.
② 가공 경화가 발생하여 가공품의 강도가 증가한다.
③ 냉간 가공에 비해 가공에 필요한 동력이 작다.
④ 재결정 온도 이상으로 가열한 상태에서 가공한다.

열간가공은 재결정온도 이상으로 가열하여 가공하므로, 동력이 작게 들지만, 식혀서 상온이 되면 가공표면이 거칠고 입자구조가 불안정해진다. 따라서 강도가 약하다.

정답 01.① 02.① 03.① 04.②

05 **체결된 나사가 스스로 풀리지 않을 조건(self-locking condition)으로 옳은 것만을 모두 고른 것은?**

ㄱ. 마찰각 > 나선각(lead angle)
ㄴ. 마찰각 < 나선각(lead angle)
ㄷ. 마찰각 = 나선각(lead angle)

① ㄱ ② ㄴ
③ ㄱ, ㄷ ④ ㄴ, ㄷ

해설

나사의 푸는 힘 $P' = W\tan(\rho - \alpha)$이 0보다 작으면 스스로 풀리게 된다. 자립(스스로 멈춤)을 위해서는 나사의 푸는 힘 $P' = W\tan(\rho - \alpha) \geq 0$이어야 한다. 이 식을 만족하기 위해서는 $\rho \geq \alpha$이어야 한다. 여기서 W는 하중, ρ는 마찰각, α는 리드각이다.

06 **연삭숫돌의 입자가 무디어지거나 눈메움이 생기면 연삭능력이 떨어지고 가공물의 치수 정밀도가 저하되므로 예리한 날이 나타나도록 공구로 숫돌 표면을 가공하는 것을 나타내는 용어는?**

① 트루잉(truing) ② 글레이징(glazing)
③ 로딩(loading) ④ 드레싱(dressing)

해설

- 드레싱 : 마모된 숫돌면의 입자를 새롭고 날카로운 입자로 회복시키는 작업
- 트루잉 : 숫돌의 연삭면을 평행(일정한 형태)하게 성형시켜주는 작업, 드레싱을 동반
- 로딩 : 숫돌의 기공에 칩이 채워지는 현상
- 글레이징(무딤현상) : 숫돌의 결합도가 틀수로 자생작용이 부족 → 숫돌입자가 탈락하지 않고 마멸되어 무뎌지는 현상

07 **알루미늄에 많이 적용되며 다양한 색상의 유기 염료를 사용하여 소재 표면에 안정되고 오래가는 착색피막을 형성하는 표면처리방법으로 옳은 것은?**

① 침탄법(carburizing)
② 화학증착법(chemical vapor deposition)
③ 양극산화법(anodizing)
④ 고주파경화법(induction hardening)

해설

알루미늄 표면열처리법 : 침탄법, 화학증착법, 양극산화법, 고주파경화법
② 화학증착법 : 기체상태의 원료 물질을 가열한 기판 위에 송급하고, 기판 표면에서의 화학 반응(열분해, 수소환원, 금속에 의한 환원이나 방전, 빛, 레이저에 의한 여기반응)에 따라서 목적으로 하는 반도체나 금속간 화합물을 합성하는 방법
③ 알루미늄(알루미늄 합금)을 용액(황산, 수산, 크롬산 등) 속에 담궈서 양극(+)으로 하고, 전해하면 양극 산화가 되어 알루미늄 표면에 양극 산화 피막(Al2O3·xH2O)이 생성되어 알루미늄의 내식성, 표면경도 향상.

정답 05.③ 06.④ 07.③

08 소재에 없던 구멍을 가공하는 데 적합한 것은?

① 브로칭(broaching) ② 밀링(milling)
③ 셰이핑(shaping) ④ 리밍(reaming)

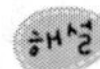

소재에 없던 구멍을 만들 수 있는 절삭은 선반, 드릴링, 밀링 등이다. 소재에 있는 구멍에 통과시켜서 가공하는 것이 브로칭, 드릴작업한 구멍을 정확한 원으로 만드는 작업을 리밍이라 함

09 안지름이 d_1, 바깥지름이 d_2, 지름비가 $x=\dfrac{d_1}{d_2}$인 중공축이 정하중을 받아 굽힘모멘트(bending moment) M이 발생하였다. 허용굽힘응력을 σ_a라 할 때, 바깥지름 d_2를 구하는 식으로 옳은 것은?

① $d_2=\sqrt[3]{\dfrac{64M}{\pi(1-x^4)\sigma_a}}$ ② $d_2=\sqrt[3]{\dfrac{32M}{\pi(1-x^4)\sigma_a}}$
③ $d_2=\sqrt[3]{\dfrac{64M}{\pi(1-x^3)\sigma_a}}$ ④ $d_2=\sqrt[3]{\dfrac{32M}{\pi(1-x^3)\sigma_a}}$

해설

굽힘응력$\sigma_b=\dfrac{M}{Z}$ (식 1)이고,

중실축 단면계수 $Z=\dfrac{\pi d^3}{32}$(원)$=\dfrac{bh^2}{6}$(사각)이다.

중공축의 경우 단면계수 $Z=\dfrac{I}{\frac{d_2}{2}}=\dfrac{\frac{\pi}{64}(d_2^4-d_1^4)}{\frac{d_2}{2}}=\dfrac{\pi d_2^3(1-\frac{d_1^4}{d_2^4})}{32}=\dfrac{\pi d_2^3(1-x^4)}{32}$ (식 2)로 유도된다. 2식을 1식에 대입하자.

$\sigma_b=\dfrac{M}{Z}=\dfrac{32M}{\pi d_2^3(1-x^4)}$, $d_2^3=\dfrac{32M}{\pi\sigma_b(1-x^4)}$, $d_2=\sqrt[3]{\dfrac{32M}{\pi\sigma_b(1-x^4)}}$ 으로 유도된다.

10 절삭 가공에서 구성인선(built-up edge)에 대한 설명으로 옳지 않은 것은?

① 구성인선을 줄이기 위해서는 공구 경사각을 작게 한다.
② 발생→성장→분열→탈락의 주기를 반복한다.
③ 바이트의 절삭 날에 칩이 달라붙은 것이다.
④ 마찰 계수가 작은 절삭 공구를 사용하면 구성인선이 감소한다.

해설

구성인선은 연성 재료 절삭 시 고온 공구 날 끝에 단단한 물질(칩)이 부착된 것을 말하며, 공구경사각이 작거나 잘삭속도가 클 때, 절입이 크고 이송이 늦을 때 많이 발생

정답 08.② 09.② 10.①

11 **고무 스프링에 대한 설명으로 옳지 않은 것은?**

① 충격흡수에 좋다.
② 다양한 크기 및 모양 제작이 어려워 용도가 제한적이다.
③ 변질 방지를 위해 기름에 접촉되거나 직사광선에 노출되는 것을 피해야 한다.
④ 방진효과가 우수하다.

해설

고무스프링의 특징 : 충격흡수가 좋으며, 방진 효과 우수. 다양한 크기와 모양으로 제작→용도가 다양. 단점으로 기름과 햇빛에 약함

12 **소성가공에서 이용하는 재료의 성질로 옳지 않은 것은?**

① 가소성 ② 가단성
③ 취성 ④ 연성

해설

① 가소성 : 연성과 전성을 모두 내포, 고체상태의 재료에 외력을 받으면 유동되는 성질
② 가단성(전성) : 탄성이상의 힘을 받아도 균열이나 부서러지지 않는 성질(넓혀지는 성질)
③ 취성 : 부서러지는 성질(메짐)
④ 연성 : 재료를 늘렸을 시 파괴되지 않고 모양을 변화할 수 있는 능력(연한 성질)

13 **용접 안전사고를 예방하기 위한 것으로 옳지 않은 것은?**

① 작업 공간 안의 가연성 물질 및 폐기물 등은 사전에 제거한다.
② 용접할 때에 작업 공간을 지속적으로 환기하여야 한다.
③ 용접에 필요한 가스 용기는 밀폐 공간 내부에 배치한다.
④ 몸에 잘 맞는 작업복을 입고 방진마스크를 쓰며 작업화를 신는다.

해설

가연성 : 연소를 돕는 성질
안전사고 예방을 위해 환기가 잘 되어야 하며, 안전모, 규정작업복, 작업화, 마스크 등을 착용하여야 한다.

14 **흙이나 모래 등의 무기질 재료를 높은 온도로 가열하여 만든 것으로 특수 타일, 인공 뼈, 자동차 엔진 등에 사용하며 고온에도 잘 견디고 내마멸성이 큰 소재는?**

① 파인 세라믹 ② 형상기억합금
③ 두랄루민 ④ 초전도합금

해설

파인세라믹 : 무기질 재료(흙, 모래)를 고온으로 가열하여 만든 것으로, 고온에도 잘 견디고 내마멸성이 큼

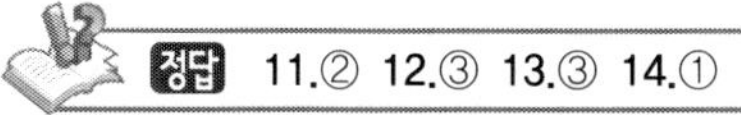
정답 11.② 12.③ 13.③ 14.①

15 **생산 능력과 납품 기일 등을 고려하여 제품 제작 순서와 생산일정을 계획하는 기계 공장 부서로 옳은 것은?**

① 품질 관리실 ② 제품 개발실
③ 설계 제도실 ④ 생산 관리실

① 품질관리실 : 제품 검사, 불량 조사, 원인분석
② 제품개발실 : 목적에 맞는 제품 설계(모양, 치수 결정)/개발, 가제품 제작/시험/수정 → 모델선정
③ 설계제도실 : 개발된 제품을 표준화 그림 작업
④ 생산관리실 : 제품생산 능력과 납품 일, 제작순서, 생산일정을 계획
따라서 업무의 흐름 순서를 정한다면(서로 협조가 필요하겠지만) 생산관리실 → 제품개발실 → 설계제도실 → 품질관리실 → 생산관리실 이다.

16 **용접에 대한 설명으로 적절하지 않은 것은?**

① 기밀이 요구되는 제품에 사용한다.
② 열영향으로 용접 모재가 변형된다.
③ 용접부의 이음효율이 높다.
④ 용접부의 결합 검사가 쉽다.

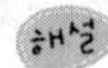

용접은 결합할 부분을 용해하여 접합하는 것으로, 이음효율이 높고 기밀성이 우수, 재질 변형과 품질검사가 곤란

17 **회주철을 급랭하여 얻을 수 있으며 다량의 시멘타이트(cementite)를 포함하는 주철로 옳은 것은?**

① 백주철 ② 주강
③ 가단주철 ④ 구상흑연주철

회주철을 급냉 → 백주철 → 가열하여 탈탄 → 가단주철

18 **레이디얼 저널 베어링(radial journal bearing)에 관한 설명으로 옳지 않은 것은?**

① 베어링은 축 반경 방향의 하중을 지지한다.
② 베어링이 축을 지지하는 위치에 따라 끝저널과 중간저널로 구분한다.
③ 베어링 평균압력은 하중을 압력이 작용하는 축의 표면적으로 나눈 것과 같다.
④ 베어링 재료는 열전도율이 좋아야 한다.

레이디얼 저널 베어링 : 레디얼이므로 축의 직각방향의 힘을 받는 베어링, 저널이므로 평면베어링임을 알 수 있다. 베어링압력은 하중(P:축의 직각방향)을 하중(P)방향으로 투상한 평면상 투상면적(A)로 나눈 값이다.

정답 15.④ 16.④ 17.① 18.③

19 기어에 대한 설명으로 옳지 않은 것은?

① 한 쌍의 원형 기어가 일정한 각속도비로 회전하기 위해서는 접촉점의 공통법선이 일정한 점을 지나야 한다.
② 인벌류트(involute) 치형에서는 기어 한 쌍의 중심거리가 변하면 일정한 속도비를 유지할 수 없다.
③ 기어의 모듈(module)은 피치원의 지름(mm)을 잇수로 나눈 값이다.
④ 기어 물림률(contact ratio)은 물림길이를 법선피치(normal pitch)로 나눈 값이다.

해설

인볼류트 치형은 정밀하게 쉽게 제작이 가능하며 호환성이 뛰어나다. 따라서 일반산업현장에서 동력전달용으로 많이 사용된다. →기어 한쌍의 중심거리가 조금 변하더라도 영향을 별로 받지 않는다.

20 컴퓨터의 통제로 바닥에 설치된 유도로를 따라 필요한 작업장 위치로 소재를 운반하는 공장자동화 구성요소는?

① 자동 창고시스템 ② 3차원 측정기
③ NC 공작기계 ④ 무인 반송차

해설

공장자동화 : 컴퓨터를 사용한 설계·제조·검사 시스템
공장자동화 설계·제조를 위한 유연생산시스템(CAD/CAM 시스템과 FMS)은 수치 제어 공작 기계와 산업용 로봇을 중심으로 한 생산 방식으로 컴퓨터를 이용한 제어 시스템이고, 검사를 위해서는 3차원측정기 등이 필요하다. 자동화 설비로는 CNC 공작 기계, 산업용 로봇, CAD/CAM 시스템과 자동 창고, 무인 반송차(필요 작업장으로 소재 운반) 등이 필요하다.

정답 19.② 20.④

공업기계직 기계일반 (2014년 6월 시행 지방직) 9급

01 **두 축의 중심이 일치하지 않는 경우에 사용할 수 있는 커플링은?**

① 올덤 커플링(Oldham coupling)
② 머프 커플링(muff coupling)
③ 마찰원통 커플링(friction clip coupling)
④ 셀러 커플링(Seller coupling)

해설

커플링 종류 : 고정커플링(통형커플링, 플렌지커플링), 올덤커플링, 유니버설조인트
- **통형커플링의 종류** : 머프, 마찰원통, 분할, 셀러 등
- **올덤커플링** : 2축의 중심이 일치하지 않은 경우 사용

02 **연삭가공 방법의 하나인 폴리싱(polishing)에 대한 설명으로 옳은 것은?**

① 원통면, 평면 또는 구면에 미세하고 연한 입자로 된 숫돌을 낮은 압력으로 접촉시키면서 진동을 주어 가공하는 것이다.
② 알루미나 등의 연마 입자가 부착된 연마 벨트에 의한 가공으로 일반적으로 버핑 전 단계의 가공이다.
③ 공작물과 숫돌 입자, 콤파운드 등을 회전하는 통 속이나 진동하는 통 속에 넣고 서로 마찰 충돌시켜 표면의 녹, 흠집 등을 제거하는 공정이다.
④ 랩과 공작물을 누르며 상대 운동을 시켜 정밀 가공을 하는 것이다.

해설

- **폴리싱** : 연마입자(알루미나 등)가 부착된 연마벨트에 의한 가공, 버핑 전 단계의 가공(광내기)
- **버핑** : 부드러운 헝겊에 미세한 입자를 묻혀 공작물 가공(미적 외면 가공)
- 보기 ①은 수퍼피니싱의 설명, ④는 래핑의 설명이다.

03 **피복금속 용접봉의 피복제 역할을 설명한 것으로 옳지 않은 것은?**

① 수소의 침입을 방지하여 수소기인균열의 발생을 예방한다.
② 용융금속 중의 산화물을 탈산하고 불순물을 제거하는 작용을 한다.
③ 아크의 발생과 유지를 안정되게 한다.
④ 용착금속의 급랭을 방지한다.

해설

- **피복제의 기능** : 아크의 안정, 공기 침입 저지, 탈산 및 정련 작용, 용접금속의 응고 및 냉각속도를 늦춤
- ①의 경우 수소가 아니라 산소임

정답 01.① 02.② 03.①

04 **비철금속에 대한 설명으로 옳지 않은 것은?**

① 비철금속으로는 구리, 알루미늄, 티타늄, 텅스텐, 탄탈륨 등이 있다.
② 지르코늄은 고온강도와 연성이 우수하며, 중성자 흡수율이 낮기 때문에 원자력용 부품에 사용한다.
③ 마그네슘은 공업용 금속 중에 가장 가볍고 진동감쇠 특성이 우수하다.
④ 니켈은 자성을 띠지 않으며 강도, 인성, 내부식성이 우수하다.

해설

- **비철금속** : 금속인데 철이 아닌 금속을 말함.
- ④는 니켈(Ni)이 아니라 크롬(Cr)임, 니켈은 보통 불변강(온도가 변해도 선팽창계수나 탄성률이 변하지 않음)의 합금성분

05 **아래의 TTT곡선(Time–Temperature–Transformation diagram)에 나와 있는 화살표를 따라 강을 담금질할 때 얻게 되는 조직은?(단, 그림에서 A1은 공석온도, Ms는 마르텐사이트 변태 개시점, Mf는 마르텐사이트 변태 완료점을 나타낸다)**

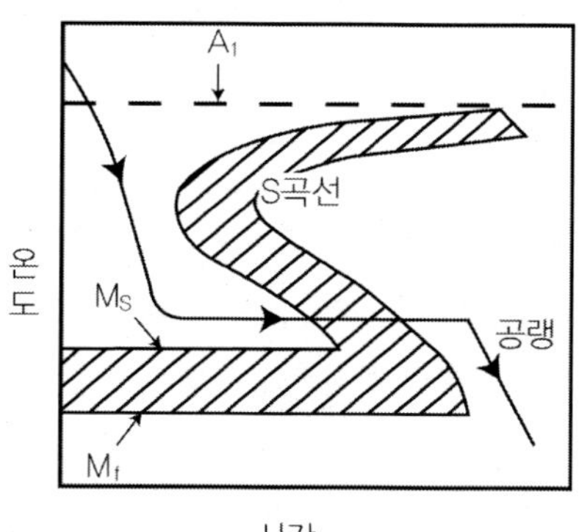

① 베이나이트(bainite) ② 마르텐사이트(martensite)
③ 페라이트(ferrite) ④ 오스테나이트(austenite)

해설

TTT곡선(S곡선) : 시간–온도–변환 그래프

- 코(550도 정도)부분을 기준으로 위는 펄라이트, 아래는 베나이트 (2금속 모두 F + C)
- 기울기가 많이 기울어 질수록 급냉 → 기울기에 따라서(기울기 완만 → 기울기 급함) 금속의 석출 순서가 펄나이트 → 베나이트 → 솔바이트 → 트루스타이트 → 마르텐자이트 순임
- S자 모양은 오스테나이트가 페라이트 + 시멘타이트가 함께 있는 곳(변태 시작과 끝을 나타냄)
- 아래 밑줄 친 가로의 윗선은 마르텐자이트 시작온도, 아래선은 끝나는 온도

본 문제는 급냉 후 마프텐자이트 시작온도를 거치지 않고 변태선을 항온으로 지나 공냉이므로 오스테나이트가 베나이트로 조직이 변해서 석출됨

정답 04.④ 05.①

06 금속의 가공경화에 대한 설명으로 옳지 않은 것은?

① 가공에 따른 소성변형으로 강도 및 경도는 높아지지만 연성은 낮아진다.
② 가공경화된 금속이 일정 온도 이상 가열되면 강도, 경도 및 연성이 가공 전의 성질로 되돌아간다.
③ 가공경화된 금속을 가열하면 새로운 결정립이 생성되고 성장하는 단계를 거친 후 회복 현상이 나타난다.
④ 냉간가공된 금속은 인장강도가 높으며, 정밀도 및 표면 상태를 향상시킬 수 있다.

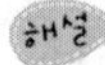

- 가공경화 : 가공(소성변형)을 받으면 내부저항이 증가 → 탄성한계 상승, 경도 증가(더욱 단단)
- ③에서 가공경화된 금속은 재 가열하더라도 새롭게 생성/성장하지 않음 → 회복 더딤

07 전기저항 용접 방법 중 맞대기 이음 용접에 해당하지 않는 것은?

① 플래시 용접(flash welding)
② 충격 용접(percussion welding)
③ 업셋 용접(upset welding)
④ 프로젝션 용접(projection welding)

해설

전기저항용접 종류 : 점용접, 프로젝션용접, 심용접

08 절삭가공에서 발생하는 크레이터 마모(crater wear)에 대한 설명으로 옳지 않은 것은?

① 공구와 칩 경계에서 원자들의 상호 이동이 주요 원인이다.
② 공구와 칩 경계의 온도가 어떤 범위 이상이면 마모는 급격하게 증가한다.
③ 공구의 여유면과 절삭면과의 마찰로 발생한다.
④ 경사각이 크면 마모의 발생과 성장이 지연된다.

해설

크레이터 마모 : 고속절삭시 공구면에 칩에 의하여 폭 파인 자국
③의 공구 여유면과 절삭면과의 마찰로는 구성인선이 생김

09 열가소성 플라스틱 제품의 대량 생산공정에 가장 적합한 방법은?

① 압축성형(compression molding)
② 다이캐스팅(die casting)
③ 전이성형(transfer molding)
④ 사출성형(injection molding)

해설

- 열가소성 : 열을 가한 다음 식히면 굳어지는데 다시 열을 가하면 성형가능 성질
- 열경화성 : 열을 가하여 만든 물체를 다시 가하면 녹지 않고 불탐
- ②의 다이캐스팅은 주로 철, 플라스틱 동시 가능, ④의 사출(베겨내는 작업)은 플라스틱이 주

정답 06.③ 07.④ 08.③ 09.④

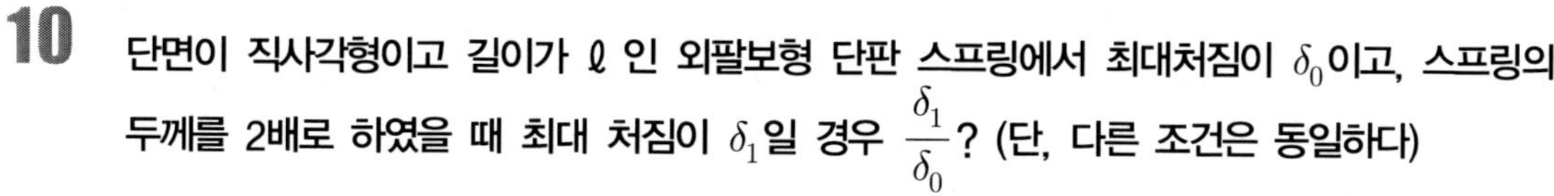

10 **단면이 직사각형이고 길이가 ℓ 인 외팔보형 단판 스프링에서 최대처짐이 δ_0이고, 스프링의 두께를 2배로 하였을 때 최대 처짐이 δ_1일 경우 $\frac{\delta_1}{\delta_0}$? (단, 다른 조건은 동일하다)**

① 1/16 ② 1/8
③ 1/4 ④ 1/2

해설

사각형 단면, 외팔보와 같으므로 처짐$(\delta) = \dfrac{Wl^3}{3EI} = \dfrac{Wl^3}{3E\times\dfrac{bh^3}{12}} = \dfrac{4Wl^3}{Ebh^3}$ 으로 유도

$\delta_0 = \dfrac{4Wl^3}{Ebh^3}$ → h 대신에 $2h$를 대입하면

$$\delta_1 = \frac{4Wl^3}{Eb(2h)^3} = \delta_0 \times \frac{1}{2^3} = \delta_0 \times \frac{1}{8}$$

11 **미끄럼 베어링에 대한 설명으로 옳지 않은 것은?**

① 오일 휩(oil whip)에 의한 진동이 발생하기도 한다.
② 재료로는 오일 흡착력이 높고 축 재료보다 단단한 것이 좋다.
③ 회전축과 유막 사이의 두께는 윤활유 점도가 높을수록, 회전속도가 빠를수록 크다.
④ 구름 베어링에 비해 진동과 소음이 적고 고속 회전에 적합하다.

해설

- 오일휩 : 충분히 윤활된 미끄럼 베어링의 경우, 고속 회전 시 축의 위험 속도의 2배가 되어 격심하게 일어나는 축회전 진동을 말함
- 회전속도가 빠를수록, 점도가 높을수록 마찰계수는 크진다.
- ②에서 베어링의 재료는 오일흡착력이 좋아야 되고, 축재료보다는 단단하지 않아야 됨(인성이 있어야 함)

12 **지름 피치가 4이고, 압력각은 20°이며 구동기어에 대한 종동기어의 속도비는 1/3, 중심거리는 10인치인 한 쌍의 스퍼 기어가 물려있는 경우 구동기어의 잇수는?**

① 10개 ② 20개
③ 30개 ④ 60개

해설

- 지름피치$(p_d) = \dfrac{25.4}{\text{m}}$ → $4 = \dfrac{25.4}{\text{m}}$ → $\text{m} = \dfrac{25.4}{4}$
- 속도비$(i) = \dfrac{1}{3} = \dfrac{N_b}{N_a} = \dfrac{Z_a}{Z_b}$ ⟶ Z_b(피동잇수) $= 3Z_a$(구동기어 잇수)
- 중심거리$(L) = \dfrac{m(Z_a+Z_b)}{2} = \dfrac{\dfrac{25.4}{4}(Z_a+3Z_a)}{2} = 10\times 25.4$

따라서, $Z_a = 20$개

정답 10.② 11.② 12.②

13 재료의 마찰과 관련된 설명으로 옳지 않은 것은?

① 금형과 공작물 사이의 접촉면에 초음파 진동을 가하여 마찰을 줄일 수 있다.
② 접촉면에 작용하는 수직 하중에 대한 마찰력의 비를 마찰계수라 한다.
③ 마찰계수는 일반적으로 링압축시험법으로 구할 수 있다.
④ 플라스틱 재료는 금속에 비하여 일반적으로 강도는 작지만 높은 마찰계수를 갖는다.

해설

④에서 플라스틱은 비강도(무게에 비해 강도)가 높다. 금속에 비해 강도가 낮다고 할 수 있어나 강한 것도 있다. 금속보다는 마찰계수가 낮다.

14 서냉한 공석강의 미세조직인 펄라이트(pearlite)에 대한 설명으로 옳은 것은?

① α – 페라이트로만 구성된다.
② δ – 페라이트로만 구성된다.
③ α – 페라이트와 시멘타이트의 혼합상이다.
④ δ – 페라이트와 시멘타이트의 혼합상이다.

해설

펄라이트 = 페라이트 + 시멘타이트
α고용체 : 페라이트, γ고용체 : 오스테나이트

15 밀링 절삭 중 상향 절삭에 대한 설명으로 옳지 않은 것은?

① 공작물의 이송 방향과 날의 진행 방향이 반대인 절삭 작업이다.
② 이송나사의 백래시(backlash)가 절삭에 미치는 영향이 거의 없다.
③ 마찰을 거의 받지 않으므로 날의 마멸이 적고 수명이 길다.
④ 칩이 가공할 면 위에 쌓이므로 시야가 좋지 않다.

해설

상향절삭 : 밀링커터의 회전방향과 공작물의 이송방향이 서로 반대, 자연적으로 백래시가 제거되고, 커터의 수명이 짧고 동력손실 발생

16 고압 증기터빈에서 저압 증기터빈으로 유입되는 증기의 건도를 높여 상대적으로 높은 보일러 압력을 사용할 수 있게 하고, 터빈 일을 증가시키며, 터빈 출구의 건도를 높이는 사이클은?

① 재열 사이클(reheat cycle)
② 재생 사이클(regenerative cycle)
③ 과열 사이클(superheat cycle)
④ 스털링 사이클(Stirling cycle)

해설

① 재열사이클 : 고압증기터빈에서 나온 증기를 재열기로 가열 후 저압증기터빈에 공급
② 재생사이클 : 증기터빈에서 유출되는 일부의 증기를 사용하여 보일러 급수를 가열
④ 스털링사이클 : 등온압축, 등적연소, 등온팽창, 등적배출하는 외연기관

정답 13.④ 14.③ 15.③ 16.①

17 유체 토크 컨버터(fluid torque converter)에 대한 설명 중 옳지 않은 것은?

① 유체 커플링과 달리 안내깃(stator)이 존재하지 않는 구조이다.
② 입력축의 토크보다 출력축의 토크가 증대될 수 있다.
③ 자동차용 자동변속기에 사용된다.
④ 출력축이 정지한 상태에서 입력축이 회전할 수 있다.

해설

토크컨버터 : 속도가 느리면 토크 증가, 속도가 빠르면 토크 낮은 채로 유지하면서 속도전달
①에서 유체커플링(클러치)는 안내깃(스테이터)가 존재하지 않는다. 토크컨버터는 스테이터가 있다.

18 선삭 가공에 사용되는 절삭 공구의 여유각에 대한 설명으로 옳지 않은 것은?

① 공구와 공작물 접촉 부위에서 간섭과 미끄럼 현상에 영향을 준다.
② 여유각을 크게 하면 인선강도가 증가한다.
③ 여유각이 작으면 떨림의 원인이 된다.
④ 여유각이 크면 플랭크 마모(flank wear)가 감소된다.

해설

- 절삭공구 여유각 : 날끝의 아래면을 여유면, 이 면과 가공면(다듬질면) 사이의 각을 말함
  이 여유각이 적으면, 열이 발생하고 구성인선이 생김
- 플랭크마모 : 공구의 여유면에 마모, 크레이터마모 : 공구의 경사면에 마모

19 나사를 1회전을 시켰을 때 축 방향 이동거리가 가장 큰 것은?

① M48 × 5
② 2줄 M30 × 2
③ 2줄 M20 × 3
④ 3줄 M8 × 1

해설

리드는 피치와 줄수의 곱이다.
①의 경우 피치가 5, 줄수가 1이므로, 리드는 5
②의 경우 피치가 2, 줄수가 2이므로, 리드는 4
③의 경우 피치가 3, 줄수가 2이므로, 리드는 6
④의 경우 피치가 1, 줄수가 3이므로, 리드는 3

정답 17.① 18.② 19.③

20 **소성가공법 중 압연과 인발에 대한 설명으로 옳지 않은 것은?**

① 압연 제품의 두께를 균일하게 하기 위하여 지름이 작은 작업 롤러(roller)의 위아래에 지름이 큰 받침롤러(roller)를 설치한다.
② 압하량이 일정할 때, 직경이 작은 작업롤러(roller)를 사용하면 압연 하중이 증가한다.
③ 연질 재료를 사용하여 인발할 경우에는 경질 재료를 사용할 때보다 다이(die) 각도를 크게 한다.
④ 직경이 5mm 이하의 가는 선 제작 방법으로는 압연보다 인발이 적합하다.

압연 : 두께 일정 → 지름이 작은 작업롤러의 위아래에 지름 큰 받침롤러 설치
②에서 압하량이 일정시 직경이 작은 작업롤러를 사용하면 무게가 작아 압연 하중이 낮음

정답 20.②

공업기계직 기계일반 (2015년 6월 시행 지방직) 9급

01 **알루미늄에 대한 설명으로 옳지 않은 것은?**

① 비중이 작은 경금속이다. ② 내부식성이 우수하다.
③ 연성이 높아 성형성이 우수하다. ④ 열전도도가 작다.

해설
전기전도도와 열전도도는 순서가 비슷하다. 알루미늄은 전기전도도와 열전도가 잘되는 금속이다. 비중이 2.7이고 용융점은 660℃ 정도이다.

02 **두 축이 평행하지도 만나지도 않을 때 사용하는 기어를 모두 고른 것은?**

ㄱ. 나사 기어　ㄴ. 헬리컬 기어　ㄷ. 베벨 기어　ㄹ. 웜 기어

① ㄱ, ㄴ ② ㄴ, ㄷ
③ ㄷ, ㄹ ④ ㄱ, ㄹ

해설
평행할 때 쓰는 기어는 평기어와 헬리컬기어, 두 축이 교차할 때 쓰는 기어는 베벨기어이다. 따라서, 평행하지도 않고 만나지도 않을 시 사용하는 기어는 나사기어와 웜기어이다.

03 **용융금속을 금형에 사출하여 압입하는 영구주형 주조 방법으로 주물 치수가 정밀하고 마무리 공정이나 기계가공을 크게 절감시킬 수 있는 공정은?**

① 사형 주조 ② 인베스트먼트 주조
③ 다이캐스팅 ④ 연속 주조

해설
용융금속을 압입하여 주조하므로 다이캐스팅을 설명하고 있다. 다이캐스팅은 치수가 정밀하고 마무리공정(기계가공)을 하지 않아도 된다.

04 **밀링 작업을 할 때 안전 수칙에 대한 설명으로 옳지 않은 것은?**

① 절삭 중에는 손을 보호하기 위해 장갑을 끼고 작업한다.
② 칩을 제거할 때에는 브러시를 사용한다.
③ 눈을 보호하기 위해 보안경을 착용한다.
④ 상하 좌우의 이송 장치 핸들은 사용 후 풀어 둔다.

해설
회전체 작업에서 장갑을 끼고 작업할 경우 장갑이 회전체에 걸려 들어가 부상을 입을 수 있다.

정답 01.④ 02.④ 03.③ 04.①

05 금속결정의 격자결함에 대한 설명으로 옳은 것은?

① 실제강도가 이론강도보다 일반적으로 높다.
② 기공(void)은 점 결함이다.
③ 전위밀도는 소성변형을 받을수록 증가한다.
④ 항복강도에 영향을 미치지 않는다.

해설

격자결함에는 4가지로 나타낸다. 점격자결함: 원자, 선격자결함: 전위, 면격자결함: 적층, 쌍정, 체적격자결함: 기공, 균열, 개제물 등이 있다. 전위밀도란 단위체적당 총 전위길이로 소성변형을 많이 받을수록 증가한다.

06 신속조형(RP) 공정과 적용 가능한 재료가 바르게 연결되지 않은 것은?

① 융해용착법(FDM) – 열경화성 플라스틱
② 박판적층법(LOM) – 종이
③ 선택적레이저소결법(SLS) – 열 용융성 분말
④ 광조형법(STL) – 광경화성 액상 폴리머

해설

융해용착법(FDM) 공정에는 ABS mold가 사용된다. 박판적층법(LOM)에는 종이 pattern을 조형 후 사용한다.

07 응력–변형률 선도에 대한 설명으로 옳지 않은 것은?

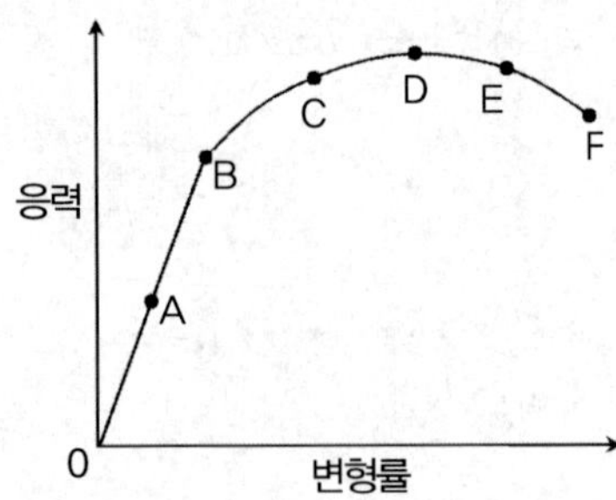

① A점은 후크의 법칙이 적용된다.
② C점에서 하중을 제거하면 영구변형이 발생한다.
③ D점은 인장강도이고 진응력–진변형률 선도에서 나타난다.
④ E점에서 네킹(necking)이 진행된다.

해설

그림은 공칭응력–공칭변형률에 따른 선도를 나타내었다. 즉, 진응력–진변형률에 따라서 선도를 그리면, C까지는 그려지고 이후부터는 점점 증가하는 그래프 선도를 나타낸다.

정답 05.③ 06.① 07.③

08 NC 프로그램에서 보조 기능인 M 코드에 의해 작동되는 기능만을 모두 고른 것은?

ㄱ. 주축 정지　ㄴ. 좌표계 설정　ㄷ. 공구반경 보정　ㄹ. 원호 보간

① ㄱ　② ㄱ, ㄴ
③ ㄱ, ㄴ, ㄷ　④ ㄱ, ㄴ, ㄷ, ㄹ

해설

M코드는 보조기능으로 기계동작 on-off를 작동을 말한다. 따라서, 여기서는 주축의 회전을 off하는 기능을 할 수 있다. 좌표계 설정은 X, Y이고, 공고반경 보정은 H, D이고, 원호보간은 G(준비기능)을 사용한다.

09 가스 용접에 대한 설명으로 옳지 않은 것은?

① 전기를 필요로 하며 다른 용접에 비해 열을 받는 부위가 넓지 않아 용접 후 변형이 적다.
② 표면을 깨끗하게 세척하고 오염된 산화물을 제거하기 위해 적당한 용제가 사용된다.
③ 기화용제가 만든 가스 상태의 보호막은 용접할 때 산화작용을 방지할 수 있다.
④ 가열할 때 열량 조절이 비교적 용이하다.

해설

가스용접은 가스를 봄베에 싣고 용접을 할 수 있으므로, 전기가 없는 곳에서도 사용이 가능하다. 아크 용접에 비해 열을 받는 부위가 넓어 용접 후 변형이 크다.

10 재료의 성질에 대한 설명으로 옳지 않은 것은?

① 경도 – 영구적인 압입에 대한 저항성
② 크리프 – 동하중이 가해진 상태에서 시간의 경과와 더불어 변형이 계속되는 현상
③ 인성 – 파단될 때까지 단위 체적당 흡수한 에너지의 총량
④ 연성 – 파단 없이 소성변형 할 수 있는 능력

11 연마공정에 대한 설명으로 옳지 않은 것은?

① 호닝(honing)은 내연기관 실린더 내면의 다듬질 공정에 많이 사용된다.
② 래핑(lapping)은 공작물과 래핑공구 사이에 존재하는 매우 작은 연마입자들이 섞여 있는 용액이 사용된다.
③ 슈퍼피니싱(superfinishing)은 전해액을 이용하여 전기화학적 방법으로 공작물을 연삭하는 데 사용된다.
④ 폴리싱(polishing)은 천, 가죽, 펠트(felt) 등으로 만들어진 폴리싱 휠을 사용한다.

해설

전해액을 사용하여 전기화학적 방법으로 공작물을 연삭하는 것을 전해연마라 한다. 슈퍼피니싱은 작은 압력을 가하면서 진동을 주어 정밀입자 가공하는 것을 말한다.

정답 08.① 09.① 10.② 11.③

12

구멍의 치수가 $10^{+0.012}_{-0.012}$mm이고, 축의 치수가 구멍의 치수가 $10^{+0.025}_{-0.005}$mm으로 가공되었을 때 최대 죔새[μ m]는?

① 7 ② 13
③ 17 ④ 37

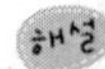

죔새란 축의 가장 큰값과 구멍의 가장 작은값의 차를 말한다. 축의 가장 큰값은 10.025mm이고, 구멍의 가장 작은값은 9.988mm이다.

$0.025+0.012=0.037=37\times10^{-3}\text{mm}=37\times10^{-6}\text{m}=37\mu\text{m}$ 로 유도된다.

13

절삭공구의 날 끝에 칩(chip)의 일부가 절삭열에 의한 고온, 고압으로 녹아 붙거나 압착되어 공구의 날과 같은 역할을 할 때 가공면에 흠집을 만들고 진동을 일으켜 가공면이 나쁘게 되는 것을 구성인선(Built-up Edge)이라 하는데, 이것의 발생을 감소시키기 위한 방법이 아닌 것은?

① 효과적인 절삭유를 사용한다.
② 절삭깊이를 작게 한다.
③ 공구반경을 작게 한다.
④ 공구의 경사각을 작게 한다.

구성인선의 방지법은 절삭유를 사용하여 냉각, 회전속도를 높이거나 절삭깊이를 작게 한다. 또한 공구반경을 작게 하고 공구 경사각을 크게(뾰족하게) 한다.

14

내연기관에 대한 설명으로 옳지 않은 것은?

① 디젤 기관은 공기만을 압축한 뒤 연료를 분사시켜 자연착화시키는 방식으로 가솔린 기관보다 열효율이 높다.
② 옥탄가는 연료의 노킹에 대한 저항성, 세탄가는 연료의 착화성을 나타내는 수치이다.
③ 가솔린 기관은 연료의 옥탄가가 높고, 디젤 기관은 연료의 세탄가가 낮은 편이 좋다.
④ EGR(Exhaust Gas Recirculation)은 배출 가스의 일부를 흡입 공기에 혼입시켜 연소 온도를 억제하는 것으로서, NOX의 발생을 저감하는 장치이다.

가솔린 기관은 옥탄가가 높아야 효율과 노킹을 일으키지 않는다.

옥탄가 $=\dfrac{\text{이소옥탄}}{\text{이소옥탄}+\text{노멀헵탄}}\times100$ 으로 나타내며, 내폭발성의 정도를 나타낸다.

디젤 기관은 세탄가가 높아야 효율이 좋고 노킹을 일으키지 않는다.

세탄가 $=\dfrac{\text{세탄}}{\text{세탄}+\alpha\text{나프탈렌}}\times100$ 으로 나타내며, 착화성을 정도를 나타낸다.

정답 12.④ 13.④ 14.③

15 단열 깊은 홈 볼 베어링에 대한 설명으로 옳지 않은 것은?

① 내륜과 외륜을 분리할 수 없다.
② 전동체가 접촉하는 면적이 크다.
③ 마찰저항이 적어 고속 회전축에 적합하다.
④ 반경 방향과 축 방향의 하중을 지지할 수 있다.

해설

단열깊은홈 볼베어링은 보통 우리가 사용하는(일상생활에 제일 많이 사용하는) 베어링을 말한다. 전동체의 접촉면적이 작고 내륜과 외륜을 분리할 수 없다.

16 선삭 가공에서 공작물의 회전수가 200 rpm, 공작물의 길이가 100 mm, 이송량이 2mm/rev 일 때 절삭 시간은?

① 4초 ② 15초
③ 30초 ④ 60초

해설

이송속도v_f = 이송$(f) \times N = 2(\text{mm/rev}) \times \dfrac{200\text{rev}}{60(\text{s})} = \dfrac{20}{3}\text{mm/s}$

절삭시간$= \dfrac{\text{절삭거리}}{\text{이송속도}} = \dfrac{100\text{mm}}{\frac{20}{3}\text{mm/s}} = 15(\text{s})$로 계산된다.

17 인벌류트 치형과 사이클로이드 치형의 공통점에 대한 설명으로 옳은 것은?

① 원주피치와 구름원의 크기가 같아야 호환성이 있다.
② 전위기어를 사용할 수 있다.
③ 미끄럼률은 이끝면과 이뿌리면에서 각각 일정하다.
④ 두 이의 접촉점에서 공통법선 방향의 속도는 같다.

해설

보기①과 ③은 사이클로이드 곡선에 대한 설명이다. 보기②는 인벌류트 곡선에 대한 설명이다.

18 양단지지형 겹판 스프링에 대한 설명으로 옳지 않은 것은?

① 조립 전에는 길이가 달라도 곡률이 같은 판자(leaf)를 사용한다.
② 모판(main leaf)이 파단되면 사용할 수 없다.
③ 판자 사이의 마찰은 스프링이 진동하였을 때 감쇠력으로 작용한다.
④ 철도차량과 자동차의 현가장치로 사용한다.

해설

양단지지 겹판 스프링의 경우 조립 전의 각 판자는 크기가 다를 뿐아니라 곡률이 각각 다르다. 크기가 작을수록 곡률 반경이 작아진다.

정답 15.② 16.② 17.④ 18.①

19 전조가공에 대한 설명으로 옳지 않은 것은?

① 나사 및 기어의 제작에 이용될 수 있다.
② 절삭가공에 비해 생산 속도가 높다.
③ 매끄러운 표면을 얻을 수 있지만 재료의 손실이 많다.
④ 소재 표면에 압축잔류응력을 남기므로 피로수명을 늘릴 수 있다.

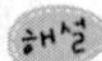

전조는 압력의 일종으로, 매끄러운 표면을 얻을 수 있으면서 재료의 손실을 줄일 수 있다. 그래서 나사나 기어의 제작에 사용된다.

20 방전가공에 대한 설명으로 옳지 않은 것은?

① 절연액 속에서 음극과 양극 사이의 거리를 접근시킬 때 발생하는 스파크 방전을 이용하여 공작물을 가공하는 방법이다.
② 전극 재료로는 구리 또는 흑연을 주로 사용한다.
③ 콘덴서의 용량이 적으면 가공 시간은 빠르지만 가공면과 치수 정밀도가 좋지 못하다.
④ 재료의 경도나 인성에 관계없이 전기 도체이면 모두 가공이 가능하다.

해설

방전가공에서 콘덴서(축전기)의 용량이 적으면, 가공시간은 느려지고 가공면과 치수 정밀도가 좋다.

정답 19.③ 20.③

공업기계직 기계일반 (2016년 6월 시행 지방직) 9급

01 재료의 원래 성질을 유지하면서 내마멸성을 강화시키는 데 가장 적합한 열처리 공정은?

① 풀림(annealing)
② 뜨임(tempering)
③ 담금질(quenching)
④ 고주파 경화법(induction hardening)

해설

원래 성질을 유지하면서 내마멸성을 강화하는 것은 표면경화법을 말한다. ①, ②, ③은 일반 열처리로 성질이 바뀐다.

02 응고수축에 의한 주물제품의 불량을 방지하기 위한 목적으로 주형에 설치하는 탕구계 요소는?

① 탕구(sprue)
② 압탕구(feeder)
③ 탕도(runner)
④ 주입구(pouring basin)

해설

응고수축에 의한 주물제품의 불량을 방지하기 위한 목적으로 피드(feeder)를 주형에 설치한다.

03 금속 판재의 가공 공정 중 가장 매끈하고 정확한 전단면을 얻을 수 있는 전단공정은?

① 슬리팅(slitting)
② 스피닝(spinning)
③ 파인블랭킹(fine blanking)
④ 신장성형(stretch forming)

해설

슬리팅은 나누는 작업을 말하며, 스피닝은 펀치에 해당하는 내형과 소재판을 선반에 설치하여 3000rpm으로 회전시킨 다음, 외측으로부터 롤러로 소재를 형에 눌러대며 성형.
파인블랭킹 : 가장 매끈하고 정확한 전단면을 얻는 전단공정

04 다음 중 소성가공이 아닌 것은?

① 인발(drawing)
② 호닝(honing)
③ 압연(rolling)
④ 압출(extrusion)

해설

호닝은 정밀입자가공으로 연삭에 가깝다. 연삭도 크게 보면 절삭과정의 일부분이라 할 수 있다.

정답 01. ④ 02. ② 03. ③ 04. ④

05 각종 용접법에 대한 설명으로 옳은 것은?

① TIG용접(GTAW)은 소모성인 금속전극으로 아크를 발생시키고, 녹은 전극은 용가재가 된다.

② MIG용접(GMAW)은 비소모성인 텅스텐 전극으로 아크를 발생시키고, 용가재를 별도로 공급하는 용접법이다.

③ 일렉트로 슬래그 용접(ESW)은 산화철 분말과 알루미늄 분말의 반응열을 이용하는 용접법이다.

④ 서브머지드 아크 용접(SAW)은 노즐을 통해 용접부에 미리 도포된 용제(flux) 속에서, 용접봉과 모재 사이에 아크를 발생시키는 용접법이다.

해설

①은 MIG의 설명이고, ②는 TIG의 설명이다. ③은 산화철 분말과 알루미늄 분말을 3:1로 섞어 반응열을 이용하는 것은 테르밋용접이다.

06 금속의 결정격자구조에 대한 설명으로 옳은 것은?

① 체심입방격자의 단위 격자당 원자는 4개이다.

② 면심입방격자의 단위 격자당 원자는 4개이다.

③ 조밀육방격자의 단위 격자당 원자는 4개이다.

④ 체심입방격자에는 정육면체의 각 모서리와 각 면의 중심에 각각 1개의 원자가 배열되어 있다.

해설

체심입방격자의 단위 격자당 원자수는 2개, 면심입방격자의 단위 격자당 원자수는 4개, 조밀입방격장의 단위 격자당 원자수는 6개($\frac{1}{6}\times 12$(위아래)$+\frac{1}{2}\times 2$(위아래)$+3$(중앙)$=6$)이다.

07 다음 ㉠, ㉡에 해당하는 것은?

㉠ 압력을 가하여 용탕금속을 금형공동부에 주입하는 주조법으로, 얇고 복잡한 형상의 비철금속 제품 제작에 적합한 주조법이다.

㉡ 금속판재에서 원통 및 각통 등과 같이 이음매 없이 바닥이 있는 용기를 만드는 프레스가공법이다.

	㉠	㉡
①	인베스트먼트주조(investment casting)	플랜징(flanging)
②	다이캐스팅(die casting)	플랜징(flanging)
③	인베스트먼트주조(investment casting)	딥드로잉(deep drawing)
④	다이캐스팅(die casting)	딥드로잉(deep drawing)

해설

딥드로잉은 이음매 없는 바닥이 있는 용기를 만드는 작업이다.

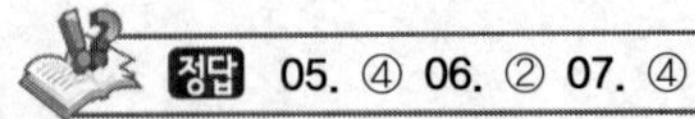
정답 05. ④ 06. ② 07. ④

08 레이저 용접에 대한 설명으로 옳지 않은 것은?

① 좁고 깊은 접합부를 용접하는 데 유리하다.
② 수축과 뒤틀림이 작으며 용접부의 품질이 뛰어나다.
③ 반사도가 높은 용접 재료의 경우, 용접효율이 감소될 수 있다.
④ 진공 상태가 반드시 필요하며, 진공도가 높을수록 깊은 용입이 가능하다.

해설

①, ②, ③은 레이저용접의 특징을 말한 것이고 첨가한다면 레이저용접의 경우 어떤 상황에서도 용접이 가능하다. ④와 같이 진공상태가 반드시 필요한 용접은 전자빔용접이다.

09 윤곽투영기(optical comparator)에 대한 설명으로 옳은 것은?

① 빛의 간섭무늬를 이용해서 평면도를 측정하는 데 사용한다.
② 측정침이 물체의 표면 위치를 3차원적으로 이동하면서 공간좌표를 검출하는 장치이다.
③ 피측정물의 실제 모양을 스크린에 확대 투영하여 길이나 윤곽 등을 검사하거나 측정한다.
④ 랙과 피니언 기구를 이용해서 측정자의 직선운동을 회전운동으로 변환시켜 눈금판에 나타낸다.

해설

피검물을 광학적으로 정확한 배율로 확대하고 투영하여 스크린에서 형상, 치수, 강도 등을 검사하거나 측정하는 것이 윤곽투영기이다.

10 금속 재료의 파손에 대한 설명으로 옳지 않은 것은?

① 연성 금속이라도 응력부식 균열이 발생하면 취성 재료처럼 파단된다.
② 파단면에 비치마크(beach mark)가 발견되면 피로에 의한 파괴로 추정할 수 있다.
③ 재료 내부에 수소 성분이 침투하면 연성이 저하되어 예상보다 낮은 하중에서 파단될 수 있다.
④ 숏피닝이나 롤러버니싱 같은 공정은 표면에 인장잔류응력을 발생시키기 때문에 제품 수명을 향상시킨다.

해설

숏피닝은 표면경도를 증가시켜 피로한도를 증가시키며, 버니싱은 표면 다듬질, 정밀도를 향상시킨다.

정답 08. ④ 09. ③ 10. ④

11 두 축의 중심선을 일치시키기 어려운 경우, 두 축의 연결 부위에 고무, 가죽 등의 탄성체를 넣어 축의 중심선 불일치를 완화하는 커플링은?

① 유체 커플링　　② 플랜지 커플링
③ 플렉시블 커플링　　④ 유니버설 조인트

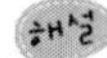

2개의 축의 중심축을 일치시키기 어려울 경우, 2축의 연결 부위에 고무, 가죽 등의 탄성체를 넣어 축의 중심선 불일치를 완화시키는 커플링이 플렉시블 커플링이다.

12 자동차에 사용되는 판 스프링(leaf spring)이나 쇼크 업소버(shock absorber)의 역할은?

① 클러치　　② 완충 장치
③ 제동 장치　　④ 동력 전달 장치

판스프링은 진폭이 빨리 수렴하지 않는다. 따라서 이 진폭충격을 흡수하여 빨리 수렴하게 만드는 것이 쇼크 업소버이다. 이들을 완충장치(현가장치)라 한다.

13 4행정 기관과 2행정 기관에 대한 설명으로 옳은 것은?

① 배기량이 같은 가솔린 기관에서 4행정 기관은 2행정 기관에 비해 출력이 작다.
② 배기량이 같은 가솔린 기관에서 4행정 기관은 2행정 기관에 비해 연료 소비율이 크다.
③ 4행정 기관은 크랭크축 1회전 시 1회 폭발하며, 2행정 기관은 크랭크축 2회전 시 1회 폭발한다.
④ 4행정 기관은 밸브 기구는 필요 없고 배기구만 있으면 되고, 2행정 기관은 밸브 기구가 복잡하다.

배기량이 같을 경우 2행정이 4행정보다 출력이 높고, 연료소비도 많다. 2행정은 1회전 마다 폭발하고 밸브가 간단하다.

14 한 쌍의 기어가 맞물려 회전할 때 이의 간섭을 방지하기 위한 방법으로 옳지 않은 것은?

① 압력각을 작게 한다.
② 기어의 이 높이를 줄인다.
③ 기어의 잇수를 한계 잇수 이하로 감소시킨다.
④ 피니언의 잇수를 최소 잇수 이상으로 증가시킨다.

해설

이의 간섭을 방지하기 위해서는 압력각을 크게 해야 한다.

정답 11. ③ 12. ② 13. ① 14. ①

15 감기 전동기구에 대한 설명으로 옳지 않은 것은?

① 벨트 전동기구는 벨트와 풀리 사이의 마찰력에 의해 동력을 전달한다.
② 타이밍 벨트 전동기구는 동기(synchronous)전동을 한다.
③ 체인 전동기구를 사용하면 진동과 소음이 작게 발생하므로 고속 회전에 적합하다.
④ 구동축과 종동축 사이의 거리가 멀리 떨어져 있는 경우에도 동력을 전달할 수 있다.

해설

체인 전동기구는 진동과 소음이 크게 발생하며 축간거리가 짧아 고속회전에 적합하지 않다.

16 냉매의 구비 조건에 대한 설명으로 옳지 않은 것은?

① 응축 압력과 응고 온도가 높아야 한다.
② 임계 온도가 높고, 상온에서 액화가 가능해야 한다.
③ 증기의 비체적이 작아야 하고, 부식성이 없어야 한다.
④ 증발 잠열이 크고, 저온에서도 증발 압력이 대기압 이상이어야 한다.

해설

냉매란 냉각을 시키는 촉매를 말한다. 보통 프레온가스, 134a 신냉매 등이 사용된다. 냉매의 구비 조건으로는 응축압력과 응축온도가 낮아야 한다. 즉, 빨리 액체화되어야 한다.

17 축 방향의 압축하중이 작용하는 원통 코일 스프링에서 코일 소재의 지름이 d일 때 최대 전단응력이 τ_1이고, 코일 소재의 지름이 $d/2$일 때 최대 전단응력이 τ_2일 경우 τ_2/τ_1는?(단, 응력 수정계수는 1로 하고, 다른 조건은 동일하다)

① 2 ② 4
③ 8 ④ 16

해설

$\tau_1 = \dfrac{T_1}{z_{p1}}$, $\tau_2 = \dfrac{T_2}{z_{p2}}$라 하면, 동일조건이라 하였으므로 $T_1 = T_2$이다.

$d_2 = \dfrac{1}{2}d_1$이라고 하였으므로,

$$\frac{\tau_2}{\tau_1} = \frac{\dfrac{T}{z_{p2}}}{\dfrac{T}{z_{p1}}} = \frac{z_{p1}}{z_{p2}} = \frac{\dfrac{\pi d_1^3}{16}}{\dfrac{\pi d_2^3}{16}} = \frac{d_1^3}{d_2^3} = \frac{d_1^3}{(\frac{1}{2}d_1)^3} = 8$$

정답 15. ③ 16. ① 17. ③

18 **유압 작동유의 점도 변화가 유압 시스템에 미치는 영향으로 옳지 않은 것은?(단, 정상운전 상태를 기준으로 한다)**

① 점도가 낮을수록 작동유의 누설이 증가한다.
② 점도가 낮을수록 운동부의 윤활성이 나빠진다.
③ 점도가 높을수록 유압 펌프의 동력 손실이 증가한다.
④ 점도가 높을수록 밸브나 액추에이터의 응답성이 좋아진다.

해설

유압 작동유의 점도가 낮을수록 작동유의 누설이 증가하고 밸브나 엑추에이터의 응답성이 좋아진다.

19 **그림과 같이 폭 b, 높이 h인 직사각 단면의 보에 휨모멘트 M이 작용하고 있다. 이 모멘트에 의해 발생되는 최대 휨응력을 σ_1, 이 단면을 90° 회전하여 폭 h, 높이 b로 하였을 때 동일한 휨모멘트 M이 작용할 때의 최대 휨응력을 σ_2라 한다면 σ_2/σ_1는?(단, 다른 조건은 동일하다)**

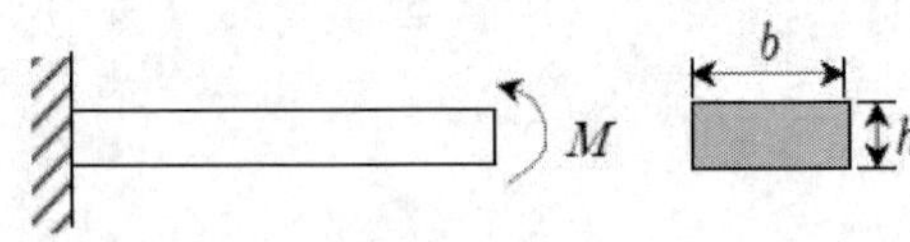

① $\frac{h}{b}$　　② $\frac{b}{h}$
③ $(\frac{h}{b})^2$　　④ $(\frac{b}{h})^2$

해설

외팔보이므로 최대 모멘트 $M_{\max} = P \times l$로 경우1과 경우2가 같다. $M_1 = M_2$

굽힘응력(σ_b)의 경우 $\sigma_b = \frac{M}{z}$이므로,

폭이 b이고 높이가 h인 경우1 : $I = \frac{bh^3}{12} \rightarrow z_1 = \frac{I}{\frac{h}{2}} = \frac{\frac{bh^3}{12}}{\frac{h}{2}} = \frac{bh^2}{6}$

폭이 h이고 높이가 b인 경우1 : $I = \frac{hb^3}{12} \rightarrow z_2 = \frac{I}{\frac{b}{2}} = \frac{\frac{hb^3}{12}}{\frac{h}{2}} = \frac{hb^2}{6}$

따라서 $\frac{\sigma_2}{\sigma_1} = \frac{\frac{M}{z_2}}{\frac{M}{z_1}} = \frac{z_1}{z_2} = \frac{\frac{bh^2}{6}}{\frac{hb^2}{6}} = \frac{h}{b}$

정답 18. ④ 19. ①

20 **금속의 결정 구조에서 결정립에 대한 설명으로 옳은 것은?**

① 피로현상은 결정립계에서의 미끄러짐과 관계있다.

② 일반적으로 결정립의 크기는 용융금속이 급속히 응고되면 커지고, 천천히 응고되면 작아진다.

③ 결정립 자체는 등방성(isotropy)이지만, 다결정체로 된 금속편은 평균적으로 이방성(anisotropy)이 된다.

④ 결정립이 작을수록 단위 체적당 결정립계의 면적이 넓기 때문에 금속의 강도가 커진다.

해설

결정립의 크기는 급랭일수록 작아지고 서냉일수록 커진다. 결정립의 크기가 작을수록 강도는 강해진다. 다결정체로 된 금속편은 무작위(random)로 배열되어 전체적으로 등방성을 가지나 상온에서 힘을 받으면 이방성이 된다. 크리프현상은 결정립계에서의 미끄러짐과 관계있다.

정답 20. ④

공업기계직 기계일반 (2017년 6월 시행 지방직) 9급

01 **회전 중에 임의로 힘의 전달을 끊을 수 없는 기계요소는?**

① 맞물림 클러치(jaw clutch)
② 마찰차(friction wheel)
③ 마찰 클러치(friction clutch)
④ 커플링(coupling)

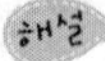

커플링은 회전 중에 동력 전달을 끊을 수 없다. 클러치는 그렇지 않다

02 **무단 변속장치에 이용되는 마찰차가 아닌 것은?**

① 원판 마찰차
② 원뿔 마찰차
③ 원통 마찰차
④ 구면 마찰차

무단변속장치에 사용되는 것은 원판, 원추, 구면 마찰차, 원통마찰차는 무단 변속 불가능

03 **사형주조에서 사용되는 주물사의 조건이 아닌 것은?**

① 성형성이 있어야 한다.
② 통기성이 있어야 한다.
③ 수축성이 없어야 한다.
④ 열전도도가 낮아야 한다.

주물사는 내열성, 통기성, 보온성, 가축성(수축성)이 있어야 한다.

04 **펌프에서 수격현상의 방지 대책으로 옳지 않은 것은?**

① 송출관 내의 유속이 빠르도록 관의 지름을 선정한다.
② 펌프에 플라이휠을 설치한다.
③ 송출 관로에 공기실을 설치한다.
④ 펌프의 급정지를 피한다.

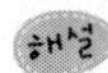

수격은 급격한 개폐에 의한 압력상승과 압력파 생성이므로,
① 설계 시 고려사항 : 유량을 감소(유속을 느리게), 관의 지름을 크게, 관로를 짧게(길면 중간에 수조 설치)
② 시공 시 고려사항 : 역류방지 체크밸브 설치, 플라이휠 설치, 공기 유입밸브 설치

정답 01. ④ 02. ③ 03. ③ 04. ①

05 일반적인 금속재료의 온도를 증가시킬 때 나타날 수 있는 현상으로 옳지 않은 것은?

① 인성 및 연성이 증가한다.
② 강도에 대한 변형률속도의 영향이 감소한다.
③ 인장강도가 감소한다.
④ 탄성계수 및 항복응력이 감소한다.

해설

일반 금속에 온도 상승의 영향: 인성, 연성 증가, 변형률 증가 / 강도나 E, 항복응력은 감소

06 재료의 피로 수명에 대한 설명으로 옳지 않은 것은?

① 시편의 파손을 일으키는데 필요한 반복 응력 사이클 수를 피로수명이라 한다.
② 재료 표면에 숏피닝(shot peening) 공정을 통해 피로 수명을 증가시킬 수 있다.
③ 반복 응력의 평균값이 클수록 피로 수명이 감소한다.
④ 재료 표면에 존재하는 노치(notch)를 제거하면 피로 수명이 감소한다.

해설

재료표면에 노치를 제거하면 피로수명이 커진다.

07 디젤기관의 디젤노크 저감 방법으로 옳지 않은 것은?

① 발화성이 좋은 연료를 사용한다.
② 연소실 벽의 온도를 낮춘다.
③ 발화까지의 연료 분사량을 감소시킨다.
④ 가솔린 기관과 노크 저감 방법이 정반대이다.

해설

디젤기관에 연료는 경유로 연소실벽의 온도가 높을수록 자기착화(발화)를 잘한다. 즉 노킹을 방지할 수 있다.

08 플라스틱 가공 공정에 대한 설명으로 옳지 않은 것은?

① 압출 공정은 고분자 재료에 압축력을 가하여 다이 오리피스를 통과시키는 공정이다.
② 사출성형된 제품은 냉각 수축이 거의 없다.
③ 사출성형은 고분자 재료를 용융시켜 금형 공동에 고압으로 주입하고 고화시키는 공정이다.
④ 압출된 제품의 단면적은 다이 구멍의 면적보다 크다.

해설

압출공정→다이 통과, 압출된 제품의 단면적은 다이 구멍의 면적보다 크다.
사출성형→금형에 고압으로 주입하고 고화, 냉각 수축 고려

정답 05. ② 06. ④ 07. ② 08. ②

09 **한줄 겹치기 리벳이음의 일반적인 파괴형태에 대한 설명으로 옳지 않은 것은?**

① 리벳의 지름이 작아지면 리벳이 전단에 의해 파괴될 수 있다.
② 리벳 구멍과 판 끝 사이의 여유가 작아지면 판 끝이 갈라지는 파괴가 발생할 수 있다.
③ 판재가 얇아지면 압축응력에 의해 리벳 구멍 부분에서 판재의 파괴가 발생할 수 있다.
④ 피치가 커지면 리벳 구멍 사이에서 판이 절단될 수 있다.

해설

피치(리벳과 리벳사이)가 작으면 리벳 구멍사이에서 판이 절단될 수 있다.

10 **풀리(원판) 주위에 감겨 있는 줄에 질량 O의 블록이 연결되어 있다. 블록이 아래쪽으로 운동할 때 풀리의 각가속도 α는?(단, 줄은 늘어나지 않으며 줄의 질량은 무시한다. 점 O에 대한 풀리의 회전 관성모멘트는 I, 반지름은 r, 중력가속도는 g로 가정한다)**

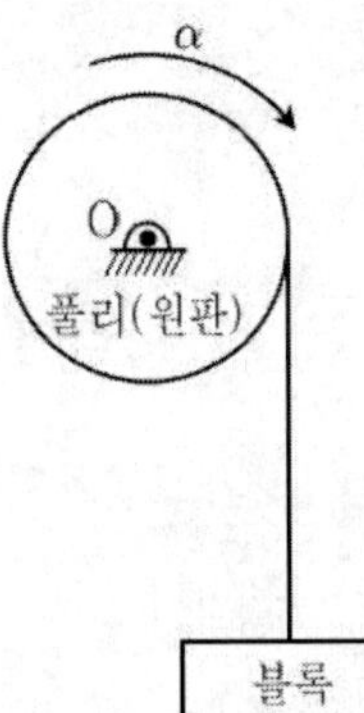

① $\alpha = \dfrac{mgr}{I}$

② $\alpha = \dfrac{mgr}{I + mr^2}$

③ $\alpha = \dfrac{mg}{I + mr^2}$

④ $\alpha = \dfrac{mgr^2}{I + mgr}$

해설

직선운동 : $F = ma$, $E = \frac{1}{2}mv^2$, a는 가속도

회전운동 : $T = I\alpha$, $E = \frac{1}{2}I\omega^2$, α는 각가속도, $I = mr^2$ <--질량×반지름의 제곱

질량 m이 풀리(원판)에 붙어있다고 생각하면, 원판의 중심을 기준으로 반시계방향(+), 시계(−)
$\sum T_0 = (I + mr^2)\alpha - T = 0$--1식, 여기서 I는 풀리의 관성모멘트, m은 블록의 질량, r은 풀리의 반지름이며, $(I + mr^2)$은 관성모멘트, 블록에 의해 시계방향의 토크 $(T) = mg \times r$--2식

2식을 1식에 대입하면 $\alpha = \dfrac{mgr}{I + mr^2}$ 으로 유도된다.

11 **공압 발생 장치에서 공기의 온도를 이슬점 이하로 낮추어 압축공기에 포함된 수분을 제거하는 공기 건조 방식은?**

① 냉각식(냉동식) 건조
② 흡수식 건조
③ 흡착식 건조
④ 애프터 쿨러(after cooler)

정답 09. ④ 10. ② 11. ①

해설

건조기의 종류
① 냉동식 건조 : 이슬점 온도를 낮추는 원리, 수증기를 응축시켜 수분제거
② 흡수식 건조 : 흡수액을 사용한 화학적 방식
③ 흡착식 건조 : 고체 흡착제 속을 압축공기가 통과하도록 해서 수분이 고체표면에 흡착

12 백래시(backlash)가 적어 정밀 이송장치에 많이 쓰이는 운동용 나사는?

① 사각 나사　② 톱니 나사　③ 볼 나사　④ 사다리꼴 나사

해설

볼나사 : 볼의 구름 접촉 이용, 마찰계수가 아주 작아 효율 좋음, 수치제어용 이송나사, 조향장치에 사용

13 다음 설명에 가장 적합한 소재는?

○ 우주선의 안테나, 치열 교정기, 안경 프레임, 급유관의 이음쇠 등에 사용한다.
○ 소재의 회복력을 이용하여 용접 또는 납땜이 불가능한 것을 연결하는 이음쇠로도 사용 가능하다.

① 압전재료　② 수소저장합금
③ 파인세라믹　④ 형상기억합금

해설

형상기억합금 : 가열과 동시에 원상태로 회복, 이 회복력을 이용하여 이음쇠로 사용 가능

14 필라멘트(filament) 형태의 소재를 사용하는 쾌속조형법(rapid prototyping)은?

① 융해융착모델(FDM:fused deposition modeling)
② 스테레오리소그래피(STL: stereolithography)
③ 폴리젯(polyjet)
④ 선택적 레이저 소결(SLS: selective laser sintering)

해설

① 융해융착모델(FDM, fused deposition modeling) : 필라멘트 선으로 된 열가소성 소재를 노즐 안에서 가열하여 용해한 후, 이를 짜내어 조형면에 쌓아올려 제품의 형상을 만듬
② 스테레오리소그래피(STL, STereolithography Apparatus) : 액체상태의 광경화성 수지에 레이저광선을 부분적으로 쏘아서 적층해나가는 방법
③ 박판적층법(LOM, Laminated Object Manufacturing) : 원하는 단면에 레이저광선을 부분적으로 쏘아서 절단한 후, 종이의 뒷면에 부착된 접착제를 이용하여 아래층과 압착시켜 한층씩 쌓아가며 형상을 만듬
④ 선택적 레이저 소결(SLS, selective laser sintering) : 고분자재료나 금속 분말가루를 한층씩 도포한 후, 여기에 레이저광선을 쏘아 소결시킴->다시 한층씩 쌓아올려 제품형상 만듬

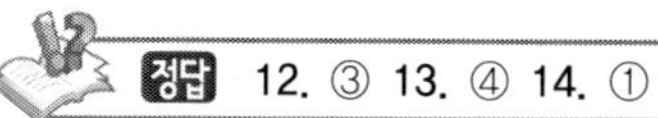
정답 12. ③ 13. ④ 14. ①

15 소성가공에 대한 설명으로 옳지 않은 것은?

① 절삭가공에 비하여 생산율이 낮다.
② 절삭가공 제품에 비하여 강도가 크다.
③ 취성인 재료는 소성가공에 적합하지 않다.
④ 절삭가공과 비교하여 칩(chip)이 생성되지 않으므로 재료의 이용률이 높다.

소성가공은 절삭가공에 비해 생산율이 낮지 않다. 절삭가공 제품보다 강도가 크다. 취성재료는 소성가공에 적합하지 않다.

16 딥 드로잉 공정에서 나타나는 결함에 대한 설명으로 옳지 않은 것은?

① 플랜지가 컵 속으로 빨려 들어가면서 수직 벽에서 융기된 현상을 이어링(earing)이라고 한다.
② 플랜지부에 방사상으로 융기된 형상을 플랜지부 주름(wrinkling)이라고 한다.
③ 펀치와 다이 표면이 매끄럽지 못하거나 윤활이 불충분하면 제품 표면에 스크래치(scratch)가 발생한다.
④ 컵 바닥 부근의 인장력에 의해 수직 벽에 생기는 균열을 파열(tearing)이라고 한다.

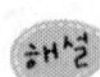

이어링(earing) : 롤 압연된 얇은 판이 소성 가공된 때의 방향성 때문에 드로잉 된 용기의 상단부 가장자리 주위에 귀 모양 또는 부채꼴의 가장자리를 형성하는 것

17 드릴링 머신 작업에 대한 설명으로 옳지 않은 것은?

① 드릴 가공은 드릴링 머신의 주된 작업이다.
② 카운터 싱킹은 드릴로 뚫은 구멍의 내면을 다듬어 치수정밀도를 향상시키는 작업이다.
③ 스폿 페이싱은 볼트 머리나 너트 등이 닿는 부분을 평탄하게 가공하는 작업이다.
④ 카운터 보링은 작은 나사나 볼트의 머리가 공작물에 묻히도록 턱이 있는 구멍을 뚫는 작업이다.

카운터 싱킹은 구멍에 나사의 접시머리 나사가 들어갈 부분을 가공하는 것

18 Fe-Fe3C 상태도에 대한 설명으로 옳지 않은 것은?

① 오스테나이트는 공석변태온도보다 높은 온도에서 존재한다.
② 0.5%의 탄소를 포함하는 탄소강은 아공석강이다.
③ 시멘타이트는 사방정계의 결정구조를 가지고 있어 높은 경도를 나타낸다.
④ 공석강은 공정반응을 보이는 탄소 성분을 가진다.

정답 15. ① 16. ① 17. ② 18. ④

해설

공석강은 공석반응(오스테나이트 → 냉각 → 펄라이트 = 페라이트와 시멘타이트)
공정강은 공정반응(액체 → 냉각 → 오스테나이트와 시멘타이트)

19 알루미늄 합금인 두랄루민에 대한 설명으로 옳지 않은 것은?

① Cu, Mg, Mn을 성분으로 가진다.

② 비중이 연강의 약 1/3 정도로 경량재료에 해당된다.

③ 주물용 알루미늄 합금이다.

④ 고온에서 용체화 처리 후 급랭하여 상온에 방치하면 시효경화 한다.

해설

두랄루민은 가공용 알루미늄 합금이다. 주물용은 실루민, 내열용은 Y합금, Lo-ex합금, 내식용으로는 하이드로날륨이 있다.

20 초소성 성형의 특징에 해당하지 않는 것은?

① 높은 변형률속도로 성형이 가능하다.

② 성형 제품에 잔류응력이 거의 없다.

③ 복잡한 제품을 일체형으로 성형할 수 있어 2차 가공이 거의 필요 없다.

④ 다른 소성가공 공구들보다 낮은 강도의 공구를 사용할 수 있어 공구 비용이 절감된다.

해설

초소성성형 : 고온에서 매우 느린 속도로 변형시킬 때 큰 폭으로 증가하는 성형성을 이용, 가공속도가 매우 느려 펀치를 직접 사용하기보다 고온의 가스압으로 서서히 금형벽으로 밀착시켜 가공

정답 19. ③ 20. ①

공업기계직 기계일반 (2018년 5월 시행 지방직) 9급

01 **다음 중 금속재료의 연성과 전성을 이용한 가공방법만을 모두 고르면?**

ㄱ. 자유단조　　ㄴ. 구멍뚫기　　ㄷ. 굽힘가공
ㄹ. 밀링가공　　ㅁ. 압연가공　　ㅂ. 선삭가공

① ㄱ, ㄴ, ㄹ　　② ㄱ, ㄷ, ㅁ
③ ㄴ, ㄷ, ㅂ　　④ ㄹ, ㅁ, ㅂ

해설

연성(가늘게 늘어나는 성질), 전성(얇게 넓혀지는 성질)을 이용한 것은 자유단조, 굽힘, 압연이며, 절삭을 하는 것은 구멍뚫기, 밀링가공, 선삭가공이다.

02 **자동공구교환장치를 활용하여 구멍가공, 보링, 평면가공, 윤곽가공을 할 경우 적합한 공작기계는?**

① 선반　　② 밀링 머신
③ 드릴링 머신　　④ 머시닝 센터

해설

선반과 드릴링은 평면가공 못함, 밀링은 자동공구교환장치 없음, 따라서 밀링작업을 하면서 자동공구교환장치가 있는 것은 머시닝센터

03 **주물의 균열을 방지하기 위한 대책으로 옳지 않은 것은?**

① 각 부의 온도 차이를 될 수 있는 한 작게 한다.
② 주물을 최대한 빨리 냉각하여 열응력이 발생하지 않도록 한다.
③ 주물 두께 차이의 변화를 작게 한다.
④ 각이 진 부분은 둥글게 한다.

해설

균열방지대책: 각 부의 온도 차를 적게, 서냉, 주물 두께 차이의 변화를 작게, 각은 둥글게

04 **회전력을 전달할 때 축방향으로 추력이 발생하는 기어는?**

① 스퍼 기어　　② 전위 기어
③ 헬리컬 기어　　④ 래크와 피니언

해설

추력 : 미는 힘, 헬리컬 기어의 경우 회전하면 축방향으로 미는 힘이 생김

정답 01. ② 02. ④ 03. ② 04. ③

05 공장자동화의 구성요소로 옳은 것만을 모두 고르면?

ㄱ. CAD/CAM　　ㄴ. CNC 공작기계　　ㄷ. 무인 반송차
ㄹ. 산업용 로봇　　ㅁ. 자동창고

① ㄱ, ㄴ, ㄹ　　② ㄷ, ㄹ, ㅁ
③ ㄱ, ㄴ, ㄷ, ㅁ　　④ ㄱ, ㄴ, ㄷ, ㄹ, ㅁ

해설

공장자동화(FA)의 구성요소 : CAD/CAM, CNC공작기계, 무인자동차, 산업용로봇, 자동창고

06 정적인장시험으로 구할 수 있는 기계재료의 특성에 해당하지 않는 것은?

① 변형경화지수　　② 점탄성
③ 인장강도　　④ 인성

해설

변형경화지수 : 참(真) 응력을 σ, 단위 변형에서의 응력을 σ0, 참(真) 변형을 δ라 하면 σ=σ0δn으로 표시된다. 이 경우의 n을 변형 경화 지수라 함
점탄성 : 점성과 탄성이 공존하는 성질

07 탄소강의 열처리에 대한 설명으로 옳지 않은 것은?

① 담금질을 하면 경도가 증가한다.
② 풀림을 하면 연성이 증가된다.
③ 뜨임을 하면 담금질한 강의 인성이 감소된다.
④ 불림을 하면 결정립이 미세화되어 강도가 증가한다.

해설

탄소강을 담금질 하면 경화되므로, 뜨임을 하면 인성이 증가한다.

08 유압 기기와 비교하여 공압 기기의 장점으로 옳은 것은?

① 구조가 간단하고 취급이 용이하다.
② 사용압력이 낮아 정확한 위치제어를 할 수 있다.
③ 효율이 좋아 대용량에 적합하다.
④ 부하가 변화해도 압축공기의 영향으로 균일한 작업속도를 얻을 수 있다.

해설

공압기기의 특징은 속도가 빠르고 누설이 약간 있어도 작동한다. 즉 효율이 좋지 않고 제어가 곤란하다.

정답 05. ④ 06. ② 07. ③ 08. ①

09 동일한 치수와 형상의 제품을 제작할 때 강도가 가장 높은 제품을 얻을 수 있는 공정은?

① 광조형법(stereo-lithography apparatus)
② 융해용착법(fused deposition modeling)
③ 선택적레이저소결법(selective laser sintering)
④ 박판적층법(laminated object manufacturing)

쾌속조형은 3차원 형상의 단면데이터를 이용하여 수지, 분말, 종이 등의 재료를 접착제, 레이저, 등을 이용하여 한 층씩 쌓아서 물체를 만들어가는 기술, 적층식 제조법은 기존의 절삭공정과는 달리 복잡한 곡면과 내부형상을 가지고 있는 부품의 제작에 용이하며 광조형법(SLA)), 판재적층방법(LOM), 용착조형방법(FDM), 선택적레이저 소결방법(SLS) 등이 있다.

① **광조형법** : 액체성 상태의 광경화성 수지에 레이저 광선을 부분적으로 쏘아서 적층
② **융해용착법** : 필라멘트선으로 된 열가소성 소재를 노즐 안에서 가열하여 용해한 후 이를 짜내어 조형 면에 쌓아 올려 제품의 형상을 만드는 방법
③ **선택적레이저소결법** : 고분자재료나 금속분말 가루를 한층씩 도포한 후에 여기에 레이저광선을 쏘아 소결시킨 후 다시 한층씩 쌓아올려 형상을 만드는 방법
④ **박판적층법** : 원하는 단면에 레이저광선을 부분적으로 쏘아서 절단한 후 종이의 뒷면에 부착된 접착제를 이용하여 아래층과 압착시켜 한층씩 쌓아가며 형상을 만드는 방법

10 선반의 절삭조건과 표면거칠기에 대한 설명으로 옳은 것은?

① 절삭유를 사용하면 공작물의 표면거칠기가 나빠진다.
② 절삭속도가 빨라지면 절삭능률은 향상되지만 절삭온도가 올라가고 공구수명이 줄어든다.
③ 절삭깊이를 크게 하면 절삭저항이 작아져 절삭온도가 내려가고 공구수명이 향상된다.
④ 공작물의 표면거칠기는 절삭속도, 절삭깊이, 공구 및 공작물의 재질에 따라 달라지지 않는다.

절삭유는 표면거칠기를 좋게, 절삭속도는 너무 느려도, 너무 빨라도 절삭온도를 올림 즉 적당한 속도 필요, 절삭깊이를 크게 하면 절삭저항이 크짐

11 다음 설명에 해당하는 작업은?

> 튜브형상의 소재를 금형에 넣고 유체압력을 이용하여 소재를 변형시켜 가공하는 작업으로 자동차 산업 등에서 많이 활용하는 기술이다.

① 아이어닝　　② 하이드로 포밍
③ 엠보싱　　④ 스피닝

해설

튜브형상의 소재를 금형에 넣고 유체압력을 이용 → 하이드로 포밍

정답 09. ③ 10. ② 11. ②

12 열간압연과 냉간압연을 비교한 설명으로 옳지 않은 것은?

① 큰 변형량이 필요한 재료를 압연할 때는 열간압연을 많이 사용한다.
② 냉간압연은 재결정온도 이하에서 작업하며 강한 제품을 얻을 수 있다.
③ 열간압연판에서는 이방성이 나타나므로 2차 가공에서 주의 하여야 한다.
④ 냉간압연은 치수가 정확하고 표면이 깨끗한 제품을 얻을 수 있어 마무리 작업에 많이 사용된다.

해설

열간가공은 재결정온도 이상에서 가공하는 것으로 등방성이다.

13 4행정 사이클 기관에서 크랭크 축이 12회 회전하는 동안 흡기 밸브가 열리는 횟수는?

① 3회 ② 4회
③ 6회 ④ 12회

해설

4행정사이클의 경우 크랭크축 2회전에 1사이클(흡압폭배)하므로, 크랭크축 12회전하면 6회의 사이클이 만들어진다.

14 결합에 사용되는 기계요소만으로 옳게 묶인 것은?

① 관통 볼트, 묻힘 키, 플랜지 너트, 분할 핀
② 삼각나사, 유체 커플링, 롤러 체인, 플랜지
③ 드럼 브레이크, 공기 스프링, 웜 기어, 스플라인
④ 스터드 볼트, 테이퍼 핀, 전자 클러치, 원추 마찰차

해설

결합용이므로, 관통볼트, 묻힘키, 플랜지 너트, 분할핀, 삼각나사, 스터드볼트, 테이퍼핀
운동전달용이면 유체커플링, 롤러체인, 플랜지, 웜기어, 스플라인, 마찰차, 클러치

15 폭 30mm, 두께 20mm, 길이 60mm인 강재의 길이방향으로 최대허용하중 36kN이 작용할 때 안전계수는?(단, 재료의 기준 강도는 240MPa이다)

① 2 ② 4
③ 8 ④ 12

해설

$$\sigma = \frac{F}{A} = \frac{36 \times 1000N}{30 \times 20} = 60N/mm^2$$

$$S = \frac{\sigma_s(\text{기준강도})}{\sigma_a} = \frac{240(Mpa = N/mm^2)}{60} = 4$$

정답 12. ③ 13. ③ 14. ① 15. ②

16 다음 설명에 해당하는 주철은?

ㅇ 주철의 인성과 연성을 현저히 개선시킨 것으로 자동차의 크랭크 축, 캠 축 및 브레이크 드럼 등에 사용된다.
ㅇ 용융상태의 주철에 Mg합금, Ce, Ca 등을 첨가한다.

① 구상 흑연 주철 ② 백심 가단 주철
③ 흑심 가단 주철 ④ 칠드 주철

구상 흑연 주철의 첨가제는 Mg, Ce(세륨), Ca 등이다.

17 친환경 가공을 위하여 최근 절삭유 사용을 최소화하는 가공방법이 도입되고 있다. 이에 대한 설명으로 옳지 않은 것은?

① 건절삭(dry cutting)법으로 가공한다.
② 절삭속도를 가능하면 느리게 하여 가공한다.
③ 공기－절삭유 혼합물을 미세 분무하며 가공한다.
④ 극저온의 액체질소를 공구－공작물 접촉면에 분사하며 가공한다.

해설

절삭속도는 적당해야 열이 축적되지 않는다. 너무 느리게 하면 열이 발생되어 절삭유를 사용해야 한다.

18 플라이휠(flywheel)에 대한 설명으로 옳은 것만을 모두 고르면?

ㄱ. 회전모멘트를 증대시키기 위해 사용된다.
ㄴ. 에너지를 비축하기 위해 사용된다.
ㄷ. 회전방향을 바꾸기 위해 사용된다.
ㄹ. 구동력을 일정하게 유지하기 위해 사용된다.
ㅁ. 속도 변화를 일으키기 위해 사용된다.

① ㄱ, ㄹ ② ㄴ, ㄷ
③ ㄴ, ㄹ ④ ㄷ, ㅁ

해설

ㄱ은 회전모멘트(토크)가 균일, ㄴ은 에너지 비축, ㄷ은 역전으로 변속기의 역할, ㄹ은 구동력이 일정=회전력 균일, ㅁ은 속도변화는 변속기의 역할

정답 16. ① 17. ② 18. ③

19 **화학공업, 식품설비, 원자력산업 등에 널리 사용되는 오스테나이트계 스테인리스 강재에 대한 설명으로 옳은 것은?**

① STS304L은 STS304에서 탄소함유량을 낮춘 저탄소강으로 STS304보다 용접성, 내식성, 내열성이 우수하다.
② STS316은 STS304 표준조성에 알루미늄을 첨가하여 석출 경화성을 부여한 것으로 STS304보다 내해수성이 우수하다.
③ STS304는 고크롬계 스테인리스 강에 니켈을 8% 이상 첨가한 것으로 일반적으로 자성을 가진다.
④ STS304, STS316은 체심입방구조의 강재로 가공성은 떨어지지만 내부식성이 우수하다.

해설

STS304L은 STS304에서 탄소를 Low화 한 저탄소강으로 용접성, 내식성, 내열성이 우수
STS는 stainless steel로 Cr 18%, Ni 8%의 오스테나이트계 강이다.
STS316은 바닷물에도 강함<-Mo이 2~3%첨가되어 있음

20 **다음 용접방법 중 모재의 열변형이 가장 적은 것은?**

① 가스 용접법
② 서브머지드 아크 용접법
③ 플라즈마 용접법
④ 전자 빔 용접법

해설

가스용접은 불꽃 면이 넓고, 서버머지드 아크용접도 자체가 넓고, 플라즈마용접도 불꽃 면이 넓음, 전자 빔은 고 진공 중에 전자빔을 가속 충돌시켜 충돌에너지에 의해 피용접물을 고온 용융(충돌면적이 아주 작음)

정답 19. ① 20. ④

특성화고 기계일반 (2015년 10월 시행 특성화고) 9급

01 **수치제어 공작기계 프로그램에 대한 설명으로 옳지 않은 것은?**

① 프로그램을 구성하는 지령 단위를 워드(word)라 한다.
② 'G1'은 준비기능으로 직선 절삭을 의미한다.
③ 'M03'은 보조기능으로 주축 정회전 지령이다.
④ 'G96'은 공작물 지름에 따라 회전수가 변화하는 원주속도 일정제어이다.

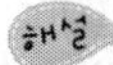

수치제어 공작기계 프로그램은 블록(block)의 집합으로 구성되어 있다. 이 블록은 워드(word)로 구성되어 있으며, 워드는 어드레스(address)+수치(예 M03)으로 구성되어 있다. 블록(block)은 공작기계 작동의 최소단위이다.

02 **다음 측정기 중 비교 측정기는?**

① 높이 측정기 ② 다이얼게이지
③ 마이크로미터 ④ 버니어캘리퍼스

직접 제품의 치수를 읽을 수는 없지만, 측정기를 적당한 위치에 장치함으로써 대량 측정에 적당하고, 높은 정도의 측정(길이, 면의 각종 형상, 기계의 정도, 검사 등)을 비교적 용이하게 할 수 있는 것이 비교측정기이다. 다이얼게이지, 블록게이지, 핀게이지, 인디게이터 등이 이에 속한다.

03 **다음 중 표면 거칠기가 가장 우수한 가공 방법은?**

① 보링 가공 ② 호닝 가공
③ 래핑 가공 ④ 밀링 가공

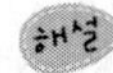

보링은 구멍을 넓히는 가공을 말하며, 호닝은 구멍을 회전하면서 왕복운동으로 정밀가공하는 것을 말한다. 래핑은 랩제를 넣어 정밀가공하므로 호닝보다 정밀하다고 할 수 있다.

04 **선반 가공의 절삭조건에 대한 설명으로 옳지 않은 것은?**

① 절삭속도는 공작물의 지름과 주축 회전수에 따라 결정된다.
② 이송은 공작물이 1회전할 때 공구가 이동한 거리이다.
③ 절삭 저항의 크기는 배분력〉이송분력〉주분력 순이다.
④ 바깥지름 깍기의 경우 공작물 지름은 절삭하는 깊이의 2배로 작아진다.

선반가공에서 절삭 저항의 크기는 배분력 < 이송분력 < 주분력 순이다.

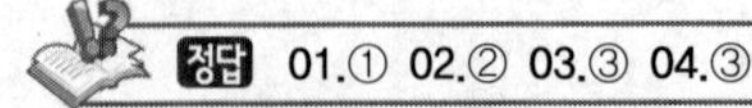
정답 01.① 02.② 03.③ 04.③

05 4행정사이클 기관에서 흡기밸브와 배기밸브가 모두 닫혀있는 행정은?

① 흡입행정과 압축행정
② 압축행정과 폭발행정
③ 폭발행정과 배기행정
④ 배기행정과 흡입행정

해설

흡기밸브와 밸기밸브가 모두 닫혀있는 행정을 압축행정과 폭발행정이라 하며, 모두 열려있는 구간을 오버랩이라 한다.

06 압축식 냉동기 구성요소에 해당하는 것은?

① 압축기, 응축기, 팽창밸브, 증발기
② 압축기, 흡수기, 팽창밸브, 증발기
③ 압축기, 응축기, 팽창밸브, 재생기
④ 압축기, 흡수기, 팽창밸브, 재생기

해설

냉동기의 4대요소가 압축기, 응축기, 팽창밸브, 증발기 등이다. 압축기는 증발기에서 기체화된 저온 냉매를 압축하여 고온고압의 냉매로 만들어 응축기로 보낸다. 응축기는 냉각팬에 의해서 고온의 냉매를 식혀 액체의 냉매로 만들어 팽창밸브로 보낸다. 팽창밸브는 가는 관(오리피스)으로 교축을 행한다.(면적이 작아 압력은 낮아지고 속도는 빨라짐) 팽창밸브를 통과한 냉매가 증발기라는 큰 공간에 나옴으로서 주위의 열을 빼앗아 기체화 된다.

07 도면에서 사용하는 치수 보조 기호에 대한 설명으로 옳은 것은?

① C5: 45° 모따기 5mm
② t10: 참고 치수 10mm
③ S∅8: 구의 반지름 8mm
④ $\widehat{20}$: 현의 길이 20mm

해설

t10은 두께가 10mm, S∅8는 구의 지름이 8mm, $\widehat{20}$은 원호의 길이가 20mm임을 나타낸다.

08 드릴링 머신의 가공에 대한 설명으로 옳은 것은?

① 리밍(reaming)은 구멍을 넓히는 가공이다.
② 보링(boring)은 구멍을 정밀하게 다듬는 가공이다.
③ 태핑(tapping)은 구멍에 암나사를 내는 가공이다.
④ 카운터 싱킹(counter sinking)은 나사나 볼트의 머리부분이 묻히도록 단을 파는 가공이다.

해설

리밍은 구멍의 내면을 다듬질하는 가공, 보링은 구멍을 넓히는 가공, 카운터 싱킹은 접시머리 나사의 머리부분이 묻히도록 단을 파는 가공이다. 나사나 볼트의 머리부분이 묻히도록 단을 파는 가공은 카운터 보링이다.

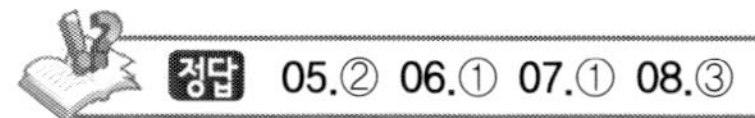

09 다음에서 설명하는 것은?

> ○ 보통주철에 비해 인성과 연성을 현저하게 개선시킨 주철이다.
> ○ 백주철을 열처리로에 넣고 가열하여 탈탄 또는 흑연화 방법으로 제조한다.
> ○ 강도 및 내식성이 우수하여 커넥팅 로드, 유니버설 커플링 등에 사용한다.

① 가단 주철 ② 칠드 주철
③ 구상 흑연 주철 ④ 미하나이트 주철

가단 주철은 백주철을 열처리로에 넣고 가열하여 탈탄(흑연화)하여 제조하며, 보통주철에 배해 인성과 연성을 개선하였다.

10 테이퍼 형상의 다이 구멍을 통해 판재나 봉재를 잡아 당겨서 가늘고 긴 선이나 봉재 등을 만드는 소성 가공은?

① 압출 ② 압연
③ 인발 ④ 단조

인발은 테이퍼 형상의 다이 구멍을 통해 판재나 봉재를 잡아 당겨서 가늘고 긴 선이나 봉재 등을 만드는 소성 가공이다.

11 공작기계 작업시 지켜야 할 안전수칙으로 옳지 않는 것은?

① 칩을 제거할 때는 칩 제거용 공구를 사용한다.
② 절삭 중에는 안전을 위하여 반드시 장갑을 착용한다.
③ 안전 덮개가 설치된 상태로 연삭 작업을 실시한다.
④ 절삭 가공을 할 때는 보안경을 착용하여 눈을 보호한다.

공작기계는 대부분 회전하는 기계들이다. 공작기계 절삭 중에 장갑이 절삭날에 걸려 들어가면 손을 다칠 수 있다.

12 탄소강에서 내마멸성을 증가시키고 적열 취성을 방지하기 위해서 첨가하는 원소는?

① 구리(Cu) ② 망간(Mn)
③ 규소(Si) ④ 티타늄(Ti)

적열취성을 일으키는 원인은 황(S) 때문이다. 이 적열취성을 방지하는 원소가 망간(Mn)이다.

정답 09.① 10.③ 11.② 12.②

13 커플링(coupling)에 대한 설명으로 옳은 것은?

① 올덤 커플링(Oldham's coupling)은 두 축이 평행하고 두 축의 거리가 가까운 경우에 사용한다.
② 플렉시블 커플링(Flexible coupling)은 두 축의 중심이 완전히 일치한 경우에 주로 사용한다.
③ 유니버설 커플링(Universal coupling)은 중심선이 60°까지 서로 교차하는 경우에 사용한다.
④ 플랜지 커플링(Flange coupling)은 주철제의 원통 속에서 두 축을 맞대고 키로 고정한 것이다.

해설

두 축의 중심이 완전히 일치한 경우에 주로 사용하는 것이 플랜지 커플링, 중심선이 30°까지 서로 교차하는 경우에 사용하는 것이 유니버설 커플링, 주철제의 원통 속에서 두 축을 맞대고 키로 고정하는 것이 머프 커플링이다.

14 다음 설명에 해당하는 제동장치는?

○ 유압 피스톤으로 작동되는 마찰패드가 회전축 방향에 힘을 가하여 제동한다.
○ 원판 브레이크와 원추 브레이크가 있다.

① 블록 브레이크 ② 밴드 브레이크
③ 드럼 브레이크 ④ 디스크 브레이크

해설

유압 피스톤으로 작동되는 마찰패드가 회전축 방향에 힘을 가하여 제동하는 것이 원판(디스크) 브레이크이다. 이 원판브레이크 보다 마찰면적을 키운 것이 원추브레이크 이다.

15 담금질한 강의 내부에 생기는 응력을 제거하기 위하여 그림의 (ㄱ) 구간처럼 일정한 온도로 가열한 후 냉각시켜 인성을 회복시키는 열처리 방법은?

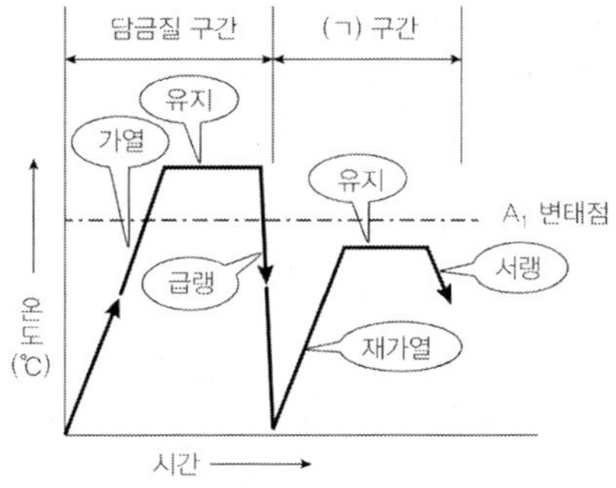

① 표면 경화법(surface hardening) ② 뜨임(tempering)
③ 풀림(annealing) ④ 불림(normaling)

해설

담금질을 행하면 강은 경화가 된다. 이 경화된 강에 인성을 부여하기 위해서 일정온도로 가열 후 유지시켜 서냉하는 작업이 뜨임이다.

정답 13.① 14.④ 15.②

16 체인 전동장치에 대한 설명으로 옳지 않은 것은?

① 큰 동력을 전달시킬 수 있다.
② 여러 개의 축을 동시에 구동할 수 있다.
③ 미끄럼이 없이 일정한 속도비를 얻을 수 있다.
④ 회전각의 전달 정확도가 좋아 고속 회전에 적합하다.

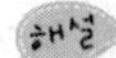

체인전동은 링크로 연결된 체인에 의해서 양쪽의 스프로킷 휠로 동력을 전달하므로, 소음이 있으며 고속회전에 부적합하다.

17 베어링 호칭번호 6208 C2 P6에 대한 설명으로 옳지 않은 것은?

① 단열 깊은 홈 볼 베어링이다.
② 안지름 치수가 8mm이다.
③ C2는 틈새기호로 보통 틈새보다 작다.
④ P6은 등급기호로 6등급에 해당한다.

베어링의 08이 안지름 기호이므로, 안지름은 $8 \times 5 = 40\text{mm}$ 이다.

18 상향 절삭방식 밀링작업에 대한 설명으로 옳지 않은 것은?

① 구성인선의 영향이 적다.
② 날마멸이 크고 수명이 짧다.
③ 절삭열로 인한 치수불량이 적다.
④ 백래시(backlash) 제거장치가 반드시 필요하다.

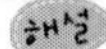

상향절삭은 공작물의 진행방향과 공구의 회전방향이 다른(마주보는) 절삭을 말한다. 따라서 백래리 제거장치가 필요 없다.

정답 16.④ 17.② 18.④

19 결합용 기계요소에 대한 설명으로 옳은 것만을 모두 고른 것은?

ㄱ. 평키는 축과 보스에 키 홈을 만들어 고정하는 것으로 가장 많이 사용한다.
ㄴ. 관용나사는 가스관, 수도관 등의 이음부분과 같이 기밀을 유지하는데 사용한다.
ㄷ. 스플라인은 원주 방향에 여러 개의 키 홈을 가공한 축으로 공작기계, 자동차 등에 사용한다.
ㄹ. 둥근나사는 나사의 홈에 강구를 넣어 마찰을 줄인 나사로 정밀 공작기계의 이송나사로 사용한다.

① ㄱ, ㄴ　　② ㄱ, ㄹ
③ ㄴ, ㄷ　　④ ㄷ, ㄹ

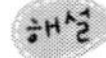

볼나사는 나사의 홈에 강구를 넣어 마찰을 줄인 나사로 정밀 공작기계의 이송나사로 사용한다. 묻힘키(sunk key)는 축과 보스에 키 홈을 만들어 고정하는 것으로 가장 많이 사용한다.

20 금속 결정 구조에 대한 설명으로 옳은 것은?

① 체심입방격자(BCC)의 배위수는 12이다.
② 면심입방격자(FCC)는 전연성이 좋고, 강도가 충분하다.
③ 조밀육방격자(HCP)는 전연성이 떨어지고, 강도가 충분하다.
④ 체심입방격자(BCC)는 용융점이 비교적 높고, 전연성이 떨어진다.

해설

체심입방격자(BCC)의 배위수는 8이고 강도가 크고 전연성이 떨어진다. 면심입방격자(FCC)의 배위수는 12이고 전연성이 풍부하여 가공성이 우수하다. 조밀육방격자(HCP)의 배위수는 12이고 전연성과 가공성이 불량하다.

정답 19.③ 20.④

특성화고 기계일반 (2016년 10월 시행 특성화고)

9급

01 금속의 소성변형을 이용하는 가공법은?

① 연삭 ② 단조
③ 용접 ④ 래핑

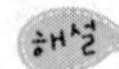

기계공작은 크게 주조, 소성가공, 용접, 절삭 등으로 구분한다. 연삭과 래핑(정밀입자가공)은 크게 보면 절삭으로 분류할 수 있다. 소성가공으로는 단조, 전조, 압연, 인발, 압출, 프레스가공 등이 있다.

02 가스용접의 가연성 가스로 적합하지 않은 것은?

① 수소 ② 프로판
③ 이산화탄소 ④ 아세틸렌

수소, 프로판(LPG), 아세틸렌 등은 가연성가스(불이 붙는 가스)이고, 이산화탄소(CO2)는 화석계 연료가 완전 연소할 시에 발생하는 완전연소가스이다.

03 기어의 잇수가 24개, 피치원의 지름이 48mm일 때 모듈(module)은?

① 0.5 ② 2
③ 36 ④ 1,152

해설

모듈$(m) = \frac{D}{Z} = \frac{48}{24} = 2$로 계산된다.

04 다음 설명에 해당하는 펌프는?

> ○ 케이싱 안에 반경방향의 홈이 있는 편심 회전자가 있고, 그 홈 속에 판 모양의 깃이 들어 있다.
> ○ 깃이 원심력이나 스프링의 장력에 의하여 벽에 밀착되면서 회전하여 유체를 운반한다.

① 기어펌프 ② 베인펌프
③ 원심펌프 ④ 왕복펌프

편심이 되어 있고, 깃을 스프링 장력에 의거 밀착시키는 펌프는 베인펌프이다. 원심펌프의 경우 깃이 있으면 디퓨즈펌프, 깃이 없으면 볼류트펌프로, 안내깃은 회전차의 바깥둘레에 설치되어 있다.

정답 01. ② 02. ③ 03. ② 04. ②

05 기계적 금속재료시험에 대한 설명으로 옳은 것은?

① 인장시험으로 연신율을 구할 수 있다.
② 인장시험에서 최대하중을 시편의 처음 단면적으로 나눈 값을 압축강도라 한다.
③ 브리넬 경도는 Hv로 표시한다.
④ 추를 낙하하여 반발 높이에 따라 경도를 측정하는 것을 비커스 경도시험이라 한다.

해설

인장시험의 경우 원래길이에서 늘어나므로, 연신율을 구할 수 있다. 최대하중을 단면적으로 나눈 값은 인장응력이라 한다. 브리넬 경도는 H_B로 표시하며, 추를 낙하시켜 반발 높이에 따라 경도측정하는 것을 쇼어 경도시험이라 한다.

06 다음 중 동력을 전달하며 속도를 변환하는 기계요소의 종류만을 모두 고른 것은?

ㄱ. 볼트와 너트	ㄴ. 기어
ㄷ. 스프링	ㄹ. 체인과 스프로킷 휠
ㅁ. 벨트와 풀리	ㅂ. 리벳
ㅅ. 마찰차	ㅇ. 브레이크

① ㄱ, ㄷ, ㅂ
② ㄴ, ㅁ, ㅇ
③ ㄴ, ㄹ, ㅁ, ㅅ
④ ㄱ, ㅁ, ㅂ, ㅅ

해설

기계요소를 크게 3분류하면 결합용 요소(볼트와 너트, 나사, 용접 등), 동력전달용 요소(축, 마찰차, 치차(기어), 감아걸기 전동 등), 동력제어 요소(브레이크, 클러치, 스프링 등)이다. 따라서 체인, 벨트는 감아걸기 전동으로 동력전달용 요소이다.

07 소성가공 방법과 그 적용 예가 바르게 연결되지 않은 것은?

① 인발－기어
② 압출－환봉
③ 전조－나사
④ 압연－레일

해설

기어가공에는 3가지 방법이 있다. 창성법, 총형공구에 의한 방법, 모방에 의한 방법 등이 그것이다. 인발은 다이를 통하도록 금속을 당겨서 봉(관)을 만드는 작업을 말한다.

08 센터리스 연삭의 장점으로 옳지 않은 것은?

① 센터 구멍을 뚫을 필요가 없다.
② 속이 빈 원통의 내면연삭도 가능하다.
③ 연속 가공이 가능하여 생산속도가 높다.
④ 지름이 크거나 무거운 공작물의 연삭에 적합하다.

정답 05. ① 06. ③ 07. ① 08. ④

해설

센터리스 연삭의 경우 공작물을 센터로 지지하지 않고 연삭 숫돌차와 조정차 사이에 공작물을 삽입하고 지지대로 지지하면서 연삭하는 것을 말한다. 장점으로는 보기 ①~③외에 공작물 축방향의 추력에 의한 응력이 없으므로 지름이 작은 공작물의 연삭에 적합하다.

09 **다음 겹치기 이음에서 리벳의 양쪽에 작용하는 하중 P가 1,500N일 때, 각 리벳에 작용하는 응력의 종류와 크기[N/mm^2]는?(단, 리벳의 지름은 5mm, $\pi=3$으로 계산한다)**

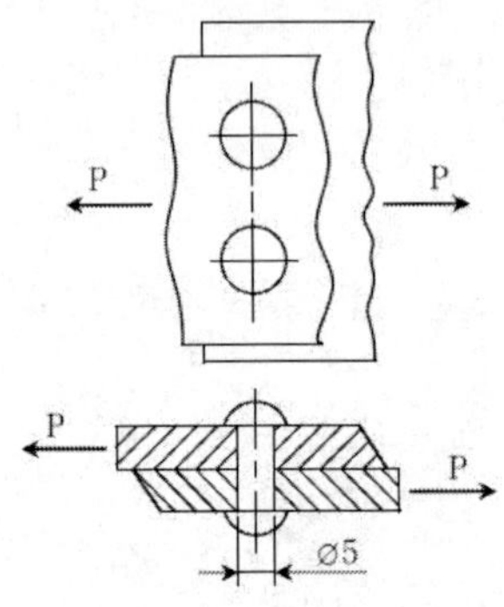

① 전단응력, 40　　② 인장응력, 80
③ 전단응력, 80　　④ 인장응력, 40

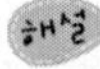

판재의 좌우에서 P의 힘으로 잡아당기면 리벳은 판재가 겹치는 부분에서 전단되는 현상이 생긴다.
즉 전단응력$(\tau)=\dfrac{P}{A\times n}=\dfrac{P}{\dfrac{\pi d^2}{4}\times 2}=\dfrac{1500(N)\times 4}{3\times 5^2(mm^2)\times 2}=40(N/mm^2)$으로 구해진다. 여기서, n은 리벳의 수이고, A는 리벳 한 개의 면적이다.

10 **원자로의 종류 중 가압수형 경수로에 대한 설명으로 옳은 것은?**

① 원자로 내의 고온·고압의 물을 순환시켜 그 열을 이용하여 증기 발생기에서 증기를 발생시킨다.
② 원자로 내에서 물을 직접 끓게 하여 증기를 발생시킨다.
③ 천연 우라늄을 사용하며 감속재는 흑연, 냉각재는 이산화탄소를 사용한다.
④ 사고발생 시 비등수형 경수로에 비하여 방사능 오염이 심하다

해설

가압수형 경수로에 대한 개념은 보기 ①이다. 원자로 내에서 물을 직접 끓게 하여 열을 빼내는 1차 냉각계통과 열교환기에 의해 물을 가열하여 터빈으로 보내는 2차 냉각계통이 있다. 저농축 우라늄을 연료로 사용하며 감속재와 냉각재를 물로 사용한다. 흔들려도 안정성이 있어 사고발생이 거의 없어 원자력 잠수함, 항공모함 등에 사용된다.

정답 09. ① 10. ①

11 다음 설명에 해당하는 기계요소는?

ㅇ 원동절의 회전운동이나 직선운동을 종동절의 왕복 직선운동이나 왕복 각운동으로 변환한다.
ㅇ 내연기관의 밸브개폐 기구에 이용된다.

① 마찰차 ② 캠
③ 체인과 스프로킷 휠 ④ 벨트와 풀리

해설

캠은 원동절에 사용되어 회전을 행하면, 종동절인 로드는 직선 왕복운동이나 각운동으로 변환된다. 특히 내연기관에 밸브개폐기구의 캠축으로 사용되어 흡배기 밸브를 개폐한다.

12 탄소강을 A_3 변태점 또는 A_1 변태점 이상의 온도로 가열한 후 일정 시간 유지시킨 다음, 물이나 기름 등에 급랭시키는 열처리법은?

① 담금질 ② 뜨임
③ 풀림 ④ 불림

해설

급랭이면 무조건 담금질, 담금질은 경도를 높여 주므로 인성이 부족하다. 따라서 인성을 증가시키기 위해 뜨임처리를 해야 한다.

13 일반적으로 공작물의 회전운동에 의하여 절삭이 이루어지는 공작기계는?

① 드릴링 머신 ② 플레이너
③ 프레스 ④ 선반

해설

공작물이 회전하는 것은 선반, 공작물을 고정하고 드릴날이 움직이는 드릴링 머신, 공구가 움직이면 플레이너, 날이나 다이가 큰 압력으로 작동하여 어떤 형태로 만들면 프레스라 한다.

14 유압 잭(jack)으로 작은 힘을 이용하여 자동차를 들어 올릴 때 적용되는 기본 원리나 법칙은?

① 보일의 법칙 ② 샤를의 법칙
③ 파스칼의 원리 ④ 보일·샤를의 법칙

해설

파스칼의 원리는 밀폐계에서 모든 지점의 압력은 동일하다는 뜻이다. 대표적으로 자동차의 브레이크에 많이 사용된다. 유압잭의 경우, 직경이 작은 피스톤을 작동하므로서 넓은 유압잭의 직경이 속도는 느리지만 큰 힘을 발생시키게 된다.

정답 11. ② 12. ① 13. ④ 14. ③

15 측정에 대한 설명으로 옳은 것만을 고른 것은?

> ㄱ. 비교 측정기에는 게이지 블록, 마이크로미터 등이 있다.
> ㄴ. 직접 측정기에는 버니어 캘리퍼스, 사인 바(sine bar), 다이얼 게이지 등이 있다.
> ㄷ. 형상측정의 종류에는 진원도, 원통도, 진직도, 평면도 등이 있다.
> ㄹ. 3차원 측정기는 측정점의 좌표를 검출하여 3차원적인 크기나 위치, 방향 등을 알 수 있다.

① ㄱ, ㄴ　　② ㄱ, ㄹ
③ ㄴ, ㄷ　　④ ㄷ, ㄹ

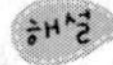

비교측정기는 다이얼게이지, 직접측정기는 버니어캘리퍼스이다. 사인바의 경우, 받침으로 게이비 블록으로 사용하고, 블록의 차를 높이, 사인바의 길이를 빗변으로 삼아 계산하면 각도를 측정할 수 있다.

16 연삭숫돌에서 발생하는 현상과 수정에 대한 설명으로 옳지 않은 것은?

① 연삭숫돌의 결합도가 너무 높을 경우에는 눈무딤 현상이 발생할 수 있다.
② 결합도가 높은 숫돌로 연한 금속을 연삭할 때 숫돌 표면에 눈메움 현상이 발생할 수 있다.
③ 연삭숫돌의 결합도가 낮을 경우에는 숫돌 입자가 마모되기 전에 입자가 탈락하는 현상이 발생할 수 있다.
④ 눈메움, 눈무딤이 생긴 입자를 제거하여 숫돌 표면에 새로운 입자를 생성시키는 것을 버핑(buffing)이라 한다.

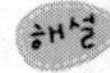

눈메움, 눈무딤이 생긴 입자를 제거하여 숫돌 표면에 새로운 입자를 생성시키는 것을 트루잉이라 한다. 버핑은 가죽이나 마포로 만든 원반인 버프를 고속으로 회전시켜 공작물의 표면을 광택내는 작업을 말한다.

17 특수볼트의 종류에 대한 설명으로 옳지 않은 것은?

① 아이볼트－볼트의 머리부에 핀을 끼우거나 훅을 걸 수 있도록 만든 볼트이다.
② 기초볼트－기계나 구조물 등을 바닥이나 콘크리트 기초 위에 고정시킬 때 사용하는 볼트이다.
③ T볼트－공작기계 테이블에 일감이나 기계 바이스 등을 고정시킬 때 사용하는 볼트이다.
④ 나비볼트－두 물체 사이의 간격을 일정하게 유지하면서 체결하는 볼트이다.

해설

나비볼트는 볼트머리가 나비모양으로 되어 있어 손으로 볼트머리를 돌려 체결할 수 있게 만든 볼트를 말한다. 보통 나비볼트보다 나비너트가 많이 사용된다.

정답 15. ④ 16. ④ 17. ④

18 재료의 안전율(safety factor)에 대한 설명으로 옳은 것은?

① 안전율은 일반적으로 마이너스(−) 값을 취한다.
② 기준강도가 100MPa이고, 허용응력이 1,000MPa이면 안전율은 10이다.
③ 안전율이 너무 크면 안전성은 좋지만 경제성이 떨어진다.
④ 안전율이 1보다 작아질 때 안전성이 좋아진다.

해설

안전율을 (+)값으로 표시하며, 식으로는 기준강도를 허용응력으로 나눈 값으로 표현한다. 따라서 보기 ②의 안전율은 1/10이 된다. 안전율이 너무 크면 정해진 기준강도를 만족시키기 위해 허용응력을 작게 설계해야 한다. 즉 재료의 크기가 크게 되어 경제성이 떨어지게 된다.

19 비파괴 시험법에 대한 설명으로 옳은 것은?

① 초음파 탐상시험은 재료의 표면결함만 검사한다.
② 자분(자기) 탐상시험은 자성체 재료의 내부결함만 검사한다.
③ 침투 탐상시험은 재료의 표면결함부에 침투액을 스며들게 한 다음, 현상액으로 결함을 검사한다.
④ 방사선 투과시험은 가시광선을 재료에 투과시켜 재료의 내부결함을 검사한다.

해설

초음파시험은 내부결함 검사가 가능하며, 자분 탐상시험은 외부 표면결함 검사도 가능하다. 방사선 투과시험은 가시광선이 아니라 방사선(α선, β선, γ선)을 투과시켜 내부결함을 검사한다.

20 주철에 대한 설명으로 옳은 것만을 고른 것은?

ㄱ. 주철은 탄소강보다 용융점이 높고 유동성이 커 복잡한 형상의 부품을 제작하기 쉽다.
ㄴ. 탄소강에 비하여 충격에 약하고 고온에서도 소성가공이 되지 않는다.
ㄷ. 회주철은 진동을 잘 흡수하므로 진동을 많이 받는 기계 몸체 등의 재료로 많이 쓰인다.
ㄹ. 가단주철은 보통주철의 쇳물을 금형에 넣고 표면만 급랭시켜 단단하게 만든 주철이다.
ㅁ. 많이 사용되는 주철의 탄소 함유량은 보통 2.5 %~4.5% 정도이다.

① ㄱ, ㄴ, ㄷ　　② ㄴ, ㄷ, ㅁ
③ ㄱ, ㄴ, ㄹ　　④ ㄷ, ㄹ, ㅁ

해설

주철은 탄소강 보다 탄소가 더 많이 첨가된 철로, 철 입장에서 본다면 불순물이 많아진 주철이다. 따라서 불순물이 많을수록 용융점은 낮아진다.(철:1536℃, 주철: 1150℃부근) 가단주철은 주조성이 좋은 백선철을 주입한 후 적당한 열처리를 통해 끈기있는 성질의 철로 만든 것을 말한다. 보통 주철의 용융상태에서 금형에 주입하여 접촉표면을 백주철(표면만 급랭시켜 단단하게 만든 철)로 만드는 것을 칠드주철이라 한다.

정답 18. ③ 19. ③ 20. ②

특성화고 기계일반 (2017년 10월 시행 특성화고)

01 용접 전류가 과대할 때 모재 용접부의 양단이 지나치게 녹아서 오목하게 파이는 용접 결함은?

① 기포　　② 균열
③ 언더컷　　④ 오버랩

해설
기포 : 공기방울, 균열 : 금, 크랙, 언더컷: 오목하게 파임, 오버랩 : 용접부가 불룩하게 됨

02 주조 공정에서 모형(원형) 제작 시 고려 사항이 아닌 것은?

① 주물사의 입도　　② 가공 여유
③ 기울기　　④ 덧붙임

해설
주물사는 모형을 만들 때가 아니라 주형을 만드는데 사용

03 다음 설명에 해당하는 관 이음쇠는?

ㅇ 배관의 최종 조립 시 관의 길이를 조정하여 연결할 때 사용한다.
ㅇ 배관의 분해 시 가장 먼저 분해하는 부분이다.

① 크로스　　② 엘보
③ 소켓　　④ 유니언

해설
① 유니온 : 배관 조립시 관의 길이를 조정
② 크로스 : X, 엘보 : L, 티: T

04 알루미늄에 10% 이내의 마그네슘을 첨가하여 내식성을 향상시켜 철도 차량, 여객선의 갑판 구조물 등에 사용하는 합금은?

① 인바　　② 인코넬
③ 두랄루민　　④ 하이드로날륨

해설
① 하이드로날륨 : Al+Mg(10~12%)/내식용 알루미늄 합금
② 인바 : Ni+Fe 합금, 내식성이 좋고 열팽창계수가 철의 1/10수준
③ 인코넬 : Ni+Cr 내열성 합금, 내식성과 내열성 좋음
④ 두랄루민 : Al+Cu+Mg+Mn, 가공용 알루미늄 합금

정답 01. ③ 02. ① 03. ④ 04. ④

05 평벨트 전동 장치와 비교할 때, V벨트 전동 장치의 특징만을 모두 고른 것은?

ㄱ. 운전이 조용하다.
ㄴ. 엇걸기를 할 수 있다.
ㄷ. 미끄럼이 적고 속도비를 크게 할 수 있다.
ㄹ. 접촉면이 커서 큰 동력을 전달할 수 있다.

① ㄱ, ㄴ　　② ㄷ, ㄹ
③ ㄱ, ㄷ, ㄹ　　④ ㄴ, ㄷ, ㄹ

해설

V벨트는 엇걸기를 할 수 없다.

06 수치 제어 공작 기계의 프로그래밍에 대한 설명으로 옳은 것은?

① 주축 기능은 주축의 회전수를 지정하는 것으로 어드레스 S 다음에 회전수를 수치로 지령한다.
② 이송 기능은 공구와 공작물의 상대 속도를 지정하는 것으로 어드레스 T 다음에 이송 속도값을 지령한다.
③ 보조 기능은 수치 제어 공작 기계의 제어를 준비하는 기능으로 어드레스 G 다음에 2자리 숫자를 붙여 지령한다.
④ 준비 기능은 수치 제어 공작 기계의 여러 가지 동작을 위한 on/off 기능을 수행하는 것으로 어드레스 M 다음에 2자리 숫자를 붙여 지령한다.

해설

S는 주축기능, f는 이송기능, G는 준비기능, M은 보조기능

07 공기 조화의 4대 요소는?

① 온도, 기류, 습도, 청정도　　② 습도, 조도, 건조도, 청정도
③ 기류, 조도, 습도, 건조도　　④ 온도, 기류, 조도, 건조도

해설

공기 조화의 4대 요소 : 온도, 습도, 기류, 청정도

정답 05. ③ 06. ① 07. ①

08 다음 설명에 해당하는 펌프는?

- ㅇ 프로펠러 모양인 임펠러의 회전에 의해 유체가 원주 방향에서 축 방향으로 유입된다.
- ㅇ 구조는 케이싱 , 임펠러 , 안내 날개 , 베어링 등으로 구성된다 .
- ㅇ 임펠러의 날개 수는 2 ~ 8개로서 유량이 많아질 때는 날개 수를 많게 한다.
- ㅇ 농업용의 양수 및 배수용, 상하수도용으로 널리 사용한다.

① 원심 펌프 ② 축류 펌프
③ 사류 펌프 ④ 회전 펌프

해설

① 축류펌프 : 원주방향에서 축방향으로 유입, 유량이 큼
② 원심펌프 : 중앙에서 원주반향으로 토출

09 철강의 제조 과정에서 제강 공정의 가장 중요한 목적은?

① 용광로에서 철광석을 용해하는 것
② 금속 원소를 첨가하여 합금하는 것
③ 탄소 함유량을 줄이고 불순물을 제거하는 것
④ 열처리를 통하여 강의 성질을 개선하는 것

해설

선철 : 용광로에서 철광석을 코크스로 분리
②는 합금, ③은 제강, ④는 열처리

10 키(key)의 전달 동력 크기가 큰 순서대로 바르게 나열한 것은?

① 스플라인 〉 접선 키 〉 묻힘 키 〉 안장 키
② 스플라인 〉 묻힘 키 〉 접선 키 〉 안장 키
③ 접선 키 〉 스플라인 〉 묻힘 키 〉 안장 키
④ 접선 키 〉 묻힘 키 〉 스플라인 〉 안장 키

해설

전달 동력의 크기 순서는 스플라인, 접선키, 묻힘키, 납작키, 안장키 순이다.

정답 08. ② 09. ③ 10. ①

11 연성 재료의 응력(σ)－변형률(ϵ) 선도에서 인장 강도에 해당하는 위치는?

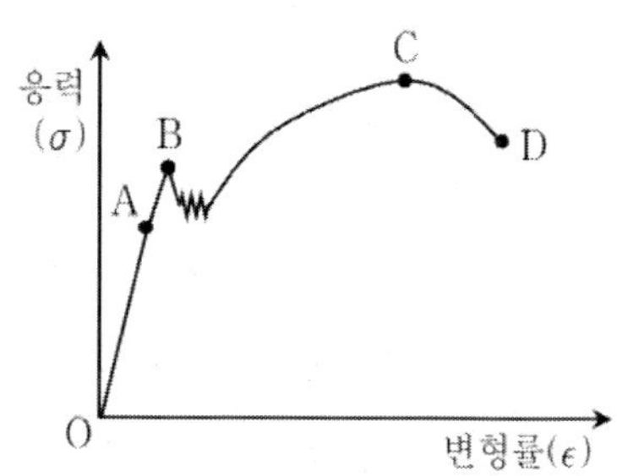

① A　　② B
③ C　　④ D

해설

연성재료에서 가장 큰 값은 극한강도=인장강도이다.

12 디젤 기관의 연료 장치와 관계있는 것만을 고른 것은?

ㄱ. 노즐　　ㄴ. 기화기
ㄷ. 점화 플러그　　ㄹ. 연료 분사 펌프

① ㄱ, ㄴ　　② ㄱ, ㄹ
③ ㄴ, ㄷ　　④ ㄷ, ㄹ

해설

① 가솔린 : 점화기관, 기화기_연료와 공기와 혼합하는 장치, 점화플러그_불꽃
② 디젤 : 착화기관, 노즐_연료분사, 연료분사펌프_노즐로 보내는 고압을 형성

13 연삭 작업에서 변형된 숫돌 바퀴의 모양을 바로잡기 위하여 수정하는 것은?

① 드레싱(dressing)　　② 눈메움(loading)
③ 트루잉(truing)　　④ 눈무딤(glazing)

해설

① 드레싱 : 다시 예리할 날로 가공
② 로딩 : 눈 메움, 글레이징: 눈 무딤, 트루잉: 숫돌의 모양을 바로 하는 가공

14 CAD에 의한 형상 모델링 방법 중 솔리드 모델링에 대한 설명으로 옳지 않은 것은?

① 숨은선 제거가 가능하다.
② 정확한 형상을 파악하기 쉽다.

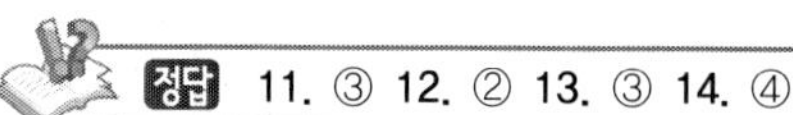
정답 11. ③ 12. ② 13. ③ 14. ④

③ 복잡한 형상의 표현이 가능하다.
④ 부피, 무게 등을 계산할 수 없다.

해설

CAD의 모델링 중 3차원 모델링 : 부피, 무게 등을 계산할 수 있다.

15 밀링 머신의 구조에 대한 설명으로 옳지 않은 것은?

① 주축은 밀링 커터가 고정되며 회전하는 부분이다.
② 새들(saddle)은 공작물을 좌우로 이송시키는 부분이다.
③ 니(knee)는 공작물을 상하로 이송시키는 부분으로 가공 시 절삭 깊이를 결정한다.
④ 칼럼(column)은 밀링 머신의 몸체로 절삭 가공 시 진동이 적고 하중을 충분히 견딜 수 있어야 한다.

해설

① 주축 : 공구 회전
② 새들 : 공작물을 전후로 이송
③ 니 : 공작물을 상하로 이송

16 주철을 600℃ 이상의 온도에서 가열과 냉각을 반복하였을 때 발생하는 주철의 성장 원인이 아닌 것은?

① 시멘타이트의 흑연화에 의한 팽창
② 망간(Mn)의 함유량 증가에 따른 팽창
③ 흡수되는 가스에 의하여 생기는 팽창
④ 불균일한 가열로 생기는 균열에 의한 팽창

해설

주철의 성장 : ①, ③, ④외, A1변태에 따른 체적의 변화, 페라이트 중 고용되어 있는 Si의 산화에 의한 팽창 등이 있다.

17 다음 설명에 해당하는 브레이크는?

> ○ 축압 브레이크의 일종으로, 회전축 방향에 힘을 가하여 회전을 제동한다.
> ○ 부피가 작아 차량이나 자동화 장치 등에 사용한다.
> ○ 값이 비싸 자동차와 오토바이의 앞바퀴 제동에 주로 사용한다.

① ABS 브레이크 ② 원심 브레이크
③ 내확 브레이크 ④ 디스크 브레이크

해설

디스크 브레이크 = 원판 브레이크: 방열성이 좋다. 축방향 제동

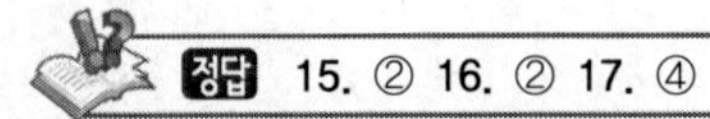
정답 15. ② 16. ② 17. ④

18 선반 가공에서 공작물의 지름이 10cm이고 절삭 속도가 314m/min일 때, 선반의 주축 회전수[rpm]는?(단, 원주율은 3.14이다)

① 10　　② 100
③ 1,000　　④ 2,000

해설

지름 : 10cm　절삭속도(v) : 314m/min

$v=\pi DN=\pi\times\frac{10}{100}(m)\times\frac{N}{\min},\ N=\frac{10\times v}{\pi}=1000rpm$

19 선반을 이용한 테이퍼 가공에 대한 설명으로 옳은 것은?(단, D: 테이퍼의 큰 지름, d: 테이퍼의 작은 지름, l:테이퍼의 길이, L: 공작물 전체의 길이, α: 복식 공구대 회전각이다)

① 심압대 편위량은 $\frac{l(D-d)}{2L}$로 구할 수 있다.
② 복식 공구대는 길이가 길고 테이퍼 각이 작은 공작물에 사용한다.
③ 복식 공구대의 회전각은 $\tan\alpha=\frac{D-d}{2l}$에서 구할 수 있다.
④ 심압대의 편위에 의한 가공은 비교적 길이가 짧은 공작물에 사용한다.

해설

① 심압대 편위량 : $L:e=l:\frac{D-d}{2}\rightarrow e=\frac{L}{2l}(D-d)$
심압대 편위 혹은 테이퍼 절삭 장치: 비교적 길이가 길고 테이퍼 각이 작을 경우
② 복식 공구대 사용 : 비교적 길이가 짧은 곳
복식 공구 회전각(경사각=α)를 구하는 식: $\tan\alpha=\frac{D-d}{2l}$

20 합금강에 첨가되는 합금 원소와 그 효과를 바르게 연결한 것은?

① Ni－적열 메짐을 방지하고 내식성을 증가
② Mn－청열 메짐을 방지하고 내마모성을 증가
③ Cr－전자기적 성질을 개선하고 내마멸성을 증가
④ Mo－담금질 깊이를 깊게 하고 크리프 저항을 증가

해설

① Ni : 내식성, 내산성 증가, 저온 충격저항 증가
② Mn : 황의 해(적열취성)을 방지, 내마멸성 증가
③ Cr : 함유량 증가에 따라 내식, 내열, 자경성 증가
④ Mo : 담금질 깊이 증가, 크리프 저항과 내식성 증가

정답 18. ③ 19. ③ 20. ④

특성화고 기계일반 (2018년 10월 시행 특성화고)

01 **내식성과 내마멸성이 우수하여 도시 가스 공급관, 수도용 급수관, 통신용 케이블관 등과 같이 매설용으로 널리 사용되는 관의 재료는?**

① 고무 ② 주철
③ 구리 ④ 강

해설

① **주철관** : 값이 사고 내식성이 풍부하여 수도, 가스, 배수 등의 매설용으로 사용, 강관에 비해 단위길이당 무게가 무겁고 파괴강도가 약하다.
② **강관** : 용접관과 이음매 없는 관이 있고, 질 좋은 평로강이나 전기로강을 열관압연 또는 냉간인발하여 제작, 압력배관용, 열교환용으로 사용
③ **동관** : 이음매 없는 관으로 지름이 작고, 용도로는 가열기, 복수기, 냉각기용으로 수용, 70 kgf/cm^2이하에서 사용

02 **파스칼의 원리에 대한 설명으로 옳은 것은?**

① 밀폐된 용기 내부의 압력은 용기의 체적에 비례한다.
② 밀폐된 이상유체에 가한 압력은 용기의 벽에 수평 방향으로 작용한다.
③ 밀폐된 이상유체에 가한 압력은 밀도에 따라 다른 크기로 전달된다.
④ 밀폐된 이상유체에 가한 압력은 유체의 모든 부분과 용기의 모든 벽에 같은 크기로 작용한다.

해설

파스칼의 원리 : 밀폐된 계에서 모든 곳의 압력은 일정

03 **유체의 누설을 막기 위한 너트로 가장 적절한 것은?**

① 나비 너트 ② 캡 너트
③ 사각 너트 ④ 아이 너트

해설

캡너트(모자너트)로 액체의 누설도 막지만 외부의 비가 새들어감을 막아 녹슮을 막음, 또한 먼지도 못들어가게 함

정답 01. ② 02. ④ 03. ②

04 그림과 같이 접시 머리 나사를 이용하여 공작물을 체결하고자 할 때 나사머리가 들어갈 수 있게 가공하는 방법으로 가장 적절한 것은?

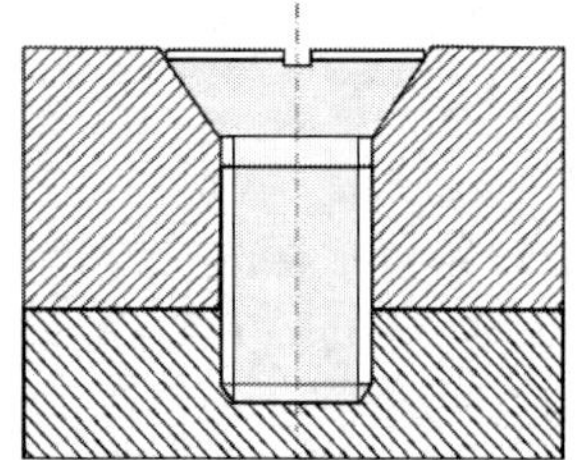

① 태핑
② 스폿 페이싱
③ 카운터 보링
④ 카운터 싱킹

해설

① 태핑은 암나사 내는 작업, 스폿페이싱 : 너트의 머리를 밀착이 잘되도록 평탄면 제작
② 카운터보링 : 납작머리 나사가 들어갈 부분을 가공

05 열경화성 수지에 해당하지 않는 것은?

① 요소 수지
② 페놀 수지
③ 멜라민 수지
④ 폴리에틸렌 수지

해설

열경화성이란 수지를 한번 가공한 후에 다시 열을 가해서 가공하려면 가공되지 않고 타게 되는 성질을 말한다. 이 외에 실리콘수지, 에폭시수지, 규소수지, 불포화폴리에스테르수지 등이 있다.

06 체인을 이용하여 동력을 전달하는 방식에 대한 설명으로 옳지 않은 것은?

① 미끄럼이 없는 일정한 속도비를 얻을 수 있다.
② 진동과 소음의 발생 가능성이 크고 고속회전에 적당하지 않다.
③ 초기장력이 필요하며 베어링의 마찰손실이 발생한다.
④ 여러 개의 축을 동시에 구동할 수 있다.

해설

체인은 스프로킷에 의해 링크가 걸리게 되므로, 초기장력이 필요없고, 따라서 베어링의 하중(마찰손실)이 적게 된다.

07 입도가 작고 연한 숫돌 입자를 공작물 표면에 접촉시킨 후 낮은 압력과 미세한 진동을 주어 고정밀도의 표면으로 다듬질하는 가공 방법은?

① 래핑
② 호닝
③ 리밍
④ 슈퍼 피니싱

해설

래핑은 랩과 공작물의 상대운동이 필요, 호닝은 숫돌이 회전하면서 전진, 리밍은 실린더의 내면을 가공(지름을 정확하게, 넓힘)

정답 04. ④ 05. ④ 06. ③ 07. ④

08 전기 저항 용접(electric resistance welding)이 아닌 것은?

① forge welding ② seam welding
③ projection welding ④ spot welding

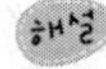

① 전기저항용접은 압접으로 크게 2가지가 있다. 겹치기와 맞대기로, 겹치기에는 점용접, 심용접, 프로젝션용접이 있고, 맞대기로는 업셋용접, 플래시용접, 퍼커션용접이 있다.
② forge welding(단접) : 금속 용접법의 하나로, 접합하는 부분을 외부로부터의 열원으로 반용융 상태로 가열하고, 압력 또는 타격을 가하여 접합하는 방법이다.

09 가솔린 기관 중 4행정 사이클 기관과 비교한 2행정 사이클 기관의 특징으로 옳지 않은 것은?

① 크랭크 축 1회전 시 1회 폭발한다.
② 밸브 기구가 필요하며 구조가 복잡하다.
③ 배기량이 같은 경우 큰 동력을 얻을 수 있다.
④ 혼합 기체가 많이 손실되며 효율이 떨어진다.

2행정사이클은 밸브기구가 간단하거나 없으며, 4행정사이클은 밸브기구가 복잡하게 있어 효율이 좋은 면은 있으나 무게가 무거워진다.

10 절삭 시 발생하는 칩에 대한 설명으로 옳은 것만을 고른 것은?

ㄱ. 칩이 공구의 날 끝에 붙어 원활하게 흘러가지 못하면 균열형 칩이 생성된다.
ㄴ. 메짐성이 큰 재료를 저속으로 절삭하면 열단형 칩이 생성된다.
ㄷ. 공구의 진행방향 위쪽으로 압축되면서 불연속적인 미끄럼이 생기면 전단형 칩이 생성된다.
ㄹ. 연성재료에서 절삭조건이 맞고 절삭저항 변동이 작으면 유동형 칩이 생성된다.

① ㄱ, ㄴ ② ㄱ, ㄷ
③ ㄴ, ㄹ ④ ㄷ, ㄹ

칩이 공구의 날 끝에 붙어 원활하게 흘러가지 못하고 힘이 집중하게 되면 전단형 칩이 생기며, 메징성이 큰 재료를 저속으로 절삭하면 균열형 칩이 생성된다.

11 용접 부위에 공급된 용제 속에서 아크를 발생시켜 용접하는 방법은?

① 전기 아크 용접 ② 텅스텐 불활성 가스 아크 용접
③ 서브머지드 아크 용접 ④ 이산화탄소 아크 용접

해설

서브머지드 용접은 용접부위를 용제로 덮기 때문에 아크발생을 보지 못한다. 그래서 잠호용접이라 한다.

정답 08. ① 09. ② 10. ④ 11. ③

12 **다음 작업들을 수행하는 공통적인 목적으로 가장 적절한 것은?**

○ 로크 너트를 사용한다.
○ 스프링 와셔, 이붙이 와셔를 사용한다.
○ 볼트 끝 부분에 구멍을 뚫어 분할 핀을 장착한다.

① 전단응력의 감소　② 결합 풀림의 방지
③ 결합 모재의 보호　④ 응력 집중의 방지

해설

로크너트, 스프링와셔, 이붙이와셔, 분할핀 등을 사용하는 이유는 너트의 풀림을 방지하기 우해서다.

13 **강의 표면 경화 열처리 방법이 아닌 것은?**

① 침탄법　② 화염 경화법
③ 풀림법　④ 질화법

해설

풀림은 어닐링으로 연화를 목적으로 하는 일반 열처리의 일종이다.

14 **내부조직이 치밀하고 강인한 작은 기어나 나사를 대량 생산할 때 사용하는 가공 방법으로 가장 적절한 것은?**

① 전조 가공　② 호빙 머신 가공
③ 기어 셰이퍼(shaper) 가공　④ 기어 셰이빙(shaving)

해설

기어를 절삭하는 방법에는 3가지가 있는데, 첫째가 전조, 둘째가 일반기계(밀링 등)로 가공하는 총형(성형)가공, 셋째는 전문기계의 상대운동으로 가공하는 창성가공이 있다.

15 **재료 시험방법에 대한 설명으로 옳지 않은 것은?**

① 인장시험은 축 방향으로 잡아당기는 힘에 대한 재료의 저항성을 측정하는 시험이다.
② 경도시험은 일정한 온도에서 하중을 가하여 시간에 따른 변형을 측정하는 시험이다.
③ 충격시험은 고속으로 가해지는 하중에 대한 재료의 저항성을 측정하는 시험이다.
④ 굽힘시험은 시험편에 굽힘 하중을 가하여 재료의 손상이나 저항성 등을 측정하는 시험이다.

해설

일정한 온도, 일정한 하중을 가하여 시간에 따른 변형을 측정하는 시험을 크리프시험이라 한다. 경도시험은 강구나 다이아몬드 등으로 압입하여 그 흔적의 지름이나 대각선 등으로 경도를 파악한다.

정답 12. ② 13. ③ 14. ① 15. ②

16 증기압축식 냉동기에서 냉매가 움직이는 경로를 바르게 나열한 것은?

① 압축기 → 응축기 → 팽창밸브 → 증발기 → 압축기
② 압축기 → 팽창밸브 → 증발기 → 응축기 → 압축기
③ 압축기 → 증발기 → 팽창밸브 → 응축기 → 압축기
④ 압축기 → 응축기 → 증발기 → 팽창밸브 → 압축기

해설

냉동기(에어컨)은 압축기 - 응축기 - 팽창밸브 - 증발기 순으로 냉매가 순환하게 되어 있다. 이를 냉동사이클이라 한다.

17 CAD 작업에서 설계물의 관성모멘트를 계산할 수 있는 형상 모델링 방법은?

① dot-wire modeling
② wire-frame modeling
③ surface modeling
④ solid modeling

해설

CAD에서 설계물의 관성모멘트를 계산하려면 3차원적 모델이 되어야 하므로, 솔리드모델링이다.

18 그림과 같은 마이크로미터를 이용하여 수나사에서 측정할 수 있는 것은?

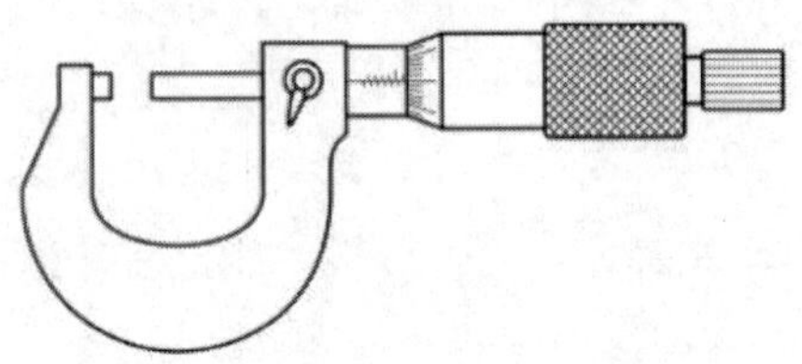

① 골지름
② 피치
③ 호칭지름
④ 나사산 높이

해설

마이크로미터로는 수나사의 골지름을 측정할 수 없고, 바깥지름을 측정할 수 있다. 즉 나사의 바깥지름을 호칭지름이라 한다.

19 금속재료의 인장시험을 통해 얻을 수 있는 성질로만 묶은 것은?

① 파단점, 내마모성, 인장강도
② 프아송 비, 단면 수축률, 연신율
③ S-N 선도, 항복점, 연성
④ 응력-변형률 선도, 탄성한도, 전성

해설

금속의 인장시험으로 응력과 변형률을 알 수 있고, 변형률의 비를 프와송의 비라 한다.

정답 16. ① 17. ④ 18. ③ 19. ②

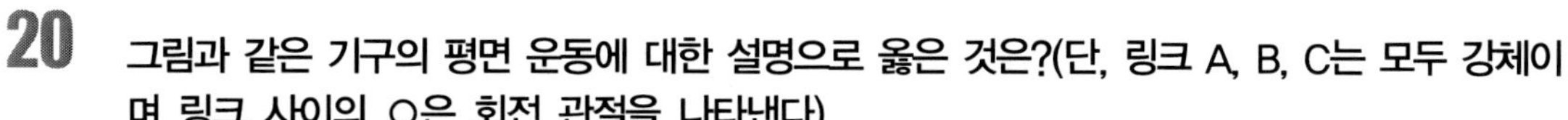

20 **그림과 같은 기구의 평면 운동에 대한 설명으로 옳은 것은?(단, 링크 A, B, C는 모두 강체이며 링크 사이의 ○은 회전 관절을 나타낸다)**

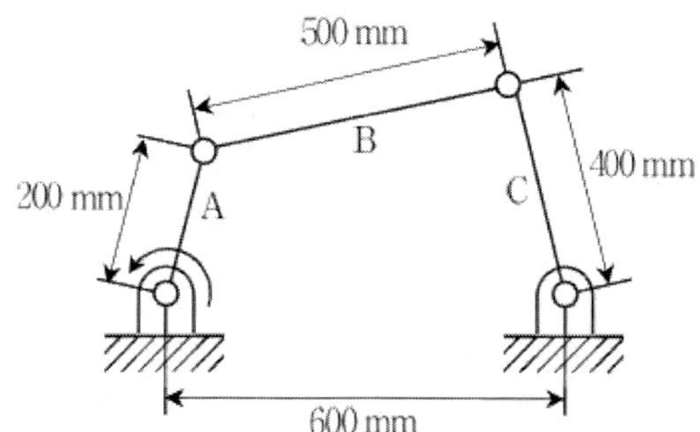

① A가 360°회전할 때, C는 왕복 각운동을 한다.
② A와 C는 모두 360°회전한다.
③ A, B, C는 모두 왕복 각운동만 한다.
④ C는 360°회전하나 A와 B는 왕복 각운동을 한다.

해설

기구 그림에서 ABC링크가 한 지점을 지나는 수평선이 되기 위해서는 A가 200, B가 500으로 접히면, 300이 남으므로 C가 300이 되어가 힌지거리 600을 만족한다. 따라서 C는 회전하지 못하고 왕복각운동을 하게 된다.

저자 약력

서 영 달 수원공업고등학교 자동차과
이 동 승 광주공업고등학교 기계시스템과

공업기계직 9급 공무원
기계일반

초 판 발 행 | 2015년 3월 2일
2판3쇄발행 | 2022년 4월 20일

지 은 이 | 서영달 · 이동승
발 행 인 | 김 길 현
발 행 처 | (주)골든벨
등 록 | 제 1987-000018호
I S B N | 979-11-85343-98-3
가 격 | 25,000원

이 책을 만든 사람들

교정 및 교열 | 이상호
제작 진행 | 최병석
오프마케팅 | 우병춘, 이대권, 이강연
회계 관리 | 문경임, 김경아
본문디자인 | 조경미, 남동우
웹매니지먼트 | 안재명, 김경희
공급 관리 | 오민석, 정복순, 김봉식

㉾ 04316 서울특별시 용산구 245(원효로1가 53-1) 골든벨빌딩 5~6F
• TEL : 도서 주문 및 발송 02-713-4135 / 회계 경리 02-713-4137
내용 관련 문의 02-713-7452 / 해외 오퍼 및 광고 02-713-7453
• FAX_ 02-718-5510 • 홈페이지_ www.gbbook.co.kr • E-mail_ 7134135@ naver.com